21世纪普通高等教育规划教材

单片微机原理及应用

第3版

上海市教育委员会　组编
主编　丁元杰
参编　吴大伟　陈瀛清
主审　金国斌

机 械 工 业 出 版 社

本书前五章以当前应用广泛的 MCS-51 系列单片微机为对象介绍微型计算机的硬件、软件及其应用。第一章是微型计算机的基本概念；第二章至第五章分别详细阐述了 MCS-51 系列单片微机的硬件结构、指令系统、汇编语言程序、系统扩展、接口与应用；第六章讲述 MCS-96 系列单片微机，也简单介绍了先进的 196 系列，可供读者自学。

在单片微机的基础上，考虑到广大读者除专用微机外，对 PC（通用微机）也有要求，自第 3 版起特增添了第七章 8086CPU 和 PC，介绍 8086CPU 的基本内容，也扼要陈述了最新的奔腾 CPU 和 PC 的技术进展。

本书可供高等院校作技术基础课“微机原理及应用”或后续课“单片微机原理”的教材。单片微机部分内容具体、实用，尤其对接口、应用、组成系统、编制应用程序等内容给予适当加强；编写时并特别注意使本书也适合于工矿企业科技人员使用。由于增添了第七章，更扩大了作为教材的适用面，也必将提高工矿企业读者对本书的兴趣。

图书在版编目（CIP）数据

单片微机原理及应用/丁元杰主编. —3 版. —北京：机械工业出版社，2005. 7(2022. 1 重印)

21 世纪普通高等教育规划教材

ISBN 978-7-111-04220-4

Ⅰ. 单…　Ⅱ. 丁…　Ⅲ. 单片微型计算机 – 高等学校 – 教材　Ⅳ. TP368. 1

中国版本图书馆 CIP 数据核字(2005)第 008874 号

机械工业出版社(北京市百万庄大街 22 号　邮政编码 100037)

责任编辑：贡克勤　王玉鑫　版式设计：冉晓华　责任校对：王　欣

封面设计：王伟光　责任印制：常天培

北京机工印刷厂印刷

2022 年 1 月第 3 版第 19 次印刷

184mm × 260mm · 25 印张 · 616 千字

标准书号：ISBN 978-7-111-04220-4

定价：59. 00 元

电话服务　　网络服务

客服电话：010-88361066　　机　工　官　网：www. cmpbook. com

010-88379833　　机　工　官　博：weibo. com/cmp1952

010-68326294　　金　　书　　网：www. golden-book. com

封底无防伪标均为盗版　　机工教育服务网：www. cmpedu. com

前　言

本书在机械工业出版社已出版了两版。连同本书的前身——上海版的“单片微机原理”在内，已有了3版。正式出版12年来，得到许多院校、特别是设置电气（原名电气技术，现名电气工程）专业院校的欢迎、关怀、支持和采用，虽一再重印，均很快售缺。为了适应单片微机应用和单片微机教学迅猛发展的形势，也为了更好地符合与改进“微机原理及应用”课程的教学，使本书进一步满足各种不同性质、不同层次院校的不同需要，推进教学改革和课程体系改革，决定对机工第2版再作整理和重大修订，续出第3版。

本书曾率先提出微机原理课程不再讲Z80，而直接以单片微机作主讲内容，达到减少讲课时数、更新教学内容、提高教学效率的倡议。多年来，这一教改设想已为越来越多院校的同行们接受。因此，本版仍以前六章为主体。我们认为单片微机是微机原理的基础，必须讲清讲透，学好学扎实。其中前五章可在课堂上讲授（部分内容可选讲），第六章或留给学生自学。

对于以单片微机作为“微机原理及应用”课程主讲内容的许多专业、系、学院、学校，本书可用作这一技术基础课的教材。也有些工科院校的专业和系以8086、8088作为微机原理课程的主讲内容，则本书可作为后续课“单片微机原理”的教材，使用时只需跳过第一章，并在讲述时适当加快讲述进度。

但是我们建议：尝试先讲单片微机，再讲8086，符合先易后难的原则。学生有了单片微机的基础，再学8086，将事半而功倍。于是，单片微机和8086、专用微机和通用微机都可集中和提前在微机原理一门课程中学习，课时可以紧缩，并有利于学生早日参与科研项目，理论、实践结合，提高教学质量。

为此，第3版特增添了第七章：8086CPU与PC，在其前三节讲述8086，作为PC的基础，后三节讲述PC的存储器、接口芯片和奔腾微处理器；力图使需兼学专用机与通用机的专业也能采用本书为微机原理课程的教材，却不再开设“单片微机原理”课程。我们期望本书第3版有利于推动教改和促进课程体系改革。

与前几版相同，本书的编写原则仍强调：

1. 对于非计算机专业，讲清原理的目的是为了应用。内容应具体实用，接口、应用、组成系统、编制实用程序等方面应适当加强。这样也符合广大科技人员学习的需要。

2. 新接触微机的读者，要接受许多这方面的基本概念需有一个过程，如过早结合具体机型学习，效果往往不很理想。故先设一章，集中介绍微型计算机的基本概念，使开始学习具体单片微机前对微机已有较完整的轮廓认识。

3. 多考虑“有利于读者接受”。对系统性和主要内容的引出都经仔细推敲。注意分散难点和枯燥处，并努力顾及内容间的沟通与联系。因此，有些内容宁可稍有重复，另有些内容则在系统讲述前有意识使其提早出现。

4. 要符合教材特点。语句必须深入浅出，说理力求完整清晰；内容应该精练，篇幅不宜庞大。同时，也顾到可供科技人员自学或参考。

本书单片微机部分由丁元杰、陈瀛清编写和整理、增删，8086 与 PC 部分由吴大伟、丁元杰编写，全书最后由丁元杰统稿。本书第 3 版请上海大学机电工程与自动化学院副院长金国斌教授担任主审。

对于本书这一次再版，上海大学自领导到各有关部门都给予了高度重视和关怀、支持、编写时涉及的经费由上海大学教材建设基金拨供。

在历次编写、成书、出版、修订过程中，本书曾得到过方方面面、许许多多同志的参与和帮助，这里难以一一罗列齐全，谨在此一并表示最衷心的感谢。

我们也衷心感谢关心以及使用、推广本书的各校同行。许多同行还协助校审、勘误，参加讨论，提供素材，提出宝贵意见与建议；广义地看，他们也是本书的参编人员。他们对本书的完善、提高作出了巨大贡献。

我们希望继续得到大家的支持。众人拾柴火焰高。编者的水平有限，本版也肯定还会有许多错误或不当的地方，敬请各界学长、各校师生、广大读者惠予指出，给予匡正。

编　者

2004 年 12 月

目　录

绪　论

当今，计算机技术带来了科研和生产的许多重大飞跃，微型计算机的应用已渗透到生产、生活的各个方面。其中单片微型计算机虽然问世不久，然而体积小、价廉、功能强、其销售额以每年近80%的速率增长。它的性能不断提高，适用范围愈来愈宽，在计算机应用领域已占有日益重要的地位。

单片微型计算机简称单片微机或单片机，又称微控制器。它是在一块半导体芯片上，集成了CPU、ROM、RAM、I/O接口、定时器/计数器、中断系统等功能部件，构成了一台完整的数字电子计算机。由于集成电路技术的进步，片内甚至还可包含HSO、HSI、A/D转换器、PWM等称为“片内外设”的特殊功能部件。随着单片机功能的增强，由单片机构成的计算机应用系统的功能也日益增强，它一样可以配用打印机、绘图仪、CRT等外围设备，一样可以联网。特别是1987年Intel公司在MCS-96的基础上继续推出了MCS-196，又陆续出现了许多新趋向，例如HSO、HSI发展为EPA；数据传送有了PTS；配合大功率晶体管的应用，有了波形发生器，拓展了在电气传动领域的应用等等。这进一步深化了单片机在工业控制、自动检测、智能仪器仪表、家用电器等领域的突出地位，并使它不断拓宽应用范围，增添了新的活力。

单片机的应用结束了计算机专业人员“垄断”计算机系统开发与应用的时代，它既给各种专业人员、特别是许多工程技术人员带来了学习和掌握计算机技术（不单操作使用）的紧迫性，同时也带来了可能性，因为组成计算机应用系统变得容易、“平凡”，增强了人们进入这一领域的自信心。

一、单片机的发展历史

单片机的历史非常短暂，然而发展十分迅猛。自1971年美国Intel公司首先研制出4位单片机4004以来，它的发展可粗略划分为四个阶段：

第一阶段　1971～1976年，属萌芽阶段。发展了各种4位单片机，多用于家用电器、计算器、高级玩具。

第二阶段　1976～1980年，为初级8位机阶段，发展了各种中、低档8位单片机，典型的如MCS-48系列单片机，片内含多个8位并行I/O接口、一个8位定时器/计数器，不带串行I/O接口，其功能可满足一般工业控制和智能化仪器仪表等的需要。

第三阶段　1980～1983年，高级8位机阶段，发展了高性能的8位单片机，例如MCS-51系列单片机，它带有串行I/O接口和多个16位定时器/计数器，具有多级中断功能。这一阶段进一步拓宽了单片机的应用范围，使之能用于智能终端、局部网络的接口，并挤入了个人计算机领域。

第四阶段　1983年以后，16位单片机阶段。发展了MCS-96系列等16位单片机。功能很强，价格却迅速下降。片内有A/D转换器；可快速输入、输出；可用于电机控制；网络通信能力有显著提高。

在国际市场上，单片机产品的类型很多。其中Intel公司的产品比较领先和占有较大销售份额。在我国，Intal 公司 MCS-48 系列 MCS-51 系列、MCS-96 系列的各种机型用得最多，占有主流地位。

随着大规模集成电路技术的演进，单片机的性能仍在快速提高。其生产工艺经历了 PMOS、NMOS、HMOS、CMOS 等各个阶段，正朝 CHMOS（高速型 CMOS）工艺的方向发展；并继续提高集成度；增大 RAM、ROM 容量；增多功能模块；提高速度；降低功耗。

二、单片机的特点

单片机芯片的集成度很高，它将微型计算机的主要部件都集成在一块芯片上，具有下列特点：

1）体积小、重量轻、价格便宜、耗电少。

2）根据工控环境要求设计，且许多功能部件集成在芯片内部，其信号通道受外界影响小，故可靠性高，抗干扰性能优于采用一般的 CPU。

3）控制功能强，运行速度快。其结构组成与指令系统都着重满足工控要求。有极丰富的条件分支转移指令，有很强的位处理功能和 I/O 口逻辑操作功能。

4）片内存储器的容量不可能很大；引脚也嫌少，I/O 引脚常不够用，且兼第二功能以至第三功能。但存储器和 I/O 接口都易于扩展。

三、单片机的应用

由上述单片机特点，可推知其应用最多的领域为

1）因它具有“小、轻、廉、省”的特点，尤其耗电少，又可使供电电源的体积小、重量轻，所以特别适用于“电脑型产品”，在家用电器、玩具、游戏机、声像设备、电子秤、收银机、办公设备、厨房设备等许多产品上得到应用。

2）适用于仪器、仪表。不仅能完成测量，还具有处理（运算、误差修正、线性化、零漂处理）、监控等功能，易于实现数字化和智能化。

3）有利于“机电一体化”技术的发展，多用于数控机械、缝纫机械、医疗设备、汽车等。

4）广泛应用于打印机、绘图仪等许多计算机外围设备，特别是用于智能终端，可大大减轻主机负担。

5）用于各种工业控制，如温度控制、液面控制、生产线顺序控制等。

6）宜于多机应用。例如机床加工中心，其各种功能可分散由各个单片机子系统分别完成，上级主机则负责统管、协调。又如要求较高的数据检测采集系统，每一采集通道如是一个单片机子系统，可实现多点同时快速采集和预处理，然后再由主机进行集中处理和控制，以构成大型的实时测控系统。

上面的归纳还不够完整，但已可知单片机的应用已渗透到国民经济的各个领域，极大地推动了计算机技术的普及，而且可以预期，随着单片机性能的进一步提高，它的应用将更趋广泛。它对我国许多产品的升级换代、工厂企业的设备更新都将起着十分巨大的作用。

四、单片机的学习

电子技术基础是本课程的先修课。有了一定的电子技术理论和实践经验，将有助于本课程的学习和进一步深入。

学习本课程应硬件、软件兼顾并重，既要注意单片机的结构、原理，也要注意其汇编语言指令和程序，做到两者结合渗透、融会贯通。

对于非计算机专业的读者，学习本课程的目的是应用。学习原理也是为应用打下基础。

有人说，单片机的出现使分列式微机进展为集成式微机，整个微机已经汇集于一个芯片。可见，单片机的学习不单在于微机内部，更需关注组成系统。因此，学习时对单片机的扩展，用到的芯片、接口，以及各种应用实例与环节，须给予足够重视。

学习本课程时，宜配合习题、实验、课程设计，以提高学习质量，巩固和扩大学习收获，对如何组成系统和试编程序应有比较充分的练习机会。

单片机规整易学、便于入门，宜视为微机原理课程的基础。而且单片机实用性强，易于硬件、软件结合，学用结合，学生应切实学好。对于需兼学 8086 的专业，在单片机基础上再学 8086，将事半功倍，比较合理。

第一章　微型计算机的基本概念

第一节　概　　述

电子计算机是20世纪的重大科学技术成就之一，它的应用已进入了社会生活的各个领域，有力地推动了社会的发展。

电子计算机之所以能在现代社会中起着极其重要的作用，是由它的卓越特性决定的：

（1）高速度　电子计算机被广泛应用的最重要原因是它能以人所无法比拟的高速度进行信息处理。计算机的运算速度大于每秒几十万次，有些巨型机已达每秒十几亿次。

（2）高度自动化　电子计算机能在程序的控制下，无需人的介入，自动地处理信息。

（3）具有记忆能力　电子计算机能保存大量的信息，一般电子计算机能在机内存储几万、几十万、几百万甚至几千万字符的信息。

（4）具有逻辑判断能力　电子计算机可进行各处逻辑判断，并根据判断的结果自动决定下一步的工作。

（5）高精度和高可靠性　用电子计算机处理得到的结果，数据的有效位数可达十几位，甚至上百位。计算机的可靠性高，可无故障地连续运行数万小时。

自1946年出现了世界上第一台电子计算机以来，电子计算机经历了电子管、晶体管、集成电路、大规模集成电路四代。20世纪70年代出现的由大规模集成电路组成的微型电子计算机，不但保持了电子计算机的特点，而且体积小，价格低，不需要严格的环境条件，从而开拓了计算机普及的新时代。近年来逐步普及的单片微型计算机，已在一片芯片上集成一台微型计算机，更加充分地发展了微型计算机的特点。

一般来说，电子计算机有以下几个方面的应用：

（1）科学计算　利用计算机高速、高精度地进行大量的复杂的数学运算，如导弹飞行轨迹计算、天气数值预报等。

（2）数据与信息处理　利用计算机对大批量数据进行排序、插入、修改、删除、检索等基本操作，如资料的统计分析、计划的编制、企业的成本核算、情报的检索等。

（3）实时控制、计算机实时采集生产、交通等现场的信息并加以处理，然后输出命令控制现场。使现场达到较佳的状态。如数控机床、化工自动控制、交通自动控制、自动灭火系统、智能仪器等。

（4）计算机辅助设计　利用计算机部分代替人工进行机械、电路、房屋、服装等设计。

（5）人工智能的应用　人工智能就是用计算机模拟人类的智能，使计算机具有听、看、说和“思维”的能力。人工智能包括的内容有：图形与语言的识别、语言的翻译、专家系统、机器人、自动程序设计等。

本书侧重于计算机的实时控制应用。

一、微型计算机的组成

1. 计算机的基本结构

电子计算机的结构框图见图 1-1。它由运算器、控制器、存储器、输入设备及输出设备五大部分组成。

运算器是计算机处理信息的主要部件。控制器产生一系列控制命令，控制计算机各部件自动地、协调一致地工作。存储器是存放数据与程序的部件。输入设备用来输入数据与程序，常用的输入设备有键盘、光电输入机等。输出设备将计算机的处理结果用数字、图形等形式表示出来。常用的输出设备有显示终端、数码管、打印机、绘图仪等。

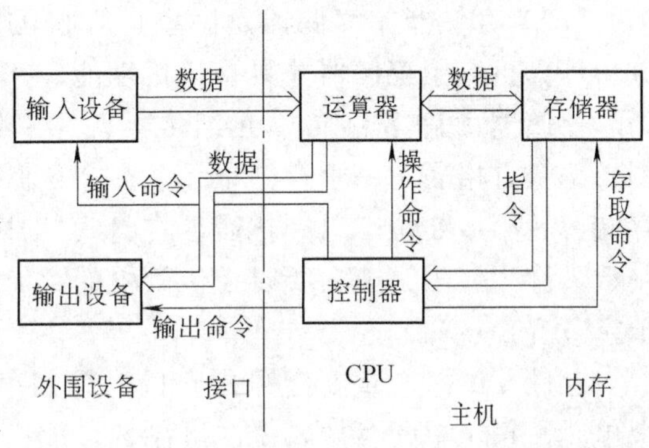

图 1-1 计算机结构

通常把运算器、控制器、存储器这三部分合称为计算机主机，而输入、输出设备则称为计算机的外围设备（简称“外设”）。由于运算器、控制器是计算机处理信息的关键部件，所以常将它们合称为中央处理单元 CPU（Central Processing Unit）。

2. 字长

计算机内所有的信息都是以二进制代码的形式表示的。一台计算机所用的二进制代码的位数称为该计算机的字长。从需要来讲，计算机的字长越长，它能代表的数值就越大，能表示的数值的有效位数也越多，计算的精度就越高。但是，位数越多，用来表示二进制代码的逻辑电路也越多，使得计算机的结构变得庞大，电路变得复杂，造价也越昂贵。用户通常要根据不同的任务选择不同字长的计算机。

微型计算机的字长有 1 位、4 位、8 位、16 位、32 位等。目前国内应用最多的是 8 位微机、16 位微机和 32 位微机。

3. 微型计算机结构

随着大规模集成电路技术的发展，已经把 CPU 集成在一块硅片上，成为独立的器件。该芯片称为微处理器或微处理机（Microprocessor）。存储器（Memory）也已经集成为一块块独立的芯片。

微处理器芯片、存储器芯片与输入/输出接口电路芯片（简称 I/O 接口）构成了微型计算机（Micro-Computer），芯片之间用总线（Bus）连接，见图 1-2。

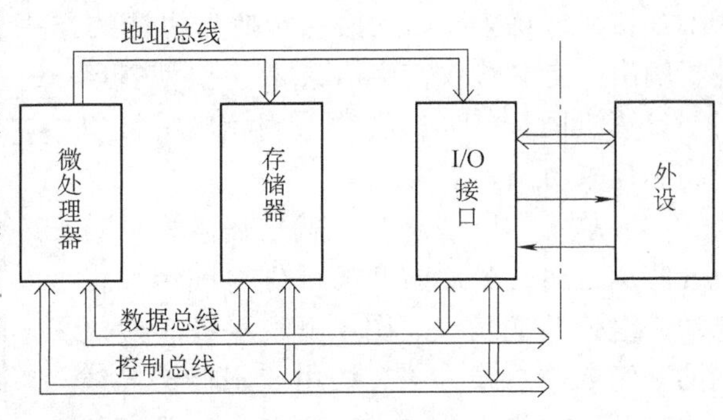

图 1-2 微型计算机结构

（1）微处理器　微处理器是微型计算机的核心，它通常包括三个基本部分：

1）算术逻辑部件 ALU（Arithmetic Logic Unit）。ALU 是对传送到微处理器的数据进行算术运算或逻辑运算的电路，如执行加法、减法运算，逻辑与、逻辑或运算等。

2）工作寄存器组。CPU 中有多个工作

寄存器，用来存放操作数及运算的中间结果等。

3）控制部件。控制部件包括时钟电路和控制电路。时钟电路产生时钟脉冲，用于计算机各部分电路的同步定时。控制电路产生完成各种操作所需的控制信号。

（2）存储器　存储器是微型计算机的重要组成部分，计算机有了存储器才具备记忆功能。

存储器由许多存储单元组成，图 1-3 是它的示意图，每个方格表示一个存储单元。在 8 位微机中，每个存储单元存放 8 位二进制代码。在计算机中，8 位二进制数又称为一个字节，所以 8 位微机的存储单元存放一个字节（Byte）。

存储器的一个重要指标是容量。假如存储器有 256 个单元，每个单元存放 8 位二进制数，那么该存储器容量为 256 字节，或 256×8 位。在容量较大的存储器中，存储容量都以“KB”为单位，1KB 容量实际上是 2^{10} = 1024 个存储单元。

0000	0000	0011	1100
0000	0001	1010	0011
0000	0010	1110	0101
0000	0011		
0000	0100		
		⋮	
1111	1110		
1111	1111		

图 1-3　存储器示意图

计算机工作时，CPU 将数码存入存储器的过程称为“写”操作，CPU 从存储器中取数码的过程为“读”操作。写入存储单元的数码取代了原有的数码，而且在下一个新的数码写入之前一直保留着，即存储器具有记忆数码的功能。在执行读操作后，存储单元中原有的内容不变，即存储器的读出是非破坏性的。

为了便于读、写操作，要对存储器所有单元按顺序编号，这种编号就是存储单元的地址。每个单元都拥有相应的唯一的地址，见图 1-3。地址用二进制数表示，地址的二进制位数 N 与存储容量 Q 的关系是：$Q = 2^N$。表 1-1 为这种关系的例子。

表　1-1

二进制位数 N	存储容量 Q/B
8	256
10	1K
11	2K
12	4K
16	64K

注：对于 Q 来说，习惯上称 2^{10} = 1024 为 1K，注意这里 1K≠1000！因此：2^{11} = 2K = 2048≠2000；2^{16} = 64K = 65536≠64000。

（3）输入/输出接口电路　I/O 接口是沟通 CPU 与外围设备的不可缺少的重要部件。外围设备种类繁多，其运行速度、数据形式、电平等各不相同，常常与 CPU 不一致，所以要用 I/O 接口作桥梁，起到信息转换与协调的作用。例如打印机打印一行字符约需 1s，而计算机输出一行字符仅需 1ms 左右，要使打印机与计算机同步工作，必须采用相应的接口电路芯片来协调和衔接。

（4）总线　所谓总线，就是在微型计算机各芯片之间或芯片内部各部件之间传输信息的一组公共通信线。图 1-4 表示各芯片之间的一组 8 位总线，该总线由 8 根传输导线组成，可以在芯片 1、2、…、N 之间并行传送 8 位二进制数构成的信息。

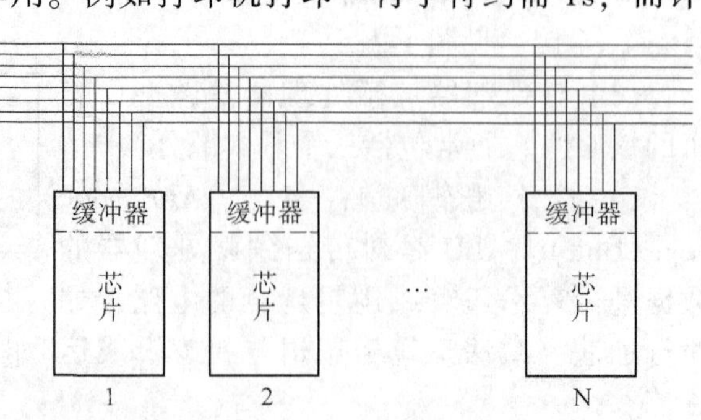

图 1-4　8 位总线

微型计算机采用总线结构后，芯片之间不需单独走线，这就大大减少了连接线的数量。但是，挂在总线上的芯片不能同时发送信息，否则多个信息同时出现在总线上将发生冲突而造成出错。这就是说，如果有几块芯片需要输出信息，就必须分时传送。为了实现这个要求，挂在总线上的各芯片必须通过缓冲器与总线相连。

三态门是常用缓冲器的一种。单向三态门电路及其真值表见图 1-5，控制端 C 为高电平“1”时三态门导通，信息从 A 传送到 B。控制端 C 为低电平“0”时三态门截止，A、B 之间呈现高阻隔离状态。双向三态门电路见图 1-6。控制端 $C_1=0$、$C_2=0$ 时三态门截止，A、B 之间呈现高阻状态。$C_1=1$、$C_2=0$ 时门 1 导通、门 2 截止，信息从 A 传送到 B。$C_1=0$、$C_2=1$ 时门 1 截止、门 2 导通，信息从 B 传送到 A。

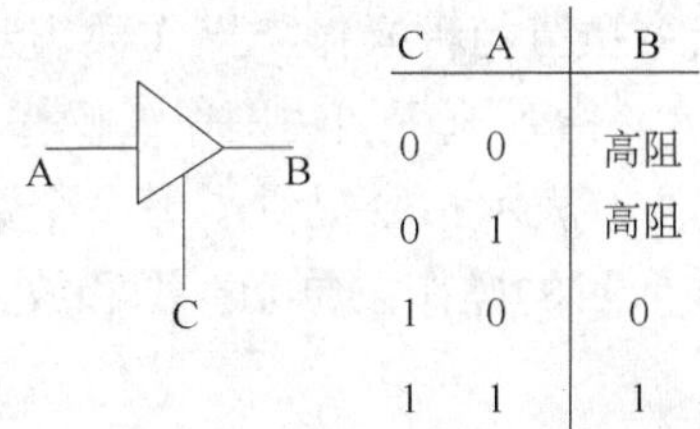

C	A	B
0	0	高阻
0	1	高阻
1	0	0
1	1	1

图 1-5　单向三态门

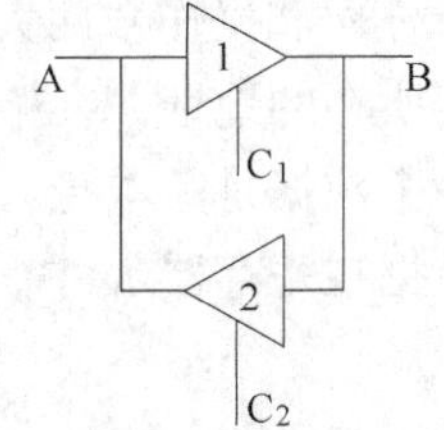

图 1-6　双向三态门

单向总线的缓冲器由单向三态门构成，双向总线的缓冲器由双向三态门构成。8 位总线的缓冲器由 8 个三态门组成，每个三态门控制芯片的一根传输线。

在每一瞬间，由 CPU 发出的控制信号只接通一个发送信息芯片的缓冲器，同时还接通接收信息芯片的缓冲器，其他缓冲器都处在高阻断开状态，这就保证了信息传送的正确性。

微型计算机采用总线结构后，还可以提高计算机扩展存储器芯片及 I/O 芯片的灵活性。因为挂在总线上的芯片数量原则上是没有限制的，需要增加芯片时，只需通过缓冲器挂到总线上就行了。但是，总线一次只能传送一个数据，使计算机的工作速度受到了影响。

很多计算机采用三总线结构：数据总线 DB（Data Bus）在芯片之间传送数据信息；地址总线 AB（Address Bus）传送地址信息；控制总线 CB（Control Bus）传送控制命令。有的计算机用一组总线分时传送地址和数据信息，称为地址/数据分时复用总线。在微处理器内部往往只使用一组总线，称为单总线结构。

将微处理器、存储器、I/O 接口电路以及简单的输入、输出设备组装在一块印制电路板上，称为单板微型计算机，简称单板机。将微处理器、存储器和 I/O 接口电路集成在一块芯片上，称为单片微型计算机。

微型计算机与外围设备、电源、系统软件一起构成应用系统，称为微型计算机系统。图 1-7 概括了微处理器、微型计算机、微型计算机系统三者的关系。

- 微型计算机系统
  - 硬件
    - 微型计算机
      - 微处理器
      - 存储器
      - I/O接口电路
      - 总线
    - 电源
    - 外围设备
  - 软件

图 1-7　微型计算机系统

二、微型计算机软件

上面所述的微型计算机设备称为硬件。计算机要能够脱离人的直接控制而自动地操作与运算，还必须要有软件。软件是指使用和管理计算机的各种程序（Program），而程序是由一条条指令（Instruction）组成的。

1. 指令

控制计算机进行各种操作的命令称为指令。

例如，将数29传送（Move）到寄存器A的指令称为传送指令，书写形式为

MOV A，#29；（A）←29

其中“（A）←29”是用符号表示的该指令功能。

将寄存器A的内容与数38相加的指令称为加法（Additive）指令，书写形式为

ADD A，#38；（A）←（A）+38

该指令将运算结果送回A保存。

指令分成操作码和操作数两大部分。操作码表示该指令执行何种操作，操作数表示参加运算的数据或数据所在的地址。在指令中，操作码ADD表示该指令执行加法操作。操作数#38表示参加运算的一个数据是其本身，#38称为立即数。操作数A表示指令提供了另一个数据所在的地址，即该数据在寄存器A中。而且规定，运算结果放入目的操作数单元，即和放入A中。

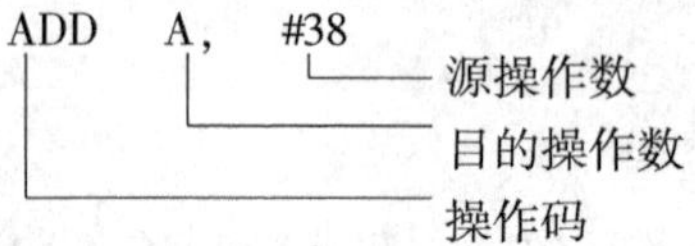

2. 程序

为了计算一个数学式，或者要控制一个生产过程，需要事先制定计算机的计算步骤或操作步骤。计算步骤或操作步骤是由一条条指令来实现的。这种一系列指令的有序集合称为程序。编制程序的过程称为程序设计。

例如，计算63+56+36+14=？编制的程序如下：

MOV A，#63；数63送入寄存器A。

ADD A，#56；A的内容63与数56相加，其和119送回A。

ADD A，#36；A的内容119与数36相加，其和155送回A。

ADD A，#14；A的内容155与数14相加，运算结果169保存在A中。

为了使机器能自动进行计算，要预先用输入设备将上述程序输入到存储器存放。计算机启动后，在控制器的控制下，CPU按照顺序依次取出程序的一条条指令，加以译码和执行。程序中的加法操作是在运算器中进行的。运算结果可以保存在A中，也可以通过输出设备从计算机中输出。如上所述，计算机的工作是由硬件、软件紧密结合、共同完成的，这与一般的数字电路系统不同。

3. 机器语言、汇编语言和高级语言

编制程序可使用汇编语言或高级语言。

上面介绍的用助记符（通常是指令功能的英文缩写）表示操作码、用字符（字母、数字、符号）表示操作数的指令称为汇编指令。用汇编指令编制的程序称为汇编语言程序。这种程序占用存储器单元较少，执行速度较快，能够准确掌握执行时间，可实现精细控制，因此特别适用于实时控制。然而汇编语言是面向机器的语言，各种计算机的汇编语言是不同的，必须对所用机器的结构、原理和指令系统比较清楚才能编写出它的各种汇编语言程序，而且不能通用于

其他机器，这是汇编语言的不足之处。

高级语言是面向过程的语言，常用的高级语言有 BASIC、FORTRAN、ALGOL、PASCAL、COBOL 等等。用高级语言编写程序时主要着眼于算法，而不必了解计算机的硬件结构和指令系统，因此易学易用。高级语言是独立于机器的，一般地说，同一个程序可在任何种类的机器中使用。高级语言适用于科学计算、数据处理等方面。

表 1-2

汇编语言	机器语言
MOV A，#63	0111 0100 0011 1111
ADD A，#56	0010 0100 0011 1000
ADD，A，#36	0010 0100 0010 0100
ADD A，#14	0010 0100 0000 1110

计算机中只能存放和处理二进制信息，所以，无论高级语言程序还是汇编语言程序，都必须转换成二进制代码形式后才能送入计算机。这种二进制代码形式的程序就是机器语言程序。二进制代码形式的指令又称机器指令或机器码。汇编指令与机器指令具有一一对应的关系，表 1-2 是用这两种指令编写的同一段程序。

汇编语言程序与高级语言程序又统称为源程序，而机器语言程序又称为目标程序。

机器语言只有 0、1 两个符号，用它来直接编写程序十分困难。因此，往往先用汇编语言或高级语言编写程序，然后再转换成目标程序。将汇编语言程序翻译成目标程序的过程称为汇编。实现汇编有两种方法。由编程人员对照指令表，一条一条查找、翻译的称为人工汇编。由计算机自动完成汇编语言转换为机器语言的称为机器汇编。机器汇编时用到的软件称为汇编程序。高级语言转换成机器语言的工作只能由计算机完成，转换时所用的软件为编译程序或解释程序。这两种程序都远比汇编程序复杂，占用存储器单元多，这是应用高级语言的缺点。

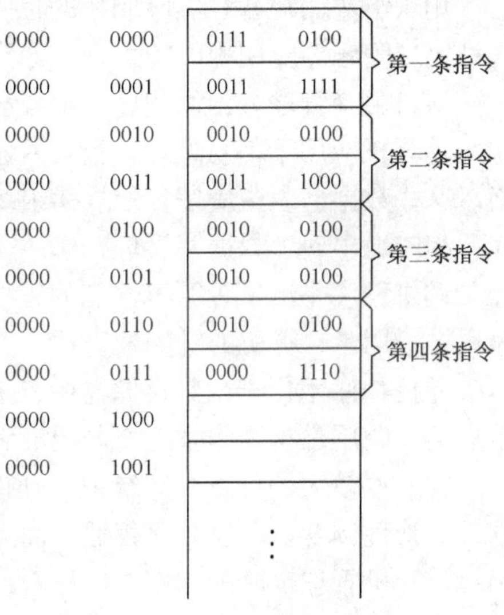

图 1-8 存储器中的程序

若把表 1-2 所示的目标程序存入容量为 256 个单元的存储器，且从地址为 0000 0000 的单元开始存放，见图 1-8。指令机器码第一个字节所在单元的地址（0000 0000、0000 0010、0000 0100、0000 0110）称为指令地址。第一条指令的地址（0000 0000）称为该程序的首地址，又称程序的入口地址，带有二进制地址和机器码的程序示例如下：

地址	机器码	汇编指令
0000 0000	0111 0100 0011 1111	MOV A，#63
0000 0010	0010 0100 0011 1000	ADD A，#56
0000 0100	0010 0100 0010 0100	ADD A，#36
0000 0110	0010 0100 0000 1110	ADD A，#14
⋮	⋮	⋮

二进制数位数多，书写和识读不便，所以地址和机器码实际上多以十六进制数表示。

4. 程序分类

计算机软件即程序系统所包括的内容见图1-9。

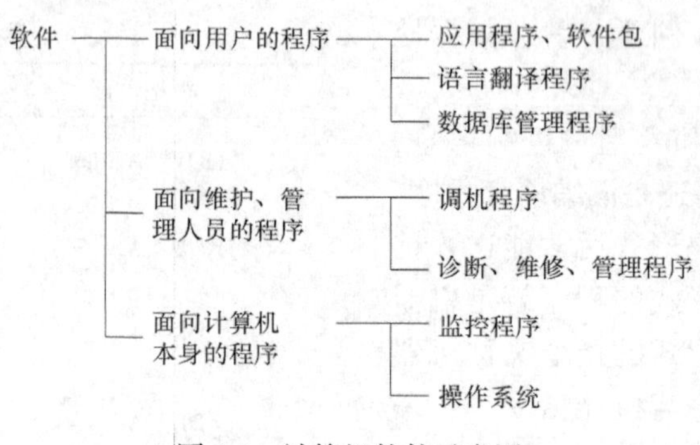

图1-9　计算机软件示意图

用来解决用户各种实际问题的程序称为应用程序。应用程序标准化、模块化后，形成解决各种典型问题的应用程序的组合，称为软件包。

语言翻译程序如汇编程序、编译程序、解释程序。

计算机应用于信息处理、情报检索以及各种管理系统时要处理大量数据，并建立大量的表格。这些数据、表格应按一定规律组织起来，使检索更迅速，处理更方便，于是就建立了数据库。相应地出现了数据库管理程序。

调机程序是测试计算机性能的程序。调机程序和诊断、维修、管理程序都由计算机生产厂家提供，用于计算机的维护及管理。

监控程序固化于内部存储器中，上电后能自动担负起管理整个计算机的工作，包括机器正常启动、调用磁盘操作系统、调用汇编程序或编译程序、扫描键盘、输入用户程序并运行等。

在一些较大的计算机系统中，硬件与软件都很繁杂。如果由人通过控制台直接参与硬件、软件的管理调度，不仅效率很低，而且非常困难，必须让计算机自己管理自己。操作系统就是指挥计算机管理自己的软件。操作系统能根据任务和设备情况，按照使用者的意图，合理分配硬件和软件的工作。实现多个程序成批地在计算机中自动运行，充分发挥计算机系统的效率。

三、计算机中的数

1. 进位计数制

一个数值，可以用不同进制的数表示。人们日常生活中经常使用十进制数，但计算机中使用的是二进制数，而编制程序时又常常用到十六进制数。为了区分这三种数制，可以在数的后面放一个英文字母作为标识符，即二进制数用B（Binary），十六进制数用H（Hexadecimal），十进制数用D（Decimal）。D可以省略不用，即不带标识符的数是十进制数。

（1）二进制数　二进制数有两个主要特点：①它只有两个数字符号：0和1。②逢二进一。与十进制数相仿，同样的数符在不同数位所代表的数值是不相同的。

由于逢二进一，所以每左移一位，数值增大2倍，右移一位，数值减小一半。数1111.11B中各位数符1代表的数值如下所示：

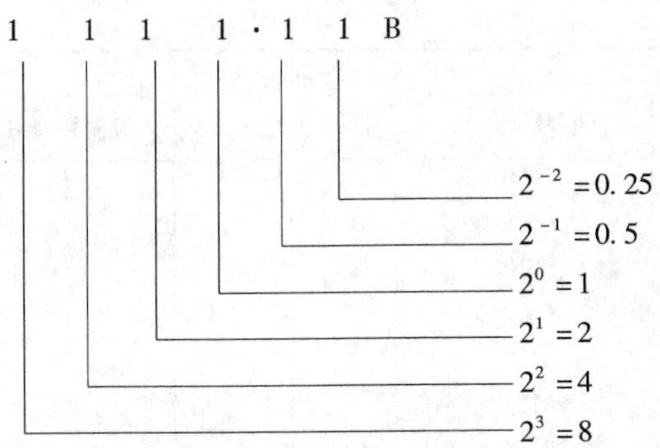

各数位中数符 1 的数值 2^3、2^2、2^1、2^0、2^{-1}、2^{-2}称作各数位的“权”，“2”是二进制数的基数，说明该数制是逢二进一的。根据上述说明可得：

$$1001B=1\times2^3+0\times2^2+0\times2^1+1\times2^0=9$$

$$1101.001B=1\times2^3+1\times2^2+1\times2^0+1\times2^{-3}=13.125$$

（2）十六进制数　十六进制数的两个主要特点是：①它有十六个数字符号，即 0、1、2、…、9 及 A、B、C、D、E、F，其中 A 为 10、B 为 11、C 为 12、…、F 为 15。十六进制数符与十进制数、二进制数的对应关系如表 1-3 所示。②逢十六进一。与其他进制的数一样，同一数符在不同位数所代表的数值是不相同的。左移一位，数值增大 16 倍。如数 111.11H 中，各位数符都是 1，代表的数值如下所示：

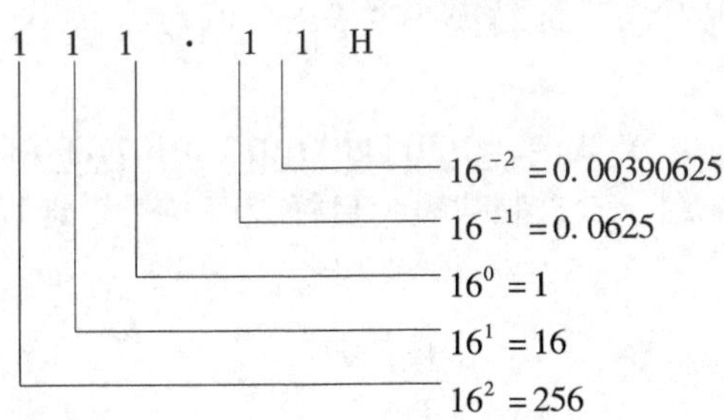

各数位中数符 1 的数值 16^2、16^1、16^0、16^{-1}、16^{-2}称为十六进制数各位的权。“16”是十六进制数的基数，它说明该数是缝十六进一的。根据十六进制数的权，可得

$$A2.3H=10\times16^1+2\times16^0+3\times16^{-1}=162.1875$$

$$327H=3\times16^2+2\times16^1+7\times16^0=807$$

2. 不同进位制数间的转换

（1）二进制数与十六进制数的相互转换　4 位二进制数具有十六个状态（$2^4=16$），而 1 位十六进制数也具有十六个状态（见表 1-3），所以 1 位十六进制数对应于 4 位二进制数，转换十分方便。

1）十六进制数转换成二进制数　只要把每 1 位十六进制数用对应的 4 位二进制数代替，就转换成了二进制数。

表 1-3

十进制数	十六进制数（H）	二进制数（B）	十进制数	十六进制数（H）	二进制数（B）
0	0	0000	11	B	1011
1	1	0001	12	C	1100
2	2	0010	13	D	1101
3	3	0011	14	E	1110
4	4	0100	15	F	1111
5	5	0101	16	10	0001 0000
6	6	0110	17	11	0001 0001
7	7	0111	18	12	0001 0010
8	8	1000	19	13	0001 0011
9	9	1001	20	14	0001 0100
10	A	1010			

例 1-1

$$\text{F8H} = \underbrace{1111}_{\text{F}}\underbrace{1000}_{8}\text{B}$$

例 1-2

$$2.\text{A4H} = 0010.10100100\text{B} = 10.101001\text{B}$$

2）二进制数转换成十六进制数　二进制数的整数部分由小数点向左，每 4 位一分，最后不足部分左面补零；小数部分由小数点向右，每 4 位一分，最后不足部分右面补零，然后每 4 位二进制数用 1 位十六进制数代替，就转换成了十六进制数。

例 1-3

$$1001111001010.01011\text{B} = \underbrace{0001}\underbrace{0011}\underbrace{1100}\underbrace{1010}.\underbrace{0101}\underbrace{1000}\text{B} = 13\text{CA}.58\text{H}$$

表 1-2 所示的程序，如果用十六进制数表示目标程序与指令地址，则如下所示，显然方便得多。

地址	机器码	汇编指令
00H	74H 3FH	MOV A，#63
02H	24H 38H	ADD A，#56
04H	24H 24H	ADD A，#36
06H	24H 0EH	ADD A，#14

（2）二进制数，十六进制数转换成十进制数　根据二进制数及十六进制数的定义，将一个二进制数或十六进制数按权展开，然后相加，就得到了十进制数。

例 1-4

$$\begin{aligned}1111\ 1111\text{B} &= 1\times2^7+1\times2^6+1\times2^5+1\times2^4+1\times2^3\\&\quad+1\times2^2+1\times2^1+1\times2^0\\&=255\end{aligned}$$

$$3\text{AH} = 3\times16^1+10\times16^0 = 58$$

有时，先将二进制数转换成十六进制数，然后再转换成十进制数，计算更为方便。

例 1-5

$$101111B = 2FH = 2 \times 16^1 + 15 = 47$$

（3）十进制数转换成二进制数、十六进制数　十进制数转换成二进制数或十六进制数时，要把整数部分和小数部分分别换算，然后再将转换结果加在一起。

1）整数部分的换算

例 1-6　将十进制数 21 转换成二进制数。

设
$$21 = K_n K_{n-1} \cdots K_2 K_1 K_0 B$$

关键在于决定二进制数各数位 K_n、K_{n-1}、…、K_2、K_1、K_0 的值是 1 还是 0。由于

$$\begin{aligned} 21 &= K_n K_{n-1} \cdots K_2 K_1 K_0 B \\ &= K_n 2^n + K_{n-1} 2^{n-1} + \cdots + K_2 2^2 + K_1 2^1 + K_0 2^0 \\ &= 2\left(K_n 2^{n-1} + K_{n-1} 2^{n-2} + \cdots + K_2 2^1 + K_1\right) + K_0 \end{aligned}$$

用 2 除等式两边，得

$$10 + \frac{1}{2} = K_n 2^{n-1} + K_{n-1} 2^{n-2} + \cdots + K_2 2^1 + K_1 + \frac{K_0}{2}$$

等式两边的整数部分和小数部分理应相等，所以

$$10 = K_n 2^{n-1} + K_{n-1} 2^{n-2} + \cdots + K_2 2^1 + K_1 \qquad (1\text{-}1)$$

$$1 = K_0$$

再用 2 除等式（1-1）两边，得

$$5 + \frac{0}{2} = K_n 2^{n-2} + K_{n-1} 2^{n-3} + \cdots + K_2 + \frac{K_1}{2}$$

同理，得

$$5 = K_n 2^{n-2} + K_{n-1} 2^{n-3} + \cdots + K_2 \qquad (1\text{-}2)$$

$$0 = K_1$$

再用 2 除等式（1-2）两边，并如此继续下去，直到商为零止，从而得到 K_2、K_3、…、K_n 的值。上述方法可简化成

2 ⌊21	余 1	即 $K_0=1$
2 ⌊10	余 0	即 $K_1=0$
2 ⌊5	余 1	即 $K_2=1$
2 ⌊2	余 0	即 $K_3=0$
2 ⌊1	余 1	即 $K_4=1$
0		

最后得到转换结果

$$21 = 10101B$$

十进制数的整数部分转换成二进制数的方法归纳如下：十进制数的整数部分连续被基数 2 所除，依次记下余数，直到商为 0 止。第一个余数是转换后的二进制数的最低位 K_0，最后一个余数是最高位 K_n。

例 1-7　将十进制数 11 转换成二进制数。

因为

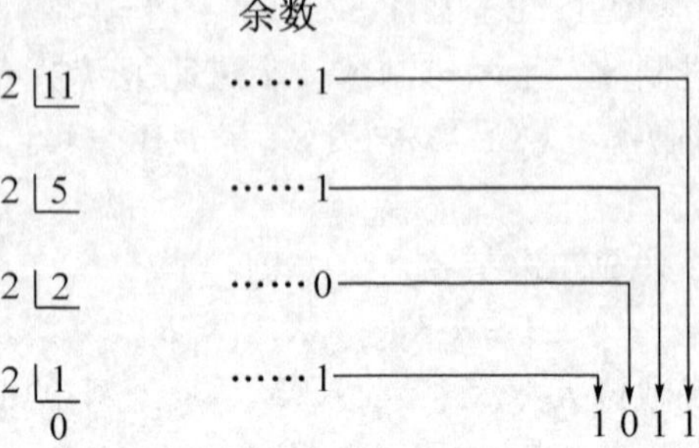

所以

$$11 = 1011\text{B}$$

十进制数的整数部分转换成十六进制数的方法是：十进制整数连续被基数 16 所除，依次记下余数，直到商为 0 止。第一个余数是转换后的十六进制数的最低位，最后一个余数则是最高位。

例 1-8 将十进制数 116 转换成十六进制数。

因为

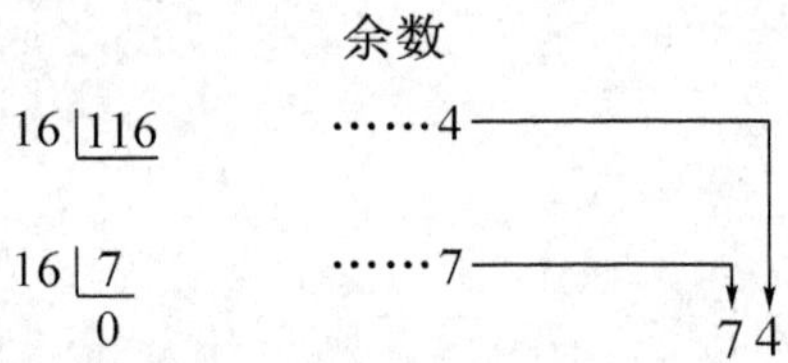

所以

$$116 = 74\text{H}$$

2）小数部分的转换

例 1-9 要求把十进制小数 0.6875 转换成二进制数。

设

$$0.6875 = K_{-1}K_{-2}K_{-3}\cdots K_{-m}B = K_{-1}2^{-1} + K_{-2}2^{-2} + K_{-3}2^{-3} + \cdots + K_{-m}2^{-m}$$

用 2 乘等式两边，得

$$1.3750 = K_{-1} + K_{-2}2^{-1} + K_{-3}2^{-2} + \cdots + K_{-m}2^{-m+1}$$

因为等式两边的整数部分和小数部分应分别相等，于是有

$$1 = K_{-1}$$

$$0.375 = K_{-2}2^{-1} + K_{-3}2^{-2} + \cdots + K_{-m}2^{-m+1} \tag{1-3}$$

再用 2 乘等式（1-3）两边，得

$$0.75 = K_{-2} + K_{-3}2^{-1} + \cdots + K_{-m}2^{-m+2}$$

于是

$$0 = K_{-2}$$

$$0.75 = K_{-3}2^{-1} + \cdots + K_{-m}2^{-m+2} \tag{1-4}$$

如此继续下去，可得 $K_{-3}\cdots K_{-m}$ 的值。上述方法可简化成

$$
\begin{array}{r}
0.6875 \\
\times \quad\quad 2 \\
\hline
1.3750
\end{array}
\qquad \text{整数部分} \quad 1 = K_{-1}
$$

$$
\begin{array}{r}
0.3750 \\
\times \quad\quad 2 \\
\hline
0.7500
\end{array}
\qquad \text{整数部分} \quad 0 = K_{-2}
$$

$$
\begin{array}{r}
0.7500 \\
\times \quad\quad 2 \\
\hline
1.5000
\end{array}
\qquad \text{整数部分} \quad 1 = K_{-3}
$$

$$
\begin{array}{r}
0.5000 \\
\times \quad\quad 2 \\
\hline
1.0000
\end{array}
\qquad \text{整数部分} \quad 1 = K_{-4}
$$

所以转换结果为

$$0.6875 = 0.1011\text{B}$$

十进制小数转换成二进制（或十六进制）小数的方法归纳如下：十进制小数连续乘以基数 2（或 16），依次记下积的整数部分，直到积为 0 止。第一个整数是二（或十六）进制小数的最高位 K_{-1}，最后一个整数是最低位 K_{-m}。

例 1-10 将十进制数 0.8125 转换成二进制数。

因为

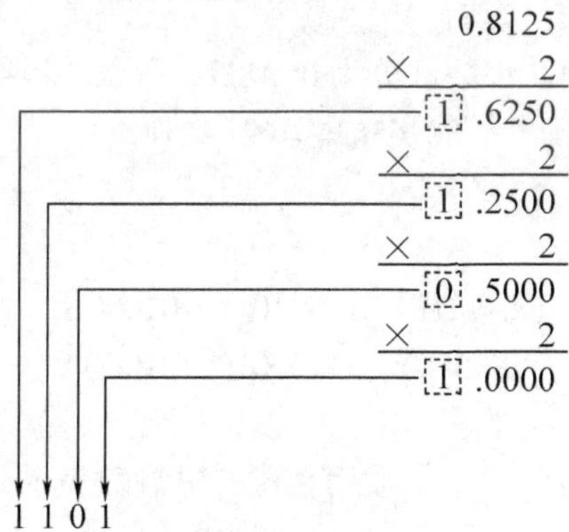

所以转换结果

$$0.8125 = 0.1101\text{B}$$

例 1-11 将十进制数 0.71875 转换成十六进制数。

因为

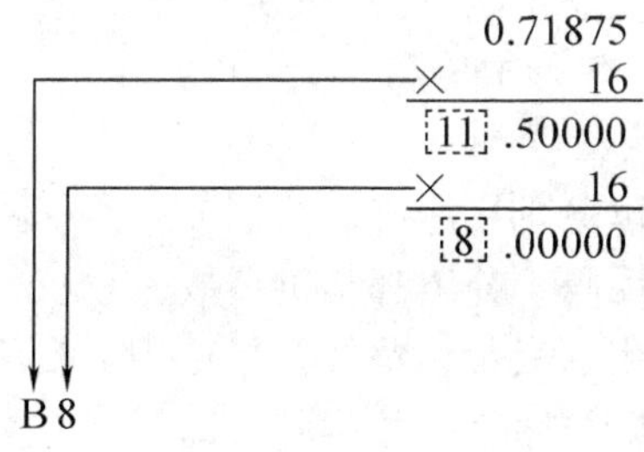

所以转换结果

$$0.71875 = 0.B8H$$

需要指出，任何一个十进制整数都可以用二进制数或十六进制数准确地表示。但小数并不是这样，有的小数是不能用二进制或十六进制小数准确地表示的，此时只能根据精度要求取足够的位数。

例 1-12 将十进制数 98.65626 转换成二进制数与十六进制数，二进制数的小数取 5 位。

① 先转换成十六进制数，整数部分转换如下：

余数

16 | 98　　2

16 | 6　　6

0

6 2

小数部分转换如下。因二进制数取 5 位，故十六进制数相应地取 2 位。

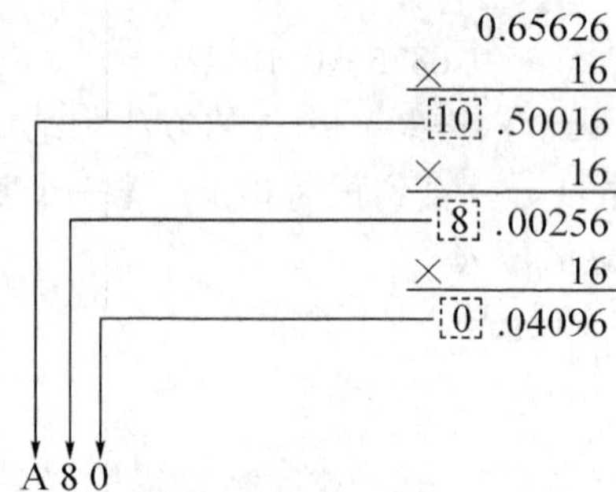

根据十六进制数 7 舍 8 入的原则，小数部分为 0.A8H。所以转换结果

$$98.65626 = 62.A8H$$

② 再转换成二进制数

因为

$$62.A8H = 0110010.10101000B$$

所以

$$98.65626 = 1100010.10101B$$

3. 带符号数的表示

在字长为 8 位的微型计算机中，一个数用 8 位二进制数表示。如果计算机处理的是无符号数，8 位二进制数的 8 位数符都表示数值，0000 0000B、0000 0001B、…1111 1111B，表示的无符号数数值 0、1、…255，故 8 位二进制数表示的无符号数范围是 0～255。

在很多场合，数有正负之分，这时的数就是带符号数。在计算机中，符号“+”、“-”要用 1 位二进制数表示。8 位微型计算机中约定，最高位 D_7 表示符号，其他 7 位表示数值，见图 1-10。$D_7=1$ 表示负数，$D_7=0$ 表示正数。

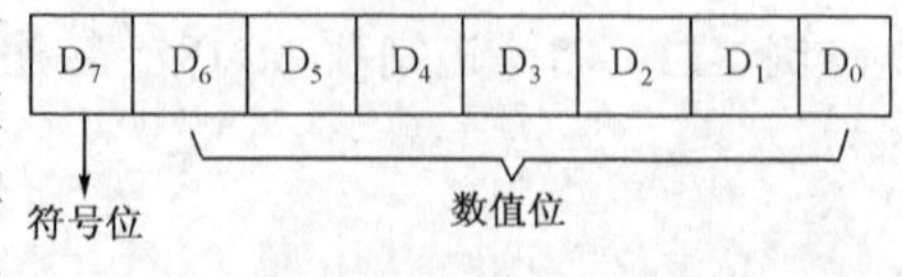

图 1-10　8 位微机中的带符号数

一个带符号数在计算机中可以分别用原码、反码或补码三种方法表示。习惯上，把计算机中存放的数称作机器数。原码、反码、补码都是机器数。

(1) 原码　凡是正数符号位用 0 表示，负数符号位用 1 表示，而数值位保持原样的机器数称为原码。也就是说，正数的原码与原来的数相同，即

$$[x]_{原} = x \quad (x > 0)$$

负数的原码符号位要置1，而数值位不变。

例 1-13 求 +4 的原码。

因为

$$x = +4 = +0000\ 0100B > 0$$

所以

$$[x]_{原} = x = 0000\ 0100B$$

例 1-14 求 −4 的原码。

因为

$$x = -4 = -0000\ 0100B < 0$$

所以

$$[x]_{原} = 1000\ 0100B$$

8 位二进制原码表示的数的范围为：−127 ~ +127，且 +0 与 −0 的原码不相同，见表 1-4。

表 1-4

二进制数	原码	反码	补码
0000 0000	+0	+0	±0
0000 0001	+1	+1	+1
0000 0010	+2	+2	+2
⋮	⋮	⋮	⋮
0111 1101	+125	+125	+125
0111 1110	+126	+126	+126
0111 1111	+127	+127	+127
1000 0000	−0	−127	−128
1000 0001	−1	−126	−127
1000 0010	−2	−125	−126
⋮	⋮	⋮	⋮
1111 1101	−125	−2	−3
1111 1110	−126	−1	−2
1111 1111	−127	−0	−1

（2）反码　正数的反码表示与正数的原码相同，即

$$[x]_{反} = x \quad (x > 0)$$

负数的反码由其绝对值按位求反后得到。

例 1-15 求 +4 的反码。

$$[x]_{反} = x = 0000\ 0100B$$

例 1-16 求 −4 的反码。

由于

$$x = -4 = -0000\ 0100B < 0$$

$$|x| = 0000\ 0100B$$

所以对 $|x|$ 按位求反后得

$$[x]_{反} = 1111\ 1011B$$

8 位二进制反码表示的数的范围为：−127 ~ +127，且 +0 与 −0 表示法不相同，见表 1-4。

（3）补码　正数的补码表示与正数的原码相同，即

$$[x]_{补} = x \quad (x > 0)$$

负数的补码由它的绝对值求反加 1 后得到。

例 1-17 求 x=3 的补码。

$$[x]_{补}=0000\ 0011B$$

例 1-18 求 -3 的补码。

因为

$$x=-3=-0000\ 0011B<0$$

而

$$|x|=0000\ 0011B$$

对 |x| 求反加 1 后得到补码

$$\overline{|x|}=1111\ 1100B$$

$$[x]_{补}=\overline{|x|}+1=1111\ 1101B$$

8 位二进制补码有如下特点：

① 8 位二进制补码表示的数的范围为：-128 ~ +127，见表 1-4。

② $[+0]_{补}=[-0]_{补}=0000\ 0000B$。

③ 正数补码的符号位 $D_7=0$，负数补码的符号位 $D_7=1$。

④ 对负数补码求反加 1，回复为该数的绝对值。

例 1-19 已知 $[x]_{补}=1111\ 0011B$，求 x。

因为 $[x]_{补}$ 的 $D_7=1$，x 是负数，所以

$$|x|=\underbrace{0000\ 1100B}_{\text{对 }[x]_{补}\text{ 求反结果}}+1=0000\ 1101B$$

$$x=-0000\ 1101B=-13$$

⑤ 采用补码后，可以将减法运算转换成加法运算。例如，y=99-58，减法运算的结果 y=41。若将 99 与 -58 用补码表示，在执行了 $[99]_{补}+[-58]_{补}$ 的加法运算后会得到 y 的补码 $[y]_{补}$。计算如下：

$$[99]_{补}=0110\ 0011B$$

$$[-58]_{补}=1100\ 0110B$$

于是

$$\begin{array}{r} 0110\ 0011 \\ +\quad 1100\ 0110 \\ \hline \boxed{1}\ 0010\ 1001 \end{array}$$

在字长 8 位的计算机中，和只保留 8 位，所以运算结果

$$[y]_{补}=0010\ 1001B$$

由于 $D_7=0$，说明 y 是正数，因此

$$y=[y]_{补}=0010\ 1001B=41$$

可见两种计算方法的结果相同。微型计算机中的带符号数采用补码表示后，运算器中就只设置加法器，这样便简化了硬件结构。

4. 定点数与浮点数

（1）定点数 所谓定点数，是指小数点位置固定不变的数。常用的定点数有两种：

1）小数点定于数值位之后，见图 1-11a。这种定点数只能表示整数，本节上面各段所述的数就是这种数。

2）小数点定于符号位与数值位之间，见图 1-11b，这种定点数只能表示纯小数。

由于小数点的位置已事先约定，所以不必使用任何标识符号。

定点数的这两种表示方法在计算机中均有采用，但在使用机器前需事先约定将采用何种表示方式。

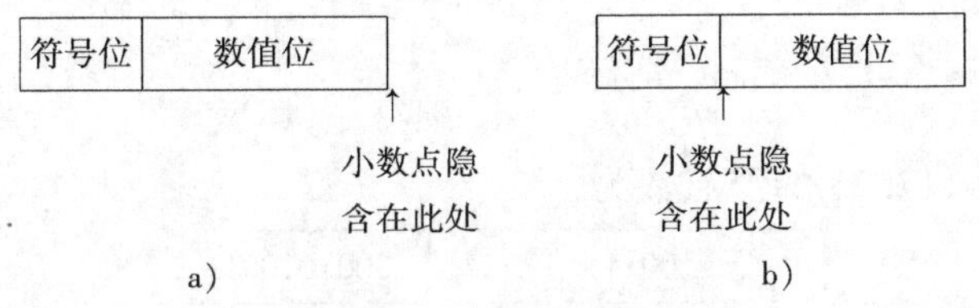

图 1-11　定点数的表示

（2）浮点数　定点数表示的数值范围有限。如小数点置于数值位之后的、不带符号的 16 位二进制数，其表示的数值范围为 0 ~ 65535；而带符号的 16 位二进制数补码的表示范围为 −32768 ~ 32767。为了表示较大范围的数，除了采用多字节数外，还常常使用浮点数。

对于任何一个十进制数 N，总可以表示为 $N = 10^{P} \times S$，如：

$$2345.67 = 10^{+4} \times 0.234567$$

式中，S 称为 N 的尾数；P 称为 N 的阶码；10 称为阶码的底。

同样，对于任何一个二进制数 N，也可以用式

$$N = 2^{P} \times S$$

表示，如

$$101.11B = 1000B \times 0.10111B = 2^{+11B} \times 0.10111B$$

这里，阶码 P、尾数 S 都用二进制数表示，而阶码的底为 2。

实际应用中，尾数 S 有如下特征：

1）S 采用纯小数形式（$|S| < 1$）。

2）S 可为正数，表示数 $N \geqslant 0$，S 也可为负数，表示 $N < 0$，即数 N 的正或负由 S 来表示。

3）既然 S 是有符号数，因此用补码表示。

4）尾数 S 所取的位数规定了有效数字的位数。

阶码 P 有如下特征：

1）阶码可为正数，也可为负数，用补码表示。

2）P 的位数决定了数 N 可表示的范围。

如果浮点数的尾数 $0.5 \leqslant |S| < 1$，则称该浮点数为规格化浮点数。$N = 2^{+11B} \times 0.10111B$ 是规格化浮点数，$N = 2^{+100B} \times 0.010111B$ 则不是规格化浮点数。

浮点数在机器中的表示见图 1-12。

阶符	阶　码	尾符	尾　数

图 1-12　浮点数的表示

例 1-20　某计算机字长 16 位，其中阶码用五位二进制数表示，尾数用 9 位二进制数表示，阶符、尾符各占一位数。试用浮点数形式表示十进制数 −117.75 及 0.078125。

①　因为 −117.75 = −1110101.11B

规格化后为 $-0.111010111B \times 2^{+111B}$

且阶码 +111B 的 6 位补码为

$$[000111B]_{补} = 0\ 00\ 111\ B$$

↓ 阶符　阶码

尾数 $-0.111010111B$ 的 10 位补码为

$$[-0111010111B]_{补} = 1\ 000101001B$$

↓ 尾符　尾数

所以，十进制数 -117.75 的浮点数为

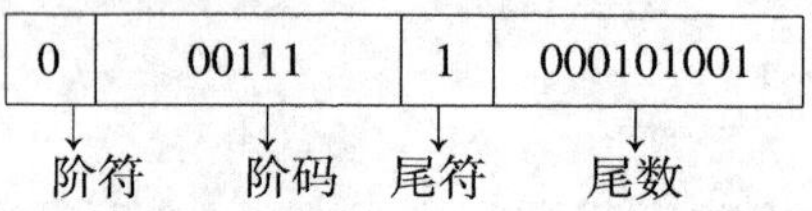

② 因为十进制数 $0.078125 = 0.000101B$

规格化后为 $0.101B \times 2^{-11B}$

而阶码 -11B 的六位补码为

$[-000011B]_{补} = 111101B$

尾数 0.101B 的 10 位补码为

$[0101000000B]_{补} = 0101000000B$

所以，0.078125 的浮点数为 1111010101000000B

如上所述，字长一定时，若分配给阶码的位数增多，则数 N 的表示范围可增大，而数的有效位数将相应减少。

在例 1-20 的条件下，浮点数的表示范围见图 1-13。

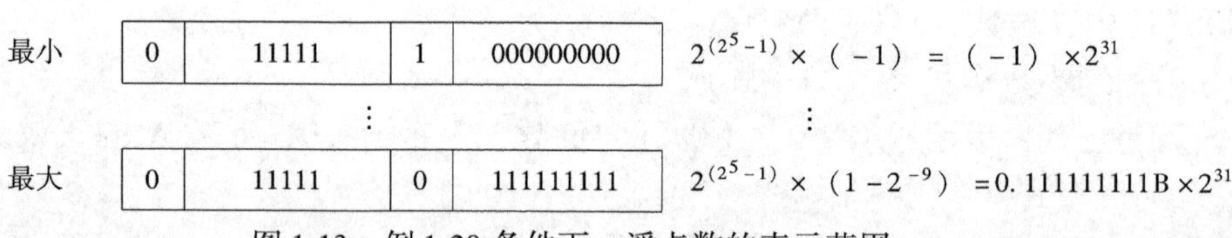

图 1-13　例 1-20 条件下，浮点数的表示范围

5. 二进制编码的十进制数

（1）二-十进制数　有些场合，计算机输入、输出数据时仍使用十进制数，以适应人们的习惯。然而，计算机中只能采用二进制数，只有 0、1 两种状态。为此，十进制数的数符必须用二进制码表示，这就形成了二进制编码的十进制数，简称二-十进制数，又称 BCD 码（Binary Coded Decimal），用标识符 $[\cdots\cdots]_{BCD}$ 表示。

4 位二进制数可以表示 16 种状态，而十进制数只有 0 ~ 9 十个数符，所以舍去 1010 ~ 1111 六种状态，用余下的 10 种状态来表示 0 ~ 9，它们之间的对应关系见表 1-5。

如上所述，二-十进制数是十进制数，逢十进一，只是数符 0 ~ 9 用 4 位二进制数 0000 ~ 1001 表示而已。

十进制数与二-十进制数之间的转换十分方便，只要把数符 0 ~ 9 与对应的 0000 ~ 1001 互换就行了。例如：

表 1-5

十进制数	二-十进制数	十进制数	二-十进制数
0	0000	10	0001 0000
1	0001	11	0001 0001
2	0010	12	0001 0010
3	0011	13	0001 0011
4	0100	14	0001 0100
5	0101	15	0001 0101
6	0110	16	0001 0110
7	0111	17	0001 0111
8	1000	18	0001 1000
9	1001	19	0001 1001
	1010（非法）	20	0010 0000
	1011（非法）	21	0010 0001
	1100（非法）	22	0010 0010
	1101（非法）	23	0010 0011
	1110（非法）	24	0010 0100
	1111（非法）	25	0010 0101

$$[0100\ 1001\ 0001.0101\ 1000]_{BCD}=491.58$$

二-十进制数与二进制数之间不能直接转换，通常要先经过十进制数。例如

$$0100\ 0011B=67D=[0110\ 0111]_{BCD}$$

（2）十进制调整　计算机的运算器总是按二进制运算。在计算机输入二-十进制数时，由于标识符不能进入计算机，故运算器依然按二进制运算。然而，4 位二进制数逢 16 进一，而对应的 1 位二-十进制数逢 10 进一，这将产生差错。为此，计算机执行二-十进制数运算时，要对运算结果进行调整。

加法运算的调整方法是：

1）两个二-十进制数相加后，如和的高 4 位（或低 4 位）出现非法码 1010 ~ 1111，则高 4 位（或低 4 位）要加 6 修正。

2）如果和的高 4 位（或低 4 位）的 D_7（或 D_3）出现向高位的进位，则高 4 位（或低 4 位）要加 6 修正。

例 1-21　计算48 + 69。

由于

$$48=[0100\ 1000]_{BCD},\ 69=[0110\ 1001]_{BCD}$$

计算机中先进行二进制运算，然后再进行二-十进制调整。过程如下：

```
                高4位   低4位
        进位      0       1
                0100    1000
              + 0110    1001
        ----------------------
        非法和  1011    0001
        调整   +0110    0110
        ----------------------
              1 0001    0111→117D
```

上列运算中，和的高 4 位出现了非法码，低 4 位出现了进位，均要加 6 进行调整。调整后的结果才是正确的运算结果。

减法运算的调整方法是：差的高 4 位 D_7 或低 4 位 D_3 向高位借位，则高 4 位或低 4 位要减 6 调整。

6. ASCII 码

微型计算机中常用到的另一种编码是 ASCII 码。ASCII 码是美国标准信息交换代码（American Standard Code for Information Interchange）的缩写，编码表示见附录 A。ASCII 码用 7 位二进制数表示数字、字母和符号，共 128 个。包括英文 26 个大写字母、26 个小写字母、0 ~ 9 十个数字，还有一些专用符号（如“:”、“!”、“%”）及控制符号（如换行、换页、回车）。

在字长 8 位的微型计算机中，用低 7 位表示 ASCII 码，最高位 D_7 可用作奇偶校验位。例如字母“C”的 ASCII 码为 1000011，假如采用偶校验，因原有 3 个“1”，则 D_7 应置 1，以形成偶数个 1，即 1100 0011。假如采用奇校验，则 D_7 应清 0，形成奇数个 1，即 0100 0011。在串行通信中，发送端与接收端事先协定校验方式。如果采用偶校验，则信息从发送端发送时已形成偶数个“1”。接收端接收信息时，经校验如发现“1”的个数为奇，说明信息在传送过程中发生了差错，计算机就可进行相应的出错处理。奇偶校验所用的硬件与软件都较简单，所以这种方法在计算机通信中得到广泛的应用。

第二节 微处理器

微处理器是微型计算机的核心。不同型号微处理器的结构有所不同。图 1-14 是典型的 8 位微处理器的结构框图，包括运算器、控制器、工作寄存器组三部分。该微处理器的外部采用三总线结构，内部是单总线结构。

一、运算器

运算器由算术逻辑单元 ALU、累加器 A、暂存寄存器 TR、标志寄存器 F、二-十进制调整电路等部分组成。

1. 算术逻辑单元和累加器

算术逻辑单元 ALU 是微型计算机执行算术运算和逻辑运算的主要部件。它有两个输入端：一个输入端与累加器 A（Accumulator）相连，另一个输入端与暂存寄存器 TR 相连。ALU 的输出端与内部总线相连。

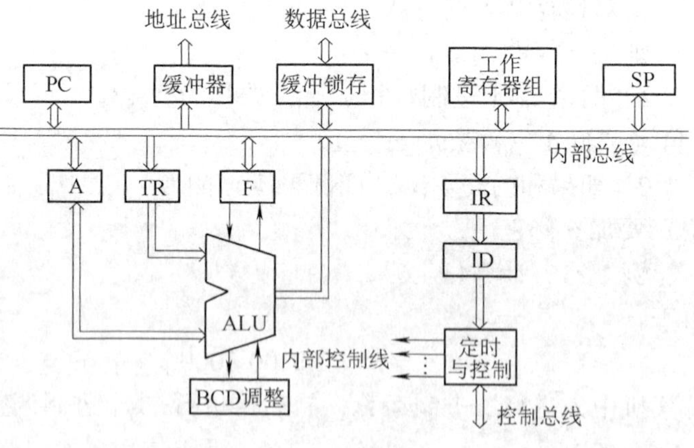

图 1-14 典型微处理器结构框图

累加器 A 是一个 8 位寄存器。很多 8 位双操作数运算如执行下列指令

```
ADD  A,#24H ;(A)←(A) +24H
ADD  A,R0   ;(A)←(A) +(R0)
ANL  A,R1   ;(A)←(A)∧(R1)
```

时，一个操作数来自 A，运算结果又送回 A，所以累加器 A 是一个使用十分频繁的寄存器。另一个操作数可来自 CPU 内部的工作寄存器，也可来自存储器或接口电路。无论是哪一种情况，它总是通过内部总线送来的。由于总线只能分时传送数据，故用暂存寄存器在内部总线与 ALU 之间起缓冲作用。在执行上面的指令时，内部总线先传送一个操作数至 TR，然后由控制器控制 ALU 对 A 和 TR 中的内容进行运算，运算结果再通过内部总线传送到累加器 A。

微型计算机的运算器可执行加法、减法等算术运算，有些微机还可执行乘法和除法操作。运算器执行的逻辑运算有与、或、求反、异或、清零、移位等。

2. 标志寄存器

标志寄存器 F（Flag）又称状态寄存器，用来存放 ALU 运算结果的一些特征，如溢出（OV）、进位（C）、辅助进位（AC）、奇偶（P）、结果为零（Z）等。详见第二章。

3. 二-十进制调整电路

计算机在进行二-十进制数运算时，要对运算结果进行调整，这由二-十进制调整电路（BCD 调整电路）实现。

二、控制器

控制器由指令寄存器 IR、指令译码器 ID 及定时与控制电路三部分组成。

计算机工作时，由定时与控制电路按照一定的时间顺序发出一系列控制信号，使计算机各部件能按一定的时间节拍协调一致地工作，从而使指令得以执行。

一条指令的执行分成取指令和执行指令两个阶段。具体步骤为

1）从存储器中取回该指令的机器码，送指令寄存器寄存，直至该指令执行完毕。

2）由指令译码器译码，以识别该指令需要实施何种操作。

3）由定时与控制电路产生一系列控制信号，送到计算机各部件以执行这一指令。

定时与控制电路除了接收译码器送来的信号外，还接收 CPU 外部送来的信号，如中断请求信号、复位信号等，这些信号由控制总线送入。定时与控制电路产生的控制信号一部分用于 CPU 内部，控制 CPU 各部件的工作，另一部分通过控制总线输出，用于控制存储器和 I/O 接口电路的工作。

三、工作寄存器

微型计算机的 CPU 内部通常设置工作寄存器组。设置工作寄存器后，参加运算的操作数及运算的中间结果可以存放在寄存器中，而不必每次都送入存储器存放。这样可提高计算机的工作速度，还能简化指令的机器代码。工作寄存器还可以寄存存储器地址。

四、程序计数器

程序计数器 PC（Program Counter）是管理程序执行次序的特殊功能寄存器。程序的执行有两种情况——按照顺序执行和跳转。为此，程序计数器具有下述三种功能。

（1）复位功能　计算机通电时有上电复位，运行时有操作复位（按钮复位）。复位时计算机进入初始状态，PC 的内容将自动清零。

（2）计数功能　CPU 读取一条指令时，总是将 PC 的内容作为指令地址，并经地址总线送到存储器，从而从该地址单元中取回指令的机器码，送到指令寄存器。同时，每取回指令代码的一个字节，PC 的内容自动加 1（加法计数）。因此，在取回指令进入执行指令的阶段，PC 的内容已是按顺序排列的下一条指令的地址。

(3) 直接置位功能　PC 也能直接接收内部总线送来的数据，并用该数据取代其原有的内容。

下面分析程序计数器 PC 管理程序执行次序的过程，假设下列程序的目标程序已经存放于首地址为 0000H 的存储区。

```
0000H        74H 08H            MOV A, #08H
0002H        24H 04H            ADD A, #04H
0004H        24H 05H            ADD A, #05H
0006H        02H 22H 00H        LJMP 2200H
0009H
                   ⋮
2200H        78H 7FH            MOV R0, #7FH
```

上电后计算机复位，(PC) =0000H。所以 CPU 将 PC 的内容 0000H 作为地址送到存储器，从存储器 0000H 单元中取回第一条指令 MOV A，#08H 的第一个字节 74H，送入指令寄存器。同时，PC 自动加 1，使（PC） = 0001H。由于该指令是双字节指令，CPU 又将 0001H 作为地址送到存储器，从 0001H 单元中取回指令的第二个字节 08H，送入指令寄存器。同时，PC 自动加 1，使（PC） =0002H。指令 MOV A，#08H 的机器码全部取回控制器后，CPU 对指令译码并进而执行这条指令。此时，PC 的内容已是按顺序排列的下一条指令（ADD A，#04H）的地址：0002H。

第一条指令执行完后，CPU 又将 PC 的内容 0002H 作为地址，从 0002H 单元中取回第二条指令的机器码并加以执行。同时，每取一个字节，PC 自动加 1。所以计算机在执行第二条指令时，PC 的内容是第三条指令的地址，（PC） =0004H。于是，在程序计数器的管理下，CPU 按照程序的顺序一条一条地执行指令。

有时，程序需要跳转，即不再按照顺序执行。这需要在程序中安排转移（JMP）指令、调用子程序（CALL）指令或返回（RET）指令等。这些指令将下一条要执行的指令地址直接置入 PC 中。例如，上列程序中的 LJMP 2200H 就是一条无条件转移指令。CPU 取回这条指令并开始执行时，（PC） =0009H。然而，LJMP 2200H 的功能是将跳转地址 2200H 直接置入 PC，故该指令执行后，（PC） =2200H。于是，CPU 将 2200H 作为地址，从 2200H 单元中取出指令 MOV R0，#7FH（78H、7FH）继续加以执行。这就实现了程序执行的跳转。

同样道理，如果用户程序的首地址不是 0000H，那么，只要在 0000H 单元中安排一条无条件转移指令，而用户程序从跳转地址处开始存放，计算机上电后就转去从头执行用户程序。

第三节　存　储　器

一、概述

存储器是计算机的重要组成部分。由于存储器存放了需要处理的数据和程序，使计算机能脱离人的直接干预而自动工作。

早期计算机的存储器由大量的磁心构成，现在的计算机，特别是微型计算机的存储器由半导体集成电路芯片组成。

存储器的主要指标是容量和存取速度。容量越大，则记忆的信息越多，计算机的功能就越强。存储器的存取速度比 CPU ALU 的运算速度要低，所以存储器的工作速度是影响计算机工作速度的主要因素。目前存储器存取数据的时间为数百纳秒（ns）到数十纳秒。

1. 存储器分类

图 1-2 中的存储器称为主存储器，又叫内存储器，它由半导体集成电路芯片所组成，用来存放当前运行所需要的程序与数据。内存工作速度快，可以直接与 CPU 交换数据、参与运算。但内存的容量有限，通常为几十到几百千字节（KB）。

除了内存储器外，计算机还将磁带、磁盘作为存储器，通常称它们为外存储器。外存的容量很大，一盘磁带可存储 150KB 的信息，一片硬磁盘可存储 20MB 的信息。磁带、磁盘的数量可随意增加，从这个意义上说，外存储器的容量无限。但外存的工作速度低，它们不能直接参与计算机的运算，一般情况下外存只与内存成批交换信息。也就是说，外存储器仅起到扩大计算机存储容量的作用。在计算机中，外存储器是外围设备的组成部分。

按结构与使用功能分，内存储器又有随机存取存储器 RAM（Random Access Memory）和只读存储器 ROM（Read Only Memory）两类。

随机存取存储器 RAM 又称读写存储器，它的数据读取、存入时间都很短，因此，计算机运行时，既可以从 RAM 中读数据，又可以将数据写入 RAM。但掉电后 RAM 中存放的信息将丢失。RAM 适宜存放原始数据、中间结果及最后的运算结果，因此又被称作数据存储器。

读写存储器有静态 RAM 和动态 RAM 两种。静态 RAM 用触发器存储信息，只要不断电，信息就不会丢失。动态 RAM 依靠电容存储信息，充电后为“1”，放电后为“0”。由于集成电路中电容的容量很小，且存在泄漏电流的放电作用，高电平的保持时间只有几毫秒（ms）。为了保存信息，每隔 1～2ms 必须对高电平的电容重新充电。这称为动态 RAM 的定时刷新。动态 RAM 的集成度高；静态 RAM 的集成度低、功耗大，优点是省去了刷新电路。

只读存储器 ROM 读出一个数据的时间为数百纳秒；有时也可改写，但写入一个数据的时间长达数十毫秒，因此在计算机运行时只能执行读操作。掉电后 ROM 中存放的数据不会丢失。ROM 适宜存放程序、常数、表格等，因此又称为程序存储器。

只读存储器有以下四类：

（1）掩模 ROM　在半导体工厂生产时，已经用掩模技术将程序做入芯片，用户只能读出内容而不能改写。掩模 ROM 只能应用于有固定程序且批量很大的产品中。

（2）可编程只读存储器 PROM（Programmable ROM）　用户可将程序写入 PROM，但程序一经写入就不能改写。

（3）可擦除可编程只读存储器 EPROM（Erasable PROM）　用户可将程序写入 EPROM 芯片。如果要改写程序，先用紫外灯照射芯片，擦去原先的程序，然后写入新程序。与 PROM 芯片一样，写入的速度很慢，且要用到高压，所以必须用特定的 EPROM 编程器写入信息。在计算机运行时只能执行读操作。

（4）电擦除可编程只读存储器 EEPROM（Electrically Erasable PROM）　这是近年发展起来的一种只读存储器。由于采用电擦除方式，而且擦除、写入、读出的电源都用 +5V，故能在应用系统中在线改写。但目前写入时间较长，约需 10ms 左右，读出时间约为几百纳秒。

图 1-15 归纳了存储器的分类情况。

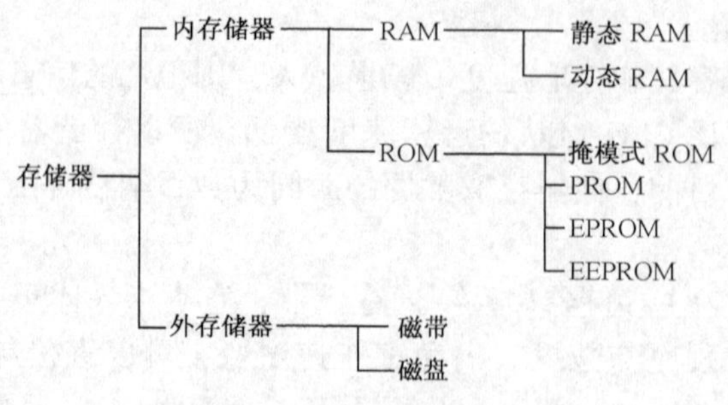

图 1-15　存储器分类

2. 存储器结构

存储器由存储体、地址寄存器、地址译码器、存储器输入/输出控制电路等部分组成，图 1-16 是存储器芯片的结构框图。

存储体也称为存储矩阵，由许多存储单元组成。图中的存储体由 4096 个单元组成，即该芯片的容量是 4K 单元。存储单元的每一位用来存放 1 位二进制代码，8 位微机的存储单元存放 8 位二进制代码。每个存储单元都有相应的地址，4KB 容量的存储器单元地址从 000H ~ FFFH。对存储体中一个单元读出信息或写入信息必须按地址进行。

外部地址线 A_{11} ~ A_0 送来的地址存入地址寄存器，并经地址译码器译码，从而选中一个单元进行读或写的操作。地址线的根数应与地址的二进制位数一致。

存储器输入/输出控制电路接收来自 CPU 的读信号和写信号。读信号有效时，控制电路控制存储器进行读操作。读操作的过程是：根据地址线上的地址选中相应的单元，并将该单元的内容送到外部数据线 I/O_1 ~ I/O_8 上。写信号有效时，控制电路将数据线上的 8 位数据写入所选中的单元中去。

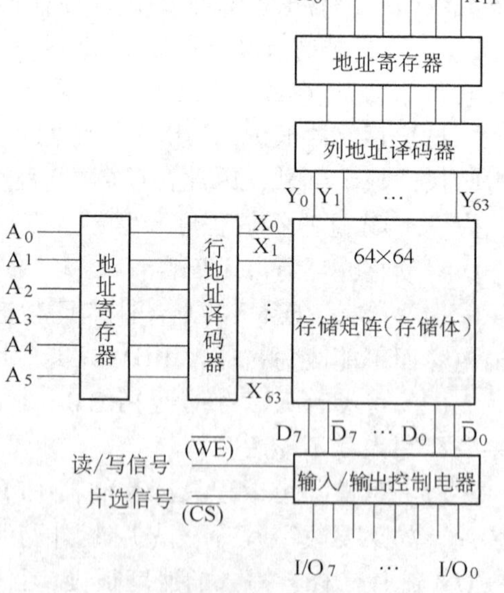

图 1-16　存储器结构框图

二、读写存储器 RAM

读写存储器 RAM 有双极型和 MOS 型两类。MOS 型 RAM 集成度高但存取时间较长，双极型 RAM 则相反。近来年，MOS 型 RAM 的存取速度有了很大的提高，已经赶上了 TTL 型 RAM 的速度。在微型计算机中，主要应用 MOS 型 RAM，典型的芯片有 2114（1KB ×4 位）、6116（2KB ×8 位）、6264（8KB ×8 位）等。

1. 1 位存储电路

1 位存储电路存放 1 位二进制代码。8 位微型计算机存储器的一个单元由 8 个 1 位存储电路所组成。

(1) 1 位静态存储电路　图 1-17 是由 6 管组成的 1 位静态存储电路。V_1 ~ V_4 构成一个触发器，其中 V_1、V_2 是放大管，V_3、V_4 作负载用。触发器存放 1 位二进制代码，Q 端为高电平时存放“1”，低电平时存放“0”。V_5、V_6 是每个 1 位存储电路都具有的行选控制管，行选信号 X 高电平时 V_5、V_6 导通。V_7、V_8 是列选控制管，同一列的 1 位存储电路共用一对列选控制管。列选信号 Y 高电平时 V_7、V_8 导通，因此，只有行选、列选信号同时为高电平时触发器才与数据线 Di、$\overline{Di}$接通，这时才可以进行读，写操作。

存储体由大量的 1 位存储电路组成。如果存储器芯片的容量为 4KB，则由 4096×8 个 1 位存储电路构成存储体。这些存储电路构成一个存储矩阵，图 1-18 是它的示意图。图中每一个小方块表示一个存储单元，它们由 8 个 1 位存储电路组成。小方块左下角的十六进制数字是单元地址。

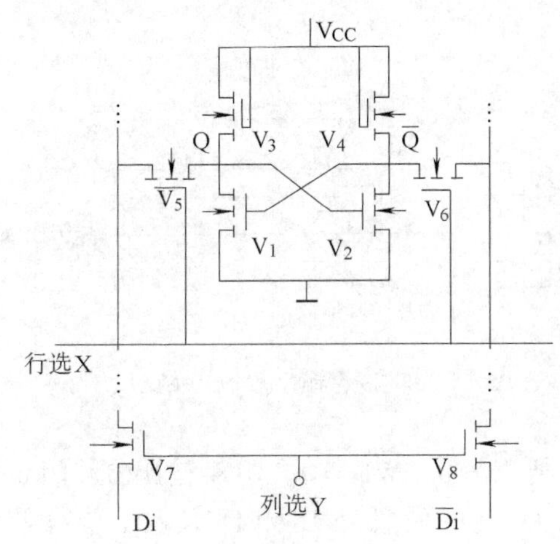

图 1-17　6 管静态 1 位存储电路

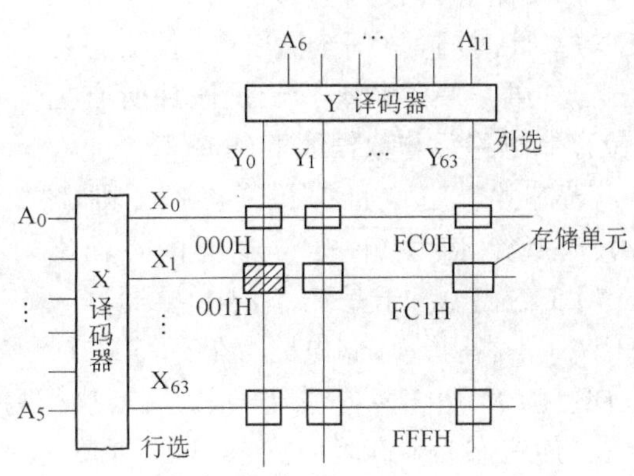

图 1-18　存储矩阵

（2）1 位动态存储电路　1 位动态存储电路有多种结构，图 1-19 是由 4 管构成的电路。二进制代码以电荷形式存储在 MOS 管 V_1、V_2 的栅极电容 C_1、C_2 上。若 C_1 被充电到高电平，则 V_1 管导通，C_2 经 V_1 放电后为低电平，使 V_2 截止。此时 Q = 0，即所存储的信息为 0。

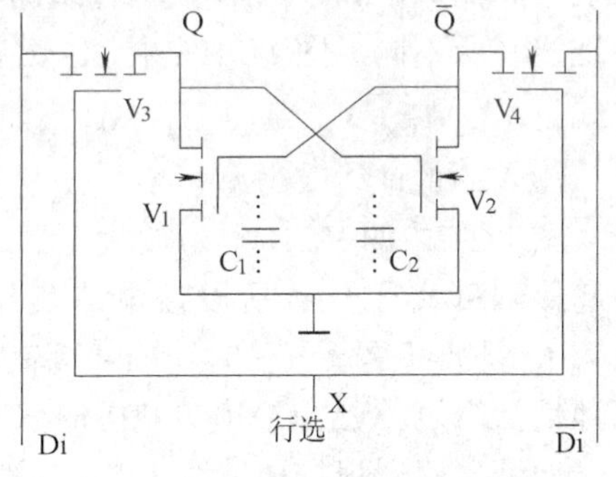

图 1-19　1 位动态存储电路

读出时，行选 X 出现高电平，使控制管 V_3、V_4 导通，同时，输入/输出控制电路将 Di、$\overline{Di}$同置高电平。如果 Q = 0，由于 V_1 导通、V_2 截止，线 Di 有大电流经 V_3、V_1 构成回路，而线$\overline{Di}$上的电流很小。如果 Q = 1，V_2 导通、V_1 截止，线$\overline{Di}$上出现大电流。根据线 Di 还是线$\overline{Di}$上出现大电流可判断读出的信息是 0 还是 1。

写入时，V_3、V_4 同样要导通。如果写入 1，则输入/输出控制电路使线 Di 为高电平，而线$\overline{Di}$为低电平。线 Di 上的高电平经 V_3 对 C_2 充电，最终 C_2 呈高电平从而 V_2 导通，$\overline{Q}=0$；线$\overline{Di}$上的低电平使 C_1 经 V_4 放电，最终 C_1 为低电平从而 V_1 截止，Q = 1。反之，如果要写入 0，则 Di 为低电平而$\overline{Di}$为高电平，使 V_1 导通、V_2 截止，Q = 0 而$\overline{Q}=1$。

2. 地址译码器

存储器芯片中通常包含行（X）、列（Y）两个地址译码器。译码器输入端接存储器地址，输出行选或列选信号，见图 1-16、图 1-18。

3. 输入/输出控制电路

图 1-20 是输入/输出控制电路的原理图。控制电路采用三态缓冲器结构，使存储器芯片可以直接挂在总线上。目前存储器芯片的存储容量有限，常常需要用多片芯片组成计算机的内存储器。因此，地址选择时，首先要选中芯片，然后再选中芯片中的单元，故三态门电路要受片选信号$\overline{CS}$控制。三态门还受读写信号$\overline{WE}$控制，以决定双向三态门传送数据的方向。

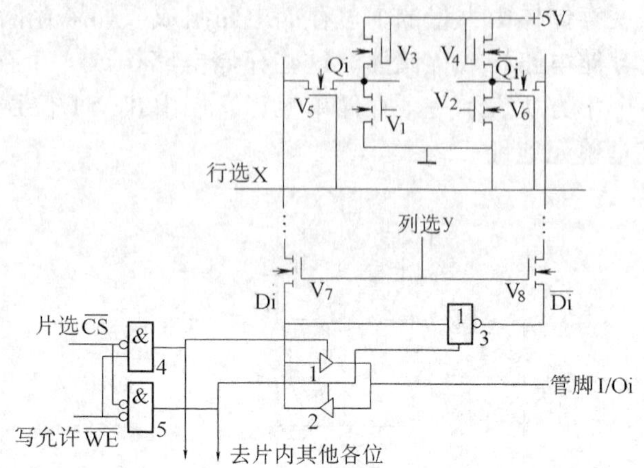

图 1-20　输入/输出控制电路

若存储芯片没有选中，则片选信号$\overline{CS}=1$。此时门 4、门 5 输出 0，使三态门 1、2、3 处于高阻状态，于是该片所有的 1 位存储电路都与数据线 I/Oi 断开。

若芯片被选中且执行读操作，则$\overline{CS}=0$、写允许信号$\overline{WE}=1$。这时门 4 输出 1、门 5 输出 0，于是三态门 1 导通，三态门 2、3 高阻，存储电路存储的信息 Q_i 经 Di、门 1，出现在管脚 I/Oi 上。若执行写操作，则$\overline{CS}=0$、$\overline{WE}=0$。门 4 输出 0、门 5 输出 1，使三态门 1 高阻而三态门 2、3 导通，管脚 I/Oi 上的信息经 Di 和$\overline{Di}$写入 1 位存储电路。

地址译码器由多个译码电路组成，存储体的每一行（列）都有一个如图 1-21 所示的译码电路，只是输入端的地址线有所不同。图 1-21 是行 X_1 的译码电路，输入的地址线是$\overline{A_0}$、A_1、A_2、A_3、A_4、A_5。如果是列 Y_{63} 的译码电路，输入的地址线改为$\overline{A_6}$、$\overline{A_7}$、$\overline{A_8}$、$\overline{A_9}$、$\overline{A_{10}}$、$\overline{A_{11}}$。

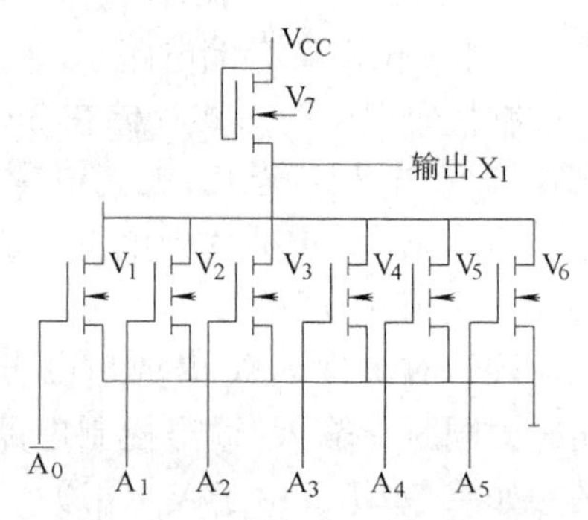

图 1-21　地址译码电路

图 1-21 中的 $V_1 \sim V_6$ 是放大管，由于它们的漏极连在一起接到负载管 V_7，所以该电路实现或非功能。只有 $V_1 \sim V_6$ 的栅极都是低电平时输出才为高电平。也就是说，仅当地址 $A_5A_4A_3A_2A_1A_0=000\ 001$ 时 $X_1=1$。

地址译码器根据地址线上不同的地址选中相应的惟一的存储单元。如图 1-18 所示，$X_i=1$ 时，该行所有的 1 位存储电路中的行选控制管 V_5、V_6 皆导通，$Y_j=1$ 时，该列的列选控制管 V_7、V_8 导通，因此，只有交叉点上的存储单元被选中。该存储单元的 8 个 1 位存储电路经输入/输出控制电路与数据线 $I/O_1 \sim I/O_8$ 相连。如果地址码为 001H，即 $A_{11\sim6}=000\ 000B$，$A_{5\sim0}=000\ 001B$，则译码后 $Y_0=1$，$X_1=1$，于是选中了图 1-18 中打斜线的单元，该单元的地址就是 001H。

三、只读存储器 ROM

1. 掩模 ROM

图 1-22 是 4×4 位 MOS 型掩模 ROM 的结构示意图。该存储器有 4 个存储单元，每个存储单元存放 4 位二进制信息 $D_3 \sim D_0$。两位地址 A_1、A_0 经地址译码后输出 4 条选择线 $W_3 \sim W_0$，每一条选择线选中一个单元。由于单元数很少，图中只设置一个译码器。

存储矩阵中，有些位连有 MOS 管，有些位没有管子，这是工厂生产芯片时形成的。连有 MOS 管的位存储数据“0”，没有管子的位存储“1”。如果地址 $A_1=0$、$A_0=1$，译码后 $W_1=1$ 而 $W_0=0$、$W_2=0$、$W_3=0$，从而选中 01 单元。该单元中的 MOS 管导通，使连有管子的位 $D_2=0$、$D_0=0$，不连管子的位 $D_3=1$、$D_1=1$，故 01 单元存储的代码为 1010。同样道理，00 单元存储的代码为 0001，02 单元为 0100，03 单元为 0110。

如上所述，掩模 ROM 中存储的数据由工厂生产芯片时确定，用户无法更改，存储的内容也不会因掉电而丢失。掩模 ROM 的电路结构十分简单，因此芯片的集成度高。

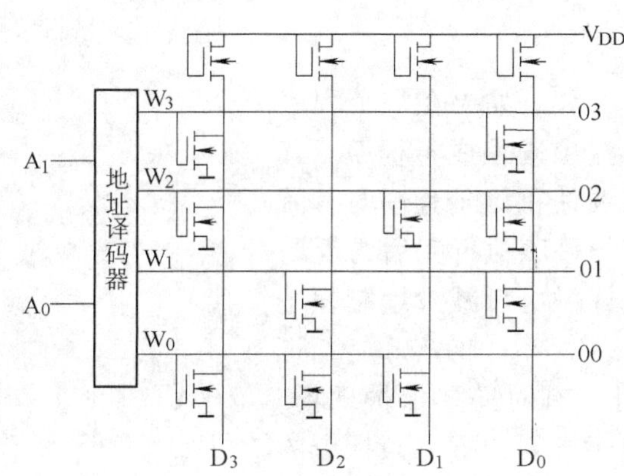

图 1-22　4×4 位掩模 ROM 示意图

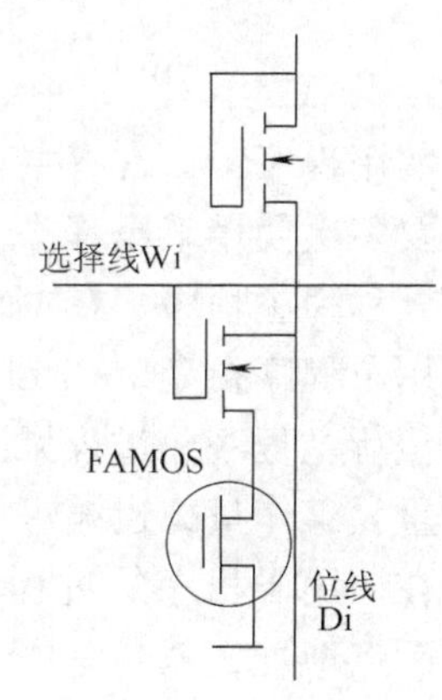

图 1-23　EPROM1 位存储电路

2. EPROM

常用的 EPROM 芯片有 2716、2732、2764、27128 等。

用户可将程序写入 EPROM 芯片，遮盖芯片表面的石英窗口后程序能长期保存。如果程序不再需要，可用紫外线照射窗口擦除。

EPROM 的一位存储电路如图 1-23 所示，它与掩模 ROM 的差别是多了一个浮置栅雪崩注入 MOS 管（FAMOS 管），而且 EPROM 存储体各位的结构完全相同。FAMOS 管的结构见图 1-24，它的栅极完全被二氧化硅隔离起来而处于“悬浮”状态，因此被称为浮置栅。芯片出厂时，浮置栅不带电，所以漏极 D 源极 S 之间不存在导电沟道，使 FAMOS 管处于截止状态。但是，如果在漏源之间加上较高的负电压，则可使基片与漏极之间的 PN 结产生雪崩击穿，耗尽区中的电子在强电场中以极快的速度由 P^+ 区向外射出。由于速度很快，就有部分电子穿透很薄的氧化层到达浮置栅，并存储在栅极上。当漏源之间的电压移去之后，注入到栅极上的电子没有放电回路而保存下来，从而在 DS 之间感应空穴，形成 P 型导电沟道，使 FAMOS 管处于导通状态。用紫外线或 X 射线照射 FAMOS 管时，可使栅极上的电子中和掉，导电沟道消失，管子又恢复成截止状态。为了便于擦除，特地在封装外壳上装有透明的石英窗口。

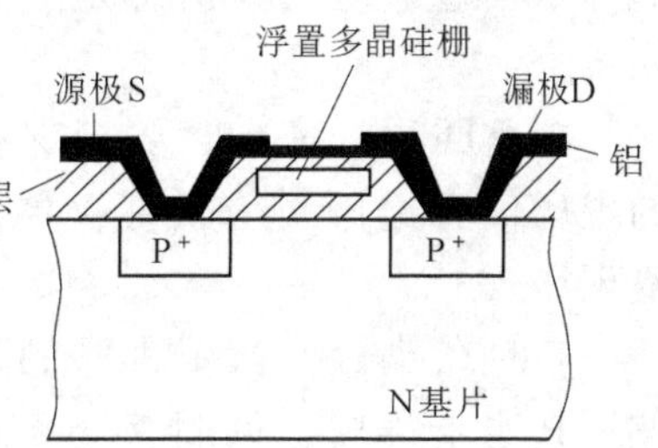

图 1-24　FAMOS 管结构

EPROM 芯片出厂时，各 FAMOS 管皆处于截止状态，所以存储单元的各位都存储“1”。写入时，被选中单元的选择线 W_i 加约 20V 的高压，需写入“0”的位的位线 Di 上加编程脉冲（宽度约几十毫秒）。在脉冲期间，相应的 FAMOS 管雪崩击穿，该位存储的数据为“0”。需写入“1”的位不加编程脉冲，FAMOS管不击穿，仍保持“1”。写入一个字节的时间需几十毫秒。读出时，芯片所加的电源电压为+5V，读出一个字节的时间为数百纳秒。

四、堆栈

众所周知，堆栈是堆放货物的仓库。从地面起自下而上堆放的货物总是“先进后出”的。微型计算机中的堆栈是读写存储器RAM中的一个特殊的区域，是一组按照“先进后出”的方式工作的、用于暂存信息的存储单元。

1. 堆栈的作用

实用程序中，常有主程序与子程序两大部分。如果在一个程序中需要多次使用某段程序，就把这段程序独立出来编成子程序。其他部分称为主程序。在主程序执行过程中需要使用该子程序时，就用调用子程序指令（CALL nn）调用它，待子程序执行完后再返回继续执行主程序。过程见图1-25。显然，这样做可以减少编制程序时的重复工作量，也缩短了程序的长度。

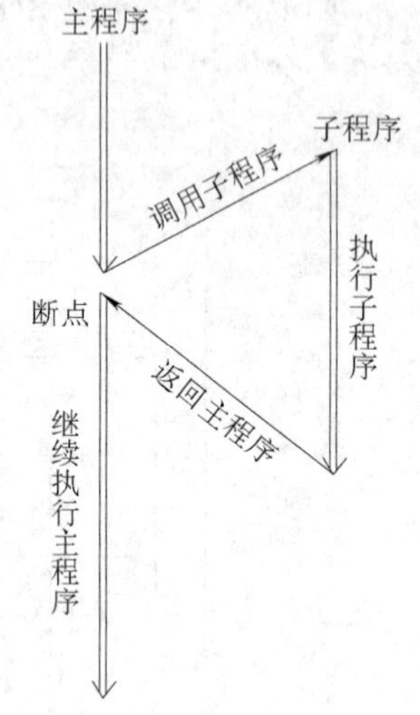

图1-25　主程序与子程序

在调用子程序的过程中要保留断点地址，有时还要保护现场。所谓断点地址，就是调用子程序指令的按顺序排列的下一条指令的地址，也就是执行调用子程序指令时的程序计数器PC的内容。只有保留了断点地址，才能在子程序执行后保证返回到主程序的断点处，继续执行主程序。所谓现场，就是调用子程序前保存在累加器A、工作寄存器及标志寄存器F中的信息，这些信息是主程序执行的中间结果。如果在执行子程序的过程中要使用这些寄存器，将会破坏原来所存的内容。为此，进入子程序后，首先要转存这些寄存器的内容，这就是保护现场。

断点地址与现场信息是送入堆栈保存的。

在返回主程序前，要把保存在堆栈中的现场信息送回对应的寄存器，这称为恢复现场。

有时在执行一段子程序的过程中还要调用其他子程序，见图1-26。这称为子程序嵌套。这种情况下，堆栈不仅需要存放多个断点地址和多批现场信息，而且为了保证逐次正确返回，要求先存入堆栈中的断点地址、现场信息后取出来，所以堆栈应按照“先进后出”的方式工作。

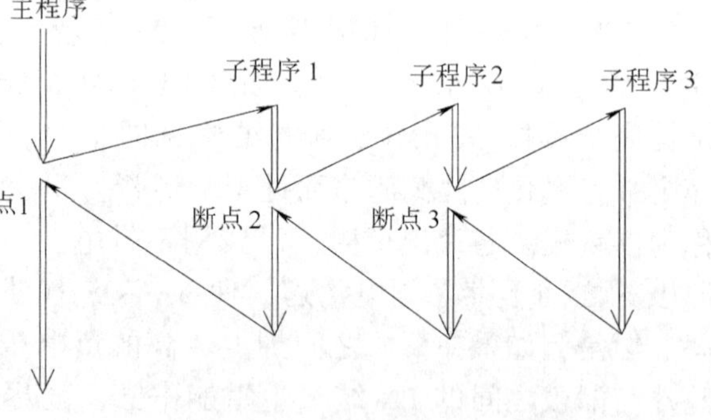

图1-26　子程序嵌套

2. 堆栈操作

堆栈有两种操作方式。将数据送入堆栈称为推入操作，又叫压入操作，如推入指令PUSH A执行把累加器A内容推入堆栈的操作。把堆栈中内容取出来的操作称为弹出操作，如弹出指令POP A执行把栈顶内容送回A的操作。

保护现场和恢复现场是由推入指令和弹出指令实现的。断点地址推入堆栈是在执行调用子程序指令时由硬件自动实现的，断点地址自堆栈中弹出是在执行返回主程序指令RET时由硬件自动实现的。

3. 堆栈指针

堆栈指针 SP（Stack Pointer）是一个专用地址寄存器，它指明栈顶的位置，起着管理堆栈工作的作用。

下面以 MCS-51 单片机为例，说明堆栈工作过程和 SP 的作用。

堆栈建立在 RAM 中，MCS-51 片内 RAM 的容量为 128 或 256 个字节，其地址为 8 位二进制数，所以 SP 是一个 8 位地址寄存器。在使用堆栈前，首先要确定堆栈在 RAM 中的位置，这称为建立堆栈。建立堆栈可用一条传送指令来实现。例如执行指令。

MOV SP，#60H

后（SP）=60H，在图 1-27a 中，用 SP 指在 60H 单元来表示。由于机器规定 SP 指在堆栈的顶，也就是指在最后推入堆栈的信息的所在单元，所以，刚建立堆栈时，尽管 60H 单元中实际上没有信息，但认为该单元已有信息存放，堆栈将从 61H 单元开始向上生长（地址依次增大）。此后，如果执行指令 PUSH A，A 的内容将存放在 61H 单元中，同时 SP 的内容自动加 1，（SP）=61H，见图 1-27b。继续执行指令 PUSH B 后，堆栈的情况见图 1-27c。

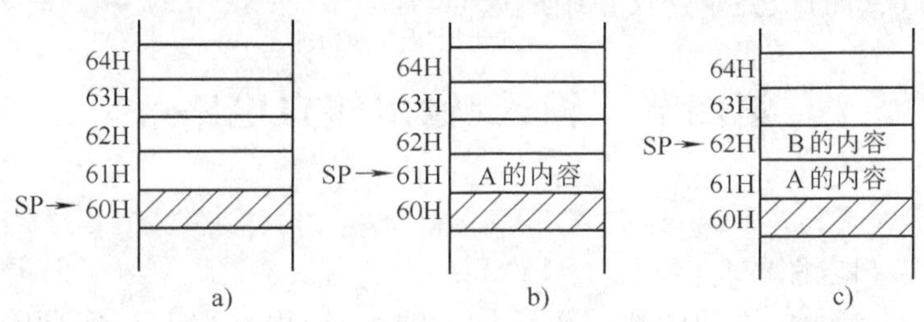

图 1-27　堆栈

注：对于堆栈，习惯上将地址小的单元画在下面，地址大的单元画在上面

弹出指令 POP 则把堆栈顶的内容送回寄存器或累加器，而且每弹出一个数据，SP 的内容自动减 1，（SP）←（SP）-1，故 SP 始终指在堆栈的顶。

下面，以图 1-26 的中断嵌套过程为例，说明堆栈是如何按照“先进后出”工作方式工作的。为叙述简便，暂不涉及保护现场问题，且假定断点 1、2、3 的地址分别为 1122H、3344H 和 5566H。

执行主程序时，(SP)=60H，见图 1-28a。从主程序转入子程序 1 的过程中，调用子程序指令将 PC 的内容推入堆栈；首先执行(SP)←(SP)+1 的操作，使(SP)=61H，接着把 PC 的低 8 位即断点地址的低 8 位 22H 推入 SP 当前所指单元 61H；然后再执行(SP)←(SP)+1 的操作，使(SP)=62H，接着把 PC 的高 8 位即断点地址的高 8 位 11H 推入 62H 单元，见图 1-28b。从子程序 1 转入

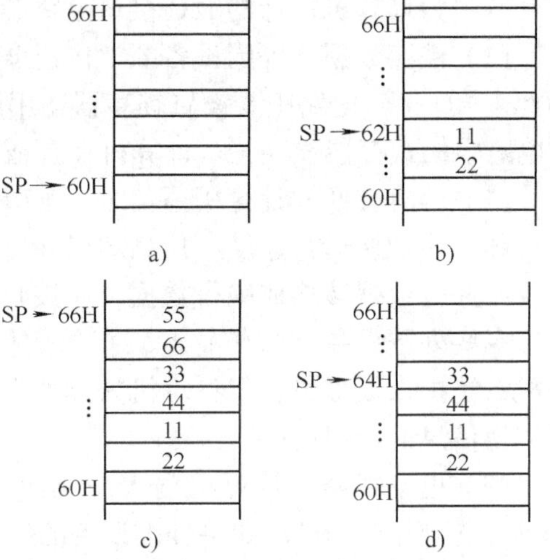

图 1-28　堆栈工作过程

a）执行主程序时　b）执行子程序 1 时

c）执行子程序 3 时　d）继续执行子程序 2 时

子程序2，以及从子程序2转入子程序3的过程中同样要保留断点2及断点3。3个断点地址全部推入堆栈后的堆栈状态见图1-28c。其中最先推入堆栈的是断点地址1——1122H；最后推入堆栈的是断点地址3——5566H。

每段子程序的最后一条指令是返回指令RET。RET指令执行栈顶内容弹出堆栈送入PC的操作。执行了子程序3中的RET指令后程序将回到子程序2的断点处，过程如下：该指令首先将SP当前所指的66H单元的内容55H送入PC的高8位，同时SP内容减1，（SP）←（SP）-1，使（SP）=65H，接着又将SP当前所指的65H单元的内容66H送入PC的低8位，同时SP减1，使（SP）=64H。由于RET指令执行后，（PC）=5566H，故使程序回到了断点3，从而继续执行子程序2。这时堆栈中的状况见图1-28d。在执行子程序2的最后一条指令RET时，由于（SP）=64H，所以该指令将64H、63H两单元的内容44H和33H弹出堆栈送入PC，使（PC）=3344H，程序回到了断点2。同时SP两次减1，使（SP）62H。同样道理，子程序1最后一条指令RET将在子程序1执行完毕后返回到主程序的断点处，继续执行主程序。

如上所述，由于堆栈指针SP始终指在堆栈顶部的单元，从而堆栈按先进后出的原则处理数据。在子程序嵌套时保证了逐次正确地返回。

第四节　输入/输出接口电路

一、概述

1. 输入/输出接口电路的功能

微型计算机与外围设备之间的数据传送称为输入/输出（I/O）。实现输入/输出既需要有把外围设备与计算机连接起来的硬件电路——输入/输出接口电路，又需要编制控制输入/输出接口电路工作的程序。

输入/输出接口电路的种类很多，某些通用集成电路芯片可以用作I/O接口，但更大量的是专门为计算机设计的I/O接口电路芯片。一般地说，I/O接口电路有以下的功能：

（1）锁存数据　外围设备的工作速度与计算机不同，传送数据的过程中常常需要等待，为此，I/O接口电路中要设置锁存器，用以暂存数据。例如，键按下时，键的代码要送入I/O电路中的锁存器锁存，待计算机在合适的时候读取。

（2）信息转换　计算机通信时，为节省传输线，信息常以串行方式逐位传送；而在计算机内部，为加快运行速度，信息却以并行方式传送。为此，计算机发送数据时，I/O接口电路要将并行数据转换成串行数据，而接收数据时，要将串行数据转换成并行数据。

有些外围设备（如传感器）提供的信息是模拟量，有些执行部件（如示波器）需要计算机系统提供模拟量，但计算机只能处理数字量，所以，模-数转换器和数-模转换器也是一种转换信息的接口电路。

（3）电平转换　计算机输入/输出的信息大多采用TTL电平，高电平+5V代表“1”，低电平0V代表“0”。如果外围设备的信息不是TTL电平，那么在这些外围设备与计算机连接时，I/O接口电路要完成电平转换的工作。

（4）缓冲　输入/输出接口电路是挂在计算机总线上的，都应具备缓冲的功能。

（5）地址译码　计算机通常具有多个外围设备，每个外围设备应赋予一个地址，以便计算机得以识别。I/O 接口电路中的地址译码器能根据计算机送出的地址找到指定的外围设备。

(6) 传送联络信号　许多外围设备与计算机间要传送状态信息和控制信息，这需要由 I/O 接口电路转接。

2. 计算机与外围设备间传送的信息

计算机与外围设备间传送 3 种信息：数据信息、状态信息与控制信息，见图 1-29。

例如，作为输入设备的键盘与计算机接口时就传送 3 种信息。键按下时，键盘送出的选通信号（状态信息）一方面将键的代码（数据信息）送入 I/O 接口电路中的锁存器，另一方面又通过接口电路转接后送到 CPU，通知 CPU 可以读取键的代码。计算机读取代码后，通过 I/O 电路向键盘发送信号（控制信息），用以解除键盘的自锁。作为输出设备的行式打印机与计算机接口时也传送 3 种信息。首先由计算机将待打印的字符代码（数据信息）送入 I/O 电路锁存，同时通过 I/O 电路送出控制信息启动打印机电路接收字符代码。代码接收后，打印机头打印一行字符。打印完后，打印头托架返回打印纸左端起始位置，等待再次启动，同时打印机电路向计算机发出状态信息，要求 CPU 再次输出数据。

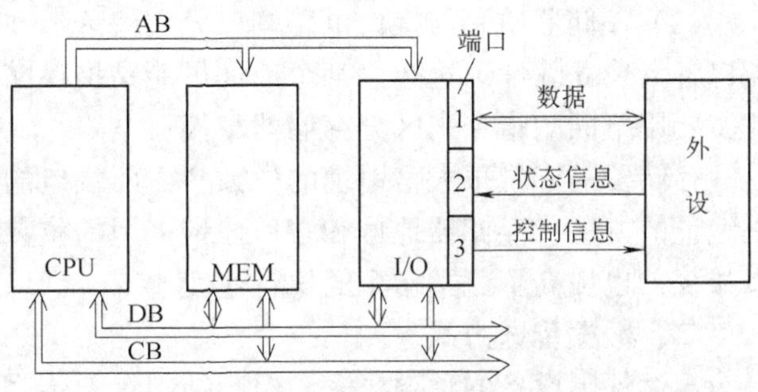

图 1-29　计算机与外设之间传送的信息

3 种信息的性质不同，必须分别传送，所以一个外围设备所对应的接口电路常需要几个端口（Port）。

3. 端口地址

如前所述，微型计算机是通过 I/O 接口电路与外围设备相连的，CPU 只有通过 I/O 电路才能与外围设备传送信息，因此，只要选中 I/O 电路就能找到相应的外围设备。从这个意义上讲，应该对 I/O 电路编址。实际上，是对 I/O 电路的端口编址，因为选中了端口就选中了端口所在的 I/O 电路，从而选中对应的外围设备，而且采用端口编址的方法可以区分同一外围设备的 3 种不同的信息，见图 1-30。

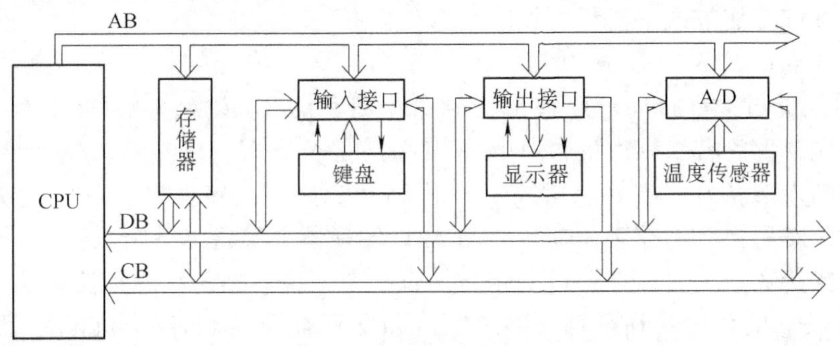

图 1-30　外围设备与接口电路

端口有两种编址方法。

（1）存储器单元与接口电路端口统一编址　所谓统一编址，就是将每个端口作为存储器的一个单元来对待，故一个端口占有存储器一个单元的地址。CPU 从 I/O 接口电路输入一个数据，作为一次存储器读的操作，而向 I/O 接口输出一个数据，作为一次存储器写的操作。这种方法的优点是对外围设备的操作可使用全部有关存储器的指令，因而指令多，编程方便，并可对接口电路中的数据进行算术运算和逻辑运算。缺点是接口电路占用了存储器的单元地址，减少了内存容量。

（2）存储器单元与接口电路端口分别编址　在这种编址方式中，存储器单元与接口电路端口各自独立编址。这样，某个地址可能是指存储器某个单元，也可能是指某一个端口。因此，要用不同的指令来区分存储器与接口电路。

存储器的容量很大，地址的位数多，而端口的数量有限，所需的地址位数不多。使用分别编址的方法，存储器地址和端口地址采用的位数可以不同，访问 I/O 电路指令的字节数可以减少，也提高了此类指令的执行速度。

二、数据传送方式

虽然外围设备的种类繁多，但归纳起来，传送数据的方式共有 4 种：无条件传送方式、查询传送方式、中断传送方式和直接数据通道传送 DMA（Direct Memory Access）方式。

1. 无条件传送方式

一些外围设备的信息变化缓慢，如有些温度传感器几分钟提供一个新数据，开关、指示灯几分钟甚至几小时才改变工作状态。相对于高速运行的计算机而言，可认为这些外围设备随时处在准备就绪状态。也就是说，CPU 在输入信息以前，不必询问输入设备是否准备好了数据，只要执行输入指令就可输入所需信息。同样，CPU 输出数据前不必询问输出设备是否已进入准备接收数据状态，只要执行输出指令，输出信息就会被外围设备所接收。对于这类外围设备，I/O 接口电路与外围设备间只要传送数据信息。这种传送方式称为无条件传送方式。

无条件传送方式是最简单的传送方式，所配置的硬件和软件最少。

2. 查询传送方式

许多外围设备与 CPU 在速度上存在差异，同样传送一个数据，CPU 要快得多。于是，CPU 要读取数据但外设可能未准备好，CPU 要输出数据外设也不一定能够接收，所以 CPU 在传送数据前要先询问外设状态，仅当外设准备好了才传送，否则 CPU 就等待。这种数据传送方式称为查询工作方式，流程图见图 1-31。

例如，逐次逼近式 A/D 转换器与计算机接口，该转换器转换一次信息约需几十微秒（μs）。CPU 首先通过 I/O 接口电路输出控制命令启动 A/D 转换，然后准备输入转换结果。结果输入前，先要询问转换结束信号（状态信息）是否出现，以判断 A/D 转换器是否准备好了数据。如尚未准备好，CPU 将等待和反复询问。如果已转换好，CPU 就执行输入指令输入一个数据，然后再输出控制命令，启动 A/D 转换器，准备下一个数据。

用查询方式传送数据时，在接口电路与外设间要交换数据、状态和控制 3 种信息。查询方式的缺点是 CPU 的利用受到影响，陷于等待和反复查询，不能再作它用；而且，这种方法不能处理掉电、设备故障等突发事件。

3. 中断传送方式

中断（Interrupt）传送方式是计算机最常用的数据传送方式。除了传送数据外，实时控

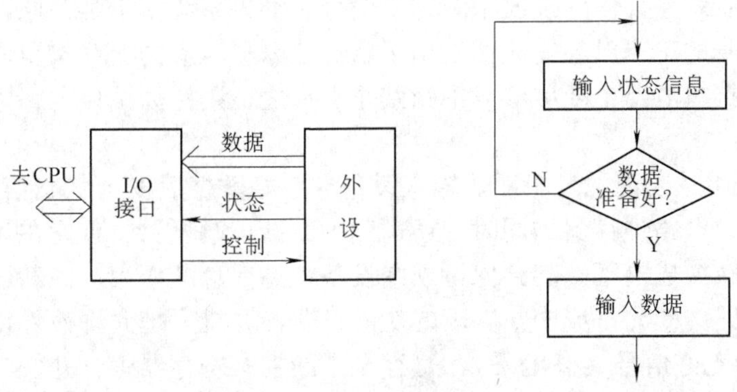

图 1-31　用查询方式输入数据

制、故障自动处理、实现人机联系等也多采用中断方式。

实现中断的硬件、软件称为中断系统。中断系统的性能也是衡量计算机质量的一项重要指标。

图 1-32 是计算机采用中断方式与外设间传送数据过程的示意图。CPU 启动外设后不再询问它的状态，依然执行自己的操作（主程序），即 CPU 与外设平行工作。外设完成操作后发出状态信息，经 I/O 接口电路转换成中断请求信号，向 CPU 申请中断，要求 CPU 暂时中断自己的主程序，转入中断服务程度为外设服务。在中断服务程序中 CPU 执行自外设输入或输出数据的操作；并在完成后再次启动外设，然后返回主程序继续执行原来被中断了的工作。

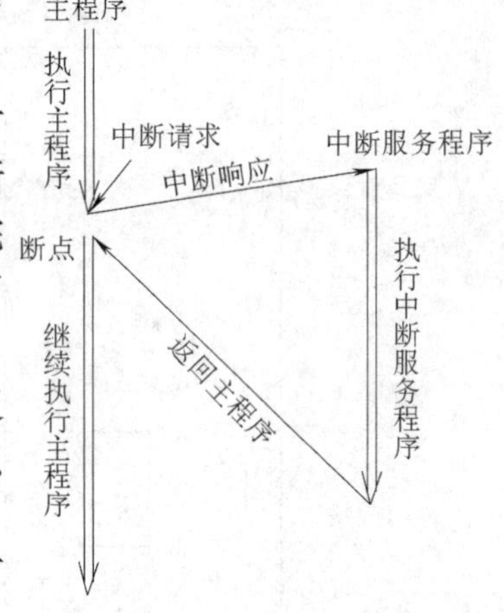

图 1-32　中断过程示意图

（1）中断的特点　利用中断技术管理外设后，CPU 从反复询问外设状态中解放出来，提高了工作效率。而且，可以同时为多个外设服务。

利用中断技术后，现场的参数、信息在需要处理时，可随时向 CPU 发中断请求信号，以便及时响应，及时处理，实现实时控制。

利用中断技术还可处理设备故障、掉电等突发事件。例如电源掉电，由于直流电源的滤波电容容量很大，使电压下降比较缓慢，如在电压下降到允许范围的下限前发出中断请求，CPU 响应中断后把正在执行的程序状态——PC、工作寄存器、标志寄存器、累加器的内容送到 RAM 保存起来，然后接入备用电源对 RAM 供电，不使 RAM 中内容丢失，这样当重新供电后程序即可从断点处继续顺利往下执行。

能发出中断请求的各种来源统称为中断源。外设、现场信息、故障以及定时控制用的实时时钟等都是中断源。

（2）中断过程与中断系统

1）中断请求　外围设备向 CPU 发出中断请求信号需要两个条件：

第一，外设本身的工作已完成，如键已按下，光电输入机已准备好数据，实时时钟的定时时间已到等，才可向 CPU 申请中断。

第二，计算机系统允许该外设发中断请求信号。如果系统由于某种原因不允许它发中断请求，即使外设本身的工作已经完成并发出了状态信号，对应的I/O接口电路也不发出中断请求信号。这称为接口电路中断屏蔽或中断禁止。反之，则称为接口电路中断允许或中断开放。

图1-33是实现上述功能的逻辑图。输入设备准备好数据后发出状态信息READY，该脉冲在将数据打入接口电路锁存器的同时，还送到中断请求触发器，使它的输出 $Q_1=1$。中断请求触发器将脉冲转换成电平，起到保持外围设备状态信息的作用。中断屏蔽触发器控制与非门1实现接口电路中断允许或中断屏蔽的功能。若计算机系统允许该外设申请中断，则预先由CPU输出中断允许信号（高电平），寄存在中断控制寄存器中，并使中断屏蔽触发器的输出端 $Q_2=1$，从而打开门1。此时，中断请求触发器输出的高电平（$Q_1=1$）经门1后变成低电平，送到CPU的中断请求脚 $\overline{INT}$，向CPU申请中断。反之，若计算机系统禁止该设备申请中断。则CPU事先输出中断屏蔽信号"0"，使 $Q_2=0$，关闭门1，不管外设是否已经发出状态信号，CPU $\overline{INT}$ 脚上始终为高电平。

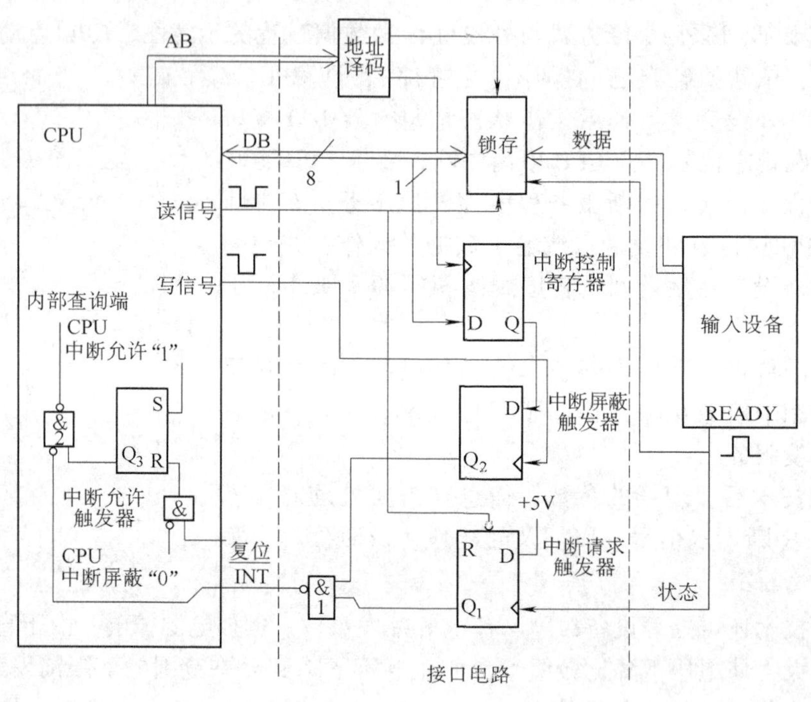

图1-33　中断请求逻辑

满足上述两个条件后中断源可以向CPU提出中断请求。但CPU是否响应中断，还取决于它处在允许中断状态还是禁止中断状态。这由CPU内部设置的中断允许触发器控制。只有中断允许触发器输出端 $Q_3=1$，中断源的中断请求信号 $\overline{INT}$ 才能通过门2，CPU才会响应。这称为CPU中断允许或中断开放。如果 $Q_3=0$，则门2被封锁，CPU一概不响应任何中断请求，即计算机的中断系统停止工作。这称为CPU中断屏蔽或中断禁止。

中断允许触发器的状态由软件控制。

通常CPU在执行每一条指令的最后时刻查询有无中断请求，如果有中断请求，则响应中断，寻找和确定请求服务的中断源，以便为其服务；否则，继续取下一条指令执行。

需要指出，CPU 响应中断后应撤消中断请求信号，否则执行完中断服务程序返回主程序后，将重复进入中断过程，出现一次中断请求却多次响应的错误结果。利用中断请求触发器直接置 0 端 $\overline{R}$ 可撤消中断请求信号，在执行中断服务程序的过程中，当 CPU 用输入指令读入锁存器的数据时，控制总线发出的读信号将使中断请求触发器复位。

2）中断优先权　一个计算机系统常有多个中断源；同一个中断请求引脚也可以接有多个会提出中断请求的外围设备，见图 1-34。遇到几个设备同时中断请求时，CPU 先响应谁，这就有一个中断优先权的问题。

中断优先权有 3 条原则：第一，多个中断源同时申请中断时，CPU 先响应优先权高的中断请求；第二，优先权级别低的中断正在处理时，若有级别高的中断请求，则 CPU 暂时中断正在进行的中断服务程序，去响应优先权级别高的中断请求，在高级别中断服务程序执行完后再返回原来低级别中断服务程序继续执行，这称为中断嵌套；第三，同级别或低级别的中断源提出中断请求时，CPU 要到正在处理的中断服务程序执行完毕返回主程序、并执行了主程序的一条指令后才接着响应。

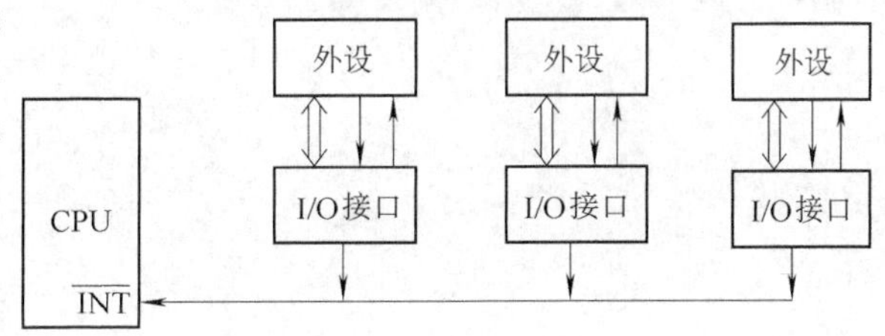

图 1-34　多个外设接在同一个中断请求引脚

中断源中断优先权的高低有的是在计算机设计、制造时就规定了的，例如有的计算机规定掉电、故障处理等中断请求的优先权级别高于一般中断请求。有的是让用户自己安排的，这可采用硬件办法，也可采用软件办法。例如将许多会提出中断请求的外设用电路连接成一个链，越排在前面的外设优先权越高，连成链的逻辑电路使排在后面的外设只在它前面各外设均不中断请求时才能提出中断请求，当前面的外设有中断请求时将屏蔽后面各外设的中断请求或中断后面外设原已进入的中断服务程序。软件办法采用查询手段依次询问各外设有无提出中断请求，如有将转去为该外设服务，如无则循序询问下一外设，这样先问的外设便优先权高，后问的外设便优先权低。

3）中断响应　如果提出中断请求的中断源优先权高，而且接口电路与 CPU 都中断开放，CPU 将响应中断，自动执行下列工作；

① 保留断点。将程序计数器 PC 的当前值推入堆栈保存，以便中断服务程序执行完后能返回断点处继续执行主程序。

② 转入中断服务程序。将中断服务程序的入口地址送入 PC，以转到中断服务程序。各中断源要求服务的内容不同，所以要编制不同的中断服务程序，它们有不同的入口地址。CPU 首先要确定是哪一个中断源在申请中断，然后将对应的入口地址送入 PC。

4）中断服务及返回　中断服务程序的流程图见图 1-35。其中保护现场与恢复现场的意义和方法都与一般子程序的相同。

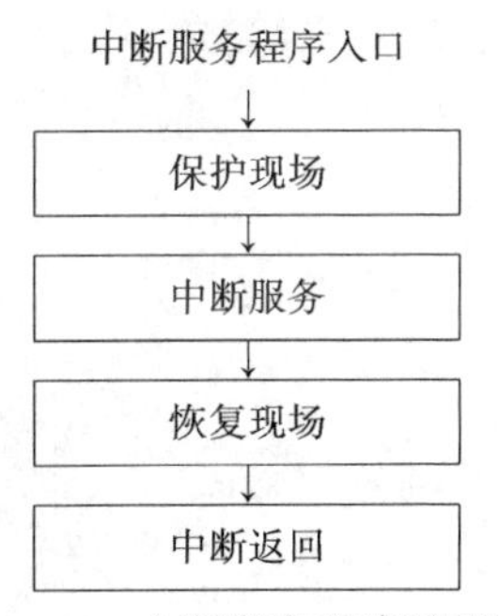

图 1-35　中断服务程序流程图

中断服务程序的最后一条指令必须用中断返回指令，不能用一般子程序返回指令。该指令不仅把堆栈顶的内容（断点地址）

送回 PC，以继续执行原先被中断了的主程序，而且还释放中断逻辑，使 CPU 随后能接收同级或低级的中断请求。

4. 直接数据通道传送方式

高速度的外围设备与计算机间传送大批量数据时常采用直接数据通道传送方式（DMA方式），例如磁盘与内存储器交换数据时就使用该方式。此时令 CPU 交出总线的控制权，改由 DMA 控制器进行控制，使外设与内存利用总线直接交换数据，不经过 CPU 中转，也不通过中断服务程序，即不需要保存、恢复断点和现场，所以传送数据的速度比中断方式更快。

第二章　MCS-51 系列单片机的硬件结构

第一节　总体概况

一、主要功能

MCS-51 系列单片机是美国 Intel 公司在 1980 年推出的高性能 8 位单片微型计算机，较原来的 MCS-48 系列结构更为先进，功能增强，它包括 51 和 52 两个子系列。

在 51 子系列中，主要有 8031、8051、8751 三种机型，它们的指令系统与芯片引脚完全兼容，仅片内 ROM 有所不同（详见本章第三节）。51 子系列的主要功能为

1）8 位 CPU。

2）片内带振荡器，振荡频率 f_{osc} 范围为 1.2～12MHz；可有时钟输出。

3）128 个字节的片内数据存储器。

4）4KB 的片内程序存储器（8031 无）。

5）程序存储器的寻址范围为 64KB。

6）片外数据存储器的寻址范围为 64KB。

7）21 个字节专用寄存器。

8）4 个 8 位并行 I/O 接口：P0、P1、P2、P3。

9）1 个全双工串行 I/O 接口，可多机通信。

10）2 个 16 位定时器/计数器。

11）中断系统有 5 个中断源，可编程为两个优先级。

12）111 条指令，含乘法指令和除法指令。

13）有强的位寻址、位处理能力。

14）片内采用单总线结构。

15）用单一 +5V 电源。

52 子系列主要有 8032、8052 两种机型。与 51 子系列的不同在于：片内数据存储器增至 256 个字节；片内程序存储器增至 8KB（8032 无）；有 3 个 16 位定时器/计数器；有 6 个中断源。其他性能均与 51 子系列相同。

二、内部结构框图

MCS-51 系列单片机的内部结构框图见图 2-1。

由图 2-1 可大致看到：它含运算器、控制器、片内存储器、4 个 I/O 接口、串行接口、定时器/计数器、中断系统、振荡器等功能部件。图中 SP 是堆栈指针寄存器，栈区占用了片内 RAM 的部分单元；未见通用寄存器（工作寄存器），因单片机片内有存储器，与访问工作寄存器一样方便，所以就把一定数量的片内 RAM 字节划作工作寄存器区；PSW 是程序状态字寄存器，简称程序状态字，相当于其他计算机的标志寄存器；DPTR 是数据指针寄存器，在访问片外 ROM、片外 RAM、甚至扩展 I/O 接口时特别有用；B 寄存器又称乘法寄存器，它与累加器 A 协同工作，可进行乘法操作和除法操作。

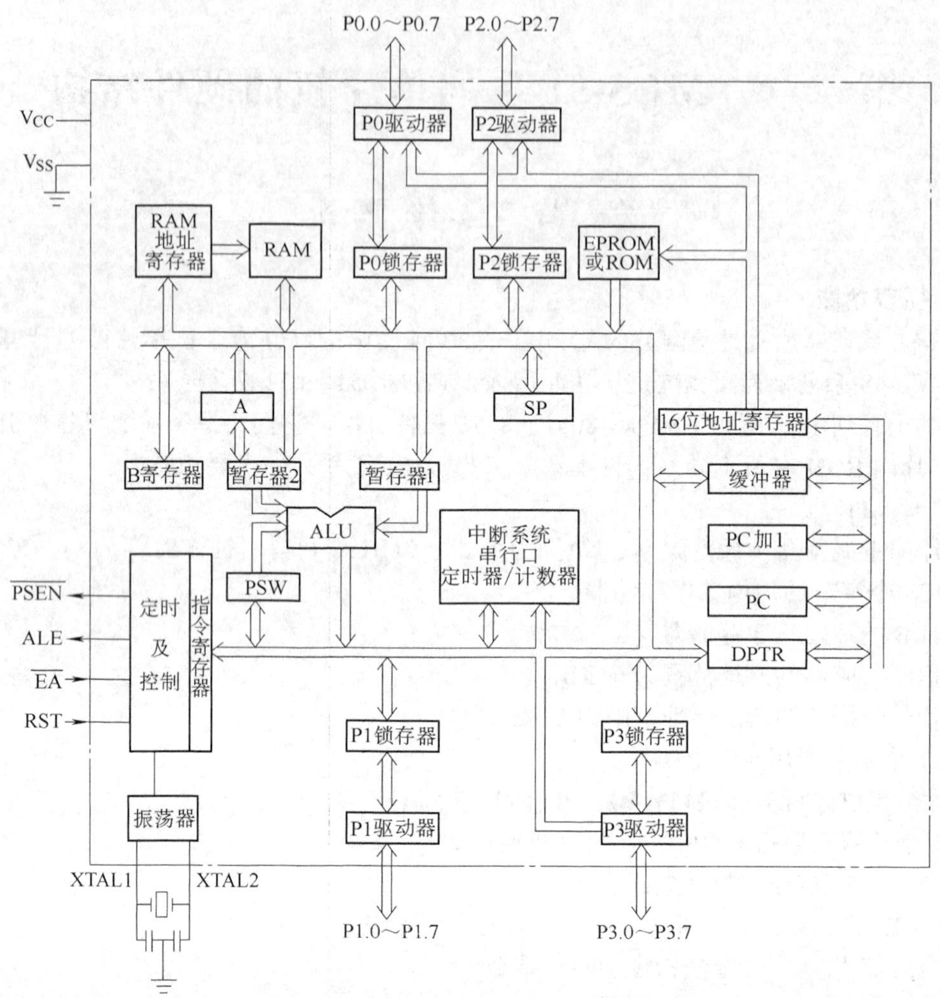

图 2-1　MCS-51 系列单片机的内部结构框图

三、外部引脚说明

MCS-51 系列单片机芯片有 40 个引脚。用 HMOS 工艺制造的芯片采用双列直插式封装，见图 2-2。低功耗的、采用 CHMOS 工艺制造的机型（在型号中间加一“C”字作为识别，如 80C31、80C51、87C51）也有用方形封装结构的。

现将各引脚分别说明如下：

1. 主电源引脚

V_{CC}：接 +5V 电源正端。

V_{SS}：接 +5V 电源地端。

2. 外接晶体引脚

XTAL1：片内反相放大器输入端。

XTAL2：片内反相放大器输出端。外接晶体时，XTAL1 与 XTAL2 各接晶体的一端，借外接晶体与片内反相放大器构成振荡器。

3. 输入/输出引脚

P0.0～P0.7：P0 口的 8 个引脚。在不接片外存储器与不扩展 I/O 接口时，可作为准双向输入/输出接口。在接有片外存储器或扩展 I/O 接口时，P0 口分时复用为低 8 位地址总线和双向数据总线。

P1.0～P1.7：P1 口的 8 个引脚。可作为准双向 I/O 接口使用。对于 52 子系列，P1.0 与 P1.1 还有第二种功能：P1.0 可用作定时器/计数器 2 的计数脉冲输入端 T2；P1.1 可用作定时器/计数器 2 的外部控制端 T2EX。

P2.0～P2.7：P2 口的 8 个引脚。一般可作为准双向 I/O 接口；在接有片外存储器或扩展 I/O 接口且寻址范围超过 256 个字节时，P2 口用为高 8 位地址总线。

P3.0～P3.7：P3 口的 8 个引脚。除作为准双向 I/O 接口使用外，还具有第二功能，详见表 2-1。

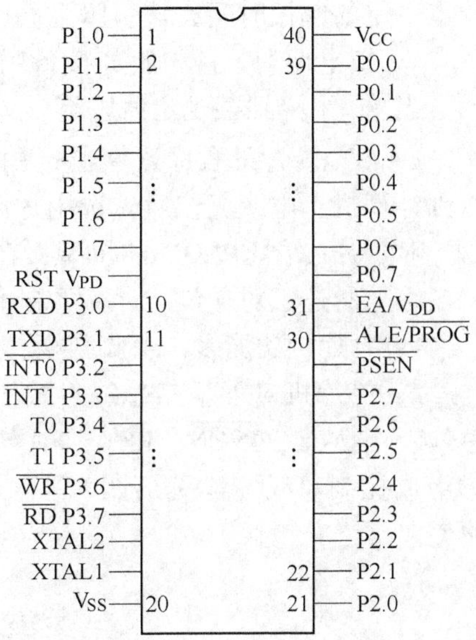

图 2-2　MCS-51 系列单片机芯片引脚图

4. 控制线

ALE/$\overline{PROG}$：地址锁存有效信号输出端。在访问片外程序存储器期间，每机器周期该信号出现两次，其下降沿用于控制锁存 P0 口输出的低 8 位地址。

表　2-1

引脚	第二功能	
P3.0	RXD	（串行输入口）
P3.1	TXD	（串行输出口）
P3.2	$\overline{INT0}$	（外部中断 0 请求输入端）
P3.3	$\overline{INT1}$	（外部中断 1 请求输入端）
P3.4	T0	（定时器/计数器 0 计数脉冲输入端）
P3.5	T1	（定时器/计数器 1 计数脉冲输入端）
P3.6	$\overline{WR}$	（片外数据存储器写选通信号输出端）
P3.7	$\overline{RD}$	（片外数据存储器读选通信号输出端）

即使不在访问片外程序存储器期间，该信号也以上述频率（振荡频率 f_{osc} 的 1/6）出现，因此可用作对外输出的时钟脉冲。但在访问片外数据存储器期间，ALE 脉冲会跳空一个，作为时钟输出就不妥了，详见第四章图 4-24。

对于片内含 EPROM 的机型，在编程期间，此引脚用作编程脉冲$\overline{PROG}$的输入端。

$\overline{PSEN}$：片外程序存储器读选通信号输出端，或称片外取指信号输出端。在向片外程序存储器读取指令或常数期间，每个机器周期该信号两次有效（低电平），以通过数据总线 P0 口读回指令或常数。

在访问片外数据存储器期间，$\overline{PSEN}$信号将不出现。

RST/V_{PD}：RST 写全是 RESET，是复位端。单片机的振荡器工作时，该引脚上出现持续两个机器周期的高电平就可实现复位操作，使单片机回复到初始状态。上电时，考虑到振荡器有一定的起振时间，该引脚上高电平必须持续 10ms 以上才能保证有效复位。

V_{CC}掉电期间，该引脚如接备用电源 V_{DD}（+5V ±0.5V），可用于保存片内 RAM 中的数据。当 V_{CC}下降到某规定值以下，V_{PD}便向片内 RAM 供电。

$\overline{EA}/V_{DD}$：片外程序存储器选用端。该引脚有效（低电平）时只选用片外程序存储器，否则计算机上电或复位后先选用片内程序存储器。

对于片内含 EPROM 的机型，在编程期间，此引脚用作 21V 编程电源 V_{DD}的输入端。

综上所述，对 MCS-51 系列单片机的引脚可归纳出下列两点：

1）单片机功能多，引脚数少，致许多引脚都具有第二功能。

2）单片机对外呈三总线形式。由 P2、P0 组成 16 位地址总线；由 P0 分时复用为数据总线；由 ALE、$\overline{PSEN}$、RST、$\overline{EA}$与 P3 口中的$\overline{INT0}$、$\overline{INT1}$、T0、T1、$\overline{WR}$、$\overline{RD}$共 10 个引脚组成控制总线，详见第四章图 4-1。因是 16 位地址线，使片外存储器的寻址范围达到 64KB。

第二节 微处理器

一、运算器

自第一章已知，微处理器又称 CPU，由运算器和控制器两大部分组成。

运算器在图 2-1 的中部，以算术逻辑单元 ALU 为核心，含累加器 A、暂存器、程序状态字 PSW、B 寄存器等许多部件。

1. 算术逻辑单元

它在控制器所发内部控制信号的控制下进行各种算术操作和逻辑操作。

MCS-51 系列单片机的算逻单元除能完成带进位位加法、不带进位位加法、带进位位减法、加 1、减 1、逻辑与、逻辑或、逻辑异或、循环移位以及数据传送、程序转移等一般操作外，其特点是：

1）在 B 寄存器配合下，能完成乘法与除法操作。

2）可进行多种内容交换操作。

3）能作比较判跳操作。

4）有很强的位操作功能。

2. 累加器

累加器 A 是最常用的专用寄存器。

进入 ALU 作算术操作和逻辑操作的操作数很多来自 A，操作的结果也常送回 A。有许多单操作数指令都是针对 A 的，例如指令 INC A 是执行 A 中内容加 1 的操作，指令 CLR A 是执行将 A 内容清零的操作，指令 RL A 是执行使 A 各位内容依次循环向左移动一位的操作。大量双操作数指令的一个操作数也来自 A，例如指令 ADD A，#data 是执行（A）←（A）+#data 的算术操作，指令 ANL A，#data 是执行（A）←（A）∧#data 的逻辑操作。

3. 程序状态字

程序状态字 PSW 是一个 8 位寄存器，它包含了许多程序状态信息，其各位的含义见图

2-3，其中 D_1 位未定义。

（1）进位标志位 C（PSW.7）　在执行某些算术操作类、逻辑操作类指令时，可被硬件或软件置位或清零。例如 8 位加法运算时，若运算结果的最高位 D_7 有进位，则 C = 1，否则 C = 0；又如 8 位减法运算时，若运算结果的最高位 D_7 有借位，则 C = 1，否则 C = 0。半数以上的位操作类指令都与 C 有关，可见位处理时，它起着“位累加器”的作用。例如指令 ORL C，bit 执行着任意可寻址位和 C 相或的运算，运算结果又放回 C，即执行（C）←（C）V（bit）的操作。

D_7	D_6	D_5	D_4	D_3	D_2	D_1	D_0
C	AC	FO	RS1	RS0	OV	—	P

图 2-3　程序状态字各位的含义

（2）辅助进位标志 AC（PSW.6）　8 位加法运算时，如果低半字节的最高位 D_3 有进位，则 AC = 1，否则 AC = 0；8 位减法运算时，如果 D_3 有借位，则 AC = 1，否则 AC = 0。AC 在作 BCD 码运算而进行二-十进制调整时有用。

（3）软件标志 FO（PSW.5）　这是用户定义的一个状态标志。可通过软件对它置位、清零；在编程时，也常测试其是否建起而进行程序分支。

（4）工作寄存器组选择位 RS1、RS0、（PSW.4、PSW.3）　可借软件置位或清零，以选定 4 个工作寄存器中的一个组投入工作。详见第三节。

（5）溢出标志 OV（PSW.2）　作有符号数加法、减法时由硬件置位或清除，以指示运算结果是否溢出。运算结果应放回累加器，OV = 1 反映它已超出了累加器以补码形式表示一个有符号数的范围（-128 ~ +127）。在做加法时，如最高、次高二位之一有进位，或做减法时，最高、次高二位之一有借位，OV 将被置位。详见下一章第四节的举例分析。

执行乘法指令 MUL AB 也会影响 OV 标志：积 >255 时 OV = 1，否则 OV = 0。由于积的高 8 位存于 B 中，低 8 位存于 A 中，OV = 0 意味着只要从 A 取积即可。

执行除法指令 DIV AB 也会影响 OV 标志：如 B 中所放除数为 0，OV = 1，否则 OV = 0。

（6）奇偶标志 P（PSW.0）　每执行一条指令，单片机都能根据 A 中 1 的个数的奇偶自动令 P 置位或清零，奇为 1，偶为 0。此标志对串行通信的数据传输非常有用，通过奇偶校验可检验传输的可靠性。

例 2-1　试分析执行指令

```
MOV   A，#7FH
ADD   A，#47H
```

后，A、C、AC、OV、P 的内容是什么？

因执行第 1 条指令后立即数 7FH 进入 A，执行第 2 条指令将使 47H 与 A 中的 7FH 相加

```
    0111 1111    (7FH)
+   0100 0111    (47H)
-------------------------
    1100 0110    (C6H)
```

其和 C6H 又送回 A，故（A）= C6H；由相加过程知 C = 0、AC = 1；现次高位有进位、最高位无进位，OV = 1（和大于 128）；执行第 1 条指令后 P = 1，执行第 2 条指令后 P = 0。

二、控制器

在图 2-1 的左下方。含指令寄存器、指令译码器、定时及控制电路等部件，能根据不同的指令产生相应的操作时序和控制信号。对于控制器及其内部的各项部件，本书不作进一步介绍。

三、振荡器和 CPU 时序

1. 振荡器

MCS-51 系列单片机片内含有一个高增益的反相放大器，通过 XTAL1、XTAL2 外接作为反馈元件的晶体后便成为自激振荡器，接法见图 2-4。

晶体呈感性，与 C_1、C_2 构成并联谐振电路。振荡器的振荡频率主要取决于晶体；电容的值则有微调作用，通常取 30pF 左右。电容的安装位置应尽量靠近单片机芯片。

也可采用片外振荡器，按不同工艺制造的单片机芯片接法将不同，见表 2-2。

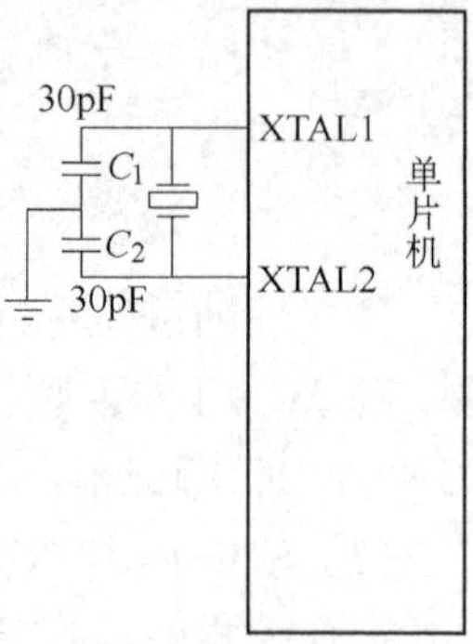

2. CPU 时序

振荡器输出的振荡脉冲经 2 分频成为内部时钟信号，用作单片机内部各功能部件按序协调工作的控制信号；其周期称为时钟周期（也称状态周期）。

6 个时钟周期构成 1 个机器周期。

30pF C_1 C_2 30pF XTAL1 XTAL2 单片机

图 2-4　单片机外接晶体的接法

表　2-2

芯片类型	接　　法	
	XTAL1	XTAL2
HMOS 型	接地	接片外振荡脉冲输入端（带上拉电阻）
CHMOS 型	接片外振荡脉冲输入端（带上拉电阻）	悬浮

CPU 执行一条指令的时间称为指令周期。

指令周期以机器周期为单位，例如单周期指令、双周期指令。MCS-51 系列单片机除乘法指令、除法指令是 4 周期指令外，其余都是单周期指令和双周期指令。若用 12MHz 晶振，则单周期指令和双周期指令的执行时间分别为 1μs 和 2μs，乘法指令和除法指令为 4μs。

如以 S1、S2、…、S6 表示一个机器周期的 6 个时钟周期，以 P1、P2 表示每个时钟周期的两个节拍，则一个机器周期依次有 S1P1、S1P2、S2P1、S2P2、…、S6P2 等 12 个振荡器周期。除了访问片外数据存储器外，ALE 脉冲于每个机器周期的 S1P2 至 S2P1 及 S4P2 至 S5P1 期间各发生一次。

图 2-5 示出了执行单周期指令的 CPU 时序，其中图 a 是单字节指令，图 b 是双字节指令。二者都在 S1P2 期间由 CPU 取指令，即将指令代码读入指令寄存器，同时程序计数器 PC 加 1；后者在同一个机器周期的 S4 再读第二字节；前者在 S4 虽也读操作码，但既是单字节指令，读的已是下一条指令，故读后丢弃不用，PC 也不加 1，两种指令在 S6P2 结束时都会完成操作。

若是单字节双周期指令，在两个机器周期内将 4 次读操作码，不过后 3 次读后都丢弃不用。

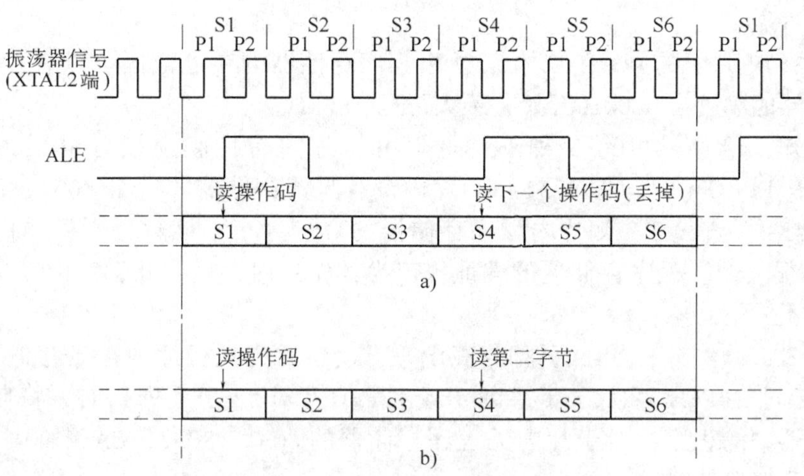

图 2-5 单周期指令的时序

a) 单字节单周期指令，如 INC A b) 双字节单周期指令，例如 ADD A，#data

第三节 存 储 器

既是单片微机，片内除 CPU 外，必然还有存储器。由第一章知，只读存储器（ROM）用作程序存储器，在计算机工作前，已事先存入各种程序、常数、表格；读写存储器（RAM）又称随机存储器，它的存储单元的内容根据需要既可读出，也可写入或改写，用作数据存储器，存放输入、输出数据和中间计算结果，或与外存交换信息，以及作为堆栈，在必要时可保存断点、保存现场。单片机的片内存储器一般既有只读存储器（对于 MCS-51 系列，8031、8032 例外），也有读写存储器。MSC-51 系列单片机片内含有的存储器容量（字节数）见表 2-3。在感到容量不够时，可以另外扩展片外存储器：加用片外程序存储器或片外数据存储器。

表 2-3

MCS-51 系列单片机型号		存储器类型			
		片内程序存储器容量/B		片内数据存储器容量/B	
		掩膜 ROM	EPROM	RAM	SFR
51 子系列	8031	—	—	128	128
	8051	4K	—	128	128
	8751	—	4K	128	128
52 子系列	8032	—	—	256	128
	8052	8KB	—	256	128

一、程序存储器

1. 编址与访问

计算机工作时是循序执行一条条指令的，为此，设有一个专用寄存器，用以存放将要执行的指令的地址，称为程序计数器（PC）。顾名思义，它还具有计数的功能，每取出指令的一个字节后，其内容又自行加 1，指向下一字节的地址，以便依次自程序存储器取指令执行、完成某种程序。

MCS-51 系列单片机的 PC 有 16 位，所以程序存储器的寻址范围可以有 64KB。与此相应，程序存储器的编址自 0000H 开始，最大可至 FFFFH。

由表 2-3 知，单片机可有 3 种不同的芯片；片内有掩膜只读存储器的（如 8051、8052）、片内有 EPROM 的（如 8751）和片内没有只读存储器的（如 8031、8032）。前述寻址范围为 64KB，查表 2-3 知片内程序存储器的容量远小于该数，可见如扩展片外存储器，其裕量是很大的。程序存储器的编址规律为：先片内、后片外，片内、片外连续，二者一般不作重叠。

对 8051、8052、8751，如$\overline{EA}$引脚为高电平，复位后先执行片内程序存储器中的程序，当 PC 中内容超过 0FFFH（对 51 子系列）或 1FFFH（对 52 子系列）时，将自动转去执行片外程序存储器中的程序；对于片内无程序存储器的 8031、8032，$\overline{EA}$引脚应保持低电平，使只访问片外程序存储器。

对于有片内程序存储器的芯片，如$\overline{EA}$引脚接低电平，将强令执行片外程序存储器中程序。此时多在片外程序存储器中存放调试程序，使计算机工作在调试状态。请读者注意：片外程序存储器存放调试程序的部分，其编址与片内程序存储器的编址是可以重叠的，借$\overline{EA}$的换接可实现分别访问。

有了$\overline{EA}$引脚的接法配合，不论只有片外程序存储器，只有片内程序存储器，或兼有二者，都能自程序存储器的任一单元取指执行或访问取数（常数），不会混乱。

下面图 2-6 与图 2-7 分别为 51 子系列与 52 子系列的存储器编址图。

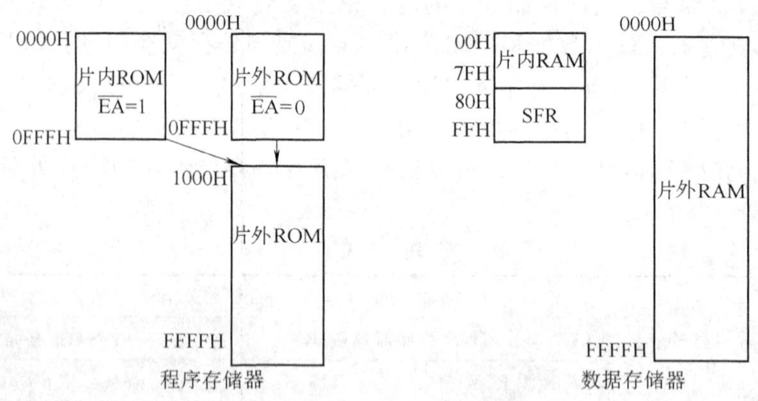

图 2-6　51 子系列的存储器编址图

2. 7 个特殊单元

程序存储器中有 7 个单元留作特殊用途。第一个是 0000H 单元，因 MCS-51 系列单片机复位后 PC 的内容为 0000H，故计算机系统复位后将自 0000H 单元开始执行程序。另外 6 个单元则对应于 6 个中断源，分别作为相应的中断服务程序的入口地址，见表 2-4。

上述这 7 个单元相互离得很近，只隔开几个单元，容纳不下稍长的程序段。所以其中实际存放的往往是一条无条件转移指令，使分别跳转到用户程序真正的起始地址或所对应的中断服务程序真正的入口地址。

二、数据存储器

1. 编址与访问

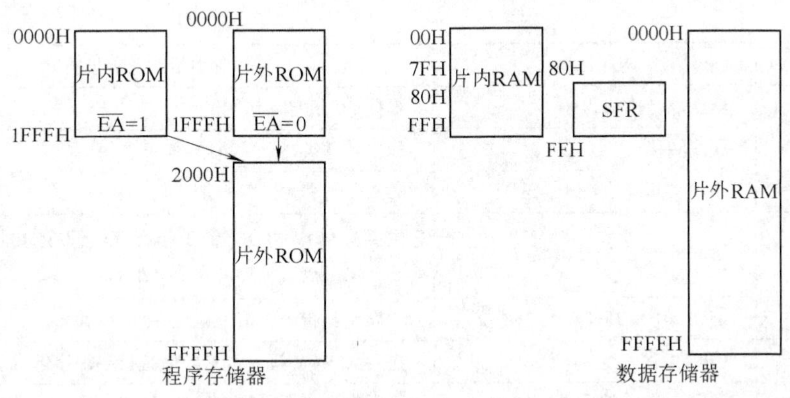

图 2-7　52 子系列的存储器编址图

表 2-4

中断源	入口地址
外部中断 0	0003H
定时器/计数器 0 溢出	000BH
外部中断 1	0013H
定时器/计数器 1 溢出	001BH
串行口	0023H
定时器/计数器 2 溢出或 T2EX 端负跳变（仅 8032、8052 用）	002BH

MCS-51 系列单片机的片内数据存储器除 RAM 块外，还有特殊功能寄存器（SFR）块。对于 51 子系列，前者有 128 个字节，其编址为 00H ~ 7FH；后者也占 128 个字节，其编址为 80H ~ FFH；二者连续而不重叠。对于 52 子系列，前者有 256 个字节，其编址为 00H ~ FFH；后者占 128 个字节，其编址为 80H ~ FFH。后者与前者高 128 个字节的编址是重叠的，由于访问所用的指令不同，并不会引起混乱。

片内数据存储器的容量很小，常需扩展片外数据存储器。MCS-51 系列单片机有一个数据指针寄存器可用于寻址程序存储器或数据存储器单元，它也有 16 位，寻址范围也可达 64KB。故片外数据存储器的容量可大到与程序存储器一样，其编址都自 0000H 开始，最大可至 FFFFH（见图 2-6、图 2-7）。

如只需扩展少量片外数据存储器，容量不超过 256 个单元，则也可按 8 位二进制数编址，自 00H 开始，最大可至 FFH。

访问片外数据存储器有专用的 MOVX 指令。所以其编址与程序存储器可重叠（16 位二进制数编址时），与片内数据存储器也可重叠（8 位二进制数编址时）。访问 ROM 用 MOVC 等指令，访问片内 RAM 与 SFR 块主要用 MOV 指令，访问片外 RAM 用 MOVX 指令；某些片内 RAM 与 SFR 块单元还可位寻址以访问其中的一位，将用到位操作类指令。用不同的指令分别访问不同的存储器，这些存储器便各自独立编址，地址可以重叠。

表 2-5 以表格形式列出了访问不同存储器与所用指令及其寻址方式的对应关系，读者在学习了第三章后再复习这一内容可建立比较清晰的概念。

表 2-5

存储器	访问性质	所用指令及寻址方式
ROM	依次取指执行程序	根据 PC 值自动访问
	程序转移	程序转移类指令
	用户访问（多用于查表）	MOVC 指令
片内 RAM	访问整个字节	主要为 MOV 指令，借工作寄存器间接寻址（对 00H ~ 7FH 单元，也可借直接寻址字节寻址）
	访问 20H ~ 2FH 单元中某位	位操作类指令，借位地址寻址
SFR	访问整个字节	主要为 MOV 指令，只能借直接寻址字节寻址
	访问 SFR 中的可寻址位	位操作类指令，借位地址寻址
片外 RAM	如容量不大于 256 单元	MOVX 指令，借工作寄存器间接寻址
	如容量大于 256 单元	MOVX 指令，借数据指针寄存器间接寻址

2. 片内数据存储器

图 2-8 示出了 51 子系列单片机片内 RAM 的配置图。

由图可见，共分为工作寄存器区、位寻址区、数据缓冲器区等三个区域。

（1）工作寄存器区　00H ~ 1FH 单元为工作寄存器区。工作寄存器也称通用寄存器，供用户编程时使用，临时寄存 8 位信息。由图见它分成 4 个组，每个组都是 8 个单元，用作 8 个寄存器，都以 R0 ~ R7 来表示。同时只用一组工作寄存器，其他各组不工作、待用。哪一组工作可由程序状态字 RSW 中的 RS1、RS0 两位进行选择，其对应关系见表 2-6。

表 2-6

RS1	RS0	选　中
0	0	工作寄存器 0 组
0	1	工作寄存器 1 组
1	0	工作寄存器 2 组
1	1	工作寄存器 3 组

RS1、RS0 的值有指令可方便地实现置位或清零。例如执行了下列程序段。

```
CLR     PSW.4
SETB    PSW.3
MOV     R0, #28H
```

由于第一、二条指令使 RS1（PSW 的第 4 位）＝0、RS0（PSW 的第 3 位）＝1，即选择了工作寄存器 1 组，故第 3 条指令将立即数 28H 送去工作寄存器 1 组的 R0，也即送入片内 RAM 的 08H 单元。

（2）位寻址区　20H ~ 2FH 单元是位寻址区，该区的每一位都被赋予了一个位地址，见图 2-8。有了位地址就可以位寻址，对特定位进行处理、内容传送或据以判跳，给编程带来很大方便。例如执行指令 SETB　07H 后，片内 RAM20H 单元的 D7 位将置 1，而该单元其他各位则保持不变。通常可把程序中用到的状态标志、位控制变量等放于位寻址区。

（3）数据缓冲区　30H ~ 7FH 是数据缓冲区，即用户 RAM 区，共 80 个单元。

		D_7	D_6	D_5	D_4	D_3	D_2	D_1	D_0	
工作寄存器区	00H	R_0								工作寄存器0组
	01H	R_1								
	⋮	⋮								
	07H	R_7								
	08H	R_0								工作寄存器1组
	09H	R_1								
	⋮	⋮								
	0FH	R_7								
	10H	R_0								工作寄存器2组
	11H	R_1								
	⋮	⋮								
	17H	R_7								
	18H	R_0								工作寄存器3组
	19H	R_1								
	⋮	⋮								
	1FH	R_7								
位寻址区	20H	07	06	05	04	03	02	01	00	
	21H	0F	0E	0D	0C	0B	0A	09	08	
	22H	17	16	15	14	13	12	11	10	
	23H	1F	1E	1D	1C	1B	1A	19	18	
	24H	27	26	25	24	23	22	21	20	
	25H	2F	2E	2D	2C	2B	2A	29	28	
	26H	37	36	35	34	33	32	31	30	
	27H	3F	3E	3D	3C	3B	3A	39	38	
	28H	47	46	45	44	43	42	41	40	
	29H	4F	4E	4D	4C	4B	4A	49	48	
	2AH	57	56	55	54	53	52	51	50	
	2BH	5F	5E	5D	5C	5B	5A	59	58	
	2CH	67	66	65	64	63	62	61	60	
	2DH	6F	6E	6D	6C	6B	6A	69	68	
	2EH	77	76	75	74	73	72	71	70	
	2FH	7F	7E	7D	7C	7B	7A	79	78	
数据缓冲区	30H									
	31H									
	⋮	⋮								
	7FH									

图2-8　51子系列单片机片内RAM的配置

由于工作寄存器区、位寻址区、数据缓冲区统一编址，使用同样的指令访问，这三个区的单元既有自己独特的功能，又可统一调度使用。因此，前两区未用及的单元也可移用为一般的用户 RAM 单元，使容量较小的片内 RAM 得以充分利用。

52 子系列片内 RAM 有 256 个单元，前两个区的单元数与地址都和 51 子系列的一致，用户 RAM 区却自 30H ~ FFH，有 208 个单元。

（4）堆栈与堆栈指针　片内 RAM 的部分单元还可以用作堆栈。有一个 8 位的堆栈指针寄存器 SP，专用于指出当前堆栈顶部是片内 RAM 的哪一单元。51 单片机系统复位后 SP 的初值为 07H，也就是说将从 08H 单元开始堆放信息。但是，51 系列的栈区不是固定的，只要通过软件改变 SP 寄存器的值便可更动栈区。为了避开工作寄存器区和位寻址区，SP 的初值可置定为 2FH 或更大的地址值。

3. 特殊功能寄存器块

特殊功能寄存器也称专用寄存器，专用于控制、管理片内算术逻辑部件、并行 I/O 口，串行 I/O 口、定时器/计数器、中断系统等功能模块的工作，用户在编程时可以置数设定，却不能自由移作它用。在 51 系列单片机中，将各专用寄存器（PC 例外）与片内 RAM 统一编址，且作为直接寻址字节，可直接寻址。除 PC 外，51 子系列有 18 个专用寄存器，其中 3 个为双字节寄存器，共占用 21 个字节；52 子系列有 21 个专用寄存器，其中 5 个为双字节寄存器，共占用 26 个字节。表 2-7 是各专用寄存器名称、符号与地址的一览表。其中有 12 个专用寄存器可以位寻址，它们字节地址的低半字节都为 0H 或 8H；共有可寻址位 = 12 × 8 - 3（未定义）= 93 位，在表 2-7 中也示出了这些位的位地址与位名称。

表　2-7

专用寄存器名称	符号	地址	位地址与位名称							
			D_7	D_6	D_5	D_4	D_3	D_2	D_1	D_0
P0 口	P0	80H	87	86	85	84	83	82	81	80
堆栈指针	SP	81H								
数据指针低字节	DPL DPTR	82H								
数据指针高字节	DPH	83H								
定时器/计数器控制	TCON	88H	TF1 8F	TR1 8E	TF0 8D	TR0 8C	IE1 8B	IT2 8A	IE0 89	IT0 88
定时器/计数器方式控制	TMOD	89H	GATE	$C/\overline{T}$	M_1	M_0	GATE	$C/\overline{T}$	M_1	M_0
定时器/计数器 0 低字节	TL0	8AH								
定时器/计数器 1 低字节	TL1	8BH								
定时器/计数器 0 高字节	TH0	8CH								
定时器/计数器 1 高字节	TH1	8DH								
P1 口	P1	90H	97	96	95	94	93	92	91	90
电源控制	PCON	97H	SMOD	—	—	—	GF1	GF0	PD	IDL
串行控制	SCON	98H	SM0 9F	SM1 9E	SM2 9D	REN 9C	TB8 9B	RB8 9A	TI 99	RI 98
串行数据缓冲器	SBUF	99H								

（续）

专用寄存器名称	符号	地址	位地址与位名称							
			D_7	D_6	D_5	D_4	D_3	D_2	D_1	D_0
P2 口	P2	A0H	A7	A6	A5	A4	A3	A2	A1	A0
中断允许控制	IE	A8H	EA AF	— —	ET2 AD	ES AC	ET1 AB	EX1 AA	ET0 A9	EX0 A8
P3 口	P3	B0H	B7	B6	B5	B4	B3	B2	B1	B0
中断优先级控制	IP	B8H	— —	— —	PT2 BD	PS BC	PT1 BB	PX1 BA	PT0 B9	PX0 B8
定时器/计数器 2 控制	T2CON *	C8H	TF2 CF	EXF2 CE	RCLK CD	TCLK CC	EXEN2 CB	TR2 CA	$C/\overline{T2}$ C9	$CP/\overline{RI2}$ C8
定时器/计数器 2 自动重装载低字节	RLDL *	CAH								
定时器/计数器 2 自动重装载高字节	RLDH *	CBH								
定时器/计数器 2 低字节	TL2 *	CCH								
定时器/计数器 2 高字节	TH2 *	CDH								
程序状态字	PSW	D0H	C D7	AC D6	F0 D5	RS1 D4	RS0 D3	OV D2	— D1	P D0
累加器	A	E0H	E7	E6	E5	E4	E3	E2	E1	E0
B 寄存器	B	F0H	F7	F6	F5	F4	F3	F2	F1	F0

注：表中带 * 的寄存器都与定时器/计数器 2 有关，只在 52 子系列芯片中存在。RLDH、RLDL 也可写作 RCAP2H、RCAP2L，分别称为定时器/计数器 2 捕捉高字节、低字节寄存器。

在 MCS-51 系列单片机的指令系统中，即使不计入位操作类指令，单是涉及直接寻址字节寻址的就有 27 条指令，可见各专用寄存器于编程处理时将十分灵活、方便。

必须注意：在 128 个字节的 SFR 块中，仅有 21 个（51 子系列）或 26 个（52 子系列）字节是专用寄存器，即是有定义的，如用涉及直接寻址字节寻址的指令去访问该块中未定义的字节是没有意义的。

第四节　定时器/计数器

定时器/计数器是 MCS-51 单片机的重要功能模块之一。在检测、控制及智能仪器等应用中，常用定时器作实时时钟，实现定时检测、定时控制。还可用定时器产生毫秒宽的脉冲，驱动步进电动机一类的电气机械。计数器主要用于外部事件的计数。

一、主要特性

1）8031/8051/8751 单片机有两个可编程的定时器/计数器——定时器/计数器 0 与定时器/计数器 1，可由程序选择作为定时器用或作为计数器用，定时时间或计数值也可由程序设定。

2）每个定时器/计数器都具有4种工作方式，可用程序选择。

3）任一定时器/计数器在定时时间到或计数值到时，可由程序安排产生中断请求信号或不产生中断请求信号。

4）8032/8052有3个可编程定时器/计数器，增加了定时器/计数器2。定时器/计数器2有3种工作方式，可用程序选择。

二、定时器/计数器0、1的结构

定时器/计数器0、1的结构框图见图2-9。它由加法计数器、TMOD寄存器、TCON寄存器等组成。

1. 16位加法计数器

定时器/计数器的核心是16位加法计数器，图中用特殊功能寄存器TH0、TL0及TH1、TL1表示。TH0、TL0是定时器/计数器0加法计数器的高8位和低8位，TH1、TL1是定时器/计数器1加法计数器的高8位和低8位。

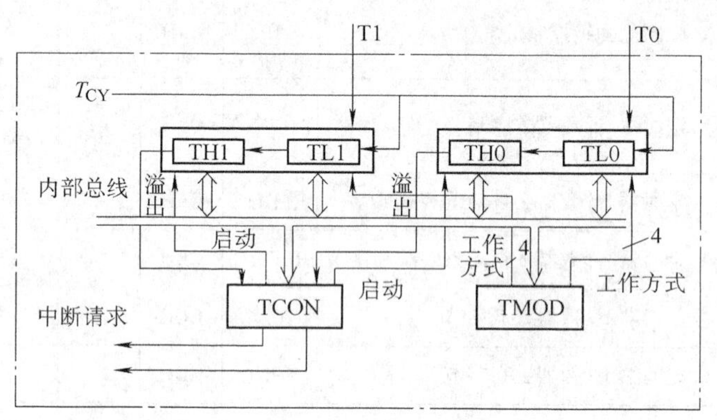

图2-9　定时器/计数器0、1的结构框图

作计数器用时，加法计数器对芯片引脚T0（P3.4）或T1（P3.5）上输入的脉冲计数。每输入一个脉冲，加法计数器增加1。加法计数溢出时可向CPU发出中断请求信号。

作定时器用时，加法计数器对内部机器周期脉冲T_{CY}计数。由于机器周期是定值，所以对T_{CY}的计数也就是定时，如$T_{CY}=1\mu s$，计数值100，相当于定时100μs。

加法计数器的初值可以由程序设定，设置的初值不同，计数值或定时时间就不同。在定时器/计数器的工作过程中，加法计数器的内容可用程序读回CPU。

2. 定时器/计数器方式控制寄存器TMOD

TMOD用来选择定时器/计数器0、1的工作方式，低4位用于定时器/计数器0，高4位用于定时器/计数器1。其值可用程序决定。格式如下：

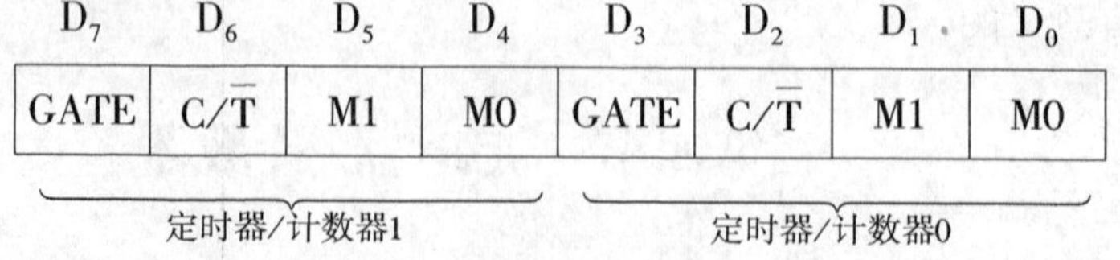

D_7	D_6	D_5	D_4	D_3	D_2	D_1	D_0
GATE	$C/\overline{T}$	M1	M0	GATE	$C/\overline{T}$	M1	M0
定时器/计数器1				定时器/计数器0			

（1）定时器/计数器功能选择位$C/\overline{T}$　$C/\overline{T}=1$为计数器方式，$C/\overline{T}=0$为定时器方式。

（2）定时器/计数器工作方式选择位M1、M0　定时器/计数器4种工作方式的选择由M1、M0的值决定，见表2-8。

（3）门控制位GATE　如果GATE=1，定时器/计数器0的工作受芯片引脚$\overline{INT0}$（P3.2）控制，定时器/计数器1的工作受芯片引脚$\overline{INT1}$（P3.3）控制；如果GATE=0，定时器/计数器的工作与引脚$\overline{INT0}$、$\overline{INT1}$无关。一般情况下GATE=0。

3. 定时器/计数器控制寄存器TCON

表 2-8

M1 M0	工作方式
0 0	方式 0：13 位定时器/计数器
0 1	方式 1：16 位定时器/计数器
1 0	方式 2：具有自动重装初值的 8 位定时器/计数器
1 1	方式 3：定时器/计数器 0 分为两个 8 位定时器/计数器，定时器/计数器 1 在此方式无实用意义

TCON 高 4 位用于控制定时器 0、1 的运行；低 4 位用于控制外部中断，与定时器/计数器无关，将在本章第七节中介绍。TCON 格式如下：

D_7	D_6	D_5	D_4	D_3	D_2	D_1	D_0
TF1	TR1	TF0	TR0	IE1	IT1	IE0	IT0

(1) 定时器/计数器 1 运行控制位 TR1 (TCON. 6)　TR1 = 1 时定时器/计数器 1 工作，TR1 = 0 则停止工作。TR1 由软件置 1 或清零。

(2) 定时器/计数器 1 溢出中断标志 TF1 (TCON. 7)　定时器/计数器 1 计数溢出时由硬件自动置 TF1 = 1，在中断允许的条件下，便向 CPU 发出定时器/计数器 1 的中断请求信号，CPU 响应后 TF1 由硬件自动清零。在中断屏蔽条件下，TF1 可作查询测试用。

TF1 也可以用程序置位或清零，例如执行指令 SETB TF1 后 TF = 1。这就是说，定时器/计数器 1 的中断请求还能用程序安排产生，这称为软件中断。

在定时器/计数器 1 工作时，CPU 可以随时查询 TF1 的状态。

(3) 定时器/计数器 0 运行控制位 TR0 (TCON. 4)　TR0 控制定时器/计数器 0 的工作，其功能与 TR1 相仿。

(4) 定时器/计数器 0 溢出中断标志 TF0 (TCON. 5)　TF0 决定定时器/计数器 0 的中断，其功能与 TF1 相仿。

三、定时器/计数器 0、1 的 4 种工作方式

1. 工作方式 0

M1 = 0、M0 = 0 时定时器/计数器设定为工作方式 0，构成 13 位定时器/计数器。图 2-10 是定时器/计数器 1 方式 0 的结构图（如果把下标 1 改为 0，就是定时器/计数器 0 在方式 0 时的结构图）。TH1 是高 8 位加法计数器，TL1 是低 5 位加法计数器（只用 5 位，其高 3 位未用）。TL1 加法计数溢出时向 TH1 进位，TH1 加法计数溢出时置 TF1 = 1。

可用程序将 0 ~ 8191 ($2^{13}-1$) 的某一数送入 TH1、TL1 作为初值。TH1、TL1 从初值开始加法计数，直至溢出，所以设置的初值不同，定时时间或计数值也不同。要注意的是：加法计数器 TH1 溢出后，必须用程序重新对 TH1、TL1 设置初值，否则下一次 TH1、TL1 将从 0 开始加法计数。

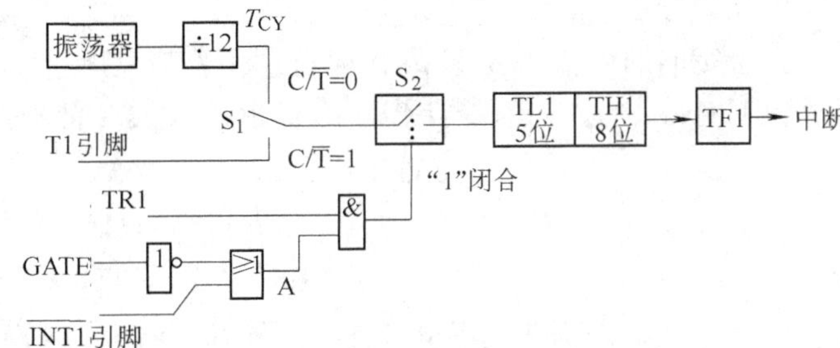

图 2-10　定时器/计数器 1 工作方式 0 结构图

如果 $C/\overline{T}=1$，图中电子开关 S_1 打在下端，定时器/计数器工作在计数器状态，加法计数器对 T1 引脚上的外部输入脉冲计数。计数值由式

$$N=8192-x$$

决定，x 是 TH1、TL1 的初值。x=8191 时的最小计数值 1，x=0 时为最大计数值 8192，即计数范围为 1～8192。

定时器/计数器 1 在每个机器周期的 S5P2 期间采样 T1 脚，若采样结果表明上一周期为高电平、下一周期为低电平，则 TL1 加 1。新的计数值在检测到负跳变后的 S3P1 期间置入加法计数器。由于需要两个机器周期才能识别高电平到低电平的跳变，所以外部计数脉冲的频率应小于 $f_{osc}/24$，且高电平与低电平的延续时间均不得小于 1 个机器周期。

$C/\overline{T}=0$ 时为定时器方式，电子开关 S_1 打在上端。加法计数器对机器周期脉冲 T_{CY} 计数，每个机器周期 TL1 加 1。定时时间由式

$$T=(8192-x)\ T_{CY}$$

决定。如果振荡频率 $f_{osc}=12\text{MHz}$，即 $T_{CY}=1\mu s$，则定时范围为 $1\sim8192\mu s$。

定时器/计数器 1 的启动或停止由 TR1 控制。一般设置 GATE=0，此时只要用软件置 TR1=1，电子开关 S_2 闭合，定时器/计数器 1 就开始运行工作；置 TR1=0，S_2 打开，定时器/计数器 1 停止工作。

GATE=1 为门控方式。此时，仅当 TR1=1 且 $\overline{INT1}$ 引脚上出现高电平时 S_2 才闭合，定时器/计数器 1 运行工作。如果 $\overline{INT1}$ 上出现低电平则停止工作。所以，门控方式可用来测量 $\overline{INT1}$ 引脚上出现的正脉冲的宽度。

2. 工作方式 1

M1=0、M0=1 时定时器/计数器设定为工作方式 1，构成了 16 位定时器/计数器。此时 TH1、TL1 都是 8 位加法计数器。其他与工作方式 0 相同。

在工作方式 1 时，计数器的计数值由

$$N=65536-x$$

决定。计数范围 1～65536（2^{16}）。定时器的定时时间由式

$$T=(65536-x)\ T_{CY}$$

决定。如果 $f_{osc}=12\text{MHz}$，那么定时范围为 $1\sim65536\mu s$。

例 2-2 已知振荡器振荡频率 f_{osc} 为 12MHz，要求定时器/计数器 0 产生 10ms 定时，试编写初始化程序。

由于定时时间大于 8192μs，应选用工作方式 1。

（1）TH0、TL0 初值的计算　由于 $T_{CY}=1\mu s$，故有

$$T=(65536-x)\ T_{CY}=(65536-x)\times1\mu s=10\text{ms}$$

得

$$x=55536=\text{D8F0H}$$

即

$$\text{TH0}=\text{D8H},\ \text{TL0}=\text{F0H}$$

（2）方式寄存器 TMOD 的编程　TMOD 各位的内容确定如下：由于定时器/计数器 0 设定为定时器工作方式 1，非门控方式，所以 $C/\overline{T}$（TMOD.2）=0，M1（TMOD.1）=0，M0（TMOD.0）=1，GATE（TMOD.3）=0；定时器/计数器 1 没有使用，相应的 $D_7\sim D_4$ 为随意态“X”。

D_7	D_6	D_5	D_4	D_3	D_2	D_1	D_0
X	X	X	X	0	0	0	1

若取“X”为0，则（TMOD）=01H。

(3) 初始化程序

```
START: MOV   TL0,    #0F0H   ; 定时器/计数器0写入初值
       MOV   TH0,    #0D8H   ; 同上
       MOV   TMOD,   #01H    ; 定时器/计数器0设定为定时器工作方式1
       SETB  TR0             ; TR0=1，启动定时器/计数器0
```

执行指令SETB TR0后，定时器/计数器0开始定时，待10ms到时，硬件使TF0=1，向CPU申请中断。上述程序没有考虑重新对TH0、TL0设置初值的问题。

3. 工作方式2

当M1=1、M0=0时，定时器/计数器工作于方式2。方式2是自动重新装入初值（自动重装载）的8位定时器/计数器。结构见图2-11。

图中，TL1作为8位加法计数器使用，TH1作为初值寄存器用。TH1、TL1的初值都由软件预置。TL1计数溢出时，不仅置位TF1，而且发出重装载信号，使三态门打开，将TH1中初值自动送入TL1，使TL1从初值开始重新计数。重新装入初值后，TH1的内容保持不变。工作方式2的计数范围为1~256，定时范围为1~256μs（f_{osc}=12MHz时）。

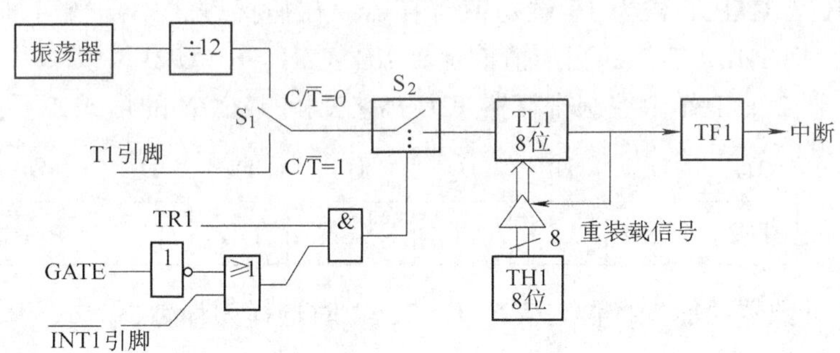

图2-11 定时器/计数器1工作方式2结构图

工作方式2特别适用于定时控制。例如要求每隔200μs产生一定时控制信号，则在f_{osc}=12MHz的条件下，TH1、TL1的初值都置38H，$C/\overline{T}$=0，M1=1，M0=0就可。

4. 工作方式3

M1=1、M0=1时，定时器/计数器0处于工作方式3。工作方式3仅对定时器/计数器0有意义。如把定时器/计数器1设置为工作方式3，相当于TR1=0，即定时器/计数器1实际将停止工作。

定时器/计数器0工作方式3的结构见图2-12。TL0、TH0成为两个独立的8位加法计数器。TL0使用定时器/计数器0的状态控制位C/T、GATE、TR0及引脚$\overline{INT0}$，它的工作情况与方式0、方式1类似，仅计数范围为1~256，定时范围为1~256μs（f_{osc}=12MHz时）。

TH0 只能作为非门控方式的定时器，它借用了定时器/计数器 1 的控制位 TR1、TF1。

定时器/计数器 0 采用工作方式 3 后，8031/8051/8751 就具有 3 个定时器/计数器，即 8 位定时器/计数器 TL0，8 位定时器 TH0 和 16 位定时器/计数器 1（TH1、TL1）。定时器/计数器 1 虽然还可以选择为方式 0、方式 1 或方式 2，但由于 TR1 和 TF1 被 TH0 借用，不能产生溢出中断请求，所以只用作串行口的波特率发生器。

四、定时器/计数器 2

8032/8052 芯片增加了一个定时器/计数器 2。定时器/计数器 2 可以设置成定时器，也可以设置成外部事件计数器，并具有 3 种工作方式：16 位自动重装载定时器/计数器方式、捕捉方式和串行口波特率发生器方式。

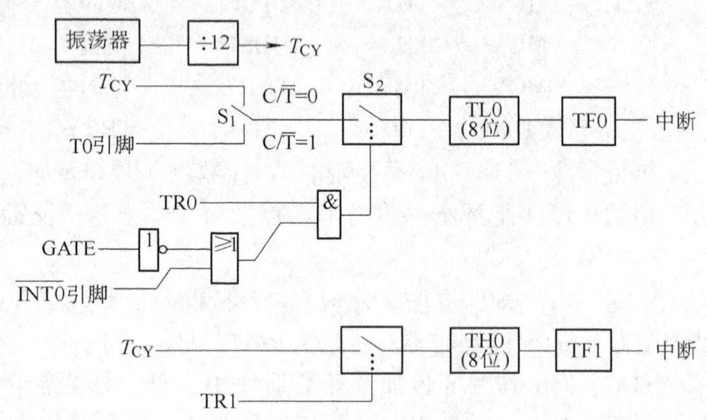

图 2-12 定时器/计数器 0 工作方式 3 结构图

1. 结构

定时器/计数器 2 由特殊功能寄存器 TH2、TL2、RCAP2H、RCAP2L 等电路组成，见图 2-13 及图 2-14。

TH2、TL2 构成 16 位加法计数器。RCAP2H、RCAP2L 构成 16 位寄存器，在自动重装载方式中，RCAP2H、RCAP2L 作为 16 位初值寄存器，在捕捉方式中，当引脚 T2EX（P1.1）上出现负跳变时，把 TH2、TL2 的当前值捕捉到 RCAP2H、RCAP2L 中去。

定时器/计数器 2 的工作由控制寄存器 T2CON 控制。T2CON 的格式如下：

D_7	D_6	D_5	D_4	D_3	D_2	D_1	D_0
TF2	EXF2	RCLK	TCLK	EXEN2	TR2	C/$\overline{T2}$	CP/$\overline{RL2}$

（1）定时器/计数器功能选择位 C/$\overline{T2}$　C/$\overline{T2}$ = 1 时选择为计数器方式，C/$\overline{T2}$ = 0 时选择为定时器方式。

（2）运行控制位 TR2　TR2 = 1 时计数器/定时器 2 运行工作，TR2 = 0 时停止工作。

（3）工作方式由捕捉/重装载标志 CP/$\overline{RL2}$、串行接口发送时钟标志 TCLK、串行接口接收时钟标志 RCLK 决定，见表 2-9。

表 2-9

RCLK	TCLK	CP/$\overline{RL2}$	工作方式
0	0	0	16 位重装载方式
0	0	1	16 位捕捉方式
0	1	×	波特率发生器方式，定时器/计数器 2 的溢出脉冲作串行口的发送时钟
1	0	×	波特率发生器方式，定时器/计数器 2 的溢出脉冲作串行口的接收时钟
1	1	×	波特率发生器方式，定时器/计数器 2 的溢出脉冲作串行口的发送、接收时钟

（4）溢出中断标志 TF2　在捕捉与重装载工作方式中，TH2 加法计数溢出时，由硬件置 TF2 = 1，向 CPU 申请中断。CPU 响应中断后，TF2 未被硬件清除，必须用程序清零。在波特率发生器方式，计数溢出时 TF2 不会被置“1”，即不会提出中断请求。

（5）外部允许标志 EXEN2 与定时器/计数器 2 外部中断标志 EXF2　在 EXEN2 = 1 时，如果定时器/计数器 2 工作于捕捉方式，那么当引脚 T2EX（P1.1）上出现负跳变时 TH2、TL2 的当前值自动送入 RCAP2H、RCAP2L 寄存器，同时外部中断标志 EXF2 被置 1，向 CPU 申请中断；如果定时器/计数器 2 工作于重装载方式，那么 T2EX 的负跳变将 RCAP2H、RCAP2L 的内容自动装入 TH2、TL2，同时 EXF2 = 1，申请中断。CPU 响应中断后，EXF2 未被硬件清除，必须用程序清零。

EXEN2 = 0 时，T2EX 引脚上电平的变化对定时器/计数器 2 没有影响。

2. 定时器/计数器 2 自动重装载工作方式

RCLK = 0、TCLK = 0、CP/$\overline{\text{RL2}}$ = 0 使定时器/计数器 2 处于自动重装载工作方式，其结构见图 2-13。

TH2、TL2 构成 16 位加法计数器。RCAP2H、RCAP2L 构成 16 位初值寄存器，因为 CP/$\overline{\text{RL2}}$ = 0 封锁了三态门 2、4，打开了与门 8，当加法计数器计数溢出时，溢出信号（高电平 1）经或门 7、与门 8 打开了三态门 1、3，将 RCAP2H、RCAP2L 中预置的初值自动装入 TH2、TL2。定时器/计数器 2 从初值开始重新加法计数。溢出信号还使溢出中断标志 TF2 = 1，向 CPU 申请中断。

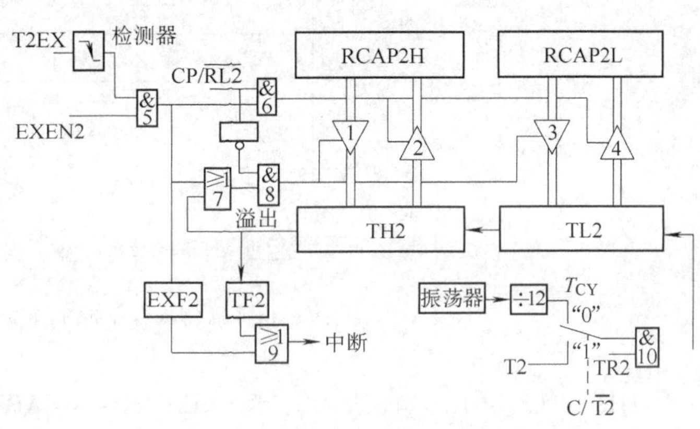

图 2-13　自动重装载及捕捉方式结构图

如 TR2 = 0 将封锁与门 10，定时器/计数器 2 停止工作。

C/$\overline{\text{T2}}$ = 0、TR2 = 1 为定时器方式，机器周期脉冲 T_{CY} 送入加法计数器计数。当 f_{osc} = 12MHz 时，定时范围为 1 ~ 65536μs。C/$\overline{\text{T2}}$ = 1、TR2 = 1 为计数器方式。加法计数器对 T2（P1.0）引脚上的外部脉冲计数，计数范围为 1 ~ 65536。

EXEN2 = 1 时，如果 T2EX 引脚上电平无变化，定时器/计数器 2 的工作与上述相同。如果 T2EX 上出现“1”到“0”的负跳变，跳变检测器将输出高电平，经门 5、7、8，高电平打开三态门，将 RCAP2H、RCAP2L 中预置的初值送入 TH2、TL2，使定时器/计数器 2 提前开始新的计数周期。同时，置定时器/计数器 2 外部中断标志 EXF2 = 1，向 CPU 发出中断请求信号。

3. 定时器/计数器 2 的捕捉工作方式

RCLK = 0、TCLK = 0、CP/$\overline{\text{RL2}}$ = 1 时，定时器/计数器 2 为捕捉工作方式。在图 2-13 中，CP/$\overline{\text{RL2}}$ = 1 经倒相后封锁了三态门 1、3。

如果 EXEN2 = 0，经与门 5、6，低电平封锁了三态门 2、4，这时 RCAP2H、RCAP2L 不起作用，定时器/计数器 2 的工作与定时器/计数器 0、1 的工作方式 1 相同。即：C/$\overline{\text{T2}}$ = 0

时为 16 位定时器，$C/\overline{T2}=1$ 时为 16 位计数器，计数溢出时 TF2 = 1，发出中断请求信号。定时器/计数器 2 的初值必须由程序重新设定。

EXEN2 = 1 时为捕捉方式，T2EX 引脚上的负跳变经检测器成为高电平，并经门 5、6 打开三态门 2、4，将 TH2、TL2 的当前值捕捉到 RCAP2H、RCAP2L 寄存器，同时置 EXF2 = 1，发出中断请求。

4. 波特率发生器工作方式

T2CON 寄存器中的 RCLK 或 TCLK 被置 1，定时器/计数器 2 成为波特率发生器工作方式，其结构见图 2-14。

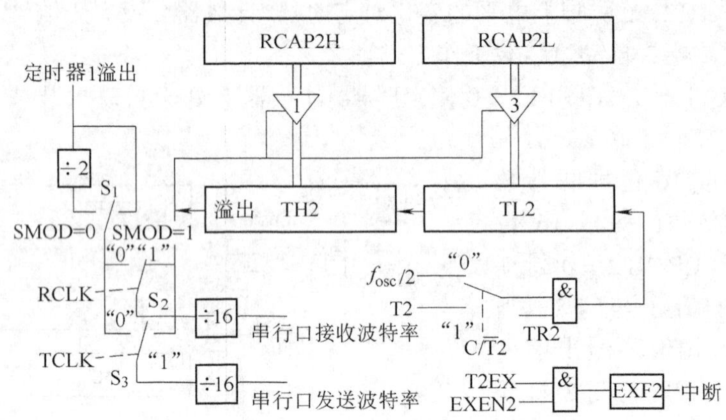

图 2-14 波特率发生器工作方式结构图

TH2、TL2 为 16 位加法计数器，RCAP2H、RCAP2L 为 16 位初值寄存器。$C/\overline{T2}=1$ 时 TH2、TL2 对 T2（P1.0）引脚上的外部脉冲加法计数。$C/\overline{T2}=0$ 时 TH2、TL2 对时钟脉冲（频率为 $f_{osc}/2$）加法计数，而不是对机器周期脉冲 T_{CY}（频率为 $f_{osc}/12$）计数，这一点要特别注意。TH2、TL2 计数溢出时 RCAP2H、RCAP2L 中预置的初值自动送入 TH2、TL2，使 TH2、TL2 从初值开始重新计数，因此，溢出脉冲是连续产生的周期脉冲。

溢出脉冲经 16 分频后作为串行口的发送脉冲或接收脉冲。发送脉冲、接收脉冲的频率称为波特率。

溢出脉冲经电子开关 S_2、S_3 送往串行口。S_2、S_3 由 T2CON 寄存器中的 RCLK、TCLK 控制。RCLK = 1 时，定时器/计数器 2 的溢出脉冲形成串行口的接收脉冲，RCLK = 0 时，定时器/计数器 1 的溢出脉冲形成串行口的接收脉冲。同样，TCLK = 1 时，定时器/计数器 2 的溢出脉冲形成串行口的发送脉冲，TCLK = 0 时，定时器/计数器 1 的溢出脉冲形成串行口的发送脉冲。

定时器/计数器 2 处于波特率工作方式时，TH2 的溢出并不使 TF2 置位，因而不产生中断请求。EXEN2 = 1 时也不会发生重装载或捕捉的操作。所以，利用 EXEN2 = 1 可得到一个附加的外部中断。T2EX 为附加的外部中断输入脚，EXEN2 起允许中断或禁止中断的作用。当 EXEN2 = 1 时，若 T2EX 引脚上出现负跳变，则硬件置 EXF2 = 1，向 CPU 申请中断。

需要指出，在波特率发生器工作方式下，如果定时器/计数器 2 正在工作，CPU 是不能访问 TH2、TL2 的。对于 RCAP2H、RCAP2L，CPU 也只能读入其内容而不能改写。如果要改写 TH2、TL2、RCAP2H、RCAP2L 的内容，应先停止定时器/计数器 2 的工作。

最后，用表 2-10 归纳定时器/计数器 2 的各种工作状态。

表 2-10

RCLK	TCLK	CP/$\overline{RL2}$	C/$\overline{T2}$	EXEN2	T2EX	工作状态
0	0	0	1/0	0	×	16 位重装载计数器/定时器，溢出时重装初值
0	0	0	1/0	1	不变	16 位重装载计数器/定时器，溢出时重装初值
0	0	0	1/0	1	↓	16 位重装载计数器/定时器，负跳变瞬间重装初值
0	0	1	1/0	0	×	16 位计数器/定时器，由程序重新设定初值
0	0	1	1/0	1	不变	16 位计数器/定时器，由程序重新设定初值
0	0	1	1/0	1	↓	16 位计数器/定时器，负跳变瞬间捕捉 TH2、TL2 的当前值
0	1	×	×	×	×	波特率发生器。定时器/计数器 2 产生串行口发送脉冲，定时器/计数器 1 产生串行口接收脉冲
1	0	×	×	×	×	波特率发生器。定时器/计数器 2 产生串行口接收脉冲，定时器/计数器 1 产生串行口发送脉冲
1	1	×	×	×	×	波特率发生器。定时器/计数器 2 产生串行口发送、接收脉冲

第五节 并行输入/输出接口

MCS-51 单片微型计算机芯片有 32 根输入/输出线，组成 4 个 8 位并行输入/输出接口，分别称为 P0 口、P1 口、P2 口和 P3 口。这 4 个接口可以并行输入或输出 8 位数据；也可按位使用，即每一根输入/输出线都能独立地用作输入或输出。

一、P1 口

1. 结构

图 2-15 是 P1 口 1 位的结构原理图，P1 口由 8 个这样的电路所组成。图中，锁存器起输出锁存作用。P1 口的 8 个锁存器组成特殊功能寄存器，该寄存器也用符号 P1 表示。场效应晶体管 V_1 与上拉电阻组成输出驱动器，以增大负载能力。上拉电阻的具体结构这里不作介绍。三态门 1 是输入缓冲器，三态门 2 在端口操作时用。

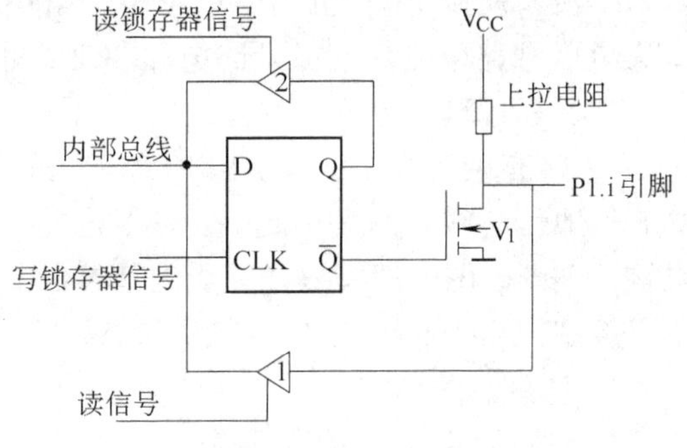

图 2-15 P1 口 1 位结构原理图

2. 功能

8031/8051/8751 单片机的 P1 口只有一种功能——通用输入输出接口。通用 I/O 接口有输出、输入、端口操作 3 种工作方式。

（1）输出方式　计算机执行写 P1 口的指令如 MOV P1，#data 时，P1 口工作于输出方式。此时数据 data 经内部总线送入锁存器锁存。如果某位的数据为 1，该位锁存器输出端 Q＝1，$\overline{Q}$＝0，使 V_1 截止，从而在引脚 P1. i 上出现高电平。反之，如果数据为 0，则 Q＝0、$\overline{Q}$＝1，使 V_1 导通，P1. i 上出现低电平。

（2）输入方式　计算机执行读 P1 口的指令如 MOV　A，P1 时，P1 口工作于输入方式。控制器发出的读信号打开三态门 1，引脚 P1. i 上的数据经三态门 1 进入芯片的内部总线，并送到累加器 A。因此输入时无锁存功能。

在执行输入操作时，如果锁存器原来寄存的数据 Q＝0。那么由于 $\overline{Q}$＝1 将使 V_1 导通，引脚被始终箝位在低电平上，不可能输入高电平。为此，用作输入前，必须先用输出指令置 Q＝1，使 V_1 截止。正因为如此，P1 口称为准双向接口。

单片机复位后，P1 口线的状态都是高电平，可以直接用作输入。

（3）端口操作　MCS-51 单片机有不少指令可直接进行端口操作，例如

```
ANL P1;      #data    ;（P1）←（P1）∧data
ORL P1,      #data    ;（P1）←（P1）∨data
XRL P1,      A        ;（P1）←（P1）⊕（A）
INC P1                ;（P1）←（P1）+1
```

这些指令的执行过程分成“读—修改—写”三步。先将 P1 口的数据读入 CPU，在 ALU 中进行运算，运算结果再送回 P1。执行“读—修改—写”类指令时，CPU 通过三态门 2 读回锁存器 Q 端的数据。假如通过三态门 1 从引脚上读回数据，有时会发生错误。例如用一根口线去驱动一个晶体管的基极，在向此口线输出 1 时，锁存器 Q＝1，但晶体管导通后，引脚上的电平已拉到低电平（0. 7V），从引脚读回数据会错读为 0。

8032/8052 单片机 P1 口中的 P1. 0 与 P1. 1 具有二重功能，除了作为通用 I/O 接口外，P1. 0（T2）还作为定时器/计数器 2 的外部计数脉冲输入端，P1. 1 还作为定时器/计数器 2 的外部控制输入端（T2EX）。

3. 负载能力

P1 口输出时能驱动 4 个 LSTTL 负载，通常把 100μA 的输入电流定义为一个 TTL 负载的输入电流，所以 P1 口输出电流不小于 400μA。P1 口内部有上拉电阻，因此在输入时，即使由集电极开路电路或漏极开路电路驱动，也无需外接上拉电阻。

二、P2 口

P2 口有两种用途：通用 I/O 接口或高 8 位地址总线。图 2-16 是 P2 口 1 位的结构原理图。图中的模拟开关受内部控制信号控制，用于选择 P2 口的工作状态。

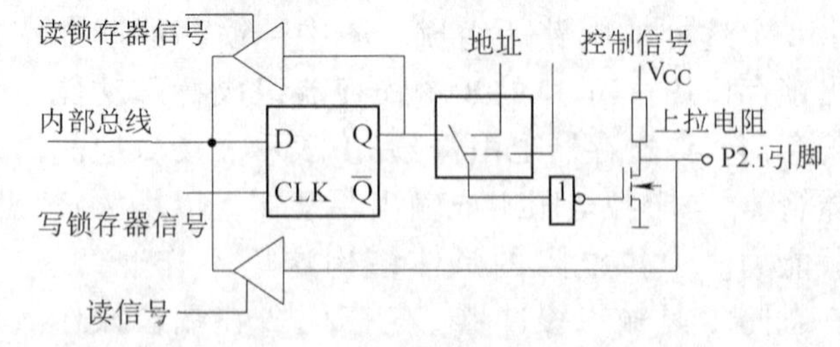

图 2-16　P2 口 1 位结构原理图

1. 地址总线状态

计算机从片外 ROM 中取指令，或者执行访问片外 RAM、片外 ROM 的指令时，模拟开关打在右边，P2 口上出现程序计数器 PC 的高 8 位地址或数据指针 DPTR 的高 8 位地址（A15～A8）。上述情况下，锁存器的内容不受影响。所以，取指或访问外部存储器结束后，由于模拟开关打向左边，使输出驱动器与锁存器 Q 端相连，引脚上将恢复原来的

数据。

一般地说，如果系统扩展了外部 ROM，取指的操作将连续不断，P2 口不断送出高 8 位地址，这时 P2 口就不应再作通用 I/O 口使用。如果系统仅仅扩展外部 RAM，情况应具体分析：当片外 RAM 容量不超过 256 字节时，可以使用寄存器间接寻址方式的指令（如 MOVX A，@ R_j、MOVX @ R_j、A），由 P0 口送出 8 位地址寻址，P2 口引脚上原有的数据在访问片外 RAM 期间不受影响，故 P2 口仍可用作通用 I/O 接口；当片外 RAM 容量较大需要由 P2 口、P0 口送出 16 位地址时，P2 口不再用作通用 I/O 接口；当片外 RAM 的地址大于 8 位而小于 16 位时，可以通过软件从 P1、P2、P3 口中的某几根口线送出高位地址，从而可保留 P2 的全部或部分口线作通用 I/O 接口用。

2. 通用 I/O 接口状态

P2 口作准双向通用 I/O 接口使用时，其功能与 P1 口相同，有输入、输出及端口操作 3 种工作方式，负载能力也相同。

三、P3 口

P3 口 1 位的结构原理见图 2-17。P3 口除了作为准双向通用 I/O 接口使用外，每一根线还具有第二种功能，详见表 2-1。

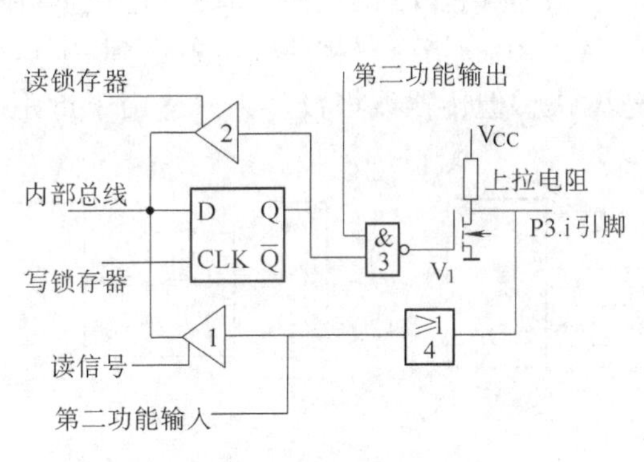

图 2-17　P3 口 1 位结构原理图

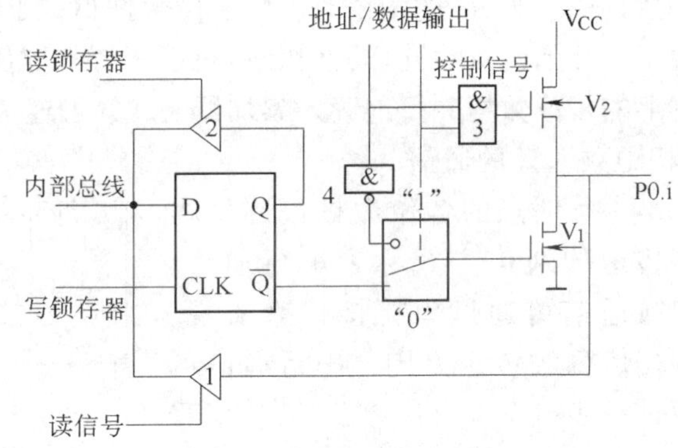

图 2-18　P0 口 1 位结构原理图

P3 口用作 I/O 接口时，其功能与 P1 口相同。

P3 口作为第二功能使用时，其锁存器 Q 端必须为高电平，否则 V_1 管导通，引脚被箝位在低电平，无法输入或输出第二功能信号。单片机复位时，锁存器输出端为高电平。P3 口第二功能中的输入信号 RXD、$\overline{INT0}$、$\overline{INT1}$、T0、T1 经缓冲器 3 输入，可直接进入芯片内部。

四、P0 口

图 2-18 是 P0 口 1 位的结构原理图。V_1、V_2 构成输出驱动器，与门 3、倒相器 4 及模拟开关构成输出控制电路。三态门 1 是输入缓冲器。

P0 口有两种功能：地址/数据分时复用总线和通用 I/O 接口。

1. 地址/数据分时复用总线

单片机系统扩展片外存贮器时，P0 口作为地址/数据分时复用总线使用。在访问片外存储器时，CPU 送来的控制信号为高电平，模拟开关打在上方。如果执行输出数据的指令，分时输出的地址/数据经倒相器 4、驱动器 V_1、V_2 送到引脚上。当地址或数据信息为 1 时，

V_1 截止而 V_2 导通，管脚上出现高电平；当地址或数据信息为 0 时，V_1 导通而 V_2 截止，管脚上出现低电平。如果执行取指操作或输入数据的指令，地址仍经 V_1、V_2 输出，而输入的数据经输入缓冲器 1 进入内部总线。

2. 通用 I/O 接口

假如系统未扩展片外存储器，P0 口作为准双向通用 I/O 接口使用，此时控制信号为 0，开关打在下面。由于控制信号为 0，使 V_2 截止，因此输入时 V_1、V_2 皆截止，管脚处在悬浮状态，如果输入由集电极开路或漏极开路电路驱动，应外加提升电阻。输出时由于 V_2 截止，如果负载是 MOS 电路，应当外加提升电阻。

P0 口输出时能驱动 8 个 LSTTL 负载，即输出电流不小于 800μA。

第六节 串行输入/输出接口

一、基本概念

计算机与外界的信息交换称为通信。基本的通信方法有并行通信和串行通信两种。

一个信息的各位数据被同时传送的通信方法称为并行通信。并行通信依靠并行 I/O 接口实现。MCS-51 单片机中的并行口可作为双向并行 I/O 接口使用，见图 2-19a。CPU 在执行如 MOV P1，#data 的指令时，将 8 位数据写入 P1 口，并经 P1 口的 8 个引脚将 8 位数据并行输出到外围设备。同样，CPU 也可以执行如 MOV A，P1 的指令，将外围设备送到 P1 口引脚上的 8 位数据并行地读入累加器 A。并行通信速度快，但传输线根数多，只适用于近距离（相距数米）的通信。

一条信息的各位数据被逐位顺序传送的通信方式称为串行通信。串行通信可通过串行接口来实现。根据信息的传送方向，串行通信可以进一步分为单工、半双工和全双工 3 种。信息只能单方向传送称为单工；信息能双向传送但不能同时双向传送称为半双工，能够同时双向传送则称为全双工。MCS-51 单片机有一个全双工串行口。全双工的串行通信只需要一根输出线和一根输入线。见图 2-19b。通信技术中，输出又称为发送（Transmitting），输入又称为接收（Receiving）。串行通信速度慢，但传输线少，适宜长距离通信。

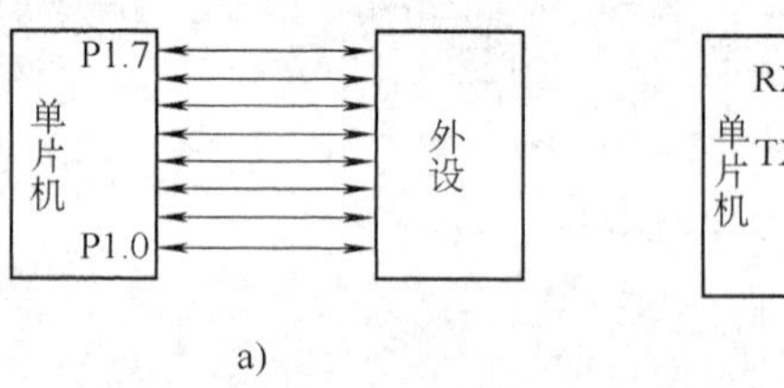

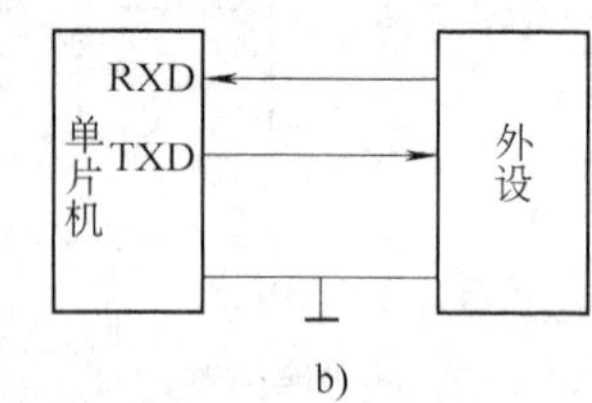

图 2-19 并行通信与串行通信

串行通信又有异步通信和同步通信两种方式。

异步通信用起始位“0”表示字符的开始，然后从低位到高位逐位传送数据，最后用停止位“1”表示字符结束，见图 2-20。一个字符又称一帧信息。图 2-20a 中，一帧信息包括 1 位起始位、8 位数据位和 1 位停止位，图 2-20b 中，数据位增加到 9 位。在 MCS-51 计算机系统中，第九位数据 D_8 可以用作奇偶校验位，也可以用作地址/数据帧标志，$D_8=1$ 表示该帧信息传送的是地址，$D_8=0$ 表示传送的是数据。两帧信息之间可以无间隔，也可以有间隔，且间隔时间可任意改变，间隔用空闲位“1”来填充。

在一帧信息中，每一位的传送时间（位宽）是固定的，用位传送时间 T_d 表示。T_d 的倒

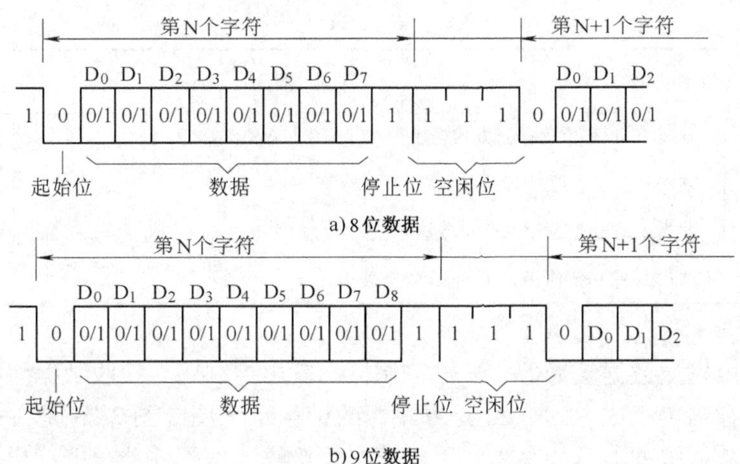

图 2-20 异步通信的格式

数称为波特率（Baud rate），波特率表示每秒传送的位数。例如电传打字机的传送速率每秒 10 个字符，若每个字符为 11 位，则波特率为

$$11\ 位/字符 \times 10\ 字符/s = 110\ 位/s$$

而位传送时间 $T_d = 9.1ms$。

在同步通信中，每一数据块开头时发送一个或两个同步字符，使发送与接收双方取得同步。数据块的各个字符间取消了起始位和停止位，所以通信速度得以提高，见图 2-21。同步通信时，如果发送的数据块之间有间隔时间，则发送同步字符填充。

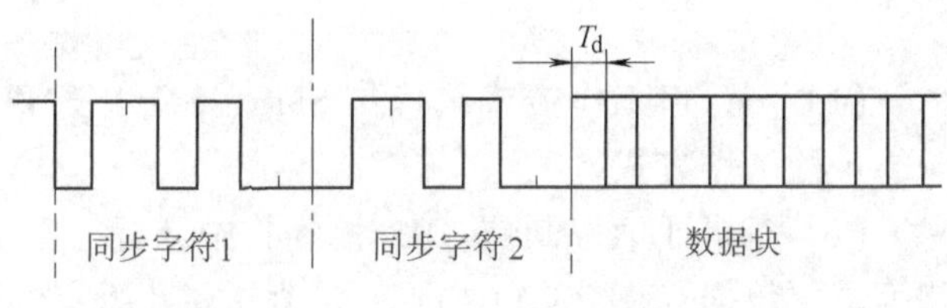

图 2-21 同步通信的格式

如上所述，MCS-51 串行 I/O 接口的基本工作是：发送时，将 CPU 送来的并行数据转换成一定格式的串行数据，从引脚 TXD 上按规定的波特率逐位输出；接收时，要监视引脚 RXD，一旦出现起始位“0”，就将外围设备送来的一定格式的串行数据转换成并行数据，等待 CPU 读入。

二、串行接口的功能与结构

1. 功能

MCS-51 单片机中的异步通信串行接口能方便地与其他计算机或串行传送信息的外围设备（如串行打印机、CRT 终端等）实现双机、多机通信。

串行口有 4 种工作方式，见表 2-11。方式 0 并不用于通信，而是通过外接移位寄存器芯片实现扩展并行 I/O 接口的功能。该方式又称移位寄存器方式。方式 1、方式 2、方式 3 都是异步通信方式。方式 1 是 8 位异步通信接口，一帧信息由 10 位组成，其格式见图 2-20a。方式 1 用于双机串行通信。方式 2、方式 3 都是 9 位异步通信接口、一帧信息中包括 9 位数据，1 位起始位，1 位停止位，其格式见图 2-20b。方式 2、方式 3 的区别在于波特率不同，方式 2、方式 3 主要用于多机通信，也可用于双机通信。

表 2-11

SM0	SM1	工作方式	功　能	波特率
0	0	方式 0	移位寄存器方式，用于并行 I/O 扩展	$f_{osc}/12$
0	1	方式 1	8 位通用异步接收器/发送器	可变
1	0	方式 2	9 位通用异步接收器/发送器	$f_{osc}/32$ 或 $f_{osc}/64$
	1	方式 3	9 位通用异步接收器/发送器	可变

2. 结构

串行口主要由发送数据缓冲器、发送控制器、输出控制门、接收数据缓冲器、接收控制器、输入移位寄存器等组成。图 2-22 是方式 0 的结构示意图，图 2-23 是方式 1、2、3 的结构示意图。发送数据缓冲器只能写入，不能读出，接收数据缓冲器只能读出，不能写入，故两个缓冲器共用一个符号——特殊功能寄存器 SBUF，共用一个地址——99H。串行口中还有两个特殊功能寄存器 SCON、PCON，分别用来控制串行口的工作方式和波特率。波特率发生器可用定时器/计数器 1 或定时器/计数器 2 构成。

串行口控制寄存器 SCON 的格式如下：

D_7	D_6	D_5	D_4	D_3	D_2	D_1	D_0
SM0	SM1	SM2	REN	TB8	RB8	TI	RI

（1）串行口工作方式选择位 SM0、SM1　SM0、SM1 由软件置位或清零，用于选择串行口的 4 种工作方式。

（2）多机通信控制位 SM2 和接收中断标志位 RI　SM2 = 1 时，如果接收到的一帧信息中和第九位数据（图 2-20 中的 D_8）为 1，且原有的接收中断标志位 RI = 0，则硬件将 RI 置 1；如果第九位数据为 0，则 RI 不置 1，且所接收的数据无效。

SM2 = 0 时，只要接收到一帧信息，不管第九位数据是 0 还是 1，硬件都置 RI = 1。RI 由软件清零，SM2 由软件置位或清零。

多机通信时，SM2 必须置 1。双机通信时，通常使 SM2 = 0。方式 0 时 SM2 必须为 0。

（3）发送中断标志位 TI　发送完一帧信息，由硬件使 TI = 1。TI 由软件清零。

（4）允许接收控制位 REN　REN = 1 时允许接收，REN = 0 时禁止接收。REN 由软件置位或清零。

（5）发送数据 D_8 位 TB8　TB8 是方式 2、方式 3 中要发送的第九位数据，事先用软件写入 1 或 0。方式 0、方式 1 不用。

（6）接收数据 D_8 位 RB_8　方式 2、方式 3 中，由硬件将接收到的第九位数据存入 RB_8。方式 1 中，停止位存入 RB_8。

电源控制寄存器 PCON 的格式如下：

D_7	D_6	D_5	D_4	D_3	D_2	D_1	D_0
SMOD	—	—	—	GF1	GF0	PD	IDL

PCON 的最高位 SMOD 是串行接口波特率系数控制位，SMOD = 1 时波特率增大一倍。其余各位与串行接口无关。

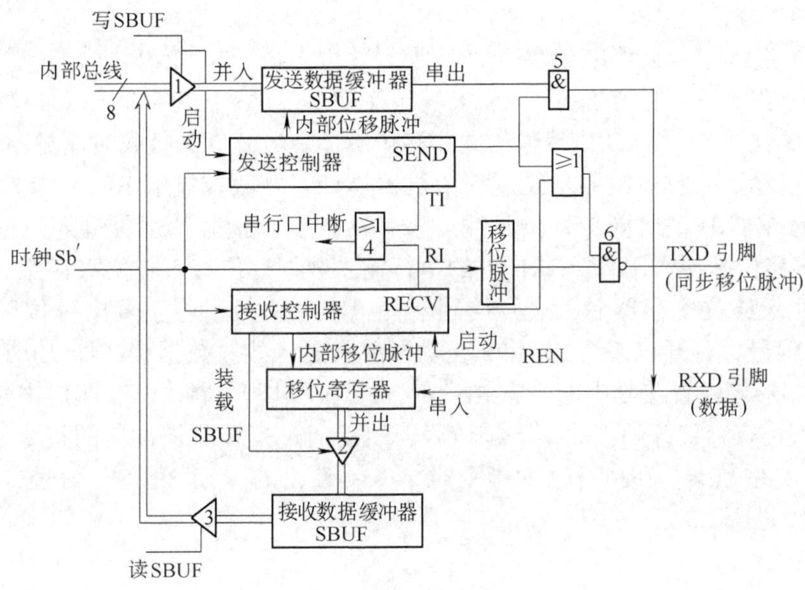

图 2-22　串行接口方式 0 结构示意图

三、串行接口的工作方式

1. 方式 0

SM0 = 0、SM1 = 0 串行口工作于方式 0，即串行寄存器方式。图 2-22 是串行接口方式 0 的结构示意图。数据从 RXD 引脚上发送或接收。一帧信息由 8 位数据组成，低位在前。波特率固定，为 $f_{osc}/12$。同步移位脉冲从 TXD 引脚上输出。

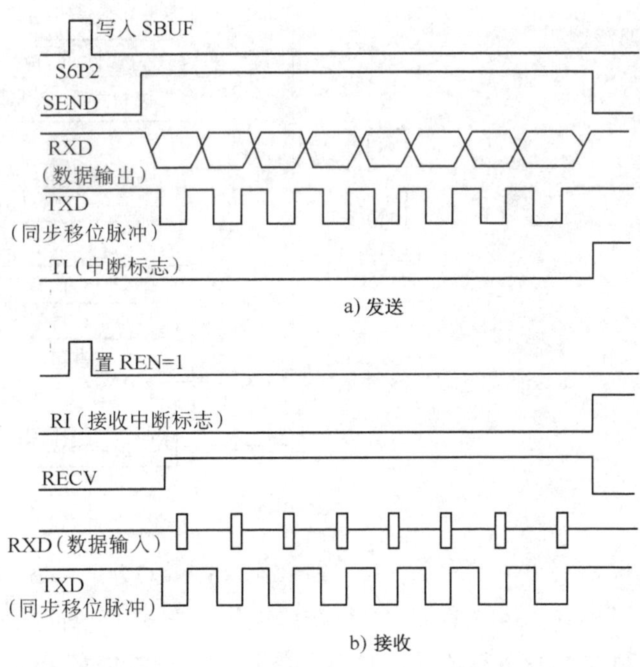

图 2-23　串行接口方式 0 的时序

（1）发送　CPU 执行一条写 SBUF 的指令如 MOV SBUF，A 就启动了发送过程。发送的时序见图 2-23a。

指令执行期间送来的写信号打开三态门 1，将经内部总线送来的 8 位并行数据写入发送数据缓冲器 SBUF。写信号同时启动发送控制器。此后，CPU 与串行口并行工作。经过一个机器周期，发送控制端 SEND 有效（高电平），打开门 5 和门 6，允许 RXD 引脚发送数据，TXD 引脚输出同步移位脉冲。在由时钟信号 S6 触发产生的内部移位脉冲作用下，发送数据缓冲器中的数据逐位串行输出。每一个机器周期从 RXD 上发送一位数据。故波特率为$f_{osc}/12$。S6 同时形成同步移位脉冲，一个机器周期从 TXD 上输出一个同步移位脉冲。8 位数据（一帧）发送完毕后，SEND 恢复低电平状态，停止发送数据，且发送控制器硬件置发送中断标志 TI =1，向 CPU 申请中断。

如要再次发送数据，必须用软件将 TI 清零，并再次执行写 SBUF 的指令。

(2) 接收　在 RI =0 的条件下，将 REN（SCON.4）置 1 就启动一次接收过程。此时 RXD 为串行数据接收端，RXD 依然输出同步移位脉冲。方式 0 的接收时序见图 2-23b。

REN 置 1 启动了接收控制器。经过一个机器周期，接收控制端 RECV 有效（高电平），打开了门 6，允许 TXD 输出同步移位脉冲。该脉冲控制外接芯片逐位输入数据，波特率为$f_{osc}/12$。在内部移位脉冲作用下，RXD 上的串行输入数据逐位移入移位寄存器。当 8 位数据（一帧）全部移入移位寄存器后，接收控制器使 RECV 失效，停止输出移位脉冲，还发出“装载 SBUF”信号，打开三态门 2，将 8 位数据并行送入接收数据缓冲器 SBUF 保存。与此同时，接收控制器硬件置接收中断标志 RI =1，向 CPU 申请中断。CPU 响应中断后，用软件使 RI =0，使移位寄存器开始接收下一帧信号，然后通过读接收缓冲器的指令例如 MOV A，SBUF 读取 SBUF 中数据。在执行这一指令时，CPU 发出的“读 SBUF”信号打开三态门 3，数据经内部总线进入 CPU。

2. 方式 1

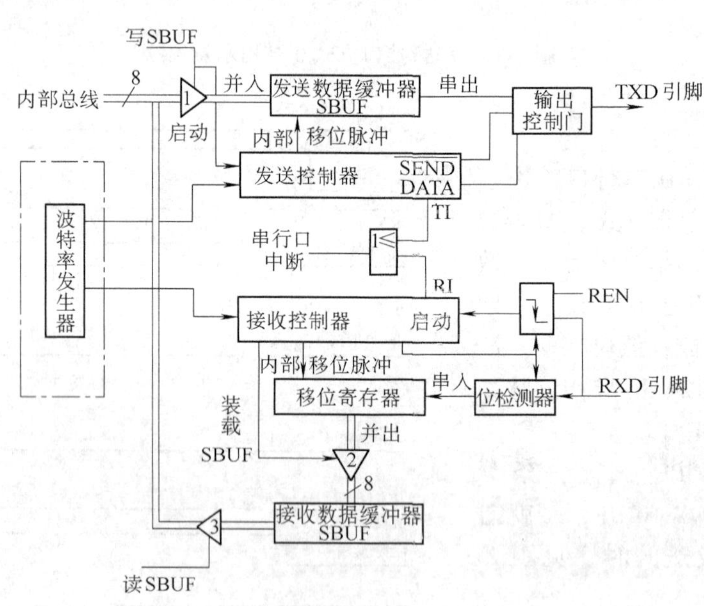

图 2-24　串行接口方式 1、2、3 结构示意图

SM0 =0、SM1 =1 串行接口工作于方式 1，即 8 位异步通信接口方式，结构示意图见图 2-24。RXD 为接收端，TXD 为发送端。一帧信息由 10 位组成，方式 1 的波特率可变，由定时器/计数器 1 或定时器/计数器 2 的溢出速率以及 SMOD（PCON.7）决定，且发送波特率与接收波特率可以不同，见图 2-24。

(1) 发送　CPU 执行一条写 SBUF 指令后便启动了串行口发送，数据从 TXD 输出，时序见图 2-25a。

在指令执行期间，CPU 送来“写 SBUF”信号，将并行数据送入 SBUF，并启动发送控制器，经一个机器周期，发送控制器的$\overline{SEND}$、DATA 相继有效，通过输出控制门从 TXD 上逐位输出一帧信号。一帧信号发送完毕后，$\overline{SEND}$、DATA 失效，发送控制器硬件置发送中断标志 TI=1，向 CPU 申请中断。

（2）接收　方式1 的接收时序见图 2-25b。

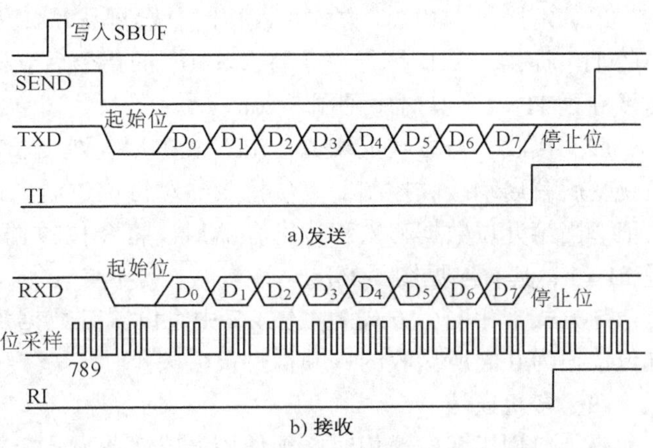

图 2-25　串行接口方式的时序

允许接收位 REN 被置 1 接收器就开始工作，跳变检测器以波特率 16 倍的速率采样 RXD 引脚上电平。当采样到从 1 到 0 的负跳变时，启动接收控制器接收数据。由于发送、接收双方各自使用自已的时钟，两者的频率总有少许差异。为了避免这种影响，控制器将 1 位传送时间等分成 16 份，位检测器在 7、8、9 三个状态也就是在位信号中央采样 RXD 三次。而且，三次采样值中至少两次相同的值被确认为数据，这是为了减小干扰的影响。如果起始位接收到的值不是 0，则起始位无效、复位接收电路。如果起始位为 0，则开始接收本帧其他各位数据。控制器发出的内部移位脉冲将 RXD 上的数据逐位移入移位寄存器，当 8 位数据及停止位全部移入后：

1）如果 RI=0、SM2=0，接收控制器发出“装载 SBUF”信号，将 8 位数据装入接收数据缓冲器 SBUF，停止位装入 RB_8，并置 RI=1，向 CPU 申请中断。

2）如果 RI=0、SM2=1，那么只有停止位为 1 才发生上述动作。

3）如果 RI=0、SM2=1 且停止位为 0，（通常由传输过程中的干扰所致）所接收的数据就会丢失，不再恢复。

4）如果 RI=1，则所接收数据在任何情况下都会丢失。

无论出现哪一种情况，跳变检测器将继续采样 RXD 引脚的负跳变，以便接收下一帧信息。

接收器采用移位寄存器和 SBUF 双缓冲结构，以避免在接收后一帧数据之前，CPU 尚未及时响应中断将前一帧数据取走，造成两帧数据重叠的问题。采用双缓冲器结构后，前、后两帧数据进入 SBUF 的时间间隔至少有 10 个位传送周期。在后一帧数据送入 SBUF 之前，CPU 有足够的时间将前一帧数据取走。

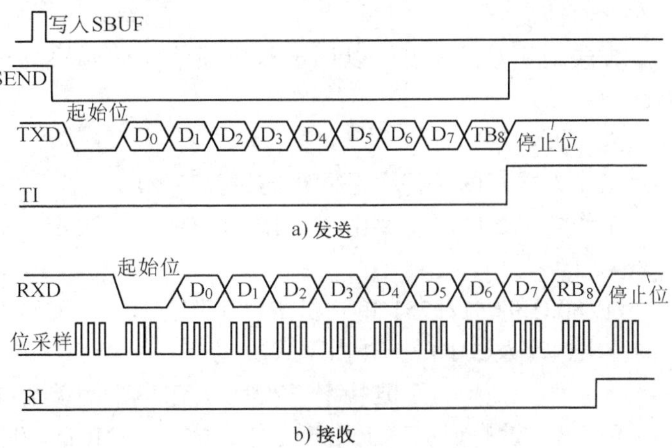

图 2-26　串行接口方式 2、方式 3 的时序

3. 方式 2 与方式 3

串行口工作在方式 2、方式 3

时，为9位异步通信接口。发送或接收的一帧信息由11位组成，见图2-20b。方式2与方式3仅波特率不同，方式2的波特率为$f_{osc}/32$（SMOD＝1时）或$f_{osc}/64$（SMOD＝0时），而方式3的波特率由定时器/计数器1或定时器/计数器2及SMOD决定。

（1）发送　方式2、方式3发送时，数据从TXD引脚输出，附加的第九位数据由SCON中的TB_8提供。CPU执行一条写入SBUF的指令后立即启动发送器发送。发送完一帧信息后由硬件置TI＝1。其时序见图2-26a。

（2）接收　与方式1相似，REN置1后，跳变检测器不断对RXD引脚采样。当采样到负跳变后就启动接收控制器。位检测器对每位数据采集3个值，用采3取2办法确定每位的数值。当第九位数据移入移位寄存器后，将8位数据装入SBUF，第九位数据装入RB_8，并置RI＝1。其时序见图2-26b。

与方式1相同，方式2、方式3中也设置有数据辨别功能，即当RI＝1或SM2＝1且第九位数据为0时所接收的一帧信息被丢失。

四、多机通信

串行口用于多机通信时必须使用方式2或方式3。

设多机系统有1个主机与3个从机，从机地址分别为00H、01H、02H。如果距离很近，它们可以直接以TTL电平通信，见图2-27。为了区分是数据信息还是地址信息，主机用第九位数据TB8作为地址/数据的识别位，地址帧的TB8＝1，数据帧的TB8＝0。各从机的SM2必须置1。

在主机与某一从机通信前，先将该从机的地址发送给各从机。由于各从机SM2＝1，接收到的地址帧RB8＝1，所以各从机的接收信息都有效，送入各自的接收缓冲器，并置RI＝1。各从机CPU响应中断后，通过软件判断主机送来的是不是本从机地址，如是本从机地址，就使SM2＝0，否则保持SM2＝1。

接着主机发送数据帧，因数据帧的第九位数据RB8＝0，只有地址相符的从机其SM2＝0，才能将8位数据装入SBUF，其他从机因SM2＝1，数据将丢失，从而实现主机与从机的一对一通信。

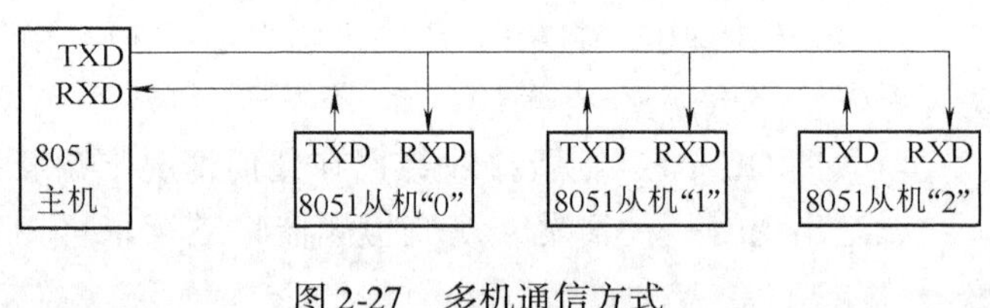

图2-27　多机通信方式

方式2和方式3也可以用于双机通信，此时第九位数据可作为奇偶校验位，但必须使SM2＝0。

五、波特率

工作方式0的波特率是固定的，为$f_{osc}/12$。

工作方式2的波特率由SMOD（PCON.7）决定。SMOD＝1时为$f_{osc}/32$，SMOD＝0时为$f_{osc}/64$。

在/8031/8051/8751单片机中，工作方式1、工作方式3的波特率取决于定时器/计数器1的溢出速率及SMOD，并由下式决定

$$波特率 = 2^{SMOD} \times 定时器/计数器1溢出速率/32$$

例2-3　设串行接口工作于工作方式3，SMOD＝0，f_{osc}＝11.059MHz，定时器/计数器1工作于定时器方式2（自动重装载方式），TL1、TH1的初值为FDH，试计算波特率。

因为定时器/计数器 1 的定时时间为

$$T_c = (256-253) \times 12 / (11.059 \times 10^6)$$

其溢出速率

$$1/T_c = 11.059 \times 10^6 / (256-253) \times 12 = 307194.4$$

所以波特率为

$$2^0 \times 307194.4/32 = 9599.83 \approx 9600\ (\text{位/s})$$

在 8032/8052 单片机中，工作方式 1、工作方式 3 的波特率由定时器/计数器 1 或者定时器/计数器 2 决定。由 T2CON 中的 TCLK、RCLK 选择。发送器的波特率由 TCLK 选择，TCLK = 1 时由定时器/计数器 2 决定，TCLK = 0 时由定时器/计数器 1 决定。接收器的波特率由 RCLK 选择，RCLK = 1 时由定时器/计数器 2 决定，RCLK = 0 时由定时器/计数器 1 决定。

定时器/计数器 1 构成波特率发生器的波特率计算与 8031/8051/8751 相同。

定时器/计数器 2 构成波特率发生器的波特率与 SMOD 无关。由于定时器状态时（$C/\overline{T2}=0$），加法计数器对时钟脉冲（$f_{osc}/2$）计数，所以波特率计算公式为

$$\text{波特率} = f_{osc}/2 \times 16 \times [65536 - (\text{RCAP2H、RCAP2L})]$$

式中，（RCAP2H、RCAP2L）是定时器/计数器 2 的初值。

计数器状态（$C/\overline{T}_2=1$）的波特率为

$$\text{波特率} = \text{外部时钟频率}/16 \times [65536 - (\text{RCAP2H、RCAP2L})]$$

外部时钟的最高频率为 $f_{osc}/24$。

第七节　中 断 系 统

中断系统是计算机的重要组成部分。实时控制、故障自动处理时往往用到中断系统，计算机与外围设备间传送数据及实现人机联系也常常采用中断方式。MCS-51 中断系统的功能为：5 个（52 子系列为 6 个）中断源；2 个中断优先级，从而可实现二级中断嵌套；每一个中断源的优先级可用程序设定。与中断系统工作有关的特殊功能寄存器有中断允许控制寄存器 IE、中断优先级控制寄存器 IP 以及定时器/计数器控制寄存器 TCON 等。MCS-51 中断系统的结构见图 2-28。

一、中断源

8031/8051/8751 有 5 个中断源。

1. 外部中断 0、1

输入/输出设备的中断请求，掉电、设备故障的中断请求等都可以作为外部中断源，从引脚 $\overline{INT0}$ 或 $\overline{INT1}$ 输入。

外部中断请求 $\overline{INT0}$、$\overline{INT1}$ 有两种触发方式：电平触发及跳变触发，由 TCON 的 IT0 位及 IT1 位选择。IT0（IT1）= 0 时 $\overline{INT0}$（$\overline{INT1}$）为电平触发方式，当引脚 $\overline{INT0}$ 或 $\overline{INT1}$ 上出现低电平时就向 CPU 申请中断，CPU 响应中断后要采取措施撤消中断请求信号，使 $\overline{INT0}$ 或 $\overline{INT1}$ 恢复高电平。IT0（IT1）= 1 时为跳变触发方式，当 $\overline{INT0}$ 或 $\overline{INT1}$ 引脚上出现负跳变时，该负

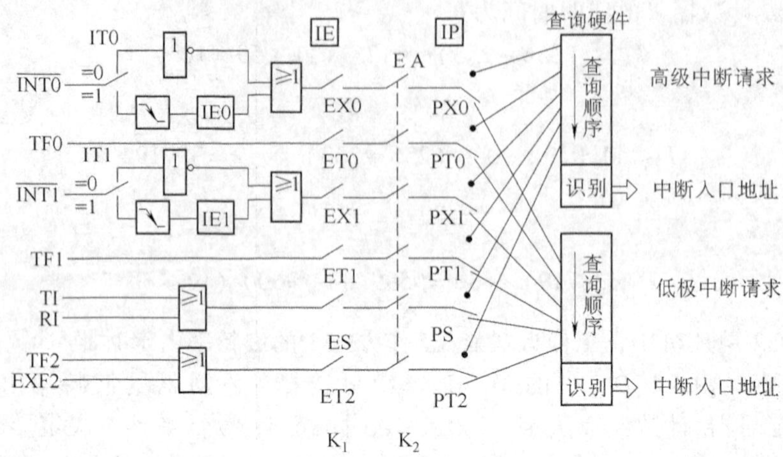

图 2-28　中断系统结构示意图

跳变经边沿检测器使 IE0（TCON. 1）或 IE1（TCON. 3）置 1，向 CPU 申请中断。CPU 响应中断后由硬件自动清除 IE0、IE1。CPU 在每个机器周期采样$\overline{INT0}$、$\overline{INT1}$，为了保证检测到负跳变，引脚上的高电平与低电平至少应各自保持 1 个机器周期。

2. 定时器/计数器 0、1 溢出中断

定时器/计数器计数溢出时，由硬件分别置 TF0 = 1 或 TF1 = 1，向 CPU 申请中断。CPU 响应中断后，由硬件自动清除 TF0 或 TF1。

3. 串行接口中断

串行接口的中断请求由发送或接收所引起。串行接口发送了一帧信息，便由硬件置TI = 1、向 CPU 申请中断。串行接口接收了一帧信息，便由硬件置 RI = 1，向 CPU 申请中断。CPU 响应中断后必须用软件清除 TI 和 RI。

8032/8052 有 6 个中断源，增加了定时器/计数器 2 中断请求。该中断源有溢出中断和定时器/计数器 2 外部中断两种方式。当 EXEN2（T2CON. 3） = 1 且引脚 T2EX（P1. 1）上出现负跳变时，定时器/计数器 2 的硬件置 EXF2（T2CON. 6） = 1，向 CPU 申请中断。这是定时器/计数器 2 外部中断。CPU 响应中断后硬件不清除 EXF2，必须用软件来清零。定时器/计数器 2 计数溢出时由硬件置 TF2（T2CON. 7） = 1，向 CPU 申请中断，这是定时器/计数器 2 的溢出中断。CPU 响应中断后要用软件来清除 TF2。在波特率发生器方式下，定时器/计数器 2 只有外部中断一种方式。

如上所述，除了外部中断电平触发方式外，其他各个中断实际上是由标志位 IE0、IE1、TF0、TF1、TI、RI、TF2 及 EXF2 置位引起的。这些标志位除了由相应的硬件置位外，还可以由软件置位，因此，如果有需要，可以用程序安排产生中断。

二、中断控制

1. 中断允许控制

MCS-51 有多个中断源，为了便于用户灵活使用，在每一个中断请求信号的通路中设置了一个中断屏蔽触发器，图 2-28 中该触发器用 K_1 表示。K_1 合上，中断请求信号才能进入 CPU，这称为接口电路中断允许或中断开放，否则，即使中断标志位置 1，CPU 也不响应中断，这称为接口电路中断屏蔽或中断禁止。在 CPU 内部还设置了一个中断允许触发器，图

2-28 中用 K_2 表示。只有在 CPU 中断允许（K_2 合上）的情况下，CPU 才会响应中断。如果 CPU 中断屏蔽（K_2 打开），CPU 一律不响应任何中断，即中断系统停止工作。

中断屏蔽触发器（K_1）与中断允许触发器（K_2）由中断允许寄存器 IE 控制工作。IE 的格式如下：

D_7	D_6	D_5	D_4	D_3	D_2	D_1	D_0
EA	—	ET2	ES	ET1	EX1	ET0	EX0

IE 的每一位都可以由软件置 1 或清零。且 1——中断允许，0——中断屏蔽。

（1）CPU 中断允许位 EA　EA =1 时 CPU 中断允许，EA =0 时 CPU 屏蔽一切中断请求。

（2）定时器/计数器 2 中断允许位 ET2　ET2 =1 时允许定时器/计数器 2 申请中断，ET2 =0 时禁止定时器/计数器 2 申请中断。

（3）串行接口中断允许位 ES　ES =1 时允许串行接口中断，ES =0 时禁止串行接口申请中断。

（4）定时器/计数器 1 中断允许位 ET1　ET1 =1 时允许定时器/计数器 1 申请中断，ET1 =0 时禁止定时器/计数器 1 中断。

（5）外部中断 1 中断允许位 EX1　EX1 =1 时允许外部中断 1 申请中断，EX1 =0 时禁止中断。

（6）定时器/计数器 0 中断允许位 ET0　ET0 =1 允许定时器/计数器 0 申请中断，ET0 = 0 时禁止中断。

（7）外部中断 0 中断允许位 EX0　EX0 =1 时允许外部中断 0 申请中断，EX0 =0 禁止外部中断 0 申请中断。

2. 中断优先权选择

MCS-51 单片机有两个中断优先级，每一个中断源都可以通过编程确定为高优先级中断或低优先级中断，高优先级的优先权高。同一优先级别中的中断源不止一个，所以也有中断优先权排队问题。

中断优先级由中断优先级寄存器 IP 控制。IP 的格式如下：

D_7	D_6	D_5	D_4	D_3	D_2	D_1	D_0
—	—	PT2	PS	PT1	PX1	PT0	PX0

IP 中的每一位都可以由软件来置 1 或清零，且 1——高优先级，0——低优先级。

（1）定时器/计数器 2 中断优先级选择位 PT2　PT2 =1，定时器/计数器 2 确定为高优先级，PT2 =0 时为低优先级。

（2）串行口中断优先级选择位 PS　PS =1，串行接口中断确定为高优先级，PS =0 时为低优先级。

（3）定时器/计数器 1 中断优先级选择位 PT1　PT1 =1 时定时器/计数器 1 中断确定为高优先级，PT1 =0 时为低优先级。

（4）外部中断 1 中断优先级选择位 PX1　PX1 =1 时外部中断 1 为高优先级，PX1 =0 时为低优先级。

(5) 定时器/计数器0中断优先级选择位PT0　PT0＝1时定时器/计数器0中断确定为高优先级，PT0＝0时为低优先级。

(6) 外部中断0中断优先级选择位PX0　PX0＝1时外部中断0为高优先级，PX0＝0时为低优先级。

同一优先级中的中断源优先权排队由中断系统的硬件确定，用户无法自行安排。优先权排队顺序如下：

中　断　源	同级内优先权排列
外部中断0	最高
定时器/计数器0中断	↓
外部中断1	↓
定时器/计数器1中断	↓
串行接口中断	↓
定时器/计数器2中断	最低

例2-4　8031芯片的$\overline{INT0}$、$\overline{INT1}$引脚分别输入压力超限及温度超限中断请求信号，定时器/计数器0作定时检测的实时时钟，用户规定的中断优先权排队次序为

压力超限⟶温度超限⟶定时检测

要求确定IE、IP的内容，以实现上述要求。

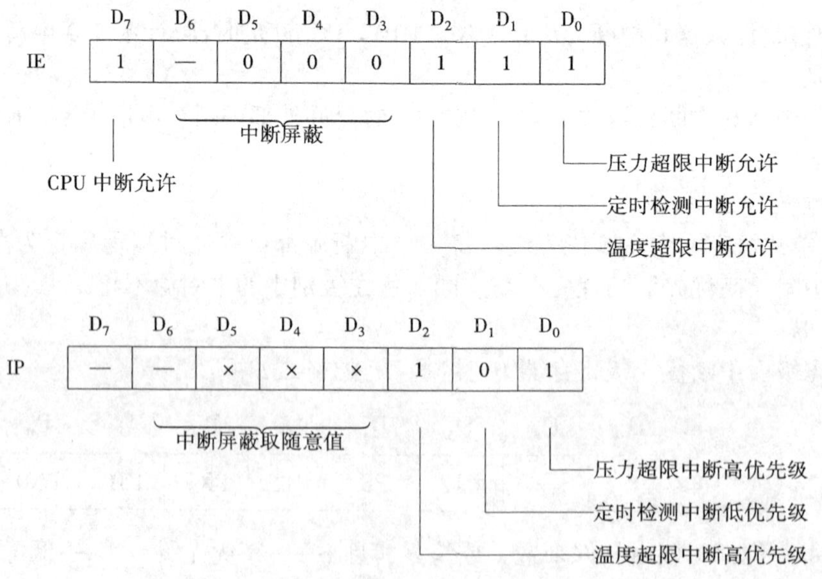

MCS-51系列单片机的中断优先权有三条原则：

1）正在进行的中断过程不能被新的同级或低优先级的中断请求所中断，一直到该中断服务程序结束，返回了主程序且执行了主程序中的一条指令后，CPU才响应新的中断请求。

2）正在进行的低优先级中断服务程序能被高优先级中断请求所中断，实现二级中断嵌套。

为了实现上述两条规则，中断系统中有两个用户不能使用的优先级状态触发器。其中一

个置1表示正在执行高优先级的中断服务程序，它将屏蔽后来的所有中断请求；另一个置1表示正在执行低优先级的中断服务程序，它将屏蔽同一优先级的后来的中断请求。

3）CPU同时接收到几个中断请求时，首先响应优先权最高的中断请求。

三、中断响应

MCS-51的CPU在每个机器周期的S5P2期间顺序采样各中断请求标志位，如有置位，且下列三种情况都不存在，那么，在下一周期的S1期间响应中断。否则，采样的结果被取消。三种情况是：

1）CPU正在处理同级或高优先级的中断。

2）现行的机器周期不是所执行指令的最后一个机器周期。

3）正在执行的指令是RETI或访问IE、IP的指令。CPU在执行RETI或访问IE、IP的指令后，至少需要再执行一条其他指令后才会响应中断请求。

CPU响应中断后，由硬件执行如下功能：

1）根据中断请求源的优先级高低，使相应的优先级状态触发器置1。

2）保留断点，即把程序计数器PC的内容推入堆栈保存。

3）清相应的中断请求标志位IE0、IE1、TF0或TF1。

4）把被响应的中断服务程序的入口地址送入PC，从而转入相应的中断服务程序。

各中断服务程序的入口地址见表2-4。

中断服务程序的最后一条指令必须是中断返回指令RETI。CPU执行该指令时，先将相应的优先级状态触发器清零，然后从堆栈中弹出栈顶的两个字节到PC，从而返回到断点处。

保护现场及恢复现场的工作必须由用户设计的中断服务程序处理，有些中断请求的撤除也要由中断服务程序来实现。

四、中断请求的撤除

CPU响应中断请求后，在中断返回（执行RETI）前，必须撤除请求，否则会错误地再一次引起中断过程。

如前所述，对于定时器/计数器0、1的中断请求及跳变触发方式的外部中断0、1，CPU在响应中断后用硬件清除了相应的中断请求标志TF0、TF1、IE0、IE1，即自动撤除了中断请求。

对于串行接口中断及定时器/计数器2中断，CPU响应中断后没有用硬件清除中断标志位，必须由用户编制的中断服务程序来清除相应的中断标志。如用指令CLR TF2清除TF2，用指令CLR EXF2清除EXF2等。

对于电平触发的外部中断，由于CPU对$\overline{\text{INT0}}$、$\overline{\text{INT1}}$引脚没有控制作用，也没有相应的中断请求标志位，因此需要外接电路来撤除中断请求信号。图2-29是可行的方案之一。外部中断请求信号通过D触发器加到单片机$\overline{\text{INT0}}$或$\overline{\text{INT1}}$引脚上。当外部中断信号使D触发器的CLK端发生正跳变时，由于D端接地，Q端输出0，向单片机发出中断请求。CPU响应中断后，利用一根口线如P1.0作应答线，在中断服务程序中用两条指令。

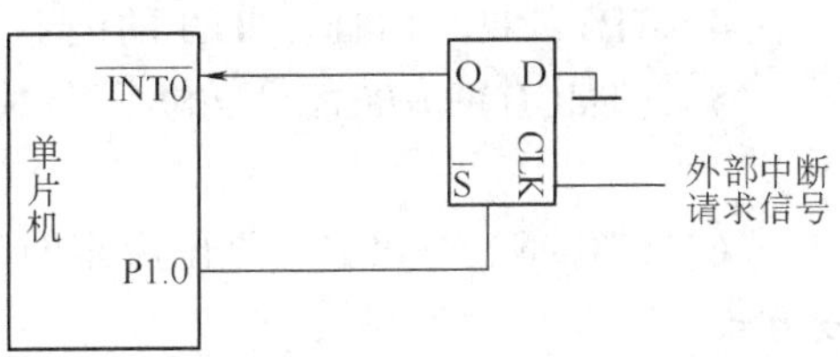

图2-29 撤除外部中断请求的电路

```
ANL   P1,      #0FEH
```

```
ORL   P1,        #01H
```

来撤销中断请求。第一条指令使 P1.0 为 0，而 P1 口其他各位的状态不变。由于 P1.0 与直接置 1 端 S 相连，故 D 触发器 Q=1，撤消了中断请求信号。第二条指令将 P1.0 变成 1，从而 $\overline{S}=1$，使以后产生的新的外部中断请求信号又能向单片机申请中断。

第八节 特殊工作方式

一、复位方式

MCS-51 系列单片机的复位（RST）引脚上只要出现 10ms 以上的高电平，单片机就实现复位。

1. 复位工作状态

单片机在 RST 引脚高电平控制下，特殊功能寄存器和程序计数器 PC 复位后的状态见表 2-12。复位不影响片内 RAM 存放的内容，而 ALE、$\overline{PSEN}$在复位有效期间将输出高电平。

表 2-12

寄存器	复位状态	寄存器	复位状态
PC	0000H	TCON	00H
A	00H	T2CON	00H
B	00H	TH0	00H
PSW	00H	TL0	00H
SP	07H	TH1	00H
DPTR	0000H	TL1	00H
P0 ~ P3	FFH	SCON	00H
IP	××000000B	SBUF	××H
IE	0×000000B	PCON	(0×××0000B)
TMOD	00H		

单片机的各个功能模块由特殊功能寄存器控制，而程序的运行由 PC 管理，所以上述复位状态决定了单片机的初始状态。

（1）（PC）=0000H　复位后程序的入口地址为 0000H。

（2）（PSW）=00H　由于 RS1（PSW 4）=0，RS0（PSW.3）=0，复位后单片机选择工作寄存器 0 组。

（3）（SP）=07H　复位后堆栈在片内 RAM 的 08H 单元处建立。

（4）TH1、TL1、TH0、TL0 的内容为 00H　复位后定时器/计数器的初值为 0。

（5）（TMOD）=00H　复位后定时器/计数器 0、1 选择定时器工作方式 0，非门控方式。

（6）（TCON）=00H　复位后定时器/计数器 0、1 停止工作，外部中断 0、1 为电平触发方式。

（7）（T2CON）=00H　复位后定时器/计数器 2 停止工作。

（8）（SCON）=00H　复位后串行口工作在移位寄存器方式、且禁止串行移位接收。

（9）（IE）=00H　复位后中断系统禁止工作。

（10）（IP）=00H　复位后全部中断设置在低优先级中断状态。

(11) P0 ~ P3 口锁存器都是全 1 状态，说明复位后这些并行接口可以作输入口。

2. 复位电路

与其他计算机一样，MCS-51 单片机系统常常有上电复位和操作复位两种方法。所谓上电复位，是指计算机上电瞬间，要在 RST 引脚上出现宽度大于 10ms 的正脉冲，使计算机进入复位状态。操作复位指用户按下“复位”按钮使计算机进入复位状态。

复位是靠外部电路实现的。图 2-30 是上电复位及按钮复位的一种实用电路。

上电时 +5V 电源立即对单片机芯片供电，同时经 R 对 C_3 充电。C_3 上电压建立的过程就是负脉冲的宽度，经倒相后，RST 上出现正脉冲使单片机实现了上电复位。按钮按下时 RST 上同样出现高电平，实现了操作复位。在应用系统中，有些外围芯片也需要复位。如果这些芯片复位端的复位电平与单片机一致，则可以与单片机复位脚相连。因此，非门在这里不仅起到了倒相作用，还增大了驱动能力。电容 C_1、C_2 起滤波作用，防止干扰窜入复位端产生误动作。

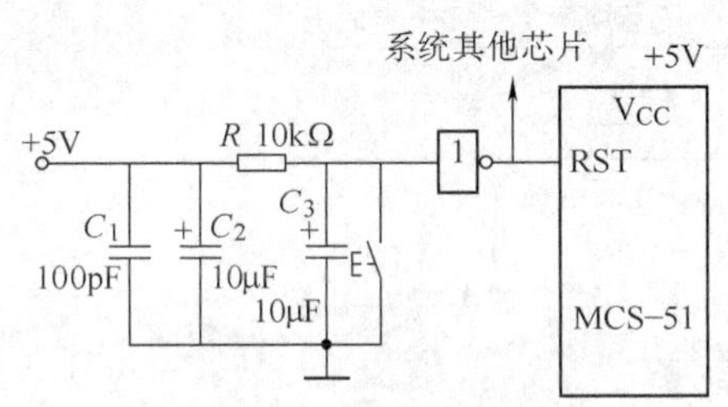

图 2-30 复位电路

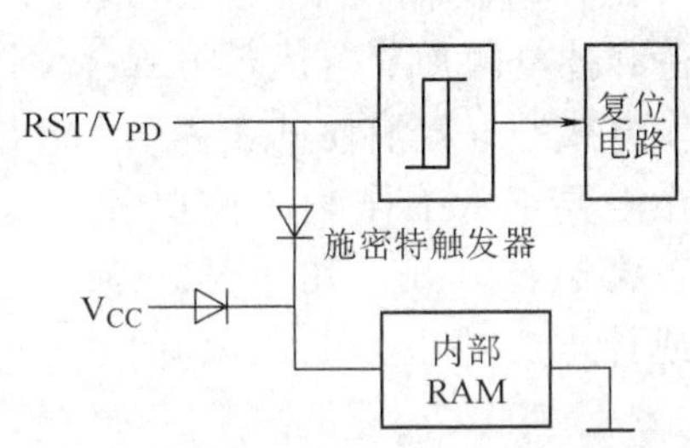

图 2-31 片内 RAM 的供电

二、节电方式

1. HMOS 机型的掉电方式

单片机正常运行时，芯片由主电源 V_{CC} = +5V 供电。如主电源掉电而电压下降，当接在 RST/V_{PD}上的备用电源电压超过 V_{CC}时，则由备用电源供电，见图 2-31。为了降低备用电源（通常是电池）的功耗，备用电源仅对片内 RAM 供电，这时芯片的功耗约为正常工作时的 10%。

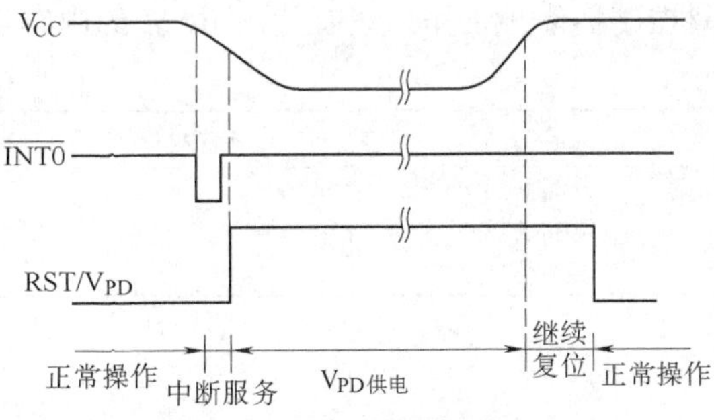

图 2-32 掉电操作时序

由于主电源中电容的作用，V_{CC}下降到 0 有一个过程、监测电路检测到掉电状态可及时通过$\overline{INT0}$或$\overline{INT1}$向 CPU 申请中断，并在 V_{CC}下降到工作电压下限以前，通过中断服务程序把必须保护的信息转储进片内 RAM。主电源恢复以前，依靠接到 V_{PD}引脚的备用电源保护片内 RAM 中数据。主电源恢复时，要完成复位后 V_{PD}才能撤出。图 2-32 是掉电操作的时序。

图 2-33 是用 555 定时器构成的掉电操作电路。当主电源 V_{CC}掉电而进入掉电中断服务程序后，先把需要保护的信息送入片内 RAM，然后从 P1.0 上输出一个负脉冲，使比较器Ⅱ输出“0”，555 定时器输出端 OUT 为高电平（电压值为 $V_{备}$），用作片内 RAM 的供电电源。只要 V_{CC}不恢复正常，TH 端是低电平，比较器Ⅰ输出高电平，RS 触发器的状态保持不变，

OUT 端一直输出 $V_备$，保证片内 RAM 的供电。V_{CC} 恢复正常后，通过 R 对 C 充电，当 C 上电压、即 TH 电平上升到高于 $2/3V_备$ 时，比较器 I 输出低电平，555 定时器输出端 OUT 翻成低电平，撤除了备用电源对片内 RAM 的供电。在 C 上电压建立过程中，RST 引脚依然保持高电平，起着上电复位作用。电容 C 电压的上升时间

$$t_{po} = 1.1RC$$

R、C 的选择应保证 t_{po} 大于 10ms，以实现有效复位。

2. CHMOS 机型的节电方式

在野外、空中、井下等环境或便携式智能仪器中，常用电池对单片机供电。这就要求低功耗运行，应选用 CHMOS 工艺制成的单片机。它们正常工作时功耗较小，还另设置了等待和掉电两种节电运行方式。三种工作方式的电耗消耗见表 2-13。

仅在需要正常工作时才使单片机进入正常运行方式，其他时间均在等待或掉电方式下，以大大降低功耗。

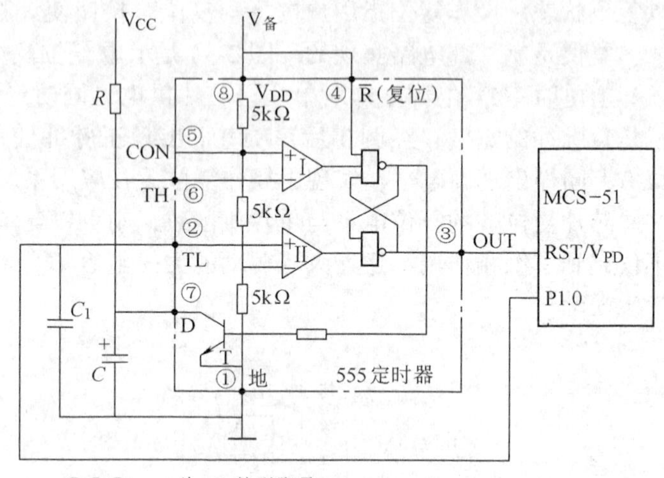

图 2-33　掉电操作电路

(1) 结构

等待方式和掉电方式是由图 2-34 所示芯片内部电路实现的。

$\overline{IDL}=0$ 为等待方式。此时振荡器依然工作，中断系统、串行接口、定时器/计数器电路继续由时钟驱动工作。但时钟不送往 CPU，即 CPU 处在等待状态。$\overline{PD}=0$ 为掉电方式，此时振荡器停止工作，只有片内 RAM 的内容被保存。

表　2-13

工作方式	电源电压/V	电源电流/mA	晶振/MHz
正常运行	5	16	1.2 ~ 12
等待方式	5	3.7	1.2 ~ 12
掉电方式	2	50	停振

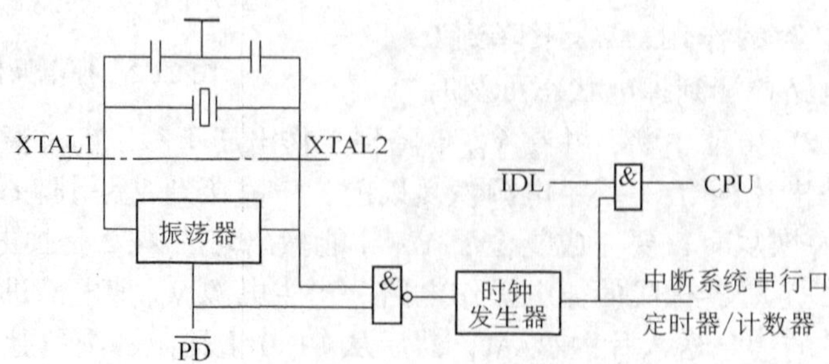

图 2-34　等待与掉电方式控制电路

这两种方式都由电源控制寄存器 PCON 设定。PCON 的格式如下：

D_7	D_6	D_5	D_4	D_3	D_2	D_1	D_0
SMOD	—	—	—	GF1	GF0	PD	IDL

1）串行接口波特率系数控制位 SMOD　串行接口用。

2）掉电方式控制位 PD　PD = 1 时进入掉电方式。

3）等待方式控制位 IDL　IDL = 1 时进入等待方式。

4）通用标志位 GF1、GF0　用户设置软件标志用

如果 PD 和 IDL 同时为 0，则为正常工作方式，同时为 1 则为掉电工作方式。复位时 SMOD、PD、IDL、GF1、GF0 皆为 0，单片机处在正常运行状态。

（2）等待方式

在等待方式下，送往 CPU 的时钟信号被封锁，CPU 进入等待状态。此时堆栈指针 SP、程序计数器 PC、程序状态字 PSW、累加器 A 的状态均保持不变，ALE、$\overline{\text{PSEN}}$引脚为高电平，I/O 引脚保持以前的状态。

退出等待方式有两种方法：

1）中断退出。由于在等待方式下中断系统仍工作，而且任何中断请求（只要 IE 设置为中断允许）均能通过硬件对 IDL 清零、因此中断请求后单片机将退出等待方式，并执行中断服务程序。在执行 RETI 指令返回后，CPU 执行的指令是原先置等待方式指令的下一条指令，使 CPU 恢复等待方式以前的工作。

2）按钮复位退出。采用按钮复位退出等待方式时，只有内部 RAM 的内容保持不变，各特殊功能寄存器和程序计数器的内容将复位见表 2-12。

PCON 中的通用标志位 GF1、GF0 可用来指示中断发生在正常运行期间还是在等待方式期间。例如置等待方式的那条指令可以同时置 GF1 为 1（平时为 0），当有中断请求时，在中断服务程序中检查 GF1，以决定执行退出等待方式的程序、还是执行服务性质的程序。

（3）掉电方式

在掉电工作方式下，由于$\overline{\text{PD}}$ = 1（PD = 0），片内振荡器停止工作，单片机所有的运行状态都停止，仅片内 RAM 的数据被保存起来。此时 V_{CC}可降低为 2V，以减小芯片功耗。

退出掉电方式只能用按钮复位。

与 HMOS 机型掉电方式的时序相似，在 V_{CC}降到工作电压下限前应进入掉电方式；在退出掉电方式前 V_{CC}必须恢复到正常工作电压。不同的是，现在是复位导致退出掉电方式和使振荡器重新起动，在 V_{CC}未达正常值前不应该复位。

第三章 MCS-51系列单片机的指令系统和汇编语言程序示例

第一节 汇编语言与指令系统

一、汇编语言程序设计的重要性

完成某项特定任务的指令的集合称为程序。计算机是按照程序一条条依次执行指令而工作的。用户要计算机完成各种任务，就要设计各种应用程序。设计程序就要用到程序设计语言。

程序设计语言有三种：机器语言、汇编语言和高级语言。机器语言是机器惟一能“懂”的语言，用汇编语言或高级语言编写的程序（称为源程序）最终都必须翻译成机器语言的程序（称为目标程序），计算机才能“看懂”，然后逐一执行。但是，机器语言只是一种用二进制数0、1组成的代码，人们不易辨识、记忆，因此使用不便、易错，很难用它来进行程序设计。

高级语言是面向问题和计算过程的语言，它可通用于各种不同的计算机，用户编程时不必仔细了解所用的计算机的具体性能与指令系统，而且语句的功能强，常常一个语句已相当于很多条计算机指令，于是用高级语言编制程序的速度比较快，也便于学习和交流，所以使用很多。但是编制程序工作量不大、规模较小的计算机系统，使用汇编语言编程也还方便，而且高级语言源程序要通过预储于计算机存储器内的编译程序或解释程序才能翻译成机器语言，而存储容量较小的计算机系统容纳不下，因此也无法配用这些工具程序，便必须应用汇编语言编程了。

用汇编语言编制程序时，程序的每一个语句都与计算机的某一条具体指令相对应，因此必须熟悉机器的指令系统。有经验的程序员用汇编语言编出的程序其质量优于用高级语言编出的程序。根据统计，译成机器语言后，后者一般长度增加15%～200%，占用的内存空间相随扩大，执行时间也相应增长50%～300%。可见，对于要求反应灵敏与控制及时的工控、检测等实时控制系统以及要求体积小、系统小的许多“电脑化”产品，采用汇编语言编程，其优越性比较明显。也就是说，汇编语言程序设计有其特定的应用范围，用得也相当广泛。

学习微机原理课程时通常都相伴着学习汇编语言程序，因为阐述微机原理只有结合具体机型才能比较深入：一方面掌握这一机型的结构、性能；另一方面掌握它的指令系统以及与指令系统紧密结合的汇编语言程序。同时学习两者可以达到融会贯通和相互促进的作用。本书直接以MCS-51系列单片机作为讲述微机原理的对象机。因单片机组成的计算机系统都比较小，汇编语言程序的重要性便更见突出。

汇编语言源程序也要通过汇编程序这一工具程序才能机译成机器语言。汇编程序的容量并不很大（约占2～4KB内存单元），不过容量很小的系统往往已无法配用。好在汇编语言还有便于手译（人工翻译）的优点。我们学习指令系统的同时，应该熟练掌握将源程序准确地手译成机器码的技能。

二、MCS-51 系列单片机的指令系统

一台计算机在设计时已决定了共有多少条指令以及每条指令所能执行的操作功能。根据设计使某型计算机具有的指令的集合便构成这一计算机的指令系统。MCS-51 系列单片机的指令系统共有 111 条指令，按照它们的操作性质可划分成数据传送、算术操作、逻辑操作、程序转移、位操作等 5 个大类。

MCS-51 系列单片机的指令长度较短：单字节指令有 49 条；双字节指令有 46 条；最长的是三字节指令，只有 16 条。指令周期也短：单机器周期指令 64 条；双机器周期指令 45 条；只有乘、除两条指令需要 4 个机器周期。这些指令在 12MHz 晶振的情形下，执行时间分别为 1μs、2μs 和 4μs。可见，MCS-51 指令系统在存储空间和执行时间方面具有较高的效率，编成的程序占用内存单元少，执行也很快捷、与其应用范围的要求很相适应。

MCS-51 指令系统还具有简明、整齐，易于掌握的特点，很适合于初学者学习。

在 MCS-51 指令系统中，有丰富的位操作（或称位处理）指令，形成一个相当完整的位操作指令子集，成为该指令系统的重大特色。这对于需要进行大量位处理的程序将带来明显的简捷和方便。

每一条指令通常由操作码和操作数两部分组成，前者表示计算机执行该条指令将进行何种操作，后者表示参加操作的数的本身或操作数所在的地址。一台计算机在设计时也已决定了每条指令的操作码的表示形式，这就是指令的助记符。一般都将指令功能的英文缩写字用作助记符，以便于记忆。本章后继各节将逐条介绍每一指令的助记符、操作功能、译成机器语言的代码以及存放时占用的字节数和执行时耗用的机器周期数。

第二节　寻址方式

计算机传送数据、执行算术操作、逻辑操作等都要涉及操作数。一条指令的执行，先要从操作数所在地址寻找到与本指令有关的操作数，这便步及到寻址。计算机的指令系统各各不同。所具有的寻址方式也各不相同。每种计算机在设计时已经决定了它具有那些寻址方式。寻址方式越是多样，越是灵活，指令系统将越有效，计算机的功能也随之越强。

MCS-51 系列单片机的指令系统含有立即寻址、寄存器寻址、寄存器间接寻址、直接寻址、基址寄存器加变址寄存器间接寻址、相对寻址等寻址方式。

一、立即寻址

操作数就跟在操作码后面，可以立即参与指令所规定的操作，不需另去寄存器或存贮器等处寻找和取数的，便称为立即寻址。该操作数便被称为立即数。

例如指令 MOV A，#30H，其中 30H 就是立即数。这一指令的功能是执行将立即数传送到累加器 A 去的操作。该指令操作码的机器代码为 74H，长一个字节，占用一个存储单元；立即数 30H 紧跟在操作码之后，成为指令代码的一部分，它也是一个字节，占用紧跟在后面的另一个存储单元。整条指令的机器码为 74H、30H。

书写单片机的指令时，为了容易辨识是立即数，规定在它的前面加一“#”符号作为前缀。

二、寄存器寻址

寻址某工作寄存器，自该寄存器读取或存放操作数，以完成指令规定的操作，称为寄存器直接寻址或寄存器寻址。

例如指令 ADD A，R2，它的操作功能是取出工作寄存器 R2 中内容（操作数），与累加器 A 中的内容（另一操作数）相加，再将和送回累加器 A。自 R2 取操作数和自 A 取操作数都属寄存器寻址。在指令表上，这条指令的书写格式为 ADD A，Ri，因为在用的工作寄存器可有 R0～R7 共 8 个，所以 i 可为 0、1、2、3、…、7 八个数中的任一个，这样看似一条指令实际却是 8 条指令。这条指令是单字节指令，它的机器码与 i 的值相应可有 28H、29H、2AH、2BH、…、2FH 共 8 种。本例 i = 2，机器码是 2AH，后半字节的 A 表示工作寄存器 R2。

又例如指令 MOV R3，A，执行的操作是将累加器 A 的内容（操作数）传送到工作寄存器 R3。这一指令的机器码为 FBH，由后半字节 B 来辨别要寻找的工作寄存器为 R3。

三、寄存器间接寻址

如果某工作寄存器中的内容是地址而不是操作数，寻到该工作寄存器后，再以该内容为地址（对于单片机，此处所指只是 RAM 的地址），去寻找所指的 RAM 单元以读取或存放操作数的，称为寄存器间接寻址，简称寄存器间址。

其实，寄存器间址这种寻址方式的真正意义便是可访问数据存储器的某一单元。

规定只有工作寄存器 R0 和 R1 可用于间接寻址。且规定用 MOV 指令访问片内 RAM，用 MOVX 指令访问片外 RAM。

例如指令 MOV A，@ Rj 执行的操作是将工作寄存器 R0 或 R1 内容所示的片内 RAM 地址单元中的数据传送到累加器 A 中去。j 的值可为 0 或 1。设 j = 1，R1 的内容为 40H，片内 RAM40H 单元中的数码为 1AH，则指令执行后，片内 RAM40H 单元中的内容 1AH 将送至累加器 A。这一指令的机器码为 E7H。如同一指令，而 j = 0，以 R0 作为间址寄存器，机器码便是 E6H。

如 j 仍为 1，R1 的内容仍为 40H，而改用 MOVXA，@ Rj 指令，则机器码为 E3H，机器执行的是将片外 RAM40H 单元中的数据送到累加器 A。

要访问片外 RAM 的某一单元，除工作寄存器外，专用寄存器中的数据指针寄存器 DPTR 也可用作间址寄存器。DPTR 有 16 位，通过它间址可覆盖整个片外 RAM64KB 的寻址空间。

书写单片机的指令时，为了容易辨识是间接寻址，规定在寄存器前面加一“@”符号作为前缀。

四、直接寻址

直接给出操作数所在的存储器地址，以供寻址取数或存放的寻址方式称为直接寻址。

对于 MCS-51 系列单片机，直接寻址可用于访问程序存储器，也可用于访问数据存储器。

访问程序存储器的有长转移 LJMP addr16 与绝对转移 AJMP addr11、长调子 LCALL addr16 与绝对调子 ACALL addr11 等指令，它们都直接给出了程序存储器的 16 位地址（寻址范围覆盖 64KB）或 11 位地址（寻址范围覆盖 2KB）。执行这些指令后，PC 整 16 位或低 11 位地址将更换为指令直接给出的地址，机器将改为访问以所给地址为起始地址的存储器区间，取数（取指令）依次执行。

访问数据存储器的有含 direct 的各条指令。direct 是一个 8 位地址，称为直接寻址字节。它的值如小于、等于 127，可用于访问片内 RAM 的低 128 个单元，它的值如大于 127，专用于访问专用寄存器。必须注意：直接寻址是访问专用寄存器的惟一方法。前面已经介绍；各专用寄存器占用的是片内 RAM 自 80H 到 FFH 间的地址。对于 51 子系列，片内 RAM 只有 128 个单元，它与专用寄存器的地址没有重叠；对于 52 子系列，片内 RAM 有 256 个单元，其高 128 个单元与专用寄存器的地址便有重叠了。为了避免混乱，设计时规定了直接寻址的指令不能访问片内 RAM 的高 128 个单元，要访问这些单元只能用寄存器间址指令。

MCS-51 单片机还有很强的位操作功能。为了便于位操作，还给许多片内 RAM 单元（20H～2FH）和 12 个专用寄存器的各位（前述有 128 + 96 - 3 = 221 位）赋予了位地址。因此，直接给出操作位所在的位地址，以供寻址读取或存放的寻址方式也应算作为直接寻址。作为区分，用于位操作的称为直接位寻址，访问字节的则称为直接字节寻址。

五、基址寄存器加变址寄存器间接寻址

这种寻址方式也用于访问程序存储器。当然只用于读取，不能存放，它主要应用于查表性质的访问。

它以程序计数器 PC 或数据指针 DPTR 作为基本地址寄存器，以累加器 A 作为变址寄存器，把它们内容的和作为程序存储器的地址，再寻址该地址单元，读取数据。

例如，指令 MOVC　A，@ A + DPTR 可方便地用于查表程序。设自 0400H 单元开始已依次存放 0、1、2、3、…等数码的笔划信息代码表 40H、79H、24H、30H、…，则当在 DPTR 中置入表首地址 0400H，在 A 中送入要显示的数码（假定为 3）后，当执行该指令时便自地址 = A + DPTR = 0403H 单元方便地读得相应的笔划信息代码 30H，并传送到累加器 A，供输出显示之用。

六、相对寻址

相对寻址也用于访问程序存储器。见后程序转移类指令，凡写有 rel 的指令都属相对寻址方式。这些指令如满足程序转移条件，PC 中地址值将更换为当前地址与相对地址 rel 的代数和，于是机器将自转移过相对地址值的单元中取数（取指令）并执行。

rel 的值为有符号的单字节数，以补码表示，可见可转移的相对地址值往后至多可跨过 127 个字节，往前至多可倒退 128 个字节。

相对寻址的转移类指令，其最末一个字节的机器码便是相对地址值。在将汇编语言程序手译成机器码时，应能根据当前地址与要转移去的地址熟练地计算相对地址值，不出差错。必须注意，有相对寻址方式的这条指令执行以后，所谓当前地址已指向下面一条指令的第一个字节。如以这一字节为 00H，向后各个字节依次为 01H、02H、03H、…，向前各个字节依次为 FFH（-1）、FEH（-2）、FDH（-3）、…，这样可不难正确地数得相对地址值。

下面以比较转移指令为例进行说明。指令 CJNE A，#FFH，rel 执行的操作为：如累加器 A 内容与立即数 FFH 不相等，便满足转移条件，程序将转移到 PC + rel 的地址去继续执行。如果加器 A 内容刚好是 FFH，则未满足转移条件，程序仍按原顺序执行。

设这条指令放在首址为 0200H 的单元中，A 的内容不为 FFH，满足转移条件，程序应转移去 0220H 地址继续执行。由于这条指令是三字节指令，指令执行后 PC 指向的当前地址已是 0203H，可见相对地址值 rel = 0220H - 0203H = 1DH，而指令的机器码为 B4H FFH 1DH，其中指令操作码、参与比较的立即数和 rel 值分别各占用一个字节。

第三节　数据传送类指令

数据传送类指令有29条，是指令系统中数量最多、使用也最多的指令，它可以进一步细分为：以累加器A为一方的传送指令（6条），不以累加器A为一方的传送指令（5条）用立即数置数的指令（5条）、访问片外RAM的传送指令（4条）、基址寄存器加变址寄存器间址指令（2条）、交换指令（5条）、进栈出栈指令（2条）等7个小类。

其中，以A为一方的传送指令、交换指令的执行时间为1个机器周期；不以A为一方的传送指令、访问片外RAM的传送指令、基址寄存器加变址寄存器间址指令、进栈出栈指令的执行时间为两个机器周期；用立即数置数的指令，凡双字节的，其执行时间为1个机器周期，三字节的，执行时间为2个机器周期。

一、以累加器A为一方的传送指令

本小类有互逆的三对、共6条指令，可实现以累加器为一方，以某工作寄存器、某片内RAM单元、某专用寄存器为另一方的数据传送。

1. 某工作寄存器内容送累加器指令

MOV　A,　Ri

单字节指令。随着i=0、1、2、3、…、7的不同，Ri便为R0、R1、R2、R3、…、R7，所以这一条指令实际是8条指令，它们的机器码相应为E8H、E9H、EAH、…、EFH。

前一章已介绍，MCS-51系列单片机的工作寄存器有4个区，同为R0~R7，可以依次是片内RAM的00H~07H单元，也可以依次是08H~0FH、10H~17H、18H~1FH等单元。某工作寄存器在片内RAM中的确切地址要根据程序状态字专用寄存器PSW中第四、第三位（RS1、RS0）的设置而定。

2. 累加器内容送某工作寄存器指令

MOV　Ri,　A

单字节指令，随着i=0、1、2、3…、7的不同，机器码相应为F8H、F9H、FAH、…、FFH。某工作寄存器在片内RAM中的确切地址也决定于PSW中第四、第三位的设定值。

3. 某片内RAM单元内容送累加器指令

MOV　A,　@Rj

单字节指令。随着j=0、1的不同，Rj便为R0、R1，所以这一条指令实际是两条指令，它们的机器码相应为E6H，E7H。

同为R0、R1，可以依次是片内RAM的00H、01H单元，也可依次是08H、09H或10H、11H或18H、19H单元。和上面第一、第二条指令一样，它们在片内RAM中的确切地址由RS1、RS0的设置决定。

4. 累加器内容送某片内RAM单元指令

MOV　@Rj,　A

单字节指令。当j=0，机器码为F6H；当j=1，机器码为F7H。

5. 某片内RAM单元（低128字节）内容或某专用寄存器内容送累加器指令

MOV　A,　direct

双字节指令。机器码的第一字节为E5H，第二字节为直接寻址字节的直接地址（8位）。

随着直接地址的不同，这一条指令实际是 128 + 21（51 子系列）或 26（52 子系列）= 149 或 154 条指令。

如直接地址为 80H、90H、A0H 或 B0H，也即直接寻址字节是 P0、P1、P2 或 P3 口寄存器，本指令便成为输入指令。

6. 累加器内容送某片内 RAM 单元（低 128 字节）或某专用寄存器指令

MOV　direct,　A

双字节指令。机器码的第一字节为 F5H，第二字节为直接寻址字节的直接地址（8 位）。随着直接地址的不同，本条指令同上条一样，可变化为 151 或 149 条指令。如直接地址为 80H、90H、A0H、或 B0H，本指令便成为输出指令。

例如指令 MOV R5，A 是将累加器内容送工作寄存器 R5。因 i = 5，该指令的机器码为 FDH。

又如　指令 MOV A，@R1 是将 R1 所指片内 RAM 单元的内容送累加器 A。设 R1 内容为 50H，片内 RAM50H 单元的内容为 FFH，则指令执行后累加器 A 的内容为 FFH。因 j = 1，故该指令的机器码为 E7H。

再如指令 MOV A，50H，执行的操作也是将片内 RAM50H 单元的内容取到 A，这里 50H 是直接寻址字节，直接给出了片内 RAM 低 128 字节中一个单元的地址。该指令的机器码为 E5H 50H，比前面 R1 间址的指令多占一个字节；但编程时直捷、方便，从而使执行时间、占用内存空间都可有所节约。

以累加器为一方的传送指令很多，不单只是上列的 6 条，这些指令如另有明显特征（如涉及片外 RAM、交换、…）的，将划归其他小类叙述。

二、不以累加器 A 为一方的传送指令

本小类有 5 条指令，可实现以直接寻址字节为一方，以某工作寄存器、某片内 RAM 单元或某专用寄存器为另一方的直接数据传送。直接寻址，又不经累加器过渡，使许多数据传送任务更为简便、快捷。

1. 某工作寄存器内容送某片内 RAM 单元（低 128 字节）或某专用寄存器指令

MOV　direct,　Ri

双字节指令。随着 i = 0、1、2、3、…、7 的不同，机器码的第一字节相应为 88H、89H、8AH、…、8FH；第二字节为直接寻址字节的直接地址。

2. 某片内 RAM 单元（低 128 字节）内容或某专用寄存器内容送某工作寄存器指令

MOV　Ri,　direct

双字节指令。随着 i 值自 0 ~ 7 的不同，机器码的第一字节相应为 A8H ~ AFH，第二字节为直接地址。

3. 某片内 RAM 单元内容送另一片内 RAM 单元（低 128 字节）或某专用寄存器指令

MOV　direct　@Rj

双字节指令。按 j = 0、1 的不同，机器码的第一字节相应为 86H、87H；第二字节为直接地址。

4. 某片内 RAM 单元（低 128 字节）内容或某专用寄存器内容送另一片内 RAM 单元指令

MOV　@Rj,　direct

双字节指令。按 j＝0、1 的不同，机器码的第一字节相应为 A6H、A7H；第二字节为直接地址。

5. 某直接寻址字节内容送另一直接寻址字节指令

MOV　direct，　direct

三字节指令。机器码的第一字节为 85H；第二字节为源直接地址；第三字节为目的直接地址。本条指令在手译成机器码时第二、三字节容易颠倒，请注意。

本小类的前 4 条指令都涉及 Ri 或 Rj，它们在片内 RAM 中的确切地址也由择定的工作寄存器组辨明。今后对这种性质的指令不再一一特别说明。

三、用立即数置数的指令

共有 5 条指令。可用立即数分别对累加器、某工作寄存器、某片内 RAM 单元、某直接寻址字节以及数据指针专用寄存器置数。

1. 立即数送累加器指令

MOV　A，　#data

双字节指令。机器码的第一字节为 74H；第二字节为立即数。

2. 立即数送某工作寄存器指令

MOV　Ri，　#data

双字节指令。机器码的第一字节因 i 值 0 ~ 7 的不同，相应为 78H ~ 7FH；第二字节为立即数。

3. 立即数送某片内 RAM 单元指令

MOV　@ Rj，　#data

双字节指令。机器码的第一字节因 j 值为 0、1 的不同，相应为 76H、77H；第二字节为立即数。

4. 立即数送某直接寻址字节指令

MOV　direct，　#data

三字节指令。机器码的第一字节为 75H；第二字节为直接地址；第三字节为立即数。

5. 16 位立即数送数据指针寄存器指令

MOV　DPTR，　#data 16

三字节指令。因 DPTR 是 16 位寄存器，故对它置数要用 16 位立即数。机器码的第一字节为 90H；第二字节为高 8 位立即数；第三字节为低 8 位立即数。这是 MCS-51 系列单片机指令系统中惟一的一条 16 位数据传送指令。

例如指令 MOV DPTR，#1234H 执行后，专用寄存器 DPH 的内容为 12H，DPL 的内容为 34H。该指令的机器码为 90H、12H、34H。

四、访问片外 RAM 的传送指令

访问片内 RAM 用 MOV 指令，访问片外 RAM 用 MOVX 指令。本小类指令也都以 A 为一方。自 RAM 向 A 传送数据的指令其实质是对 RAM 进行读操作，自 A 向 RAM 传送数据的指令其实质是对 RAM 进行写操作。MOVX 类指令共有 4 条。2 条通过工作寄存器间址对 RAM 进行操作，寻址范围为 256 个字节；另 2 条通过数据指针间址对 RAM 进行操作，寻址范围大达 64KB。

1. 某片外 RAM 单元（8 位地址）内容送累加器指令

MOVX　A,　@Rj

单字节指令。根据 j=0、1 的不同，机器码相应为 E2H、E3H。

2. 累加器内容送某片外 RAM 单元（8 位地址）指令

MOVX　@Rj,　A

单字节指令。根据 j=0、1 的不同，机器码相应为 F2H、F3H。

3. 某片外 RAM 单元（16 位地址）内容送累加器指令

MOVX　A,　@DPTR

单字节指令。机器码为 E0H。

4. 累加器内容送某片外 RAM 单元（16 位地址）指令

MOVX　@DPTR，A

单字节指令。机器码为 F0H。

例如，将片外 RAM120 单元的内容传送到片外 RAM120H 单元。下列程序段可满足要求：

```
MOV   DPTR，#0120H
MOV   R0，#78H
MOVX  A，@R0
MOVX  @DPTR，A
```

又如，将片内 RAM120 单元的内容传送到片内 RAM240 单元。这只需要一条指令：

MOV　F0H，78H

该指令的机器码为 85H、78H、F0H，所执行的操作是将片内 RAM120 单元的内容送到专用寄存器 B。

请注意：本小类第一、三条指令是读某片外 RAM 单元的内容，第二、四条指令是将内容写到某片外 RAM 单元中去，当某接口芯片其端口地址占用着片外 RAM 某一单元的地址时，则读、写该单元的指令实质上就是输入、输出指令，该接口芯片侧成为 P0、P1、P2、P3 口之外的扩展 I/O 接口。

五、基址寄存器加变址寄存器间址指令

本小类只有前一节寻址方式中基址寄存器加变址寄存器间接寻址提及的两种指令。

1. 以数据指针寄存器与累加器内容的和为地址读取内容，传送到累加器的指令

MOVC　A,　@A+DPTR

单字节指令。机器码为 93H。执行的操作为：(A) ←（(A) +(DPTR)）。

上列操作表达式中括号（）表示“其中的内容”；箭头表示传送方向，箭头右边为所传数据的源地址，箭头左边为目的地址。

2. 以程序计数器与累加器内容的和为地址读取内容，传送到累加器的指令

MOVC　A，@A+PC

单字节指令。机器码为 83H。执行的操作为

(PC) ← (PC) +1，

(A) ←（(A) + (PC)）

请注意：第一条操作表达式一般指令都做，但这里给予强调是告诉我们执行了这一条单字节指令后，PC 已指向下一条指令的第一个字节，所以第二条操作表达式中 PC 的内容已是

下一条指令第一个字节的地址值!

本小类两条指令多用于查表程序。

六、交换指令

数据传送类指令一般都是将操作数自源地址传送到目的地址；指令执行后，源地址的操作数不变，目的地址的操作数则修改为源地址的操作数。交换指令数据作双向传送，涉及传送的双方互为源地址、目的地址，指令执行后每方的操作数都修改为另一方的操作数，因此两操作数都未冲走、丢失。

交换指令共有 5 条。

1. 某工作寄存器内容与累加器内容交换指令

XCH　A，Ri

单字节指令。随着 i=0、1、2、…、7 的不同，机器码相应为 C8H、C9H、CAH、…、CFH。

2. 某片内 RAM 单元内容与累加器内容交换指令。

XCH　A，@Rj

单字节指令。当 j=0，机器码为 C6H；当 j=1，机器码为 C7H。

3. 某片内 RAM 单元（低 128 字节）内容或专用寄存器内容与累加器内容交换指令

XCH　A，direct

双字节指令。机器码的第一字节为 C5H；第二字节为直接地址。

4. 某片内 RAM 单元内容的低半字节与累加器内容的低半字节交换指令

XCHD　A，@Rj

单字节指令。如 j=0，机器码为 D6H；j=1，机器码为 D7H。

5. 累加器内容的低半字节与高半字节交换指令

SWAP　A

单字节指令。机器码为 C4H。

例如，R0 的内容为 20H，片内 RAM20H 单元的内容为 75H，累加器内容为 36H，则执行 XCH A，@R0 指令后片内 RAM20H 单元的内容为 36H，累加器内容为 75H。

若执行 XCHD A，@R0 指令，则片内 RAM20H 单元的内容为 76H，累加器内容为 35H。

若执行 SWAP A 指令，则累加器内容变为 63H。

有了交换指令，使许多数据传送任务更为高效、快捷；且不丢失信息，常常一面取数据到 A，一面又将 A 的数据暂存，真是一举两得!

七、进栈出栈指令

又称堆栈操作指令，共 2 条，分别用于保存及恢复现场。进栈指令用于保存某片内 RAM 单元（低 128 字节）或某专用寄存器的内容，出栈指令用于恢复某片内 RAM 单元（低 128 字节）或某专用寄存器的内容。

1. 某直接寻址字节内容送堆栈（栈顶）指令（又称进栈指令或压入指令）

PUSH　direct

双字节指令。机器码的第一字节为 C0H；第二字节为直接地址。

指令执行的操作为：(SP) ← (SP) +1；

((SP)) ← (direct)。

前一操作表达式表示执行压入指令，让新的内容进栈前先修改栈针，使栈针寄存器 SP 的内容加 1；后一操作表达式表示某直接寻址字节内容进 SP 内容所指地址，成为其内容，所以是间址的性质，在 SP 外面理应有双重括号。

2. 堆栈（栈顶）内容进某直接寻址字节指令（又称出栈指令或弹出指令）

POP　direct

双字节指令。机器码的第一字节为 D0H；第二字节为直接地址。

指令执行的操作为：(direct) ←（(SP)）；

(SP) ←（SP）—1。

该两操作表达式表示了栈顶内容的出栈也出栈后栈针的自动修正（减 1）。

例如，SP 内容为 32H，片内 RAM32H、31H 单元的内容分别为 12H、34H。则执行

POP　DPH

POP　DPL

两条指令后，SP 的内容变为 30H，数据指针变为 1234H。

八、数据传送类指令汇总一览表

数据传送类指令见表 3-1。在表中，机器码中的 n 表示一个十六进制数，两个 n 构成一个字节。没有下注脚的两个 n 表示 8 位立即数，$nn_{高}$ 与 $nn_{低}$ 分别表示 16 位立即数的高字节与低字节，$nn_{地}$ 表示直接寻址字节的直接地址，$nn_{地源}$ 与 $nn_{地目的}$ 分别表示源直接地址与目的直接地址。

表 3-1

助记符	操作功能	机器码	字节数	机器周期数
MOV A, Ri	寄存器内容送累加器	E8 ~ EF	1	1
MOV Ri, A	累加器内容送寄存器	F8 ~ FF	1	1
MOV A, @Rj	片内 RAM 内容送累加器	E6、E7	1	1
MOV @Rj, A	累加器内容送片内 RAM	F6、F7	1	1
MOV A, direct	直接寻址字节内容送累加器	E5 $nn_{地}$	2	1
MOV direct, A	累加器内容送直接寻址字节	F5 $nn_{地}$	2	1
MOV direct, Ri	寄存器内容送直接寻址字节	88 ~ 8F $nn_{地}$	2	2
MOV Ri, direct	直接寻址字节内容送寄存器	A8 ~ AF $nn_{地}$	2	2
MOV direct, @Rj	片内 RAM 内容送直接寻址字节	86、87 $nn_{地}$	2	2
MOV @Rj, direct	直接寻址字节内容送片内 RAM	A6、A7 $nn_{地}$	2	2
MOV direct, direct	直接寻址字节内容送另一直接寻址字节	85 $nn_{地源}$ $nn_{地目的}$	3	2
MOV A, #data	立即数送累加器	74nn	2	1
MOV Ri, #data	立即数送寄存器	78 ~ 7F nn	2	1
MOV @Rj, #data	立即数送片内 RAM	76. 77 nn	2	1
MOV direct, #data	立即数送直接寻址字节	75$nn_{地}$ nn	3	2
MOV DPTR, #data	16 位立即数送数据指针寄存器	90$nn_{高}$ $nn_{低}$	3	2
MOVX A, @Rj	片外 RAM 内容送累加器（8 位地址）	E2、E3	1	2
MOVX @Rj, A	累加器内容送片外 RAM（8 位地址）	F2、F3	1	2

（续）

助记符	操作功能	机器码	字节数	机器周期数
MOVX A，@DPTR	片外 RAM 内容送累加器（16 位地址）	E0	1	2
MOVX @DPTR，A	累加器内容送片外 RAM（16 位地址）	F0	1	2
MOVC A，@A+DPTR	相对数据指针内容送累加器	93	1	2
MOVC A，@A+PC	相对程序计数器内容送累加器	83	1	2
XCH A，Ri	累加器与寄存器交换内容	C8～CF	1	1
XCH A，@Rj	累加器与片内 RAM 交换内容	C6、C7	1	1
XCH A，direct	累加器与直接寻址字节交换内容	C5 $nn_{地}$	2	1
XCHD A，@Rj	累加器与片内 RAM 交换低半字节内容	D6、D7	1	1
SWAP A	累加器交换高半字节与低半字节内容	C4	1	1
PUSH direct	直接寻址字节内容压入堆栈栈顶	C0 $nn_{地}$	2	2
POP direct	堆栈栈顶内容弹出到直接寻址字节	D0 $nn_{地}$	2	2

第四节　算术操作类指令

算术操作类指令有 24 条，可进一步细分为加法指令、减法指令、加 1 指令、减 1 指令与其他算术操作（含乘、除）指令等 5 个小类。

本类指令除乘法指令 MUL AB、除法指令 DIV AB 和数据指针加 1 指令 INC DPTR 外，其余各条的执行时间都只 1 个机器周期。

一、加法指令

加法指令共有 8 条，均以累加器内容作为相加的一方，加后的和都送回累加器中。其中前 4 条指令只是两个操作数相加，后 4 条指令是两个操作数且带进位位相加。遇多字节数加法、除最低字节外，应采用带进位位相加的加法指令。

1. 某工作寄存器与累加器内容相加指令

ADD　A，Ri

单字节指令。机器码为 28H～2FH，小的机器码依次对应于小的 i 值。

2. 某片内 RAM 单元与累加器内容相加指令

ADD　A，@Rj

单字节指令。按 j=0、1 的不同，机器码相应为 26H、27H。

3. 某直接寻址字节与累加器内容相加指令

ADD　A，direct

双字节指令。机器码的第一字节为 25H；第二字节为直接地址。

4. 立即数与累加器内容相加指令

ADD　A，　#data

双字节指令。机器码的第一字节为 24H；第二字节为立即数。

5. 某工作寄存器与累加器内容带进位位相加指令

ADDC　A，Ri

单字节指令。机器码为 38H～3FH，小的机器码依次对应于小的 i 值。

6. 某片内 RAM 单元与累加器内容带进位位相加指令

ADDC A，@Rj

单字节指令。按 j=0、1 的不同，机器码相应为 36H、37H。

7. 某直接寻址字节与累加器内容带进位位相加指令

ADDC A，direct

双字节指令。机器码的第一字节为 35H；第二字节为直接地址。

8. 立即数与累加器内容带进位位相加指令

ADDC A，#data

双字节指令。机器码的第一字节为 34H；第二字节为立即数。

加法指令执行后将影响程序状态字中的许多标志位：相加后整个字节有溢出，C 将置位，否则 C 复位；低半字节有溢出，AC 将置位，否则 AC 复位；最高位和次高位不同时进位，OV 将置位，否则 OV 复位。其中，普遍用到的是 C；AC 在做 BCD 码加法时有用；OV 在做带符号数加法时有用。

无符号数相加，和的溢出与 C 置位是统一的；带符号数相加，和的溢出是指和大于 +127或小于 -128，另用 OV 置位来表示。当两个同符号数相加时和会有溢出，例如：

```
    +120 = 01 11 10 00B
+   +105 = 01 10 10 01B
---------------------
           11 10 00 01B
```

此时最高位无进位，C=0；次高位有进位，满足最高位和次高位不同时进位，OV 置位。这反映了和大于 +127，两正数相加、和却为负（最高位为 1）的情形。又如：

```
    -120 = 10 00 10 00B
+   -105 = 10 01 01 11B
---------------------
           00 01 11 11B
```

此时最高位有进位，C=1；次高位无进位，满足最高位和次高位不同时进位，OV 置位。这反映了和小于 -128，两负数相加、和却为负（最高位为 0）的情形。

例如，累加器内容为 6AH，R1 内容为 43H。执行指令 ADD A，R1 后，A 的内容为 ADH，C 复位，AC 复位。OV 置位。

若原操作数 6AH、43H 为无符号数，则加得的结果为 ADH 无误。

若原操作数是带符号数，则 +106 加 +67 等于 +173，大于 +127，有了溢出。此时所得结果不能读作 -83，应以 C 为符号位、整个字节为数，读作 +173。

二、减法指令

减法指令有 4 条，均以累加器内容为被减数，减后的差都送回累加器。它们都是除两个操作数外，计及进位（对减法实际是借位）位的减法指令，故可用于多字节数减法。

1. 累加器内容减某工作寄存器与进位位内容指令

SUBB A， Ri

单字节指令。机器码为 98H～9FH，小的机器码依次对应于小的 i 值。

2. 累加器内容减某片内 RAM 单元与进位位内容指令

SUBB A， @Rj

单字节指令。按 j＝0、1 的不同，机器码相应为 96H、97H。

3. 累加器内容减某直接寻址字节与进位位内容指令

SUBB　A，　direct

双字节指令。机器码的第一字节为 95H；第二字节为直接地址。

4. 累加器内容减立即数与进位位内容指令

SUBB　A，　#data

双字节指令。机器码的第一字节为 94H；第二字节为立即数。

减法指令执行后都将影响标志位；如不够减，进位位置位（表示借位），够减，进位位复位；低半字节不够减，AC 置位（表示借位），够减，AC 复位；相减时最高位和次高位不同时借位，OV 置位；否则 OV 复位。OV 在做带符号数减法时有用。

无符号数相减，不够减时向高字节借位，与 C 置 1 是统一的；带符号数相减，差的溢出是指差大于 +127 或小于 -128，另用 OV 置位来表示。当两个异符号数相减时差会有溢出，例如：

$$\begin{array}{r} +120 = 01\ 11\ 10\ 00B \\ -\ \ -105 = 10\ 01\ 01\ 11B \\ \hline 11\ 10\ 00\ 01B \end{array}$$

此时最高位有借位，C＝1；次高位无借位，满足最高位和次高位不同时借位，OV 置位。这反映了差大于 +127，正数减负数、差却为负（最高位为 1）的情形。又如：

$$\begin{array}{r} -120 = 10\ 00\ 10\ 00B \\ -\ \ +105 = 01\ 10\ 10\ 01B \\ \hline 00\ 01\ 11\ 11B \end{array}$$

此时最高位无借位，C＝0；次高位有借位，满足最高位和次高位不同时借位，OV 置位。这反映了差小于 -128，负数减正数、差却为正（最高位为 0）的情形。

例如，累加器内容为 6AH，R1 内容为 43H，进位位为 0。执行指令 SUBB A，R1 后，A 的内容为 27H，C 复位，AC 复位，OV 复位。

如累加器内容为 43H，R1 内容为 6AH，进位位仍为 0，仍执行 SUBB A，R1 指令。结果为：C 置位，AC 置位，OV 复位（最高位和次高位同时借位）；A 的内容为 D9H，因是带符号数，应读作 -27H。

三、加 1 指令

MCS-51 指令系统中加 1 指令比较丰富，共有 5 条。

1. 累加器内容加 1 指令

INC　A

单字节指令。机器码为 04H。

2. 某工作寄存器内容加 1 指令

INC　Ri

单字节指令。机器码为 08H～0FH，小的机器码依次对应于小的 i 值。

3. 某片内 RAM 单元内容加 1 指令

INC　@Rj

单字节指令。因 j＝0、1 的不同，机器码相应为 06H、07H。

4. 某直接寻址字节内容加 1 指令

INC　direct

双字节指令。机器码的第一字节为 05H；第二字节为直接地址。

5. 数据指针寄存器内容加 1 指令

INC　DPTR

单字节指令。机器码为 A3H。本指令的执行时间需 2 个机器周期。

上面第四条指令当直接地址为 80H、90H、A0H 或 B0H 时，便起到修改端口寄存器内容的作用。MCS-51 指令系统中具有这种对端口“读-修改-写”功能的指令很多，它们先读入端口原来的数据，然后根据指令的操作功能作出修改（本指令为加 1），再将修改后新的数据写回端口寄存器。后面 DEC（减 1）、ANL（与）、ORL（或）、XOR（异或）、DJNZ（减 1 不为 0 转移）等直接寻址某端口寄存器为目的地址的指令以及位操作类中直接寻址某端口寄存器的一位为目的地址的指令都具有这一功能，今后对这种指令不再一一作特别说明。

与加法小类指令不同，加 1 小类指令执行后不影响标志位。

四、减 1 指令

减 1 指令有 4 条，它与加 1 指令的前 4 条一一对应，但没有数据指针寄存器减 1 指令。

1. 累加器内容减 1 指令

DEC　A

单字节指令。机器码为 14H。

2. 某工作寄存器内容减 1 指令

DEC　Ri

单字节指令。机器码为 18H ~ 1FH，小的机器码依次对应于小的 i 值。

3. 某片内 RAM 单元内容减 1 指令

DEC　@Rj

单字节指令。因 j = 0、1 的不同，机器码相应为 16H、17H。

4. 某直接寻址字节内容减 1 指令。

DEC　direct

双字节指令。机器码的第一字节为 15H；第二字节为直接地址。

与减法小类指令不同，减 1 小类指令执行后不影响标志位。

五、其他算术操作指令

列入本小类的有十进制调整指令 DA A、乘法指令 MUL AB 和除法指令 DIV AB。

1. 累加器内容十进制调整指令

DA　A

单字节指令。机器码为 D4H。

该指令可使加法运算所得存于累加器 A 中的和进行十进制调整。执行的具体操作是：低半字节的值 >9 或 AC 为 1 时低半字节加 6；高半字节的值 >9 或 C 为 1 时高半字节加 6。这一指令专门配用于 BCD 码加法运算。

十进制调整指令执行的结果根据有无进位将使进位位相应置位或复位。

2. 乘法指令

MUL　AB

单字节指令。机器码为A4H。但执行时间要4个机器周期，与下面除法指令相同，是指令系统中执行时间最长的两条指令。

该指令可使放在累加器A和寄存器B中的两个待乘数相乘；乘积的字长将加倍，其高8位在B中，低8位在A中。

指令执行后将影响标志位：C复位；OV当积>255时置位，否则复位。

3. 除法指令

DIV　AB

单字节指令。机器码为84H。执行时间为4个机器周期。

该指令可使放在累加器A中的被除数，为寄存器B中的除数相除；除得的商在A中，余数在B中。

指令执行后将影响标志位；一般情况下C与OV均复位，但除数为0时OV将置位。

例如BCD码加法。15+28，其结果为43，心算即得。但计算机按十六进制做加法，看作15H+28H，得出和为3DH。

若在加法指令后添用一条DA A指令，则执行该指令时因低半字节D>9，将另加6而成为3，并向高半字节进1使成为4，最后可得到BCD码的和，也即正确的结果43。

又如89+28，如果应为117，但计算机算得为B1H。如加法指令后添用DA A指令，则因和的低半字节有溢出，AC为1，将另加6而成为7；高半字节因B>9，也另加6而成为1，且进位使进位位C置1，最后得到正确的结果117。

六、算术操作类指令汇总一览表

算术操作类指令见表3-2。

表　3-2

助记符	操作功能	机器码	字节数	机器周期数
ADD　A，Ri	寄存器与累加器内容相加	28～2F	1	1
ADD　A，@Rj	片内RAM与累加器内容相加	26、27	1	1
ADD　A，direct	直接寻址字节与累加器内容相加	25 $nn_{地}$	2	1
ADD　A，#data	立即数与累加器内容相加	24 nn	2	1
ADDC　A，Ri	寄存器与累加器与进位位内容相加	38～3F	1	1
ADDC　A，@Rj	片内RAM与累加器与进位位内容相加	36、37	1	1
ADDC　A，direct	直接寻址字节与累加器与进位位内容相加	35 $nn_{地}$	2	1
ADDC　A，#data	立即数与累加器与进位位内容相加	34 nn	2	1
SUBB　A，Ri	累加器内容减寄存器与进位位内容	98～9F	1	1
SUBB　A，@Rj	累加器内容减片内RAM与进位位内容	96、97	1	1
SUBB　A，direct	累加器内容减直接寻址字节与进位位内容	95 $nn_{地}$	2	1
SUBB　A，#data	累加器内容减立即数与进位位内容	94 nn	2	1
INC　A	累加器内容加1	04	1	1
INC　Ri	寄存器内容加1	08～0F	1	1
INC　@Rj	片内RAM内容加1	06，07	1	1
INC　direct	直接寻址字节内容加1	05 $nn_{地}$	2	1
INC　DPTR	数据指针寄存器内容加1	A3	1	2

（续）

助记符	操作功能	机器码	字节数	机器周期数
DEC A	累加器内容减1	14	1	1
DEC Ri	寄存器内容减1	18～1F	1	1
DEC @Ri	片内RAM内容减1	16、17	1	1
DEC direct	直接寻址字节内容减1	15 $nn_{地}$	2	1
DA A	累加器内容十进制调整	D4	1	1
MUL AB	累加器内容乘寄存器B内容	A4	1	4
DIV AB	累加器内容除寄存器B内容	84	1	4

下面，还将汇总归纳算术操作类指令对标志位的影响。指令对标志位的影响是指令功能的一个重要方面，在程序设计时必须十分注意。

在MCS-51系列单片机的指令系统中，影响标志位的指令有三类：

1）算术操作类指令中的ADD、ADDC、SUBB、MUL、DIV、DA指令。

2）操作功能与C有关的指令，如RRC、RLC、SETB C、CLR C、CPL C、MOV C，bit、ANL C，bit、ANL C，/bit、ORL C，bit、ORL C，/bit等指令。

3）CJNE指令。

其中第2）类只与C有关，而指令的操作功能又都涉及C，对C的影响当然会注意到；第3）类也只影响C，且只有一种指令；所以需要给予特别关注的只是第1）类，它们都是算术操作类指令。现将这些指令执行后对标志位的影响汇总整理成表3-3。表中0表示置0；×表示有影响，是1还是0决定于指令执行的结果。

表 3-3

指令	有影响的标志位		
	C	OV	AC
ADD	×	×	×
ADDC	×	×	×
SUBB	×	×	×
MUL	0	×	
DIV	0	×	
DA	×		

第五节　逻辑操作类指令

逻辑操作类指令有24条，可进一步细分为与指令、或指令、异或指令、A操作指令等4个小类。

在所有逻辑操作类指令中，除三条三字节指令的执行时间为2个机器周期外，其余各指令的执行时间均只需要1个机器周期。

MCS-51系列单片机还有大量位逻辑操作指令，留在本章第七节位操作类指令中介绍。

一、与指令

与指令有6条（位操作性质的未计入），逻辑与后的结果除第四、第六条指令送回直接寻址字节外，其余均送回累加器。

1. 某工作寄存器内容和累加器内容相与指令

ANL　A，Ri

单字节指令。按i值依小到大的顺序，机器码相应为58H～5FH。

2. 某片内RAM单元内容和累加器内容相与指令

ANL　A，@Rj

单字节指令。按j=0或1，机器码相应为56H、57H。

3. 某直接寻址字节内容和累加器内容相与指令

ANL　A，direct

双字节指令。机器码的第一字节为55H；第二字节为直接地址。

4. 累加器内容和某直接寻址字节内容相与指令

ANL　direct，A

双字节指令。机器码的第一字节为52H；第二字节为直接地址。

5. 立即数和累加器内容相与指令

ANL　A，#data

双字节指令。机器码的第一字节为54H；第二字节为立即数。

6. 立即数和直接寻址字节内容相与指令

ANL　direct，#data

三字节指令。机器码的第一字节为53H；第二字节为直接地址；第三字节为立即数。

与指令常用于修改某工作寄存器、某片内RAM单元、某直接寻址字节（含P0、P1、P2、P3端口）或累加器本身的内容，控制修改的数或是累加器中内容（前4条指令），或是立即数（后2条指令）。修改的办法是：用控制修改数的0使被修改数的相应位清零；用控制修改数的1使被修改数的相应位保持原值不变。

例如，指令ANL　A，#38H执行后，累加器的内容只保留了第五、第四、第三这3位，其他5位被清零。

又如，用指令ANL　PSW，#11 10 01 11B（机器码为53H D0H E7H）可使PSW.4和PSW.3清零，也即使RS1和RS0清零，使工作寄存器重又选用0区（片内RAM00H～07H单元）；PSW的其余各位则保持不变。

二、或指令

或指令也有6条（位操作性质的未计入），逻辑或后的结果除第四、第六条指令送回直接寻址字节外，其余均送回累加器。

1. 某工作寄存器内容和累加器内容相或指令

ORL　A，Ri

单字节指令。按i值依小到大的顺序，机器码相应为48H～4FH。

2. 某片内RAM单元内容和累加器内容相或指令

ORL　A，@Rj

单字节指令。按j=0或1，机器码相应为46H、47H。

3. 某直接寻址字节内容和累加器内容相或指令

ORL　A，direct

双字节指令。机器码的第一字节为45H；第二字节为直接地址。

4. 累加器内容和某直接寻址字节内容相或指令

ORL　direct，A

双字节指令。机器码的第一字节为42H；第二字节为直接地址。

5. 立即数和累加器内容相或指令

ORL　A，#data

双字节指令。机器码的第一字节为44H；第二字节为立即数。

6. 立即数和某直接寻址字节内容相或指令

ORL　direct，#data

三字节指令。机器码的第一字节为43H；第二字节为直接地址；第三字节为立即数。

或指令也常用于修改某工作寄存器、某片内 RAM 单元、某直接寻址字节（含 P0、P1、P2、P3 端口）或累加器本身的内容，控制修改的数或是累加器中内容（前 4 条指令），或是立即数（后 2 条指令）。修改的办法是：用控制修改数的 1 使被修改数的相应位置 1；用控制修改数的 0 使被修改数的相应位保持原值不变。

例如，若（A）=12H，（R0）=71H，（71H）=55H，写出下列指令的机器码和执行结果：①ORL A，R；②ORL A，@ R0。

ORL　A，R0 的机器码为 48H；指令执行后（A）=73H。

ORL　A，@ R0 的机器码为 46H；指令执行后（A）=57H。

又如，用逻辑与、逻辑或指令，根据累加器中位 4 ~ 0 的状态来修改 P1 端口位 4 ~ 0 的状态。可用下列 4 条指令组成的程序段：

```
ANL  A,   #00 01 11 11B     ；屏蔽累加器的前3位，保留后5位
ORL  P1,  A                 ；累加器后5位是1的位使P1口的相应位置
                              位，P1口前3位未变
ORL  A,   #11 10 00 00B     ；累加器前3位置1，后5位未变
ANL  P1,  A                 ；累加器后5位是0的位使P1口的相应位复
                              位，P1口前3位未变
```

三、异或指令

和与指令、或指令一样，异或指令也是 6 条；除执行的是异或逻辑操作外，操作数所在的地址、操作后结果的送回（第四、第六条送直接寻址字节，其余送累加器）等都一样。

1. 某工作寄存器内容和累加器内容相异或指令

XRL　A，　Ri

单字节指令。按 i 值依小到大的顺序，机器码相应为 68H ~ 6FH。

2. 某片内 RAM 单元内容和累加器内容相异或指令

XRL　A，@ Rj

单字节指令。按 j=0 或 1，机器码相应为 66H、67H。

3. 某直接寻址字节内容和累加器内容相异或指令

XRL　A，direct

双字节指令。机器码的第一字节为65H；第二字节为直接地址。

4. 累加器内容和某直接寻址字节内容相异或指令

XRL　direct, A

双字节指令。机器码的第一字节为62H；第二字节为直接地址。

5. 立即数和累加器内容相异或指令

XRL　A, #data

双字节指令。机器码的第一字节为64H；第二字节为立即数。

6. 立即数和某直接寻址字节内容相异或指令

XRL　direct, #data

三字节指令。机器码的第一字节为63H；第二字节为直接地址；第三字节为立即数。

异或指令也常用于修改某工作寄存器、某片内RAM单元、某直接寻址字节（含P0、P1、P2、P3端口）或累加器本身的内容，控制修改的数或是累加器中内容（前4条指令），或是立即数（后2条指令）。修改的办法是：用控制修改数的1使被修改数的相应位取反；用控制修改数的0使被修改数的相应位保持原值不变。

例如，指令XRL　P1, #00 11 00 01B将取反P1.5、P1.4、P1.0，该指令的机器码为63H，90H，31H。如原来P1寄存器内容为01 10 01 10B，则将修改为01 01 01 11B。

四、A操作指令

本小类指令共有6条，除可使累加器内容取反、清零外，还可实现使累加器内容向左环移一位、向右环移一位、带进位位（作为最高位）向左环移一位、带进位位（作为最高位）向右环移一位等操作。前2条指令执行的操作容易理解，后4条指令执行的操作以图解方式见图3-1。

1. 累加器内容取反指令

CPL　A

单字节指令。机器码为F4H。

2. 累加器内容清零指令

CLR　A

单字节指令。机器码为E4H。

3. 累加器内容向左环移一位指令

RL　A

单字节指令。机器码为23H。

4. 累加器内容向右环移一位指令。

RR　A

单字节指令。机器码为03H。

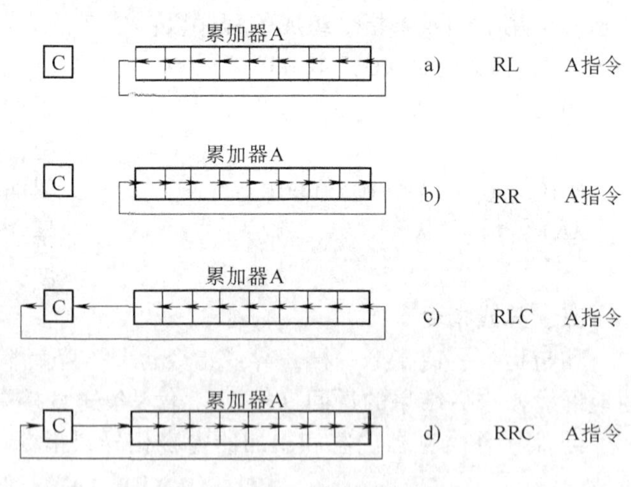

图3-1　移位指令操作功能的示意图

5. 累加器内容带进位位向左环移一位指令

RLC　A

单字节指令。机器码为33H。

6. 累加器内容带进位位向右环移一位指令

RRC　A

单字节指令。机器码为13H。

例如，设（A）=5AH、C=1，

则执行指令 CPL A后，（A）=A5H；

执行指令 CLR A后，（A）=0；

执行指令 RL A后，（A）=B4H；

执行指令 RR A后，（A）=2DH；

执行指令 RLC A后，（A）=B5H；

执行指令 RRC A后，（A）=ADH。

使内容的各位逐位左移一位相当于原内容乘以2，使内容的各位逐位右移一位相当于原内容除以2。但MCS-51系列单片机的指令系统中只有循环移位指令。而且只能令A的内容移位，显得功能较弱，不够灵活方便。

五、逻辑操作类指令汇总一览表

逻辑操作类指令汇总一览表见表3-4。

表 3-4

助 记 符	操 作 功 能	机 器 码	字节数	机 器 周期数
ANL A，Ri	寄存器内容与累加器内容	58~5F	1	1
ANL A，@Rj	片内RAM内容与累加器内容	56、57	1	1
ANL A，direct	直接寻址字节内容与累加器内容	55 $nn_{地}$	2	1
ANL direct，A	累加器内容与直接寻址字节内容	52 $nn_{地}$	2	1
ANL A，#data	立即数与累加器内容	54 nn	2	1
ANL direct，#data	立即数与直接寻址字节内容	53 $nn_{地}$ nn	3	2
ORL A，Ri	寄存器内容或累加器内容	48~4F	1	1
ORL A，@Rj	片内RAM内容或累加器内容	46、47	1	1
ORL A，direct	直接寻址字节内容或累加器内容	45 $nn_{地}$	2	1
ORL direct，A	累加器内容或直接寻址字节内容	42 $nn_{地}$	2	1
ORL A，#data	立即数或累加器内容	44 nn	2	1
ORL direct，#data	立即数或直接寻址字节内容	43 $nn_{地}$ nn	3	2
XRL A，Ri	寄存器内容异或累加器内容	68~6F	1	1
XRL A，@Rj	片内RAM内容异或累加器内容	66、67	1	1
XRL A，direct	直接寻址字节内容异或累加器内容	65 $nn_{地}$	2	1
XRL direct，A	累加器内容异或直接寻址字节内容	62 $nn_{地}$	2	1
XRL A，# data	立即数异或累加器内容	64 nn	2	1
XRL direct，# data	立即数异或直接寻址字节内容	63 $nn_{地}$ nn	3	2
CPL A	累加器内容取反	F4	1	1
CLR A	累加器内容清零	E4	1	1
RL A	累加器内容向左环移一位	23	1	1
RR A	累加器内容向右环移一位	03	1	1
RLC A	累加器内容带进位位向左环移一位	33	1	1
RRC A	累加器内容带进位位向右环移一位	13	1	1

第六节　程序转移类指令

归入本类的指令有 17 条。程序转移类指令共 16 条，可进一步细分为无条件转移指令、条件转移指令、调子指令等 3 个小类，位条件转移指令归在本章第七节位操作类指令中介绍。另有一条 NOP 指令，是单字节指令，机器码为 00H，执行该指令时机器不完成任何有意义的操作，故称为空操作指令，也归附在本类。NOP 指令在设计延时程序、拼凑延时时间时很有用，在程序等待或修改程序等场合也有用。

除 NOP 指令执行时间为 1 个机器周期外，所有程序转移类指令的执行时间都是 2 个机器周期。

一、无条件转移指令

本小类指令有 4 条。前 2 条是绝对转移指令，后 2 条是相对转移指令。“绝对”、“相对”只是如何寻找转移地址的区别；本小类指令的执行结果，程序的执行顺序是一定转移的，故称为无条件转移指令。

1. 绝对转移（2KB 地址内）指令

AJMP　addr11

双字节指令。机器码的第一字节其高半字节为 0、2、4、6、…、C、E，有 8 种变化，均为偶数，决定于 11 位地址中的高 3 位，其低半字节恒为 1；第二字节为地址的低 8 位。该指令可在 2KB 地址范围内寻址，我们以 256 个地址单元为一页，2KB 范围共有 8 页，页数决定于地址的高 3 位，页内地址决定于地址的低 8 位。地址高 3 位、页数、机器码第一字节高半字节这三者对应的关系，见表 3-5。

必须注意：MCS-51 系列单片机可在 64KB 地址范围内寻址，也即有 32 个 2KB；寻址的地址值有 16 位，除 11 位外，还有最高的 5 位。地址的低 11 位不变，应有相同的机器码，这样当高 5 位变化时实际可有 $2^5=32$ 种地址，它们的机器码都是重复一致的数值。

例如，设指令 AJMP addr11 中 addr11 的值为 111 111 111 11B，则机器码为 E1 FF。其实，第一个 2KB（高 5 位地址为 00000B）的 07FF 单元、第二个 2KB（高 5 位地址为 00001B）的 0FFFH 单元、第三个 2KB（高 5 位地址为 00010B）的 17FFH 单元、第四个 2KB（高 5 位地址为 00011B）的 1FFFH 单元、…，共 32 个单元，它们的机器码都是 E1H、FFH。

表　3-5

addr 10、9、8	页　数	机器码第 1 字节的高半字节
000	0	0
001	1	2
010	2	4
011	3	6
100	4	8
101	5	A
110	6	C
111	7	E

换言之，由于实际存在着地址的高 5 位，表 3-5 中的页数 0 将随着高 5 位有不同数值，对应着 00H、08H、10H、18H、20H、28H、30H、38H、…、E0H、E8H、F0H、F8H 等共 32 种真实的页数；同理，页数 1 对应着 01H、09H、11H、19H、21H 29H …、E1H、E9H、F1H、F9H 等 32 种真实的页数，页数 2 对应着 02H、0AH、12H、1AH、22H、2AH、…、E2H、EAH、F2H、FAH 等 32 种页数，…，页数 7 对应着 07H、0FH、17H、1FH、…、E7H、EFH、F7H、FFH 等 32 种页数，表 3-5 中的每一种页数实际都对应着 32 种真实的页数。

指令执行的操作为

$$(PC) \leftarrow (PC) + 2$$

$$(PC_{10\sim0}) \leftarrow addr11$$

本指令为双字节指令，第一个操作表达式表示指令执行后 PC 值将加 2；第二个操作表达式表达 PC 值的低 11 位将变更，程序的执行顺序将无条件转移，但高 5 位未变，也即未跨出原 2KB 地址范围，转移的范围只在 PC 当前值所指的 2KB 地址范围内。

所谓 PC 当前值以什么为准？以 AJMP 指令第一个操作表达式已执行后的 PC 值为准。此时第二个操作表达式尚未执行（尚未转移），执行后将正式转移。必须特别注意上面示例所举的特殊情形。因 addr11 = 111 111 11 111B 已在该 2KB 的底部，加 2 后将是下一个 2KB 的 00000000001B 单元，转移范围将落在下一个 2KB 地址范围内！

2. 长转移（64KB 地址内）指令

LJMP addr16

三字节指令。机器码的第一字节为 02H；第二字节为地址的高 8 位；第三字节为地址的低 8 位。

指令执行的操作为

$$(PC) \leftarrow (PC) + 3$$

$$(PC) \leftarrow addr16$$

本指令可使程序的执行顺序在全 64KB 地址范围内无条件转移，但比 AJMP 指令多占 1 个字节，多用对节省存储空间不利。

3. 相对短转移（－128～＋127B 地址内）指令

SJMP rel

双字节指令。机器码的第一字节为 80H；第二字节为相对地址值，也称相对偏移量。

指令执行的操作为

$$(PC) \leftarrow (PC) + 2$$

$$(PC) \leftarrow (PC) + \text{相对地址}$$

表达式中相对地址值是一带符号的相对偏移量。故本指令在 PC 内容加 2 所指地址（已执行第一条操作表达式）的基础上，可以－128～＋127 为偏移量，在一页地址（前、后各半页）范围内实现相对短转移。

用汇编语言编程时，指令中的相对地址 rel 往往用想转移去的地址的标号（符号地址）表示。用汇编程序汇编时，能自动算出相对地址值；但人工将程序翻译成机器码时，需自己计算相对地址，小心不能算错。

例如，写出指令 SJMP $ 的机器码，并剖析执行该指令的结果。

本例所用符号 \$ （或\$）一般指“本指令所在的首址”，也即本指令执行前的 PC 值，所以编程时用 SJMP \$ 指令的原意是执行该指令后，程序仍转移回此指令继续执行，于是将不断地执行这一指令，计算机不做其他工作，进入等待状态。

因为执行指令的第一个操作表达式 PC 内容将加 2；而执行指令的第二个操作表达式后希望 PC 恢复原来值，所以 PC 内容应减 2。可见相对地址值为 FEH。指令的机器码为 80H、FEH。

4. 相对长转移（64KB 地址内）指令

JMP　@A + DPTR

单字节指令。机器码为 73H。

指令执行的操作为（PC）←（A）＋（DPTR）

本指令以 DPTR 寄存器内容为基址，以累加器内容为相对偏移量，在全 64KB 地址范围内无条件转移。指令的执行结果不会改变 DPTR 及 A 中原来的内容。

例如，已知累加器 A 的内容为 0、2、4、6、8 五个偶数中的一个，又标号 TAB 的真实地址为 1800H，试剖析下列程序段的执行结果：

```
                MOV   DPTR,   #TAB
                JMP   @A + DPTR
                          ⋮
1800   TAB:     AJMP  100H
                AJMP  200H
                AJMP  300H
                AJMP  400H
                AJMP  500H
```

该段程序执行后，如（A）＝0，程序将转移到 1800H，1800H 的前 5 位为 000 11B：又 1800H 处的指令为 AJMP 100H，指明了后 11 位为 001 000 000 00B；二者合在一起，知将转移到 0001 1001 0000 0000 B、即 1900H 继续执行。同理，如（A）分别＝2、4、6、8，则将依次相应转移到 1A00H、1B00H、1C00H、1D00H 继续执行。

二、条件转移指令

本小类指令有 8 条。它们都在满足条件的情形下才程序转移；条件如不满足，仍按原来顺序继续执行。故称为条件转移指令，或判跳指令。

1. 累加器内容为零转移指令

JZ　rel

双字节指令。机器码的第一字节为 60H；第二字节为相对地址。

2. 累加器内容不为零转移指令

JNZ　rel

双字节指令，机器码的第一字节为 70H；第二字节为相对地址。

3. 累加器内容与某片内 RAM 单元（低 128 字节）或某专用寄存器内容不等转移指令

CJNE　A，direct，rel

三字节指令。机器码的第一字节为 B5H；第二字节为直接地址；第三字节为相对地址。

4. 累加器内容与立即数不等转移指令

CJNE　A, # data, rel

三字节指令。机器码的第一字节为 B4H；第二字节为立即数；第三字节为相对地址。

5. 某工作寄存器内容与立即数不等转移指令

CJNE　Ri, # data, rel

三字节指令。机器码的第一字节因 i 值不同而为 B8H ~ BFH；第二字节为立即数；第三字节为相对地址。

6. 某片内 RAM 单元与立即数不等转移指令

CJNE　@ Rj,　#data,　rel

三字节指令。机器码的第一字节因 j 值不同而为 B6H、B7H；第二字节为立即数；第三字节为相对地址。

7. 某工作寄存器内容减 1 不为零转移指令

DJNZ　Ri,　rel

双字节指令。机器码的第一字节因 i 值不同而为 D8H ~ DFH；第二字节为相对地址。

8. 某片内 RAM 单元（低 128 字节）或某专用寄存器内容减 1 不为零转移指令

DJNZ　direct,　rel

三字节指令，机器码的第一字节为 D5H；第二字节为直接地址；第三字节为相对地址。

这 8 条都是相对转移指令，在指令执行后的 PC 值基础上，按相对地址值进行转移。其中第三、第四、第五、第六条是比较条件转移指令，既比较，又根据比较结果判跳，同时还影响标志位进位位 C：后数 > 前数时 C 置 1，后数≤前数时 C 清零。可见，根据跳与不跳及 C = 0 还是 1 很容易鉴别出等于、大于、小于这三种不同结果。第七、第八条是减 1 条件转移指令，既减 1，又根据减 1 结果判跳。所以，后 6 条每条指令都起着两条指令的作用。第八条指令还大大丰富了能用于减 1 判跳的单元。

例如，下列程序段只当 P1 端口输入为 01H 时程序才进行下去，否则计算机等待（一直执行 CJNE 指令不息）。

```
        MOV   A,    #01H
WAIT:   CJNE  A,    P1、WAIT
                ⋮
```

又如，设 R5、R6、R7 的内容分别为 01H、70H 和 15H，则执行下列程序段后程序将转向哪里？

```
DJNZ   R5, DL3
DJNZ   R6, DL2
DJNZ   R7, DL1
```

执行第一条 DJNZ 指令后（R5）= 0，程序不转移；继续执行第二条 DJNZ 指令，（R6）变为 6FH，程序转移去 DL2；第三条 DJNZ 指令暂时不会执行。

3个机器周期

图 3-2　P1.0 引脚上输出的波形

再如，下列程序段将在 P1.0 引脚上输出方波，如图 3-2 所示共 5 个周期，每 3 个机器周期电平改变一次，读者请自行分析。

```
       MOV   R7,  #10     ; 设定需要输出方波数，共5个周期
LOOP:  CPL   P1.0         ; 实现P1.0电平改变，该指令的执行时间为1个
                          ; 机器周期
       DJNZ  R7，LOOP     ; 未到设定输出数转回LOOP，该指令的执行时间
                          ; 为2个机器周期
DONE:  ↙
```

程序中 CPL P1.0 指令将在第七节介绍，它是一条使直接寻址位 P1.0 取反的指令。

三、调子指令

本小类有 4 条指令。前 2 条是调子指令，后 2 条是返主指令。

1. 绝对调子（2KB 地址内）指令

ACALL addr11

双字节指令。机器码的第一字节其高半字节为 1、3、5、…、D、F，有 8 种变化，均为奇数，决定于 11 位地址中的高 3 位，其低半字节恒为 1；第二字节为地址的低 8 位。该指令可在 2KB 地址范围内寻址，以调用子程序。与 AJMP 指令一样：在 2KB 范围内，页数决定于地址的高 3 位，页内地址决定于地址的低 8 位。addr11 是子程序的入口地址（首址）。地址高 3 位、页数、机器码第一字节高半字节这三者对应的关系见表 3-6。

表 3-6

addr 10、9、8	页　数	机器码第 1 字节的高半字节
000	0	1
001	1	3
010	2	5
011	3	7
100	4	9
101	5	B
110	6	D
111	7	F

与表 3-5 一样，表 3-6 中每一种页数对应着 64KB 地址范围内 32 种真实页数：页数 0 对应着 00H、08H、10H、18H、…、F0H、F8H；页数 1 对应着 01H、09H、11H、19H、…、F1H、F9H；…；页数 7 对应着 07H、0FH、17H、1FH、…、F7H、FFH。

指令执行的操作为

$$(PC) \leftarrow (PC) + 2$$
$$(SP) \leftarrow (SP) + 1$$
$$((SP)) \leftarrow (PC_{7\sim0})$$
$$(SP) \leftarrow (SP) + 1$$
$$((SP)) \leftarrow (PC_{15\sim8})$$
$$(PC_{10\sim0}) \leftarrow addr11$$

与 AJMP 指令比较：操作表达式多了第二到第五这四条，它们完成着将 PC 值加 2 后的新值进栈，也即保存断点的功能。其中第二、第四条用于调整堆栈指针。还可以看到：PC

的低 8 位先进栈，PC 的高 8 位后进栈；高 8 位与低 8 位相邻，后进栈的其地址值大 1；有新的内容进栈前，栈针先自动加 1。第六条仍用于使程序的执行顺序转移，使转到子程序的入口地址 addr11，真正完成调子的任务。

本指令调子的范围（子程序入口地址的范围）只在 2KB 地址范围内。与 AJMP 指令一样，应落在第一个操作表达式执行后、PC 值所指的 2KB 地址范围内。遇到 addr11 为 7FEH 或 7FFH 的 ACALL 指令，应注意其调子范围是在下一个 2KB 区间内！

2. 长调子（64KB 地址内）指令

LCALL　addr16

三字节指令。机器码的第一字节为 12H；第二字节为地址的高 8 位；第三字节为地址的低 8 位。

指令执行的操作为

$$(PC) \leftarrow (PC) + 3$$
$$(SP) \leftarrow (SP) + 1$$
$$((SP)) \leftarrow (PC_{7\sim0})$$
$$(SP) \leftarrow (SP) + 1$$
$$((SP)) \leftarrow (PC_{15\sim8})$$
$$(PC) \leftarrow addr16$$

本指令可在全 64KB 地址范围内调用子程序，但比 ACALL 指令多占 1 个字节，多用对节省存贮空间不利。

3. 返回指令

RET

单字节指令。机器码为 22H。

指令执行的操作为：

$$(PC_{15\sim8}) \leftarrow ((SP))$$
$$(SP) \leftarrow (SP) - 1$$
$$(PC_{7\sim0}) \leftarrow ((SP))$$
$$(SP) \leftarrow (SP) - 1$$

调用子程序后必须返回原程序，因此每种子程序的最后一条指令必然是返回指令 RET。上面列出的该指令的 4 条操作表达式完成着将调子时压入堆栈的断点地址送回 PC，以恢复断点的功能。其中第二、第四条用于调整栈针。还可以看到：断点的高 8 位先退栈；低 8 位后退栈；遵循“后进先出”的原则；每退栈一个地址单元，栈针便紧接着自动减 1。

4. 中断返回指令

RETI

单字节指令。机器码为 32H。

中断服务程序的性质也是一种子程序。计算机响应中断、继而程序转移到中断服务程序继续执行可以理解为一种特殊的调子过程，因此也有返回原程序的问题。中断服务程序的最后一条指令也一定是返回指令，但应是中断返回指令 RETI。RETI 与 RET 的操作表达式完全一致，而前一指令在恢复断点前，将先清除“优先级激活”触发器（见第二章第七节中的三），使同级或低级的中断申请不会再被阻断。

例如，(SP) =30H，标号为SUB的子程序在程序存储器中的真实地址为0345H，现将执行ACALL SUB指令，该指令的首址为0123H，问指令执行的结果与指令的机器码。

指令执行后： (SP) =32H；片内RAM 31H、32H单元的内容分别为25H和01H；(PC) =0345H。

指令的机器码为71H、45H。

又如，上例在该子程序最后、执行RET指令的结果是：(PC) =0125H，程序将自0125HU单元开始，往下继续执行；(SP) =30H。

四、程序转移类指令汇总一览表

程序转移类指令汇总见表3-7。在表中，$nn_{相对}$表示相对地址值。

表 3-7

助 记 符	操 作 功 能	机 器 码	字节数	机 器 周期数
AJMP addr11	绝对转移（2KB地址内）	01 ~ E1 $nn_{地}$	2	2
LJMP addr16	长转移（64KB地址内）	02 $nn_{高}$ $nn_{低}$	3	2
SJMP rel	相对短转移（－128 ~ ＋127B地址内）	80 $nn_{相对}$	2	2
JMP @A＋DPTR	相对长转移（64KB地址内）	73	1	2
JZ rel	累加器内容为零转移	60 $nn_{相对}$	2	2
JNZ rel	累加器内容不为零转移	70 $nn_{相对}$	2	2
CJNE A，direct，rel	累加器内容与直接寻址字节内容不等转移	B5 $nn_{地}$ $nn_{相对}$	3	2
CJNE A，# data，rel	累加器内容与立即数不等转移	B4 nn $nn_{相对}$	3	2
CJNE Ri，# data，rel	寄存器内容与立即数不等转移	B8 ~ BF nn $nn_{相对}$	3	2
CJNE @Rj，# data，rel	片内RAM内容与立即数不等转移	B6、B7nn $nn_{相对}$	3	2
DJNZ Ri，rel	寄存器内容减1不为零转移	D8 ~ DF $nn_{相对}$	2	2
DJNZ direct，rel	直接寻址字节内容减1不为零转移	D5 $nn_{地}$ $nn_{相对}$	3	2
ACALL addr11	绝对调子（2KB地址内）	11 ~ F1 $nn_{地}$	2	2
LCALL addr16	长调子（64KB地址内）	12 $nn_{高}$ $nn_{低}$	3	2
RET	返回	22	1	2
RETI	中断返回	32	1	2
NOP	空操作	00	1	1

第七节 位操作类指令

MCS-51系列单片机的硬件结构除8位CPU构成8位微机外，还附有一个位处理机（或称布尔处理机），可以位寻址，进位位C起一般CPU中累加器的作用，并有自己的指令系统——执行位操作（或称位处理）的指令多达17条，可归纳为一个专门的指令子集。因此，有很强的位操作功能，很适宜用于位处理任务重、需要解决大量逻辑控制问题的场合。

位操作类指令可以进一步细分为位传送、位逻辑操作、位转移等三个小类。

位传送指令的执行时间为1个机器周期，位条件转移指令的执行时间为2个机器周期。在位逻辑操作指令中，执行取反、清零、置1操作的，用1个机器周期；执行与、或操作的，用2个机器周期。

一、位传送指令

位传送指令有互逆的两条，可实现进位位C与某直接寻址位bit间内容的传送。

1. 某直接寻址位内容送进位位指令

MOV　C, bit

双字节指令。机器码的第一字节为 A2H；第二字节为直接寻址位的位地址。

2. 进位位内容送某直接寻址位指令

MOV　bit,　C

双字节指令。机器码的第一字节为 92H；第二字节为直接寻址位的位地址。

在指令中直接寻址位可以有 4 种表示方式：

1）位地址表示方式。例如标志位 F0，表示为 D5H。

2）点表示（说明是什么寄存器的什么位）方式。F0 将表示为 PSW. 5，说明是程序状态字寄存器 PSW 的第 5 位。

3）位名称表示方式。直接用 F0 表示。

4）标号表示方式。例如用户已用 FLG 这一标号（位符号地址）定义了 F0，则在指令中 F0 也允许用 FLG 来表示。

例如，将 P1 端口 P1. 0 的内容送入片内 RAM 20H 单元的最低位，可通过连续执行下列两条指令来达到要求。

```
MOV   C,    P1.0
MOV   00H, C
```

以上第一条指令中 P1. 0 用的是点表示方式，第二条指令中 00H 用的是位地址表示方式。前一条指令的机器码为 A2H、90H，后一条指令的机器码为 92H、00H。

二、位逻辑操作指令

位逻辑操作指令非常丰富，共有 10 条，可分别实现进位位或某直接寻址位的取反、清零与置 1 操作，进位位和某直接寻址位相与或相或操作，进位位和某直接寻址位取反后相与或相或操作。相与或相或后，其结果都送回进位位。

1. 进位位取后指令

CPL　C

单字节指令。机器码为 B3H。

2. 进位位清零指令

CLR　C

单字节指令。机器码为 C3H。

3. 进位位置 1 指令

SETB　C

单字节指令。机器码为 D3H。

4. 某直接寻址位取反指令

CPL　bit

双字节指令。机器码的第一字节为 B2H；第二字节为位地址。

5. 某直接寻址位清零指令

CLR　bit

双字节指令。机器码的第一字节为 C2H；第二字节为位地址。

6. 某直接寻址位置 1 指令

SETB bit

双字节指令。机器码的第一字节为 D2H；第二字节为位地址。

7. 直接寻址位内容和进位位内容相与指令

ANL C, bit

双字节指令。机器码的第一字节为 82H；第二字节为位地址。

8. 直接寻址位内容和进位位内容相或指令

ORL C, bit

双字节指令。机器码的第一字节为 72H；第二字节为位地址。

9. 直接寻址位内容取反后和进位位内容相与指令

ANL C, /bit

双字节指令。机器码的第一字节为 B0H；第二字节为位地址。

10. 直接寻址位内容取反后和进位位内容相或指令

ORL C, /bit

双字节指令。机器码的第一字节为 A0H；第二字节为位地址。

上面第 9、10 两条 bit 前的斜杠表示取反。该两指令以直接寻址位取反后的值作为源操作数，但并不改变该直接寻址位原来的值。

例如，设进位位为 0，P1.0 也为 0，则执行指令 ORL C，/P1.0 后进位位修改为 1，而 P1.0 仍为 0 未变。

又如，下列程序段可满足只在 P1.0 为 1、A.7 为 1 和 OV 为 0 时置位 P3.1 的逻辑控制任务。

```
MOV  C, P1.0
ANL  C, A.7
ANL  C, / OV
MOV  P3.1, C
```

简单地用 4 条指令便达到了如图 3-3 所示硬件逻辑电路一样的功能，而且编程十分方便。

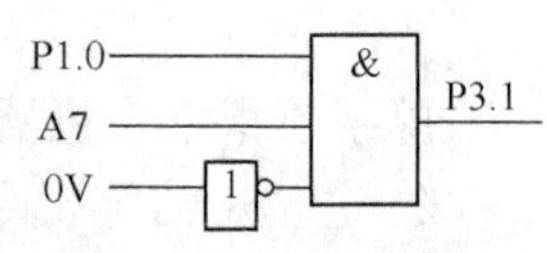

图 3-3 与示例相应的硬件逻辑电路

该 4 条指令的机器码依次为 A2H 90H、82H E7H、B0H D2H、92H B1H。

三、位条件转移指令

位条件转移指令也相当丰富，共有 5 条。与程序转移类指令中的条件转移指令一样：如条件满足，则 PC 值改变，实现程序的转移；如条件不满足，则 PC 值不改变，程序仍按原顺序继续执行。

1. 进位位为 1 转移指令

JC rel

双字节指令。机器码的第一字节为 40H；第二字节为相对地址值。

2. 进位位不为 1 转移指令

JNC rel

双字节指令。机器码的第一字节为 50H；第二字节为相对地址值。

3. 某直接寻址位为 1 转移指令

JB　bit，　rel

三字节指令。机器码的第一字节为 20H；第二字节为位地址；第三字节为相对地址。

4. 某直接寻址位不为 1 转移指令

JNB　bit，　rel

三字节指令。机器码的第一字节为 30H；第二字节为位地址；第三字节为相对地址。

5. 某直接寻址位为 1 转移且该位清除为零指令

JBC　bit，　rel

三字节指令。机器码的第一字节为 10H；第二字节为位地址；第三字节为相对地址。

例如，执行指令 JBC F0，ELSE 后，若原 F0 为 1，则程序将转移去 ELSE，而 F0 标志位被清零。ELSE 的真实地址应在原 PC 值加 3 后 -128 ~ +127 的范围内。

同理，JBC 指令用于对 TF0 ~ TF2 进行检测并清零也很方便和多见。

又如，下列程序段能鉴别 R0 中数据是否等于 100。若不等于，则是大于还是小于。根据鉴别结果可实现三分支。

```
        CJNE  R0，#100，NEQU    ；不等于 100，转 NEQU；等于 100，不转移，
              ⋮                 ；计算机做相应工作
NEQU：  JC    LESS              ；<100，转 LESS
              ⋮                 ；>100，计算机做大于时相应工作
LESS：        ⋮                 ；<100，计算机做小于时相应工作
```

设 R0 内容为 63H，执行 CJNE 指令后将转 NEQU，且使 C 置位，于是在转 NEQU 后再进一步转 LESS。

四、位操作类指令汇总一览表

位操作类指令汇总见表 3-8 所示，表中 $nn_{位}$ 表示直接寻址位的位地址。

表 3-8

助记符	操作功能	机器码	字节数	机器周期数
MOV　C，bit	直接寻址位内容送进位位	A2 $nn_{位}$	2	1
MOV　bit，C	进位位内容送直接寻址位	92 $nn_{位}$	2	1
CPL　C	进位位取反	B3	1	1
CLR　C	进位位清零	C3	1	1
SETB　C	进位位置位	D3	1	1
CPL　bit	直接寻址位取反	B2 $nn_{位}$	2	1
CLR　bit	直接寻址位清零	C2 $nn_{位}$	2	1
SETB　bit	直接寻址位置位	D2 $nn_{位}$	2	1
ANL　C，bit	直接寻址位内容与进位位内容	82 $nn_{位}$	2	2
ORL　C，bit	直接寻址位内容或进位位内容	72 $nn_{位}$	2	2
ANL　C，/bit	直接寻址位内容的反与进位位内容	B0 $nn_{位}$	2	2
ORL　C，/bit	直接寻址位内容的反或进位位内容	A0 $nn_{位}$	2	2
JC　rel	进位位为 1 转移	40 $nn_{相对}$	2	2
JNC　rel	进位位不为 1 转移	50 $nn_{相对}$	2	2
JB　bit，rel	直接寻址位为 1 转移	20 $nn_{位}$ $nn_{相对}$	3	2
JNB　bit，rel	直接寻址位不为 1 转移	30 $nn_{位}$ $nn_{相对}$	3	2
JBC　bit，rel	直接寻址位为 1 转移且该位清零	10 $nn_{位}$ $nn_{相对}$	3	2

第八节　汇编语言源程序的格式和伪指令

学习了一种计算机的指令系统以后，便可开始试编或练习剖析别人已编就的该计算机的种种汇编语言程序。编程技巧应通过实践积累经验，并不断提高。本章后面各节都是汇编语言程序示例，挑选一些比较简单、又比较典型的程序段，粗分类别，进行仔细剖析，帮助读者逐步由单条指令过渡到联用，到试编程序或剖析程序。学习后面各节的目的，首先是深化对指令的理解，提高运用能力，更透彻地掌握微机，特别是 MCS-51 的性能和结构；然后在这基础上，初步熟悉汇编语言程序设计。学有余力的读者，另可广泛参阅各种有关参考书籍，对编程、读程能力提出较高要求。

在接触比较完整的程序段以前，读者还须先知道汇编语言源程序的书写格式和伪指令。

一、汇编语言源程序的格式

汇编语言源程序是由一条条语句组成的，语句有一定的书写格式。一般自左到右按序至少包括下列四项内容：

标号：操作码　　操作数；注释

标号　本章前面已多处用到。它被用来作为一条指令或一段程序的标记，实际又是这条指令或这段程序的符号地址。标记通常由 1～6 个字符组成，第一个字符必须是英文字母，后随的可以是英文字母或数字。它与指令的操作码之间必须用冒号分开。

没有必要每条指令都采用标号。为了便于编程、阅读或识别，在一段程序的入口处（起始位置）要给以标号，在作为转移指令转移目标地址的指令前面也应该给以标号。

操作码和操作数　这是语句的主体，这两项书写内容合在一起便是指令自身。

操作码用指令的英文缩写表示，便于辨识指令的功能，也便于记忆，称为助记符。

操作数是参与该指令操作的操作数或操作数所在的地点（寻址方式），有时，用一个表达式来表示一个操作数，例如#TAB + 1。

在操作码与操作数之间应留有空格。

少数指令没有操作数（例如 NOP、RET、RETI），或只有 1 个操作数（如 A 操作指令、位取反、位清零、位置 1 指令、进栈出栈指令、调子指令、无条件转移指令、根据 A 内容或 C 内容判跳的条件转移指令、加 1、减 1 指令等）、或有 3 个操作数（CJNE 指令），但多数指令都是两个操作数。具有两个或两个以上操作数的，在操作数之间一定要用逗号分开。

注释　本章前面举例时已多处用到。必要的注释有助于程序的理解、阅读和交流。

在指令与注释之间一定要用分号隔开。汇编程序机译时见到分号将不再理会后面的内容而换行，也即汇编程序对注释段将不作任何处理。

除了上面这四项内容外，有的汇编语言程序在标号前面往往还有两项内容，自左到右依次为地址单元与机器码。

地址单元　用来指明每条指令在程序存贮器中的存放地址。遇到多字节指令时，写出的应是指令的首址。

机器码　即本行指令译出的机器码。有了机器码，便可方便地将程序键入计算机执行、送入开发装置调试或写入 EPROM。

遇到多字节指令时，在机器码的每两个字节间应留有空隙，这样比较清晰，也便于辨读。

更详细的书写格式还为每条指令编有语句号。

二、伪指令

前面第三节到第七节介绍的指令都是使计算机进行一定操作（空操作也是一种操作）的真正的指令。另外还有一些指令只是注释性的，它们不令计算机作任何操作，没有对应的机器码，不产生目标程序，不影响程序的执行，称为伪指令。

伪指令对汇编程序将汇编语言源程序汇编成目标程序有用（有的书籍也称它为“汇编命令”），对阅读汇编语言源程序也有用。一些常用的伪指令还带有普遍性，可通用于各种计算机；使用某种计算机时，可查阅这种计算机的使用手册。下面介绍 MCS-51 系列单片机常用的几种伪指令：

1. ORG 指令

它的格式为　ORG　16 位地址

这条指令用在一段源程序或数据块的前面，说明紧随在后面的程序段或数据块的起始地址。指令中的 16 位地址（4 位十六进制数）便是该起始地址值。

2. END 指令

它的格式为　END 或 END 标号

这条指令用在源程序的最后，表明程序的结束。汇编程序对该指令后面的内容将不再理会。如果源程序是一段子程序，END 后不再写标号；如是主程序，则必须写标号，所写标号就是该主程序第一条指令的符号地址。

3. DB 指令

它的格式为　标号：DB 项或项表

这条指令用于定义字节的内容。项或项表指所定义的一个字节或用逗号分开的字节串。汇编程序将把 DB 指令中项或项表所指字节的内容（数据或 ASCII 码）依次存入从标号开始的存储器单元。

```
例如：           ORG   1000H
FIRST:         DB   73, 01, 01, 90, 38, 00, 01, 00
SECOND:        DB   02, 00, 34, 10, 32, 96, 00, 00
```

其中伪指令 ORG　1000H 指明了标号 FIRST 的地址为 1000H，伪指令 DB 定义了 1000H～1007H 单元的内容应依次为 73、01、01、90、38、00、01、00。标号 SECOND 因与前面 8 个字节紧靠，所以它的地址顺次应为 1008H，而第二条 DB 指令则定义了 1008H～100FH 单元的内容依次为 02H、00H、34H、10H、32H、96H、00H、00H。

4. DW 指令

它的格式为　标号：DW 项或项表

这条指令与 DB 指令相似，但用于定义字的内容。项或项表指所定义的一个字（两个字节）或用逗号分开的字节串。每个字低 8 位先放，高 8 位后放；即低字节放在低地址，高字节放在高地址。

5. DS 指令

它的格式为　标号：DS 数字

这条指令用在保留着待存放的一定数量的存储单元前面，定义应保留的存储器单元数。说明自标号所在的地址起共有指令中数字指明的存储单元数保留着可供存入数据。

6. bit 指令

它的格式为　标号　bit 项

这条指令用于定义某特定位的标号。项指所定义的位，经定义后，便可用指令中 bit 左面的标号来代替 bit 右面项所指出的位。

例如：FLG　bit　F0

经这条 bit 伪指令定义后，可允许在指令中用 FLG 来代替 F0。这就是直接寻址位的第四种表示方式，请回忆前面第七节中的一。

第九节　算术逻辑处理程序

例 3-1　将一双字节数存入片内 RAM。

设该待存双字节数高字节在工作寄存器 R2 中、低字节在累加器 A 中，要求高字节存入片内 RAM 的 36H 单元，低字节存入 35H 单元。

则相应程序为：

```
00B0 78 35     MOV     R0, #35H     ; R0 置以 35H，为通过 R0 间址将内容存
                                      入片内 RAM35H 单元作准备
00B2 F6        MOV     @R0, A       ; 低字节存入 35H 单元
00B3 08        INC     R0           ; R0 改置为 36H
00B4 CA        XCH     A, R2        ; R2 与 A 的内容交换，待存高字节交换
                                      入 A 中
00B5 F6        MOV     @R0, A       ; 高字节存入 36H 单元，A 的内容未受
                                      影响
00B6 CA        XCH     A, R2        ; R2 与 A 的内容再次交换，两者的内容恢
                                      复原状（即待存高字节在 R2、低字节在
                                      A）。如不须恢复，本条指令可免用
```

例 3-1 的操作见图 3-4。

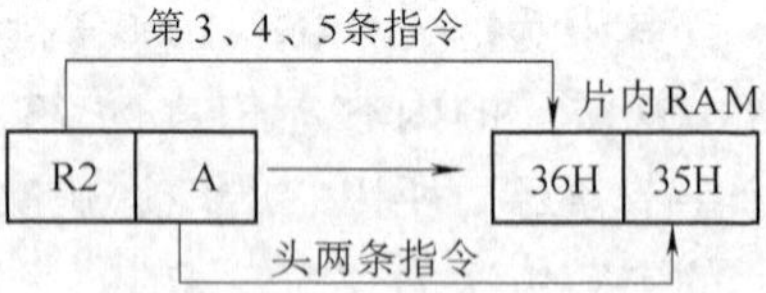

例 3-2　多字节无符号数相加。

设被加数与加数已分别在以 ADR1 与 ADR2 为初址的片内数据存储器区域中，自低字节起，由低到高依次存放；它们的字节数为 L；要求加得的和放回原放被加数的单元。

图 3-4　例 3-1 的操作示意图

程序的流程框图见图 3-5。

相应的程序如下：

```
0030 78 ADR1         MOV     R0, #ADR1
0032 79 ADR2         MOV     R1, #ADR2
0034 7A L            MOV     R2, #L
0036 C3              CLR     C
0037 E6    LOOP:     MOV     A, @R0      ; 通过 R0 间址，取得被加数的一个字节
0038 37              ADDC    A, @R1      ; 通过 R1 间址；取得加数的一个字节，与
                                           被加数的相应字节相加
```

```
0039 F6          MOV     @R0, A        ; 加得的和通过R0间址放回原放被加数的
                                        单元
003A 08          INC     R0
003B 09          INC     R1
003C DA F9       DJNZ    R2, LOOP
003E     DONE: ↙
```

这一程序段用了三个工作寄存器：R0、R1 与 R2。R0 与 R1 作为地址指针，开始时置以被加数与加数的初址；R2 作为计数器，存放待加的字节数。程序初始化的第四条指令将进位位清零，为应用 ADDC 指令作准备。自 LOOP 开始的三条指令每执行一次使被加数的一个字节与加数的相应字节带进位位相加，并将加得的和放回原放被加数的单元。然后 R0、R1 内容各自加 1，调整为加数、被加数下一待加字节的地址，如字节数计数未满（每加一字节，计数器 R2 内容减 1，如尚未到零)，则跳回到 LOOP，继续完成下一字节的相加。

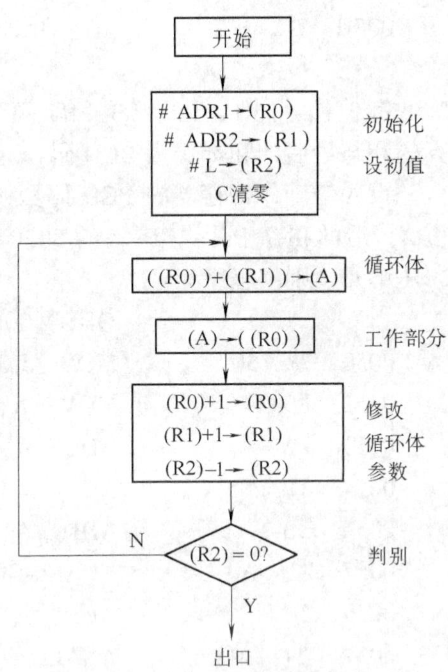

图 3-5　例 3-2 的程序流程框图

因为用了带进位位相加的 ADDC 指令，低字节相加出现的进位在其相邻高字节相加时会被计入，不致遗漏；初始化时的清 C 指令保证了最低字节相加时不致因 C 的原始内容随机为 1 而影响和的准确性。

程序中最后一条指令的相对地址值计算如下：

0037H（LOOP 的真实地址） = 003EH（PC 所指地址） + 相对地址

故　　　　　　　　　　　相对地址 = FFF9H

但相对转移范围不超出一页，自 PC 所指地址向前或倒退至多只可半页，故前两位 16 进制数无实际意义，译成机器码时 rel 只取后一个字节，即 F9H。

例 3-3　多字节无符号数相减。

设被减数与减数已分别在以 ADR1 与 ADR2 为初址的片内数据存贮器区域中，自低字节起，由低到高依次存放；它们的字节数为 L；被减数够减，即最高字节相减时不至借位；减得的差放回原放被减数的单元。

相应的程序如下：

```
0030  78  ADR1          MOV    R0, #ADR1
0032  79  ADR2          MOV    R1, #ADR2
0034  7A  L             MOV    R2, #L
0036  C3                CLR    C
0037  E6        LOOP:   MOV    A, @R0      ; 通过R0间址，取得被减数的一
                                              个字节
0038  97                SUBB   A, @R1      ; 通过R1间址；取得减数的一个
```

```
                                          字节，然后由被减数的相应字节
                                          减该字节
0039  F6             MOV    @R0，A      ；减得的差通过 R0 间址，放回原
                                          放被减数的单元
003A  08             INC    R0
003B  09             INC    R1
003C  DA  F9         DJNZ   R2，LOOP
003E       DONE：↙
```

例 3-4 将 R1、R2、R3、R4 四个工作寄存器中的 BCD 码数据依次相加，要求各中间计算的和与最后的和都仍为 BCD 码，且放回片内 RAM。

设四个工作寄存器中 BCD 码数据相加后其总和仍为 2 位 BCD 码，无溢出；（R1）+（R2）后的和存于片内 RAM 的 30H 单元，再加（R3）后的和存于 31H 单元，总的和存于 32H 单元。则主程序为

```
                   ORG  0050H
0050  78  30       MOV  R0，#30H
0052  E9           MOV  A，R1
0053  2A           ADD  A，R2
0054  31  A0       ACALL SUB
0056  2B           ADD  A，R3
0057  31  A0       ACALL SUB
0059  2C           ADD  A，R4
005A  31  A0       ACALL SUB
                     ⋮
```

子程序为

```
                   ORG  01  A0H
                   ；十进制调整与存和子程序
01A0  D4           DA        A
01A1  F6           MOV       @R0，A     ；当前和调整成 BCD 码后放回 R0
                                          所指单元
01A2  08           INC       R0         ；调整地址指针
01A3  22           RET                  ；返主
```

本例中 SUB 的真实地址为 01A0H，在第一页，查表 3-6 知 ACALL 第一字节的机器码为 31H。

例 3-5 使一双字节带符号数依次右移一位。

设该双字节数的高字节已在工作寄存器 R2，低字节已在累加器 A，则下列程序段可满足要求：

```
0100 D3            SETB      C          ；C 预置 1
0101 CA            XCH       A，R2      ；R2 与 A 内容交换，高字节进 A
0102 20 E7 01      JB        A.7，ELSE  ；A.7（原 R2 第七位）为 1 转，否
```

```
                                                   则C清零
0105 C3                CLR      C
0106 13   ELSE:        RRC      A           ; A（原R2内容）带C循环右移1
                                              位，移位后原R2第七位的值保持
                                              不变，R2原零位则进C
0107 CA                XCH      A, R2       ; 移位后原R2内容自A交换回R2，
                                              A内容自R2交换回A、准备移位
0108 13                RRC      A           ; 低字节带C（原R2零位内容）循
                                              环右移1位，A.0则移入C后丢
                                              失
                         ⋮
```

依次右移一位相当于原数除以2。程序中开始时将C置1，以后又根据R2第七位是否为1而进行分支，目的是用C的值使R2第七位保持不变，使该程序段可适用于处理带符号的双字节数。

本例程序译成机器码时，条件转移指令的第二字节为A.7的位地址E7H，第三字节为相对地址01H，读者不难自行复核。

例3-6 多字节数取补。

设该多字节数由低字节到高字节依次存放在片内RAM以30H为起始地址的区间，取补后放回原处，则程序为

```
                       ORG 00E0H
                       ；多字节数取补程序段
00E0 7A L              MOV      R2, #LH     ; 工作寄存器R2作为计数器，放置
                                              待处理字节数
00E2 78 30             MOV      R0, #30H    ; 工作寄存器R0作为地址指针，先
                                              设定初值
00E4 E6                MOV      A, @R0      ; 自片内RAM30H单元取最低字节
00E5 F4                CPL      A           ; 最低字节取反
00E6 24 01             ADD      A, #1       ; 取补时最低字节取反后再要加1
00E8 F6                MOV      @R0, A      ; 最低字节处理后放回
00E9 1A                DEC      R2          ; 已处理1个字节，待处理字节数
                                              减1
00EA 08   NEXT:        INC      R0          ; 调整地址指针，指向下一字节
00EB E6                MOV      A, @R0      ; 取下一字节
00EC F4                CPL      A           ; 非最低字节取补时只须取反
00ED 34 00             ADDC     A, #0       ; 本条的真正用意是计及处理前一
                                              字节时可能有的进位
00EF F6                MOV      @R0, A      ; 本字节处理后放回
00F0 DA F8             DJNZ     R2, NEXT    ; 待处理字节数减1，如未为零，转
                                              回NEXT继续处理，如已为零，
```

```
                                              处理结束，计算机进入其他程序
                                              段，顺序做其他工作
00F2                    ⋮
```

例 3-7 比较片内 RAM 两相邻单元中无符号数的大小，使它们按小数在前、大数在后的原则存放。如两数相等，则建立起标志位 F0。

设该两数在片内 RAM 的 ADDR 与 ADDR +1 单元，则满足题目要求的程序为

```
1000 78 ADDR +1         MOV   R0, #ADDR +1     ; 第二数地址置入 R0
1002 E6                 MOV   A, @R0           ; 取第二数
1003 FA                 MOV   R2, A            ; 暂存第二数
1004 18                 DEC   R0               ; R0 指向第一数地址 ADDR
1005 E6                 MOV   A, @R0           ; 取第一数
1006 9A                 SUBB  A, R2            ; 第一数减第二数
1007 40 0B              JC    DONE             ; 如有借位，则第一数小，原安放
                                                 顺序无需调整
1009 60 07              JZ    ESTAB            ; 如相减的差为零，则两数相等，
                                                 转 ESTAB
100B E6                 MOV   A, @R0;          ; 否则，第一数大，再取第一数
100C 08                 INC   R0               ; R0 指向 ADDR +1
100D C6                 XCH   A, @R0           ; 第一数交换入 ADDR +1，第二数
                                                 交换到 A
100E 18                 DEC   R0               ; R0 指向 ADDR
100F F6                 MOV   @R0, A           ; 第二数存入 ADDR
1010 80 02              SJMP  DONE
1012 D2 D5   ESTAB:     SETB  F0               ; 建立标志位 F0
1040         DONE:      ↙                      ; 程序段出口
```

例 3-8 统计自 P1 口输入的数串中正数、负数、零的个数。

设 R0、R1、R2 三个工作寄存器分别为累计正数、负数、零的个数的计数器。完成本任务的流程框图见图 3-6。程序如下：

```
START:      CLR A
            MOV   R0,   A
            MOV   R1,   A
            MOV   R2,   A
ENTER:      MOV   A, P1          ; 自 P1 口取 1 个数
            JZ    ZERO           ; 该数为零，转 ZERO
            JB    P1.7, NEG      ; 该数为负，转 NEG
            INC   R0             ; 该数不为零、不为负，则必为正
                                   数；R0 内容加 1
            SJMP  ENTER
ZERO:       INC   R2
```

```
                SJMP   ENTER
NEG:            INC    R1
                SJMP   ENTER
```

在上面程序段中未写出各指令相应的机器码，读者请尝试自行手译。

本例所示的程序尚有缺陷：①未考虑数串究竟有多少个数，输入不能结束；②未考虑 P1 口上数据输入速度与计算机取数和分档处理速度间的协调配合。如已知：数串的个数为 L；送数的速度为每秒 1 个；计算机取数、处理的速度极快，与 1s 比较可忽略不计。试考虑程序应作怎样改动。

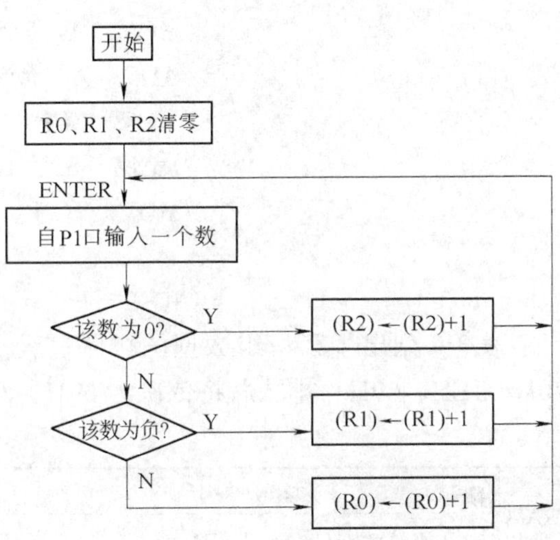

图 3-6　例 3-8 的流程框图

例 3-9　排队子程序。

设有四组数据，每组五个数，已依次存放在片内 RAM 的 50H ~ 54H、55H ~ 59H、5AH ~ 5EH、5FH ~ 63H 单元。要求每组数均按由小到大的次序排队，排队后放回原存放区域。

设数据区的首址 50H 已存放在片内 RAM 的 7CH 单元。该子程序如下：

```
RANG:   MOV   R2, #04H      ; R2 为组数计数器，存需排队的数据组数
RAN1:   MOV   R3, #04H      ; R3 为循环次数计数器
RAN2:   MOV   A, R3
        MOV   R4, A         ; R4 为当前循环需比较次数的计数器
        MOV   R0, 7CH       ; 数据区首址进 R0
RAN3:   MOV   A, @R0        ; 先取一数
        MOV   R5, A         ; 先取数存于 R5
        INC   R0
        MOV   A, @R0        ; 再取一数到 A
        CLR   C
        SUBB  A, R5         ; 后数减前数
        JNC   RAN4          ; 如够减，说明已大数在后，转 RAN4
        MOV   A, R5         ; 如不够减，前数进 A
        XCH   A, @R0        ; 前数进后数存放的单元，后数进 A
        DEC   R0
        MOV   @R0, A        ; 后数进前数存放的单元，做到小数“上浮”，大数“下沉”
```

```
                INC    R0
RAN4:           DJNZ   R4, RAN3
                DJNZ   R3, RAN2
                MOV    A, 7CH          ; 此起三条，调整 7CH 内容
                ADD    A, #05H
                MOV    7CH, A
                DJNZ   R2, RAN1
                MOV    7CH, #50H       ; 排队完成，7CH 单元内容恢复为
                                         50H
                RET
```

表 3-9 列出了第一组数据的排队过程。设排队前 50H ~ 54H 中数据依次为 75H、73H、70H、7EH、69H，排队后将依次为 69H、70H、73H、75H、7EH。

表 3-9

RAM 地址	排队前	(R3) = 04H				(R3) = 03H			(R3) = 02H		(R3)=01H	排队后
		(R4) = 04H	(R4) = 03H	(R4) = 02H	(R4) = 01H	(R4) = 03H	(R4) = 02H	(R4) = 01H	(R4) = 02H	(R4) = 01H	(R4) = 01H	
50H	75	73	73	73	73	70	70	70	70	70	69	69
51H	73	75	70	70	70	73	73	73	73	69	70	70
52H	70	70	75	75	75	75	75	69	69	73	73	73
53H	7E	7E	7E	7E	69	69	69	75	75	75	75	75
54H	69	69	69	69	7E	7E	7E	7E	7E	7E	7E	7E

例 3-10　两双字节无符号数相乘。

设被乘数的高字节已在 R7 中，低字节已在 R6 中；乘数的高字节已在 R5 中，低字节已在 R4 中。乘得的积有 4 个字节，将按先低后高次序存入片内 RAM 以 ADR 为首址的区间，则相应的程序为

```
MUL1:    MOV   R0, #ADR      ; R0 置以初值
         MOV   A, R6         ; 被乘数低字节取入 A
         MOV   B, R4         ; 乘数低字节取入 B
         MUL   AB            ; 两低字节相乘
         MOV   @R0, A        ; 积的最低字节存入片内 RAM
         MOV   R3, B         ; 两低字节相乘后乘积的高字节暂存于 R3
MUL2:    MOV   A, R7         ; 取被乘数高字节
         MOV   B, R4         ; 取乘数低字节
         MUL   AB            ; 乘数低字节与被乘数高字节相乘
         ADD   A, R3         ; 乘数低字节与被乘数高字节相乘乘积的低字节
                               与两低字节相乘乘积的高字节相加
         MOV   R3, A         ; 加得的结果暂存于 R3
         MOV   A, B          ; 乘数低字节与被乘数高字节相乘乘积的高字节
```

```
                                取到 A
        ADDC  A, #00H         ; 计入前面 ADD 指令执行后可能有的进位
        MOV   R2, A           ; 暂存于 R2
MUL3:   MOV   A, R6           ; 取被乘数低字节
        MOV   B, R5           ; 取乘数高字节
        MUL   AB              ; 乘数高字节与被乘数低字节相乘
        ADD   A, R3;          ; 乘数高字节与被乘数低字节相乘乘积的低字节
                                与 R3 内容相加
        INC   R0              ; 调整 R0 内容
        MOV   @R0, A          ; 积的次低字节存入片内 RAM
        MOV   A, R2           ; 取暂存于 R2 的内容
        ADDC  A, B            ; 乘数高字节与被乘数低字节乘积的高字节与 R2
                                内容相加，且计入前条 ADD 指令执行后可能有
                                的进位
        MOV   R2, A           ; 仍暂存于 R2
        JNC   MUL4            ; 前面 ADDC 指令执行后如无进位，转 MUL4
        MOV   R1, #01H        ; R1 设已清零，如有进位，计入 R1
MUL4:   MOV   A, R7           ; 取被乘数高字节
        MOV   B, R5           ; 取乘数高字节
        MUL   AB              ; 两高字节相乘
        ADD   A, R2           ; 两高字节相乘乘积的低字节与 R2 内容
        INC   R0              ; 相加调整地址
        MOV   @R0, A          ; 积的次高字节存入片内 RAM
        MOV   A, B            ; 两高字节相乘乘积的高字节取到 A
        ADDC  A, R1           ; 两高字节相乘乘积的高字节与 R1 内容相加，且
                                计入前条 ADD 指令执行后可能有的进位
        INC   R0              ; 调整地址
        MOV   @R0, A          ; 积的高字节存入片内 RAM
DONE:   ↙
```

以上程序共有 4 段，以 MUL1、MUL2、MUL3、MUL4 为起始地址的 4 段程序分别解决（R6）×（R4）、（R7）×（R4）、（R6）×（R5）、（R7）×（R5）及相应的处理。

现进一步将运算过程列见表 3-10，该表可帮助读通和理解程序。

表 3-10

MUL1 程序段 （R6）×（R4）			部分积高字节	部分积低字节
MUL2 程序段 （R7）×（R4）		部分积高字节	部分积低字节	
MUL3 程序段 （R6）×（R5）		部分积高字节	部分积低字节	
MUL4 程序段 （R7）×（R5）	部分积高字节	部分积低字节		
部分积暂存于	R1	R2	R3	直接进 ADR
总乘积	最高字节	次高字节	次低字节	最低字节
最后存放片内 RAM 的地址	ADR +3	ADR +2	ADR +1	ADR

第十节　数制转换程序

例 3-11　将某 8 位二进制数转换为 BCD 码。

设该 8 位二进制数已在 A 中，转换后存储于片内 RAM 的 20H、21H 单元。程序如下：

```
MOV   B, #100
DIV   AB              ; 该8位二进制数除100，在A中得商，也即得转换为BCD码
                      ; 后的百位数
MOV   R0, #21H        ; R0指向21H
MOV   @R0, A          ; 百位数存入片内RAM21H单元
DEC   R0              ; R0内容调整为20H
MOV   A, #10
XCH   A, B            ; 该8位二进制数除100所得余数自B交换到A，A中的10交
                      ; 换进B
DIV   AB              ; 除100所得余数进一步除10，在A中得转换为BCD码后的
                      ; 十位数；在B中得余数，也即转换为BCD码后的个位数
SWAP  A               ; A中BCD码的十位数调整到A的高半字节，原高半字节的
                      ; 零则调整到低半字节
ADD   A, B            ; A中高半字节的十位数与B中低半字节的个位数合成，结果
                      ; 在A
MOV   @R0, A          ; 十位数与个位数存入片内RAM 20H单元
```

例 3-12　将某十六进制数转换为 ASCII 码。

设该十六进制数已在 A 中。

由附录 A 知；数字 0～9 的 ASCII 码分别是 30～39；英文大写字母 A～F 的 ASCII 码分别是 41～46。可见该十六进制数如＜10，要转换为 ASCII 码应加以 30H；如≥10，则除加 30H 外，还应另加以 07H。实现转换的程序如下：

```
        MOV   R2, A         ; 将该十六进制数暂存于R2
        ADD   A, #0F6H      ; 将该十六进制数加246，以待根据相加后有无进
                            ; 位来判别它是否≥10
        MOV   A, R2         ; 原十六进制数送回A
        JNC   AD30          ; 如无进拉，转换到AD30，只加30H
        ADD   A, #07H       ; 有进位，不跳转，便先加07H
AD30:   ADD   A, #30H
DONE:   ↙
```

该十六进制数转换为 ASCII 码后，结果仍在 A 中。

例 3-13　将一串十六进制数转换为 ASCII 码。

设该十六进制数串存于以 ADR1 为起始地址的内存区域中，转换后拟存到以 ADR2 为起始地址的内存区域去，又该串数的长度为 10 个。编出的程序如下，读者请尝试自行读通，并译成机器码。

```
        MOV   R0, #ADR1
        MOV   R1, #ADR2
        MOV   R2, #05H
LOOP:   MOV   A, @R0
        ANL   A, #0FH
        ACALL SUB
        MOV   A, @R0
        ANL   A, #F0H
        SWAP  A
        ACALL SUB
        INC   R0
        DJNZ  R2, LOOP

SUB:    MOV   R3, A
        ADD   A, #F6H
        MOV   A, R3
        JNC   AD30
        ADD   A, #07H
AD30:   ADD   A, #30H
        MOV   @R1, A
        INC   R1
        RET
```

例 3-14 将某 BCD 码数据转换为 ASCII 码的子程序。

设待转换的 BCD 码数据已在累加器中，且在程序存储器中按序放有与 BCD 码数据对应的 ASCII 码的表格，其初址为 TAB。则可实现转换的子程序如下：

```
TRANS1: MOV   DPTR, #TAB        ; 将表格初址置入 DPTR 寄存器
        MOVC  A, @A+DPTR        ; 查表，得到对应的 ASCII 码
        RET                     ; 返主
TAB:    DB  30
        DB  31
        DB  32
        ⋮
        DB  39
```

如不用 MOVC　A，@A+DPTR 指令，改用 MOVC　A，@A+PC 指令，可达到相同目的的子程序为：

```
TRANS2: INC   A
        MOVC  A, @A+PC
        RET
TAB:    DB  30
```

```
        DB  31
        DB  32
         ⋮
        DB  39
```

一般说，前一种子程序 TAB 的真实地址可以是 16 位二进制数决定的任意值；而后一种子程序 TAB 的存放地址将紧跟在转换子程序的后面。正因为这样，考虑到在 MOVC A，@A + PC 与 TAB 间有一条单字节的返主指令 RET 介在其间，所以程序起始时用累加器内容加 1 指令 INC A 来计及这一影响。

又，如待转换的 BCD 码数据在堆栈顶部，则也可引用下列子程序：

```
TRANS3:  MOV   R0，SP          ；将进入子程序后的当前栈针值送入 R0
         DEC   R0
         DEC   R0             ；(R0) -2，实即 (SP) -2，使 R0 让过调
                               子时刚压入栈的返回地址（占两个字节）；
                               指向待转换数所在地址
         XCH   A，@R0          ；将待转换数取到 A，同时保护好原累加器的
                               内容
         MOV   DPTR，#TAB
         MOVC  A，@A + DPTR    ；查表，得到对应的 ASCII 码
         XCH   A，@R0          ；查得的 ASCII 码送回堆栈原址，同时恢复原
                               累加器内容
         RET
```

从 TRANS3 子程序读者可以领会利用堆栈来传递参数的用法。在调用子程序时，子程序中要用到的参数的传递（如本例待转换数的取得、已转换数的放回）可以有三种方法：

1）用工作寄存器或累加器传递。

2）参数在 RAM 或 ROM 中，用 R0、R1 或 DPTR 来寻址传递。

3）用堆栈传递

前面 TRANS1 子程序和 TRANS2 子程序用的是第 1）种方法。用第 3）种方法时，待处理参数事先借 PUSH 指令压入堆栈，已处理参数事后借 POP 指令自堆栈弹出、取得。

第十一节　多分支转移（散转）程序

常见的分支程序判断条件是否满足可有两个出口，用比较转移指令借进位位配合可有三个出口。单片机还可方便地实现很多分支出口的转移，也称散转，在各种程序中用得很多。其示意图见图 3-7。分支特多的散转程序多见于打印机等计算机外围设备的单片机应用。

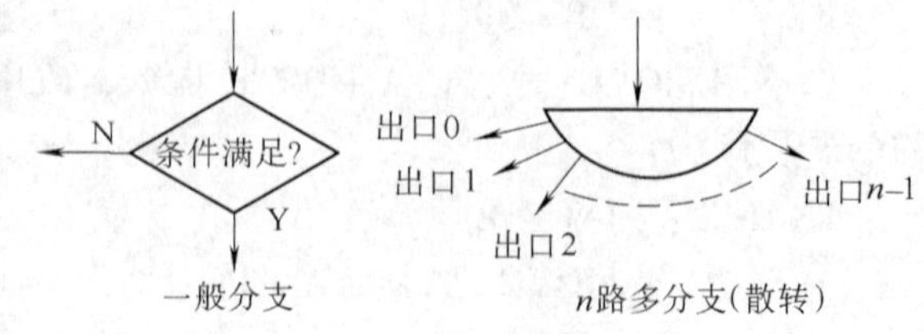

图 3-7　分支程序的示意图

例 3-15　设计可多达 128 路分支出口的转移程序。

设 128 个出口分别转向 128 段小程序，

它们的初址依次为 addr00、addr01、addr02、addr03、…、addr7F；要转移到某分支的信息存放在工作寄存器 R2 中，则散转程序为

```
        MOV    DPTR，#TAB
        MOV    A，R2
        RL     A                  ；将出口信息乘以 2
        JMP    @A+DPTR
TAB：   AJMP   addr00
        AJMP   addr01
        AJMP   addr02
              ⋮
        AJMP   addr7F
```

该程序应用数据指针加累加器内容间址，128 段小程序的入口地址表得以存放在 64KB 寻址范围的任意区间。每条 AJMP 指令占用两个字节，整个入口地址表刚好占用 1 页存储器；而每两条相邻 AJMP 指令的首址则依次递增 2 个单元，故程序中第二条指令将出口信息乘以 2，以备正确间址、查表和转移。因出口信息在 0～127 之间，小于 128，自 R2 传送去 A 的数据的最高位一定是零，乘 2 不至于有溢出的后果。

AJMP 指令的转移范围不超出所在的2KB 区间，如各段小程序较长，在2KB 内无法全部容纳，应改用 LJMP 指令。每条 LJMP 指令占用3 个字节，如改用 LJMP 指令，上列程序需改动如下，读者试自行读通。

```
90  TAB高  TAB低                MOV    DPTR，#TAB
EA                              MOV    A，R2
75  F0  03                      MOV    B，#3
A4                              MUL    AB          ；以上 3 条将出口信息乘以 3
C5  F0                          XCH    A，B        ；积的高 8 位交换到 A
                                                     积的低 8 位暂存于 B
25  83                          ADD    A，DPH
F5  83                          MOV    DPH，A      ；以上 3 条计及乘以 3 后积的高 8
                                                     位；
C5  F0                          XCH    A，B        ；积的低 8 位交换回 A
73                              JMP    @A+DPTR
02  addr00高 addr00低   TAB：   LJMP   addr00
02  addr01高 addr01低           LJMP   addr01
02  addr02高 addr02低           LJMP   addr02
        ⋮
02  addr7F高 addr7F低           LJMP   addr7F
```

必须注意：更改后 addr00、addr01、addr02、…、addr7F 等入口地址不应再是 11 位二进制数，应改用 16 位二进制数。

例 3-16 设计有 256 路分支出口的转移程序。

以下程序可实现256 路分支转移，它不用转移指令，巧妙地用 PUSH 与 RET 指令将出口

地址（也即各段小程序的入口地址）送入 PC，达到转移的目的。

```
        MOV     DPTR，#TAB
        MOV     A，R2            ；取出口信息（仍设出口信息原在 R2 中）
        CLR     C
        RLC     A                ；出口信息乘以 2
        JNC     LOW              ；若出口信息在 0～127 之间则转移
        INC     DPH              ；若出口信息在 128～255 之间，则 DPTR 加
                                   256，使页数加 1
LOW：   MOV     R3，A            ；出口信息暂存于 R3
        MOVC    A，@A+DPTR       ；查找出口地址的低 8 位
        PUSH    A                ；出口地址低 8 位进栈
        MOV     A，R3            ；A 内容恢复为出口信息
        INC     A
        MOVC    A，@A+DPTR       ；查找出口地址的高 8 位
        PUSH    A                ；出口地址高 8 位进栈
        RET                      ；此条很妙，实质不是"返主"，而是将出口地址高
                                   8 位送 PC 高 8 位，将出口地址低 8 位送 PC 低 8 位
TAB：   DW      addr 00
        DW      addr 01
        DW      addr 02
                  ⋮
        DW      addr FF
```

上列程序执行后，栈针 SP 以及原堆栈的内容均未受任何影响。例中地址表共占用两整页存储器：addr00 到 addr7F 占用前一页，addr80 到 addrFF 占用后一页。

第十二节　延 时 程 序

计算机执行一段程序需要时间，利用计算机执行程序耗用的时间来实现延时的，称为"延时程序"。应用延时程序可方便地实现"软件延时"，不需另添硬件，且变化灵活，故用得很多。缺点是在延时过程中 CPU 被占用，所以不宜设计太长的延时程序。

例 3-17　设计一延时程序，延时时间为 1ms。

达到相同延时的程序远不只一种，然而举一可以反三，现剖析下列程序段：

```
0330  79 0A  DELAY1：  MOV   R1，#0AH   ；1
0332  7A 18     DL2：  MOV   R2，#18H   ；1   ┐
0334  00        DL1：  NOP              ；1 ┐内 │外
0335  00               NOP              ；1 │循 │循
0336  DA FC            DJNZ  R2，DL1    ；2 ┘环 │环
0338  D9 F8            DJNZ  R1，DL2    ；2   ┘
033A  22               RET              ；2
```

程序段中每条指令执行时须要的机器周期数注明在分号后面，又18H、0AH分别为十进制数的24与10，因此整个程序段耗用的时间为

$$1+[1+(1+1+2)24+2]10+2=993\text{ 个机器周期}$$

其中圆括号内为内循环的机器周期数，方括号内为外循环的机器周期数。

当采用12MHz晶振时，1机器周期=1μs，执行这段程序将用993μs，与1ms比较，存在7μs误差。

本例采用R1、R2两个工作寄存器作为计数器；在设定R1、R2后，以R2的减1计数构成内循环；R1的减1计数构成外循环；内循环中的两条NOP指令用于凑时间。改变R1、R2设定数，改变NOP指令数或改变循环套叠重数都可改变延时时间。

延时程序常设计为子程序，以便频繁调用。子程序的首址处一般都给有标号，末尾则有返主指令。

例3-18 设计一延时250ms的程序。

已有上例所举延时1ms子程序，调用250次即得延时250ms子程序：

```
0320  7B  FA   DELAY2:  MOV    R3, #FAH    ; R3设定为250
0322  71  30      DL3:  ACALL  330H
0324  DB  FC            DJNZ   R3, DL3
0326  22                RET
```

如上例般计算，本程序段耗用的时间为

$$[1+(2+993+2)250+2]\mu s=249253\mu s$$

误差只有千分之三，不到1ms。

第十三节　定时器/计数器应用程序

例3-19 要求利用单片机内部的定时器/计数器，达到1min延时。

应用单片机内部的一个定时器/计数器，按定时器方式工作，最长延时时间只有60ms左右（在12MHz晶振条件下）。下列程序使定时器/计数器0工作于方式1的定时器方式，达到1ms延时；定时器/计数器1工作于方式1的计数器方式，设定为计数60000次，而每次定时器/计数器0时间到、溢出时将发给它一个计数脉冲。这样两个定时器/计数器串接使用的结果：1ms×60000=60000ms=60s，可得到1min延时。

按本例的方式延时，计算机仍可同时承担其他工作，不至完全降格为单纯的“电子钟”，这是这种延时方式的优点。

```
                      ORG   0000H
0000  02  00  30      LJMP  0030H

                      ORG   001BH
                      ; 中断服务程序
001B  D2  D5          SETB  F0          ; 建立标志位F0
001D  32              RETI
```

```
                        ORG   0030H
                        ; 主程序
0030            START:
                        :
0048  75  89  51        MOV   TMOD, #01010001B   ; 定时器/计数器 0 和 1
                                                   置方式
004B  75  8D  15 REPEAT: MOV  TH1, #15H          ; 定时器/计数器 1 置
                                                   数
004E  75  8B  A0        MOV   TL1, #A0H          ; 定时器/计数器 1 置
                                                   数
0051  75  8C  FC        MOV   TH0, #FCH          ; 定时器/计数器 0 置
                                                   数
0054  75  8A  18        MOV   TL0, #18H          ; 定时器/计数器 0 置
                                                   数
0057  C2  B5            CLR   P3.5               ; T1 清零
0059  75  A8  88        MOV   IE, #88H           ; 定时器/计数器 1 内
                                                   部中断开中
005C  D2  8E            SETB  TR1
005E  D2  8C            SETB  TR0
0060            LOOP:
                        :
0090  30  8D  FD        JNB   TF0, $             ; 等定时器/计数器 0
                                                   定时到、溢出
0093  C2  8D            CLR   TF0                ; 清定时器/计数器 0
                                                   溢出标志
0095  10  D5  0C        JBC   F0, ELSE           ; 如 F0 = 1, 转 ELSE
0098  D2  B5            SETB  P3.5               ; 否则, T1 置 1, 令定
                                                   时器/计数器 1 计一
                                                   次数
009A  75  8C  3C        MOV   TH0, #FCH          ; 定时器/计数器 0 重
                                                   装载
009D  75  8A  B0        MOV   TL0, #18H          ; 定时器/计数器 0 重
                                                   装载
00A0  C2  B5            CLR   P3.5               ; T1 清零
00A2  80  BC            SJMP  LOOP
00A4            ELSE:     :
                          :
0112  01  4B            AJMP  04BH
```

以上程序段中自 0030H 到 005FH 为初始化程序；自 0060H 到 008FH 计算机执行着监控

等任务，其执行总时间（含调用子程序）与执行0093H到00A3H间程序所用时间之和不应超过1ms；达到1min延时后，响应定时器/计数器1中断，进入中断服务程序，标志位F0建起，使程序转移到ELSE，执行相应程序后，又转移到REPEAT重复进行。

程序中有关定时器/计数器0和1置数的计算如下：

定时器/计数器0按1ms定时，当采用12MHz晶振时，内部时钟脉冲的频率为1MHz，每1μs计1个脉冲，1ms需1000个脉冲。

因 $1000 = 03E8H$，

故定时器/计数器0应预置以FC18H，即在TH0中置数FCH，在TL0中置数18H。

又定时器/计数器1按60000次计数，

因 $60000 = EA60H$

故定时器/计数器1应预置以15A0H，即在TH1中置数15H、在TL1中置数A0H。

例3-20 读定时器/计数器程序。

在定时器/计数器工作过程中，常有读取其当前计数值的需要。现设读取定时器/计数器0，并要求读得的TH0、TL0值分别放置在工作寄存器R6、R7内，则可采用下列子程序段：

```
READ:   MOV    A, TH0          ; 读TH0内容
        MOV    R7, TL0         ; 读TL0内容，并放入R7
        CJNE   A, TH0, READ    ; 再读TH0内容，与上次读得值比较，如不相
                               ; 符转READ重读
        MOV    R6, TH0         ; 如相符，TH0内容放入R6
        RET
```

该程序对TH0读了两次，也即采用了“先读TH0、后读TL0、再读TH0”的办法，这是为了限制错读。因为不能在同一时间一并读取TH0、TL0，又由于定时器/计数器的工作没有停止，它的计数值是在变化的，如读取瞬间它刚好变化（主要是TL0溢出、向TH0进位）就容易错读。重读TH0可防止有较大出入的错读。

第十四节　外部中断应用程序

例3-21 某工业监控系统，具有温度、压力、pH值等多路监控功能。在pH<7时将向CPU申请中断，CPU响应后令P3.0引脚输出高电平，经驱动，使加碱管道电磁阀接通1s，以调整pH值。

本例外部中断源较多。设pH<7时由外部中断申请中断0。而由外部中断0提出中断请求的中断源有好几个，究竟是哪一项监控参数超限报警需在检查P1口信息后判定，并转相应的中断服务程序入口地址，作出相应处理。下面进一步假定pH<7时P1.2将置1（详见图3-8），其中断服务程序入口地址为INT02。程序段如下：

```
0000   01   F0          AJMP   0F0H
0002   00               DB   00H
0003   01   30          AJMP   030H


                        ORG   0030H
```

```
                        ; 外部中断 0 中断服务程序入口
                        ; 地址表
0030  20  90  0D        JB   P1.0, INT00
0033  20  91  2A        JB   P1.1, INT01
0036  20  92  47        JB   P1.2, INT02
0039  20  93  64        JB   P1.3, INT03

                        ORG  0080H
                        ; 中断服务程序 2
0080  C0  D0  INT02:    PUSH  PSW       ; 保存现场
0082  C0  E0            PUSH  A         ; 保存现场
0084  D2  D3            SETB  PSW.3     ; 也保存现场，改变工作寄存器区，以
                                        ; 保存原 0 区各工作寄存器的内容
0086  D2  B0            SETB  P3.0      ; 接通加碱管道电磁阀
0088  51  00            ACALL  DELAY    ; 调延时 1s 子程序，入口地址为
                                        ; 0200H，在该子程序中将用到工作寄
                                        ; 存器和累加器等
008A  C2  B0            CLR   P3.0      ; 1s 到时关加碱管道电磁阀
008C  53  90  BF        ANL   P1, #BFH
008F  43  90  40        ORL   P1, #40H  ; 这两条用来产生一个 P1.6 的负脉冲，
                                        ; 用来撤除 pH<7 的中断请求
0092  D0  E0            POP   A         ; 恢复现场
0094  D0  D0            POP   PSW       ; 恢复现场，因原 PSW.4、PSW.3 为 0，
                                        ; 工作寄存器将恢复 0 组，各工作寄存
                                        ; 器内容相随恢复
0096  32                RETI            ; 中断返主
```

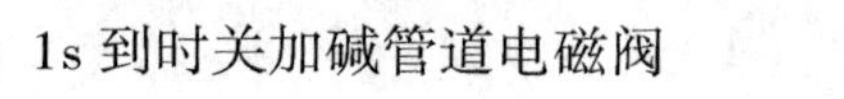

图 3-8 右侧是 pH 超限中断请求的撤除电路。其实只是添用了一个 D 触发器，超限信号自 CLK 端送入，复位端用于撤除请求。对于电平激活的外部中断，一般应采取撤除请求的措施，防止一次中断请求却重复多次响应。

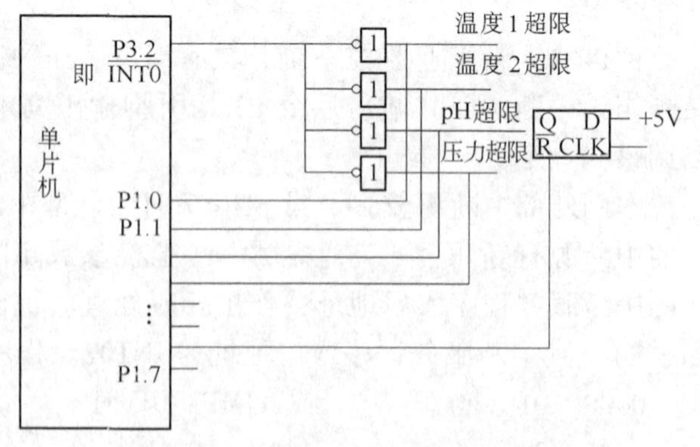

图 3-8 多个外部中断源共用$\overline{\text{INT0}}$引脚的接法

例 3-22 利用外部中断实现各种程序间的转换

设有 6 个共阴极 LED 数码管，数码的笔划信息由单片机 P1.0 ~ P1.6 送给，位选的选中信号自左到右依次由 P3.1、P3.3、P3.4、P3.5、P3.6、P3.7 提供，见图 3-9。共阴极 LED 数码管的示意图与显示 0、1、2、3、…、E、F 的笔划信息编码表分别见图 3-10 和表 3-11。

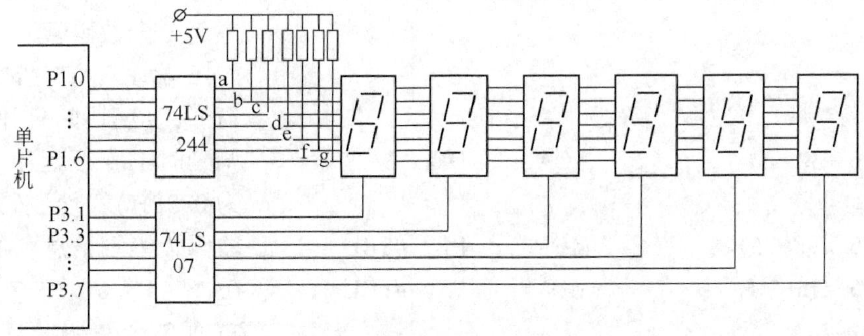

图 3-9　例 3-22 的数码管连接图

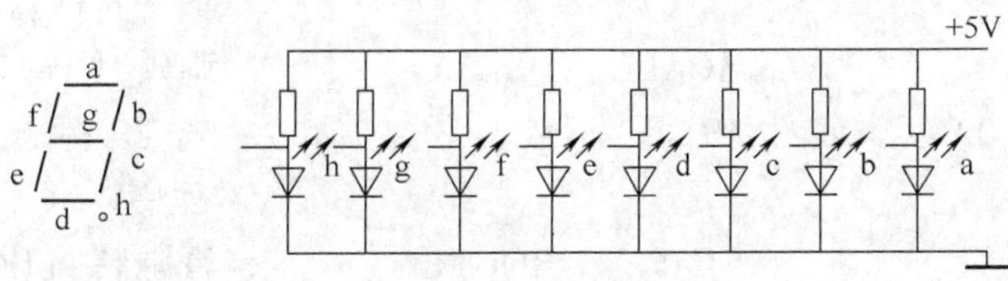

图 3-10　共阴极 LED 数码管的示意图

表　3-11

显示数字	笔划信息电平								编　码
	h	g	f	e	d	c	b	a	
0	0	0	1	1	1	1	1	1	3F
1	0	0	0	0	0	1	1	0	06
2	0	1	0	1	1	0	1	1	5B
3	0	1	0	0	1	1	1	1	4F
4	0	1	1	0	0	1	1	0	66
5	0	1	1	0	1	1	0	1	6D
6	0	1	1	1	1	1	0	1	7D
7	0	0	0	0	0	1	1	1	07
8	0	1	1	1	1	1	1	1	7F
9	0	1	1	0	0	1	1	1	67
A	0	1	1	1	0	1	1	1	77
B	0	1	1	1	1	1	0	0	7C
C	0	0	1	1	1	0	0	1	39
D	0	1	0	1	1	1	1	0	5E
E	0	1	1	1	1	0	0	1	79
F	0	1	1	1	0	0	0	1	71
·	1	0	0	0	0	0	0	0	80

又设各程序段可分别使该 6 个数码管显示 111222、121212、333444、343434、555666、565656、777888、…。此利用外部中断实现各程序段转换的程序如下：

```
0000  02  00  30            LJMP   0030H
0003  71  20                AJMP   320H
0030  75  A8  81            MOV    IE，#81H      ；外部中断 0 开中
0033  75  90  06  ROUTI：   MOV    P1，#06H      ；数码 1 笔划信息自 P1 口输出
```

```
0036  75  B0  1E           MOV    P3, #E4H    ; P3.1、P3.3、P3.4为0，选中
                                                左面3个数码管
                                                P3.2为1，除有外部中断0申
                                                请外，该引脚一直保持高电平
0039  71  30               ACALL  DELAY       ; 调延时1ms子程序（入口地址
                                                为0330H），使数码管点亮
003B  75  90  5B           MOV    P1, #5BH    ; 数码2笔划信息自P1口输出
003E  75  B0  E4           MOV    P3, #1EH    ; P3.5、P3.6、P3.7为0，选中
                                                右面3个数码管。P3.2为1，
                                                除有外部中断0申请外，该引
                                                脚一直保持高电平
0041  71  30               ACALL  DELAY       ; 调延时1ms子程序
0043  20  D5  02           JB     F0, $ +5    ; 若F0标志位建起，则转下段
                                                程序
0046  80  EB               SJMP   ROUT1       ; 否则转回ROUT1，仍执行本段
0048  C2  D5               CLR    F0
004A  75  90  06   ROUT2:  MOV    P1, #06H    ; 数码1笔划信息自P1口输出
004D  75  B0  56           MOV    P3, #ACH    ; P3.1、P3.4、P3.6为0，选中
                                                自左到右第1、3、5数码管。
                                                P3.2保持高电平
0050  71  30               ACALL  DELAY
0052  75  90  5B           MOV    P1, #5BH    ; 数码2笔划信息自P2口输出
0055  75  B0  AC           MOV    P3, #56H    ; P3.3、P3.5、P3.7为0，选中
                                                自左到右第二、四、六数码
                                                管。P3.2保持高电平
0058  71  30               ACALL  DELAY
005A  20  D5  02           JB     F0, $ +5
005D  80  EB               SJMP   ROUT2
005F  C2  D5               CLR    F0
0061  75  90  4F   ROUT3:  MOV    P1, #4FH    ; 数码3笔划信息自P1口输出
0064  75  B0  1E           MOV    P3, #E4H    ; 选中第一、二、三管
0067  71  30               ACALL  DELAY
0069  75  90  66           MOV    P1, 66H     ; 数码4笔划信息自P1口输出
006C  75  B0  E4           MOV    P3, #1EH    ; 选中第二、四、六管
006F  71  30               ACALL  DELAY
0071  20  D5  02           JB  F0, $ +5
0074  80  EB               SJMP   ROUT3
0076  C2  D5               CLR    F0
0078  75  90  4F   ROUT4:  MOV    P1, #4FH    ; 数码3笔划信息自P1口输出
```

```
007B  75  B0  56          MOV    P3, #ACH     ; 选中第一、三、五管
007E  71  30              ACALL  DELAY
0080  75  90  66          MOV    P1, #66H     ; 数码4笔划信息自P1口输出
0083  75  B0  AC          MOV    P3, #56H     ; 选中第二、四、六管
0086  71  30              ACALL  DELAY
0088  20  D5  02          JB   F0, $ +5
008B  80  EB              SJMP   ROUT4
008D  C2  D5              CLR    F0
008F            ROUT5:         ⋮
                               ⋮
00A6            ROUT6:         ⋮
018C            ROUT16:        ⋮
                               ⋮
01A3  01  33              AJMP   ROUT1
0320  D2  D5              SETB   F0            ; F0标志位建起
0322  30  B2  F0          JNB    P3.2, $       ; 等外部中断0请求撤除
0325  32                  RETI
```

第十五节　串行接口应用程序

串行接口在方式0时、可用于扩展并行输入/输出接口，其安排与相应程序请见第四章第三节。本节是串行接口工作在其他方式下，作一般异步串行通信的应用程序示例。

例3-23　由串行接口发送带偶校验位的ASCII码数据块。

设拟发送的是位于片内RAM30H～3FH单元的ASCII码数据。单片机采用12MHz晶振，串行接口工作于方式1，定时器/计数器1用作波特率发生器，电源控制专用寄存器PCON中的SMOD位为0，发送的波特率要求为1200。

则相应的发送程序为

```
TSTART:  MOV  TMOD, #20H;     ; 置定时器/计数器1工作于方式2的定
                                时器方式
         MOV  TL1, #0E6H      ; 定时器/计数器1预置数
         MOV  TH1, #0E6H      ; 定时器/计数器1置重装载数
         MOV  SCON, #40H      ; 置串行接口工作于方式1
         MOV  R0, #30H        ; R0作地址指针，指向数据块首址
         MOV  R7, #10H        ; R7用作计数器，置以发送字节数
         SETB  TR1            ; 起动定时器/计数器1
LOOP:    MOV  A, @R0          ; 取待发送的一个字节
         MOV  C, P            ; 取奇偶标志，若奇为1，若偶为0
         MOV  A.7, C          ; 加偶校验位
         MOV  SBUF, A         ; 启动串行接口发送
```

```
WAIT:    JNB   TI, WAIT         ; 等发送完毕
         CLR   TI               ; 清TI标志，为下一字节发送作准备
         INC   R0               ; 指向数据块下一待发送字节的地址
         DJNZ  R7, LOOP         ; 若拟发送字节数未发送完，则继续发送
         RET
```

定时器/计数器1的预置数可由波特率计算公式

$$波特率 = 2^{SMOD} \times 定时器/计数器1溢出速率 \times \frac{1}{32}$$

算得。以本例的设定条件代入，有

$$1200 = 2^0 \times \frac{12M}{12} \times \frac{1}{256-X} \times \frac{1}{32}$$

故 $$X = 230 = E6H。$$

例3-24 由串行口接收带偶校验位的ASCII码数据块。

设待接收的数据块共10H个字节，接收后拟储于片内RAM 40H～4FH单元；单片机采用的晶振频率、SMOD位的值、波特率等均同上题。

则相应的接收程序为

```
RSTART:  MOV   TMOD, #20H
         MOV   TL1, #0E6H
         MOV   TH1, #0E6H
         MOV   R0, #40H
         MOV   R7, #10H
         SETB  TR1
LOOP:    MOV   SCON, #50H       ; 置串行接口工作于方式1并启动串行口接收
WAIT:    JNB   RI, WAIT         ; 等接收完毕
         CLR   RI
         MOV   A, SBUF          ; 取已接收字节到A
         MOV   C, P             ; 取奇偶标志
         JC    ERROR            ; 发现有错，转出错处理程序
         ANL   A, #7FH          ; 未出错，去偶校验位
         MOV   @R0  A           ; 存已接收的一个字节
         INC   R0               ; 指向下一放已接收字节的地址
         DJNZ  R7, LOOP         ; 若拟接收字节数未接收完，则继续接收
         RET
```

第四章　MCS-51 系列单片机的扩展

第一节　最小系统与程序存储器的扩展

既是单片微机，在一片芯片上就集成了计算机的基本组成电路，理应独立作为计算机使用，更好地发挥其体积小、重量轻、耗电少、价格低的优点。然而，在组成计算机系统时，有时在使用过程中会嫌单片机本身的功能部件容量还不够，这就需要予以扩展。

不同的单片机应用系统有不同的扩展需要，综合在一起看，单片机扩展系统并不少见。例如 51 系列单片机其程序存储器的寻址范围可有 64KB 单元，但 8051、8751 等 51 系列的机型片内只含 4KB 单元，8052、8752 等 52 子系列的机型片内只含 8KB 个单元，嫌容量不够时就要扩展片外程序存储器；又如数据存储器的寻址范围也有 64KB 单元，而 51 子系列片内只含 128 单元，52 子系列片内只含 256 单元，不够用时就要扩展片外数据存储器；输入、输出虽说有 P0、P1、P2、P3 四个口，共 32 个引脚，但 P0、P2 要用为地址总线、P0 分时还复用为数据总线、P3 的许多引脚也兼用为控制线（见图 4-1），真正可用作输入、输出的不多，不够用时要扩展片外 I/O 接口。

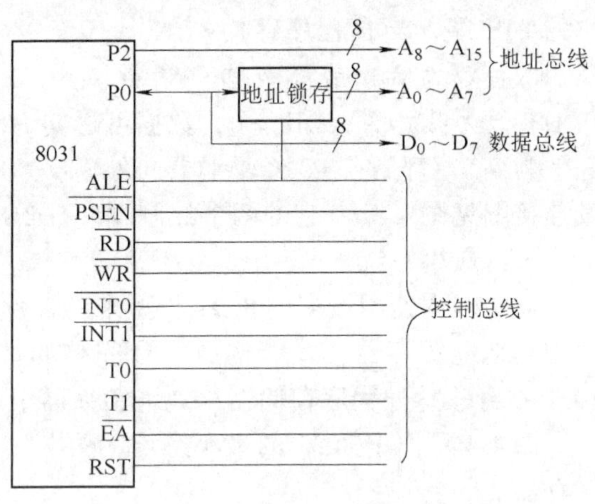

图 4-1　MCS-51 系列单片机进行系统扩展时的三总线结构

MCS-51 系列单片机有很强的扩展功能，采用常用的电路芯片，按照典型的电路连接，就能方便地构成各种不同扩展的应用系统。

进行系统扩展时，单片机的引脚构成三总线结构：地址总线（AB）、数据总线（DB）和控制总线（CB），见图 4-1。各种扩展电路的外接芯片都通过该三总线与单片机连接。

前面第二章讲过：P0 口可驱动 8 个 LST-TL 电路，P1、P2、P3 口可驱动 4 个 LSTTL 电路。当应用系统规模过大，扩展所接的外接芯片过多，超过总线的驱动能力时，系统将不能可靠工作，此时应加用总线驱动器。常用的单向总线驱动器有 74LS244、74LS240（带反向输出）、74LS241；常用的双向总线驱动器有 74LS245。单向的有 8 个三态驱动器，分成两组，分别由控制端 $\overline{1G}$、$\overline{2G}$ 控制；双向的有 16 个三态驱动器，每个方向是 8 个，在控制端 $\overline{G}$ 有效

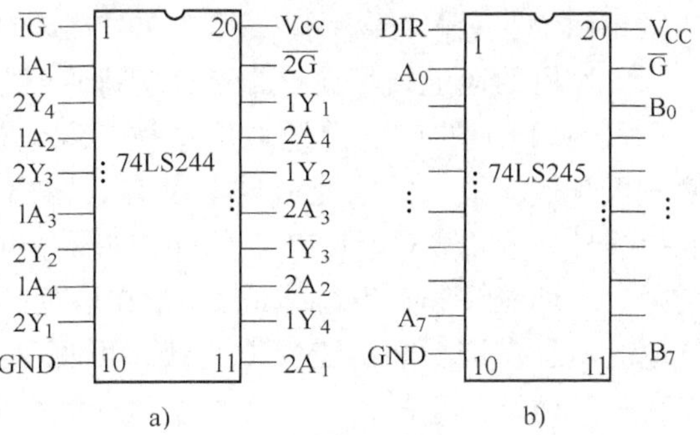

图 4-2　常用总线驱动器的引脚图

a）单向驱动器 74LS244　b）双向驱动器 74LS245

（低电平）的情况下，由 DIR 端控制驱动方向，DIR = 1 时方向由 A 到 B（输出允许），DIR = 0 时方向由 B 到 A（输入允许）。74LS244 和 74LS245 的引脚图如图 4-2 所示。

P0 口要复用为数据总线，加用的总线驱动器应该是双向的，可用 74LS245，其连接图见图 4-3a。将 GND 连到它的 $\overline{G}$ 端，使一直有效；将单片机的 $\overline{PSEN}$ 和 $\overline{RD}$ 经与门后接到它的 DIR 端，当自程序存储器取指（$\overline{PSEN}$ 有效为低）或读数据存储器（$\overline{RD}$ 有效为低）时，DIR = 0，数据可送向 P0、送进 CPU，其余时间 DIR = 1（$\overline{PSEN}$ 和 $\overline{RD}$ 均失效为高），都是自 P0 经驱动器向外输出。P2 口如加用总线驱动器，可用单向的 74LS244，其连接图见图 4-3b。它的两个控制端 $\overline{1G}$、$\overline{2G}$ 都连到 GND。

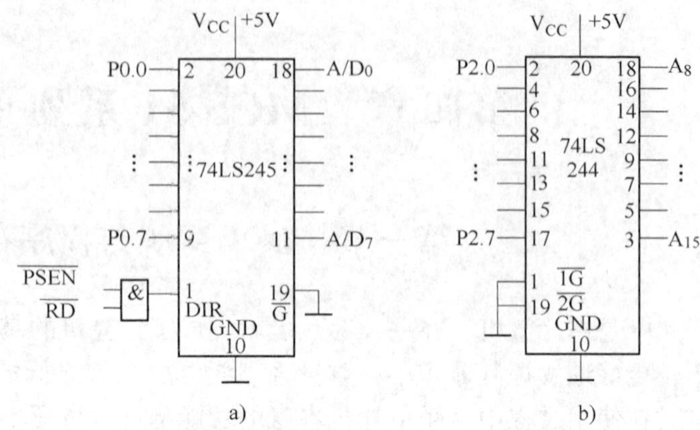

图 4-3　总线驱动器的具体连接
a）P0 口加用总线驱动器　b）P2 口加用总线驱动器

一、最小系统

对于国内使用较多的 8031 机型来说，片内不含程序存储器，必须添用片外程序存储器，再用到地址锁存器，才能构成一台完整的计算机。因此严格说，它称不上是“单片”机。8031 本身、片外程序存储器与地址锁存器组成了一个真正可用的、未曾扩展的最小系统。

图 4-4 示出了 8031 的最小系统。图中 2716EPROM 用作片外存储器，74LS373 用作地址锁存器。

为了自片外程序存储器取指，要用到地址总线和数据总线，低 8 位地址由 P0 口送出，经地址锁存器后送向 EPROM；高位地址由 P2 口送出，不经锁存器，直接送向 EPROM。2716 是 2K×8 位存储器，寻址须 11 位地址，乃自 P2 口的低位起，由 P2.0、P2.1、P2.2 引脚传送高三位地址，分别接向 2716 的 A_8、A_9、A_{10}。寻址后自 2716 读得的 8 位数据（指令）仍由 P0 口输入单片机，所以 P0 口分时兼起着地址总线和数据总线的作用。

单片机的地址锁存允许端 ALE 引脚接到 74LS373 的使能端 G，在 ALE 脉冲下降沿的这一瞬间 P0 口上的低 8 位地址信息被锁入地址锁存器。74LS373 的输出控制端 $\overline{OE}$ 直接接地，使一直有效，锁入的地址信息得以有效输出。单片机的片外程序存储器读选通信号（片外取指信号）端 $\overline{PSEN}$ 接到 2716 的输出允许端 $\overline{OE}$，在 $\overline{PSEN}$ 脉冲上升沿的这一瞬间实现取指。复用为地址总线和数据总线的 P0 口在取指瞬间既已用作数据总线，为了使送到 2716 的低 8 位地址信息在该瞬间仍能保持有效，可见必须添用地址锁存器。P2 口只用作地址总线，所以高三位地址信息的传送不必加用地址锁存器。

图 4-4 中单片机的 $\overline{EA}$ 引脚接地，以适应访问片外程序存储器的需要；RESET 引脚的连接既可实现上电复位，也可用于操作复位。按该图连接的系统是一个可供实用的最小系统。

在图 4-4 中 P2 口的引脚只用了一部分，但必须注意：P2 口既已用于传送片外程序存储器的地址，余下的引脚也不能再作为一般的 I/O 引脚使用。

1. 工作时序

51 系列单片机在设计时为最小系统规定了图 4-5 所示的工作时序。由图可见：P2 口用

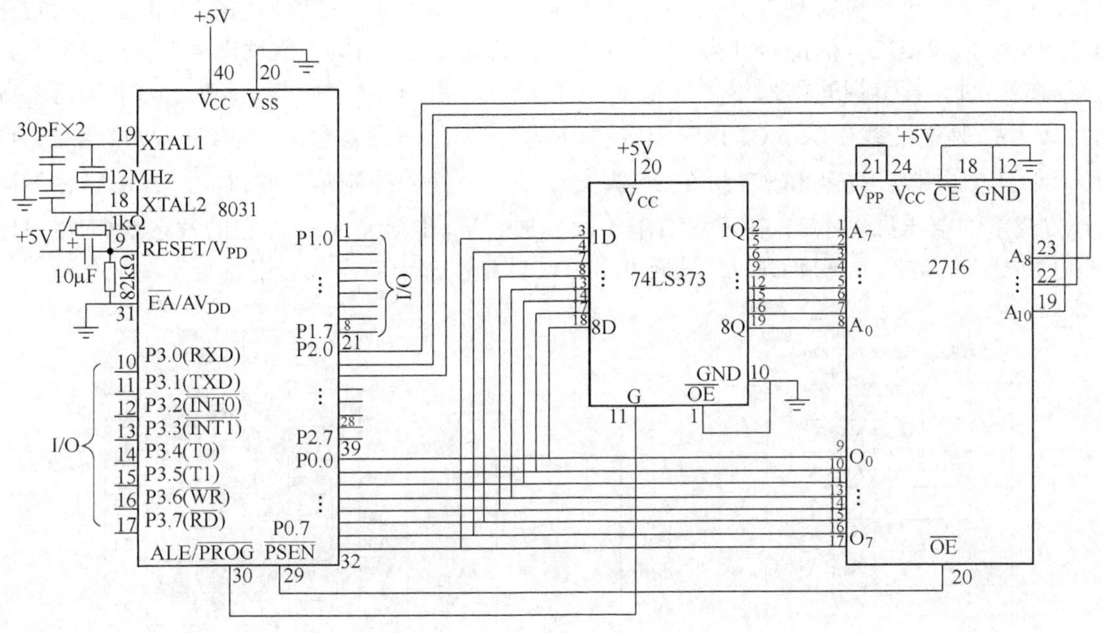

图 4-4　8031 的最小系统

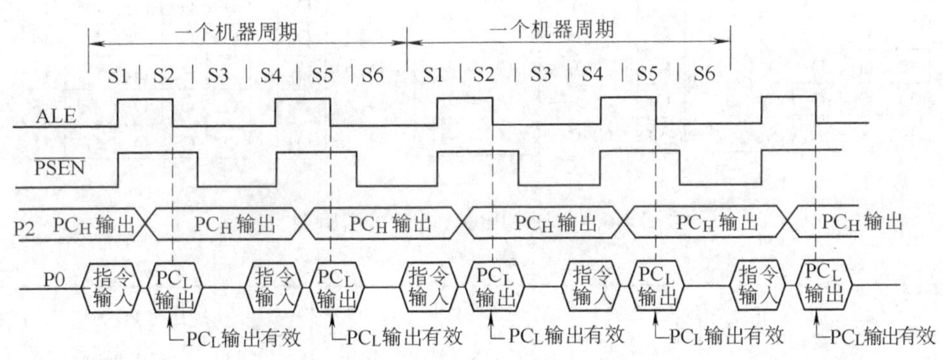

图 4-5　最小系统的工作时序

于送出 PC_H 信息；P0 口用于送出 PC_L 信息和输入指令；在每个机器周期中，ALE 脉冲两次有效，它的频率为 2MHz；$\overline{PSEN}$脉冲也是两次有效。ALE 第一次有效发生在 S1P2 和 S2P1 期间，而当 S2 状态周期、它处下降沿时 P0 口上低 8 位地址信息 PC_L 被锁存到地址锁存器；然后在 S4 状态周期、$\overline{PSEN}$处上升沿时将指令读入单片机。ALE 第二次有效发生在 S4P2 和 S5P1 期间，在 S5 状态周期、ALE 处下降沿时 P0 口上新的 PC_L 值又被锁存到地址锁存器，以待下一机器周期的 S1 状态周期、$\overline{PSEN}$处上升沿时读入新的 PC 值所指地址中的指令。这样，在每个机器周期的 S1 状态周期已取有该机器周期要执行的指令信息，而在 S1P2 期间将开始执行。

2. EPROM 芯片

图 4-6 所示是常用 EPROM 芯片的引脚图。过去，有 24 个引脚的 2716（2K×8 位）和 2732（4K×8 位）用得很多。随着集成电路技术的不断提高，单片 EPROM 芯片的容量逐渐

增大，价格则一再下降。现在，已多采用 2764（8K×8 位）、27128（16K×8 位）、27256（32K×8 位）、27512（64K×8 位）等芯片；它们都是 28 个引脚。观察图 4-6，可看出大容量芯片推出时，其引脚的排列尽可能做到向下兼容。在图 4-6 中，V_{CC}、V_{PP}、GND 是电源线，$A_0 \sim A_{15}$是地址线，$O_0 \sim O_7$ 是输出线，$\overline{CE}$为片选端，$\overline{OE}$为输出允许端。2732 和 27512 的$\overline{OE}$端与 V_{PP}共脚，2764 和 27128 的 27 脚安排了一个编程控制信号端$\overline{PGM}$。各引脚在不同工作方式下的电压见表 4-1。在正常工作（读）时，V_{PP}也接到 +5V。它的片选端$\overline{CE}$在只用一片 EPROM 的情形下应接 GND，呈低电平，使自身被选中而投入应用。

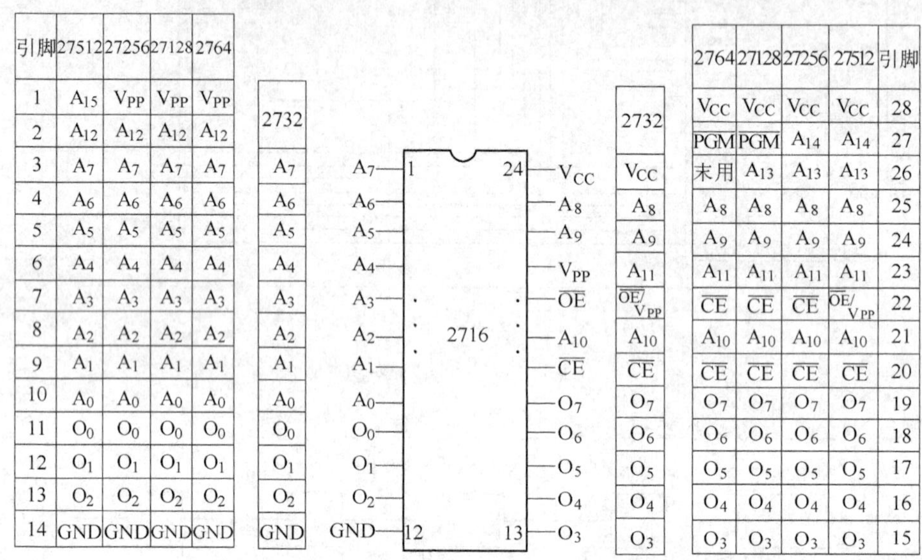

图 4-6　常用 EPROM 芯片的引脚图

表　4-1

EPROM 芯片	引脚 / 工作方式	$\overline{CE}$（片选）	$\overline{OE}$（输出允许）	V_{PP}	$\overline{OE}/V_{PP}$	$\overline{PGM}$（编程控制信号）	输　出
2716	读	L	L	V_{CC}			数据输出
	维　持	H	×	V_{CC}			高　阻
	编　程	50ms 脉冲	H	V_{PP}			数据输入
	编程校验	L	L	V_{PP}			数据输出
	编程禁止	L	H	V_{PP}			高　阻
2732	读	L			L		数据输出
	维　持	H			×		高　阻
	编　程	L			V_{PP}		数据输入
	编程校验	L			L		数据输出
	编程禁止	H			V_{PP}		高　阻

（续）

EPROM芯片	引脚 / 工作方式	$\overline{CE}$（片选）	$\overline{OE}$（输出允许）	V_{PP}	$\overline{OE}/V_{PP}$	$\overline{PGM}$（编程控制信号）	输　出
2764	读	L	L	V_{CC}		H	数据输出
	维　持	H	×	V_{CC}		×	高　阻
	编　程	L	H	V_{PP}		L	数据输入
	编程校验	L	L	V_{PP}		H	数据输出
	编程禁止	H	×	V_{PP}		×	高　阻
27128	读	L	L	V_{CC}		H	数据输出
	维　持	H	×	V_{CC}		×	高　阻
	编　程	L	H	V_{PP}		L	数据输入
	编程校验	L	L	V_{PP}		H	数据输出
	编程禁止	H	×	V_{PP}		×	高　阻
27256	读	L	L	V_{CC}			数据输出
	维　持	H	×	V_{CC}			高　阻
	编　程	L	H	V_{PP}			数据输入
	编程校验	L	L	V_{PP}			数据输出
	编程禁止	H	H	V_{PP}			高　阻

在表 4-1 中符号×表示是 L、H 都可以的任意值；编程时 V_{PP} 的值有 25V、21V 等几种，视芯片生产公司的不同而异。

3. 地址锁存器

74LS373 片内是 8 个输出带三态门的 D 锁存器，其结构示意图见图 4-7。当使能端 G 呈高电平时锁存器中的内容可更新，而在返回低电平瞬间实现锁存。如此时芯片的输出控制端 $\overline{OE}$ 为低，也即输出三态门打开，锁存器中的地址信息便可经由三态门输出。

除 74LS373 外、74LS273、8282、8212 等芯片也可用作地址锁存器，但使用时接法稍有不同，由于接线稍繁，多用硬件和价格稍贵，故不如 74LS373 用得普遍。图 4-8 是这些芯片的引脚图，图 4-9 是它们接法的示意图。

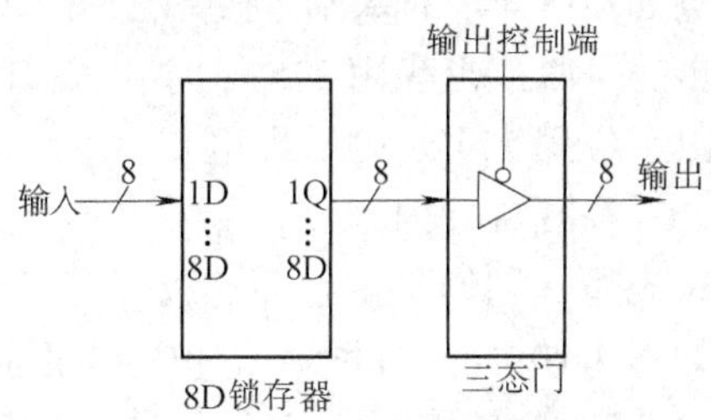

图 4-7　74LS373 的结构示意图

74LS273 是带清除端 $\overline{CLR}$ 的 8D 触发器。它不带三态门，但 $\overline{CLR}$ 端为低时，8 个 D 触发器中的内容将被清除而输出全零，所以正常工作时该端应接高电平。它在时钟端 CLK 输入为上升沿时触发器中内容更新，因此单片机的 ALE 引脚应先经反相，再与该端相连接。

二、用 EPROM 的程序存储器扩展

1. 用单片 EPROM 的扩展电路

对于 8051、8751、8052、8752 等片内含程序存储器的机型来说，图 4-4 便是扩展片外

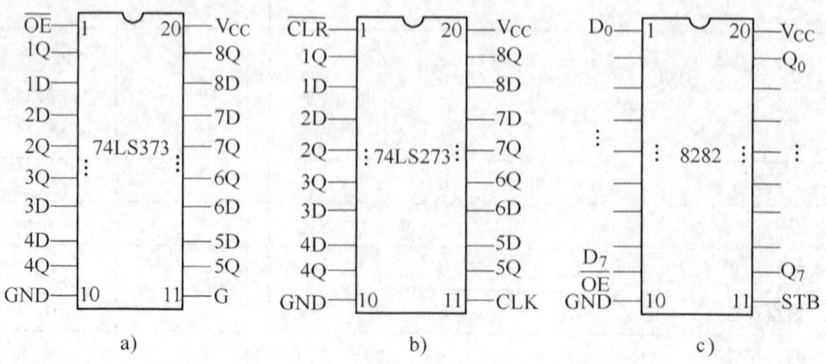

图 4-8　常用地址锁存器芯片的引脚图

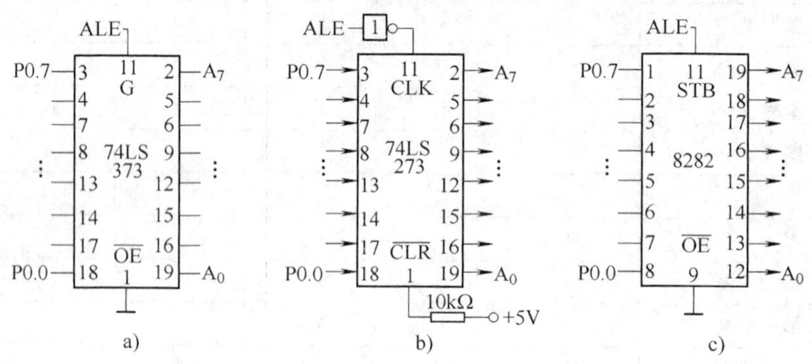

图 4-9　常用地址锁存器芯片连接方法的示意图

程序存储器的电路。

如果扩展 2K 单元不够，为了扩大片外程序存储器的容量，可以将图 4-4 中的 2716 改换以 2732、2764、27128、27256 或 27512 等容量更大的 EPROM，于是，在只扩展一片 EPROM 的情形下，所扩展的片外程序存储器的容量将依次达到 4KB、8KB、16KB、32KB 与 64KB。当然，每递升一档，地址线将多用一根，P2 口更高一位的引脚将用于传送这位的地址信息。例如在图 4-4 的基础上改用 2732 时，添用 P2.3 来传送 A11；改用 2764 时，再添用 P2.4 来传送 A12；当改用 27512 时，P2 口各个引脚全都用上才能传送全部高 8 位地址。图 4-10 示出了应用 27128 的扩展电路。

在既有片内程序存储器、又扩展片外程序存储器的情形下，两部分存储器的编址须按一定规律：它们不重叠而连续，片外地址紧接在片内地址的后面。而 $\overline{EA}$ 一般应接高电平。例如图 4-10 所示的系统，片内程序存储器有 4K 单元，其编址为 0000H ~ 0FFFH；片外程序存储器有 16KB 单元，其编址紧接在后面为 1000H ~ 4FFFH。因 $\overline{EA}$ 为高电平，故复位后执行片内程序存储器中的程序；当 PC 值大于 0FFFH 后，单片机内部控制电路会自动转接，改自片外程序存储器依次取指执行程序，用户无须操心。

总的说来，单片机片内程序存储器的容量不大，兼有片内程序存储器和片外程序存储器的系统其电路趋于复杂，部分地丢失了单片机的优越性。因此实际上含片内程序存储器的单片机多用于程序存储器容量较小的系统，不再另外添用片外程序存储器；要求程序存储器容量较大的系统则往往干脆采用 8031、8032 等不含片内程序存储器的机型，专借容量较大的 EPROM 满足程序存储器的需要。

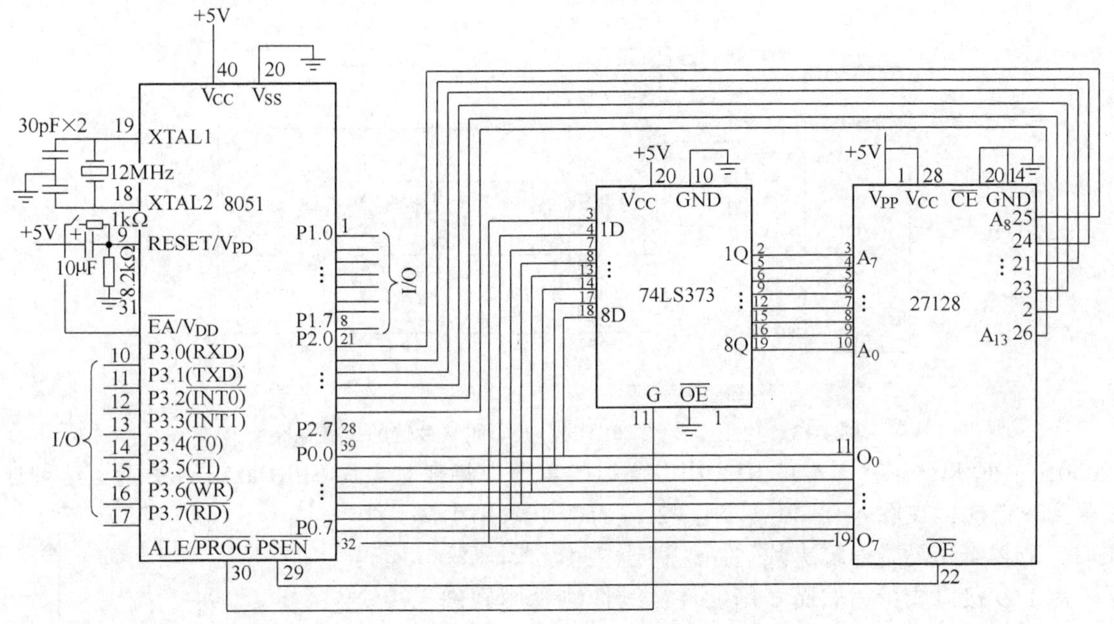

图 4-10 应用单片 27128EPROM 的扩展电路

51 系列单片机只扩展片外程序存储器的扩展电路，其工作时序与图 4-5 所示的一致。

2. 用多片 EPROM 的扩展电路

片外程序存储器也可由多片 EPROM 组成。例如图 4-11 是应用两片 2764 的扩展电路，系统的程序存储器容量为 16K 个单元；图 4-12 和图 4-13 是应用 4 片 2732 扩展电路系统的程序存储器，容量也都是 16K 个单元。在图 4-11 中，以 P2 口的一个引脚来解决两片 EPROM 的片选问题，按图示的情形，左面一片 EPROM 的编址是低 8K 个单元（0000H ~ 1FFFH），右面一片 EPROM 的编址为高 8K 个单元

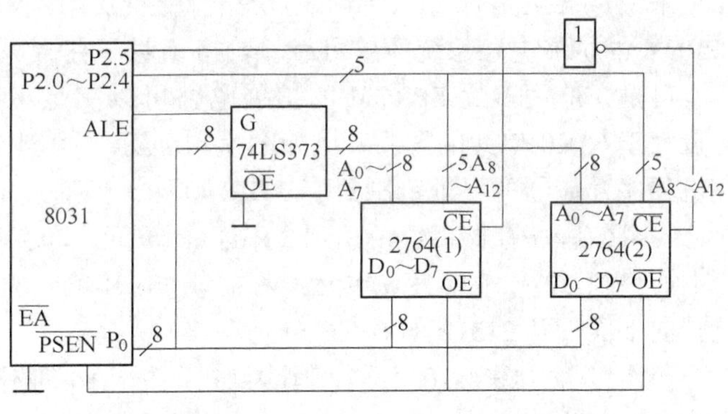

图 4-11 用 2 片 2764EPROM 的扩展电路

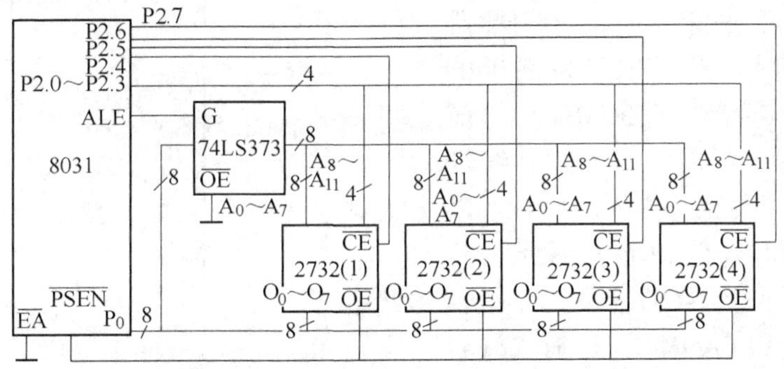

图 4-12 用 4 片 2732EPROM、按线选法片选的扩展电路

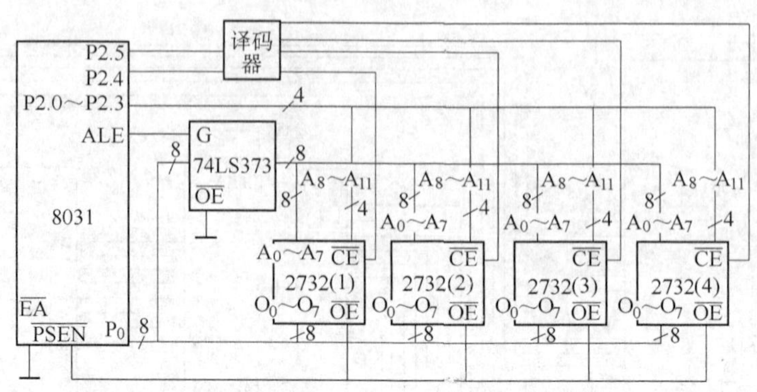

图 4-13　用 4 片 2732EPROM、按译码法片选的扩展电路

（2000H～3FFFH）。在图 4-12 中，用 I/O 口的 4 个引脚来对 4 片 EPROM 进行片选，这种连接称为线选法，在图 4-13 中，只用 P2 口的 2 个未用引脚，但加用一个 2-4 译码器来解决片远，这种连接称为译码法。译码法占用 I/O 接口线少，然而多用硬件；线选法少用硬件，接线简单，就是担心 I/O 接口线不够用。随着单片 EPROM 容量的逐渐增大，线选法的优点更趋突出，缺点已不太明显。对于单片机来说，甚至多片 EPROM 的扩展电路也已少用，应用单片 EPROM 的扩展电路系统简单可靠，价格相对便宜。

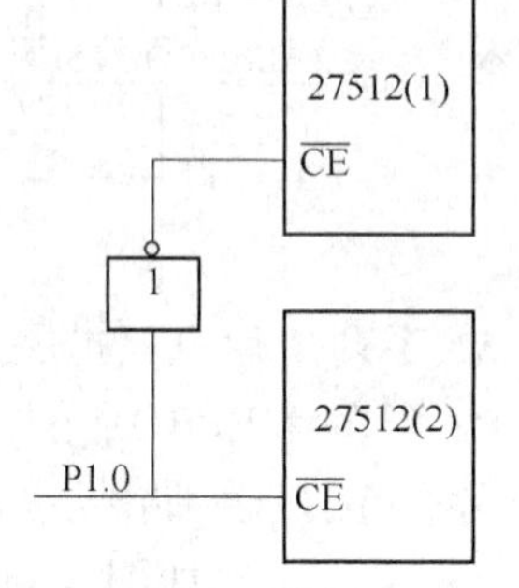

图 4-14　用 2 片 27512EPROM 的示意图

可是，应用多片 EPROM 的扩展电路可以满足程序存储器容量大于 64KB 单元的需要。例如图 4-14 所示，虽然 51 系列单片机程序存储器的寻址范围只有 64KB 单元，但通过 P1.0 进行片选，可使程序存储器容量达到 2×64KB 单元。单片机复位后，P1.0 为高电平，寻址范围为上面一片 27512 的 64KB 单元；若在该 64KB 单元的最后使 P1.0 置成低电平，则寻址范围就转向下面一片 27512 的 64KB 单元。

与图 4-4、图 4-10 不同，图 4-11～图 4-14 都作了简化，只突出表达了它们的主要内容。

三、用 EEPROM 的程序存储器扩展

1. EEPROM 芯片

在可擦除可编程只读存储器（EPROM）的基础上，近年来又发展了电可擦除可编程只读存储器（EEPROM）。前者要借紫外线擦除，要用专门的紫外线灯照射 15～20min，改写很不方便；后者可以在线改写，而断电时又有 ROM 的优点，储存的数据可保存下来，不会丢失。

目前多见的 EEPROM 芯片有 2816、2817、2816A、2817A，它们都是 2K×8 位存储器，其引脚图见图 4-15。比较图 4-15

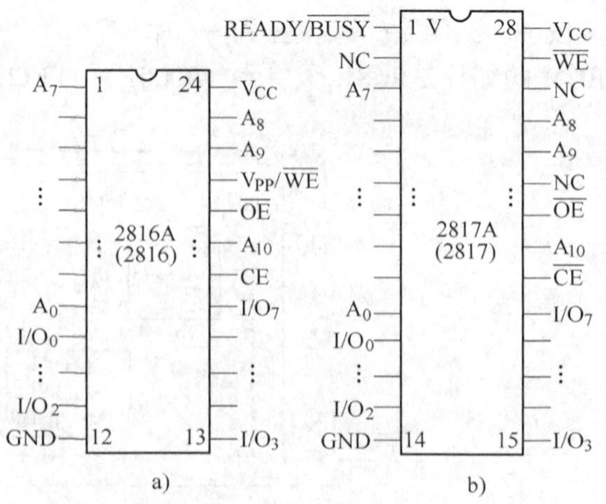

图 4-15　常用 EEPROM 芯片的引脚图
a）2816 与 2816A　b）2817 与 2817A

与图 4-6 后可发现，2816、2816A 与 2716 的引脚兼容。

2816A、2817A 是 2816、2817 的改进型，后者擦写时片外要加约 21V 的高压，前者只需单一的 +5V，在使用上更趋方便。2816A 和 2817A 在各种不同工作方式下引脚的电压值分别见表 4-2 和表 4-3，它们不需要单独的擦除操作，在写入过程中可自动将原存内容擦除，但时间还嫌稍长，约需 10ms 左右。

表 4-2

工作方式＼引脚	$\overline{CE}$（片选）	$\overline{OE}$（输出允许）	$\overline{WE}$（写允许）	$I/O_0 \sim I/O_7$（输入/输出）
读	L	L	H	数据输出
维　持	H	×	×	高　阻
字节擦除	L	H	L	H
字节写入	L	H	L	数据输入
全片擦除	L	+10 ~ +15V	L	H
不操作	L	H	H	高　阻
E/W 禁止	H	H	L	高　阻

表 4-3

工作方式＼引脚	$\overline{CE}$（片选）	$\overline{OE}$（输出允许）	$\overline{WE}$（写允许）	RDY/$\overline{BUSY}$（忙/闲控制）	$I/O_0 \sim I/O_7$（输入/输出）
读	L	L	H	高　阻	数据输出
维　持	H	×	×	高　阻	高　阻
字节写入	L	H	L	L	数据输入
字节擦除	字节写入前自动擦除				

由于擦除时间较长，为保证可靠擦写，最好在写入完成后有“擦、写完毕”联络信号可供查询或进入中断，以作出相应处理。2817 与 2817A 就有这样的引脚——READY/$\overline{BUSY}$，在低电平时为$\overline{BUSY}$，表示正在擦、写，擦、写完毕后转 READY。

近来，容量更大的 2864A 和 2864B 的应用也日见广泛，它们都是 8K×8 位存储器。两者引脚的排列相同，且除它的 1 脚不连接 NC、27 脚为写允许$\overline{WE}$外，其余与 2764 的引脚都相同，可见与 2764 完全兼容。它们的编程可按页进行，2864A 的一页为 16 个字节，即在一个写周期内可给 16 个字节编程，从而大大加快了写入时间。2864B 的一页更多达 32 个字节。

EEPROM 的读取时间不比 EPROM 慢，一般为 250ns。

2. 用 EEPROM 的扩展电路

图 4-16 是用 2816A EEPROM 的扩展电路，它与用 2716EPROM 的图 4-4 十分相似。不同之处仅在于为了在线改写，单片机应添用控制线$\overline{WR}$，连到 2816A 的写允许线$\overline{WE}$。

写入时间控制在图 4-16 中并无反映。事实上，程序存储器不需要频繁改写，所以这一问题可由软件解决，不需添置硬件。在图中 2816A 的片选端$\overline{CE}$直接接地，因此一直选中。如系统中另有其他程序存储器，则编址与相应的片选应统一考虑。

图 4-17 是用 2817A EEPROM 的扩展电路。它与图 4-16 的区别主要是 2817A 有“擦、写

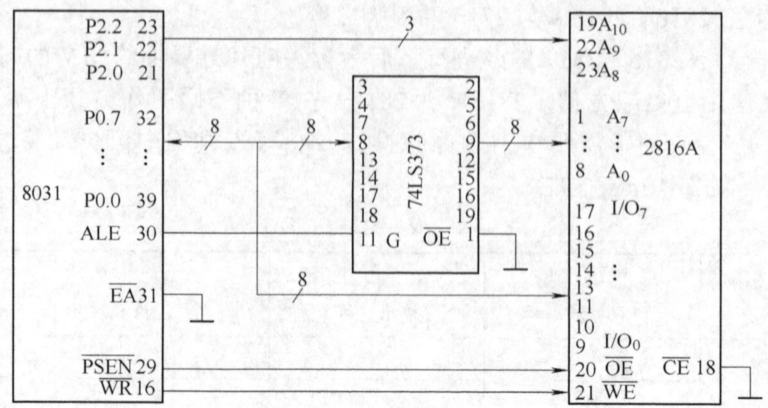

图 4-16 用 2816A EEPROM 的扩展电路

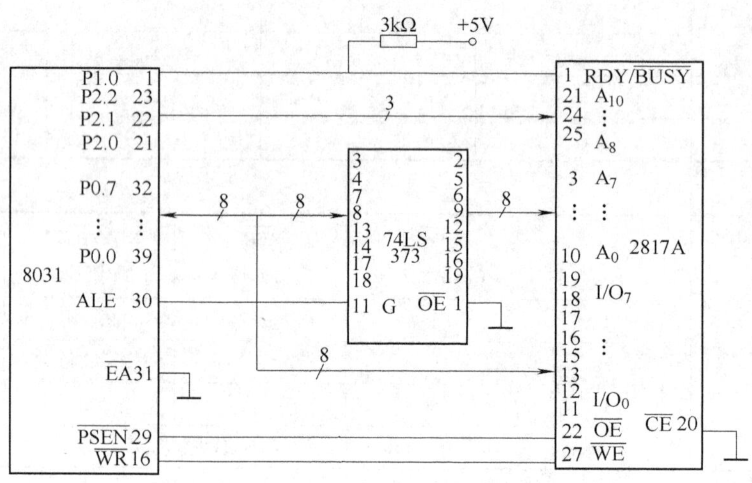

图 4-17 用 2817A EEPROM 的扩展电路

完毕”联络信号可供利用，因此多了一条由 8031P1.0 到 2817A RDY/$\overline{BUSY}$的连线。这是通过 P1.0 来查询有否“擦、写完毕”的接法。如改用完成后进入中断的办法，则 2817A 的 RDY/$\overline{BUSY}$端可接 8031 的$\overline{INT0}$或$\overline{INT1}$，以便擦、写完毕后申请中断。

必须注意：2817A 的 RDY/$\overline{BUSY}$在擦写完毕后实际呈高阻态（见表 4-3），为了在 READY 时呈高电平，应接一提升电阻到电源 +5V 端。

第二节 数据存储器的扩展

一、用静态 RAM 的数据存储器扩展

1. 静态 RAM 芯片

在较长一个时期里，用单片机组成的大多是存储器容量不大的小系统，如果扩展片外数据存储器，其容量一般只有 256 个单元，所以采用的静态 RAM 芯片容量都较小，除 2114 外，其他原用的小容量芯片现在已使用不多。2114 是 1K ×4 位存储器，为了满足字长 8 位的需要，常成对使用。它有 18 个引脚，如图 4-18 所示。其中 2 根电源线（V_{CC}、GND），10

根地址线（$A_0 \sim A_9$），4 根输入（写）输出（读）线（$I/O_1 \sim I/O_4$），其他两根为片线端$\overline{CS}$和写允许端$\overline{WE}$。

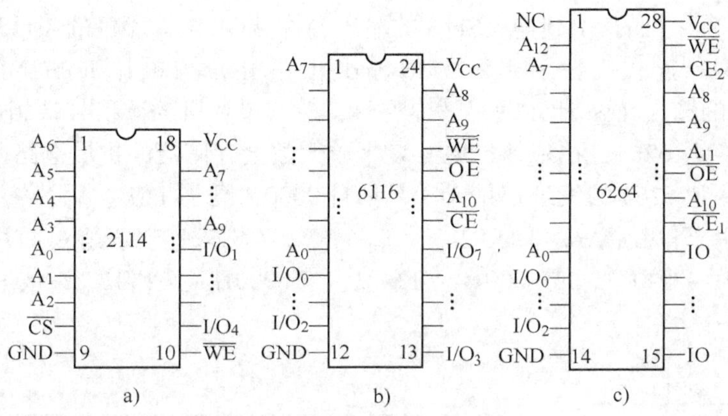

图 4-18　常用静态 RAM 芯片的引脚图

a）2114　b）6116　c）6264

近年来，容量更大的静态 RAM 芯片如6116（2K×8 位）和6264（8K×8 位）已普遍使用，它们的引脚图见图 4-18。62256（32K×8 位）也渐多见，它的引脚图与6264 的相对照，除 1 脚为 A_{14}、26 脚为 A_{13}、20 脚为单一的片选端$\overline{CS}$外，其余都相同。但它的 22 脚当$\overline{CS}$为高，自已也在高电平时，还自动提供刷新$\overline{RFSH}$的功能。2114、6116 和6264 的工作方式与片选、输出允许、写允许等引脚的电压值分别依次见表 4-4、表 4-5 和表 4-6。

表　4-4

工作方式＼引脚	$\overline{CS}$（片　选）	$\overline{WE}$（写允许）	$I/O_1 \sim I/O_4$（输入/输出）
未选中	H	×	高　阻
读	L	H	数据输出
写	L	L	数据输入

表　4-5

工作方式＼引脚	$\overline{CE}$（片选）	$\overline{OE}$（输出允许）	$\overline{WE}$（写允许）	$I/O_0 \sim I/O_7$（输入/输出）
未选中	H	×	×	高　阻
读	L	L	H	数据输出
写	L	H	L	数据输入
写	L	L	L	数据输入

表　4-6

工作方式＼引脚	$\overline{CE_1}$（片选 1）	$\overline{CE_2}$（片选 2）	$\overline{OE}$（输出允许）	$\overline{WE}$（写允许）	$I/O_0 \sim I/O_7$（输入/输出）
未选中	H	×	×	×	高　阻
未选中	×	L	×	×	高　阻
输出禁止	L	H	H	H	高　阻
读	L	H	L	H	数据输出
写	L	H	H	L	数据输入
写	L	H	L	L	数据输入

2. 用静态 RAM 的扩展电路

图 4-19 是用一片 6116 静态 RAM、在片外扩展 2K 个单元数据存储器的扩展电路。6116 的写允许端$\overline{\mathrm{WE}}$与单片机的$\overline{\mathrm{WR}}$相连，6116 的输出允许端$\overline{\mathrm{OE}}$与单片机的$\overline{\mathrm{RD}}$相连；与图 4-4 比较，现在是用这两条连线代替了原来 2716 输出允许端$\overline{\mathrm{OE}}$与单片机$\overline{\mathrm{PSEN}}$的单一连线。和 2716 一样，6116 的输出允许端$\overline{\mathrm{OE}}$便是读允许端，应与单片机的读信号端相连。

图 4-20 是用两片 6264、在片外扩展 16K 个单元数据存储器的扩展电路，借 P1.0 引脚进行片选。上、下两片 6264 的编址都是 8KB，都自 0000H 到 1FFFH，因为它们所接的地址完全相同。另外，由于单片机 P2 口的 P2.5、P2.6、P2.7 均未连接，所以两片 6264 的编址也可以认为是 2000H ~ 3FFFH、或 4000H ~ 5FFFH、或 6000H ~ 7FFFH、…或 E000H ~ FFFFH。

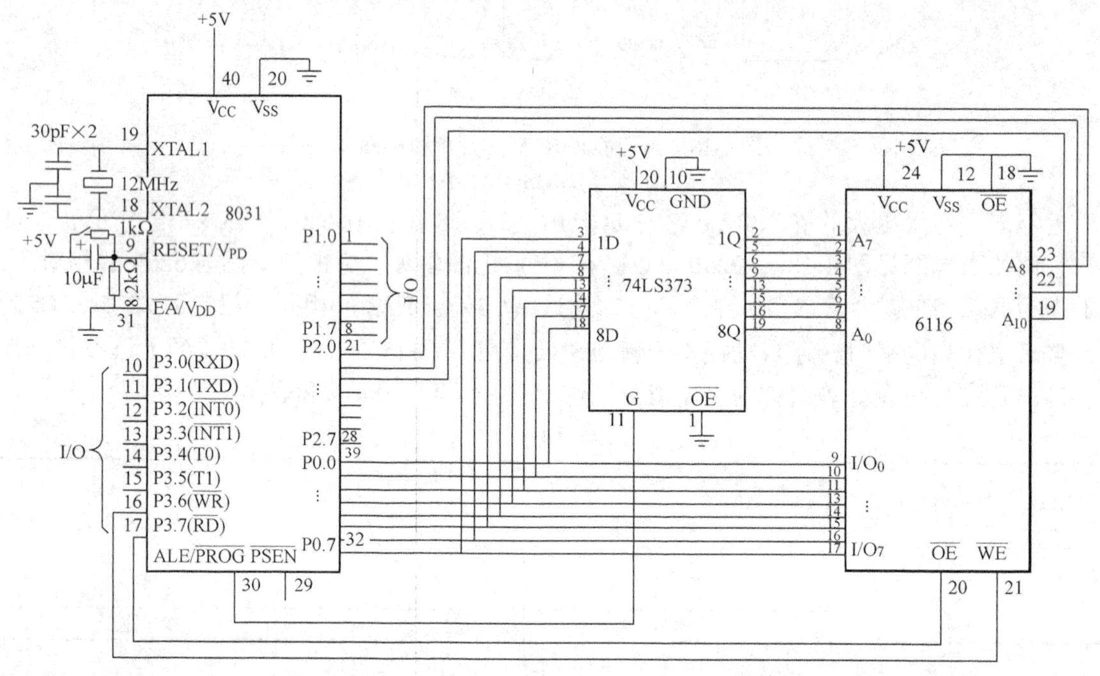

图 4-19　用 1 片 6116 静态 RAM 的扩展电路

有些片外数据存储器容量较小的系统，仍可采用价格低廉的 2114 芯片。图 4-21 是用两片 2114、片外 RAM 容量为 1K 个单元的扩展电路。芯片 2114（1）供存取低半字节数据，芯片 2114（2）供存取高半字节数据。2114 的引脚较少，写允许端$\overline{\mathrm{WE}}$兼起着读、写允许端的作用，它与单片机的$\overline{\mathrm{WR}}$相连，当呈低电平时写允许有效，用于将数据写入 RAM；反之当$\overline{\mathrm{WR}}$为高、$\overline{\mathrm{WE}}$为高、而$\overline{\mathrm{RD}}$有效时，便可自 RAM 读出数据，但单片机的$\overline{\mathrm{RD}}$引脚实际并未连接。

也有只用 1 片 2114 的，以满足在片外扩展 512 单元、或 256 单元、或更少单元数据存储器的需要。图 4-22 所示的电路只扩展了 128 ×8 位，其编址为 00H ~ FFH，好像有 256 单元，但每个单元只能存取 4 位数据，要 2 个单元才抵 1 个 8 位字长的单元，实际只相当于 128 个单元，而且每次只输入或输出 4 位数据，使 8 位字长计算机的速度减慢，编程也不太方便。

例 4-1　将图 4-22 片外 RAM2114 60H ~ 7FH 单元内容依次转存于片内 RAM 40H ~ 4FH

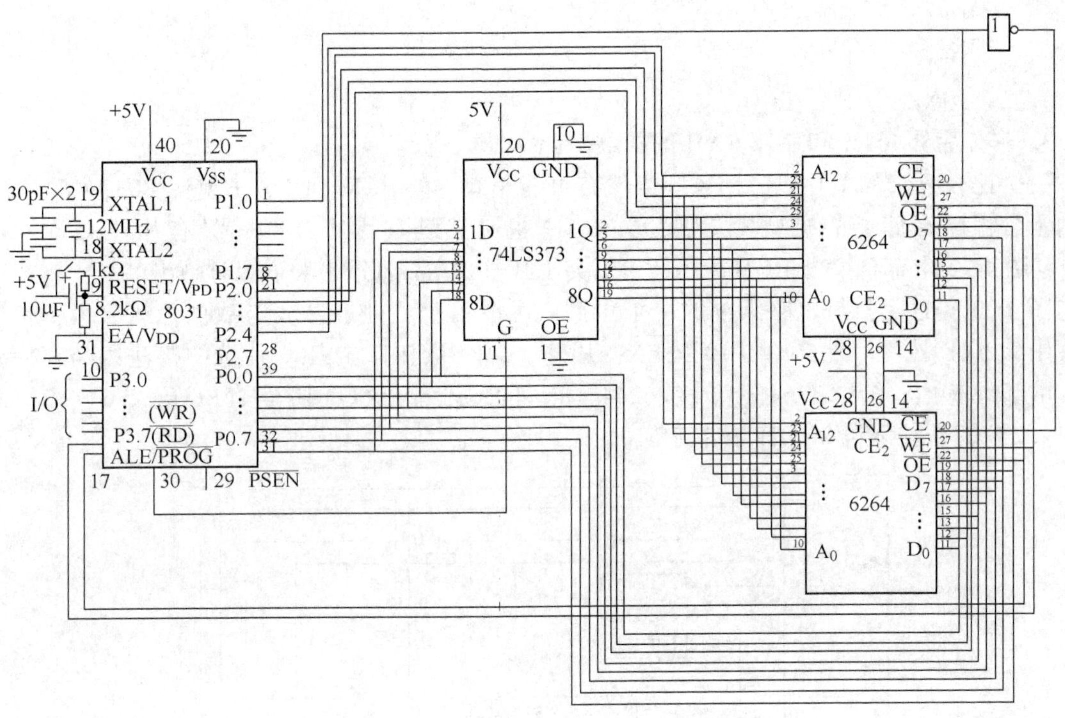

图 4-20　用两片 6264 静态 RAM 的扩展电路

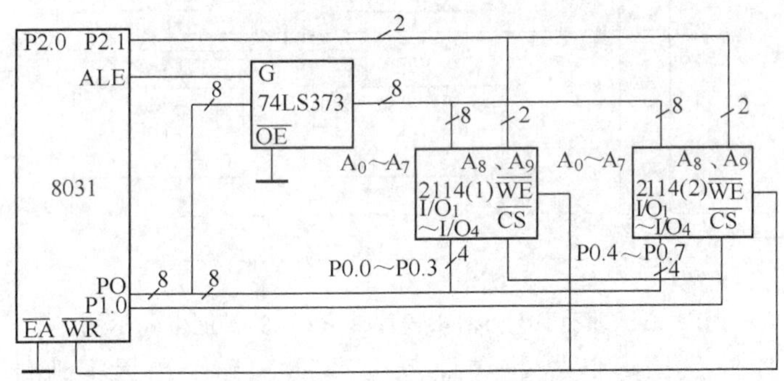

图 4-21　用两片 2114 静态 RAM 的扩展电路

单元。

相应的程序为

```
        MOV     R0, #7FH
        MOV     R1, #4FH
        MOV     R2, #10H
LOOP:   MOVX    A, @R0
        SWAP    A
        MOV     @R1, A
        DEC     R0
        MOVX    A, @R0
        XCHD    A, @R1
```

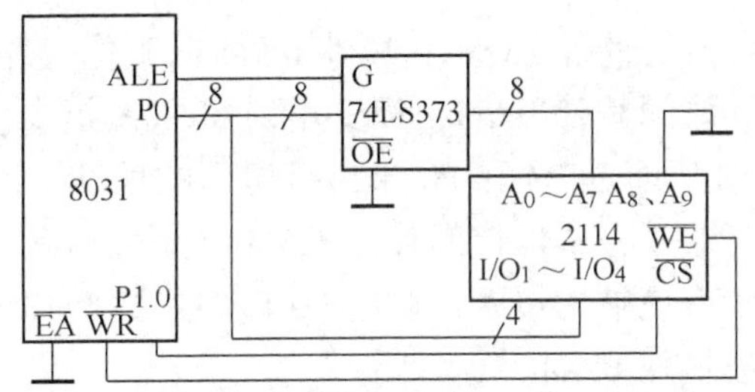

图 4-22　用 1 片 2114 静态 RAM 的扩展电路

```
        DEC     R0
        DEC     R1
        DJNZ    R2，LOOP
```

3. 兼有片外 ROM 和片外 RAM 的扩展电路

一个比较复杂的单片机应用系统当然有可能兼有片外 ROM 和片外 RAM；8031、8032 等片内不含程序存储器的机型要扩展片外 RAM 也必然既有片外 ROM，又有片外 RAM。图 4-19 ~ 图 4-22 也都含片外 ROM，只是为了突出片外 RAM 部分才未予同时画出。

图 4-23 是这类扩展电路画全的一个示例。由图可见：地址总线与数据总线公用；控制总线中除 ALE 外，片外 ROM 用到 $\overline{PSEN}$，片外 RAM 用到 $\overline{RD}$ 与 $\overline{WR}$；片选的接法则与存储器芯片的编址有关，图中 2764（1）和 6264（1）的地址都自 0000H 至 1FFFH，2764（2）和 6264（2）的地址都自 2000H 至 3FFFH。

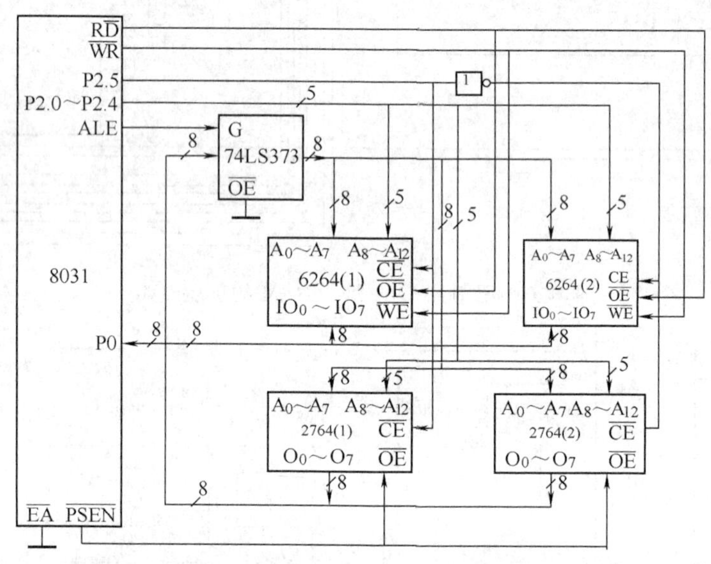

图 4-23 兼有片外 ROM 和片外 RAM 的扩展电路示例

程序存储器和片外数据存储器的寻址范围都是 64K 个单元，地址都自 0000H 编至 FFFFH，二者完全重叠。由于访问片外 ROM 与访问片外 RAM 所用的控制线不同，且 $\overline{PSEN}$ 与 $\overline{RD}$、$\overline{WR}$ 不会同时有效（见图 4-24），虽然地址总线与数据总线公用，不会引起混乱。

4. 工作时序

兼有片外 ROM 和片外 RAM 的工作时序见图 4-24。

访问片外 RAM，都要用到 MOVX 指令。与访问片外 ROM 一样，也在 ALE 的下降沿时由 CPU 通过 P2 和 P0 送出待访问的地址，因 P0 还要复用为数据总线，低 8 位地址须有地址锁存器锁存；但访问片外 RAM 不用 $\overline{PSEN}$ 控制线，改用 $\overline{RD}$ 或 $\overline{WR}$ 控制线；在 $\overline{RD}$ 或 $\overline{WR}$ 有效时读或写该被访单元，此时 P0 口用作数据总线，自片外 RAM 将数据读到累加器 A 或反之自 A 写进片外 RAM。

由图 4-24 可见，在 S1 状态周期时自片外 ROM 读知待执行的是一条 MOVX 指令；因为 MOVX 是单字节指令，于是根据 S2 状态周期时 PC 值在 S4 读得的指令信息将丢弃，PC 也不自动加 1，直到 S5 时送出要访问的片外 RAM 单元的地址，并在第二个机器周期，当 $\overline{RD}$ 或

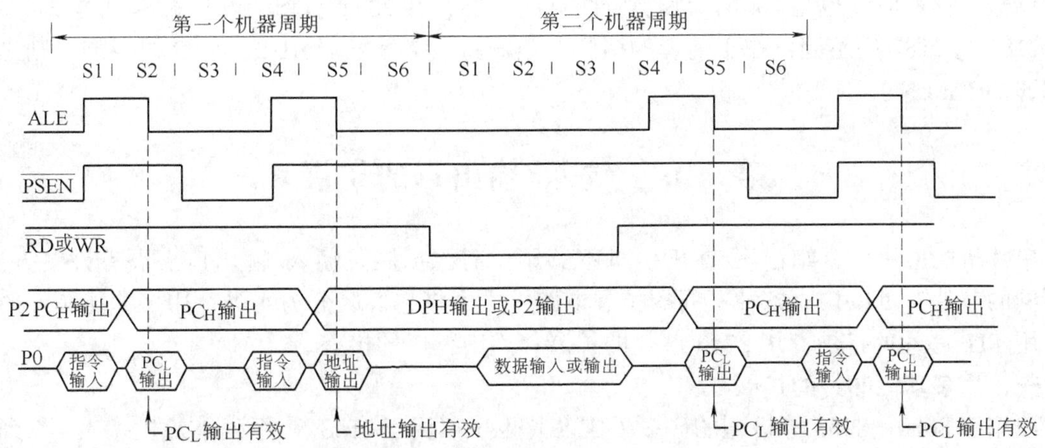

图 4-24 兼有片外 ROM 和片外 RAM 时的工作时序

$\overline{WR}$信号有效时，实现对这一单元的读或写。在读、写期间，ALE 端和$\overline{PSEN}$端不再输出有效信号，自片外 ROM 取指便暂停。MOVX 是双周期指令，故读写完成后，在第二个机器周期的 S5 时又重复送原来的 PC 值（PC 未加 1），并在再下一个机器周期的 S1 时重读得下一条指令的操作码信息，进而执行下一条指令。

MOVX 指令有两种：一种通过 DPTR 间址，寻址范围可达 64K 个单元，多用于片外 RAM 容量较大的系统；另一种通过 R_j 间址，寻址范围只有一页（256 个单元），多用于片外 RAM 容量较小的系统。如用前一种指令，在第一个机器周期的 S5 时，RAM 地址信息的高 8 位由 DPH 经过 P2 口送出，低 8 位由 DPL 经过 P0 口送出；如用后一种指令，则低 8 位由 R_j 内容决定，经 P0 口送出；高 8 位由 P2 口寄存器内容决定，经 P2 口送出。

二、用 EEPROM 的数据存储器扩展

EEPROM 既便于擦写，便也可用于系统的数据存储器扩展。比较图 4-18 与图 4-15 可以发现 2816A 与 6116 的引脚甚至兼容，所以要用前者代替后者是很方便的。

用 2816A EEPROM 作为片外数据存储器的扩展电路只需在图 4-16 基础上稍作改变，将原由单片机$\overline{PSEN}$连到 2816A $\overline{OE}$的连线改自单片机$\overline{RD}$连出即可。EEPROM 的性质由片外 ROM 转为片外 RAM 后，却仍具有 ROM 的优点：不仅不需要刷新电路，甚至掉电时也不会丢失所存的数据。但其擦、写时间毕竟比普通 RAM 要长得多，用 EEPROM 作为 RAM 的系统要设法满足这一时间要求。

三、用动态 RAM 的数据存储器扩展

动态 RAM 集成度高、成本低、功耗小，但静态 RAM 不需要刷新电路，使用简单方便，所以当前单片机的数据存储器扩展仍以静态 RAM 芯片为多。然而近年来开始出现一种称为集成动态随机存储器 iRAM 的新器件，它的刷新电路一并集成在芯片内，于是兼具了静态 RAM 的优点，给动态 RAM 带来新的应用前景。

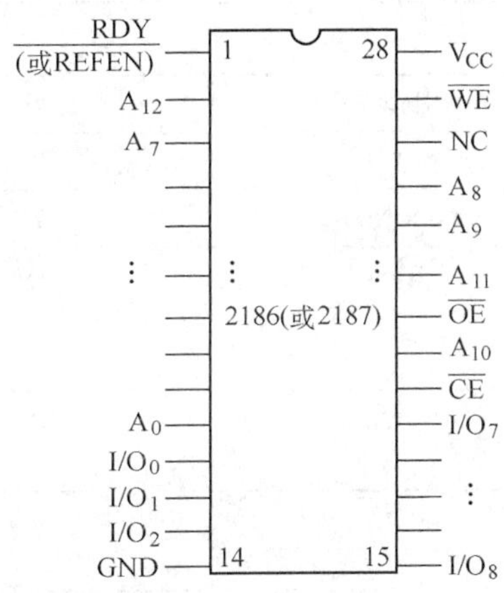

图 4-25 iRAM 芯片的引脚图

现有的 iRAM 芯片有 2186 和 2187，它们都是 8K × 8

位存储器，存取时间也是250ns。其引脚图见图4-25，共28个引脚，可与6264兼容。

2186与2187的不同仅在于前者的引脚1是刷新联络信号端RDY，后者的引脚1则是刷新选通端$\overline{\text{REFEN}}$。

第三节　输入/输出口的扩展

单片机的应用中常嫌输入/输出引脚不够用，需要扩展。输入/输出口扩展有许多方法，用不同的芯片，可以构成各种不同的扩展电路。本书将它们区分为4类：用多功能芯片的扩展；用TTL芯片的扩展；用8243芯片的扩展；用串行口的扩展。

一、用多功能芯片的扩展

原用于8080、8085等机型的许多外围芯片也可兼用于MCS-51系列单片机。表4-7列出了部分最常用的80/85外围芯片与芯片所含的功能。它们种类多、功能强，一片可顶多片用；缺点是价格较TTL电路贵，功耗也大。

表　4-7

芯片型号	所含功能
8155/8156	256×8位RAM 可编程两个8位I/O接口 可编程一个6位I/O接口 14位定时器
8212	8位I/O接口
8251A	可编程通信接口
8253	可编程3个16位定时器
8255A	可编程3个8位I/O接口
8279	可编程键盘/显示接口（64键）
8355	2K×8位ROM 两个通用8位I/O接口
8755A	2K×8位EPROM 两个通用8位I/O接口

表　4-8

引脚符号	引脚号	引脚名称与功能
V_{CC}	26	电源的+5V端
GND	7	电源的0V端
RESET	35	复位信号输入端 使控制字寄存器等各内部寄存器清除 置A、B、C口为输入
$\overline{\text{WR}}$	36	写信号输入端 使CPU输出数据或控制字到8255A
$\overline{\text{RD}}$	5	读信号输入端 使8255A送数据或状态信息到CPU
$\overline{\text{CS}}$	6	片选端

（续）

引脚符号	引　脚　号	引　脚　名　称　与　功　能
A_1、A_0	8.9	地址总线的最低2位 用于决定口地址：如 A_1、A_0 为00，是A口 为01，是B口 为10，是C口 为11，是控制字寄存器
D_7 ~ D_0	27 ~ 34	双向数据总线
PA7 ~ PA0	37 ~ 40，1 ~ 4	A口的8位I/O引脚
PB7 ~ PB0	25 ~ 18	B口的8位I/O引脚
PC7 ~ PC0	10 ~ 13，17 ~ 14	C口的8位I/O引脚

在这些芯片中，8155/8156、8355/8755A、8255A等芯片应用尤多。它们扩展的I/O接口多；且兼含RAM、ROM、EPROM、定时器等内容；8155/8156、8355/8755A内部还具有地址锁存器，因此可不用专门的地址锁存器。

1. 8255A芯片

8255A有A、B、C三个可编程的8位I/O接口，有40个引脚，其引脚见图4-26。各引脚的功能说明见表4-8。

8255A的内部结构见图4-27，可分为四个部分：

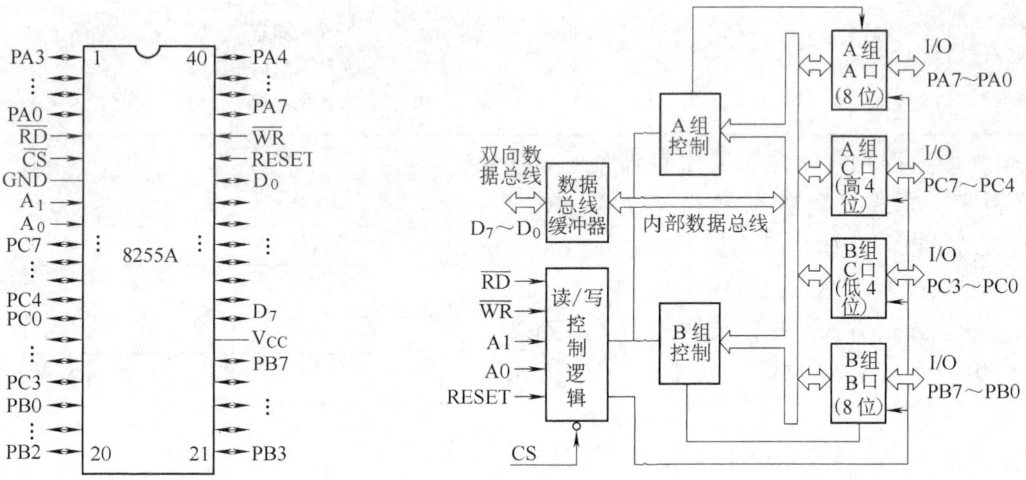

图4-26　8225A芯片的引脚图　　　图4-27　8255A芯片的内部结构图

（1）数据总线缓冲器　是一8位的双向三态驱动器，用于与计算机的数据总线相连。

（2）读、写控制逻辑　根据计算机的地址信息（A_1、A_0）与控制信息（$\overline{RD}$、$\overline{WR}$、RESET），控制片内数据、CPU控制字、外设状态信息的传送。

（3）控制电路　根据CPU送来的控制字使所管I/O接口按一定方式工作。对C口甚至可按位实现“置位”或“复位”。

有A、B两组控制电路。A组控制电路控制A口及C口的高4位（PC7 ~ PC4），B组控制电路控制B口及C口的低4位（PC3 ~ PC0）。

(4) 并行 I/O 接口　有 A、B、C 三个端口。

A 口：可编程为 8 位输入，或 8 位输出，或双向传送。

B 口：可编程为 8 位输入，或 8 位输出，但不能双向传送。

C 口：可分为两个 4 位口，用于输入或输出；也可用作 A 口、B 口的状态控制信号。

8255A 自计算机接受地址信息、控制信息，在数据总线与端口间传送数据、状态控制信号，也自数据总线接受控制字，具体见表 4-9。

表　4-9

A_1	A_0	$\overline{RD}$	$\overline{WR}$	$\overline{CS}$	操作状态
					输入操作（读 8255A）
0	0	0	1	0	端口 A→数据总线
0	1	0	1	0	端口 B→数据总线
1	0	0	1	0	端口 C→数据总线
					输出操作（写 8255A）
0	0	1	0	0	数据总线→端口 A
0	1	1	0	0	数据总线→端口 B
1	0	1	0	0	数据总线→端口 C
1	1	1	0	0	数据总线→控制字寄存器
					禁止操作
1	1	0	1	0	非法状态
×	×	×	×	1	数据总线→三态
×	×	1	1	0	数据总线→三态

表 4-9 中数据总线→控制字寄存器便是计算机送控制字。方式控制字规定了端口 A、B、C 的工作方式（也即编程），其具体格式为

D_7：方式控制字标志位，$D_7=1$ 有效。

D_6、D_5：A 口方式选择。如 00，选定工作方式 0；如 01，选定工作方式 1；如 1×，选定工作方式 2。

D_4：$D_4=1$，A 口输入；$D_4=0$，A 口输出。

D_3：$D_3=1$，C 口高 4 位（PC7 ~ PC4）输入；$D_3=0$，C 口高 4 位输出。

D_2：B 口方式选择。$D_2=0$，选定工作方式 0；$D_2=1$，选定工作方式 1。

D_1：$D_1=1$，B 口输入；$D_1=0$，B 口输出。

D_0：$D_0=1$，C 口低 4 位（PC3 ~ PC0）输入；$D_0=0$，C 口低 4 位输出。

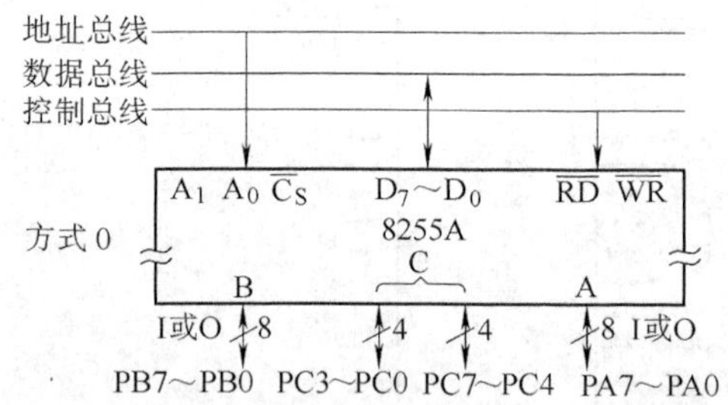

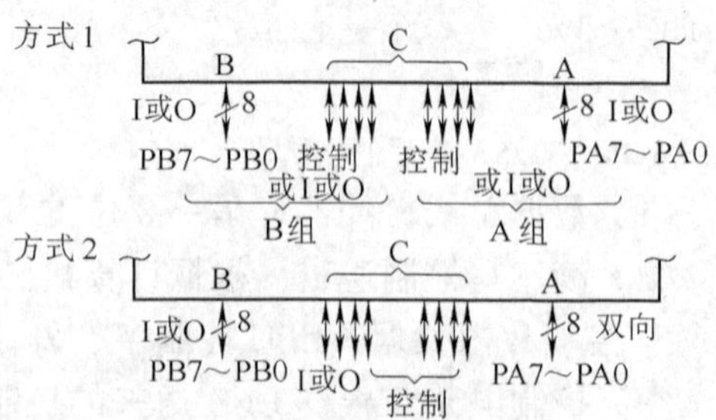

图 4-28　8255A 端口 A、B、C 工作方式的示意图

8255A 端口 A、B、C 与外设交换信息的工作方式的示意见图 4-28，由方式控制字已知可选定为三种工作方式，它们是：

方式 0（基本输入、输出方式）：

当 A 口、B 口、C 口的两个 4 位口被选定为工作方式 0 时，都可由编程规定为简单的输入或输出。所谓简单，是指不采用联络信号。作为输出口时，输出数据被锁存；作为输入口时，输入数据不锁存。根据控制字 D_4、D_3、D_1、D_0 位的变化，方式 0 有 16 种不同的输入、输出组合方式。

方式 1（选通输入、输出方式）：

此时 3 个口分成 A、B 两个组。A 组工作于工作方式 1 时，A 口可由编程规定为输入或输出，C 口的高 4 位配合用于连接状态控制信号；B 组工作于工作方式 1 时，B 口可由编程规定为输入或输出，C 口的低 4 位配合用于连接状态控制信号。A 口、B 口的输入数据或输出数据都被锁存。C 口未用、余下的引脚可由编程规定用作输入或输出。

方式 2（双向传送方式）：

A 口可用于双向传送，此时 C 口的 PC7 ~ PC3 配合用于连接状态控制信号；B 口与 C 口余下的 PC2 ~ PC0 可由编程选定为工作方式 0 或工作方式 1。

在工作方式 1、工作方式 2 时，C 口各引脚与状态控制信号连接的规定见表 4-10。

表 4-10

端口	工作方式	PC7	PC6	PC5	PC4	PC3	PC2	PC1	PC0
A 口	方式 1 输入			IBF_A	$\overline{STB_A}$	$INTR_A$			
A 口	方式 1 输出	$\overline{OBF_A}$	$\overline{ACK_A}$			$INTR_A$			
B 口	方式 1 输入						$\overline{STB_B}$	IBF_B	$INTR_B$
B 口	方式 1 输出						$\overline{ACK_B}$	$\overline{OBF_B}$	$INTR_B$
A 口	方式 2	$\overline{OBF_A}$	$\overline{ACK_A}$	IBF_A	$\overline{STB_A}$	$INTR_A$			

上表中 A、B 下注脚分别表示 A 口与 B 口，各状态控制信号的意义如下：

$\overline{OBF}$输出缓冲器满信号。当其为低时，8255A 告知外设有数据可供输出。它由$\overline{WR}$上升沿使为低，有效，由$\overline{ACK}$使为高。

IBF　输入缓冲器满信号。当其为高时，8255A 告知外设数据已输入完毕。它由$\overline{STB}$使为高、有效，由$\overline{RD}$上升沿使为低。

$\overline{ACK}$　外设应答信号。当其为低时，外设已将数据自 8255A 取走。

$\overline{STB}$　外设来的选通信号。当其为低时，将外设数据输入 8255A。

INTR　中断请求信号。当 STB · IBF · INTE · $\overline{RD}$ · $\overline{ACK}$ · $\overline{OBF}$ · INTE · $\overline{WR}$ = 1 时有效。在输入时，由$\overline{RD}$下降沿清除；在输出时，由$\overline{WR}$下降沿清除。

式中 INTE 是中断允许信号。对 A 口、B 口分别有 $INTE_A$ 和 $INTE_B$。

$INTE_A$ 与 $INTE_B$ 可通过对 C 口相应位置位或复位来控制。置位是允中，复位是禁中。详见表 4-11。

在工作方式 1、工作方式 2 时，数据自 8255A 读入（输入）CPU 或自 CPU 写到（输出到）8255A 是由各自的中断服务程序完成的。前已提到，读、写的中断申请信号 INTR 将分别在$\overline{RD}$有效或$\overline{WR}$有效后被清除。

表 4-11

<table>
<tr><th>端　口</th><th>工作方式</th><th>受控中断允许信号</th><th>允中、禁中的相应控制位</th></tr>
<tr><td>A 口</td><td>方式 1 输入</td><td rowspan="2">$INTE_A$</td><td>PC4</td></tr>
<tr><td>A 口</td><td>方式 1 输出</td><td>PC6</td></tr>
<tr><td>B 口</td><td>方式 1 输入</td><td rowspan="2">$INTE_B$</td><td>PC2</td></tr>
<tr><td>B 口</td><td>方式 1 输出</td><td>PC2</td></tr>
<tr><td>A 口</td><td>方式 2 输入</td><td rowspan="2">$INTE_A$</td><td>PC4</td></tr>
<tr><td>A 口</td><td>方式 2 输出</td><td>PC6</td></tr>
</table>

C 口 8 位中的任一位可由 CPU 向 8255A 的控制字寄存器送置位/复位控制字来进行置位或复位，此时 C 口的其他位状态不变。置位、复位控制字的格式规定为

D_7：置位/复位控制字标志位，$D_7=0$ 有效。

D_6、D_5、D_4：该 3 位未用，与置位/复位无关。

D_3、D_2、D_1：该 3 位确定通过置位/复位控制字控制的具体位。

如 D_3、D_2、D_1 为 000，控制 PC0；
为 001，控制 PC1；
为 010，控制 PC2；
为 011，控制 PC3；
为 100，控制 PC4；
为 101，控制 PC5；
为 110，控制 PC6；
为 111，控制 PC7；

D_0：确定置位或复位。$D_0=1$ 是置位，$D_0=0$ 是复位。

例 4-2 要求 8255A 的 A 口工作于工作方式 2，B 口工作于工作方式 1 的输入，试写出方式控制字。

控制字为 C7H，即 11000111B，其中 D_5、D_4、D_3 是无意义的，现均定为 0；PC7、PC6、PC5、PC4、PC3 用于连接状态控制信号，见表 4-10 最末一行；D_0 为 1 决定了剩下的 PC2、PC1、PC0 为方式 0 的输入，如为 0 也可，此时决定了 PC2、PC1、PC0 为方式 0 的输出。

例 4-3 如上例要求 A 口允中、B 口禁中，试写出置位/复位控制字。

查表 4-11 知，应使 PC4、PC6 置位，PC2 复位。相应的置位/复位控制字应依次为 00001001B、00001101B、00000100B。

2. 用 8255A 的扩展

图 4-29 所示是用 8255A 扩展 I/O 接口的扩展电路。图中只画出与应用 8255A 有关的部分。由图可见：8255A 与单片机间有 3 组连线：$D_7 \sim D_0$ 8 根数据线依次与 P0 口的 P0.7 ~ P0.0 一一对应连接；$\overline{RD}$、$\overline{WR}$、RESET 等 3 根控制线与单片机的同名引脚互连；A_1、A_0 两根地址线与地址锁存器输出的低 8 位地址中的最低 2 位对应连接；片选端$\overline{CS}$则可以如图与低 8 位地址线中的一根相连，也可以与单片机的一个 I/O 引脚相连，或直接接低电平而始终选中。

对不扩展片外 ROM 的系统，为了免用专门的地址锁存器，8255A 的 A_1、A_0 也可不连地

址线，而与单片机的两个 I/O 引脚连接，例如 P1.1、P1.0 或 P2.1、P2.0。

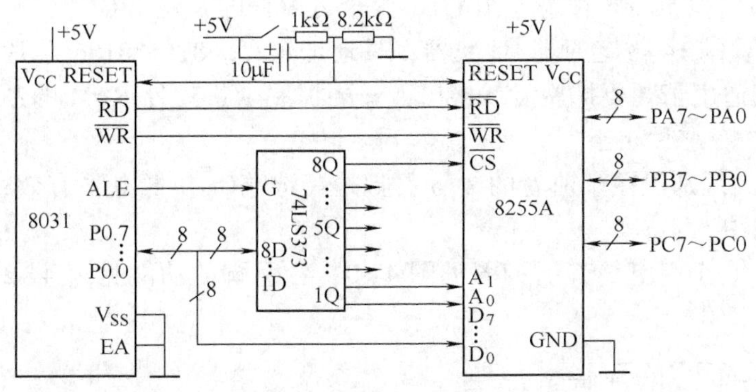

图 4-29　用 8255A 的扩展电路

例 4-4　试对图 4-29 中的 8255A 编程，使其各口工作于方式 0，A 口作输入，B 口作输出，C 口高 4 位作输出，C 口低 4 位作输入。

由方式控制字的格式规定查知满足要求的方式控制字应为 91H（10010001B）。对 8255A 编程需将 91H 写入它的控制字寄存器，涉及的程序为：

MOV　R0，#03H；控制字寄存器的地址设为 03H，其中 A_7 应为 0，以选中 8255A；
A_1、A_0 均应为 1，见表 4-9。

MOV A，#91H

MOVX @R0，A

如图 4-29 中单片机改用 8051 或 8751，片内 ROM 容量已够，不再扩展片外 ROM；8255A 的 $\overline{CS}$ 端接参考地，A_1、A_0 接 P2.1、P2.0，则上列程序将改为

MOV P2，#××××××11B；最末两位应为 11

MOV A，#91H

MOVX @R0，A

上面第三条指令 R0 内容可为随机值，并无真正意义。仅利用 MOVX 指令，使控制字自单片机 P0 口输出，经 8255A 的数据总线 D_7 ~ D_0 写入由 A_1、A_0 上数据 11 选定的控制字寄存器而已。

例 4-5　试按图 4-29 所示系统，写出自 8255A　B 口输出单片机中 R7 内容与自 8255A A 口输入数据到单片机 R3 的程序。

```
MOV     R0，#03H
MOV     A，#91H
MOVX    @R0，A
MOV     R0，#01H        ；A7=0，A1、A0 在寻址 B 口时为 01B
MOV     A，R7
MOVX    @R0，A
DEC     R0              ；A7 仍=0，A1、A0 在寻址 A 口时为 00B
MOVX    A，@R0
MOV     R3，A
```

3. 8155/8156 芯片

8155/8156 芯片含 256×8 位静态 RAM、两个可编程的 8 位 I/O 口，一个可编程的 6 位 I/O 口，一个可编程的 14 位定时器/计数器；具地址锁存。8155/8156 芯片功能很强，使用越来越多见，尤其适用于既要扩展 I/O 接口，又要扩展少量片外 RAM 的系统。其价格已跌到与一片后述的 8243 芯片相当。

8155 与 8156 的区别仅在于前者的 8 号引脚是片选端$\overline{CE}$，低电平有效；后者是 CE，在高电平时有效、选中。

8155/8156 有 40 个引脚，其引脚图见图 4-30，各引脚的功能见表 4-12，其内部结构见图 4-31。

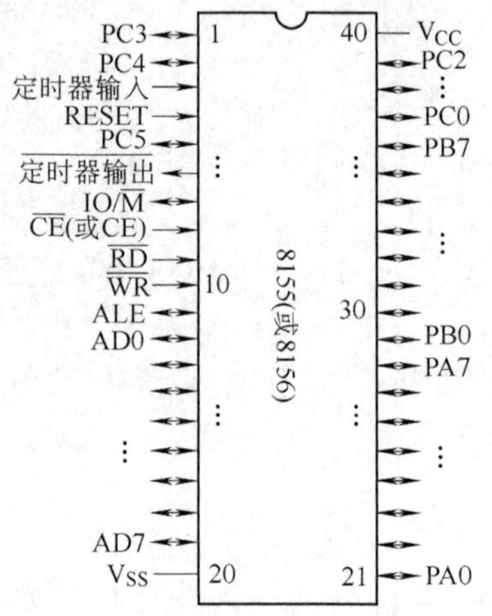

图 4-30　8155/8156 芯片的引脚图

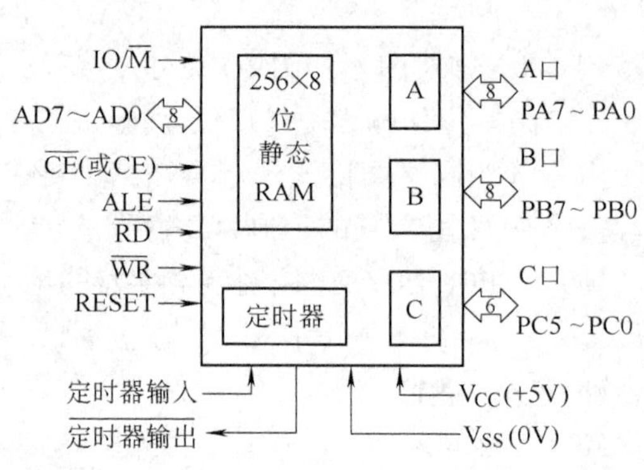

图 4-31　8155/8156 芯片的内部结构图

表　4-12

引脚符号	引　脚　号	引脚名称与功能
V_{CC}	40	电源的 +5V 端
V_{SS}	20	电源的 0V 端（参考地）
RESET	4	复位信号输入端，其脉宽标准为 600ns，使芯片初始化，使 3 个 I/O 接口为输入
$\overline{WR}$	10	写信号输入端，该引脚为低且片选端有效时，AD 总线上数据被写入芯片的 I/O 口或 RAM
$\overline{RD}$	9	读信号输入端，该引脚为低且片选端有效时，芯片 I/O 口或 RAM 内容被读到 AD 总线
$\overline{CE}$或 CE	8	片选端
IO/$\overline{M}$	7	I/O 接口与 RAM 选择端，高电平时选中 I/O，低电平时选中 RAM
ALE	11	地址锁存允许端，其下降沿使 AD 总线上地址、片选端和 IO/$\overline{M}$端状态写入芯片
TIMER IN	3	定时器输入端
$\overline{TIMER\ OUT}$	6	定时器输出端，可输出方波或脉冲，由定时器方式决定

（续）

引脚符号	引　脚　号	引脚名称与功能
AD7～AD0	19～12	三态地址/数据总线，与单片机的 P0.7～P0.0 应一一对应连接，在 ALE 下降沿，8 位地址信息锁存到地址锁存器
PA7～PA0	28～21	A 口，8 位 I/O 接口，可通过向命令/状态寄存器送命令字来选定输入或输出
PB7～PB0	36～29	B 口，8 位 I/O 口，可通过向命令/状态寄存器送命令字来选定输入或输出
PC5～PC0	5、2、1、39、38、37	C 口，6 位 I/O 口，可通过向命令/状态寄存器送命令字来选定输入或输出，或用于为 A 口与 B 口提供状态控制信号

8155/8156 片内有 6 个寄存器，它们是：命令/状态寄存器（简称 C/S 寄存器）、A 口寄存器、B 口寄存器、C 口寄存器、定时器低字节寄存器和定时器高字节寄存器。这 6 个寄存器接口地址寻址，口地址的前 5 位 AD7～AD3 是事先规定其数值的，后 3 位 AD2～AD0 可用于选中其中的一个寄存器，见表 4-13。

表　4-13

寄　存　器	AD2	AD1	AD0
C/S 寄存器	0	0	0
A 口寄存器	0	0	1
B 口寄存器	0	1	0
C 口寄存器	0	1	1
定时器低字节寄存器	1	0	0
定时器高字节寄存器	1	0	1

例如，某 8155 芯片口地址的前 5 位已规定为 11111，则表 4-13 所示的 6 个寄存器的口地址将依次分别为 F8H、F9H、FAH、FBH、FCH 和 FDH。

对命令/状态寄存器写入命令字，可规定 8155/8156 的工作方式（也即对 8155/8156 编程），命令字的格式规定为：

D_7、D_6：规定定时器工作方式。

如 D_7、D_6 为 00，是空操作，对定时器工作无影响。

为 01，是停止，停止定时器工作

为 10，也是停止，但定时器在到达置定的计数值后停止。

为 11，是启动，置定时器输出方式和计数值后启动定时器。如定时器已在工作，则原置定计数值到后按新置定的定时器输出方式和计数值重新启动定时器。

D_5：规定 A 口是否允中。$D_5=1$，允中；$D_5=0$，禁中。

D_4：规定 B 口是否允中。$D_4=1$，允中；$D_4=0$，禁中。

D_3、D_2：规定 A 口、B 口、C 口的工作方式，详见表 4-14。

D_1：确定 B 口是输入还是输出。$D_1=1$，输出；$D_1=0$，输入。

D_0：确定 A 口是输入还是输出。$D_0=1$，输出；$D_0=0$，输入。

表 4-14

I/O 口或其引脚	D_3、D_2 为 00	D_3、D_2 为 11	D_3、D_2 为 01	D_3、D_2 为 10
A 口	基本 I/O	基本 I/O	选通 I/O	选通 I/O
B 口			基本 I/O	
PC5	输入	输出	输出	$\overline{STB_B}$
PC4				BF_B
PC3				$INTR_B$
PC2			$\overline{STB_A}$	$\overline{STB_A}$
PC1			BF_A	BF_A
PC0			$INTR_A$	$INTR_A$

上表中状态控制信号的下注脚 A、B 分别表示 A 口和 B 口，$\overline{STB}$表示外设来的选通信号，BF 表示缓冲器满信号，INTR 表示中断请求信号。

自命令/状态寄存器读出状态字，可知道 8155/8156A 口、B 口和定时器的状态，状态字的格式规定为：

D_7：未使用。

D_6：定时器中断标志。定时器计数值到后锁定为高电平，读状态字或定时器重新起动计数时复位为低电平。

D_5：B 口中断允许标志。

D_4：B 口缓冲器满/$\overline{空}$标志（输入/输出）。

D_3：B 口中断请求标志。

D_2：A 口中断允许标志。

D_1：A 口缓冲器满/$\overline{空}$标志（输入/输出）。

D_0：A 口中断请求标志。

PA、PB 寄存器有 8 位，PC 寄存器只有 6 位（低 6 位），它们是 8155/8156 真正的 I/O 接口。要自 8155/8156 这 3 个口中的一个输入数据，可寻址该口、读取该口的寄存器；反之，要自 8155/8156 某个口输出数据，可寻址该口、并将数据写入该口的寄存器。

当 8155/8156 的 7 号引脚、即 IO/$\overline{M}$端为高电平时选中 I/O 接口。此时 I/O 接口泛指 6 个寄存器，所以 C/S 寄存器、定时器低字节寄存器、定时器高字节寄存器也包含在内。这 6 个寄存器都可写、可读。

8155/8156 定时器/计数器的核心是一个 14 位减法计算器。定时器启动后，置定于定时器寄存器中的计数值不断减少，计数值到时将减为 0。写定时器寄存器便是对定时器编程，置定其输出方式和计数值。定时器输出方式和计数值高 6 位应写入定时器高字节寄存器，计数值低 8 位应写入定时器低字节寄存器，见图 4-32。

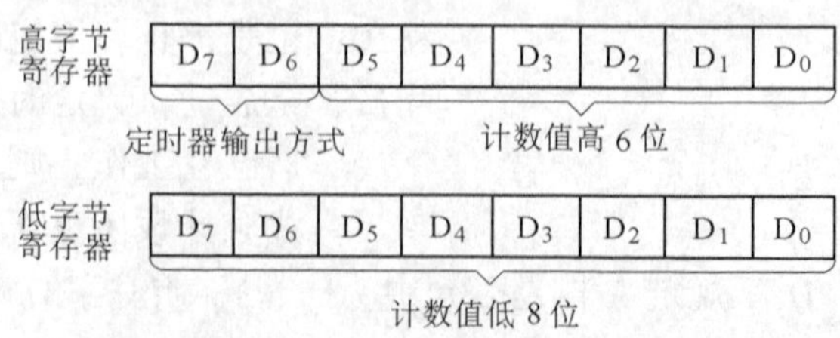

图 4-32　定时器寄存器的内容

定时器输出方式决定于定时器高字节寄存器最高 2 位 D_7、D_6 的值，有单个方波、连续

定时器高字节寄存器 D_7、D_6 的值	输出方式	计数值到时输出波形
00	单个方波	
01	连续方波	
10	单个脉冲	
11	连续脉冲	

图 4-33　定时器计数值到时的输出方式和输出波形

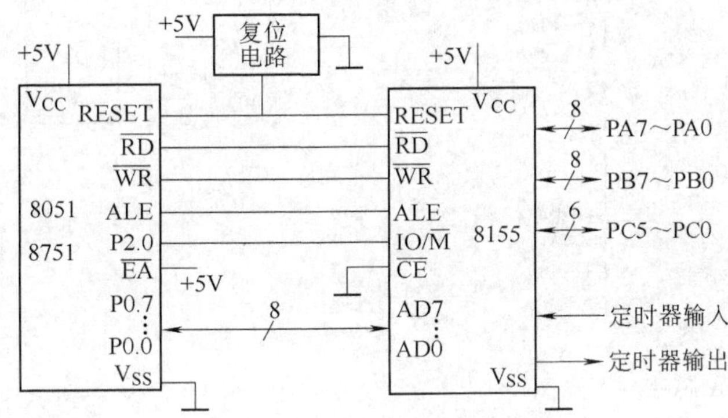

图 4-34　用 8155 的扩展电路

方波、单个脉冲、连续脉冲等 4 种，见图 4-33。

4. 用 8155/8156 的扩展

图 4-34 所示是用 8155/8156 扩展 I/O 接口与片外 RAM 的扩展电路。图中只画出 8155/8156 与单片机的连接。由图可见：地址/数据总线的 AD7 ~ AD0 与单片机 P0.7 ~ P0.0 一一对应连接，可分时传送数据或低 8 位地址信息；RESET、$\overline{RD}$、$\overline{WR}$、ALE 等 4 根控制线与单片机的同名引脚互连；IO/$\overline{M}$可连 P2.0；$\overline{CE}$可接 P2 口中某个引脚，或直接接参考地（如为 CE，则接 +5V）而始终选中。

现根据图 4-34 所示系统，列出其 RAM 与 I/O 接口的地址如下：

片外 RAM　自 0000H ~ 00FFH

C/S　寄存器　01F8H

A 口　寄存器　01F9H

B 口　寄存器　01FAH

C 口　寄存器　01FBH

定时器低字节寄存器　01FCH

定时器高字节寄存器　01FDH

其中寄存器低 8 位地址值仍沿袭前例，假定 AD7 ~ AD3 已规定为 11111；寄存器和 RAM 高 8 位地址值的决定则要顾及 IO/$\overline{M}$端及$\overline{CE}$端接法对地址值的影响。

5. 8755A 芯片

8755A 芯片含 2K ×8 位 EPROM，有两个通用 8 位 I/O 口，每一位 I/O 线可单独规定为输入或输出，具地址锁存。很适用于既要扩展 I/O 口，又要扩展少量片外 ROM 的系统。

另有一种 8355 芯片，与 8755A 的不同仅在于前者所含为 2K × 8 位 ROM，而不是 EPROM。

8755A 有 40 个引脚，其引脚图见图 4-35，各引脚的功能说明见表 4-15，其内部结构见图 4-36。

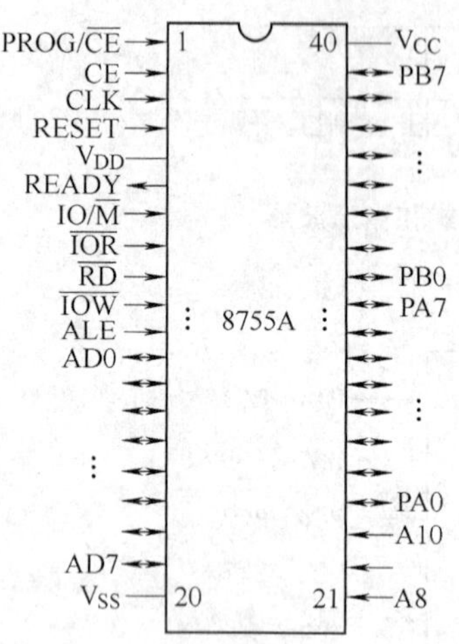

图 4-35　8755A 芯片的引脚图

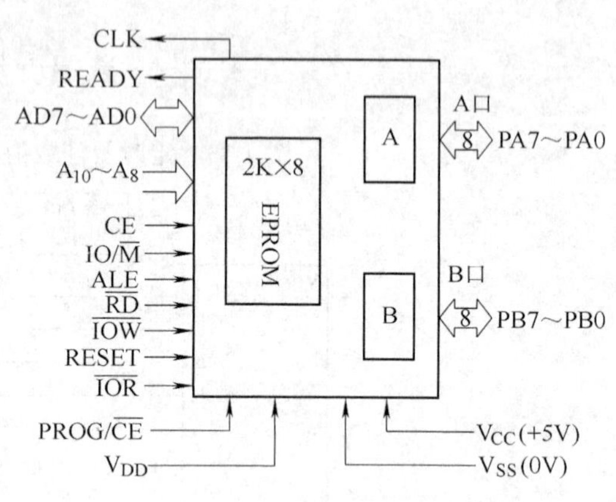

图 4-36　8755A 芯片的内部结构图

表　4-15

引脚符号	引　脚　号	引脚名称与功能
V_{CC}	40	电源的 +5V 端
V_{SS}	20	电源的 0V 端（参考地）
V_{DD}	5	编程电压端，编程时接 +25V，读 8755A 时接 +5V
RESET	4	复位信号输入端，使芯片初始化，置 A 口、B 口为输入，也即清 DDRA 和 DDRB
$\overline{RD}$	9	读信号输入端，该引脚为低且片选端有效时，被选中的 EPROM 某单元的内容或某 I/O 口的内容被读到 AD 总线
IO/$\overline{M}$	7	I/O 口与 EPROM 选择端，该引脚为高且$\overline{RD}$为低时，选中的 I/O 接口的数据被读到 AD 总线；该引脚为低且$\overline{RD}$为低时，选中的 EPROM 某单元的内容被读到 AD 总线，该引脚只与读有关
$\overline{IOR}$	8	I/O 口读信号输入端，该引脚为低且片选端有效时，使选中的 I/O 接口的数据被读到 AD 总线，该引脚如不用，应接 V_{CC}
$\overline{IOW}$	10	I/O 口写信号输入端，该引脚为低且片选端有效时，使 AD 总线上数据写进被选中的 I/O 口
CE	2	片选端，高电平有效
PROG/$\overline{CE}$	1	另一片选端，低电平有效，编程时用作编程端，对 EPROM 取数、读写 I/O 接口时，应$\overline{CE}$为低、CE 为高
ALE	11	地址锁存允许端，其上升沿，使地址、IO/$\overline{M}$、CE、$\overline{CE}$等信息进芯片的地址锁存器，其下降沿，使它们的状态被锁入

（续）

引脚符号	引　脚　号	引脚名称与功能
READY	6	输出信号端，有三态，受 CE、$\overline{CE}$、ALE、CLK 控制，在 ALE 为高且片选端有效时被置为低电平，到下一个 CLK 脉冲的上升沿再变为高电平
CLK	3	时钟脉冲端，用于使 READY 端恢复高电平
AD7 ~ AD0	19 ~ 12	双向地址/数据总线
A_{10} ~ A_8	23 ~ 21	EPROM 地址的高 3 位
PA7 ~ PA0	31 ~ 24	A 口，8 位 I/O 接口。AD0 = 0 时选中，由数据方向寄存器 DDRA 来决定其每一位为输入还是输出
PB7 ~ PB0	39 ~ 32	B 口，8 位 I/O 接口，AD0 = 1 时选中，由数据方向寄存器 DDRB 来决定其每一位为输入还是输出

片内各 EPROM 单元由 A_{10} ~ A_8、AD7 ~ AD0 寻址，但在按 16 位二进制数编址时，其高 8 位的地址值还需计及 CE 端、$\overline{CE}$端接法对地址值的影响。

片内 A、B 两个通用 8 位 I/O 接口的口地址，其最低 2 位由 AD1、AD0 的值决定。另有两个数据方向寄存器 DDRA 和 DDRB，分别用于规定 A 口、B 口每一位是输入还是输出。DDRA、DDRB 口地址的最低 2 位也由 AD1、AD0 的值决定，见表 4-16。A 口、B 口寄存器可写、可读，DDRA，DDRB 寄存器则只可写。当选中 8755A I/O 接口写时，所谓 I/O 口不单指 A、B 两个寄存器，DDRA、DDRB 寄存器也包含在内。

表　4-16

寄存器	AD1	AD0
A 口寄存器	0	0
B 口寄存器	0	1
DDRA 寄存器	1	0
DDRB 寄存器	1	1

DDRA、DDRB 寄存器都 8 位，其各位分别与 A 口、B 口的相应位一一对应。如 DDR 的某位为 1，则与其对应的 I/O 接口的相应位便规定为输出；反之，当某位为 0，则相应位便规定为输入。

下面分别列出写 A 口、读 A 口、写 DDRA、写 B 口、读 B 口、写 DDRB 应满足的条件：

写 A 口 = 片选端有效 · A 口地址选中 · $\overline{IOW}$为低

读 A 口 = 片选端有效 · A 口地址选中 · （IO/$\overline{M}$为高 · $\overline{RD}$为低 + $\overline{IOR}$为低）

写 DDRA = 片选端有效 · DDRA 地址选中 · $\overline{IOW}$为低

写 B 口 = 片选端有效 · B 口地址选中 · $\overline{IOW}$为低

读 B 口 = 片选端有效 · B 口地址选中 · （IO/$\overline{M}$为高 · $\overline{RD}$为低 + $\overline{IOR}$为低）

写 DDRB = 片选端有效 · DDRB 地址选中 · $\overline{IOW}$为低

6. 用 8755A 的扩展

图 4-37 所示是用 8755A 扩展 I/O 接口与片外 ROM 的扩展电路。该图还用了 8155，也扩展了片外 RAM，却未用专用的地址锁存器。由图可见：8755A、8155 的地址/数据总线 AD7 ~ AD0 都与单片机 P0.7 ~ P0.0 一一对应连接，以分时传送数据或低 8 位地址信息；8755A、

8155 的 RESET、ALE 与单片机的同名引脚互连；8755A 的$\overline{\text{IOR}}$、8155 的$\overline{\text{RD}}$一并连到单片机的$\overline{\text{RD}}$，8755A 的$\overline{\text{IOW}}$、8155 的$\overline{\text{WR}}$一并连到单片机的$\overline{\text{WR}}$，可见由单片机的读、写控制线能读、写 8155 的 I/O 接口与 RAM，却只能读、写 8755A 的 I/O 接口；8755A 的$\overline{\text{RD}}$连到单片机的$\overline{\text{PSEN}}$，专门解决读 8755A EPROM 内容；8755A 的 IO/$\overline{\text{M}}$接参考地，因低电平而始终选中 EPROM，使$\overline{\text{RD}}$端专用于读 EPROM，不能读取 I/O 接口数据。

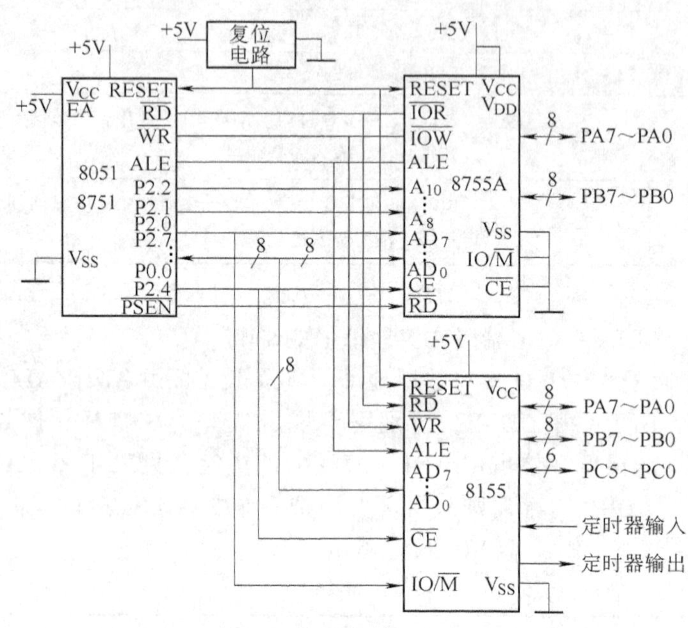

图 4-37　兼用 8755A、8155 的扩展电路

由于 P2.2、P2.1、P2.0 不仅连到 8755A 的 A_{10}、A_9、A_8，其中 P2.0 还连到 8155 的 IO/$\overline{\text{M}}$，又由于 P2.4 连到 8755A 的 CE 和 8155 的$\overline{\text{CE}}$，8755A 的$\overline{\text{CE}}$则接参考地，综合这些接法对地址值的影响，现将该图所示系统 ROM、RAM、I/O 接口的编址整理出见表 4-17。

二、用 TTL 芯片的扩展

多功能芯片功能强，借之构成的系统结构简单，但芯片本身的价格稍贵。TTL 芯片则价格低廉、品种很多，用它构成 I/O 扩展电路很灵活多样，可较恰当地满足应用需要。

51 系列单片机的 P0 口既用作分时复用的地址/数据总线，扩展 I/O 接口时便要用它传送地址和输入、输出数据，无论应用多功能芯片或应用 TTL 芯片都一样。就扩展 I/O 接口的方法分类来说，对应用多功能芯片的电路常突出强调多功能芯片；对应用 TTL 芯片的电路则也可突出强调其通过 P0 口实现扩展的特征，称为通过 P0 口的扩展。

表　4-17

存储器或 I/O 口名称	地　址	说　明
8051、8751 片内 ROM	0000H～0FFFH	51 子系列单片机片内有 4K 单元 ROM
8755A 的 EPROM	1000H～17FFH	P2.4 =1 选中 8755A，使其编址的最高一位十六进制数为 1，注意：不能用 P2.3 进行片选
8051、8751 片内 RAM	00H～7FH	51 子系列单片机片内有 128 单元 RAM

（续）

存储器或 I/O 口名称	地　址	说　明
8155 的 RAM	00H ~ FFH 或 0000H ~ 00FFH	8155 有 256 单元 RAM P2.4 = 0 选中 8155，P2.0 = 0 选择 RAM
8155 的 C/S 寄存器	0100H	P2.4 = 0 选中 8155，P2.0 = 1 选择 I/O 口，假定 AD7 ~ AD3 规定为 00000B、占用的是片外 RAM 的地址
8155 的 A 口寄存器	0101H	
8155 的 B 口寄存器	0102H	
8155 的 C 口寄存器	0103H	
8155 的定时器低字节寄存器	0104H	
8155 的定时器高字节寄存器	0105H	
8755A 的 A 口寄存器	1000H	P2.4 = 1 选中 8755A，假定 AD_7 ~ AD_2 规定为全 0、占用的是片外 RAM 的地址
8755A 的 B 口寄存器	1001H	
8755A 的 DDRA 寄存器	1002H	
8755A 的 DDRB 寄存器	1003H	

应用 TTL 芯片的扩展电路很多，现重点介绍应用 74LS377 芯片扩展输出口的电路和应用 74LS244 芯片扩展输入口的电路。

1. 用 74LS377 扩展输出口

图 4-38 所示是用 74LS377 芯片扩展输出口的电路示例。该图用了两片 74LS377，共扩展了 16 个输出端。74LS377 是一个带输入允许端的 8D 触发器。有 20 个引脚，见图 4-39。其中 V_{CC}、GND 是电源端，1D ~ 8D 是 8 个输入端，1Q ~ 8Q 是对应的 8 个输出端，$\overline{G}$是输入允许端，CLK 是时钟端。当$\overline{G}$为低电平、时钟脉冲处上升沿时输入端的数据信息反映到输出端；$\overline{G}$为高电平或时钟端处低电平时，输出端的数据维持原值不变。

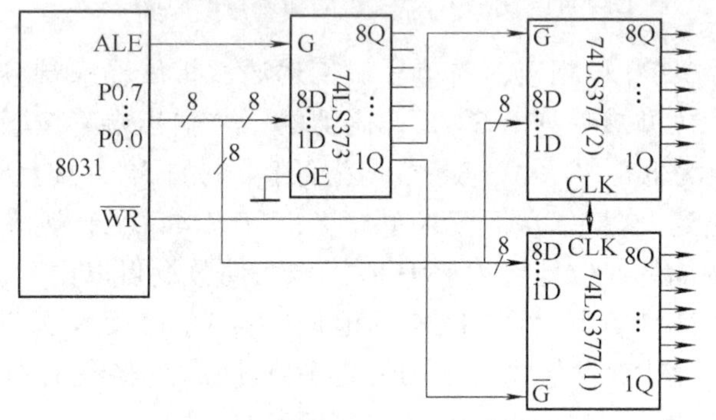

图 4-38　用 74LS377 扩展输出口的电路

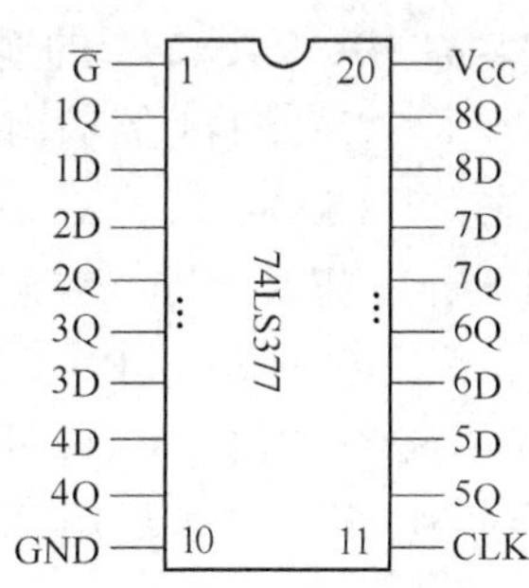

图 4-39　74LS377 芯片的引脚图

在图 4-38 中，74LS377 的输入端与单片机的 P0 口相连，以承接单片机打算通过扩展输出端输出的数据。每片 74LS377 的$\overline{G}$端连到地址锁存器的一个输出端。按图示的接法，74LS377（1）在地址最低位为低电平，例如低 8 位地址为 FEH 时$\overline{G}$有效，而将 P0 口送来的新数据在 8 个输出端输出，74LS377（2）则在地址次低位为低电平，例如低 8 位地址为 FDH 时$\overline{G}$有效而输出新数据。

寻址 74LS377（1）、（2）的地址 FEH、FDH 都是片外 RAM 的地址，自 P0 口送出数据到这两片芯片输出要用到 MOVX 指令和$\overline{WR}$控制线，这两片芯片的性质就像是片外 RAM 的 FEH 与 FDH 单元。

不难想像：74LS373 的 8 个输出端能连接 8 片 74LS377；如经过译码器，能连接更多的 74LS377。所以可以扩展很多个输出端，然扩展过多时应考虑 P0 口用作总线的驱动能力。

要是系统原来就扩展有片外 RAM，74LS377 占用片外 RAM 地址会不会引起混乱？采用图 4-40 所示的安排，多用一个 I/O 引脚进行选择将方便地解决这一问题。

2. 用 74LS244 扩展输入口

图 4-41 所示是用 74LS244 芯片扩展输入口的电路示例。该图用了两片 74LS244，共扩展了 16 个输入端。74LS244 在前面图 4-2 已作了介绍。图 4-41 用了一个 3 ~8 译码器 74LS138，它在输入控制端 G_1 为高电平、输入控制端 G_{2A}、G_{2B} 合并接低电平的情形下工作：根据输入端 A、B、C 的信息，译中 8 个输出端的一个，使输出低电平，其余输出端都呈高电平。

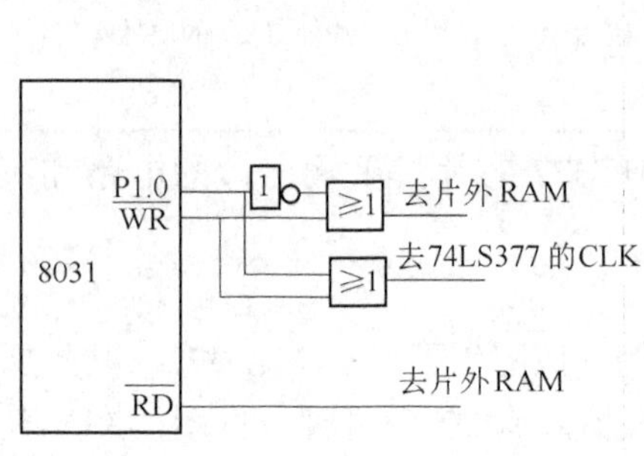

图 4-40　在有片外 RAM 的情形下用 74LS377 扩展输出口的逻辑安排

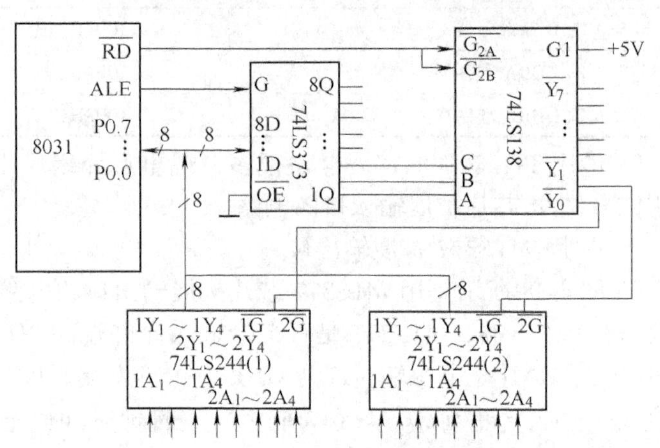

图 4-41　用 74LS244 扩展输入口的电路

在图 4-41 中，74LS244 的输出端与单片机 P0 口相连，向单片机传送通过扩展输入端输入的数据。每片 74LS244 的输出控制端$\overline{1G}$、$\overline{2G}$并接后连到 3 ~8 译码器的一个输出端。按图所示的接法，74LS244（1）在地址最低 3 位为低电平（A、B、C 均为低），例如低 8 位地址为 F8H 时工作，将 8 个输入端输入的数据送到 P0 口，从而读入单片机；74LS244（2）则在地址最低 3 位为 001（A、B、C 为 100），例如低 8 位地址为 F9H 时工作而使数据得以读入。

寻址 74LS244（1）、（2）的地址 F8H、F9H 都是片外 RAM 的地址，自 P0 口读入这两片芯片送到 P0 口的数据要用到 MOVX 指令和$\overline{RD}$控制线，这两片芯片的性质就像是片外 RAM 的 F8H 与 F9H 单元。

74LS138 的 8 个输出端能连接 8 片 74LS244，所以可以扩展很多个输入端。当然扩展很多时，应考虑 P0 口用作总线的驱动能力。

如系统原来就扩展有片外 RAM，采用图 4-42 所示的安排，多用一个 I/O 引脚进行选择能方便地分别寻址片外 RAM 或扩展 I/O 用 TTL 芯片。

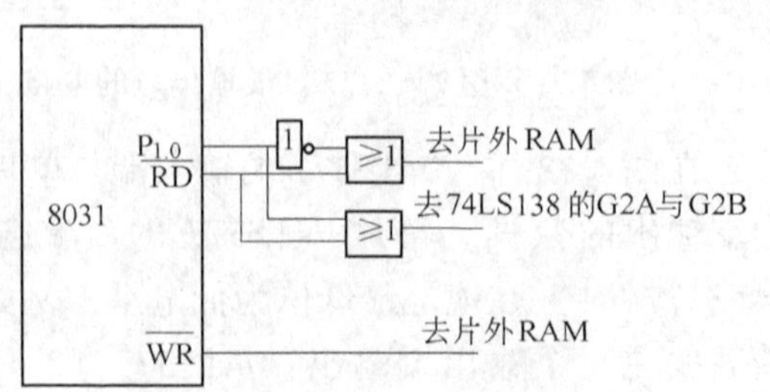

图 4-42　在有片外 RAM 的情形下，用 74LS244 扩展输入口的逻辑安排

不用74LS377、74LS244，改用其他TTL芯片或仍用它们但改变接法也可组成通过P0口实现I/O扩展的电路。例如不用74LS377，改用74LS273；又如仍用74LS244，但不用译码器，改用地址线和$\overline{RD}$经或门连接其输出控制端$\overline{1G}$、$\overline{2G}$；…。本书很难一一列举求全。图4-43是通过P0口同时扩展输入、输出口的电路示例。该图便用4二输入正或门74LS32芯片来代替3－8译码器，使电路比较简化。与图4-41不同，现在74LS244（1）在地址最低位为低电平时工作，74LS244（2）在地址次低位为低电平时工作，它们分别相当于片外RAM的FEH与FDH单元。与图4-38也不同。该图74LS377（1）、74LS377（2）分别相当于片外RAM的7FH与BFH单元。

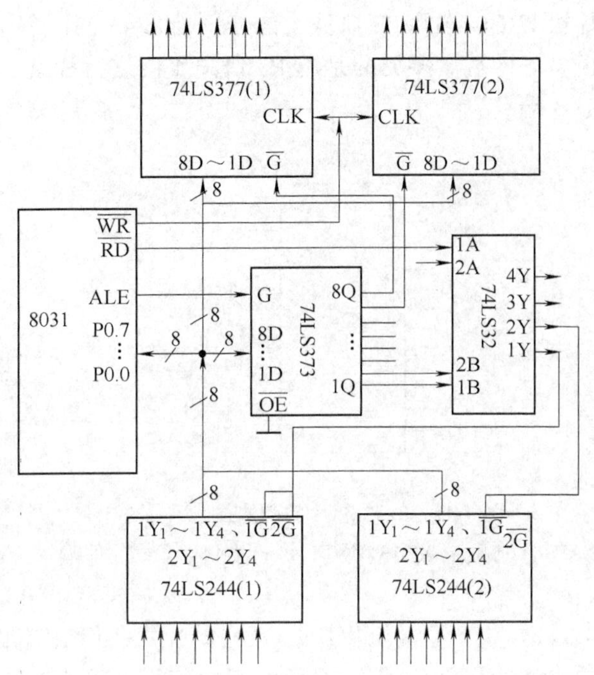

图4-43 通过P0口同时扩展输入口和输出口的电路

对于图4-43，如系统也另扩展有片外RAM，如何设计类似图4-40、图4-42那样的逻辑安排，请读者自行思考、解决。

图4-38、图4-41、图4-43等电路示例都是借用P0口实现I/O扩展的。如果一定不用P0口，改用P1口来为用作扩展I/O口的TTL芯片传送输入、输出数据，相应也不用MOVX指令和地址锁存器输出的地址线，改用单片机其它I/O引脚来寻址这些芯片，例如图4-44所示的电路。这类电路因占用原I/O引脚太多，输入、输出不便，显然实用价值不大。

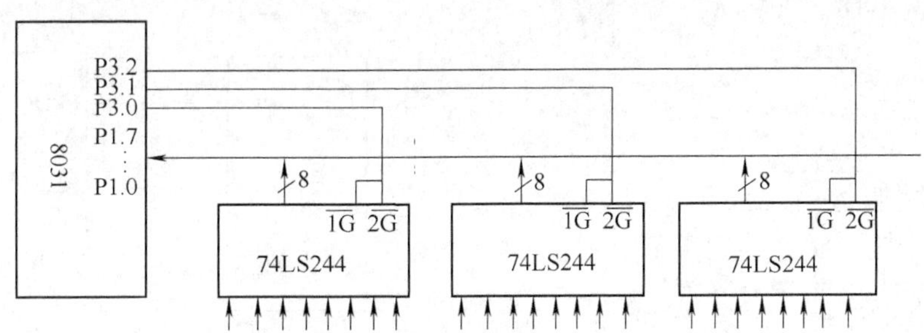

图4-44 不通过P0口扩展输入口的电路

三、用8243的扩展

1. 8243芯片

8243是专为MCS-48系列单片机设计的I/O接口扩展芯片，它每片可扩展16个I/O端（P4、P5、P6、P7四个4位口），驱动能力强，与48系列单片机接口方便，成为后者最常用的I/O扩展手段。后者的指令系统中也含有4条操作8243的专用指令（2条MOVD指令、1条ANLD指令、1条ORLD指令）。

图 4-45 是 8243 的引脚图。图 4-46 是一片 8243 与 48 系列单片机连接的示意图，只须将单片机 PROG 端及 P2 口低 4 位分别与 8243 的同名引脚互连即可。如应用多片 8243，可以扩展很多 I/O 端。多见的是用 P2 口高 4 位进行片选，采用线选法，能连接 4 片 8243，扩展 64 个 I/O 端。

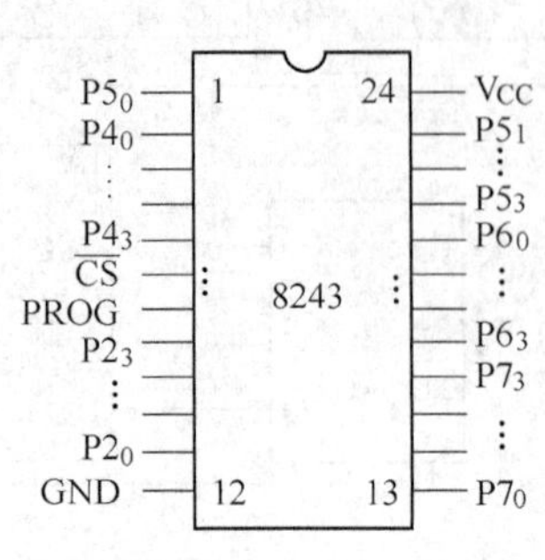

图 4-45　8243 芯片的引脚图

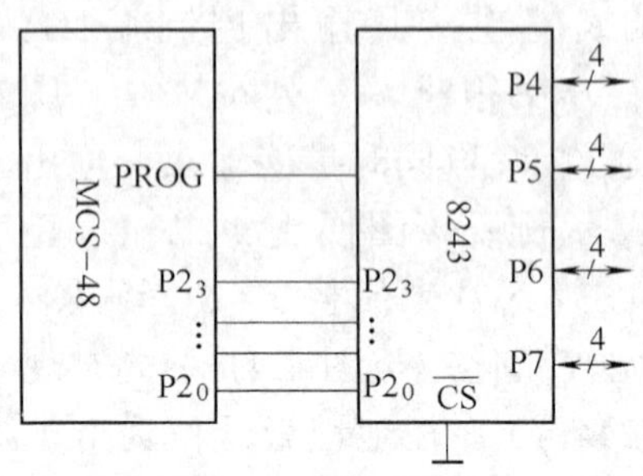

图 4-46　一片 8243 与 48 系列单片机的连接

在上电时，8243 将自动初始化：P2 为输入方式，P4、P5、P6、P7 均处高阻隔离状态。

8243 芯片也可应用于 51 系列单片机，但后者没有 RROG 端，也没有专用指令，接口远不如 48 系列单片机那样方便，因此使用不很普遍。

2. 用 8243 的扩展

原来 48 系列单片机是通过 P0 口低 4 位与 8243 传递数据信息的，其工作时序见图 4-47。在 PROG 脉冲下降沿，单片机送向 8243 的是 2 位操作码（由 $P2_3$、$P2_2$ 传送）和 2 位口地址码（由 $P2_1$、$P2_0$ 传送）；在 PROG 脉冲上升沿，单片机与 8243 间才真正传送输入（读口）、输出（写口）或改写（与口、或口）的数据。8243 的每个口可用于输入，也可用于输出，但同一个口的 4 个引脚在同一时间只能都用于输入或都用于输出。单片机所送操作码与口地址码的代码见表 4-18。

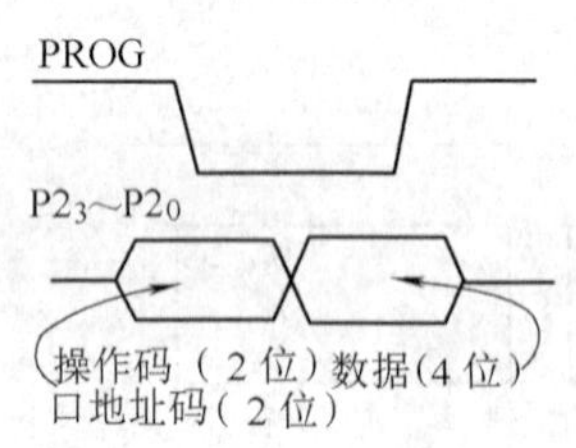

图 4-47　8243 的工作时序

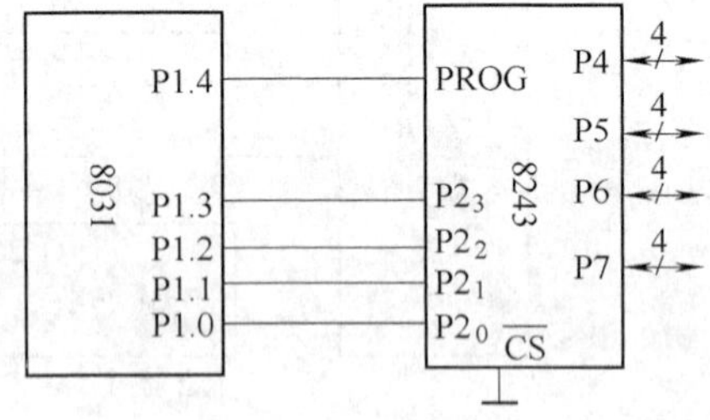

图 4-48　用 8243 的扩展电路

51 系列单片机没有 PROG 控制端，应用 8243 时要用一个 I/O 引脚代替它，并通过软件手段在其上模拟生成一个“PROG 脉冲”。现在没有专用指令，所以也不一定用 P2 口的低 4 位与 8243 的 P2 口相应连接。图 4-48 所示是 51 系列单片机用 8243 的扩展电路示例。该图以 P1 口低 4 位与 8243 P2 口相连；以 P1. 4 代替 PROG 端；因只用一片 8243，故 8243 的片选端 $\overline{CS}$ 直接接参考地。

针对图 4-48，举读 P6 口和写 P7 口为例，写出相应的程序如下。

表 4-18

操作码		操作	口地址码		口地址
$P2_3$	$P2_2$		$P2_1$	$P2_0$	
0	0	读口	0	0	P4 口
0	1	写口	0	1	P5 口
1	0	或口	1	0	P6 口
1	1	与口	1	1	P7 口

（1）读 P6 口程序：

```
MOV   P1，#11110010B   ；P1.4 为 1，是置 PROG 高电平；P1.3、P1.2 为 00，是读
                         口码；P1.1、P1.0 为 10，是 P6 口码
CLR   P1.4             ；生成 PROG 下降沿，向 8243 送操作码和口地址码
ORL   P1，#0FH          ；为自 P1 口低 4 位输入数据作准备，此时 8243P6 口数据
                         已反映到 P1 口低 4 位
MOV   A，P1             ；自 P1 口低 4 位读入 8243P6 口数据，此时 A7、A6、A5 为
                         自 P1.7、P1.6、P1.5 输入的数据，A4 与 P1.4 相同，为
                         低电平
SETB  P1.4             ；读 P6 口操作已结束，重置 PROG 高电平
```

（2）写 P7 口程序：

```
MOV   P1，#11110111B   ；P1.3、P1.2 为 01，是写口码；P1.1、P1.0 为 11，是 P7
                         口码；P1.4 为 1，置 PROG 高电平
CLR   P1.4             ；生成 PROG 下降沿，向 8243 送操作码与口地址码
ORL   A，#F0H           ；A 的低 4 位保留待输出数据，A 的高 4 位置 1，为后面与
                         指令执行后 P1 高 4 位状态不变作准备
ORL   P1，#0FH          ；P1 高 4 位不变；P1 低 4 位置 1，为下条与指令自 A 向 P1
                         送数作准备
ANL   P1，A             ；P1 高 4 位不变；A 的低 4 位数据送到 P1 低 4 位，并自 P1
                         低 4 位写入 8243P7 口
SETB  P1.4             ；写 P7 口操作已结束，重置 PROG 为高电平
```

四、用串行接口的扩展

MCS-51 系列单片机的串行接口有 4 种工作方式，当处串行方式 0 时，成为一个同步移位寄存器，能用于扩展并行输入/输出口。此时自单片机外设并行输入的数据信息经 CMOS 芯片 4014（8 位平行输入/串行输出移位寄存器）转换成串行数据后由单片机 P3.0 引脚接收；或自 P3.0 发送串行数据，经 CMOS 芯片 4094（8 位串行输入/并行输出移位寄存器）转换成并行数据后对外设输出。与此配合，P3.1 引脚用于

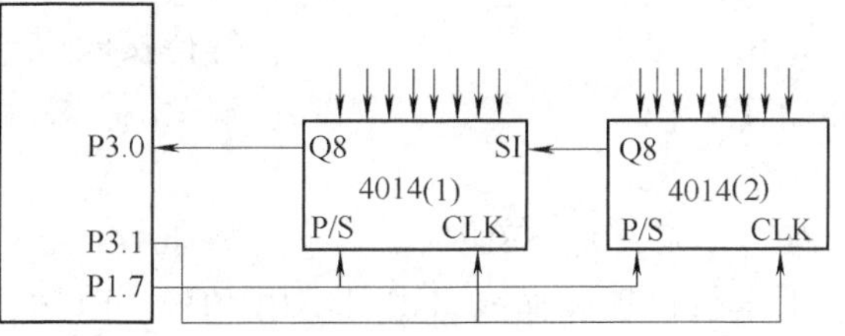

图 4-49　用串行口扩展输入口的电路

送出时钟脉冲，另占用一个 I/O 引脚（图中为 P1.7）作并行、串行选择。

采用串行接口扩展并行 I/O 接口，每添用一片 4014 芯片，将增加 8 个输入端；每添用一片 4094 芯片，将增加 8 个输出端。但数据信息必须串行输入到单片机或自单片机输出，多用 4014、4094 后虽可扩展很多 I/O 端，输入/输出的速度却明显减慢。

1. 用串行接口扩展输入口

图 4-49 是用串行口扩展输入口的电路，串行口工作于串行方式 0 的接收状态。该图用了两片 4014，共扩展了 16 个输入端。

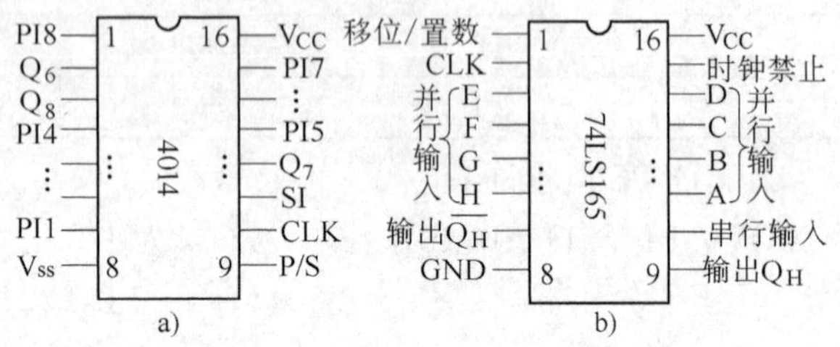

图 4-50　8 位并行输入/串行输出移位寄存器芯片的引脚图

4014 有 16 个引脚，见图 4-50 所示，其中 V_{CC}、V_{SS} 是电源端，PI1 ~ PI8 是 8 个并行输入端，S1 是串行数据输入端，CLK 是时钟脉冲端，Q_8、Q_7、Q_6 是移位寄存器高 3 位的输出端，P/S 是并/串选择端，时钟脉冲既用于串行移位，也用于数据并行置入。P/S 高电平时并行数据可置入 4014；低电平时 4014 可串行移位。

下面针对图 4-49，示出了自扩展的 16 个输入端输入数据信息的程序，假设 16 位数据信息输入后储于片内 RAM30H、31H 二单元。

```
SETB  P1.7             ; 置 4014 于并行输入工作方式
CLR   P3.1
SETB  P3.1             ; 以上两条给 4014CLK 端送脉冲上升沿，使并行数据得以
                         进入 4014。注意此时尚未起动接收，P3.1 还未有 CLK 脉
                         冲输出。
CLR   P1.7             ; 置 4014 于串行移位工作方式
MOV   SCON，#00010000B ; 置串行口控制寄存器，置串行方式 0 并起动接收
JNB   RI，$            ; 接收完毕 RI 将被置位，故本条为查询，等待接收完毕
CLR   RI               ; 接受完毕后清 RI 标志
MOV   R0，#30H
MOV   @R0，SBUF        ; 以上两条为将接收到的 8 位数据信息送入片内 RAM30H
                         单元
MOV   SCON，#00010000B ; 再起动接收，接收 4014（2）的 8 位数据信息
JNB   RI，$            ; 等待接收完毕
CLR   RI               ; 清 RI 标志
INC   R0
MOV   @R0，SBUF        ; 将 4014（2）信息送入片内 RAM31 单元
```

用串行口扩展输入口也可不用 4014，改用 TTL 芯片 74LS165。后者的引脚图见图 4-50b。

应用 74LS165 时，时钟禁止端接低电平；移位/置数端将代替 4014 的 P/S 端，不同的是现在高电平时是串行移位，低电平时是平行输入置数；串行移位仍在时钟脉冲的上升沿时实现，但并行数据进入与时钟脉冲无关。

2. 用串行接口扩展输出口

图 4-51 是用串行接口扩展输出口的电路，串行接口工作于串行方式 0 的发送状态。该图用了两片 4094，共扩展了 16 个输出端。

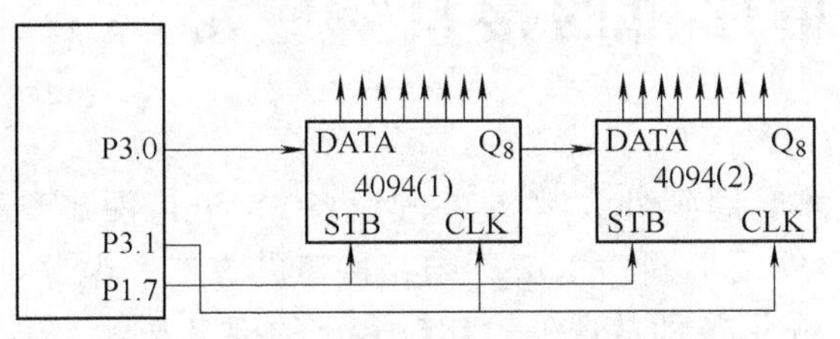

图 4-51 用串行口扩展输出口的电路

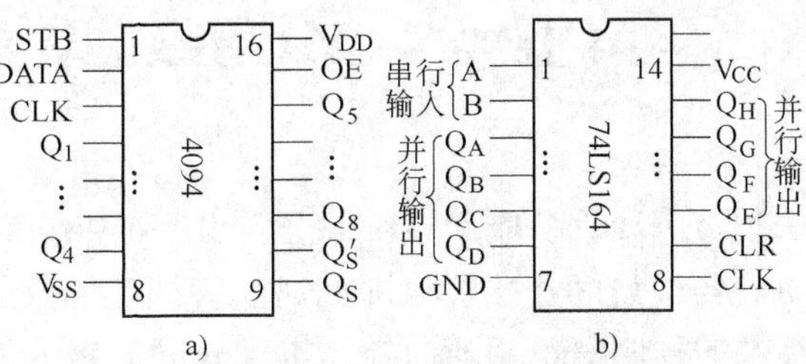

图 4-52 8 位串行输入/并行输出移位寄存器芯片的引脚图

4094 有 16 个引脚，见图 4-52a。其中 V_{DD}、V_{SS}是电源端，$Q_1 \sim Q_8$ 是 8 个并行输出端，DATA 是串行数据输入端，CLK 是时钟脉冲端，Q_S、Q'_S 是移位寄存器最高位输出端，前者在 CLK 上升沿时输出，下降沿时不变，后者反之，OE 是平行输出允许端，STB 是选通脉冲端。时钟脉冲既用于串行移位，也用于数据平行输出。STB 高电平时 4094 选通串行移位，在 CLK 上升沿时 4094 串行输入、移位、且并行输出，但 OE 端应接高电平（图 4-51 中未示出）。

下面针对图 4-51，示出了向扩展的 16 个输出端输出数据信息的程序，假设 16 位数据信息输出前储于片内 RAM30H、31H 二单元。

```
SETB  P1.7            ；置 4094 于选通、即工作方式
MOV   SCON，#00H      ；置串行口控制寄存器，置串行方式 0
MOV   R0，#31H
MOV   SBUF，@R0       ；将片内 RAM31H 单元内容送 SBUF 发送。本条还起起动
                        发送作用，P3.1 端开始有 CLK 脉冲输出
JNB   TI，$           ；发送完毕 TI 将被置位，故本条为查询，等待发送完毕
CLR   TI              ；发送完毕后清 TI 标志
DEC   R0
MOV   SBUF，@R0       ；再起动发送，发送片内 RAM30 单元内容
JNB   TI，$           ；等待发送完毕
CLR   TI              ；清 TI 标志
```

最后，4094（2）输出片内 RAM31H 单元的内容，4094（1）输出片内 RAM30H 单元的内容。

用串行接口扩展输出口也可不用 4094，改用 TTL 芯片 74LS164。后者的引脚图见图 4-52b。

应用 74LS164 时，A、B 两端并接后接受单片机 P3.0 送来的串行数据，它与 4094 一样，在串行输入的整个过程中，并行输出端的状态将不断变化，必要时，需再添用输出可控的缓冲级；与图 4-51 比较，除 P3.0、P3.1 外，仍要另占用一个 I/O 引脚，但接 74LS164 的清除端，很明显这一引脚平时应置高电平；串行移位仍在时钟脉冲的上升沿时实现。

第五章　MCS-51 系列单片机的接口与应用

每个计算机应用系统除了 CPU 和内存外、都要用到外设（即外围设备），于是便出现 CPU 与外设间连接、也即如何妥善接口的问题。外设不同，用法不同，接口的方法、电路、涉及的程序等也相随而异。本章先简后繁，依次介绍各种常遇外设比较多见的接口安排；再在这基础上，列举几个单片机应用的实例。

第一节　扳键开关、拨盘开关、按钮、键盘与单片机的接口

一、扳键开关与单片机的接口

应用扳键开关或钮子开关类器件可将高电平或低电平经单片机的 I/O 引脚置入单片机，以实现操作分档、参数设定等人机联系的功能。

图 5-1 与后随的程序是扳键类开关应用的示例：根据 S1 ~ S8 开关中那一个引入高电平而转去执行相应的工作程序。因比较简单，读者不难自行看懂。各开关通过扩展输入口 74LS244 与 8031 的 P0 口连接：开关合上时将向 P0 口的相应引脚送低电平；反之，开关打开时送高电平。

```
        ；读扳键开关状态程序段
        CLR     P1.0        ；准备选通和读入 S1 ~ S8 状态信息
        MOVX    A，@ R0     ；自 P0 口读入 S1 ~ S8 状态信息，需要的只是RD信
                              号，（R0）可为随机值，并无实际意义
        RRC     A
        JNC     KS1         ；P0.0 如置为低电平，转 KS1
        LJMP    KF1         ；P0.0 如置为高电平，转 KF1 执行相应工作程序
KS1：   RRC     A
        JNC     KS2         ；P0.1 如置为低电平，转 KS2
        LJMP    KF2         ；P0.1 如置为高电平，执行 KF2 为首址的工作程序
KS2：   RRC     A
        JNC     KS3
        LJMP    KF3         ；转去执行 KF3 为首址的工作程序
KS3：   RRC     A
        JNC     KS4
        LJMP    KF4         ；转 KF4 工作程序
KS4：   RRC     A
        JNC     KS5
        LJMP    KF5
KS5：   RRC     A
```

```
         JNC     KS6
         LJMP    KF6
KS6:     RRC     A
         JNC     KS7
         LJMP    KF7
KS7:     RRC     A
         JNC     ELSE
         LJMP    KF8
ELSE:
           ⋮
```

二、拨盘开关与单片机的接口

1. 拨盘开关

拨盘开关有多种，常见的是 BCD 码拨盘开关，见图 5-2。拨动正面的拨盘，可置定一十进制数（在开关正面将显示该数），并转换成 BCD 码（呈现在背面 8、4、2、1 引脚上），而输入计算机。用于参数设定，非常直观、方便。

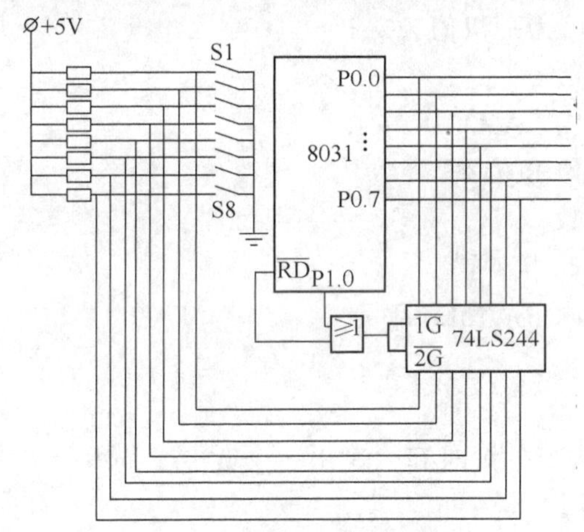

图 5-1　扳键开关应用示例

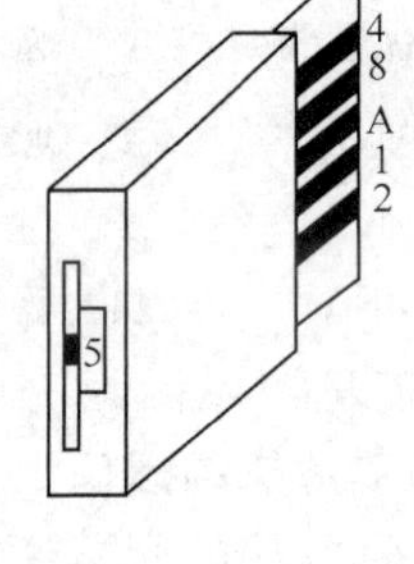

图 5-2　BCD 码拨盘开关

在 BCD 码拨盘开关中，引脚 A 一般接高电平，8、4、2、1 四个引脚原来是低电平；当置定某十进制数时，拨盘的转动将使引脚 A 与 8、4、2、1 四个引脚有一定的接通关系，与引脚 A 接通的将改出高电平，不与引脚 A 接通的仍出低电平，从而转换成与该十进制数相当的 BCD 码，见表 5-1。

当然也可反过来接，即引脚 A 接低电平，8、4、2、1 四个引脚原来是高电平；然后与 A 接通的引脚反而出低电平，不与 A 接通的引脚仍旧出高电平，这样得到的是与十进制数相当的 BCD 码的反码。将所得的码置反后一样得正确的 BCD 码。这种接法也比较多见。

如要将一 n 位十进制数置入计算机，一般要应用 n 片拨盘开关，并列在一起，组合成一个拨盘开关组。

2. 拨盘开关应用实例

图 5-3 与后随的程序是拨盘开关应用的示例：通过拨盘开关将 2 位十进制数置入单片机，其十位数与个位数读入后将分别暂存于片内 RAM 的 21H、20H 单元。

表 5-1

十进制数	BCD 码			
	"8" 引脚	"4" 引脚	"2" 引脚	"1" 引脚
0	0	0	0	0
1	0	0	0	1
2	0	0	1	0
3	0	0	1	1
4	0	1	0	0
5	0	1	0	1
6	0	1	1	0
7	0	1	1	1
8	1	0	0	0
9	1	0	0	1

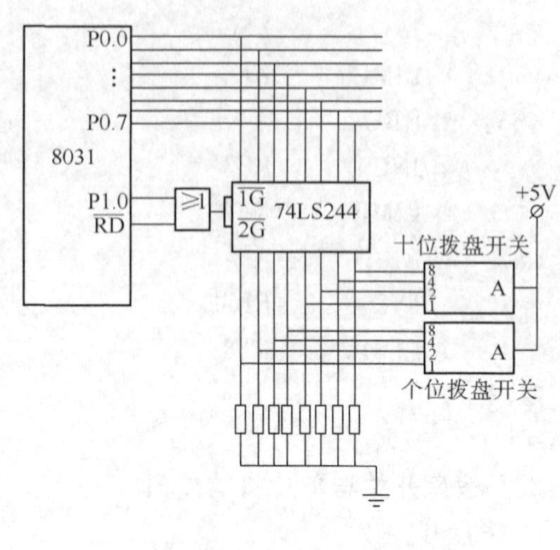

图 5-3 拨盘开关应用示例

```
READ:   CLR     P1.0        ; 准备选通和读入 2 位 BCD 码
        MOVX    A, @R0      ; 自 P0 口读入 2 位 BCD 码, 需要的只是RD信号,
                            (R0) 可为随机值
        ANL     A, #0FH     ; 取个位数
        MOV     20H, A      ; 存入片内 RAM20H 单元
        MOVX    A, @R0      ; 重读 2 位 BCD 码
        ANL     A, #0F0H    ; 取十位数
        SWAP    A           ; 调整到低半字节
        MOV     21H, A      ; 存入片内 RAM21H 单元
        RET
```

三、按钮与单片机的接口

按钮也是一种常用的元器件，它可以在人手按下的短时间内送出一个改变了的电平，待手松按后则恢复为原来的电平。由于按钮按合时其机械动作有一个弹跳、抖动过程，实际效果好象是反复重按了多次，这一情况人的肉眼不易看清，计算机却能辨识。于是出错的输入信号将导致完全错误、甚至非常严重的后果。所以应用按钮时常需考虑消抖措施。

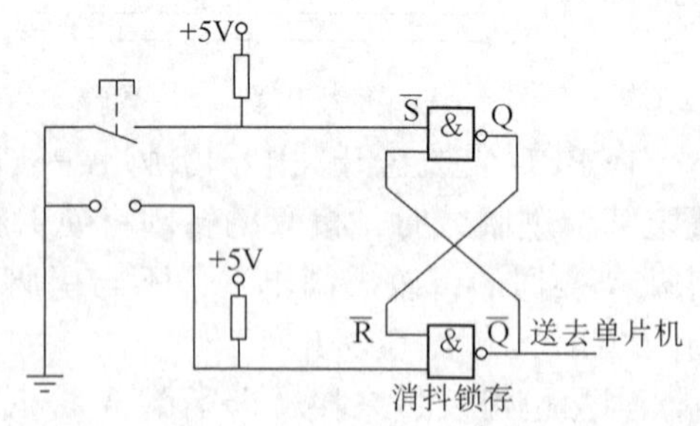

图 5-4 按钮应用示例

图 5-4 是从硬件角度常用的按钮消抖措施：通过一$\overline{RS}$触发器来将按钮送出的信号消抖锁存，由于按钮在两个触点间抖动时，$\overline{R}$、$\overline{S}$端均为 1，触发器的状态不变，所以经$\overline{RS}$触发器送出的电平便不再受按钮按合时抖动的影响。

四、键盘与单片机的接口

一个单一的按键开关，其结构、原理与具体应用和按钮是十分相似的。然而常见的是将许多按键开关组合在一起、成为一个"键盘"来使用。它是人与计算机联系的重要手段，借以可向计算机系统输入（常称键入）程序、置数、送操作命令、控制程序的执行走向等，所以使用非常广泛。

应用键盘时，要经常查看有未按键；若有键被按，则要辨别是按的那一键，并转去执行与赋予该键的功能相应的处理程序。

1. 键盘工作原理

按键组合成键盘后常排列成矩阵的形式，称为矩阵式键盘或行列式键盘，例如 2 ×8 键盘、4 ×4 键盘、4 ×8 键盘、8 ×8 键盘等。以 2 ×8 键盘为例，它共有 2 ×8 =16 个按键；若以 2 为行，8 为列，每个行、列交叉处跨接以一个按键，则刚好是 16 个按键。

可采用“扫描”的办法查看键盘中有无按键按下以及所按是哪一个键，其原理见图 5-5。先对各行线都送以低电平（称为“全扫描”），若读回各列线的电平值仍为全 1，便说明未曾按过按键；若某列出现低电平，则说明跨接到该列的按键已有按下，因此使行线上的低电平引入到列线。要辨别是该列的哪个按键被按，需进一步通过“逐行扫描”（逐行送低电平）、查看各列线电平值来鉴别。

应用键盘的单片机系统为了能及时地响应键操作，需经常对键盘进行扫描。究竟在何时扫描，可以有不同的安排。有的在主程序循环执行的过程中作为内容之一附带进行；有的按时间定时（用定时器/计数器定时）进行；也有的在有按键按下的同时将申请外部中断，而只在 CPU 响应并进入这一外部中断服务程序后才进行。

2. 键盘应用示例

键盘的应用相当多样。除安排在何时扫描有不同外，如何解决按合“抖动”、如何做到“每按键 1 次只响应 1 次”、如何实现“一键多功能”（较普遍的是一键承担两种功能）、以至如何编键号、如何防止“两键同按”或“数键同按”、…，考虑的问题较多，采用的方法也不一。图 5-6 所举只是键盘应用的一个示例，帮助读者入门。设计单片机应用系统用到键盘时宜进一步参阅专门阐述单片机接口技术的书籍，根据要求恰当地择定硬件电路并编制相应程序。

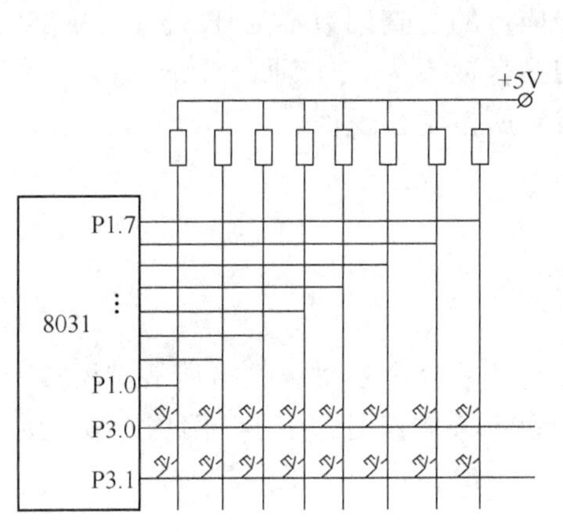

图 5-5　键盘工作原理

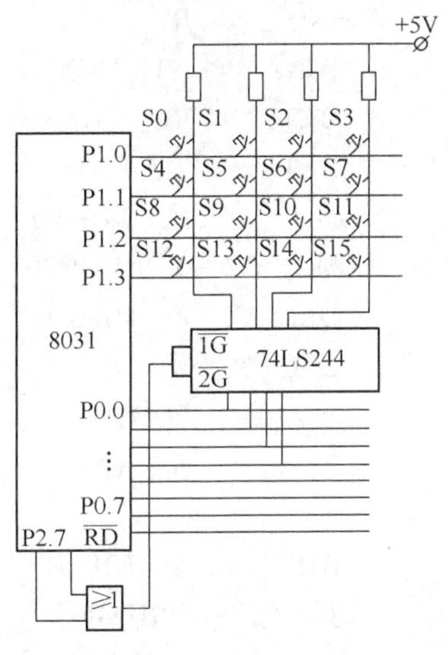

图 5-6　键盘应用示例

在图 5-6 中，用了一个 4×4 键盘。设：S0～S9 键为 0～9 数字键、用于对计算机系统输入数据；S10～S15 键为命令键，用于对计算机系统送操作命令；每键只 1 个功能；行线接 P1 口的低 4 位；列线电平经 74LS244 扩展输入口读入 P0 口低 4 位；键号编法与各键排列以图示为准。与这相应的键盘扫描程序如下：

```
        ；键盘扫描程序
KEY：   MOV    DPTR，#7FFFH   ；准备选通和读回键盘各列线电平值
        MOV    P1，#0F0H      ；全扫描，各行线都送低电平
        MOVX   A，@DPTR       ；通过 74LS244 读回各列线电平值
        ORL    A，#0F0H       ；要读的只是自 P0 口输入的低 4 位
        CPL    A              ；所读值置反
        JNZ    IN             ；（A）不是全 0 说明有键被按，转 IN
        RET                   ；无键被按，返回
IN：    ACALL  DELAY          ；调延时 20ms 子程序，等待按合抖动过去
        MOV    R2，#04H       ；R2 作计数器，存待扫描行数
        MOV    R4，#7FH       ；R4 作指针，指示待扫描行
        MOV    R7，#0；       ；R7 用于决定键号，初值置以 0
SCAN：  MOV    A，R4
        RL     A
        MOV    R4，A          ；以上三条调整待扫描行
        MOV    P1，A          ；逐行扫描，被扫描行送低电平
        MOVX   A，@DPTR       ；通过 74LS244 读回各列线电平值
        MOV    R3，#04H       ；R3 作计数器，存被扫描行的待查列数
NEXT：  RRC    A              ；调整待查列
        JNC    FIND           ；被查列为低电平，被按键找到，转 FIND
        INC    R7             ；未找到，键号加 1
        DJNZ   R3，NEXT       ；被扫描行的待查列数不为 0，转回 NEXT
        DJNZ   R2，SCAN       ；待扫描行数不为 0，转回 SCAN
        RET                   ；未找到所按键，返回
FIND：  MOV    P1，#0F0H
LOOSEN：MOVX   A，@DPTR
        ORL    A，#0F0H
        CPL    A
        JNZ    LOOSEN         ；以上几条重复全扫描，等待所按键松按
        MOV    A，R7          ；松按后才考虑键处理，保证每按键一次，只
                              键处理一次，本条为取所按键号
        ADD    A，#0F6H
        JC     ORDER          ；键号>9，是命令键，转 ORDER，执行命令
                              键处理程序
        LJMP   NUMBER         ；键号≤9，是数字键，转 NUMBER，执行数字
```

键处理程序

```
NUMBER：
        ⋮
        RET
ORDER：
        ⋮
        RET
```

图 5-7 是上列程序的流程粗框图。

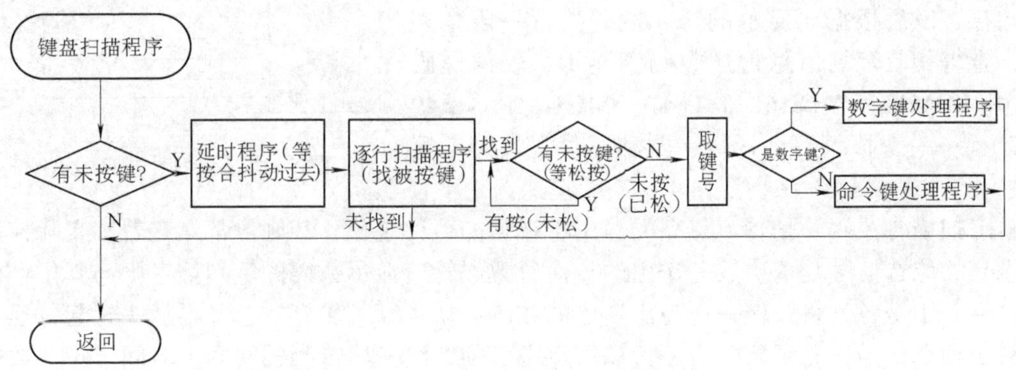

图 5-7　上列键盘扫描子程序的流程粗框图

第二节　显示器与单片机的接口

上节述及的键盘等器件是单片机应用系统普遍使用的输入器件，本节所述的显示器件则是普遍使用的输出器件。显示器件中最常用的是 LED（发光二极管）和 LED 数码管，前者多用于信号指示，后者可用于数据输出，它们有足够的亮度，耗电与发热均很少，并可在单一 +5V 电源下工作。

一、LED 与单片机的接口

图 5-8 是 LED 信号灯的应用示例。对于输入器件，常通过扩展输入口与单片机连接（见上节）；对于输出器件，则常通过扩展输出口与单片机连接。本例 LED 通过 74LS377 芯片与单片机接口。

要点亮图 5-8 中信号灯，可应用下列程序段：

```
MOV     DPTR#0BFFFH         ；准备选通扩展口和输出控制信息
SETB    A. 0                ；准备点亮图上信号灯
MOVX    @ DPTR，A           ；自 P0 口经 74LS377 输出点亮信号灯的控制信息
```

反之，要熄灭该灯，则在 DPTR 内容未变的条件下，应用下列两条命令：

```
CLR     A. 0
MOVX    @ DPTR，A
```

二、LED 数码管与单片机的接口

前面第三章例 3-21 便是 LED 数码管与单片机接口的一个示例。但是 LED 数码管显示还

有所用数码管是共阴管、还是共阳管，由数码转换为笔划信息借软件译码、还是硬件译码，以及显示扫描采用动态扫描、还是静态扫描等种种区别。

采用共阴极数码管还是共阳极数码管没有太明显的优、缺点，然而与同一数码对应的笔划信息码往往相互是置反的关系。例如0、1、2、3、…的笔划信息码可能不是表3-10所示的3FH、06H、5BH、4FH、…，而改变为C0H、F9H、A4H、B0H、99H、…。

软件译码是将各数码的笔划信息构成一个表格预储于内存，以后根据要显示的每一数码执行一段查表程序，查得相应笔划信息再送数码管显示；硬件译码则采用CD4511、74LS46、74LS47、74LS48、74LS49等BCD码——7段锁存、译码、驱动芯片直接译出笔划信息。

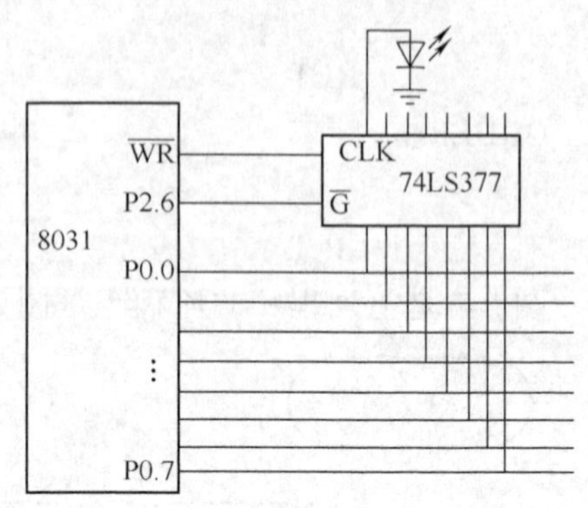

图5-8　LED信号灯应用示例

动态扫描各数码管是轮流点亮的，由于视觉的暂留现象，却好像都点亮着。实际控制数码管点亮的位选信号是依次逐一送出的，而每数码管应显示数码的笔划信息则与其位选信号同时送给，于是各管将按序一一亮出自己的数码；待各管都轮到后，又再从头轮起，反复不已。对于动态扫描，轮到某管、等待该管点亮必须留给一段恰当的时间。时间过短，数码管来不及点亮；时间过长，其他数码管将熄灭、不能显示。静态扫描无位选信号，各数码管是同时点亮的；每数码管应显示数码的笔划信息也分路同时送给。其原理比较简单。静态扫描编程容易，显示比较清晰，亮度一般较高；但要求占用很多I/O接口线和增用不少硬件芯片，成本较高。因此，动态扫描用得更多。

图5-9是LED数码管静态扫描显示应用示例。对于静态扫描，往往配用硬件译码。该图共显示4位BCD码，采用共阴极LED数码管，并设待显示的十位、个位BCD码存于片内RAM 30H单元，千位、百位BCD码存于片内RAM31H单元。

图5-9所示数码管应用示例的显示程序为

```
DISP:   MOV     R0，#30H
        MOV     A，@R0          ；取十位、个位BCD码
        MOV     DPTR，#7FFFH    ；准备选中74LS377（1）
        MOVX    @DPTR，A        ；显示十位、个位BCD码
        INC     R0
        MOV     A，@R0          ；取千位、百位BCD码
        MOV     DPTR，#BFFFH    ；准备选中74LS377（2）
        MOVX    @DPTR，A        ；显示千位、百位BCD码
        RET
```

图5-10是LED数码管动态扫描显示应用示例。该例通过多功能芯片8155扩展I/O接口；采用软件译码；也显示4位BCD码；也用共阴极数码管；并设待显示的十位、个位BCD码和千位、百位BCD码也分别存于片内RAM 30H、31H单元。

另外，设显示的动态扫描按时间定时进行，每20ms扫描一次，用定时器/计数器0定时，令其工作于方式1的定时器方式，则相应的显示程序为

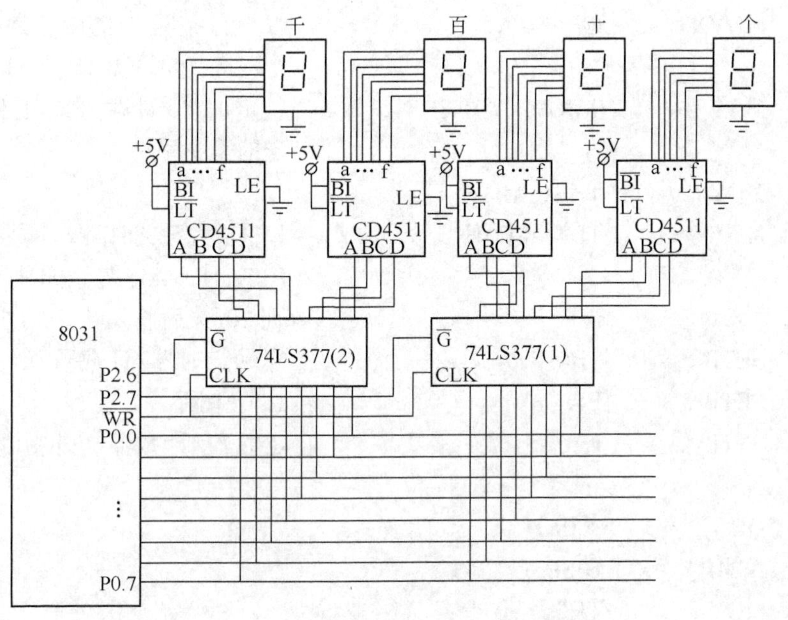

图 5-9　LED 数码管静态扫描显示应用示例

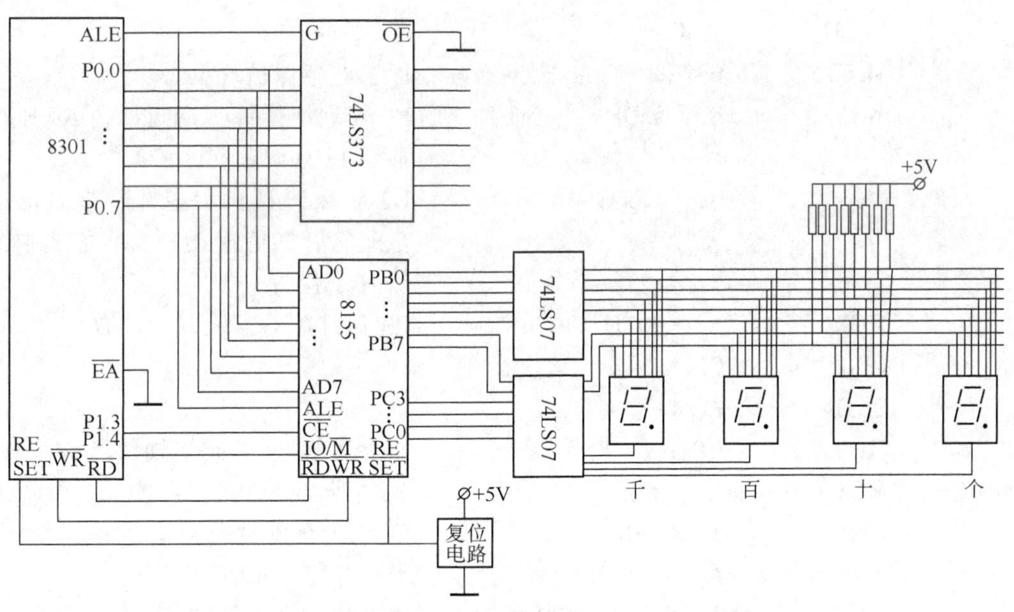

图 5-10　LED 数码管动态扫描显示应用示例

```
；主程序
            ⋮
CLR         P1.3
SETB        P1.4                ；以上两条选中 8155I/O
MOV         R1，#00H
MOV         A，#0EH
```

```
        MOVX    @R1, A          ; 以上三条写8155C/S寄存器，规定其
                                  A口为输入，B口、C口均为输出
        MOV     TMOD, #01H      ; 置定时器/计数器0工作于方式1的
                                  定时器方式
        MOV     TH0, #B1H
        MOV     TL0, #E0H       ; 以上两条定时器/计数器0预置数，
                                  B1E0H = 45536，如用12MHz晶振，
                                  则20ms后将溢出申请中断
        SETB    TR0             ; 起动定时器/计数器0
        SETB    EA              ; 总开中断
        SETB    ET0             ; 定时器/计数器0开中断
                ⋮
        ORG     000BH
        AJMP    DISP
DISP:   MOV     TH0, #B1H;
        MOV     TL0, #E0H;      ; 以上两条定时器/计数器0重新置数
        PUSH    A
        PUSH    PSW
        SETB    PSW.3           ; 以上三条保护现场
        MOV     R0, #30H        ; R0作地址指针，指向片内RAM存待
                                  显示BCD码单元
        MOV     R2, #FEH        ; R2作数码管显示指针，指向待显示
                                  数码管，初值置01H，准备选中最右
                                  管（个位管）
        MOV     R3, #02H        ; R3作计数器，设置循环数
        CLR     P1.3
        SETB    P1.4
        MOV     DPTR, #TAB      ; TAB为0~9数码笔划信息表首址
LOOP:   MOV     R1, #02H        ; R1指向8155PB寄存器
        MOV     A, @R0          ; 取待显示BCD码数据
        ANL     A, #0FH         ; 留低半字节BCD码
        MOVC    A, @A+DPTR      ; 查表得相应笔划信息
        MOVX    @R1, A          ; 自8155B口输出上述笔划信息
        MOV     R1, #03H        ; R1指向8155PC寄存器
        MOV     A, R2
        MOVX    @R1, A          ; 以上两条自8155C口输出、选中待显
                                  示数码管
        ACALL   DELAY           ; 调延时2ms子程序，使数码管亮出
        RL      A
```

```
        MOV     R2, A           ; 以上两条调整数码管显示指针
        MOV     R1, #02H        ; R1 指向 8155PB 寄存器
        MOV     A, @R0          ; 取待显示 BCD 码数据
        SWAP    A
        ANL     A, #0FH         ; 以上两条实际是留高半字节 BCD 码
        MOVC    A, @A+DPTR
        MOVX    @R1, A          ; 以上两条自 8155B 口输出高半字节
                                  BCD 码相应笔划信息
        MOV     R1, #03H
        MOV     A, R2
        MOVX    @R1, A          ; 以上三条自 8155C 口输出、选中待显
                                  示数码管
        ACALL   DELAY
        RL      A
        MOV     R2, A           ; 再调整数码管显示指针
        INC     R0              ; 调整地址指针
        DJNZ    R3, LOOP        ; 循环数未到，转回 LOOP
        MOV     A, #FFH
        MOVX    @R1, A          ; 以上两条自 8155C 口输出、关各数码
                                  管
        POP     PSW
        POP     A               ; 以上两条恢复现场
        RETI
TAB:    DB      3FH
        DB      06H
        DB      5BH
        DB      4FH
        DB      66H
        DB      6DH
        DB      7DH
        DB      07H
        DB      7FH
        DB      67H
```

三、8279 芯片

8279 是一种可编程的键盘/显示器接口芯片，用得比较多。它含键盘输入和显示输出两种功能。键盘输入时它提供自动扫描，能与 64 个按键或传感器组成的矩阵相连，接收输入信息，存入先进先出（FIFO）/传感器 RAM；显示输出时它有一个 16×8 位显示 RAM，其内容通过自动扫描，可由 8 或 16 位 LED 数码管显示。

8279 有 40 个引脚，其引脚图见图 5-11，各引脚的功能见表 5-2，其内部结构见图 5-12。

1. 8279 芯片各主要部件介绍

(1) 数据总线缓冲器和I/O控制　双向、三态的数据总线缓冲器用于与单片机的数据总线相连。当$\overline{CS}$、$\overline{RD}$为低时，数据总线缓冲器信息送 D_7 ~ D_0；当$\overline{CS}$、$\overline{WR}$为低时，D_7 ~ D_0 上信息写入数据总线缓冲器。当 $A_0=1$，读向 CPU 的是状态字，自 CPU 写入的是命令字；当 $A_0=0$，读、写的都是数据。

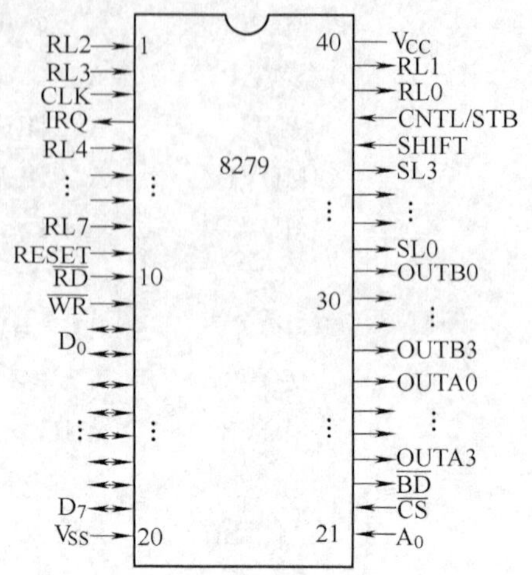

图 5-11　8279 芯片的引脚图

(2) 控制及定时寄存器和控制及定时　控制及定时寄存器用于寄存 CPU 送来的命令字，再通过译码产生相应的控制信号。定时是在对 CLK 端输入的外部时钟频率 N 分频、得到 100kHz 的内部定时脉冲的基础上，进一步给出 5.1ms 的键盘扫描时间、10.3ms 的消抖时间和显示扫描时间。

(3) 扫描计数器　它有两种工作方式。一种是编码方式，需由外部译码器对扫描输出端 SL3 ~ SL0 上的二进制计数进行译码，以产生对键盘或显示器的扫描信号；另一种是译码方式，在内部对计数器低两位译码后再送 SL3 ~ SL0 输出，可作为 4 × 8 键盘和 4 位显示器的扫描信号。

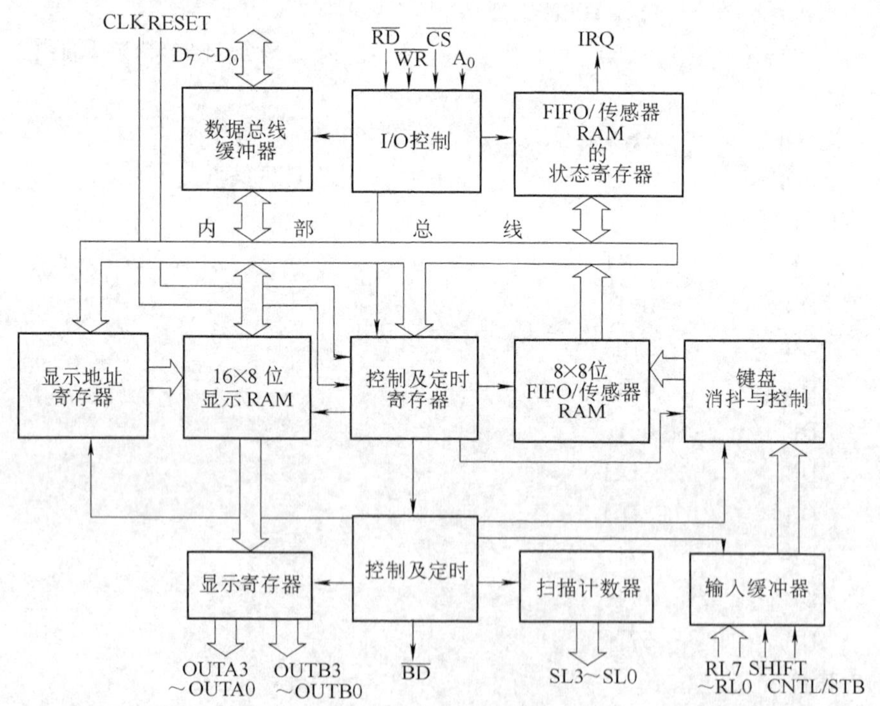

图 5-12　8279 芯片的内部结构图

(4) 输入缓冲器和键盘消抖控制　输入缓冲器用于锁存 RL7 ~ RL0 上的信息。键盘工作方式时，当搜索到闭合键，等待 10.3ms，若该键仍闭合，则将该键所在的行、列号和 SHIFT、CNTL 键状态都写入 FIFO/传感器 RAM。传感器方式时，则直接将扫描时 RL7 ~ RL0

上信息写入 FIFO/传感器 RAM。8279 还可工作于选通方式，此时由选通信号 STB 的上升沿将 RL7 ~ RL0 上信息写入 FIFO/传感器 RAM。

表 5-2

引脚符号	引脚号	引脚名称与功能
V_{CC}	40	电源的 +5V 端
V_{SS}	20	电源的 0V 端（参考地）
RESET	9	复位信号输入端
$\overline{RD}$	10	读信号输入端
$\overline{WR}$	11	写信号输入端
A_0	21	系统地址总线最低位输入端
$\overline{CS}$	22	片选端
CLR	3	时钟输入端
IRQ	4	中断请求信号输出端
$D_7 \sim D_0$	19 ~ 12	双向数据总线，在 CPU 与 8279 间传送命令、状态与数据
SL3 ~ SL0	35 ~ 32	扫描输出端，对键盘/传感器矩阵和显示器进行扫描
RL7 ~ RL0	8 ~ 5、2、1、39、38	键盘/传感器矩阵的信息输入端
SHIFT	36	换档输入端，使键盘上每键有上、下两档不同的功能。传感器方式和选通方式时，该信号无效
CNTL/STB	37	控制/选通输入端，高电平有效。键盘工作方式时，是控制端；选通输入方式时，是选通端；传感器方式时，该信号无效
OUTA3 ~ OUTA0	24 ~ 27	A 组显示信息输出端。与 B 组显示信息输出端一样，都是 16 × 4 显示寄存器的输出端。两组可独立使用，也可合并使用。合并使用时，A 组为高 4 位，B 组为低 4 位
OUTB3 ~ OUTB0	28 ~ 31	B 组显示信息输出端
$\overline{BD}$	23	显示消隐输出端，低电平有效。消隐命令时，或显示信息切换时，使显示消隐（不亮）

（5）FIFO/传感器 RAM 和它的状态寄存器　该 RAM 有 8 个单位。在键盘和选通方式时，按写入的次序，也即先进先出的原则读出。它的状态寄存器存放状态字，用以指出此 RAM 中存放的字符数，是否出错以及溢出、空、满等信息。RAM 中有数据时，IRQ 变高。在传感器方式时，RAM 的每一单元存放传感器矩阵中相应列的状态信息；当某一传感器状态有变化，IRQ 变高。

（6）显示 RAM 和显示地址寄存器　该 RAM 有 16 个单元，用于存放要显示的笔划信息。它的地址寄存器存放由 CPU 正在读或写该 RAM 某单元的地址，或正在显示的两个半字节的地址。

2. 由 CPU 向 8279 写入的 8 种命令字

（1）方式命令字　用于设定 8279 的工作方式。它的 D_7、D_6、D_5 = 000，是该命令字的特征位。D_4、D_3 用于设定显示部分工作方式。D_2、D_1、D_0 用于设定键盘部分工作方式。详见表 5-3 和表 5-4。

表 5-3

D_4	D_3	显示工作方式
0	0	显示 8 个字符，显示信息左起写入显示 RAM
0	1	显示 16 个字符，显示信息左起写入显示 RAM
1	0	显示 8 个字符，显示信息右起写入显示 RAM
1	1	显示 16 个字符，显示信息右起写入显示 RAM

表 5-4

D_2	D_1	D_0	键盘工作方式
0	0	0	编码扫描键盘，双键封锁
0	0	1	译码扫描键盘，N 键依次读出
0	1	0	编码扫描键盘，双键封锁
0	1	1	译码扫描键盘，N 键依次读出
1	0	0	编码扫描传感器矩阵
1	0	1	译码扫描传感器矩阵
1	1	0	选通输入，编码扫描显示器
1	1	0	选通输入，译码扫描显示器

双键封锁和 N 键依次读出是两种保护方式：前者当双键同按时，只在其中另一键松开时，该键的按合才有效；后者当 N 键同按时，将根据扫描发现的顺序依次读送到 FIFO/传感器 RAM。

8279 复位后，该命令字为 08H。

（2）分频命令字　用于设定分频系数 N。它的 D_7、D_6、$D_5=001$，是特征位。$D_4 \sim D_0$ 是 N 的值，可以是 1 ~ 31。

8279 复位后，该命令字为 3FH。

（3）读 FIFO/传感器 RAM 命令字　在读 FIFO/传感器 RAM 中的数据前，必须先写入此命令字。它的 D_7、D_6、$D_5=010$，是特征位。D_3 无意义。D_2、D_1、D_0 是要读的起始地址。$D_4=1$，每次读出后地址自动加 1，以便依次读出；$D_4=0$，则只读一个单元。

（4）读显示 RAM 命令字　在读显示 RAM 中的数据前，必须先写入此命令字。它的 D_7、D_6、$D_5=011$，是特征位。D_3、D_2、D_1、D_0 是要读的起始地址。与上一命令字一样：$D_4=1$，每次读出后地址可自动加 1。

（5）写显示 RAM 命令字　在写显示 RAM 中的数据前，必须先写入此命令字。它的 D_7、D_6、$D_5=100$，是特征位。D_3、D_2、D_1、D_0 是要写的起始地址。若 $D_4=1$，则每次写入后地址自动加 1。

（6）屏蔽与消隐命令字　需要改写显示 RAM 中某单元的半个字节，而要求不影响、即屏蔽它的另半个字节时要写入此命令字；需要使显示熄灭、即消隐时也要写入此命令字。它的 D_7、D_6、$D_5=101$，是特征位。D_4 无意义。D_3 为 1 与 D_2 为 1 分别可屏蔽高半字节与低半字节。D_1 为 1 与 D_0 为 1 分别可消隐高半字节与低半字节。

（7）清除命令字　在需要清除 RAM 中内容等情况下，写入此命令字。它的 D_7、D_6、$D_5=110$，是特征位。D_4、D_3、D_2 是显示 RAM 的清除位：D_4、D_3、$D_2=10\times$，显示 RAM 全部清零；D_4、D_3、$D_2=110$，显示 RAM 全清成 20H；D_4、D_3、$D_2=111$，显示 RAM 全部置 1；$D_4=0$，若 $D_0=0$，将不清除。D_0 是总清位：$D_0=1$，8279 的 RAM 便总清。D_1 是 FIFO/

传感器 RAM 的清除位：$D_1=1$，便清除；且使 IRQ 端复位和使该 RAM 的读出地址被置为零。

（8）结束中断/设定出错命令字　它有两种功能。在传感器方式时，若读 FIFO/传感器 RAM 命令字的 $D_4=1$，则 CPU 读这一 RAM 后，需依赖本命令字才能使 IRQ 回低，即结束中断。另外，在 N 键依次读出方式时，若写入本命令字，且它的 $D_4=1$，则当消抖周期内发现多键同按时，FIFO 状态字的 D_6 位将置 1，设定“出错”；而 IRQ 变高，阻止写入 FIFO/传感器 RAM。本命令字的 D_7、D_6、$D_5=111$，是特征位。$D_3\sim D_0$ 位无意义。

8279 的状态字的格式为：D_7 当执行清除命令时为 1，此时写显示 RAM 无效。D_6 位如为 1，在 N 键依次读出方式时，表示出错；而在传感器方式时，表示至少有一个传感器闭合。D_5、D_4、D_3 位分别在 FIFO/传感器 RAM 溢出、已空和全满时置 1。D_2、D_1、D_0 表示 FIFO/传感器 RAM 中的字符数。

上面列述了 8279 的命令字与状态字。而 8279 的数据格式为：在键盘方式下，D_7、D_6 分别表示 CNTL 键和 SHIFT 键的状态；D_5、D_4、D_3 表示扫描计数器的数值，也即键盘的行号；D_2、D_1、D_0 表示由 RL7～RL0 确定的闭合键的列号。在传感器方式和选通方式时，则 $D_7\sim D_0$ 分别与 RL7～RL0 的值相对应。

图 5-13 是 8279 的应用示例。

四、CRT 与单片机的接口

随着单片机应用的日益广泛，采用 CRT 与单片机接口作为输出设备，以实现较为复杂的文字、图形显示的已开始增多。所谓 CRT，是阴极射线管的缩写，通常指的是显像管，这里其实指的是 CRT 显示器。通过它可提高人机联系功能，也有利于现场监控。

国内已经研制出了一些简便、价廉的 CRT 显示接口板。下面以 SCIB 接口板为例，概述其一般结构与原理。

为了在 CRT 显示器上显示，接口板输出的应是视频信号，而且配有行同步信号、帧同步信号和消隐信号。这一信号可以直接送入监视器，或串接一 10～20μF 电解电容后接到电视机视放预放级的输入端。

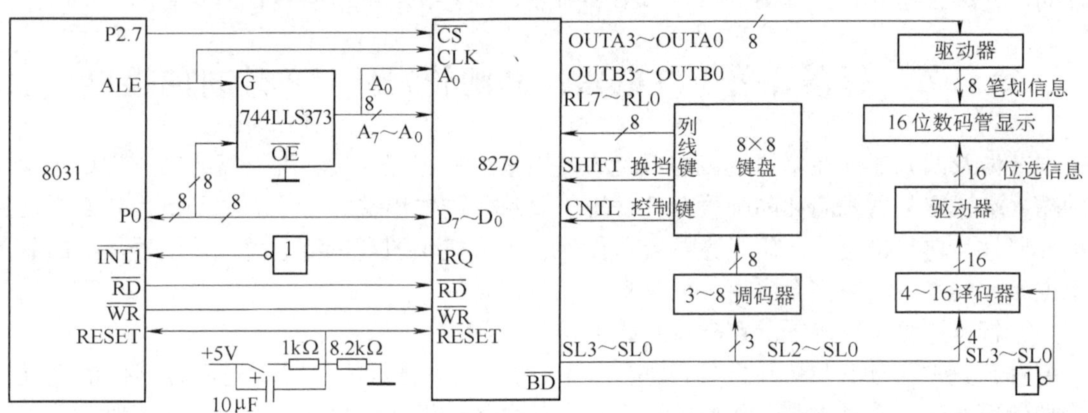

图 5-13　8279 应用示例

SCIB 的输入端用了一片 8155，因此它与单片机的连接便和 8155 与单片机的连接一样，可参见图 4-37 和图 4-34。SCIB 只适用于 CRT 作单一的字符显示的场合。通过 8155 的 PA 口将送入字符代码，通过 8155 的 PB 口将送入显示屏幕的位置代码，而 PC 口的低 4 位则用于内部控制。

SCIB 内部用一片 2764 作为字库，字库内包含数字、英文字母、常用符号、常用汉字，具体内容以及在 2764 中的存放地址可由用户自己写入、编定。一旦写就后，一定的字库地址便代表了一定的字符显示内容，即成了该字符的字符代码。每个字符由 16×16 点阵组成，可见要占用内存的 32×8 位、即 32 个字节，所以用 2764 作字库，最多可容纳 256 个字符。

SCIB 的屏幕显示格式是固定的，它每行显示 24 个字符，共 8 行，因此全屏幕有 24×8 共 192 个显示位置。每个显示位置有一个位置代码，第一行自左到右依次为 00H～17H，第二行自左到右依次为 20H～38H，依次类推，第八行自左到右依次为 E0H～F7H。18H～1FH、38H～3FH、…、E8H～FFH 则并不代表屏幕上某一显示位置。

SCIB 有一片 6116 作屏幕编辑用，储存由 CPU 写入的每个显示位置的字符代码，供屏幕上显示整幅字符。

要改变显示内容，可由 CPU 对 6116 重写。因这一时间很短，而显示过程无需 CPU 参与，故系统 CRT 显示部分占用 CPU 的时间不长。

在编辑状态时，当接口板中 8155 的 PC3 为低，屏幕不显示。而 PC2 与 PC1、PC0 则控制着字符代码、位置代码的逐一送入和 6116 中代表相应显示位置的单元的逐一改写。在显示状态时，8155 的 PC3 为高，视频输出通道接通，在屏幕各显示位置上显示由所存字符代码于字库中查得的字符显示内容。

如果要增多可显示的字符数、屏幕显示格式可变、组成字符的点阵可变或要实现图形显示，接口板上存储器的容量要增大，相应的控制电路也更复杂。

当前，与单片机连接的 CRT 显示器以单色的居多，但也有彩色的。应用后者的系统费用较高，接口也进一步繁复。

为了解决 CRT 显示器与单片机的接口，Intel、MOTOROLA 等公司生产有专用的接口电路芯片，例如 8275、8276、MC6847、MC6847Y 等。这些芯片的功能很强，但国内尚少见应用，如作介绍将需要较多篇幅，故本书不再引述。读者要了解请参阅有关专著。

第三节　行程开关、继电器、晶闸管元件与单片机的接口

本节涉及的元器件在单片机工控系统中使用很多。行程开关和继电器的触点常用于单片机的输入端，继电器线圈和晶闸管元件常用于单片机的输出端。为了屏除干扰，它们常通过光耦合器件与单片机连接。用了光耦合器件后，单片机用的是一组电源，外围器件用的是另一组电源，两者间电路完全隔离，但信息依然可以传递。

一、行程开关、继电器触点与单片机的接口

行程开关常开触点与单片机接口如图 5-14 所示。当触点闭合时，光耦合器件的发光二极管端流通电流，通过光耦合作用、使右端光敏晶体管导通，导致送向单片机引脚的是高电平；而在触点闭合前送向单片机引脚的是低电平。当然，如将图 5-14 中行程开关常开触点用继电器常开触点或按钮常开触点代替，电路的原理相同。

图中左下角 10μF 电容可解决触点闭合时的弹跳、抖动问题，与其并联的 10kΩ 电阻支路保证了发光二极管电路在接通暂态过去后的电流通路。行程开关触点恢复断开后，这一支路提供了电容的放电电路。

二、继电器线圈与单片机的接口

继电器线圈与单片机接口如图 5-15 所示。当单片机通过 I/O 相应引脚（图上为 P1.0）输出高电平时，光耦合器件的左端因晶体管导通而通过电流，光耦起作用，小继电器 K 的驱动晶体管将因基极呈低电平而不导通，K 不能吸动；反之，P1.0 输出低电平（例如执行 CLR P1.0 指令）时，K 将吸合。K 工作后可控制较大的继电器以接通电磁阀、小电动机等工控系统的执行电器。

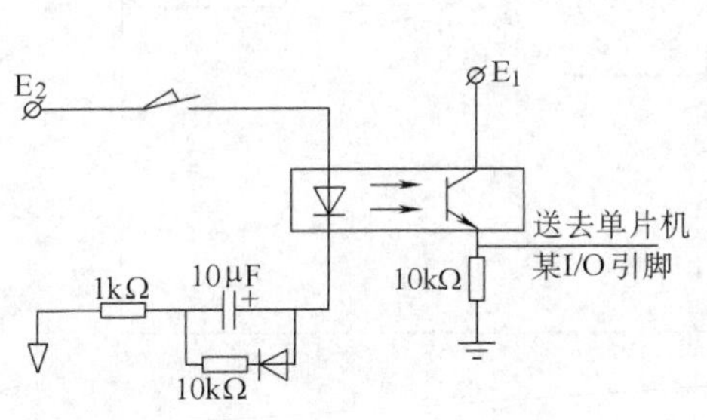

图 5-14 行程开关常开触点接口示例

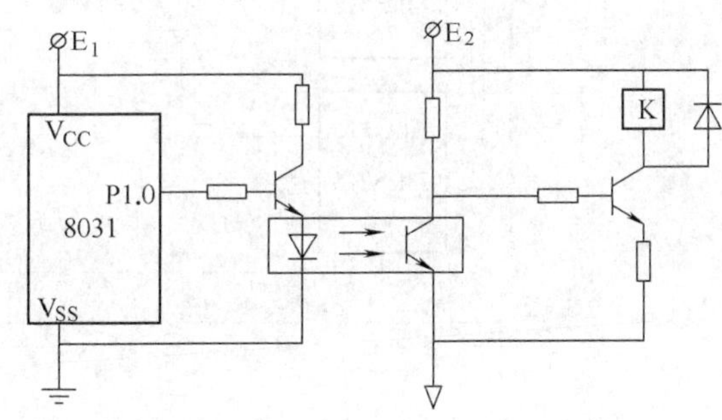

图 5-15 继电器线圈与单片机接口示例

与继电器线圈并联的二极管使继电器线圈在断电瞬产生的反电势有一泄放电路，可防止 K 的驱动晶体管为该反电动势击穿。在平时，该二极管因逆向放置，故不会有电流通过。

三、晶闸管元件与单片机的接口

双向晶闸管与单片机接口的示例见图 5-16。就该图而言，当 P1.0 输出高电平（例如执行 SETB P1.0 指令）、即光耦起作用时双向晶闸管将导通，联在交流电路中的负载得以通电。与小继电器比较，用了晶闸管可实现无触点控制，但小继电器的众多触点有利于控制动作的联锁和灵活多样。

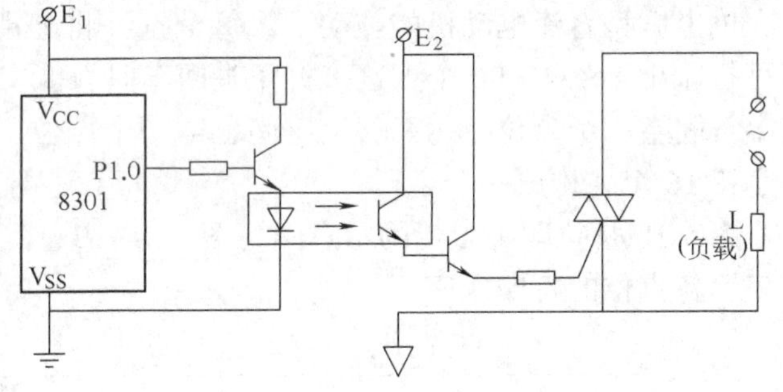

图 5-16 双向晶闸管与单片机接口示例

第四节 打印机与单片机的接口

打印机在计算机系统中用得很多。对于单片机应用系统，广泛使用的是微型打印机。常用的智能微型打印机有 GP16、TPμP16A、TPμP40A、FD-μP24/16 等型号。型号中有数字 16 的每行打印 16 个字符，有数字 24、40 的每行可打印 24 或 40 个字符。它们也可打印简单的图形。有较复杂绘图要求的系统，则采用 PP40 四色描绘式打印机。

一、GP16 与单片机的接口

1. GP16 打印机

GP16 本身就是一个单片机系统，所用单片机为 8039（属 MCS-48 系列）或 8031（GP16-Ⅱ采用 8031），所用打印机为 EPSON 公司的 Model-150Ⅱ型。使用单一的 +5V 直流电源。GP16 的结构框图见图 5-17。

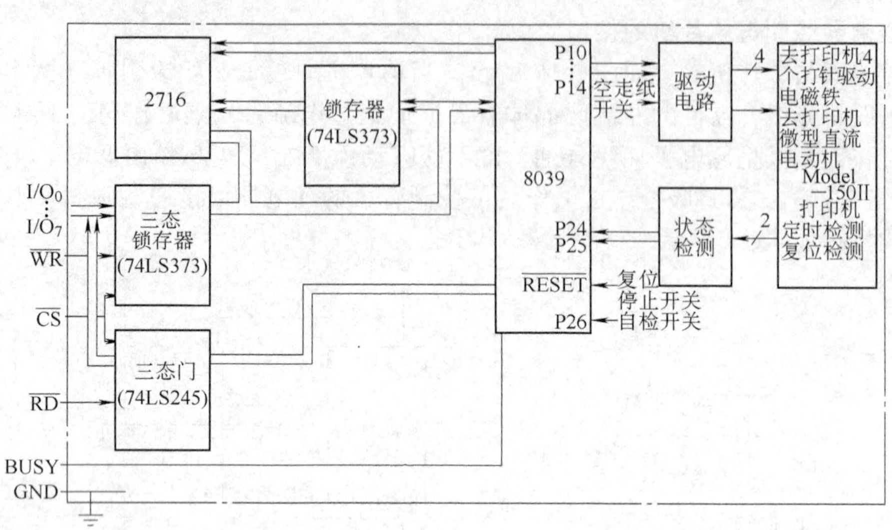

图 5-17　GP16 微型打印机的结构框图

Medel-150Ⅱ是机械点阵式 4 针打印机，有 4 个水平安装、且在同一滑架上的电磁铁打针。打印时，根据打印内容，4 个打针在自己的点位上分别或通电（打）、或断电（不打）；并在机上微型直流电动机的拖动下，每个打针将随滑架向右水平移过 24 个点位，即每行最多可打印出 4×24 =96 个点迹。打印头回车时，能实现自动步进送纸。不难想像：如果每两列字符间空一个点位，每两行字符间也空一个点位，则打印头往返 8 次可打印出 5×7 点阵的字符 16 个，构成一个字行。

图 5-18 是打印一点行的示意图。图中 A、B、C、D 代表 4 个打针，1、2、3、4、5、6、…表示各点位的打印次序。

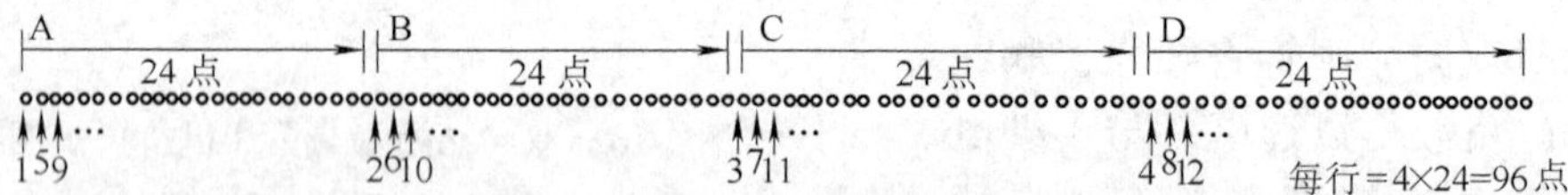

图 5-18　GP16 打印一点行的示意图

Model-150Ⅱ的其他主要技术参数有：

打印速度：每一点行为 100ms（包括打印头回车和自动步进送纸在内），故如打 5×7 点阵字符，行间空 3 点行，打 1 行字符是 10 点行，需用时间恰约为 1s。

字符尺寸：点距为 0.35mm，一个 5×7 点阵字符的面积约为 $1.8\times2.5\text{mm}^2$。

打印用纸：宽宜（44.5 ±0.5）mm，厚宜 0.07mm 左右，纸卷外径不大于 50mm。

微型直流电动机：额定电压为直流 $4.5^{+0.6}_{-0.7}$V，额定电流为 0.17A，起动电流为 0.8A（最大为 1.2A）。

打针驱动电磁铁：额定电压为直流 $4^{+0.5}_{-1.0}$V，线圈电阻为（1.5 ±0.15）Ω（25°C 时），峰值电流为 2.5A，每打针可连续打印 9600 点（即 400 点行）。

GP16 与单片机接口的接口信号见表 5-5 与图 5-20。其中 $I/O_0 \sim I/O_7$ 是双向三态数据总线，是 GP16 与单片机间命令、状态和数据信息的传送线；$\overline{RD}$、$\overline{WR}$是读、写信号线；$\overline{CS}$决定该 GP16 是否选中；BUSY 是 GP16 的状态线，高电平表示忙、该时不能从单片机接收命令或数据。BUSY 除供单片机查询外，也可用作外部中断申请线；该线每逢执行一个打印命令便置位，直到打印完该命令规定的打印行数后才被清零。

表 5-5

接口引脚号	1	2	3	4	5	6	7	8	9	10	11	12	13	14	15	16
接口信号名	+5V	+5V	I/O_0	I/O_1	I/O_2	I/O_3	I/O_4	I/O_5	I/O_6	I/O_7	$\overline{CS}$	$\overline{WR}$	$\overline{RD}$	BUSY	GND	GND

单片机向 GP16 送打印命令时，每一打印命令占 2 个字节：第一个字节的高半字节表示执行何种打印操作；第一个字节的低半字节表示执行该命令打印的点行数（包括实打点行与空隔点行），一般应≥8；第二个字节表示执行该命令共打印几行。

共有 4 种命令。当第一个字节的高半字节为 8 时，是空走纸，实际并不打印；为 9 时是打印字符串；为 A 时是打印十六进制数据（通常用来打印内存数据）；为 B 时是打印简单图形。打印字符串时，每接收完 16 个字符（一字行）后才转入正式打印；打印图形时，每接收全 96 个字节的数据（一字行）后才正式打印。GP16 打印机可打印的字符与其编码示见表 5-6。GP16 接收到未定义的代码时，将看作“空格”，与接收代码 20H 相当。

表 5-6

代码表		代码的低半字节（十六进制）																
		0	1	2	3	4	5	6	7	8	9	A	B	C	D	E	F	
ASCII代码	代码的高半字节（十六进制） 0																	命令图符
	1																	
	2		!	”	#	$	%	&	′	(	)	*	+	,	-	。	/	
	3	ϕ	1	2	3	4	5	6	7	8	9	:	;	〈	=	〉	?	
	4	@	A	B	C	D	E	F	G	H	I	J	K	L	M	N	O	
	5	P	Q	R	S	T	U	V	W	X	Y	Z	[	\	]	↑	←	
	6	、	a	b	c	d	e	f	g	h	i	j	k	l	m	n	o	
	7	p	q	r	s	t	u	v	w	x	y	z	{	|	}	~	×	
非ASCII代码	8	○	一	二	三	四	五	六	七	八	九	十	¥	甲	乙	丙	丁	
	9	个	百	千	万	元	分	年	月	日	共	|	┬	|	-	—	3	
	A	2	0	∅	∠	…	±	×										用户定义代码
	B																	
	C																	
	D																	
	E																	
	F																	

自代码 A7H 到代码 FFH 都未经定义，供用户自定义，可用于自造汉字。

GP16 如打印图形，以正弦曲线为例，见图 5-19。

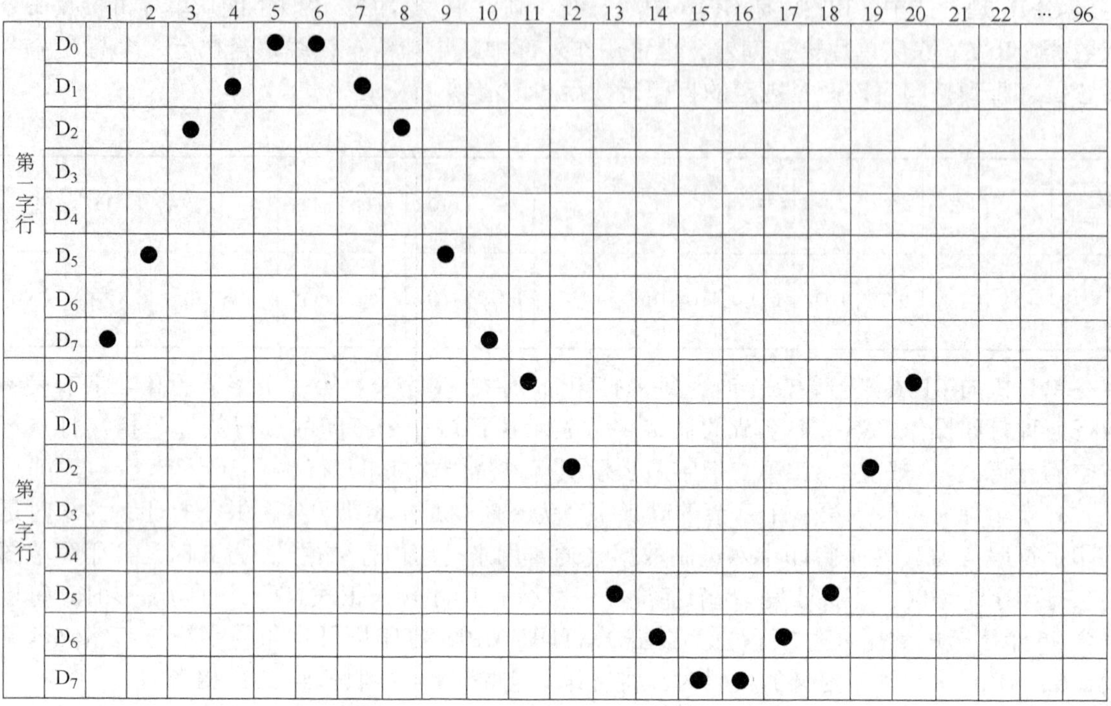

		1	2	3	4	5	6	7	8	9	10	11	12	13	14	15	16	17	18	19	20	21	22	…	96
第一字行	D_0					●	●																		
	D_1				●			●																	
	D_2			●					●																
	D_3																								
	D_4																								
	D_5		●							●															
	D_6																								
	D_7	●									●														
第二字行	D_0											●									●				
	D_1																								
	D_2												●							●					
	D_3																								
	D_4																								
	D_5													●					●						
	D_6														●			●							
	D_7															●	●								

图 5-19　GP16 打印曲线示例——打印正弦曲线

图 5-19 用二字行数据来表示一根正弦曲线，由图可见曲线形状是很粗疏的，但译成数据后要占用 2×96=192 个单元！其对应的编码如下：

第一字行：80H、20H、04H、02H、01H、01H、02H、04H、20H、80H、00H、00H、00H、00H、00H、00H、00H、00H、00H、00H、…，共 96 个字节。

第二字行：00H、00H、00H、00H、00H、00H、00H、00H、00H、00H、01H、04H、20H、40H、80H、80H、40H、20H、04H、01H、…，共 96 个字节。

GP16 除 BUSY 线外，另有一个状态字可供单片机查询。该字的最低位为 1 时表示正在处理刚才输入的数据、命令或正处于自检状态，因此不能接收新的信息；该字的最高位为 1 时表示刚才输入的是非法命令，将等待改送正确命令后才能继续工作。

2. GP16 与单片机的接口

GP16 与单片机的接口见图 5-20。根据该图的接法，GP16 的地址应为 7FFFH（P2.7 为低电平）。在将数据指针寄存器设定为 7FFFH 后，要读取 GP16 的状态或向 GP16 输出数据、命令便可分别应用 MOVX A，@DPTR 或 MOVX @DPTR，A 指令。

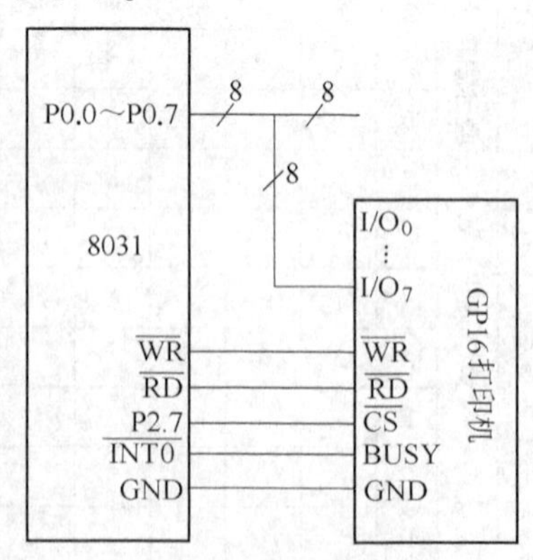

图 5-20　GP16 与单片机接口示例

若采用读取状态字的方式查询 GP16 的状态，则 BUSY 线闲置无用，该线可以不作任何联接。

关于 GP16 的具体应用示例请见后面第七节应用实例二。

二、PP40 与单片机的接口

1. PP40 彩色描绘器

PP40 是一种彩色描绘器，可有黑、蓝、绿、红四种颜色，可按文本工作方式工作，打印字符串；也可按绘图方式工作，绘画各种图形。它的体积不大，价格不高，工作噪声小，性能可靠，因此，在需要配用打印机的单片机应用系统中用得也较普遍。

PP40 通过一 36 芯的插座与主机相连，各芯位所接信号的符号、名称与功能见表 5-7，它与 CPU 通信的时序见图 5-21。

表 5-7

芯位	符号	名称与功能
2～9	D_1 ～ D_8	数据线
1	$\overline{STROBE}$	选通输入线。其上升沿使 D_1 ～ D_8 上信息进入 PP40；并起动 PP40 机械装置，进行描绘
11	BUSY	状态输出线。PP40 正处理主机的命令或数据（描绘）时为高，空闲时为低。可用作中断请求线，或供 CPU 查询
10	$\overline{ACK}$	响应输出线。PP40 接收并处理完主机的命令或数据后，将输出一负脉冲。它也可用作中断请求线
12、30 等	GND	参考地
19～29	GND	地。它们分别位于 1～11 芯位的对面，可以依次与 1～11 的信号线一一配对绞接，提高抗干扰能力

PP40 在文本工作方式时，能打印所有的 ASCII 字符，其编码与表 5-6 所示的相同。它另有 08H、0AH、0BH、0DH、11H、12H、1DH 等七个命令码。退位 BS（08H）命令，使笔架退回到前一字符位置。若笔架已处最左位置，则命令失效。进纸 LF（0AH）命令，使纸前进一行。退纸 LU（0BH）命令，使纸后退一行。回车 CR（0DH）命令，使笔架返回最左位置，并进纸一行。控制 1 DC1（11H）和控制 2 DC2（12H）命令，用于改换 PP40 的工作方式。PP40 初通电时，为文本工作方式。如写入 0DH 和 12H 码，将转为绘图工作方式；而写入 0DH 和 11H 码，则回到文本工作方式。转色 NC（1DH）命令，使笔架转动一档，即改换一种画笔

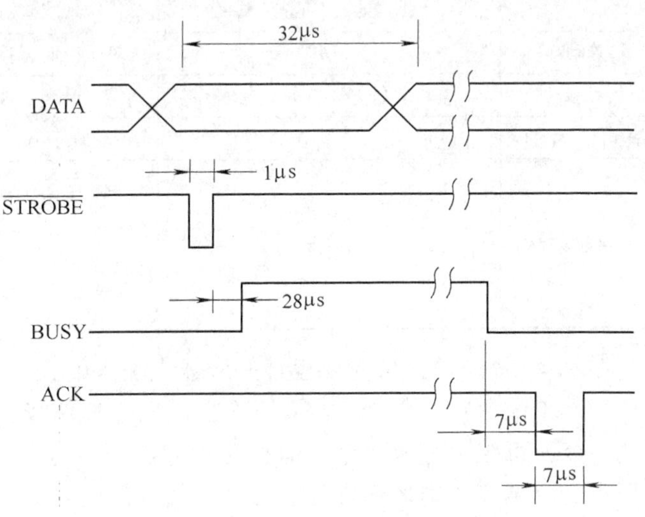

图 5-21 PP40 与主机的通信时序

颜色。

写入的字符如多于一行，在打印满一行后，PP40 会自动回车且进纸一行。

绘图工作方式时，共有 13 条命令供用户编程使用，以绘画出种种图形。各命令的名称、格式与功能见表 5-8。

表 5-8 中 A、H、I 为不带参数的命令，L、C、S、Q 为带一个参数的命令，D、J、M、R 为带两个参数的命令，X 带三个参数，P 命令编印的字符数无限制。

表 5-8

命令名称	命令格式	命令功能
重置	A	笔架返回 X 轴最左方，沿 Y 轴不变动返回文字模式，以笔架停留处为起点
回档	H	笔头升起，返回起点
预备	I	以笔架位置为起点
线形	L_p (p＝0～15)	p＝0，实线； p＝1～15，点线，且各具指定格式
颜色	C_n (n＝0～3)	n＝0，黑色；n＝1，蓝色； n＝2，绿色；n＝4，红色
字符尺码	S_n (n＝0～63)	指定字符的尺码
字母编印方向	Q_n (n＝0～3)	本指令只在绘图工作方式下适用 n＝0，进纸方向；n＝1，沿 x 轴正向；n＝2，退纸方向；n＝3，沿 x 轴负向
绘线	$D_{x_1,y_1\cdots x_n,y_n}$ (－999≤各 x、y≤999)	由笔头位置到 (x_1，y_1)，由 (x_1，y_1) 到 (x_2，y_2)，…依次连线
相对绘线	$J_{\Delta x_1,\Delta y_1,\cdots\Delta x_n,\Delta y_n}$ (－999≤各 Δx、Δy≤999)	由笔头位置到距离 Δx_1，Δy_1 的点，再到距离 Δx_2，Δy_2 的点，…依次连线
移动	$M_{x,y}$ (－480≤x、y≤480)	笔头升起，移动到 (x，y) 的点上
相对移动	$R_{\Delta x,\Delta y}$ (－480≤Δx，Δy≤480)	笔头升起，移动到距离 Δx、Δy 的点上
编印图上字符	$P_{c_1,c_2,c_3,\cdots c_n}$	c 代表字符，n 不限
绘轴线	$X_{p,q,r}$ $\begin{pmatrix} p=0\sim1 \\ q=-999\sim999 \\ r=1\sim255 \end{pmatrix}$	自现笔架位置绘制 p＝1，绘 x 轴；p＝0，绘 y 轴 q 为点矩 r 为重复次数

在 PP40 描绘前，事先要设计好应依次输入的命令与描绘格式，并译成编码，预先存入存储器。不带参数的命令，本身含有自动回车的功能，设计时无须后随回车命令。带一个参数的命令，可跟写其他命令，但相互间应以逗号分隔（如后面例 5-2 中的 S2 与 C0)，最后用回车命令结束。带多个参数的命令，每个都须后随回车命令。

例 5-1 执行 X1，100，5 命令后的结果是什么？

执行该命令，即将编码 58H，31H，2CH，31H，30H，30H，2CH，35H，0DH 送 PP40 执行。编码串的最后一个编码是应后随的回车命令。

执行结果为绘制 x 轴，在轴上每隔 100 点矩画上一点，共 5 点，见图 5-22。

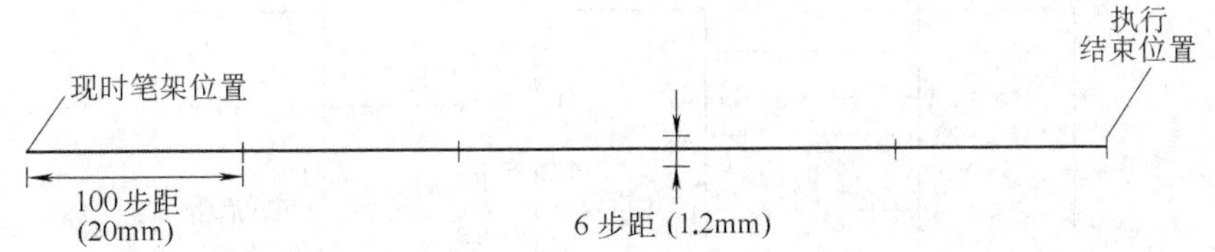

图 5-22　X1，100，5 命令的执行结果

例 5-2　打印字符串“SHANGHAI UNIVERSITY”。

先设计好应输入的命令和预定的打印格式：

DC2，S2，C0（CR）

DC1（CR）

␣␣SHANGHAI ␣UNIVERSITY（CR）

上面第一行是先转到绘图工作方式，选定 2 号字符尺码和黑色；第二行再转回文本工作方式；第三行中“␣”是根据格式需要留出的空格。

转换成编码后，将为

12H，2CH，53H，32H，2CH，43H，30H，0DH，11H，0DH，20H，20H，53H，48H，41H，4EH，47H，48H，41H，49H，20H，55H，4EH，49H，56H，45H，52H，53H，49H，54H，59H，0DH。

例 5-3　列出按图 5-23所示坐标图形描绘汉字“中”的命令表。

为简化起见，“中”字中央的口字用一笔描成，则描绘“中”字的命令表为

DC2（CR）

HM10，－15（CR）

L0，J0，－20，40，0，0，20，－40，0（CR）

M30，5（CR）

L0，J0，－45（CR）

上面第二行是笔头升起，先回起点，再移至 A 点。第三行是以实线描绘 AB、BC、CD、DA 线段。第四行是笔头升起，移至 E 点。第五行是以实线描绘 EF 线段。

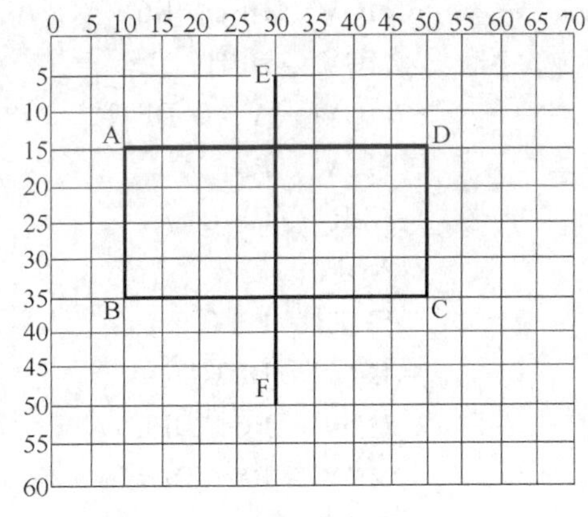

图 5-23　汉字“中”的坐标图形

2. PP40 与单片机的接口

PP40 可以直接与 MCS-51 单片机接口。例如，D_1 ~ D_8 分别依次与 P1.0 ~ P1.7 相连；$\overline{\text{STROBE}}$接 P3.0，选通信号由软件产生；BUSY 接 P3.3（$\overline{\text{INT1}}$），由于选通信号进入后，需经历 28μs BUSY 才上升为高电平（见图 5-21），为防止在这期间误发中断请求信号，外部中断 1 采用跳变触发方式；$\overline{\text{ACK}}$线未用。若与主机联系不用中断请求方式，而是主机查询，则更宜使用 BUSY 线，因$\overline{\text{ACK}}$有效的信号宽度只有 7μs。

图 5-24 所示是另有 8255A 的接口电路。PP40 的数据线与 8255A 的 PB 口相连；而选通信号由 8255A 的硬件产生，自 PC1（$\overline{\text{OBF}_\text{B}}$）输出。

现在上列两种接口电路的基础上，进一步写出前面例 5-2 和例 5-3 的有关程序段如下：

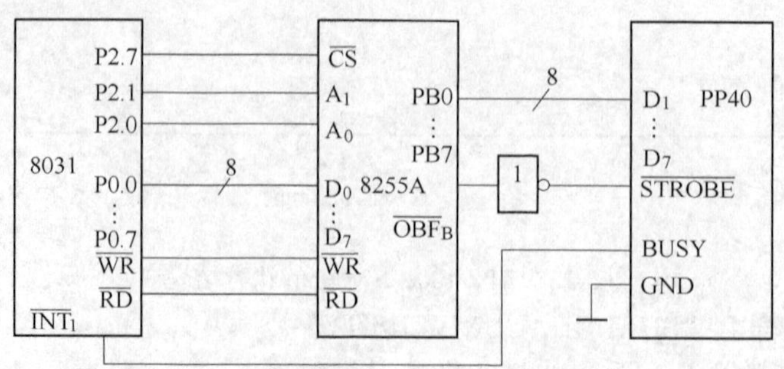

图 5-24　PP40 与单片机接口示例

对于例 5-2 打印字符串的要求，如连接的是第一种电路，且主程序已将 12H、2CH、…、59H、0DH 各编码依次自 ROM 查表后转存到片外 RAM，后者初址的高字节、低字节以及占用的字节数已分别置入工作寄存器 3 组的 R5、R6 和 R7，主机外部中断 1 已置跳变触发方式和开中，当有外部中断 1 请求时处理 PP40 的打印，则相应的中断服务程序为：

```
PRINT:  PUSH  A
        PUSH  PSW
        PUSH  DPH
        PUSH  DPL              ；以上为保护现场
        ORL   PSW，#18H        ；选用工作寄存器 3 组
        MOV   DPL，R6
        MOV   DPH，R5          ；编码存放区的初址置入 DPTR
        MOV   A，@DPTR         ；取编码
        MOV   P1，A            ；编码送 P1 口
        CLR   P3.0
        NOP
        SETB  P3.0             ；产生一负的选通脉冲，使编码送进 PP40
        INC   DPTR
        MOV   R6，DPL
        MOV   R5，DHL          ；保存下一编码的存放地址
        DJNZ  R7，DONE
        SETB  00H              ；打印结束，在 00 位建立标志，供查询
        CLR   EX1              ；外部中断 1 禁中
DONE:   POP   DPL
        POP   DPH
        POP   PSW
        POP   A                ；以上四条恢复现场
        RETI                   ；返回主程序
```

对于例 5-3，如连接的是第二种电路，各编码存在 ROM 中，PP40 与主机的联系，按主机查询方式。在主程序中，首先应将 8255A 初始化：

```
        MOV   P2，#0×××××11B   ；选中 8255A
```

```
        MOV    A, #1××××100B
        MOVX   @R0, A              ; 设定 8255AB 口工作于方式 1, B 口和 C
                                   口低 4 位为输出
        MOV    P2, #0×××××01B      ; 指向 8255AB 口
```

描绘“φ”字的程序段为

```
        MOV    DPTR, #TAB1         ; PP40 转为绘图工作方式
        MOV    R7, #35H            ; R7 置字节数
        LCALL  PRINT               ; 调打印子程序
```

如要打印命令表，则程序段为

```
        MOV    DPTR, #TAB3         ; PP40 转为文本工作方式
        MOV    R7, #02H
        LCALL  PRINT
        MOV    DPTR, #TAB2
        MOV    R7, #33H
        LCALL  PRINT
```

而打印子程序为

```
PRINT:  CLR    A
        MOVC   A, @A+DPTR          ; 取编码
        MOVX   @R0, A              ; 编码送 8255AB 口，送 PP40
HERE:   JB     P3.3, HERE          ; 等 BUSY 变低
        INC    DPTR
        DJNZ   R7, PRINT
        RET
```

自命令表译成编码，读者应已熟悉。它们在 ROM 中的存放为

```
TAB1:   DB     12, 0D
TAB2:   DB     48, 4D, 31, 30, 2C, 2D, 31, 35, 0D
        DB     4C, 30, 2C, 2A, 30, 2C, 2D, 32, 30, 2C, 34, 30, 2C, 30,
               2C, 30, 2C, 32, 30, 2C, 2D, 34, 30, 2C, 30, 0D
        DB     4D, 33, 30, 2C, 35, 0D
        DB     4C, 30, 2C, 4A, 30, 2C, 2D, 34, 35, 0D
TAB3:   DB     11, 0D
```

第五节　A/D、D/A 转换芯片与单片机的接口

有的工控系统只涉及到开关量，但检测系统和有检测、监控等要求的工控系统将涉及到模拟量。对于前者，依靠前几节讲到的器件与单片机接口，便可解决输入、输出，实现单片机与外界的信息交换；对于后者，因为单片机只接受和输出数字量，而所测或受控的温度、压力等物理参数都是模拟量，所以除了应用前几节提到的各种器件外，在单片机的输入端还须用到 A/D 转换器件，在单片机的输出端则须用到 D/A 转换器件。

后一种系统的框图见图 5-25。在图中，传感器用于测量现场的各种物理量，并转换为电量；放大器对转换得的电量进行放大等处理；经滤波器抑阻干扰；然后再经过 A/D 转换成为数字量后送入单片机；单片机受理后，它输出的数字量需先经 D/A 转换器件转换为模拟量，以体现对现场物理量的控制。图 5-25 所示的系统又是一个巡回检测系统。事实上，现场要监视或控制的物理量往往很多，考虑到计算机的工作速度很快，物理量变化的速度相对缓慢，于是不仅同一台计算机，甚至同一个 A/D 转换器可以通用于各现场监测点。这样经过多路开关的定时反复巡回接通，各现场信号将依次及时可靠地输入计算机，简化了电路，少用了硬件，并只占用计算机的一组输入通道。多路开关某瞬若接通着第 i 路，便称为对该路的信号采样。由于 A/D 转换的完成需要一定时间，现场信号又不断地变化，多路开关的接通时间也很短，以便继续去接通第 i + 1 路，所以对某瞬采样所得的电模拟量，还要有采样保持电路使其在一定时间内保持为该值不变，才可能很好地经 A/D 转换成为相应的数字量送给计算机。采用巡回检测的办法，对采样频率有一定要求。现场信号变化快，采样频率也应提高；采样频率应大于现场被测信号频谱中最高频率的两倍。

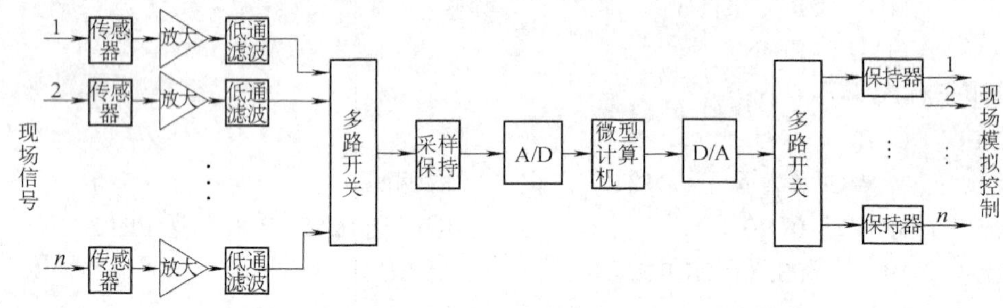

图 5-25 某监控系统的框图

图 5-25 的 D/A 转换器件也是多回路分时共用的，经它转换得的模拟量，可由多路开关分时、分路送出；但每一路模拟量输出也要用到保持器，使该输出量在接受下一次新值前保持不变。

图 5-25 紧凑、节省，使用相当广泛。可是对于高速数据采集和数据处理系统，A/D、D/A 器件合用的方案将不能胜任。

一、A/D 转换芯片与单片机的接口

从电子技术基础课程已知有四种常见的 A/D 转换电路，其原理与具体电路本书不再重复，性能与用途则见表 5-9。

表 5-9

A/D 转换电路	性 能	用 途
计数器式	最简单，价格低，转换速度很慢	用得少
双积分式	精度高，能消除干扰，转换速度也慢	用得多，多见于数字式仪表
逐次逼近式	转换速度快	用得最多
并行式	转换速度最快，但硬件多，成本高	只用于要求转换速度很快的场合

A/D 转换芯片种类繁多，本书主要介绍用得很多的 5G14433 与 ADC0809 转换芯片。

1. 5G14433 应用示例

5G14433 是 $3\frac{1}{2}$位 BCD 码输出、双积分式的 A/D 转换芯片，国外原型产品为 MC14433，转换速度约 1～10 次/s，须 ±5V 工作电源，其模拟量输入电压为 199.9mV 或 1.999V，基准电源相应为 200mV 或 2V，其结构框图见图 5-26。

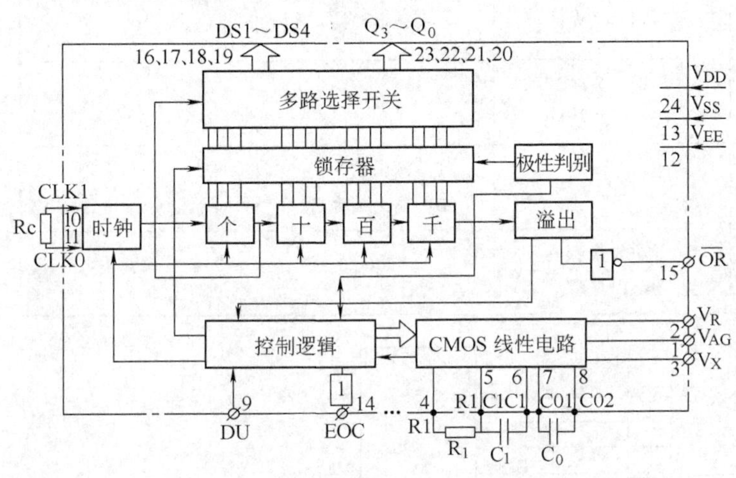

图 5-26　5G14433 的结构框图

5G14433 有 24 个引脚，在图 5-26 上注明了各引脚的引脚号，其中：V_{DD}、V_{EE}分别接正、负 5V 电源端，V_{SS}接公共接地端，一般在 V_{DD}、V_{SS}与 V_{SS}、V_{EE}间分别接 0.047μF 与 0.02μF 去耦电容以提高电源抗干扰能力；由 V_X 引入被测模拟量电压，由 V_R 引入基准电压，V_{AG}接模拟地；DS1、DS2、DS3、DS4 依次是转换后千、百、十、个位 BCD 码的输出选通信号；当 DS2、DS3、DS4 选通时，将由 Q_3～Q_0 分时相应输出百、十、个位 BCD 码数，但在 DS1 选通时，Q_3～Q_0 不仅输出千位数（为 1 或为 0），还可指示输出数是正是负和输入信号是否超过量程，详见表 5-10；在 CLK1、CLK0 间外接振荡器电阻，其典型值为 470kΩ；在 C_1 和 R_1/C_1 间与 R_1/C_1 和 R_1 间外接积分电容与积分电阻，电容多用 0.1μF，电阻用 470kΩ（当量程 2V）或 27kΩ（当量程 200mV）；C_{01}、C_{02} 间外接失调补偿电容，典型值为 0.1μF；$\overline{OR}$为过量程标志输出端，在 $|V_X| > V_R$ 时，$\overline{OR}$将输出低电平；EOC 为转换结束标志输出端，当转换结束后，在该引脚将输出一个脉宽为 1/2 时钟周期的正脉冲；DU 为更新转换结果输出的控制端，习惯上每将 DU 与 EOC 相连，使每次转换结束，芯片的输出相应更新。5G14433 输出的时序图见图 5-27。

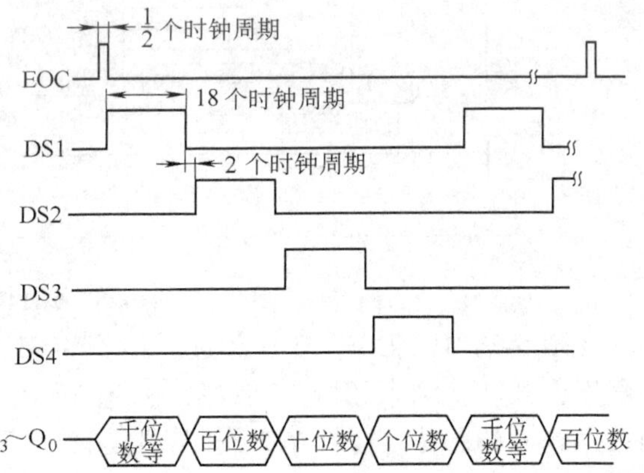

图 5-27　5G14433 输出时序图

图 5-28 及后随的程序是 5G14433 的应用示例。图中 5G14433 通过多功能芯片 8155 与 8031 的 P0 口连接。按图示的接法，P0 口的低 4 位将传递千、百、十、个选通信号，P0 口的高 4 位则传递输出的千、百、十、个位 BCD 码数。由于 8031 的 P0 口分时复用为地址/数

据总线，故5G14433不能直接与它相连；在系统不扩展I/O口的情形下，5G14433可与P1口连接。

表 5-10

DS1	$Q_3\left(\frac{1}{2}位\right)$	Q_2（极性）	Q_1	Q_0
1	1：千位为0 0：千位为1	×	×	0
1	×	1：输出数为正 0：输出数为负	×	0
1	1：欠量程 0：过量程	×	×	1

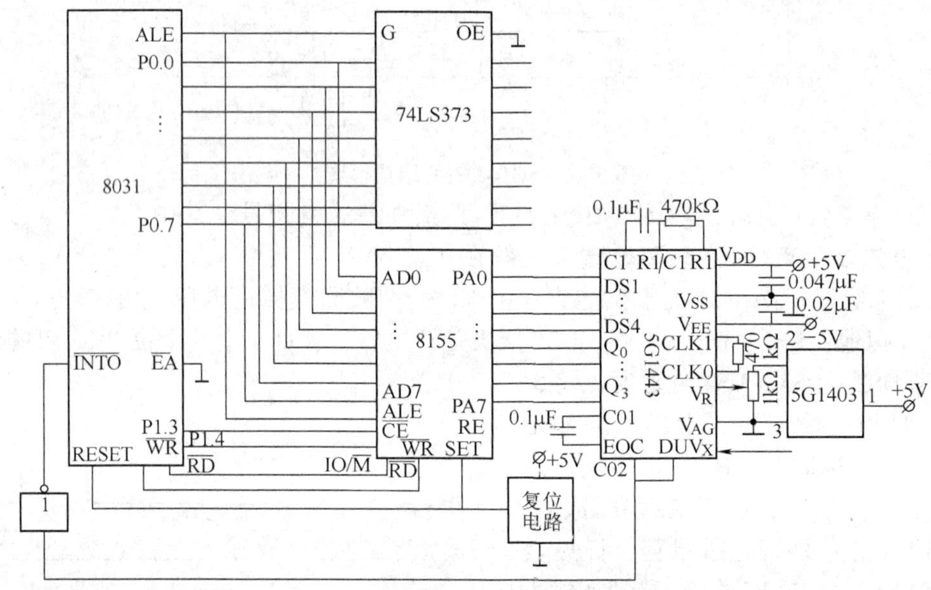

图5-28　5G14433应用示例

在图5-28中，EOC、DU相连后接到8031引脚的$\overline{\text{INT0}}$端，通过外部中断申请和中断服务程序得知转换结束和取走转换后的BCD码数。当然，在CPU不作它用时，也可不用中断而改用查询的办法。图中$\overline{\text{INT0}}$输入端接有反相器，但在外部中断0借跳变触发时该反相器可以免用。5G14433基准电压一般多自5G1403精密电压基准取得，后者的连接方法在图上一并示出，其1kΩ电位器可起分压调整作用。

下列程序假定采样后数据存入片内RAM的30H、31H单元，其中30H单元存十、个位BCD码数，31H单元存千、百位BCD码数。

```
0000        LJMP    START
0003        LJMP    ADC
START:      CLR     P1.3
            SETB    P1.4              ；以上两条选通8155I/O口
            MOV     R0，#00H          ；指向8155C/S寄存器
```

```
        MOV     A, #06H
        MOVX    @R0, A              ; 给8155写入命令字，规定其A口为输
                                      入，B口、C口为输出
        SETB    IT0                 ; 外部中断0借跳变触发
        SETB    EX0
        SETB    EA                  ; 以上两条为外部中断0开中断
          ⋮
ADC:    PUSH    A
        PUSH    PSW
        SETB    PSW.3
        MOV     R0, #01H            ; 指向8155A口
        MOV     R1, #31H            ; 指向片内RAM 31H单元
        CLR     P1.3
        SETB    P1.4                ; 以上两条选通8155I/O口
AD0:    MOVX    A, @R0              ; 读8155A口
        JB      A.0, AD1            ; 有千位，转AD1
        SJMP    AD0
AD1:    JB      A7, AD2             ; 千位为0，转AD2
        MOV     @R1, #10H           ; 千位为1，存入片内RAM
        SJMP    AD3
AD2:    MOV     @R1, #00H           ; 千位为0，存入片内RAM
AD3:    MOVX    A, @R0              ; 读8155A口
        JB      A.1, AD4            ; 有百位，转AD4
        SJMP    AD3
AD4:    ANL     A, #0F0H            ; 取百位
        SWAP    A                   ; 百位调整到低半字节
        ADD     A, @R1              ; 千位、百位并合
        MOV     @R1, A              ; 存入千位、百位
        DEC     R1                  ; 调整片内RAM地址
AD5:    MOVX    A, @R0              ; 读8155A口
        JB      A.2, AD6            ; 有十位，转AD6
        SJMP    AD5
AD6:    ANL     A, #0F0H            ; 取十位
        MOV     @R1, A              ; 存入十位
AD7:    MOVX    A, @R0              ; 读8155A口
        JB      A.3, AD8            ; 有个位，转AD8
        SJMP    AD7
AD8:    ANL     A, #0F0H            ; 取个位
        SWAP    A;                  ; 个位调整到低半字节
```

```
        ADD     A, @R1        ; 十位、个位并合
        MOV     @R1, A        ; 存入十位、个位
        POP     PSW
        POP     A
        RETI
```

编写上列程序时应注意：5G14433 当 $DS_1=1$ 时，$Q_3=1$ 表示千位为 0，$Q_3=0$ 反表示千位为 1，小心不要弄错。

2. ADC0809 应用示例

ADC0809 是 8 位、逐次比较式 A/D 转换芯片，具有地址锁存控制的 8 路模拟开关，应用单一 +5V 电源，其模拟量输入电压的范围为 0 ~ +5V，对应的数字量输出为 00H ~ FFH，转换时间为 100μs，无须调零或调整满量程，其结构框图见图 5-29。

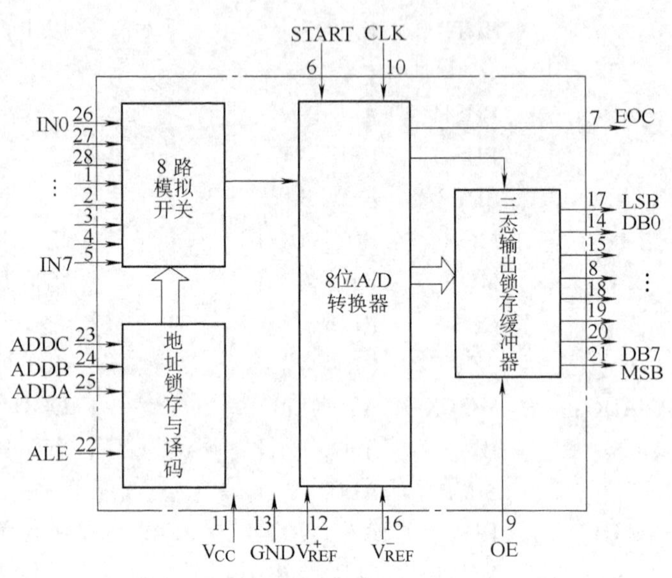

图 5-29 ADC0809 的结构框图

ADC0809 有 28 个引脚，在图 5-29 上也注明了各引脚的引脚号。其中：IN0、IN1、…、IN7 接 8 路模拟量输入；ADDA、ADDB、ADDC 接地址线，用以选定 8 路输入中的一路，详见表 5-11；ALE 是地址锁存允许；V_{REF}^+、V_{REF}^- 接基准电源，在精度要求不太高的情况下，供电电源就用作基准电源；START 是芯片的起动引脚，其上脉冲的下降沿起动一次新的 A/D 转换；EOC 是转换结束信号，可用于向单片机申请中断或供单片机查询；OE 是输出允许端；CLK 是时钟端，因芯片的时钟频率最高只可工作于 640kHz，故通常由单片机的 ALE 引脚经分频后接向该引脚；DB0 ~ DB7 是数字量输出，LSB 表示最低位，MSB 表示最高位。

表 5-11

ADDC	ADDB	ADDA	选通输入通道
0	0	0	IN_0
0	0	1	IN_1
0	1	0	IN_2
0	1	1	IN_3
1	0	0	IN_4
1	0	1	IN_5
1	1	0	IN_6
1	1	1	IN_7

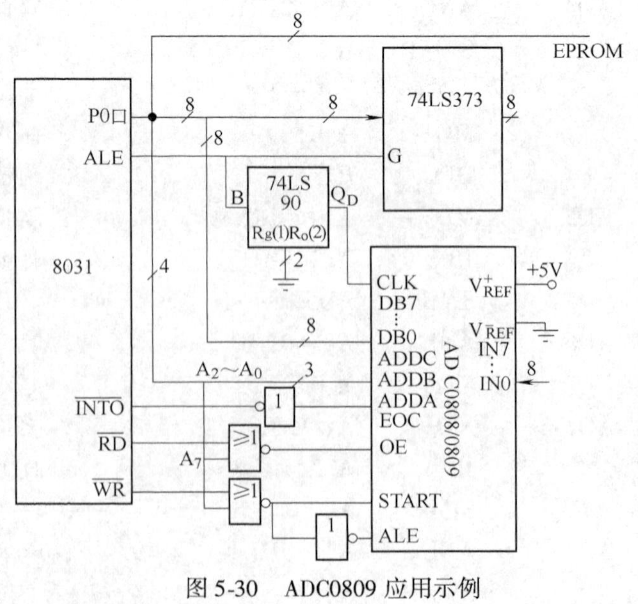

图 5-30 ADC0809 应用示例

图 5-30 及后随的程序是 ADC0809 的应用示例。由于 8031ALE 信号的频率较高，故先经 74LS90 五分频，再接到 ADC0809 的 CLK 端。转换结束后，将向 8031 发中断请求信号。设：进入采样程序后 8 个通道都依次选通一次，即采样次数为 8；转换所得的数字量按序存于片内 RAM 的 30H ~ 37H 单元；8 次采样是否完成以标志位 F0 是否建起为标志。如未完成，单片机将反复执行 JBC F0，ELSE 与 SJMP NEXT 这两条指令，以等待每一次采样、转换的完成并进入中断服务程序。

具体程序为：

```
         ；主程序
         ⋮
SAMPLE： MOV    R0，#30H   ；R0 作地址指针，指向拟存放数据的片内 RAM 地址
         MOV    R1，#78H   ；立即数的最低 3 位用于择定 ADC0809 的某输入通
                             道，最高位必须为 0 才能启动 A/D 转换或读得转换
                             结果（参见图 5-30）
         MOV    R2，#08H   ；R2 作计数器，存拟采样次数
         MOVX   @R1，A     ；启动所择通道的 A/D 转换，A 的值无意义
         SETB   EA         ；总开中断
         SETB   EX0        ；外部中断 0 开中断
         CLR    F0         ；清采样完成标志
NEXT：   JBC    F0，ELSE   ；采样完成标志已建起，清该标志，并转 ELSE
         SJMP   NEXT       ；采样完成标志未建起，仍转 NEXT
ELSE     ⋮                   采样已完成，继续执行主程序其他部分
         ORG    0003H
         LJMP   TRANS      ；外部中断 0 服务程序
TRANS：  MOVX   A，@R1     ；自 ADC0809 读得转换后的数字量
         MOV    @R0，A     ；存入片内 RAM
         DJNZ   R2，INPUT  ；采样次数未到，转 INPUT
         SJMP   DONE       ；采样次数已到，转 DONE
INPUT：  INC    R0         ；修改地址指针
         INC    R1         ；改变输入通道
         MOVX   @R1，A     ；起动新输入通道的 A/D 转换
         RETI
DONE：   SETB   F0
         RETI
```

图 5-30 中 ADC0809 的不可调整误差为 ±1LSB；如是 ADC0808，为 $\pm\frac{1}{2}$LSB。两者此外无其他区别。如是 ADC0816/0817，其模拟量输入通道数增为 16 个，引脚数增为 40 个，原理与性能则仍基本相同。

二、D/A 转换芯片与单片机的接口

D/A 转换芯片也种类繁多，本书主要介绍应用很广的 DAC0832。它是有双缓冲器的 8

位 D/A 转换芯片，具有价廉、接口简单和转换控制方便等优点。

1. DAC0832 应用示例

DAC0832 的结构框图见图 5-31，它有 20 个引脚：ID7 ~ ID0 是 8 位数据输入端；ILE 是输入数据允许锁存信号，$\overline{CS}$与$\overline{WR1}$是第一级缓冲器选通信号，这 3 个信号决定了$\overline{LE1}$的电平，$\overline{LE1}$为高电平时，锁存器的输出随输入变化，$\overline{LE1}$的负跳变使数据锁存进锁存器，$\overline{LE1}$为低电平时，锁存器的输出不再随输入端数据变化；$\overline{XFER}$与$\overline{WR2}$是第二级缓冲器选通信号，它们决定了$\overline{LE2}$的电平，$\overline{LE2}$在不同电平时对锁存器的控制作用与$\overline{LE1}$一致；V_{REF} 是基准电源输入端；I_{OUT1}、I_{OUT2}分别是电流输出端 1 和电流输出端 2；R_{FB}是反馈信号输入端；AGND 与 DGND 是模拟地与数字地，二者分开是一项常用的抗干扰措施。

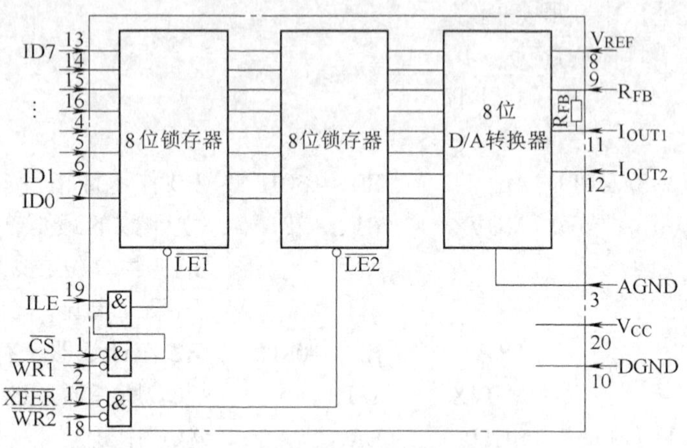

图 5-31　DAC0832 的结构框图

DAC0832 的二级缓冲器都是 8 位锁存器，它具有二级锁存控制功能，当多片同用时可实现多参数的同时输出：此时每片 DAC0832 承担一种参数的 D/A 转换，各片第一级缓冲器的打开是有先后的，但各片的$\overline{XFER}$与$\overline{WR2}$信号如分别互连在一起，则多片 DAC0832 开始 D/A 转换和有模拟量输出的时间将基本一致。

图 5-32 及后随的程序是 DAC0832 的应用示例。该例体现了这一芯片经常采用的几项做法：

1）ILE 接高电平，$\overline{WR_1}$、$\overline{WR_2}$互连，$\overline{CS}$、$\overline{XFER}$互连，于是二级锁存控制成了一级锁存控制，适用于无须二级控制的场合。

2）V_{REF} 未接基准电源，直接接到 V_{CC}，适用于对转换精度要求一般的场合。

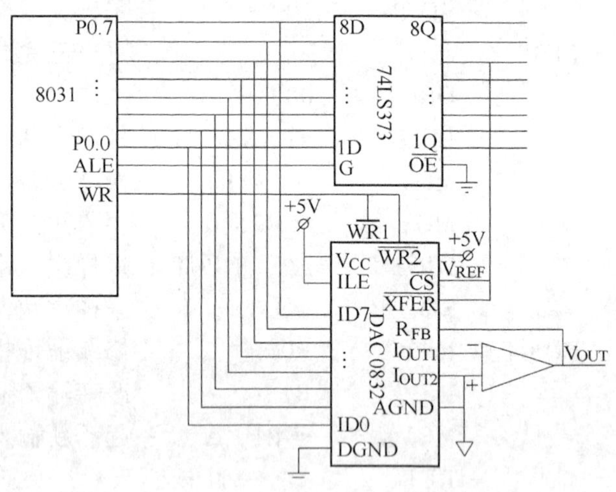

图 5-32　DAC0832 应用示例

3）输出端在片外接有运放，使该电流输出型 D/A 转换芯片可有适当的模拟量输出电压（片内在 R_{FB} 与 I_{OUT1} 间接有反馈电阻 R_{FB}）输出。

有关程序为

```
              ⋮
DAC:   MOV    R1, #30H        ; 设待转换数据原存在片内 RAM 的 30H 单
                              ;   元，R1 为地址指针，指向该单元
       MOV    R0, #DFH        ; 准备选通 DAC0832
```

```
        MOV     A, @R1
        MOVX    @R0, A          ; 将片内RAM30H单元内容送DAC0832进行转换
          ⋮
```

2. D/A 转换芯片用于产生波形

D/A 转换芯片除输出模拟量控制电压外，也常用于产生一定的波形。

以产生锯齿波为例，设数字量 FFH 与 00H 分别对应于模拟量 +5V 与 0V，而 FFH 到 00H 间能分为 256 - 1 = 255 步，可见一个 8 位 D/A 转换芯片的分辨率为：

$$\frac{5\text{V}-0\text{V}}{255\text{步}}=0.0196\approx0.02\text{V/步}$$

如锯齿波呈渐降骤升的形状，而每次下降的时间为 1s，下降一步的时间将为

$$\frac{1}{256}\approx4\text{ms}$$

设仍为图 5-25 所示系统，则用于产生上述锯齿波的程序如下：

```
DAC:    MOV     R0, #0DFH       ; 选通DAC0832
        MOV     A, #0FFH
LOOP:   MOVX    @R0, A          ; 输出
        ACALL   DELAY           ; 调延时4ms子程序DELAY
        DEC     A
        SJMP    LOOP
          ⋮
```

以上程序不难自行看懂。所得的波形见图 5-33。按理说其下降沿应呈阶梯形，但 255 级级数不少，可近似看作一光滑的直线。如波形不一定自最高值起始，其中第二条指令还可省用。

若需要的是渐升骤降的锯齿波或三角波、倒三角波（顶朝下），以至梯形波、不同占空比的矩形波，甚至组合波形，都可仿照上例稍加变化一一编程生成。

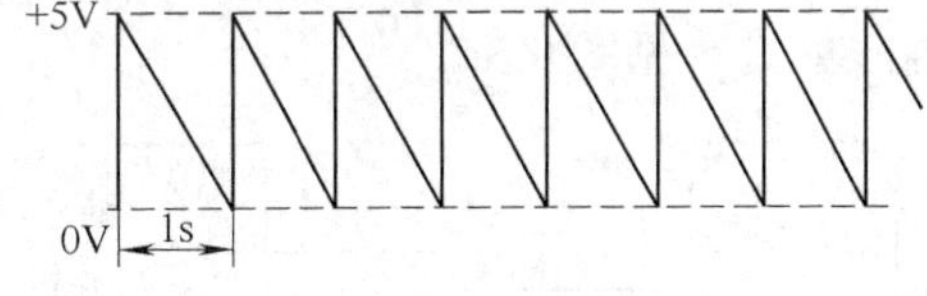

图 5-33　上例 D/A 转换芯片输出的锯齿波形

3. DAC1210 应用示例

有些系统 8 位 D/A 转换不能满足要求，希望有更高的分辨率，要求用 10 位、12 位、甚至 16 位、18 位（价格很高）的 D/A 转换器。对于 8 位的 51 系列单片机，此时应该如何接口呢？以 12 位为例，如果将 12 位分成两次送，第一次先送 8 位，第二次再送另外 4 位，送的问题解决了，但输出电压在数据变化时将出现毛刺。例如原来数据为 0011 11001111B，要变化为 0100 0000 0000B，第一次先送高 8 位，第二次再送低 4 位，则输出电压先由 0011 1100 1111B 变化为 0100 0000 1111B，升过了头，然而再回低到 0100 0000 0000B，于是便出现毛刺。只有在 12 位数据都到齐后一并送 D/A 转换器才能避免毛刺出现，此时必须用二级缓冲器。

DAC1210 12 位 D/A 转换芯片的结构框图见图 5-34，其第一级缓冲器是一个 8 位锁存器和一个 4 位锁存器，第二级缓冲器是一个 12 位锁存器。当 $\overline{\text{LE}}=1$ 时，锁存器的输出随输入

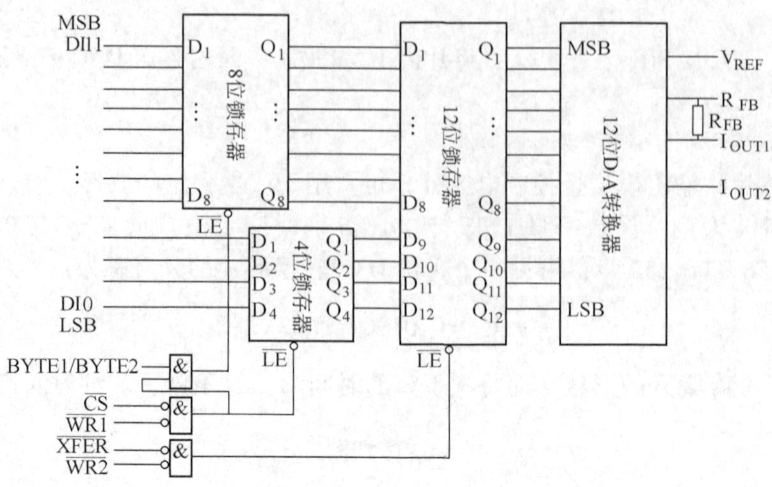

图 5-34　DAC1210 的结构框图

变化；当$\overline{LE}=0$时，数据锁存进锁存器，不再随输入端数据的变化而变化。在 BYTE1/BYTE2 为高电平、且$\overline{CS}$与$\overline{WR1}$同时为低电平时，数据的高 8 位将经 8 位锁存器输出；在 $\overline{BYTE1/BYTE2}$、$\overline{CS}$与$\overline{WR1}$都为低电平时，数据的低 4 位将经 4 位锁存器输出；然后在$\overline{XFER}$与$\overline{WR2}$同时为低电平时，高 8 位与低 4 位数据将经 12 位锁存器一并送 12 位 D/A 转换器转换，从而防止毛刺出现。

由于数据的传送线只有 8 位，以致数据低 4 位与数据高 8 位中的高 4 位实际都由数据传送线的高 4 位传送（见图 5-36）。这样当数据高 8 位送 8 位锁存器时，其最高 4 位同时也送 4 位锁存器。但 12 位锁存器未打开，便不会造成不良后果；且紧接着当数据低 4 位送 4 位锁存器时，可随即将原送的最高 4 位冲走。

图 5-35 及后随的程序是 DAC1210 的应用示例。设待转换数据原存在片内 RAM 的 30H、31H 单元，见图 5-36。

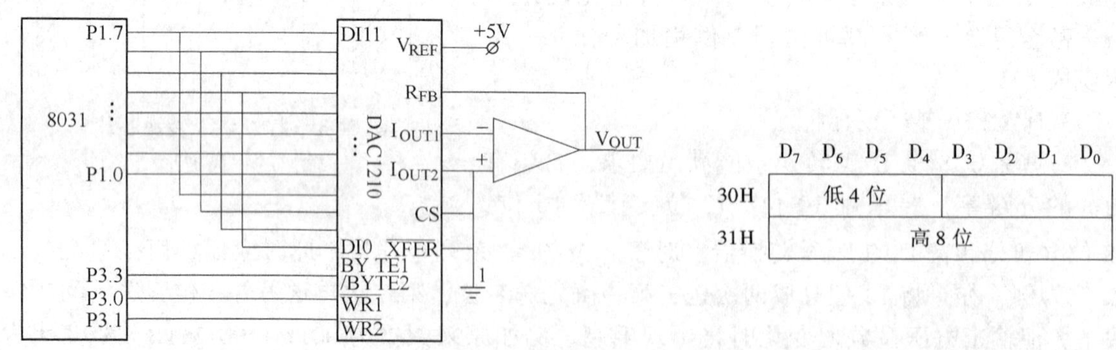

图 5-35　DAC1210 应用示例　　　图 5-36　本例 12 位待转换数据的放法

D/A 转换程序为

```
TRANS:    MOV     R0, #31H       ; R0 为地址指针，指向原存数据的片内 RAM
                                   地址
          SETB    P3.0
```

```
SETB    P3.1        ; 以上两条为关闭二级缓冲器
SETB    P3.3        ; 为送高 8 位数据作准备
MOV     A, @R0
MOV     P1, A
CLR     P3.0        ; 至此完成了送高 8 位
SETB    P3.0        ; 关第一级缓冲器
CLR     P3.3        ; 为送低 4 位数据作准备
DEC     R0          ; 修改地址指针
MOV     A, @R0
MOV     P1, A
CLR     P3.0        ; 至此完成了送低 4 位
SETB    P3.0        ; 关第一级缓冲器
CLR     P3.1        ; 开第二级缓冲器，送向 12 位 D/A 转换器
SETB    P3.1        ; 关第二级缓冲器
RET
```

第六节　应用实例一

本例是汽车转弯信号灯单片机控制系统。系统很小、很简单，但可典型地看到 MCS-51 系列单片机位操作类指令的应用与位操作功能强的优越性。

一、系统的要求

汽车在驾驶时有左转弯、右转弯、刹车、合紧急开关、停靠等操作。在左转弯或右转弯时，通过转弯操作杆应使左转开关或右转开关合上，从而使左头灯、仪表板左转弯灯、左尾灯或右头灯、仪表板右转弯灯、右尾灯闪烁；合紧急开关时要求前面述及的 6 个信号灯全都闪烁；汽车刹车时，2 个尾灯点亮；若正当转弯时刹车；则转弯时原应闪烁的信号灯仍应闪烁。以上闪烁，都是频率为 1Hz 的低频闪烁；在汽车停靠而停靠开关合上时，左头灯、右头灯、左尾灯、右尾灯按频率为 30Hz 的高频闪烁。

综上所述，在各种操作动作时，信号灯应输出的信号见表 5-12。

表　5-12

驾驶操作	输出信号					
	仪表板左转弯灯	仪表板右转弯灯	左头灯	右头灯	左尾灯	右尾灯
左转弯（合上左转开关）	闪烁	—	闪烁	—	闪烁	—
右转弯（合上右转开关）	—	闪烁	—	闪烁	—	闪烁
合紧急开关	闪烁	闪烁	闪烁	闪烁	闪烁	闪烁
刹车（合上刹车开关）	—	—	—	—	亮	亮
左转弯时刹车	闪烁	—	闪烁	—	闪烁	亮
右转弯时刹车	—	闪烁	—	闪烁	亮	闪烁
刹车，并合紧急开关	闪烁	闪烁	闪烁	闪烁	亮	亮
左转弯时刹车，并合紧急开关	闪烁	闪烁	闪烁	闪烁	闪烁	亮
右转弯时刹车，并合紧急开关	闪烁	闪烁	闪烁	闪烁	亮	闪烁
停靠（合上停靠开关）	—	—	30Hz 闪烁	30Hz 闪烁	30Hz 闪烁	30Hz 闪烁

二、硬件安排

根据表 5-12，可画出实现这一汽车信号灯要求的相应数字逻辑电路，见图 5-37。

现在改用 MCS-51 系列单片机，可实现：

① 图 5-37 相同的功能；

② 产生所需的低频（1Hz）与高频（30Hz）闪烁信号；

③ 有一定的故障监控性能，以提高系统的可靠性。

1Hz、30Hz 闪烁信号的产生可由单片机内部的定时器解决。

图 5-38 是改用单片机控制后的硬件安排。

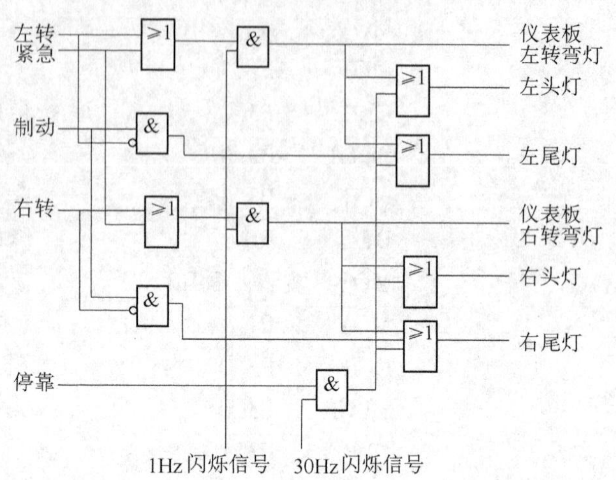

图 5-37　实现表 5-12 所列汽车信号灯要求的数字逻辑电路

自图可见，各种驾驶操作的信号自 P3 口送入单片机，而使信号灯点亮的输出信号则自 P1 口输出。图中的晶体管是输出驱动级。图的下部是故障监控电路。在 P1.0～P1.5 共 6 路输出中，如轮流使 1 路的晶体管断开（P1 口相应引脚输出低电平），这 1 路的信号灯将熄灭，而其他 5 路的晶体管接通（P1 口引脚送来高电平），相应的信号灯点亮，则在正常情况下，信号灯熄灭的那路将使 P1.7 呈现低电平；要是 P1.7 出现高电平，可说明当前这 1 路有了故障。另外，如使 6 路的晶体管全部接通（P1 口引脚送来高电平），在正常情况下，P1.7 应呈高电平；要是 P1.7 出现低电平，也说明信号线路存在故障。有故障时，通过软件应使 P1.6 输出高电平，以点亮故障信号灯报警。

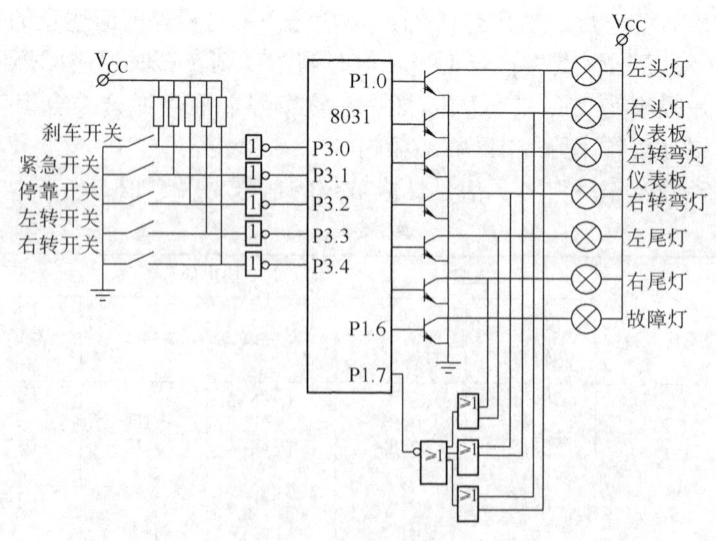

图 5-38　汽车转弯信号灯单片机控制系统的具体电路

除硬件安排外，单片机控制系统要实现①、②、③三项功能还必须通过软件编程的配合。

三、程序与说明

1. 程序

```
0000            LJMP    0030H
000B            MOV     TH0, #F0H           ; 定时器/计数器 0 重装载
000E            PUSH    PSW                 ; 保存现场
0010            AJMP    INTSUB
0030            MOV     TL0, #0             ; 定时器/计数器 0 预置数
0033            MOV     TH0, #F0H           ; 同上
0036            MOV     TMOD, #01000001B    ; 设定定时器/计数器 0 工作于方式 1
                                            的定时器方式, 定时器/计数器 1
                                            未用
0039            MOV     20H, #244           ; 片内 RAM20H 单元用作计数器,
                                            初值设定为 244
003C            SETB    ET0                 ; 定时器/计数器 0 开中
003E            SETB    EA                  ; 总开中
0040            SETB    TR0                 ; 起动定时器/计数器 0
0042            SJMP    $                   ; 等待
0050 INTSUB:    DJNZ    20H, LAMP           ; 片内 RAM 20H 单元未减到 0, 转
                                            信号灯指示程序段
0053            MOV     20H, #244           ; 片内 RAM 20H 单元已减到 0, 则
                                            该单元重装载
0056            MOV     P1, #3FH            ; 使 P1.0 ~ P1.5 输出高电平, 此起
                                            为故障监控程序段
0059            CLR     P1.0
005B            JB      P1.7, FAULT
005E            SETB    P1.0
0060            CLR     P1.2
0062            JB      P1.7, FAULT
0065            SETB    P1.2
0067            CLR     P1.4
0069            JB      P1.7, FAULT
006C            SETB    P1.4
006E            CLR     P1.1
0070            JB      P1.7, FAULT
0073            SETB    P1.1
0075            CLR     P1.3
0077            JB      P1.7, FAULT
007A            SETB    P1.3
007C            CLR     P1.5
```

```
007E           JB      P1.7, FAULT
0081           SETB    P1.5
0083           JB      P1.7, LAMP
0086 FAULT:    SETB    P1.6          ; 点亮故障信号灯
0090 LAMP:     MOV     C, 01H        ; 此起为信号灯指示程序段
0092           ANL     C, 00H
0094           ORL     C, 02H        ; 以上3条凑30Hz闪烁信号的占空
                                       比为62.5%
0096           ANL     C, P3.2
0098           MOV     PSW.1, C      ; 30Hz闪烁信号暂存于PSW.1
                                      (PSW寄存器的这一位原未定义)
009A           MOV     C, P3.3
009C           ORL     C, P3.1
009E           ANL     C, 07H
00A0           MOV     P1.2, C       ; 仪表板左转弯灯闪烁
00A2           MOV     F0, C
00A4           ORL     C, PSW.1
00A6           MOV     P1.0, C       ; 左头灯闪烁
00A8           MOV     C, P3.0
00AA           ANL     C, P3.3
00AC           ORL     C, F0
00AE           ORL     C, PSW.1
00B0           MOV     P1.4, C       左尾灯亮或闪烁
00B2           MOV     C, P3.4
00B4           ORL     C, P3.1
00B6           ANL     C, 07H
00B8           MOV     P1.3, C       ; 仪表板右转弯灯闪烁
00BA           MOV     F0, C
00BC           ORL     C, PSW.1
00BE           MOV     P1.1, C       右头灯闪烁
00C0           MOV     C, P3.0
00C2           ANL     C, /P3.4
00C4           ORL     C, F0
00C6           ORL     C, PSW.1
00C8           MOV     P1.5, C       ; 右尾灯亮或闪烁
00CA           POP     PSW           ; 恢复现场
00CC           RETI
               END
```

2. 总体说明

本例是一个很简单的单片机应用系统，涉及的程序也极简短。主程序部分只是自0030H地址起的8条指令。7条用于初始化：对定时器/计数器0预置数、设定定时器/计数器0的工作方式、设定片内RAM20H单元的初值、为定时器/计数器0中断开中和起动定时器/计数器0。最后1条是等定时器/计数器0溢出中断。

响应定时器/计数器0溢出中断后，相应的中断服务子程序将以000BH为入口地址，在为定时器/计数器0重装载（实际只需为TH0重装载，因TL0原本已减为0）和保存现场后又转去INTSUB。自INTSUB起含本例2个主要程序段：信号灯指示程序段和故障监控程序段。如1s时间未到，将只执行信号灯指示程序段，根据驾驶操作动作，如遇转弯、停靠等情形，将有信号灯闪烁或点亮（见表5-12）。每逢1s时间到，则先执行故障监控程序段，对信号灯指示电路（见图5-38右部）检查一遍，然后再执行信号灯指示程序段。

信号灯指示程序段和故障监控程序段都很简明，故说明从略，读者试结合图5-38与前面已述的故障检查办法自行读通。其中1Hz、30Hz闪烁信号的产生与占空比计算比较巧妙，有借鉴意义，在后面将作专门剖析。

3. 1Hz闪烁信号的产生与占空比

本例令定时器/计数器0工作于方式1的定时器方式，且预置以F000H、在12MHz晶振的情形下，每隔4096μs将溢出一次。另以片内RAM 20H单元为计数器，初值置为244，每逢定时器/计数器0溢出一次便减1；当减到0时，经历的时间便 $=244\times4096\mu s\approx1s$。

在上述1s时间内，片内RAM 20H单元最高位不为1的时间为$\frac{127}{244}$s，为1的时间为$\frac{244-127}{244}s=\frac{117}{244}s$，故自该位可得占空比接近50%（实际$\frac{117}{244}\approx48\%$）的1Hz闪烁信号。

4. 30Hz闪烁信号的产生与占空比

前述片内RAM 20H单元的初值置为244，即1111 0100B；若将前5位与后3位分开看，则前5位为30，后3位可有8种变化。该20H在自244减到0的过程中，前5位每$\frac{1}{30}$s变化一次（减1）。在这$\frac{1}{30}$s中，如根据后3位的变化情形使输出电平在0、1间恰好反复一次，这输出电平便呈30Hz闪烁信号。闪烁信号的占空比则视每$\frac{1}{30}$s中1电平所占的比例而定，详见表5-13。占空比大，信号灯通电的时间长，灯丝发光的亮度相应提高。

表 5-13

片内RAM 20H单元各位的电平								输出电平						
7	6	5	4	3	2	1	0							
×	×	×	×	×	×	1	1	1	1	1	1	1	1	1
×	×	×	×	×	1	1	0	0	1	1	1	1	1	1
×	×	×	×	×	1	0	1	0	0	1	1	1	1	1
×	×	×	×	×	1	0	0	0	0	0	1	1	1	1
×	×	×	×	×	0	1	1	0	0	0	0	1	1	1
×	×	×	×	×	0	1	0	0	0	0	0	0	1	1
×	×	×	×	×	0	0	1	0	0	0	0	0	0	1
×	×	×	×	×	0	0	0	0	0	0	0	0	0	0
占空比（%）								12.5	25	37.5	50	62.5	75	87.5

本例选定占空比为 62.5%。查表 5-13 知：后 3 位自 111 减至 011 的过程内输出电平均应为 1。满足这一条件的逻辑式应为：02H + 01H · 00H = 1（见信号灯指示程序段前 3 条指令），式中 00H、01H、02H 都是直接寻址位的位地址。

第七节　应用实例二

本例是某厂水处理监控系统。系统也不大，且许多环节在前面章节已作一定介绍，本例仅有少许变化。但通过实例将这些内容综合在一起，有个全貌；同时还介绍了简单报表的打印。

一、系统的要求

该水处理系统兼具净水处理和污水处理两个内容，前者是制备和向各车间供应生产上需用的去离子纯水，后者则汇总各车间的废水进行治理后再对外排放。具体要求为

1）废水治理后在厂总排放口处随机取样，其 pH 值应符合 6 ~ 9 的排放标准。

2）净水系统每小时自动测 1 次水的电导率，需测读进水口和出水口两处的数据；污水系统每半小时自动测 1 次厂总排放口处废水的 pH 值。上述测得的数据要储入单片机内存。在内存中应保存当班读得的所有数据，以供每班结束时打印报表。这样每班一表，可积累存档备查。

3）废水原呈酸性，需加碱处理。有 3 个中和池。第一池的任务是“基本中和”，加碱量大，中和作用大，加碱管道的阀门由手动决定其开启的程度，调好后一般不作更动，加碱量是恒定的。第二池是“自动粗调”，由废水当时实际的 pH 值控制其加碱管道上电磁阀的启闭以进行调节，是一个独立的单元，与单片机系统没有联系。第三池是“自动精调”，其加碱管道上电磁阀的启闭由单片机对 pH 值进行实时监控而决定。废水自第三池排出后，再经逆流漂洗等其他处理程序，最后通向厂总排放口。

4）工厂扩建或工艺布局调整，水处理系统常相随作大调整。现整个系统已比较庞大，无论净水、污水都有许多监测点，这些点宜借仪表就地直接显示测得的电导率或 pH 值，因无记录与监控要求。它们都不与单片机相联系，这样可保证基本部分（单片机监控系统）的相对稳定，使整个水处理系统比较灵活、变化方便。

5）净水系统有两套去离子纯水制备设备，一套在线，一套备用。当处理后净水的水质已不符要求时，用红灯和音响报警，并自动将管道切换成由另一套设备承担工作，原用的一套经树脂再生处理后轮作备用。本要求因原来已有控制装置，可以沿用，故与单片机系统互不涉及。

二、硬件安排

根据上述要求，可见单片机系统主要满足：

1）对废水治理的第三池进行实时监控，保证中和质量。

2）对净水系统进水口、出水口、污水处理系统的厂总排放口定时进行巡回检测，储存测得的数据。

3）对储存的数据逐班打印出报表。

图 5-39 示出了该单片机应用系统的框图。与图 5-25 比较，现在多路开关的位置更前，硬件格外少用。与图 5-28 比较，接线基本相同，但 DU 与 EOC 的合并端未接 8031 的 $\overline{\text{INT0}}$，

A/D 转换采用了上海元件五厂生产的 5GM14433-1A $3\frac{1}{2}$位数字电压表模块，因此功能更全，经由 BCD 码——七段译码芯片 5G4511（就是图 5-9 的 CD4511），解决了 $3\frac{1}{2}$位数字量电压显示（满量程 1999mV）。与图 5-20 比较，现在 BUSY 闲置未接。

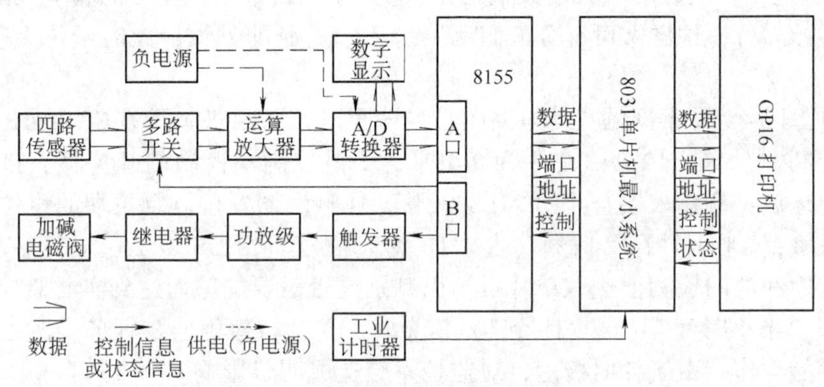

图 5-39　某厂水处理监控系统的框图

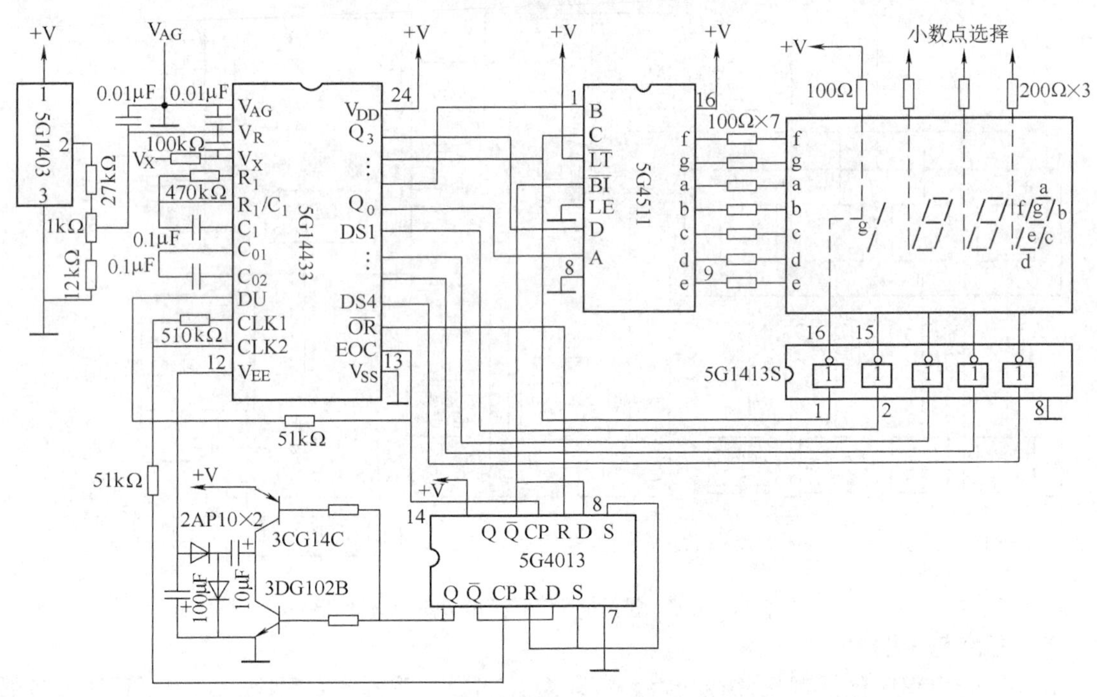

图 5-40　5GM14433-1A 模块的线路图

5GM14433-1A 模块的具体线路见图 5-40。图中 5G1413S 用作数显的位驱动器。

本例对模块作了以下修改：

1）双 D 触发器 5G4013 的一组原作过量程报警用，另一组输出后借互补晶体管经整流产生负电压，现这两部分电路均拆除不用。将其中一组用于控制加减电磁阀，其 Q 端接功放晶体管 3DG12 的基极，R、S 端分别连 8155 的 PB4、PB5 引脚，原模块印板上的连线相应有多处变动。

2）系统中另藉电源变换器5G7660产生负电源（3、5引脚间，见图5-40），供集成运放5G7650和5G14433共同使用。

3）自 DS_2、DS_3、DS_4、Q_0、Q_1、Q_2、Q_3 引线分别与8155A口的PA1、PA2、PA3、PA4、PA5、PA6、PA7相接，以监控或储存检测到的数据。因两种传感器的输出均为0～10mV标准信号电压，运放的放大倍数整定为100，则电压数字量输出的满量程由2V减少到1V（实际是999mV），这样做可符合人们测读采用十进制的习惯，此时千位无须显示，DS_1 便不作外引。

图5-41是图5-39左半部的具体电路图，自该图可见：四双向开关CC4066B用作多路开关，如四个控制端5、6、12、13之一为高电平，受该控制端控制的开关将被接通，有一路检测值将送向运放；两输入端与非门74LS00用于D触发器置位、复位端的钳位，使触发器的触翻更加灵敏；“半小时到”信号（含“1h到”信号）由GS型工业定时器改装后提供。平时总是第三中和池的检测值进入单片机，以判别是否需要加碱而达到实时监控目的；当工业定时器送来“半小时到”（含“1h到”）信息时，单片机暂停监控任务，改去执行巡回检测、读数和存储工作，由于耗时极短，对监控不会造成明显影响。

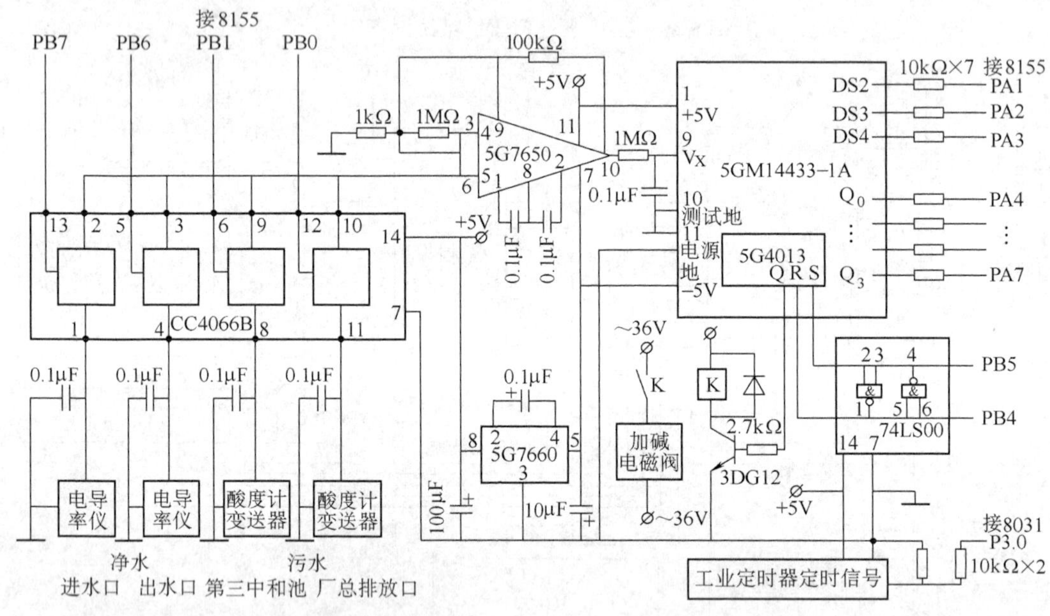

图5-41　本例采样通道与监控部分的具体电路

三、程序与说明

本例的应用程序包括现场监控与报表打印两大部分。前者含主程序、监控子程序、读数子程序、取BCD码及存ASCII码子程序、各种延时子程序等内容，后者属外部中断服务程序，将在本节“四、报表打印”标题下作专门介绍。

主程序开始处是含净水、污水数据存储区清零和8155设定工作方式等内容的初始化程序段，后面是平时的监控与等“半小时到”信号程序段，再后是半小时到后的测读程序段。

净水每一小时自动测1次电导率，每次测进、出水口各1个数据，每班共测16个数据；每个数据取有效数3位，每个有效数由BCD码转换为ASCII码后存放，占用片内RAM的1个字节；整个净水数据区共占用片内RAM48个字节。污水每半小时自动测1次pH值，每次测厂总排放口 1 个数据，每班也是测 16 个数据，每个数据也取有效数 3 位，也以 ASCII 码存放，也占用片内 RAM48 个字节。现以片内 RAM 20H ~ 4FH 字节作净水数据区，片内 RAM50H ~ 7FH 字节作污水数据区，主程序开始时先将这两区域清零。所谓清零，是将这些字节的内容都写以 20H，见表 5-6（GP16 打印机打印字符编码表）。

如数据存储区要求扩大，例如要求存储两班的读数或要求增加每次的测读点，8031 片内 RAM 的容量将不敷应用，此时可动用 8155 的 RAM 为数据存储区。

下面列出了本例的主要程序段，读者根据注释与已学知识不难自行读通。在主程序的初始化程序段，未对堆栈指针给以设定，而 MCS-51 系列单片机复位后（SP）=07H，故堆栈将自片内 RAM 的 08H 字节开始堆放。由于本例只应用工作寄存器 0 组，上述栈底的设置不会碍及工作寄存器的工作。

```
0000      AJMP     START
0003      AJMP     PRINT
          ；主程序
          ；初始化程序段
          ORG      0030H
START：   MOV      A，#20H
          MOV      R2，#60H
          MOV      R0，A           ；R0 为地址指针，初址指向片内 RAM20H 单
                                   元
LOOP1：   MOV      @R0，A
          INC      R0
          DJNZ     R2，LOOP1       ；以上为数据存储区清零程序段
          CLR      P1.3
          SETB     P1.4
          MOV      R0，#00H
          MOV      A，#06H
          MOVX     @R0，A          ；以上五条指令为 8155 设定工作方式程序段
          MOV      R6，#20H
          MOV      R7，#50H        ；R6、R7 为净水、污水数据存储区的地址指
                                   针，分别指向净水、污水待存字节的地址，
                                   20H、50H 各为净水、污水区的初址
          ；监控与等“半小时到”信号程序段
LOOP2：   ACALL    SUB1            ；调监控子程序
          JB       P3.0，TEST1     ；半小时到，转 TEST1
          SJMP     LOOP2           ；未到，仍调监控子程序
          ；测读程序段
TEST1：   MOV      R0，#02H
          MOV      A，#01H
          MOVX     @R0，A          ；测污水“厂总排放口”
```

```
        ACALL    DELAY1      ；调延时 2s 子程序，等待读数稳定和便于自
                               数码管看数
        MOV      A，R7       ；取污水待存字节地址
        ACALL    SUB2        ；调读数子程序
        MOV      R7，A       ；存回污水待存字节地址
        JB       F0；TEST2   ；判要测净水？F0 = 1 表 1h 到，要测，转
                               TEST2
        SJMP     LOOP3       ；不测净水，转 LOOP3
TEST2：  MOV      A，#80H
        MOVX     @R0，A      ；测净水“进水口”
        ACALL    DELAY1
        MOV      A，R6
        ACALL    SUB2
        MOV      R6，A       ；以上六条指令为测净水“进水口”程序段
        MOV      A，#40H
        MOVX     @R0，A；    ；测净水“出水口”
        ACALL    DELAY1
        MOV      A，R6
        ACALL    SUB2
        MOV      R6，A       ；以上六条指令为测净水“出水口”程序段
LOOP3：  ACALL    DELAY2      ；调延时 2min 子程序，覆盖延续达 1min 的
                               “半小时到”信号
        CPL      F0          ；每“半小时到”，F0 翻转 1 次
        AJMP     LOOP2       ；回到调监控子程序
        ；监控子程序
        ORG      0080H
SUB1：   MOV      A，#02H
        MOV      R0，A
        MOVX     @R0，A      ；测污水“第三中和池”
        ACALL    DELAY3      ；调延时 20ms 子程序
        DEC      R0          ；指 8155A 口
MONIT1： MOVX     A，@R0      ；读 8155A 口
        JB       A.1，MONIT2 ；有百位，转 MONIT2
        SJMP     MONIT1      ；无百位，再读 A 口
MONIT2： ANL      A，#F0H；    ；取百位
        SWAP     A           ；百位调整到低半字节
        CLR      C
        SUBB     A，#07H
        JC       MONIT3      ；A/D 转换后百位 <7、即电压数字量 <
```

```
                                          700mV、表 pH <7，转 MONIT3
         MOV        A，#10H        ；准备切断第三中和池加碱管道电磁阀
MONIT4： INC        R0             ；指 8155B 口
         MOVX       @R0，A         ；控制电磁阀接通或切断
         RET
MONIT3： MOV        A，#20H        ；准备接通第三中和池加碱管道电磁阀
         SJMP       MONIT4
         ；读数子程序
         OGR        00A0H
SUB2：   MOV        R1，A          ；置待存字节地址
         DEC        R0             ；指 8155A 口
READ1：  MOVX       A，@R0         ；读 8155A 口
         JB         A.1，READ2     ；有百位？
         SJMP       READ1          ；等百位
READ2：  ACALL      SUB3           ；调取 BCD 码及存 ASCII 码子程序，以上四
                                     条指令为读入百位程序段
READ3：  MOVX       A，@R0
         JB         A.2，READ4     ；有十位？
         SJMP       READ3
READ4：  ACALL      SUB3           ；以上四条指令为读入十位程序段
READ5：  MOVX       A@R0
         JB         A.3，READ6     ；有个位？
         SJMP       READ5
READ6：  ACALL      SUB3           ；以上四条指令为读入个位程序段
         INC        R0             ；指 8155B 口
         MOV        A，R1          ；取待存字节地址
         RET
         ；取 BCD 码及存 ASCII 码子程序
         ORG        00C0H
SUB3：   ANL        A，#F0H        ；取 BCD 码
         SWAP       A              ；调整到低半字节
         ADD        A，#30H        ；转换为 ASCII 码
         MOVX       @R1，A         ；存入片内 RAM
         INC        R1             ；调整待存字节地址
         RET
```

本例有许多延时子程序，因不是关键内容，故未予摘录。延时子程序中将用到 R2、R3、R4、R5 等工作寄存器，主程序中未用，调子时不必保存现场和恢复现场。延时 120s 时间较长，目的是覆盖“半小时到”信号，不要求准确，为不丢下第三中和池监控任务可借反复调用监控子程序的方式实现延时。

四、报表打印

1. 报表格式

图5-42是本例的报表格式，应预先设计好报表格式再编制相应的打印程序。

分析图5-42的报表格式，其打印内容共有13项：打表头点划线；空行；打“日报表”大字；空行；打“1997年␣␣月␣␣日”和“×␣×␣厂”2行小字；空行；打“上␣␣␣␣水”、电导率折算率“(×0.01μƱ/cm)”和“入␣␣␣␣␣␣出”3行小字（行间距离紧靠）；打净水数据区数据；空行；打“下␣␣␣␣水”和“pH值折算率（pH␣×0.01）”2行小字；打污水数据区数据；空行；打表尾点划线。

日 报 表	
1997年 月 日	
× × 厂	
上 水	
(×0.01μ Ʊ/cm)	
入	出
495	296
495	296
495	296
496	294
496	294
490	294
490	294
490	294
下 水	
(pH×0.01)	
695	695
695	695
695	695
699	699
699	699
702	702
702	702
702	702

图5-42 本例打印的报表

除了规划纵向有几项打印内容、考虑行间疏密（一行打几点行）外，对打印字行或打印数据还要考虑其横向的具体安排。例如打印年、月、日排成：

␣␣␣1997年␣␣月␣␣日␣␣

的格式，每行按16个字符排。其相应的代码为

20 20 20 31 39 39 37 96 20 20 97 20 20 98 20 20，其中20码是空格，遇31、39、39、37、96、97、98码将分别打印1、9、9、7、年、月、日字符，详见表5-6。

又如打印数据，每行一律按：

20 20 20 数 数 数 20 20 20 20 数 数 数 20 20 20

排列，既整齐，又匀称。

本例除打印数据由程序直接决定其横向安排外，打印字行时，通过查表（报表格式见表5-14）得到安排格式。事先在ROM中划出一个区域放置该表。

2. 自造字符

以图5-42对照表5-6，可见须自造“上”、“下”、“水”、“厂”“μ”、“Ʊ”“入”“出”等字符和“日”、“报”、“表”3个大字。GP16打印一般字符用5×7点阵表示；如是汉字，字形不能太复杂。所以在报表中以“上水”、“下水”代表“净水”“污水”，以“入”、“出”代表“进水口”和“出水口”。对于表头，宜用大字以显眼突出，可以2×2=4个一般字符的位置来打印，用的是5×2×（7+1）×2=10×16点阵。式中1为字符行间空隔。如以要打的点为1，不打的点为0，则一般字符5×（7+1）个点阵信息横置后恰好能以5个字节的内容来表示。

每个自造字符要给以一个代码，以便打印时调用。查表5-6知自A7代码起可供用户定义。本例以A7、A8、A9、…分别作为上、下、水等字符的代码（见图5-43），以B0、B1、B2、B3、B4、B5、C0、C1、C2、C3、C4、C5分别作为“日”左上角、“日”右上角、“报”左上角、“报”右上角、“表”左上角、“表”右上角、“日”左下角、“日”右下角、“报”左下角、“报”右下角、“表”左下角、“表”右下角的代码。每个代码在GP16智能打印机单片机系统的内存中占有5个字节以存放相应的点阵信息。查阅GP16的使用说明书，可知：A7代码占有5D3~5D7字节，A8代码占有5D8~5DC字节，…。各自造字符的

点阵信息应事先写入作为打印机内存的 EPROM 中，才可供调用打印。

在图 5-43 中列出了本例各自造字符的点阵信息。

3. 打印程序

表 5-14

```
ORG   0370H
DB    20,20,20,B0,B1,20,20,B2,B3,20,20,B4,B5,20,20,20
DB    20,20,20,C0,C1,20,20,C2,C3,20,20,C4,C5,20,20,20        ;以上二行打印"日报表"
DB    20,20,20,31,39,39,37,96,20,20,97,20,20,98,20,20        ;打印"1997 年   月   日"
DB    20,20,20,20,20,A6,20,A6,20,AA,20,20,20,20,20,20        ;打印"××厂"
DB    20,20,20,20,20,A7,20,20,20,20,A9,20,20,20,20,20        ;打印"上水"
DB    20,20,28,A6,4F,2E,4F,31,AC,AD,2F,63,6D,29,20,20        ;打印"(×0.01μ℧/cm)"
DB    20,20,20,20,AE,20,20,20,20,20,20,AF,20,20,20,20        ;打印"入出"
DB    20,20,20,20,20,A8,20,20,20,20,A9,20,20,20,20,20        ;打印"下水"
DB    20,20,20,28,50,48,20,A6,4F,2E,4F,31,29,20,20,20        ;打印"(pH×0.01)"
```

只要给 8031 单片机的$\overline{INT0}$引脚加一短暂的低电平，便向 CPU 申请中断，使之进入打印中断服务程序。程序的开头如下：

```
        ; 打印中断服务程序
        ORG     0200H
PRINT:  MOV     DPTR, #7FFFH    ; 选中 GP16，参见图 5-20
        PUSH    R0
        PUSH    R1
        PUSH    R2
        PUSH    R3              ; 因不改变工作寄存器组，以上四条指令保存现
                                  场，如只在下班时打印报表，不怕破坏现场，
                                  程序首、尾的 PUSH、POP 指令可以不用
LP1:    MOV     A, #98H
        MOVX    @DPTR, A        ; 以上两条为送"打印字符、8 点行"命令
LP2:    MOVX    A, @DPTR        ; 读 GP16 状态字
        JB      A.7, LP1        ; 如"错"，重送
        JB      A.0, LP2        ; 如"忙"，再读，也即等"空"
        MOV     A, #22H
        ACALL   SB1             ; 以上两条为送"打印 34 行"命令
        ⋮
```

下面摘录本例打印程序的 4 项内容如下：

(1) 打印表头点划线程序

```
        MOV     R1, #10H        ; 打 16 个字符
LP3:    MOV     A, #A4H         ; 打"点线"字符（代码为 A4）
        ACALL   SB1
```

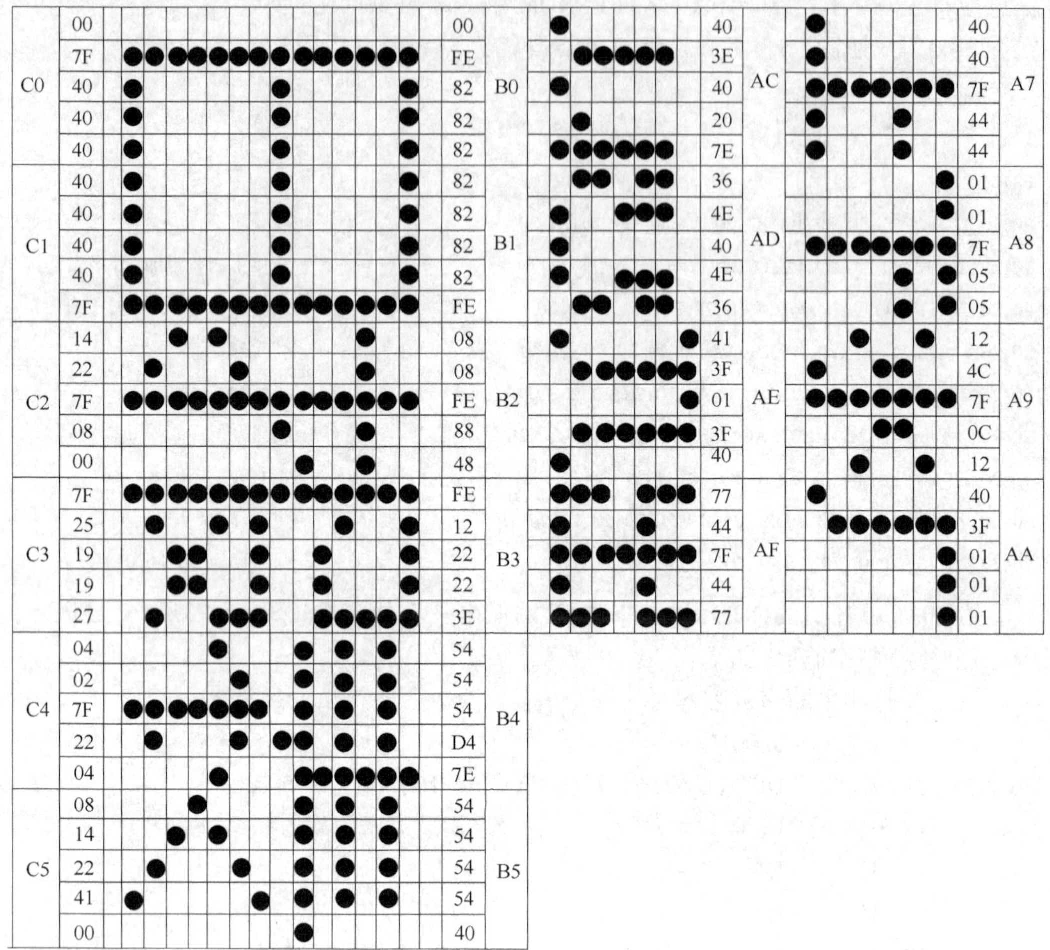

图 5-43　本例各自造字符的点阵信息

```
        DJNZ    R1，LP3
```

（2）打印空行程序

```
        MOV     R1，#10H          ；打 16 个字符，如打二空行可置 20H
        ACALL   SB4               ；调打空格子程序
```

（3）打印“日报表”程序

```
        MOV     R3，#5EH          ；5EH 为查报表格式表的偏移量
        MOV     R1，#20H          ；打 32 个字符
LP4：   ACALL   SB2               ；调查报表格式表与送 GP16 子程序
        DJNZ    R1，LP4
```

（4）打印净水数据区数据程序

```
        MOV     R0，#20H          ；20H 为净水数据存储区首址
        MOV     R2，#08H          ；打 8 行
LP8：   MOV     R1，#03H          ；打 3 个字符
        ACALL   SB4               ；以上两条指令送行首 3 个空格
```

```
        ACALL   SB3          ；自数据存储区取一数据送 GP16
        ACALL   SB3
        ACALL   SB3
        MOV     R1，#04H
        ACALL   SB4          ；以上两条指令送行中间 4 个空格
        ACALL   SB3
        ACALL   SB3
        ACALL   SB3
        MOV     R1，#03H
        ACALL   SB4          ；以上两条指令送行尾 3 个空格
        DJNZ    R2，LP8
```

上列程序涉及的子程序如下：

```
        ；送 GP16 与等 GP16 空子程序
        ORG     0300H
SB1:    MOVX    @DPTR，A      ；送 GP16
LP12:   MOVX    A，@DPTR      ；读 GP16 状态字
        JB      A.0，LP12     ；如“忙”再读
        RET
        ；查报表格式表与送 GP16 子程序
        ORG     0310H
SB2:    MOV     A，R3         ；取偏移量
        MOVC    A，@A+PC      ；查报表格式表
        INC     R3            ；调整偏移量
        ACALL   SB1
        RET
        ；取数据存储区数据送 GP16 子程序
        ORG     0320H
SB3:    MOV     A，@R0
        ACALL   SB1
        INC     R0
        RET
        ；打空格子程序
        ORG     0330H
SB4:    MOV     A，#20H
        ACALL   SB1
        DJNZ    R1，SB4
        RET
```

第八节 应用实例三

本例是对工科院校许多电类专业有典型意义的“晶闸管—直流他激电动机”拖动系统，这里只引述单片机控制部分。其中采样、数据处理等程序段有较普遍的参考意义。

一、系统的要求

1）对电动机机械特性硬度的要求较高，采用转速双闭环自动调节。采样他激电动机的转速、电枢电压、电枢电流三参数，经数据处理和算法运算后，输出电压送晶闸管触发电路作为控制电压，改变晶闸管导通角，调节电动机的电枢供电电压，实现转速自动调节。

2）另也检测交流电网电压。每隔10ms对述及的四参数循环采样一次。采样满5次后，各取其中值，经数据处理后通过数码管显示。

3）电动机主要工作在额定负载和额定转速附近。因此为上述四参数设置上、下限，依次是850r/min、750r/min、240V、200V、110A、90A、430V、330V。如逾限，以LED报警。

4）附以电子时钟，能随时显示时间。用6位数码管，自左到右时、分、秒各占用2位。

5）用键盘实现人机对话，将0～6七个数字键兼用作功能键：分别实现“显示时钟”、“显示转速”、“显示枢压”、“显示枢流”、“显示网压”、“撤消报警”和“投入报警”。时钟置初值时，使用0～9十个数字键。

二、硬件安排

单片机控制部分划分为五块：

（1）基本部分　为8031的最小系统和3—8译码器74LS138。前者见图4-4；后者用于选通各功能块：输出端$\overline{Y_0}$与8031的$\overline{RD}$相或后选通键盘块；$\overline{Y_1}$选通显示块；$\overline{Y_2}$选通输入与报警块；$\overline{Y_3}$选通输出块。8031的P2.7、P2.6、P2.5则依次接译码器的输入端C、B、A。

（2）键盘块　可参见本章图5-6。但本例实用十个键，其他键留作备用。或门用的是74LS32，两个输入端的接法上面已述。

（3）显示块　采用静态扫描显示，由74LS48实现BCD——笔划信息硬件译码。有6个LED数码管，对应有六片74LS48芯片，自左到右分别由8255A的PA7～PA4、PA3～PA0、PB7～PB4、PB3～PB0、PC7～PC4、PC3～PC0送来待显示的BCD码。8255A接法除片选改接74LS138的$\overline{Y_1}$外，余同图4-29。

（4）输入与报警块　采样的四参数，其模拟量输入后，经ADC 0809 A/D转换，送8155的PA口。8155的PB2、PB1、PB0依次接ADC 0809的ADDC、ADDB、ADDA，PB4接ADC0809的ALE与START；它的$\overline{RD}$、$\overline{WR}$、ALE、RST与8031的一一对接；IO/$\overline{M}$接8031的P2.4，$\overline{CE}$接74LS138的$\overline{Y_2}$；AD7～AD0与8031的P0.7～P0.0对接；PC0～PC3则顺序经限流电阻接转速、枢压、枢流、网压的报警LED。LED阴极端共同接地。ADC 0809的EOC端未用；OE接V_{CC}；CLK端由8031的ALE信号经两级74LS74 D触发器四分频后接入；IN0～IN3依次是电动机转速、枢压、枢流和电网电压的模拟量输入端，这些量输入前均已转换成直流0～5V标准信号电压。

（5）输出块　采用DAC 0832。除选通端改接74LS 138外，余同图5-32。运放用LM324。

三、程序与说明

本例程序分主程序与定/计0溢出中断服务程序两大部分。主程序在开机后先做D/A转换零输出、8255A初始化、数显熄灭、8155初始化、报警LED熄灭、定/计0初始化（定时10ms）、片内RAM置初值（清20H与50H～7FH单元，但7CH单元置50H）、时钟置初值、设置堆栈指针等一系列初始化工作，然后定/计0中断开中、起动定/计0工作；以后则是循环执行显示和键盘扫描、识别、处理程序。

每10ms计时到，便进入定/计0中断。此时顺序执行保护现场、定/计0重置数、采样、数据处理、判超限与报警、PID运算与控制电压输出、电子时钟累进及判24h到等工作，最后恢复现场与中断返回。

有些程序段前面章节已有过或有过类似内容；有些相当简单，读者有能力自行编写；此处便不再罗列。

下面只选摘采样、数据处理、判超限与报警等程序段。为便于阅读，先列出片内RAM某些单元的安排和I/O口的地址：

20H　存报警标志，全0表示撤消报警，否则是投入报警。

30H～4FH　栈区。

50H～63H　共20个单元，存采样值。

64H～67H　存各采样值中值。

68H～6FH　依次存转速、枢压、枢流、网压采样值中值的转换结果。每参数占两个单元，高位在前一单元，低位在后一单元。

70H～76H　时钟缓存区。76H存$\frac{1}{100}$s（即10ms）累进值，75H～70H依次存时钟秒的个位、十位，分的个位、十位，时的个位、十位。

78H～7AH　显示缓存区。

7CH　存采样值缓存区首址。

7DH　存报警信息。

7EH　存待输出的控制电压值。

7FH　存给定值。

74LS244（连接键盘）	1FFFH
8255A的A口寄存器	3FFCH
8255A的B口寄存器	3FFDH
8255A的C口寄存器	3FFEH
8255A的控制字寄存器	3FFFH
8155的RAM	4F00H～4FFFH（未用）
8155的C/S寄存器	5FF8H
8155的A口寄存器	5FF9H
8155的B口寄存器	5FFAH
8155的C口寄存器	5FFBH
8155的定时器低字节寄存器	5FFCH（未用）
8155的定时器高字节寄存器	5FFDH（未用）
DAC 0832	7FFFH

2716　　　　　　　　　　　　　　　　0000H～07FFH

```
        ；采样子程序
        ORG     0430H
SAMP：  MOV     R0，7CH         ；初始化时 7CH 已置为 50H
        MOV     R1，#10H        ；低 3 位为 0，表首先采样 IN0
        MOV     R2，#04H        ；每次采样，测 4 个参数
SA1：   MOV     DPTR，#5FFAH    ；指向 8155B 口
        MOV     A，R1
        MOVX    @DPTR，A
        ANL     A，#0EFH
        MOVX    @DPTR，A        ；以上四条是脉冲送 ADC 0809 START 端，启动
                                  转换
        MOV     R3，#32H
        DJNZ    R3，$           ；以上二条延时 100μs，等待 A/D 转换完成
        DEC     DPL             ；指向 8155A 口
        MOVX    A，@DPTR        ；读 A/D 转换结果
        MOV     @R0，A          ；送采样值存储区
        MOV     A，R0
        ADD     A，#05H
        MOV     R0，A           ；以上三条 R0 内容加 5
        INC     R1              ；准备读下一参数
        DJNZ    R2，SA1
        INC     7CH             ；调整采样值存放首址
        MOV     A，7CH
        CJNE    A，#55H，SA2    ；判采样是否已满 5 次
        MOV     7CH，#50H       ；已满五次，7CH 重置 50H
        SETB    F0              ；已满五次，建起 F0
SA2：   RET
```

采样满五次，如测得 F0 已建起，便清该标志和作数据处理。顺序做排队、转存中值、数据转换一、数据转换二等工作。排队是将所测某一参数的五个值按由小到大规律排齐。不难理解，各参数的中值将在 52H、57H、5CH、61H 单元。然后，将各中值依次转存到 64H～67H 单元。排队在第三章已有示例，转存中值无需介绍，下面是数据转换一和数据转换二子程序段。

```
        ；数据转换一子程序
        ORG     04C0H
CHAA：  MOV     R0，#64H
        MOV     R1，#68H
        MOV     DPTR，#TAB2
        MOV     R2，#04H
```

```
CH1:    CLR     A
        MOVC    A, @A+DPTR
        MOV     B, A            ; 取待乘数之一到 B, 7DH=125, 19H=25
        MOV     A, @R0          ; 另一待乘数为采样值中值
        MUL     A B
        MOV     R3, A           ; 乘积低 8 位暂存 R3, 高 8 位在 B
        INC     DPTR
        CLR     A
        MOVC    A, @A+DPTR      ; 环移次数取到 A, 循序为 5、7、5、6
        XCH     A, R3           ; 乘积低 8 位回 A, 环移次数进 R3
CHAS:   XCH     A, B            ; 乘积高 8 位到 A, 低 8 位到 B
        CLR     C
        RRC     A               ; 乘积高 8 位右移 1 位, 其最低位进 C, 最高位
                                  为 0
        XCH     A, B            ; 乘积高 8 位到 B, 低 8 位到 A
        RRC     A               ; 乘积低 8 位右移 1 位, 其最低位进 C 将丢弃,
                                  最高位为高 8 位的最低位
        DJNZ    R3, CHAS        ; 以上 6 条乘积双字节右移, 每向右环移一次,
                                  实为除 2
        XCH     A, B            ; 右移后, 结果的高 8 位到 A, 低 8 位到 B
        MOV     @R1, A          ; 结果的高 8 位进 68H (或 6AH、或 6CH、或
                                  6EH)
        INC     R1
        XCH     A, B            ; 低 8 位到 A
        MOV     @R1, A          ; 结果低 8 位进 69H(或 6BH、或 6DH、或 6FH)
        INC     R1
        INC     DPTR
        INC     R0
        DJNZ    R2, CH1
        RET
TAB2: DB   7DH, 05H, 7DH, 07H, 19H, 05H, 7DH, 06H
```

上列子程序是将所测四参数中值各乘一数值，再除一数值（数值右移）。各量的测量范围分别为 0~1000r/min、0~250V、0~200A、0~500V，送 ADC0809 采样前，已变换为 0~5V 直流电压。经 A/D 转换，又改以 8 位二进制数表示。我们可算知：二进制数每增 1 的分辨率约为 0.02V 直流电压，或依次相当于 3.91r/min、0.977V、0.781A、1.95V。上面程序中 ×125÷32 便是 ×3.91；×125÷128 便是 ×0.977；×25÷32 便是 ×0.781；×125÷64 便是 ×1.95。从而使这四量转换为自己原值的二进制值。下面数据转换二子程序再将二进制值逐位权值相加得出十进制值，可供显示。

；数据转换二子程序

```
        ORG     0510H
CHAB:   MOV     R0, #68H
        MOV     R2, #04H
CHB1:   MOV     R6, #00H
        MOV     R5, #00H        ; R5、R6 作累计单元，前者高 8 位，后者低 8 位
        MOV     DPTR, #TAB3
        MOV     R3, #06H
        MOV     A, @R0          ; 取二进制值高 8 位
        CLR     C
CHB2:   RLC     A
        DJNZ    R3, CHB2        ; 先左移 6 次，因所测值 <1000，前 6 位肯定为 0，不需累加
        MOV     R3, #02H
        LCALL   CAK             ; 调累加子程序，以上两条处理高 8 位最后 2 位
        INC     R0
        MOV     A, @R0          ; 取二进制值低 8 位
        MOV     R3, #08H
        LCALL   CAK             ; 再调累加子程序，处理低 8 位
        MOV     A, R6
        MOV     @R0, A
        DEC     R0
        MOV     A, R5
        MOV     @R0, A          ; 以上五条将转换结果送回原单元
        INC     R0
        INC     R0
        DJNZ    R2, CHB1
        RET

        ; 累加子程序
        ORG     0540H
CAK:    RLC     A
        JNC     CAK1
        MOV     B, A            ; 保护 A 内容
        CLR     A
        MOVC    A, @A+DPTR
        ADD     A, R6
        DA      A
        MOV     R6, A
```

```
        INC     DPTR
        CLR     A
        MOVC    A, @A+DPTR
        ADDC    A, R5
        DA      A
        MOV     R5, A
        MOV     A, B
        SJMP    CAK2
CAK1:   INC     DPTR
CAK2:   INC     DPTR
        DJNZ    R3, CAK
        RET
TAB3: DB     12H, 05H, 56H, 02H, 28H, 01H, 64H, 00H, 32H, 00H, 16H,
             00H, 08H, 00H, 04H, 00H, 02H, 00H, 01H, 00H

        ; 判超限与报警子程序
        ORG     0580H
ALM:    MOV     DPTR, #TAB4
        MOV     R2, #02H         ; 每被测参数要判是否低于下限和高于上限，共
                                 二次
ALM1:   MOV     R0, #68H
        MOV     R3, #04H         ; 有 4 被测参数要判超限
ALM2:   CLR     A
        MOVC    A, @A+DPTR       ; 取限值低 8 位
        MOV     B, A             ; 限值低 8 位存 B
        INC     R0
        MOV     A, @R0           ; 取测得参数低 8 位
        CLR     C
        SUBB    A, B             ; 先低 8 位比较
        INC     DPTR
        CLR     A
        MOVC    A, @A+DPTR       ; 取限值高 8 位
        MOV     B, A             ; 限值高 8 位存 B
        DEC     R0
        MOV     A, @R0           ; 取测得参数高 8 位
        SUBB    A, B             ; 再高 8 位比较
        INC     R0
        INC     R0
        INC     DPTR
```

```
        MOV     A，7DH
        RRC     A
        MOV     7DH，A          ；将 C 值逐位移入报警单元，低于下限 C=1，
                                  高于上限 C=0
        DJN2    R3，ALM2
        DJN2    R2，ALM1
        MOV     A，7DH
        CPL     A
        SWAP    A
        ANL     A，#0FH
        MOV     B，A            ；低 4 位为 1 报警，现高 4 位却为 0 超限，应置
                                  反，以上四条是高 4 位置反及存 B
        MOV     A，7DH
        ANL     A，#0FH         ；低 4 位报警信息存 A
        ORL     A，B            ；高、低 4 位报警信息合并，报警信息只需 4 位
        MOV     DPTR，#5FFBH
        MOVX    @DPTR，A
TAB4：DB     50H，07H，00H，02H，90H，00H，30H，03H；各低限值
      DB     50H，08H，40H，02H，10H，01H，30H，04H；各高限值
```

中断服务程序在判超限与报警后，经数据处理的转速、枢压、枢流参与 PID 运算，求得输出电压的二进制值，D/A 转换为模拟量后输出。PID 运算涉及自控理论，大多专业是不学的，所以这里不再介绍。有兴趣的读者，请参见本书配套教材“单片微机习题集与实验指导书”。电子时钟的内容也请参见该配套教材。

第六章　MCS-96 系列单片机

第一节　概　　述

MCS-96 是 Intel 公司继 MCS-51 之后于 1983 年推出的 16 位单片微机系列。它可供用户使用的软、硬件资源远比 MCS-51 丰富、灵活、快速，适合用于机器人、实时性要求较高的各类自动控制和自动检测系统、计量计测装置，对汽车电子化、通信系统、高级家用电器可组成理想的控制器，对打印机、绘图仪、硬盘等高速外围设备是合适的控制部件。

MCS-96 系列包含两个子系列：8096 和 8096BH。后者与前者兼容，而性能则更优，且具有带 8KB 片内 EPROM 的机型。8096BH 的片内 EPROM 能采用几种编程方式，运行中也能编程，写好后可采取保密措施。后者的 A/D 转换速度也高于前者，且增添了一个芯片配置寄存器 CCR，增强了功能。

1988 年 Intel 公司又推出了 16 位机性能但 8 位外部总线因而接口简单的 8098 机型，它的性能价格比高，便于应用和推广，很受用户欢迎，是 MCS-96 系列中的新成员。

8096、8098 常简称为 96、98。过去，它们是单片机中的高档机。但是，技术飞速进展，20 世纪 80 年代后期起 96、98 已逐渐被 80196（简称 196）代替。196 是 96、98 的发展，然而仍属于 96 系列。本章便成为进一步掌握 196 的基础。

一、主要性能特点

MCS-96 系列单片机的主要性能特点为

1）16 位 CPU。它的主要特点是不采用累加器，改用寄存器-寄存器结构，消除了单一累加器带来的“瓶颈效应”，提高了操作速度和数据吞吐能力。

2）总线宽度可控。它的外部数据总线可工作于 8 位，也可工作于 16 位，可适应对片外存储器作字节操作或字操作的不同需要，也便于与 8 位或 16 位数据总线的外设接口。

3）8KB 片内 ROM。其总存储器空间为 64KB，ROM 与 RAM 统一编址。系列中带片内 ROM 或 EPROM 的芯片，其容量为 8KB。

4）256 个字节寄存器阵列和专用寄存器。其中 232 个字节是寄存器阵列，它兼具一般微处理器通用寄存器和 RAM 的功能，又都可用作累加器。另外 24 个字节为专用寄存器。

5）高速输入/输出器。能测量和产生高分辨力（当用 12MHz 晶体时，达 2μs 脉宽）的脉冲。

6）5 个 8 位输入/输出口。

7）全双工串行口。

8）10 位 A/D 转换器。可与模拟量输入信号直接接口，特别适用于多路数据采集系统。

9）脉宽调制输出器。可提供脉宽调制信号，经过外接积分电路产生模拟量输出信号。作为 D/A 转换器其分辨率为 8 位。脉冲周期为 64μs（12MHz 时）。

10）两个 16 位定时器。

11）4 个 16 位软件定时器。

12）16 位监视定时器。

13）8 个中断类型。

14）高效的指令系统。

可对不带符号数和带符号数进行操作，有 16 位乘 16 位指令及 32 位除 16 位指令，有符号扩展指令，还有数据规格化（有利于浮数运算）等指令。

它有很多指令既可用双操作数，也可用 3 操作数。用 3 操作数时包括 2 个源操作数、1 个目的操作数，指令执行后源操作数的值不变，从而大大提高编程效率。

二、型号、封装与引脚定义

MCS-96 系列单片机除前述有 8096 和 8096BH 两个子系列外，还可根据有无片内 ROM 或 EPROM、有无片内 A/D 转换器、封装结构与引脚数等进行分类。

例如 8096BH、8097BH 片内无 ROM，8396BH、8397BH 片内有 ROM，8796BH、8797BH 片内有 EPROM；又如 8096BH、8396BH、8796BH 都片内无 A/D 转换器，8097BH、8397BH、8797BH 则片内有 A/D 转换器。封装结构有四种：

DIP（Dual-In-Line Package）为双列直插式封装，有 48 个引脚；

PGA（Pin Grid Array）为格栅阵列式引脚结构，有 68 个引脚；

PLCC（Plastic Leaded Chip Carrier）为塑料有引线芯片，有 68 个引脚；

LCC（Leadless Chip Carrier）为无引线芯片，有 68 个引脚。

DIP 封装各引脚的定义见图 6-1。PGA、LCC、PLCC 封装各引脚的定义见表 6-1，由表可见 PLCC 封装与 PGA、LCC 封装引脚号的定义是不一致的。

现根据引脚定义，对 68 个引脚一一说明如下：

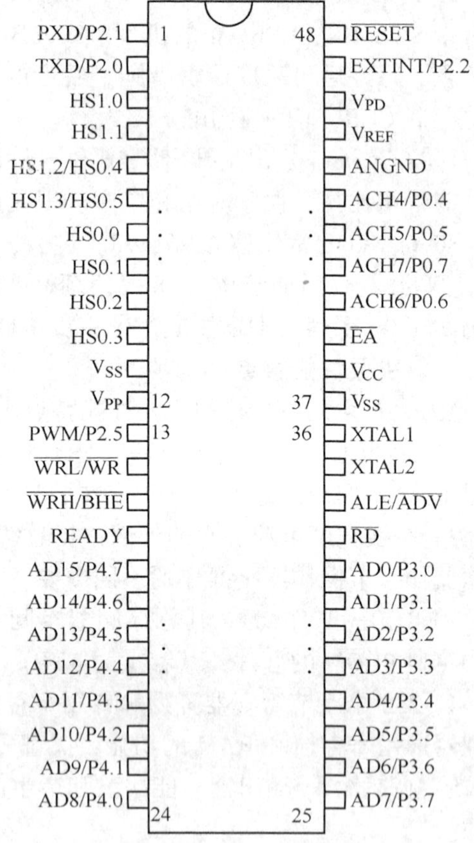

图 6-1　MCS-96 系列 DIP 封装结构的引脚安排

V_{CC}：主电源电压（+5V）。

V_{SS}：数字地（0V）。

V_{PD}：片内 RAM 备用电源电压（+5V）。

V_{PP}^{*}或 V_{BB}^{**}：对 8096BH 系列 EPROM 型产品为前者，是编程电源（+12.5V）；对 8096 系列产品为后者，该引脚通过一个 0.01μF 电容与 ANGND 引脚相连。

V_{REF}：A/D 转换器基准电压（+5V）。

ANGND：A/D 转换器参考地，通常应与 V_{SS}同电平。

表 6-1

PGA/LCC	PLCC	定　义	PGA/LCC	PLCC	定　义
1	9	ACH7/P0.7	36	42	T2RST/P2.4
		/PMOD.3*	37	41	$\overline{WRH}$/$\overline{BHE}$*
2	8	ACH6/P0.6	38	40	$\overline{WRL}$/$\overline{WR}$*
		/PMOD.2*	39	39	PWM/P2.5/$\overline{PDO}$*
3	7	ACH2/P0.2			/$\overline{SPROG}$*
4	6	ACH0/P0.0	40	38	P2.7
5	5	ACH1/P0.1	41	37	V_{SS}**或V_{PP}*
6	4	ACH3/P0.3	42	36	V_{SS}
7	3	NMI	43	35	HSO.3
8	2	$\overline{EA}$	44	34	HSO.2
9	1	V_{CC}	45	33	P2.6
10	68	V_{SS}	46	32	P1.7
11	67	$XTAL_1$	47	31	P1.6
12	66	$XTAL_2$	48	30	P1.5
13	65	CLKOUT	49	29	HSO.1
14	64	$\overline{TEST}$**或	50	28	HSO.0
		BUSWIDTH*	51	27	HSO.5/HSI.3
15	63	INST	52	26	HSO.4/HSI.2
16	62	ALE/$\overline{ADV}$*	53	25	HSI.1
17	61	$\overline{RD}$	54	24	HSI.0
18	60	AD0/P3.0	55	23	P1.4
19	59	AD1/P3.1	56	22	P1.3
20	58	AD2/P3.2	57	21	P1.2
21	57	AD3/P3.3	58	20	P1.1
22	56	AD4/P3.4	59	19	P1.0
23	55	AD5/P3.5	60	18	TXD/P2.0/PVER*
24	54	AD6/P3.6			/SALE*
25	53	AD7/P3.7	61	17	RXD/P2.1/PALE*
26	52	AD8/P4.0	62	16	$\overline{RESET}$
27	51	AD9/P4.1	63	15	EXTINT/P2.2/
28	50	AD10/P4.2			$\overline{PROG}$*
29	49	AD11/P4.3	64	14	V_{PD}
30	48	AD12/P4.4	65	13	V_{REF}
31	47	AD13/P4.5	66	12	ANGND
32	46	AD14/P4.6	67	11	ACH4/P0.4/
33	45	AD15/P4.7			PMOD.0*
34	44	T2CLK/P2.3	68	10	ACH5/P0.5/
35	43	READY			PMOD.1*

注：标有＊的功能仅对8096BH系列有效，标有＊＊的功能仅对8096系列有效，未标者对两者都有效。

XTAL1：内部振荡器反相器的输入，也是内部时钟发生器的输入。

XTAL2：内部振荡器反相器的输出。

CLKOUT：内部时钟发生器的输出，其频率为振荡器频率的1/3。占空比为33%。

INST：读片外程序存储器时，此引脚输出高电平，表示是取指周期。

NMI：非屏蔽中断信号输入端。此引脚有正跳变信号时，监视定时器复位，同时形成一个指向片外存储器0000H单元的中断矢量。

BUSWIDTH*或TEST**：对8096BH系列产品为前者，是总线宽度选择输入端。若CCR. 1 =1，则运行中总线的宽度取决于它的逻辑值：为1，选择16位总线；为0，选择8位总线。若CCR. 1 =0，则总线宽度总是8位。对8096系列产品为后者，是测试控制端；若此引脚为低电平，则芯片进入生产厂测试方式，而正常工作时，此引脚应接 V_{CC}。

$\overline{EA}$：程序存储器选择信号输入端。$\overline{EA}$ =1，访问片内ROM或EPROM的2000H～3FFFH单元。$\overline{EA}$ =0，访问片外ROM或EPROM的2000H～3FFFH单元。$\overline{EA}$ =12. 5V，进入编程工作方式。该引脚有内部下拉电阻，除非有外部驱动使其为高电平，否则总保持为低电平。

$\overline{RESET}$：复位信号输入端。在此引脚保持2个状态周期以上时间的低电平，将使芯片复位。此后当该引脚电平由低到高跳变时，使CLKOUT重新同步。

READY：准备就绪信号输入端。用于延长对片外存储器或慢速外设的访问周期。

HSI：高速输入器的输入端。共4个，标为HSI. 0～HSI. 3，其中HSI. 2和HSI. 3分别与HSO. 4和HSO. 5合用。

HSO：高速输出器的输出端。共6个，标为HSO. 0～HSO. 5。

P0：8位高阻抗输入口。可作数字量输入口，也可作A/D转换器的模拟量输入口（ACH0～ACH7）。对EPROM型产品，在编程时P0. 4～P0. 7又可用作方式选择输入（PMOD. 0～PMOD. 3）端。

P1：8位准双向口。

P2：8位准双向口。其中P2. 0～P2. 5是多功能的，依次兼用作串行口发送端，串行口接收端、外部中断申请端、定时器2外部时钟输入端、定时器2复位端和脉宽调制信号输出端。

P3和P4：具有漏极开路输出的8位双向口。主要用于地址/数据分时复用总线。

ALE/$\overline{ADV}$*：地址锁存允许（ALE）或地址有效（$\overline{ADV}$）输出端，由CCR. 3 =1还是0选定。两者都用于锁存地址/数据总线上的地址信号。只在要访问片外程序存储器时，此引脚的信号才有效。

$\overline{RD}$：片外存储器读信号输出端。

$\overline{WR}$*/$\overline{WRL}$：片外存储器写或片外存储器低位字节写信号输出端，由CCR. 2 =1还是0选定。总线为8位时，每次写操作都输出低电平；总线为16位时，只在写偶数地址（低位字节）存储单元时才输出低电平。

$\overline{BHE}$*/$\overline{WRH}$：总线高位字节允许或片外存储器高位字节写信号输出端，也由CCR. 2 =1还是0选定。如选$\overline{BHE}$，当$\overline{BHE}$ =0且 A_0 =1时访问奇数地址（高位字节）存储单元，当$\overline{BHE}$ =1且 A_0 =0时访问偶数地址（低位字节）存储单元。在$\overline{BHE}$ =0且 A_0 =0时同时访问两个字节。如选$\overline{WRH}$，只在写奇数地址（高位字节）存储单元时才输出低电平。

与68个引脚的芯片相比，48个引脚的芯片不提供如下引脚：P0. 0～P0. 3；P1. 0～

P1.7；P2.3、P2.4、P2.6、P2.7；CLK OUT、INST、NMI、BUSWIDTH*或TEST**。

三、内部结构框图

MCS-96系列单片微机的结构框图见图6-2。虚线小框内是CPU，另外由图可见，片内ROM、存储器控制器、I/O口（串行口和P0、P1、P2、P3、P4口）、高速输入/输出器（HSIO）、A/D转换器、脉宽调制输出器（PWM）、定时器、监视定时器、中断控制、时钟发生器等功能部件。

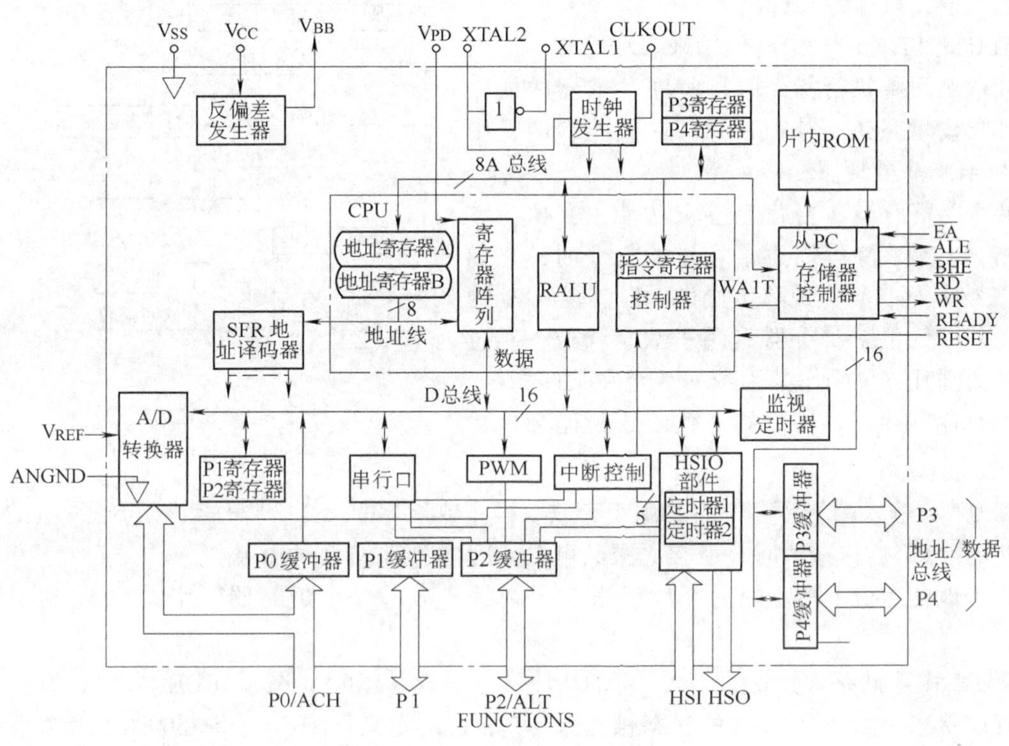

图6-2 MCS-96的结构框图

第二节 微处理器与时钟信号

一、微处理器

MCS-96系列单片机的CPU由寄存器算术逻辑单元（RALU）、寄存器阵列（Register File）、指令寄存器、控制器、地址寄存器等部件组成。未采用累加器，直接面向232个字节的寄存器阵列和24个字节的SFR进行操作，加速了数据交换、更改和吞吐的能力。同时，可通过特殊功能寄存器直接控制I/O口，提高了输入/输出速度。

1. CPU总线

由图6-2可见：有一条16位的D总线和一条8位的A总线。通常，D总线用于RALU与寄存器阵列或特殊功能寄存器间传送数据，A总线用作上述传送过程中的地址总线。另外，CPU通过D总线还可与片内各部件进行数据交换；而当CPU通过存储器控制器访问片内、外存储器时，A总线可用作分时复用的地址/数据总线。CPU的基本操作过程便是：通过存储器控制器和A总线自片内或片外程序存储器把指令取到指令寄存器，由控制器译码后产生与指令相应的信号序列，使RALU完成指令规定的功能。

2. 寄存器算术逻辑单元

寄存器算术逻辑单元的结构见图6-3，它主要由ALU和程序状态字PSW、程序计数器PC、暂存寄存器、高位字寄存器、低位字寄存器等许多寄存器组成，故称为RALU。

ALU是17位的，最高位用来表示符号。

在依次逐条执行指令时，程序计数器的值由增量器自动增量进行修改；执行跳转指令时，则须经由ALU来处理。

两个字寄存器本身带有移位功能，在执行数据规格化、乘、除等需逻辑移位的指令时，它们可不靠ALU而自行完成移位操作，以减轻ALU的负担。其中低位字寄存器只用于双字移位，高位字寄存器则凡移位操作都用到，甚至在某些指令，还用作暂存寄存器。移位的计数由5位循环计数器完成。

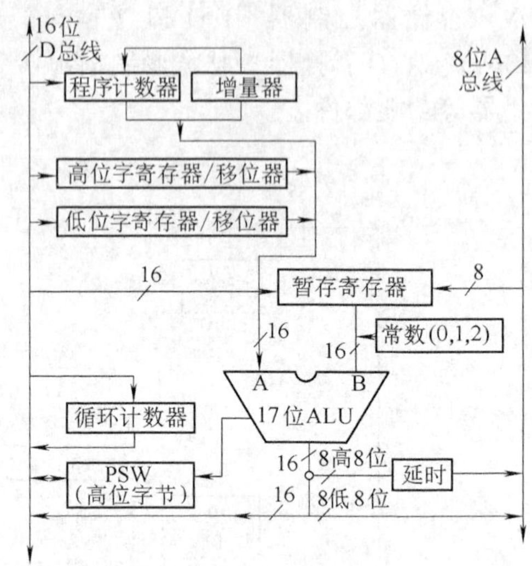

图6-3 RALU框图

ALU B输入端的暂存寄存器用于存放双操作数指令的第2个操作数（包括乘法的乘数和除法的除数）；作减法时，所存的减数可取补后再送到ALU的B端。

由于地址和指令都要变为8位后送上A总线，故有一个延时器，完成16位到8位的转换。

RALU中还储有常数0、1、2，可加快取补、增量（INC）、减量（DEC）等计算。

程序状态字是一个16位的状态触发器，其各位的定义见图6-4。它的高8位反映程序依次执行的状态信息；低8位则是中断屏蔽寄存器，详见本章第五节。

位	15	14	13	12	11	10	9	8	7	6	5	4	3	2	1	0
标志	Z	N	V	VT	C	—	I	ST	中	断	屏	蔽	寄	存	器	

图6-4 PSW各位的定义

PSW高位字节各位的含义如下：

（1）零标志Z 操作结果为零时置位。

（2）负标志N 操作结果为负时置位。

（3）溢出标志V 操作结果溢出时置位。

（4）溢出陷井标志VT 当V标志置位时，VT也置位。但前者可能被后续操作清除，后者则只在执行明确针对VT的JVT、JNVT、CLRVT等指令后才会被清除，从而有利于对溢出状态进行测试。

（5）进位标志C 加法操作时最高位有进位时置位，减法操作时最高位没有借位时置位。

(6) 总中断允许位 I　通过执行 EI 指令可置位，执行 DI 指令可复位。

(7) 粘附位标志 ST　右移操作时，“1”先移入 C 以后又移出时置位。右移操作后它与 C 一起用来控制数据的舍、入，可提高计算精度。

3. 寄存器阵列

实际是 232 个字节的片内 RAM 单元，可以按字节、字或双字进行访问。要访问寄存器阵列或 24 个专用寄存器，它们的地址均由 CPU 分成两个 8 位，暂存在地址寄存器 A 和 B 中（见图 6-2）。

二、时钟信号

MCS-96 系列单片机片内也含有一个高增益的反相放大器，通过 XTAL1、XTAL2 外接作为反馈元件的晶体后成为自激振荡器，其振荡脉冲经 3 分频的三相时钟发生器后，产生 3 个不同相位的内部时钟 A、B、C。外接晶体的接法见图 6-5，内部时钟信号的波形图见图6-6。

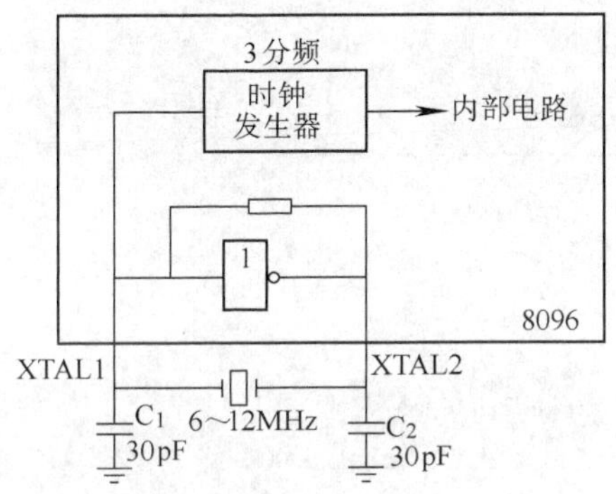

图 6-5　MCS-96 外接晶体的接法

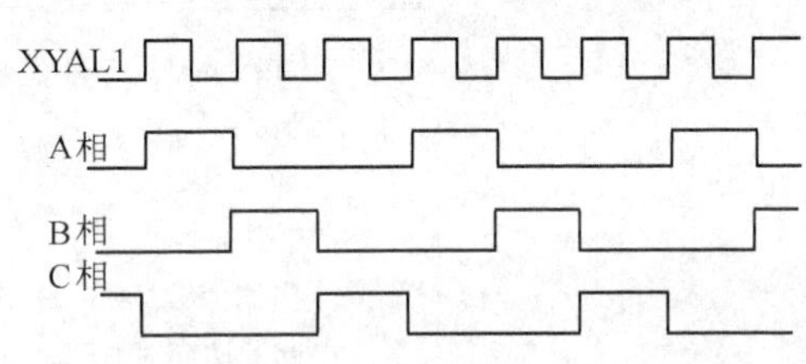

图 6-6　内部时钟信号

每 3 个振荡周期构成一个状态周期，它是 MCS-96 操作的基本时间单位。如采用 12MHz 的晶体，状态周期为 0. 25μs。A、B、C 三相的占空比都为 33%。有 68 个引脚的芯片、自 CLKOUT 引脚可引出 A 相信号作为时钟输出。

时钟源也可来自外部，此时把外部时钟信号加在 XTAL1 引脚，即三相时钟发生器的输入端上，而 XTAL2 引脚悬浮起来即可。系统要求输入的时钟频率也在 6MHz 到 12MHz 之间。

第三节　存储器空间

MCS-96 系列单片机存储器总的寻址范围为 64KB，ROM 与 RAM 统一编址，存储器空间的分配见图 6-7。

0000H ~ 00FFH 单元为片内 RAM 区。

如果对 0000H ~ 00FFH 单元进行取指操作，将自动访问相同地址的片外存储器（见图 6-7），该 256 个单元的片外存储器是由 Intel 公司的开发系统使用的。

0100H ~ 1FFDH 单元和 2080H ~ FFFFH 单元是用户可自由使用的空间。对于有片内 ROM/EPROM 的芯片，2000H ~ 3FFFH 单元为片内 ROM 区；对于无片内 ROM/EPROM 的芯片，可自由安排片外 ROM、片外 RAM 或按存储器编址的 I/O 设备，但芯片复位后程序将自 2080H 单元起开始执行，所以从 2080H 单元开始的这部分空间应该配置程序存储器。

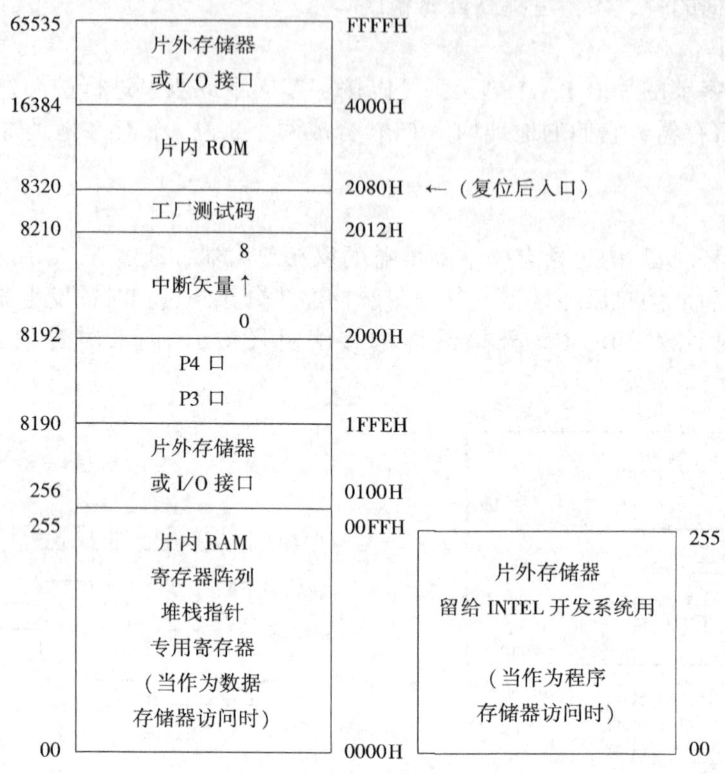

图 6-7　存储器空间的分配

1FFFH ~ 2080H 单元留作专门用途。1FFEH 和 1FFFH 这两个单元分别为 P3、P4 口的映射地址，以便在 P3、P4 已用作地址/数据总线的系统中实现重构 P3、P4 口的 I/O 功能。2000H ~ 2011H 单元存放 9 个中断矢量地址。2012H ~ 207FH 单元保留用于 Intel 工厂测试码。其中 2018H 单元是芯片配置字节 CCB，系统复位时，它的内容可装载到 CCR 中去。

片内 RAM 区空间的分配见图 6-8。

0000H ~ 0017H 为 24 个特殊功能寄存器，其名称及功能见表 6-2，其中有部分保留着未定义，有些单元读操作时有一种用途，写操作时有另一种用途。

0018H ~ 00FFH 是寄存器阵列，如不计 0018H 与 0019H，是 230 个单元。其中 00F0H ~ 00FFH 共 16 个单元用于存放掉电时需保护的数据。

0018H ~ 0019H 用于存放堆栈指针，未用堆栈的用户程序，可作为一般 RAM 单元使用。使用堆栈的，堆栈指针须由用户程序进行初始化，栈底可在 64KB 存储器空间范围内置定。

芯片中有一个存储器控制器，由它管理 RALU 与片内、外存储器（不包括 0000H ~ 00FFH 单元）间的通信。因为 A 总线是 8 位的，传送费时，为加快取指速度，存储器控制器内部有一个从程序计数器，当顺序执行程序时，就近由它作为程序指针来取指，只在执行转移或调用指令时，才把 RALU 中主 PC 的内容通过 A 总线加载到从 PC 中去。另外，存储器控制器中还有一个 3B 的指令队列，也可加快指令的执行过程。

地址	内容	十进制
00FFH	掉电保护 RAM	255
00F0H		240
00EFH	内部寄存器阵列 (RAM)	239
001AH		26

地址	（读时）	（写时）	十进制
0019H	堆栈指针	堆栈指针	25
0018H			24
0017H		PWM 控制	23
0016H	IOS1	IOC1	22
0015H	IOS2	IOC0	21
0014H	保留	保留	20
0013H			19
0012H			18
0011H	SP 状态	SP 控制	17
0010H	I/O 口 2	I/O 口 2	16
000FH	I/O 口 1	I/O 口 1	15
000EH	I/O 口 0	波特率	14
000DH	定时器 2（高位）	保留	13
000CH	定时器 2（低位）		12
000BH	定时器 1（高位）		11
000AH	定时器 1（低位）	监视定时器	10
0009H	INT 悬挂	INT 悬挂	9
	INT 屏蔽	INT 屏蔽	8
	SBUF（RX）	SBUF（TX）	7
	HSI 状态	HSO 命令	6
	HSI 时间（高位）	HSO 时间（高位）	5
	HSI 时间（低位）	HSO 时间（低位）	4
	AD 结果（高位）	HSO 方式	3
	AD 结果（低位）	AD 命令	2
	R0（高位）	R0（高位）	1
0000H	R0（低位）	R0（低位）	0

图 6-8　片内 RAM 空间的分配

表 6-2

名称	功能	地址
R0	零寄存器，只能读得零值，用作基址寄存器	0000H 0001H
AD 结果	存放 A/D 转换结果（10 位），只能按字节读	0002H（低） 0003H（高）
AD 命令	起动 A/D 转换	0002H
HSI 方式	设定 HSI 的工作方式	0003H
HSI 时间	存放 HSI 的时间值（只读）	0004H（低） 0005H（高）
HSO 时间	设定 HSO 的时间值	0004H（低） 0005H（高）
HSO 命令	预置 HSO 输出事件的性质	0006H
HSI 状态	指示 HSI 状态（只读）	0006H
SBUF（TX）	串行口发送缓冲器	0007H
SBUF（RX）	串行口接收缓冲器	0007H
INT 屏蔽	设置各中断源允中或禁中	0008H
INT 悬挂	指示哪些中断已挂起（申请）	0009H
监视定时器	每 64K 个状态周期自动复位	000AH
定时器 1	存放定时器 1 的值（只读）	000AH（低） 000BH（高）
定时器 2	存放定时器 2 的值（只读）	000CH（低） 000DH（高）
波特率	波特率寄存器	000EH
I/O 口 0	P0 口寄存器，存放 P0 引脚上电平（只读）	000EH
I/O 口 1	P1 口寄存器，用于读、写 P1 口各引脚电平	000FH
I/O 口 2	P2 口寄存器，用于读、写 P2 口各引脚电平	0010H
SP 状态	指示串行口状态（只读）	0011H
SP 控制	设定串行口工作方式	0011H
IOS0	I/O 状态寄存器 0，存放 HSO 状态信息	0015H
IOS1	I/O 状态寄存器 1，存放定时器及 HSI 状态信息	0016H
IOC0	I/O 控制寄存器 0，控制 HSI 引脚第二功能，提供定时器 2 复位信号和时钟	0015H
IOC1	I/O 控制寄存器 1，控制 P2 口引脚第二功能，定时器中断和 HSI 中断	0016H
PWM 控制	用于设置 PWM 脉冲宽度	0017H

第四节 I/O 接口与定时器

一、并行输入输出接口

MCS-96 系列单片机有 5 个 8 位并行 I/O 口：

P0 口 只用于输入。也用作 8 路 A/D 转换器模拟量信号的输入口线 ACH0 ~ ACH7。

P1 口 准双向口。

P2 口 多功能双向口。各口线的功能详见表 6-3。

表 6-3

口 线	功 能	第二功能	控制信号
P2.0	输出	串行口发送 TXD	IOC1.5
P2.1	输入	串行口接收 RXD	
P2.2	输入	外部中断请求 EXINT	IOC1.1
P2.3	输入	定时器 2 输入 T2CLK	IOC0.7
P2.4	输入	定时器 2 复位 T2RST	IOC0.5
P2.5	输出	PWM 输出	IOC1.0
P2.6	准双向		
P2.7	准双向		

P3 口、P4 口 在访问片外存储器时用作系统的地址/数据总线。对不用片外存储器的系统，它们是漏极开路的双向口。

二、高速输入输出接口

在特殊功能寄存器块中，有两个 I/O 控制寄存器 IOC0、IOC1 和两个 I/O 状态寄存器 IOS0、IOS1，前者主要控制高速输入输出接口的工作，后者主要反映高速输入输出接口的状态，其详细功能见图 6-9 与图 6-10。

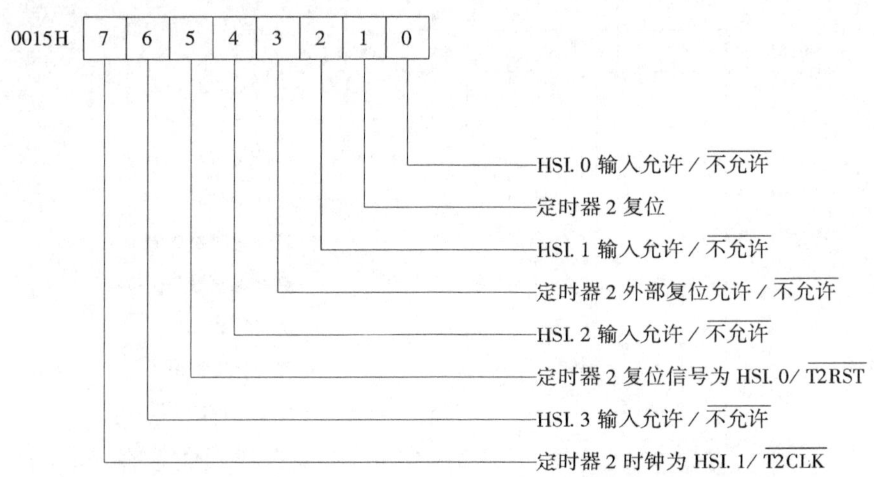

a）IOC0

图 6-9 I/O 控制寄存器

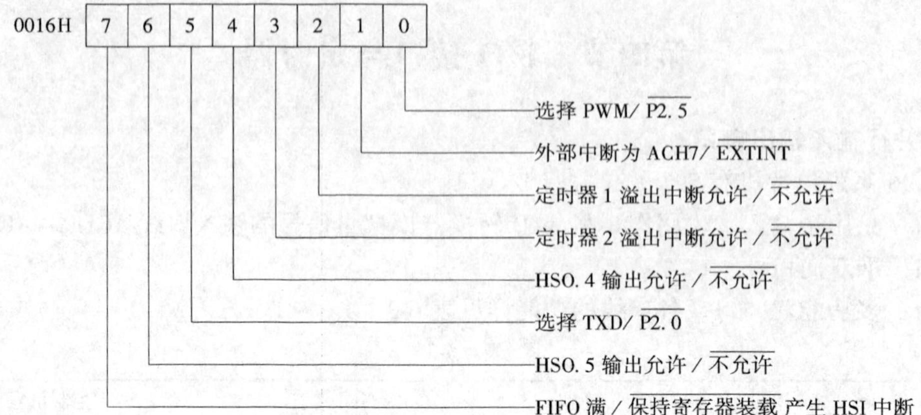

b）IOC1

图 6-9 （续）

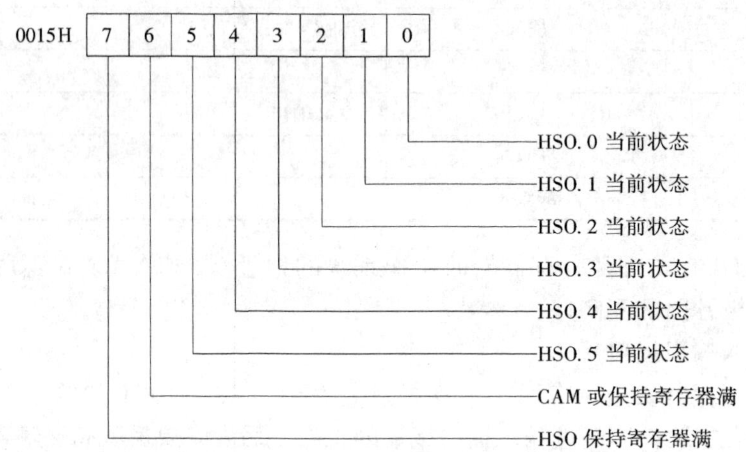

a）IOS0

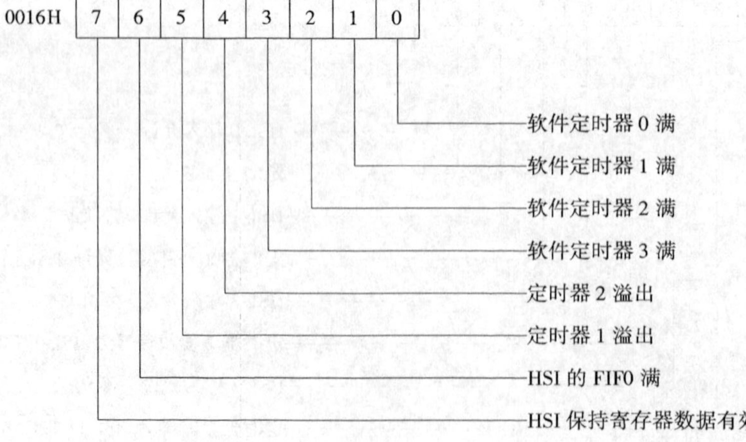

b）IOS1

图 6-10 I/O 状态寄存器

1. 定时器

MCS-96 系列单片机有两个 16 位定时器。

定时器 1 用作实时时钟，计时信号来自内部时钟发生器，每 8 个状态周期（且 12MHz 晶体时为 2μs）计数器加 1，16 位计数器计满时触发中断，并使 IOS1. 5 置 1。它一直循环计数，系统复位时才停止并复位。任何时候都可读它（片内 RAM 000AH、000BH 单元）。

定时器 2 主要用作外部事件计数器，计数脉冲来自 HSI. 1 或 T2CLK（P2. 3 引脚，48 个引脚的芯片无此引脚），由 IOC0. 7 控制选择。计数脉冲跳变时计数器加 1，16 位计数器计满时触发中断，并使 IOS1. 4 置 1。任何时候也能读它（片内 RAM 000CH、000DH 单元）。除系统复位外，在 IOC0. 1 置 1，触发 HSO14 通道，以及 IOC0. 3 为 1、T2RST 或 HSI. 0 由低变高这 3 种情况下也可复位。

定时器 1 还用于高速输入接口 HSI，定时器 1 或 2 也用于高速输出接口 HSO。

2. 高速输入接口

用于快速记录外部事件发生的时间。定时器 1 提供时间基准，故分辨力为 8 个状态周期（00 触发方式为 16 个状态周期）。它有 4 个输入通道（见图 6-11），事件的触发方式由 HSI 方式寄存器（0003H）选定，见图 6-12。当事件（跳变）检测器检测到某通道有事件发生时，由定时器 1 记录事件发生的时间。先进先出（FIFO）队列寄存器有 7 级，可记录 7 次事件；每级 20 位，16 位存储定时器 1 送来的事件发生时间，另 4 位指示发生时 4 根输入线的状态。保持寄存器也可看作队列的一级，使可记录的事件达 8 次。CPU 先读 HSI 状态寄存器（0006H，见图 6-13），再读 HSI 时间寄存器（0004H、0005H），便知这一事件的具体情况。读走一个事件，队列便空出 1 级位置。8 个事件如已记满，CPU 却未曾读走，则不能再进一步记录。

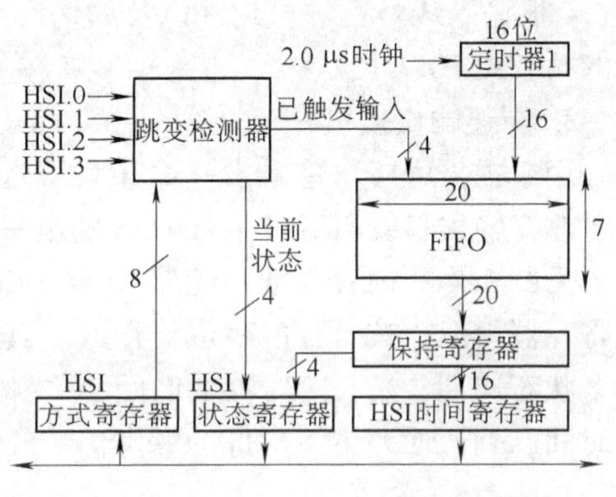

图 6-11　HSI 的结构

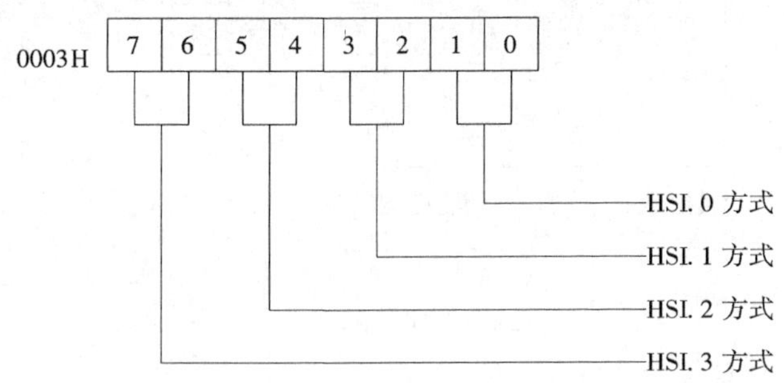

触发方式选择：

00—每 8 次正跳变触发

01—正跳变触发

10—负跳变触发

11—跳变（正和负）触发

图 6-12　HSI 方式寄存器

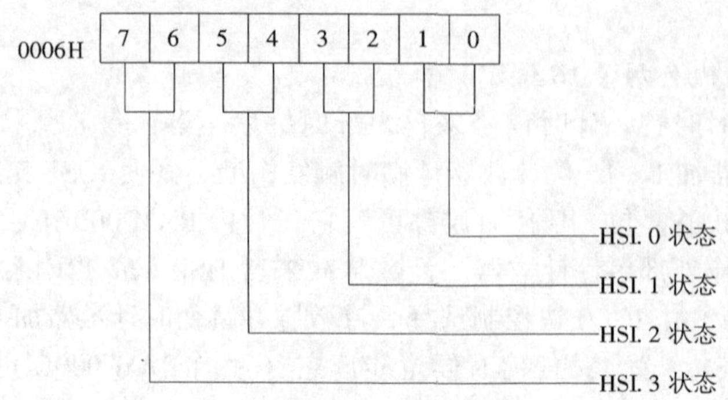

2 位状态信息的低位指示在 HSI 时间寄存器所记载的时刻是否有事件发生，高位表示该引脚的当前状态。

图 6-13 HSI 状态寄存器

4 根输入线是否输入允许以及如何产生 HSI 中断由 IOC0、IOC1 控制，F1FO 与保持寄存器的状态由 IOS1 指示。

3. 高速输出接口

用于根据程序快速触发一个事件；起动 A/D 转换、复位定时器 2、设置软件定时器标志、改变输出口线 HSO. 0 ~ HSO. 5 的电平。

见图6-14，内容寻址存储器 CAM（Content Addressable Memory）是它的核心，由 8 个 23 位寄存器组成，按所存内容进行存取。其中 16 位存放触发某一事件的时间，7 位存放命令。每个状态周期，来自定时器的时间与 CAM 中的某个时间比较，如相符，说明触发这一事件的时间已到，便产生该事件的触发信号。

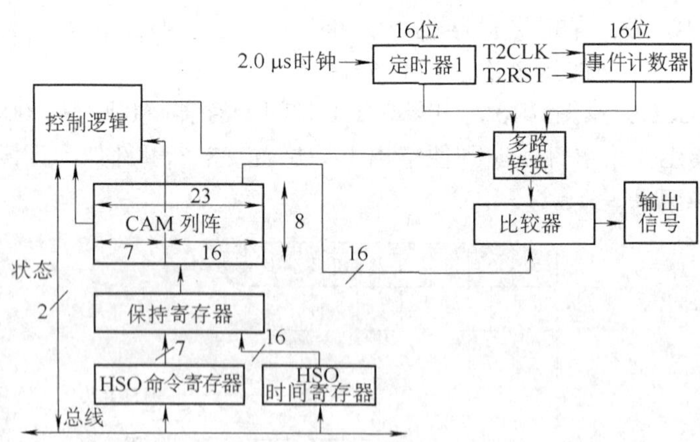

图 6-14 HSO 的结构

先在 HSO 命令寄存器（0006H，见图 6-15）的低 7 位写入 7 位命令。最高位未用；低 4 位代表 16 种输出（16 种触发事件）；位 4 决定是否产生中断；位 5 决定前 8 种输出的性质；位 6 选定以定时器 1 还是定时器 2 为时间基准。再写 HSO 时间寄存器（0004H、0005H），于是命令与时间将自动装入保持寄存器，如 CAM 有空，又进一步装入 CAM。触发一个事件后，CAM 空出一个位置，供存放新的内容。保持寄存器如不空，再写将覆盖原来的内容，故写前应先检查 IOS0. 6 和 IOS0. 7。

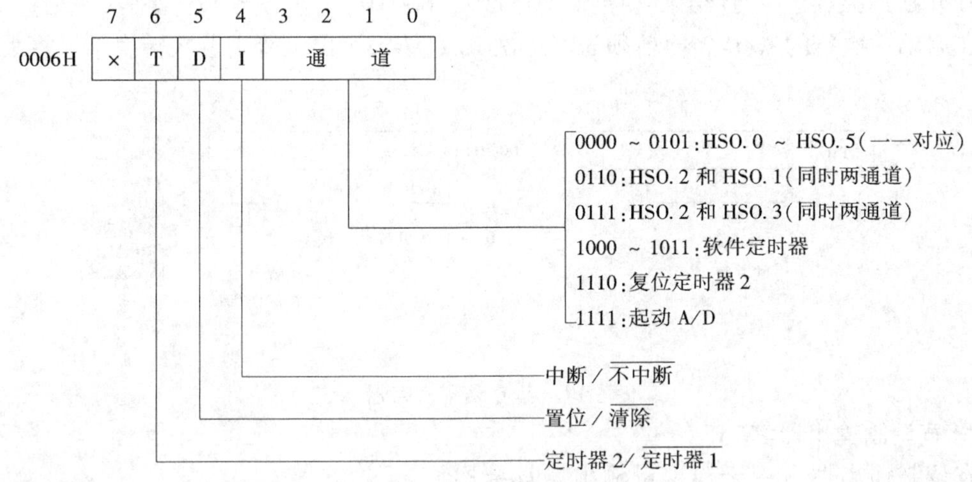

图 6-15 HSO 命令寄存器

4. 软件定时器

对 HSO 编程，使按预定时间产生中断，便构成立了“软件定时器”。对应于 HSO 输出通道 8 ~ 11，共 4 个软件定时器。预定时间到后，IOS1 的相应位置 1，如 HSO 命令寄存器的位 4 已置 1，便产生软件定时器中断。测读 IOS1，可知是哪一软件定时器造成中断。

三、模拟量接口

1. A/D 转换器

MCS-96 系列单片机的有些机型具有 8 路 10 位逐次逼近式 A/D 转换器，80/96BH 子系列还具有采样保持电路。8 路模拟量输入信号通过 P0 口，即 ACH0 ~ ACH7 输入单片机。单片机在某一时刻对其中一路进行 A/D 转换，转换一次如 8096 子系列为 42μs，如 8096BH 子系列约 22μs（均 12MHz 晶振）。转换关系为

结果值 = 1023（输入电压 − ANGND）/（V_{REF} − ANGND）

式中，V_{REF} 为基准电压（一般为 +5V），ANGND 为模拟地电压。

对 A/D 命令寄存器（0002H）的 D_3 置 1 或用 HSO 可起动一次 A/D 转换。每次 A/D 转换都要重写命令寄存器。A/D 命令寄存器见图 6-16。

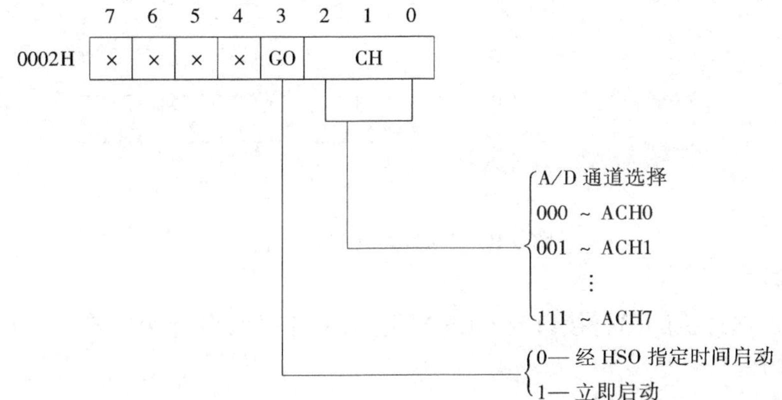

图 6-16 A/D 命令寄存器

A/D 转换结果存于 A/D 结果寄存器（0002H、0003H），见图 6-17。它必须按字节分别读取。在启动一次新的 A/D 转换前须先将上次 A/D 结果读出，否则上次转换结果将丢失。

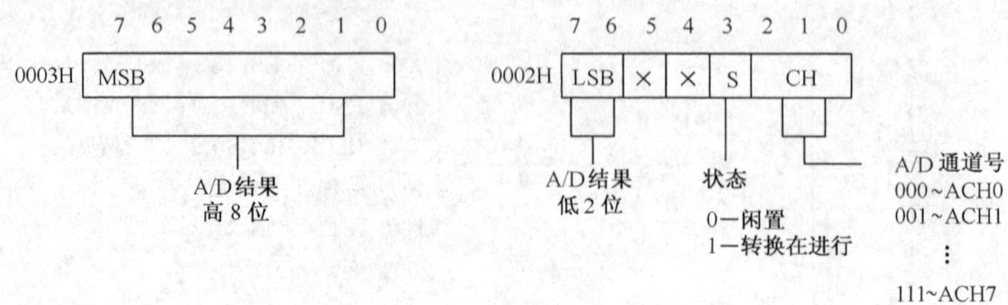

图 6-17　A/D 结果寄存器

2. 脉宽调制输出器 PWM

脉宽调制输出器可用于模拟量输出，其结构见图 6-18。它由 P2. 5 引脚输出，脉宽调制则通过写 PWM 控制寄存器（0017H）来实现。

起始时：计数器为 0，PWM 输出 1。以后每一个状态周期计数器加 1，直到计数值与 PWM 控制寄存器的值相等，才输出 0。而当计数器溢出后，PWM 又恢复为高电平。根据需要的输出波形占空比，可知 PWM 控制寄存器（8 位）的设定值与输出的波形图。图 6-19 是这三者对照的示例图。不难想像，PWM 的输出电压可有 256 级。它可直接驱动步进电动机等装置，或再外接积分器而成为模拟电压输出。

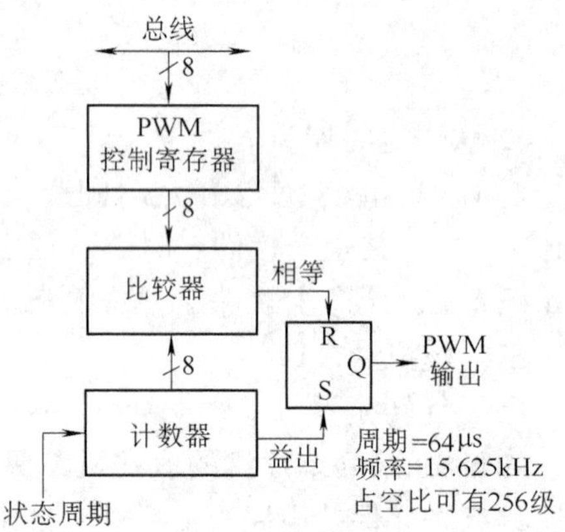

图 6-18　PWM 的结构

利用 HSO 也可输出 PWM 脉冲，且有是 16 位、占空比可调范围大和时间基准可变，即波形周期也可调的优点。

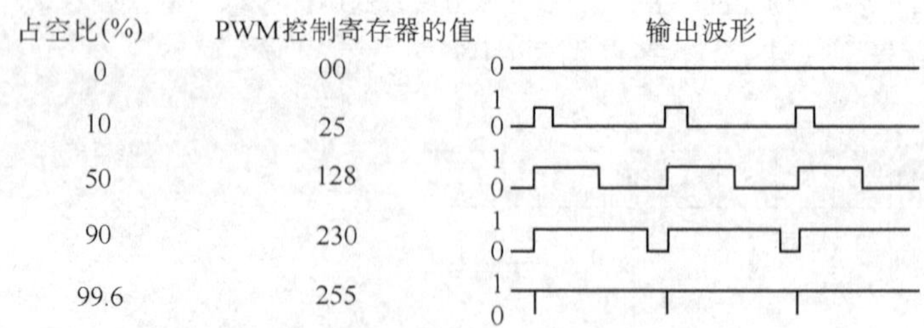

图 6-19　PWM 输出波形示例

四、串行接口

MCS-96 系列单片机的串行接口与 MCS-51 系列单片机的串行接口兼容。它是全双工的，输入具有缓冲作用。

1. 串行接口控制/状态寄存器

串行接口有 4 种工作方式，由寄存器的 1、0 位选定，见图 6-20。它的高 3 位是状态寄存器 SP（STAT)，仅用于读。发送或接收完成时，发送中断标志 TI 或接送中断标志 RI 相应置 1，要求 CPU 继续发送或准备接收下一帧数据，或作其他处理。读 SP（STAT）后，TI 和 RI 清除。低 5 位是控制寄存器 SP（CON)，仅用于写。寄存器中位 7、4、3、2 依次为接收的第 9 位数据、发送的第 9 位数据、接收允许位和奇偶校允许位。

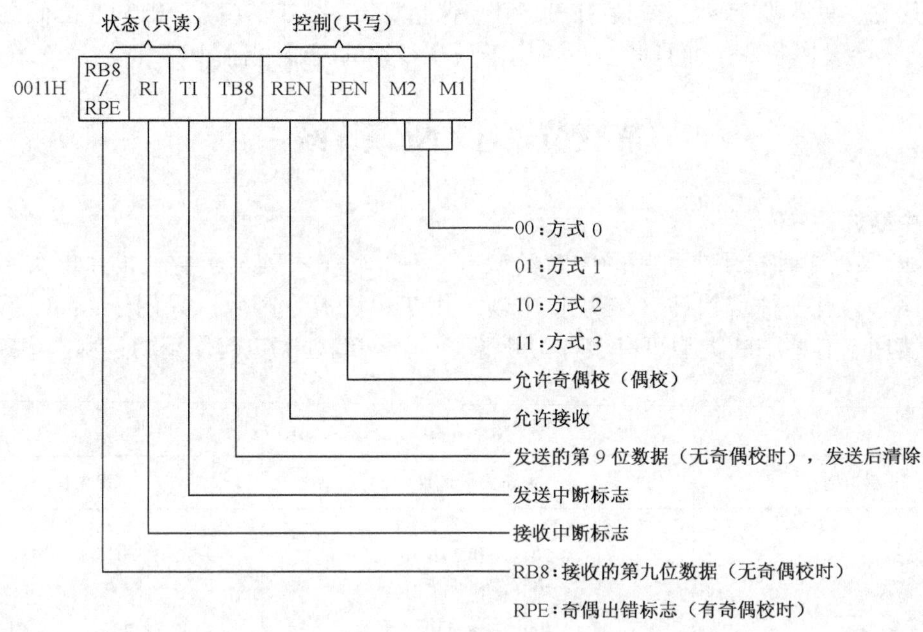

图 6-20　串行口控制/状态寄存器

2. 4 种工作方式

（1）方式 0　移位寄存器方式，与 MCS-51 串行口的方式 0 相同。也多用于并行 I/O 口的扩展。

（2）方式 1　8 位方式，第 8 位可用于奇偶校验。

（3）方式 2　9 位方式。

（4）方式 3　9 位方式（9 位地址/数据方式)，第 9 位用于区别地址还是数据。常用于多机通信。

3. 波特率的决定

串行接口的波特率决定于波特率寄存器（000EH）的内容。它的最高位用于选择输入频率源：为 1 选用 XTAL1 频率（振荡器频率)；为 0 选用 T2CLK 引脚上的外部频率。低 15 位为 B 的数值，用于决定波特率：

方式 0 时：

$$波特率 = \frac{\text{XTAL1 频率}}{4\ (B+1)}$$

或

$$波特率 = \frac{\text{T2CLK 频率}}{B}$$

其他方式时，波特率为上列算式的 1/16。

五、监视定时器 WDT

用于使系统从瞬时故障中自动恢复。它启动后，每个状态周期计数加 1，到 64K 个状态周期（12MHz 晶振时为 16ms）后计数器溢出，将$\overline{\text{RESET}}$引脚拉低两个状态周期而使系统复位，重新初始化。为不使复位，系统正常工作时，应不到 64K 个状态周期便清除它一次。它起动后，除了系统复位，无法停止它的工作。

要清除它，可先对它（000AH）写 1EH，再对它写 0E1H。第一次清除实质上是启动。

要不用它，就不要启动。或使$\overline{\text{RESET}}$引脚保持 2.0～2.5V（高于$\overline{\text{RESET}}$拉低的阈值），但高于 2.5V 会毁坏芯片，而且此法只适用于只几秒钟的调试过程。

第五节　中 断 系 统

一、中断源

MCS-96 系列单片机用户可用的中断类型有 8 种，表 6-4 列出了它们的中断矢量地址和优先权次序。另有一种是软件（陷井）中断，用 TRAP 指令产生，只用于 Intel 开发系统，用户不能使用。有些中断类型可有多种中断源，由软件编程决定起作用的是哪一中断源，见图 6-21。

表　6-4

中断类型	中断矢量地址	优先权
软件	2011H 和 2010H	用户不可用
外部	200FH 和 200EH	7（最高）
串行接口	200DH 和 200CH	6
软件定时器	200BH 和 200AH	5
HSI.0	2009H 和 2008H	4
HSO	2007H 和 2006H	3
HSI 数据有效	2005H 和 2004H	2
A/D 转换完成	2003H 和 2002H	1
定时器溢出	2001H 和 2000H	0（最低）

二、中断控制

1. 中断系统结构

MCS-96 系列单片机中断系统的结构框图见图 6-22。当跳变检测器检测到某种中断请求由低到高的跳变时，便对中断悬挂寄存器中的对应位置位，以待 CPU 响应。中断屏蔽寄存器则可对每一种中断类型分别进行允中和禁中。如这一申请中断的中断类型该时是允中的，而总的中断允许又开放（PSW.9 = 1），中断申请信号再通过优先级编码电路进入到中断发生器，于是主程序中断，PC 转向中断矢量所指的入口地址，从而执行相应的中断服务程序。

应用指令 EI 和 DI 可以分别对程序状态字的 PSW.9 进行置位和复位，从而控制总的中断允许和禁止。

2. 中断悬挂寄存器和中断屏蔽寄存器

中断悬挂寄存器（0009H）用来对各种中断类型的中断请求信号进行锁存，各位的对应关系与表 6-4 所列的优先权级别相一致，见图 6-23。有中断请求信号时相应位置 1，中断响应后该位便清零，以撤除中断请求，避免重复中断。

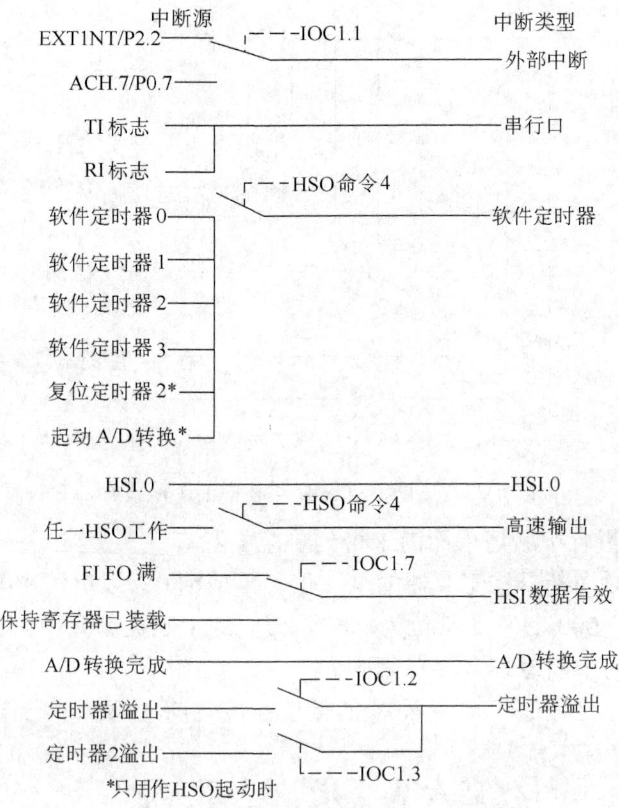

图 6-21　MCS-96 系列单片机的中断类型与中断源

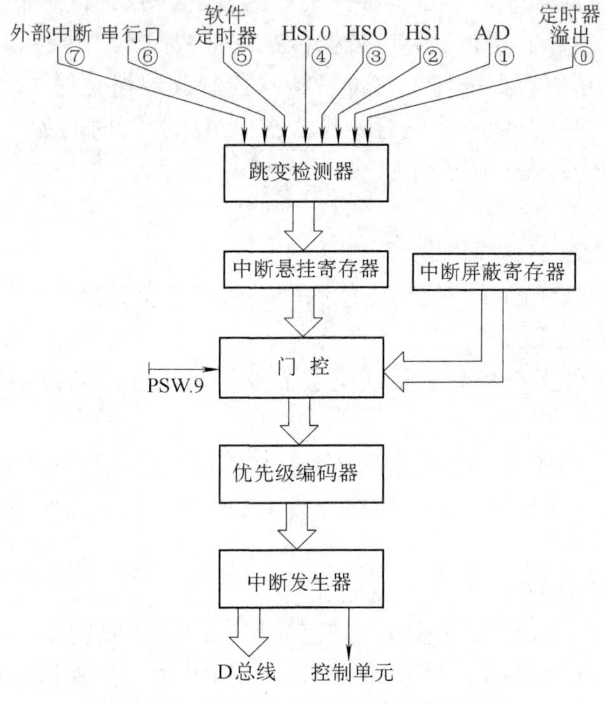

图 6-22　MCS-96 中断系统的结构框图

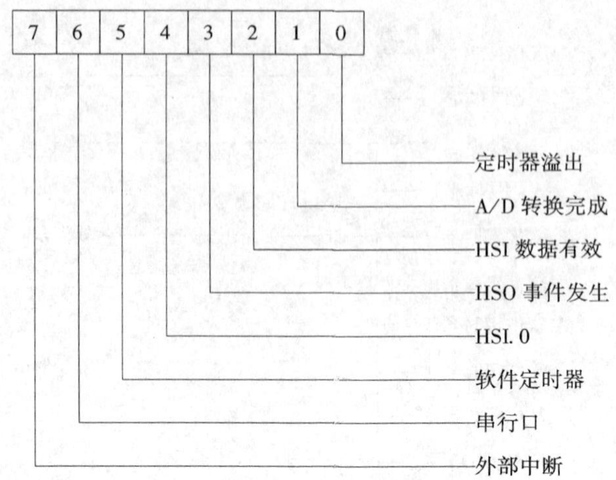

图 6-23　中断悬挂寄存器和中断屏蔽寄存器

所谓“悬挂”是指有中断请求而尚未得到响应的状态。

用户也可用指令对中断悬挂寄存器的某一位置 1 或清 0，以申请中断和撤除请求。

中断屏蔽寄存器（0008H）的某位为 1 时，相应的中断类型允中，为 0 则禁中。各位与中断类型的对应关系与中断悬挂寄存器相同。

中断屏蔽寄存器也是程序状态字 PSW 的低位字节，前面第二节已作介绍。

第六节　指 令 系 统

MCS-96 系列单片机的指令系统与它硬件资源的性能一致，特别适用于数据采集、处理和控制系统。它含算术运算、逻辑运算、数据传送、堆栈操作、转移和调用、条件转移、位测试转移、循环控制、单寄存器操作、移位、特殊控制和规格化等 12 大类。可对位进行测试、判跳，可对字节、字，甚至双字进行操作。指令最短执行时间为 4 个状态周期，最长为 38 个状态周期，用 12MHz 晶振时分别为 1μs 和 9. 5μs。

一、操作数类型

MCS-96 汇编语言指令中的操作数可有 7 种：

（1）位 BIT　片内 RAM 的任一位均可位测试。但不能位直接寻址。

（2）字节 BYTE　8 位无符号数。

（3）字 WORD　16 位无符号数。其低位字节放偶数地址，高位字节放奇数地址，以低位字节地址为字地址。

（4）双字 DOUBLE-WORD　32 位无符号数。在存储器中低位字节到高位字节依次存放，以能被 4 整除的地址为双字地址。它只放在片内 RAM 中，且只用作被除数、乘积及移位指令的操作数。

（5）短整数 SHORT-INTEGER　8 位带符号数。

（6）整数 INTEGER　16 位带符号数。其存放与地址同字型数。

（7）长整数 LONG-INTEGER　32 位带符号数。其用途、存放与地址同双字型数。对长整数可作规格化处理。

在数据传送指令中，有一小类是数据类型变换指令，可将字节、短整数相应扩展为字、整数。而 EXTB、EXT 指令也可将短整数、整数扩展为整数、长整数。

二、寻址方式

1. 符号寄存器

MCS-96 系列单片机没有固定的工作寄存器，常把片内 RAM 的某些单元定义为工作寄存器。例如，定名 AX、BX、CX、DX 为字寄存器。与这相应，定名 AL、BL、CL、DL 分别是它们的低位字节，AH、BH、CH、DH 分别是它们的高位字节，都是字节寄存器。这些寄存器没有特定的地址，仅仅是符号名，故又称符号寄存器。它们在寄存器阵列中的真正位置由编程决定，定名的个数则无限制，这样处理给用户编程带来了方便。

2. 5 种寻址方式

(1) 立即寻址　操作数在指令中，无须访问可立即参与操作。一条指令只可有一个操作数立即寻址，其他操作数均应寄存器直接寻址。

例如，PUSH　　#1234H

　　　ADD　　　AX，#1234H

与 MCS-51 一样，也以"#"符号作为立即数的前缀。

(2) 寄存器直接寻址　直接访问片内 RAM 的 256 个字节。一条指令可多至 3 个操作数用本方式寻址。

例如，ADD　　AX，BX，CX　　　　；AX = BX + CX

　　　MUL　　AX，BX　　　　　　；AX = AX * BX

　　　INCB　 CL　　　　　　　　 ；CL = CL + 1

(3) 间接寻址　可访问整个存储器空间。被访数地址应在 1 个 16 位寄存器中。一条指令只可有一个操作数间接寻址，其他操作数均应寄存器直接寻址。

例如，ADDB　 AL，BL，[DX]　　　；AL = BL + (DX)

　　　POP　　[AX]　　　　　　　；栈顶内容弹出，送 AX 间址的单元

方括号表示以括号中内容为地址。用到圆括号，仍表示括号中地址的内容。

(4) 地址自动增量间接寻址　与间接寻址基本相同，但寻址后地址自动增量：操作数为字节（或短整数）增 1，为字（或整数）增 2。

例如，LD　　　AX，[BX] +　　　　；AX = (BX) (BX + 1)

　　　　　　　　　　　　　　　　 ；BX = BX + 2

　　　ANLB　　AL，BL，[CX] +　　；AL = BL ∧ (CX)

　　　　　　　　　　　　　　　　 ；CX = CX + 1

(5) 变址寻址　可访问整个存储器空间。操作数的地址由基础加偏移量得出。基址寄存器为片内 RAM 的 1 个 16 位寄存器。偏移量为带符号 8 位数的称短变址寻址。

例如，LD　　　AX，10 [BX]　　　　；AX = (BX + 10)

　　　MULB　　AX，BL，3 [CX]　　 ；AX = BL * (CX + 3)

偏移量为带符号 16 位数的称长变址寻址。

例如，AND　　AX，BX，TABLE [CX]　；AX = BX ∧ (CX + TABLE)

例中 TABLE 是一个 16 位的地址变量。

片内 RAM 00H、01H 单元的内容固定为零，称为零寄存器。将它用作长变址寻址中的

基址寄存器，称为零寄存器寻址。

例如，ADD　　AX，1234［0］　　　　；AX = AX +（1234H）

如将堆栈指针用作短变址寻址中的基址寄存器或用作间接寻址中的地址寄存器，称为堆栈指针寻址。

例如，LD　　AX，2［SP］　　　　；AX =（SP +2）（SP +3）

　　　PUSH　［SP］　　　　　　；栈顶两字节再次压入椎栈

三、指令表

请见本书附录 C。

四、指令与程序示例

1. 指令示例

由于 MCS-96 系列单片机没有固定的工作寄存器，因此指令中的操作数也不用寄存器名，只用广义的符号；另外，在说明指令时还常用到其他一些符号。现将示例中用到的这些符号先汇总说明于下：

(1) breg　片内 RAM 中的一个字节寄存器。对于目的操作数或源操作数，可分别加前缀 D 或 S 以资区别。

(2) wreg　片内 RAM 中的一个字寄存器。占两个地址单元，用偶数地址（低位字节地址）表示。也可加前缀 D 或 S 以区分目的操作数与源操作数。

(3) baop　可按任一寻址方式寻址的字节操作数。

(4) waop　可按任一寻址方式寻址的字操作数。

(5) bitno　一个字节中的某一位，用操作码的三位来表示。

(6) lreg　片内 RAM 中的一个双字寄存器。

(7) cadd　程序代码中的地址。

(8) CEA　指令执行时根据不同寻址方式附加的状态周期数。

(9) BEA　指令存放时根据不同寻址方式附加的字节数。

下面通过示例对几种典型指令加以说明：

1) ADD（三操作数）——算术运算大类，字加法指令

指令格式：ADD Dwreg，Swreg，waop

机器码：［010001aa］［waop］［Swreg］［Dwreg］

指令机器码第一字节中的 aa 根据 waop 的寻址方式而定，其值可查下表：

寄存器直接寻址	00
立即数寻址	01
间接寻址	10
变址寻址	11

执行时间：(5 + CEA) 状态周期。

字节数：3 + BEA。

标志位：Z、N、C、V 为✓，VT 为↑，ST 为—。

操作功能：第 2 和第 3 字操作数相加，和数存入目的（最左）操作数。

例如，ADD　　AX，BX，CX　　　　；AX =（BX）+（CX）

设 AX，BX，CX 在片内 RAM 中的地址已编程定为 1AH、1CH、1EH，则机器码为 44H、

1EH、1CH、1AH。

2）ANDB（三操作数）——逻辑运算大类，字节逻辑与指令

指令格式：ANDB Dbreg，Sbreg，baop

机器码：［010100aa］［baop］［Sbreg］［Dbreg］

aa 根据 baop 的寻址方式查得。

执行时间：(5 + CEA）状态周期。

字节数：3 + BEA。

标志位：Z、N 为✓，C、V 为 0，VT、ST 为—。

操作功能：第 2 字节和第 3 字节操作数对应位相与，结果存入目的（最左）操作数。

例如，ANDB　AL，BL，CL

设 AL、BL、CL 地址已定为 1AH、1CH、1EH，则机器码为 50H、1EH、1CH、1AH。

3）LDB——数据传送大类，字节传送指令

指令格式：LDB breg，baop

机器码：［101100aa］［baop］［breg］

执行时间：(4 + CEA）状态周期。

字节数：2 + BEA。

标志位：各位均为—。

操作功能：源字节操作数传送到目的（左）操作数。

例如，LDB　AL，#12H　　；AL = 12H

设 AL 的地址已定为 1AH，因 aa 由 baop 的寻址方式知为 01，故机器码为 B1H、12H、1AH。

4）LDBZE——数据传送大类，数据类型变换小类，字节变字指令

指令格式：LDBZE　wreg，baop

机器码：［101011aa］［baop］［wreg］

执行时间：(4 + CEA）状态周期。

字节数：2 + BEA。

标志位：各位均为—。

操作功能：源为字节操作数，作为低字节，添 00H 作为高字节，即作零扩展、成为字后送入目的（左）操作数。

例如，LDB　AL，#12H

　　　LDBZE　BX，AL

设 AL、BX 的地址为 1AH、1CH，aa 由 baop 的寻址方式查得为 00，故机器码为 B1H、12H、1AH 和 ACH、1CH。

5）EXT——单寄存器操作大类，整数扩展至长整数指令

指令格式：EXT　lreg

机器码：［00000110］［lreg］

执行时间：4 状态周期。

字节数：2。

标志位：Z、N 为✓，C、V 为 0，VT、ST 为—。

操作功能：低位字的符号扩展到高位字，使整数扩展成长整数。若低位字 <8000H，则高位字为 0000H；若低位字≥8000H，则高位字为 0FFFFH。

例如，LD　AX，#1234H

　　　EXT AX

设 AX 的地址为 1AH，则机器码为 A1H、34H、12H、1AH 和 06H、1AH，结果为（1AH）＝34H、（1BH）＝12H、（1CH）＝00H、（1DH）＝00H。

又例，LD　CX，#9A7BH

　　　EXT CX

设 CX 的地址为 1EH，则机器码为 A1H、7BH、9AH、1EH 和 06H、1EH，结果为（1EH）＝7BH、（1FH）＝9AH、（20H）＝FFH、（21H）＝FFH。

6）JGT——条件转移大类，带符号数大于 0 转移指令。

指令格式：JGT、cadd

机器码：　[11010010] [disp]

指令机器码第二字节的 disp 是偏移量，即目的地址 cadd 与此指令执行后 PC 值间的差值，disp＝cadd－PC。

执行时间：跳转/不跳转分别为 8/4 状态周期

字节数：　2

标志位：　各位均为—。

操作功能：如标志位 N＝0、Z＝0，即前面的操作结果不为负、又不为 0、是正数，则 PC←PC＋disp，也即 PC←cadd，程序转移至目的地址 cadd 执行；如条件不成立，则不跳转。

7）JBS——位测试转移大类，测试位为 1 转移指令

指令格式：JBS breg，bitno，cadd

机器码：　[00111bbb] [breg] [disp]

指令机器码第一字节中的 bbb 表示 breg 中的需测试位。

执行时间：跳转/不跳转分别为 9/5 状态周期。

字节数：　3。

标志位：　各位均为—。

操作功能：如测试位为 1，程序转移至 cadd 执行；如测试位不为 1，则不转移。

8）SHRAB——移位大类，字节算术右移指令

指令格式：SHRAB breg，#count

　　　　　或 SHRAB breg

机器码：　[00011010] [cnt/breg] [breg]

指令机器码第二字节中的 cnt 代表立即数#count。

执行时间：移位大类指令都是（7＋移位次数）状态周期；但移 0 次都需 8 个状态周期。

字节数：移位大类指令都是 3。

标志位：Z、N、C、ST 为✓，V 为 0，VT 不受影响。

操作功能：目的（左）字节操作数右移，移位次数由立即数（count，0～15）或另一字

节寄存器的内容确定。如原来的最高位为 0，则每次右移后左端填以 0，否则填以 1，故最高位的值不变。最后移出位将保存在进位标志位 C 中。

例如，LDB　　AL，#12H

　　　SHRAB　AL，#04H

设 AL 的地址为 1AH，则机器码为 B1H、12H、1AH 和 1AH、04H、1AH。结果为 AL = 01H。

例如，LD　　AX，#0540H

　　　SHRAB　AL，AH

设 AX 的地址为 1AH，AL、AH 的地址分别为 1AH、1BH、则机器码为 A1H、40H、05H、1AH 和 1AH、1BH、1AH。结果为 AL = 02H。

2. 伪指令

在 MCS-96 系列单片机的程序中，必然会见到一些伪指令，现拣最易遇到的几种简要说明如下：

(1) ORG、END　分别说明起始地址与程序结束，其格式与用法与过去讲过的相同。

(2) DCB、DCW、DCL　这些指令与过去讲过的 DB、DW 指令相似，它们分别用于定义字节、字、双字的内容。

(3) DSB、DSW、DSL　这些指令与过去讲过的 DS 指令相似，它们分别用于定义应保留的数据存储器字节数、字数、双字数。

(4) EQU　它的格式为　标号或变量　EQU　表达式：操作数类型

这条指令用于将表达式的值赋给 EQU 左面的标号或变量。

(5) RSEG　它的格式为　RSEG　AT 表达式

这条指令用在许多寄存器符号的前面，说明这些寄存器依次存放在片内 RAM 中的地址，它用表达式所示的地址作为该寄存器段的起始地址。

例如，RSEG at　1AH

　　　　　　AX：DSW　1

　　　　　　BX：DSW　1

　　　　　　CX：DSW　1

　　　　　　DX：DSW　1

上述内容说明该寄存器段中的 AX、BX、CX、DX 等符号寄存器将依次存放在片内 RAM 的 1AH、1CH、1EH、20H 单元中。

(6) CSEG　它的格式为　CSEG　AT　表达式

这条指令用于说明代码（程序或常数）段依次存放在存储器中的地址，它用表达式所示的地址作为该代码段的起始地址。

3. 程序示例

多字型数相加

要求将以 3000H 为起始地址的 6 个字，与以 3100H 为起始地址 6 个字依次一一相加，结果存放在以 3200H 为起始地址的存储器区间。

相应的程序如下：

RSEG　AT　1AH

```
        AX: DSW  1
        BX: DSW  1
        CX: DSW  1
        DX: DSW  1
        EX: DSW  1
        CL EQU CX: BYTE; CL=1EH
CSEG  AT  2080H
STAT:   LD AX, #3000H
        LD BX, #3100H
        LD DX, #3200H
        LDB CL, #06H
        CLRC
LOOP:   LD EX, [AX] +
        ADDC EX, [BX] +
        ST EX, [DX] +          ;本条为存字指令，把左面源字操作数的值存
                                入右面目的操作数
        DJNZ CL, LOOP
        END
```

本例不难自行看懂。由于有了地址自动增量间接寻址，程序显得更简短、明白。

第七节　196 系列单片机简介

随着技术的进展，PC 的 CPU 由 86 进展到 186、286、386、486、奔腾，高性能单片机也已由 96 系列进展到 196 系列。它比 8096 及 8096BH 又有许多改进，具有更为广泛的应用前景。其典型的应用是一些闭环控制系统和中规模的数字信号处理系统，例如，调制解调器、电动机控制系统、打印机、机车控制系统、复印机、反馈控制系统、空调器、磁盘驱动器和医疗机械……，几乎渗透到生产和生活的每一个角落。

实质上，196 系列是 96 系列的一个分支，于 16 位单片机推出 4 年后，在 1987 年 9 月问世。它采用 CHMOS 工艺（Intel 公司对其高速 CMOS 工艺的命名）。早年曾出现过 196KA，但这种机型 Intel 公司基本上已不再生产。196KB 推出较早，且是 196 系列中应用最多的机型之一，国内供货也相对容易。在 196 系列中，陆续出现的主要型号有：196KC、196KD、196KQ、196KR、196KT、196NQ、196NT、196MC 等，它们的性能愈来愈提高。例如，196KC 含 16KB 片内 ROM/EPROM，488B 片内寄存器 RAM，采用 16MHz 时钟频率；196KD 更含 32KB 片内 ROM/EPROM，1000B 片内寄存器 RAM，可用 20MHz 时钟频率，能用高级语言编程；196KC 增加了外部事件处理服务器 PTS；196KQ 包含了新的功能模块——事件处理阵列 EPA；196NQ、196NT 把地址总线扩展到 20 位，以支持 1MB 的寻址空间；196MC 是一种极好的电机控制芯片，将在三相交流调速系统、直流调速系统和逆变电源中得到越来越广泛的应用，它的片内含波形发生器 WG，而它的指令系统有一种新颖的寻址方式——窗口寻址。

每种型号的机型又有不含片内 ROM/EPROM、含片内 ROM、含片内 EPROM 等区分，一般，80C196××是不含片内 ROM/EPROM 的，83C196××是含片内 ROM 的，87C196××是含片内 EPROM 的，而以 8×C196××来表示 196××型号各种类型产品的总称。

表 6-5 列出了 196 系列各种型号的主要性能。

表 6-5

型号	ROM EPROM /B	寄存器 RAM /B	内部附加 RAM /B	定时/计数器个数	A/D 通道数	I/O 口	I/O 类型	串行口	主频率 /MHz	工艺	寻址空间 /B	在线仿真和测试方法	主要特点
8×C196KB/ 8×C196KB16	8K	232	无	2	8	48	HSIO	1	10, 12.16	CMOS	64K	✓	低功耗、低电压、高性能，CMOS 工艺
8×C194/ 8×C196	8K	232	无	2	0 4	48	HSIO	1	16	CMOS	64K	✓	低功耗、低电压、8 位总线是 KB 产品，无 A/D 或 4 路 A/D 的产品
8×C196KC	16K	488	无	2	8	48	HSIO	1	16	CMOS	64K	✓	16KB EPROM，488B RAM3—PWM，PTS
8×C196KD/ 8×C196KD20	32K	1000	无	2	8	48	HSIO	1	16、 20	CMOS	64K	✓	32KB EPROM，1000B RAM. 20 MHz 主频，其他特性与 KC 相同
8×C196JQ	12K	360	128	2	6	41	6EPA	2	16	CMOS	64K	✓	6EPA. 6 路 A/D. 52 脚封装，360B 寄存器 RAM，128B 附加 RAM
8×C196JR	16K	488	256	2		41	6EPA	2	16	CMOS	64K	✓	6EPA. 6 路 A/D. 52 脚封装，存储器比 JQ 多
8×C196KQ	12K	360	128	2	8	56	10EPA	2	16	CMOS	64K	✓	10EPA、8 路 A/D、56 线 I/O 口
8×C196KR	16K	488	256	2	8	56	10EPA	2	16	CMOS	64K	✓	存储器比 KQ 多，其余同 KQ

（续）

型号	ROM EPROM /B	寄存器 RAM /B	内部附加 RAM /B	定时/计数器个数	A/D 通道数	I/O 口	I/O 类型	串行口	主频率 /MHz	工艺	寻址空间 /B	在线仿真和测试方法	主要特点
8×C196KT	32K	1000	512	2	8	56	10EPA	2	16	CMOS	64K	✓	增强型总线控制，片内存储器比 KR 大，其他相同
8×C196NQ	12K	360	128	2	8	56	10EPA	2	16	CMOS	1M	✓	1MB 寻址范围，增强型总线控制器
8×C196NT	32K	1000	512	2	4	56	10EPA	2	16	CMOS	1M	✓	片内存储器比 NQ 大，其他相同
8×C196MC	16K	488	无	2	13	53	8EPA	PTS	16	CMOS	64K	✓	3—WG、2—PWM、8EPA

第七章　8086 CPU 与 PC

微机应用分为专用机和通用机两大领域，单片微机用于专用机，PC 则是通用机，两者都很重要，也都有极广泛的应用。“微机原理”课程应该兼含两方面的内容。过去，有些学校的有些专业兼学这两者，但将单片微机放在后继课学；其实先学单片微机，再学 PC 符合先易后难的学习原则，省时间，效果好。本书尝试先讲单片微机，在讲清讲细单片微机基本原理的基础上进一步讲述 8086 CPU 和 PC。

Intel 8086 是 16 位的 CPU，早期的 IBM PC 曾主要使用。但 PC 发展极快，PC 的 CPU 早已不再是 8086，经历了许许多多次更新换代后，今天已在使用奔腾芯片，特别是奔 4，采用了许多新技术，性能的提高已不可同日而语。但学习 8086 依然是学习 PC 的 CPU 和 PC 的基础，本书是基础教材，不能绕过它。同时，我们也建议读者学了 8086 后，继续关心 PC 的 CPU 的发展；而且，学习通用微机还要着眼于 PC 整机，要了解 PC 的技术进展。

第一节　8086 CPU

一、结构框图

8086 CPU 分成总线接口单元 BIU（Bus Interface Unit）和执行单元 EU（Execution Unit）两个部分，见图 7-1。BIU 自内存取指令到自身的指令队列，并配合 EU 从内存或外设存、取数据；EU 则执行指令。

BIU 主要由 4 个 16 位的段地址寄存器 CS、DS、ES、SS，16 位的指令指针寄存器 IP（也即程序计数器 PC），20 位的地址加法器和 6 个字节的指令队列组成。EU 主要由 AX、BX、CX、DX 等 4 个 16 位通用寄存器，基址指针寄存器 BP、堆栈指针寄存器 SP、源变址寄存器 SI、目的变址寄存器 DI 等 4 个专用寄存器，算逻单元和标志寄存器（也称程序状态字 PSW 或程序状态字寄存器）组成。通用寄存器也可分拆为 AH、AL、BH、BL、CH、CL、DH、DL 等 8 位寄存器使用，字母 H 表示高 8 位，字母 L 表示低 8 位。AX 还称为累加器，字（或字节）的乘、除、传送、输入、输出等许多指令都藉以执行。通用寄存器另有些特定的用法，例如 CX 用于字符串指令和环移指令，DX 用于乘、除法指令等。此外，我们当然知道：绝大多数指令的执行须通过算逻单

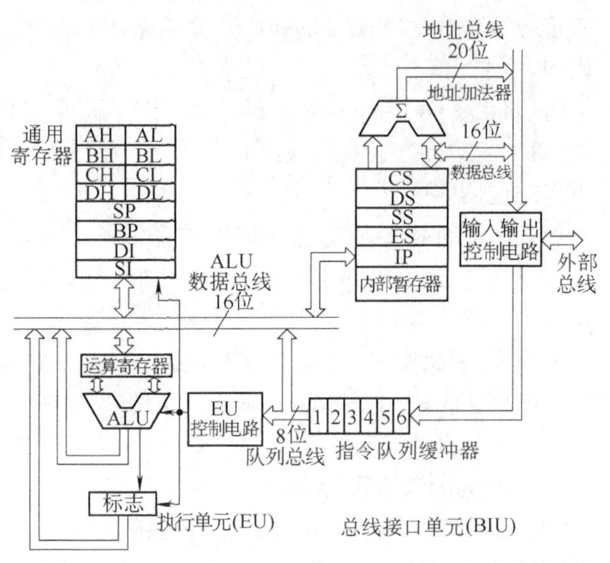

图 7-1　8086 CPU 的结构框图

元完成；许多指令执行后，将影响标志寄存器。

CPU 分成两个部分后，相互既配合、又独立，使执行指令与取指令得以同时进行，并行工作；也就是说，CPU 每执行完一条指令，就可立即执行下一条指令，不须依次轮流作取指令和执行指令的操作，从而大大提高了效率。指令队列已取满时，BIU 将进入空闲状态。EU 从指令队列获得指令执行时，如需访问存储器或 I/O 设备，便请求 BIU 配合。此时 BIU 若处空闲状态，会立即响应；BIU 若正向指令队列补充指令，则需在所取指令取好后再响应。指令队列前面的指令被 EU 执行后，后面的指令会循序前移。EU 执行转移、调用和返回等指令时，原取入指令队列的指令就无用了，将自动清除，BIU 随后向指令队列再装入转换后程序段的指令。

二、标志寄存器

有 16 位，用了 9 位，其中 6 位是状态标志，3 位是控制标志，如下所示：

15	14	13	12	11	10	9	8	7	6	5	4	3	2	1	0
				OF	DF	IF	TF	SF	ZF		AF		PF		CF

状态标志反映前面操作执行后的一些状态，并将对后面的操作产生影响。现说明如下：

进位标志 CF（Carry Flag）：加法运算最高位有进位或减法运算最高位有借位时为 1，否则为 0。另外，带 C 环移指令也会影响这一标志。

奇偶标志 PF（Parity Flag）：运算结果低 8 位中 1 的个数为偶时为 1，否则为 0。请注意：它与 MCS-51 系列单片机的奇偶标志的含义恰恰相反。

辅助进位标志 AF（Auxiliary Carry Flag）：加法运算低半字节有进位或减法运算低半字节有借位时为 1，否则为 0。它在 BCD 码运算而进行二-十进制转换时有用。

零标志 ZF（Zero Flag）：运算结果为零时为 1，否则为 0。

符号标志 SF（Sign Flag）：运算结果为负时为 1，否则为 0。所以它与运算结果最高位的值相同。

溢出标志 OF（Overflow Flag）：字节运算超出了 $-128 \sim +127$ 范围或字运算超出了 $-32768 \sim +32767$ 范围而溢出时为 1，否则为 0。请参见本书 MCS-51 系列单片微机有关章节所作的说明。

控制标志都由专用的指令来置位和清除，对随后的操作产生控制作用。它们是：

陷阱标志 TF（Trap Flag）：它为 1 时，CPU 将按单步执行指令的方式工作。因为每执行一条指令，将自动产生一次陷阱中断。

中断允许标志 IF（Interrupt Enable Flag）：它为 1 时，CPU 才可响应可屏蔽中断请求。

方向标志 DF（Direction Flag）：字符串操作指令执行时，如 DF = 1，地址将自动减量；如 DF = 0，地址将自动增量。这一标志位控制了串操作过程中地址方向的改变。

三、段地址和段寄存器组

8086 的各寄存器是 16 位的，寻址范围可达 2^{16}、即 64K 单元。但地址线有 20 位，可寻址的存储器地址达 2^{20}、即 1M 单元。为此，引入了分段的概念：前述有 4 个段寄存器，在其中存放段地址，CPU 通过这 4 个段寄存器可访问存储器中 4 个不同的段。段地址左移 4 位再加上偏移地址便组成某存储单元的 20 位存储器地址。若偏移地址为 0，即单段地址左移 4 位，得到的是低 4 位为 0 的 20 位段起始地址。由于偏移地址是 16 位的，所以每段有 64K 单元。不难想像：如果两个段的段地址相隔较近，那么这两个段有许多单元的地址是互相重叠的。也就是说，同一个内存单元，能经由不同的段地址寻址访问。

上述20位存储器地址就是每一存储单元的实际地址编码，称为物理地址。而它在某一段内相对于该段起始地址的偏移量，也即偏移地址，称为有效地址。

4个段寄存器，现分别说明如下：

CS，存放当前执行程序所在段的段地址，称为代码段（Code Segment）寄存器。由CS划定程序区，区内存放程序的指令代码。CS内容左移4位再加上IP的内容便得出下一条要执行的指令的地址。

DS，存放当前数据段的段地址，称为数据段（Data Sagment）寄存器。由DS划定数据区，区内存放原始数据、中间结果和最后结果。

SS，存放当前堆栈段的段地址，称为堆栈段（Stack Segment）寄存器。由SS划定堆栈区。SS内容左移4位加上SP的内容将得出堆栈操作（压入或弹出）的地址。

ES，存放附加数据段的段地址，称为附加段（Extra Segment）寄存器。由ES划定附加区，这是一个附加的数据区，用于字符串目的地址操作。ES内容左移4位加上DI的内容将得出串操作目的地址。与这相应，DS内容左移4位加上SI的内容将得出串操作源地址。此时，DI和SI的内容是串操作目的偏移地址和串操作源偏移地址。

段地址与偏移地址的相加是在BIU的加法器中进行的。

SS、DS和ES由用户设置初值。若DS、ES的初值相同，数据段和附加数据段便重合。

SS、DS和ES的内容可以重新设置，这样数据区、附加区、堆栈区的容量都可大于64K单元；实际上，可扩大至整个1M单元。至于CS，虽然传送指令不能向它送数，但JMP、CALL、RET、IRET、INT等指令与ASSUME伪指令仍可设置和影响它的内容，所以，它的容量也一样可扩大。

四、总线周期

在第二章，我们曾介绍了MCS-51 CPU的时序、机器周期和时钟周期（又称状态周期，S）。对于MCS-51，6个S构成1个机器周期。

对于8086，CPU各功能部件按序协调工作的基本时间单元仍称为时钟周期，或称为状态T。若8086的主频为5MHz，则1个T的时间为0.2μs。由4个时钟周期组成1个基本的总线周期。这4个时钟周期分别称为T_1状态、T_2状态、T_3状态、T_4状态。

在T_1状态：CPU往复向总线上发送地址信息，指出要寻址的存储器单元或外设端口的地址。

在T_2状态：CPU不再向总线送地址，而使其低16位呈高阻状态，准备传输数据；高4位则输出本总线周期的状态信息，指明正在使用的段寄存器和中断允许状态。

在T_3状态：总线的高4位仍为状态信息，低16位出现CPU读、写存储器（或I/O端口）的数据。

要是存储器或I/O设备的速度较慢，会在T_3状态前通过Ready引脚向CPU送低电平，表示“数据未准备好”，于是CPU将在T_3后插入等待状态T_W。T_W时总线的情况与T_3时完全一样。

CPU会不断插入T_W，直待存储器或I/O设备“准备好”，向Ready引脚送高电平，这才不再插T_W状态而进入T_4状态。

在 T_4 状态：总线周期结束。

CPU 只在补充指令队列或与存储器（或 I/O 设备）传输数据时，才执行总线周期。如完成 1 个总线周期后，不立即执行下一总线周期，系统总线就处在空闲状态。它可以是 1 个时钟周期，或多个时钟周期，此时高 4 位仍保持上一总线周期的状态信息。上一总线周期如是写周期，CPU 将在总线低 16 位上继续送数据信息；如是读周期，总线低 16 位呈高阻状态。

五、最小模式、最大模式和引脚说明

8086 CPU 设计成可以在最小模式或最大模式下工作。后者用在中、大系统，除了主处理器 8086，还有协助它工作的协处理器：例如数值运算协处理器 8087，使系统数值运算的速度大大提高；又如 I/O 协处理器 8089，可直接为 I/O 设备服务，在输入/输出频繁的情形下，将显著提高主处理器的效率。前者用在小系统，系统中只有 8086 一个微处理器。

最小模式时，所有的总线控制信号都直接由 8086 产生，于是，总线控制电路便减到最少，这便是最小模式名称的由来。最大模式时，8086 CPU 不直接提供用于存储器（或 I/O）读写的读写命令等控制信号，而由总线控制器 8288 对 CPU 送来的 S_0、S_1、S_2 3 个状态位译码，再产生相应的控制信号。

1. 8086 引脚说明

8086 有 40 个引脚，见图 7-2。MN/$\overline{MX}$引脚接 +5V 时，8086 用于最小模式；MN/$\overline{MX}$接地时，则用于最大模式。引脚中，24 ~ 31 这 8 个引脚在两种模式时的功能不同，将在介绍最小模式和最大模式时具体说明。下面先说明其余 31 个引脚。

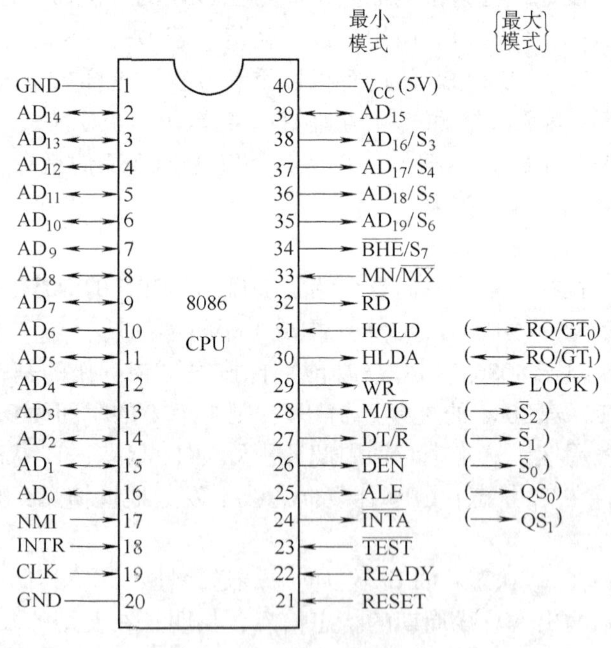

图 7-2　8086 CPU 的引脚图

V_{CC}和 GND 占了 3 个引脚。

AD_{15} ~ AD_0 是 16 位地址/数据复用引脚，双向工作。在 T_1 状态，作为地址总线的低 16 位，输出要访问的存储器（或 I/O 端口）的地址。在 T_2、T_3 状态，用于传输数据。

NMI：非屏蔽中断输入端。当有正跳变信号时，CPU 在结束当前指令后，将执行中断类型号为 2 的非屏蔽中断处理程序。

INTR：可屏蔽中断输入端。CPU 执行每条指令的最后一个时钟周期对它采样，当有高电平请求信号时，若 IF 为 1，便在结束当前指令后响应。

$\overline{RD}$：读信号输出端。它与 M/$\overline{IO}$引脚相配合，如 M/$\overline{IO}$为 1，读取内存单元的数据；如 M/$\overline{IO}$为 0，读取 I/O 端口的数据。在读操作总线周期的 T_2、T_3 与 T_W 状态，它为低电平。

$\overline{CLK}$：时钟输入端。8086 的时钟频率为 5MHz，8086-1 为 10MHz，8086-2 为 8MHz；时

钟信号的占空比为33%，即1/3周期为高电平，2/3周期为低电平。

RESET：复位信号输入端。要求延续4个时钟周期以上才有效。复位后CS内容为FFFFH，各寄存器和指令队列均清零。复位信号变低后，CPU从FFFF0H单元开始执行程序，一般由一条无条件转移指令转移到初始化程序的入口地址。

复位时，各三态输出线AD_{15} ~ AD_0、A_{19}/S_6 ~ A_{16}/S_3、$\overline{BHE}$、$M/\overline{IO}$（$\overline{S_2}$）、$DT/\overline{R}$（$\overline{S_1}$）、$\overline{DEN}$（$\overline{S_0}$）、$\overline{WR}$（$\overline{LOCK}$）、$\overline{RD}$、$\overline{INTA}$等将进入高阻状态，而ALE、HLDA、$\overline{RQ}/\overline{GT_0}$、$\overline{RQ}/\overline{GT_1}$、$QS_0$、$QS_1$等则处于无效状态。

READY：“准备好”信号输入端，由存储器（或I/O设备）送来，表示可立即进行一次数据传输。CPU在T_3或T_W时对它采样：如低电平，插入T_W；如高电平，进入T_4。

$\overline{TEST}$：测试信号输入端。CPU执行WAIT指令时，CPU处于等待状态，直到$\overline{TEST}$有效，再继续往下执行程序。它与WAIT指令配合，用于使CPU与外设的速度同步。

A_{19}/S_6 ~ A_{16}/S_3：地址/状态复用输出端。T_1时，作为地址总线的高4位；T_2、T_3、T_W和T_4时，输出状态信息。S_6为0，表示CPU连在总线上。S_5为0，表示禁止可屏蔽中断；S_5为1，表示允许可屏蔽中断请求。S_4、S_3联合起来指明当前使用的是哪一段寄存器：S_4、S_3为00，表示使用ES；为01，表示使用SS；为10，表示使用CS，或未使用任何段寄存器；为11，表示使用DS。

$\overline{BHE}$：高8位数据总线允许输出端。T_1时，从该引脚输出低电平，表示高8位数据D_{15} ~ D_8有效。

$\overline{BHE}$信号与A_0组合，向存储器（或I/O端口）指明当前数据在总线上将完成的操作，见表7-1。

表 7-1

$\overline{BHE}$	A_0	完成的操作	用及的引脚
0	0	从偶地址开始，读/写一个字	AD_{15} ~ AD_0
1	0	从偶地址单元或端口，读/写一个字节	AD_7 ~ AD_0
0	1	从奇地址单元或端口，读/写一个字节	AD_{15} ~ AD_8
		从奇地址开始，读/写一个字	
0	1	在第一个总线周期，将低8位数据送AD_{15} ~ AD_8	AD_{15} ~ AD_8
1	0	在第二个总线周期，将高8位数据送AD_7 ~ AD_0	AD_7 ~ AD_0

2. 最小模式

在最小模式下，24 ~ 31 8个引脚的功能列出如下：

$\overline{INTA}$：中断响应信号输出端。它输出两个负脉冲，第一个表示中断请求已允许，第二个让申请中断的外设在数据总线送中断类型码。

ALE：地址锁存允许信号输出端。

$\overline{DEN}$：数据允许信号输出端。DMA时，呈高阻状态。

$DT/\overline{R}$：数据收发信号输出端。DMA时，呈高阻状态。

$M/\overline{IO}$：存储器/IO接口选择输出端。DMA时，呈高阻状态。

$\overline{WR}$：写信号输出端。DMA时，呈高阻状态。

HOLD：总线请求信号输入端。CPU如允许让出总线，将发响应信号，发出请求的部件收到响应信号后，就获得了总线控制权。直到总线用好后，请求部件才使 HOLD 为低电平。

HLDA：总线响应信号输出端。CPU 从此引脚发信号后，使地址/数据总线和状态线、控制信号线各引脚均呈高阻状态，并让出总线。此信号直到 HOLD 上电平变低后才变低，CPU 又重获总线控制权。

最小模式下的系统总线结构见图 7-3。

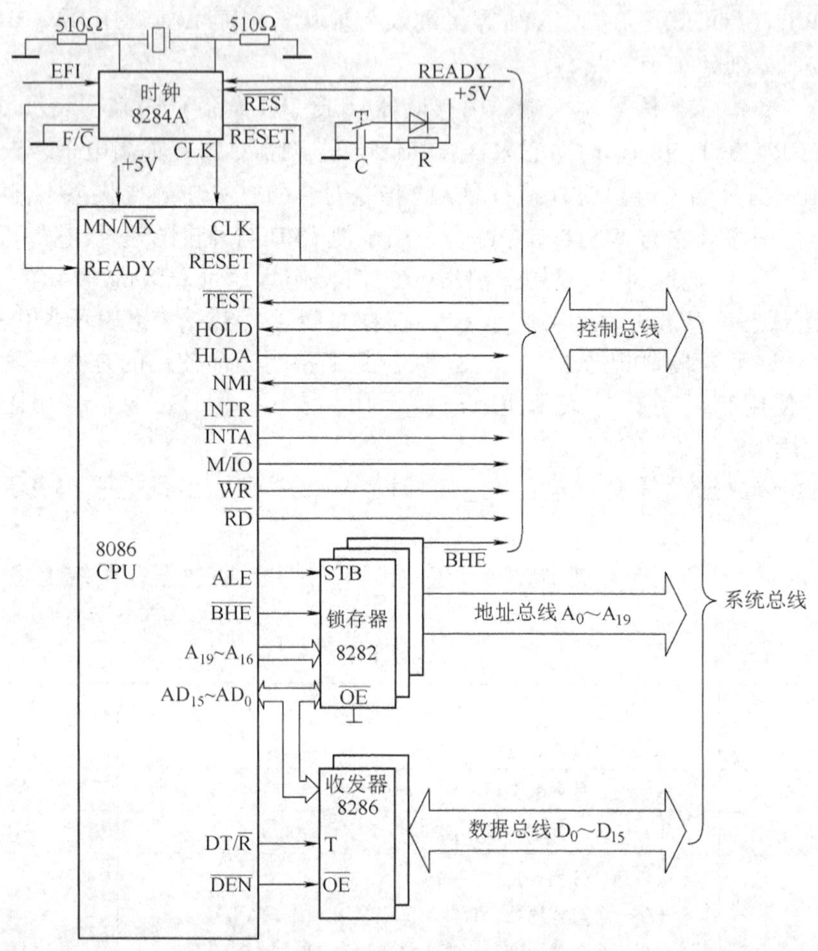

图 7-3　8086 最小模式下的系统总线结构

由上图可见，时钟发生器 8284A 的 CLK 与 8086 的 CLK 互连，提供时钟信号，其频率为振荡源频率的 1/3。除这以外，还对存储器（或 I/O 设备端口）送来的准备好信号 READY 和系统复位信号 RESET 进行同步，再送给 8086，使这两信号都在时钟信号的下降沿生效。振荡源与 8284A 有两种接法。常用的是采用晶体振荡器，其接法见图 7-3。如改用脉冲发生器，则 F/$\overline{C}$端接高电平，而脉冲发生器的输出则接到 EFI 引脚。

地址锁存器采用 8282 或 74LS373。如用前者，可将 CPU 的 ALE 接到$\overline{STB}$引脚，请参见本书第四章第一节。因地址总线有 20 位，再加上$\overline{BHE}$信号也需锁存，共 21 位，需用 3 片锁存器。考虑到增加数据总线的驱动能力，采用了总线驱动器（也称收发器）8286。因数据总线有 16 位，8286 也是 8 位的，所以要用两片。8286 是双向的：接到引脚 T 的 DT/$\overline{R}$ = 1

时输出数据；而 DT/$\overline{R}$=0 时输入数据。数据传输允许引脚$\overline{OE}$=0 时，数据可以传输；$\overline{OE}$=1 时，数据在两个方向都不能传输。总线驱动器也可用 74LS245。

3. 最大模式

现在说明最大模式时，24～31 8 个引脚的功能：

QS_1、QS_0：指令队列状态输出端。它俩的组合提供了指令队列的状态，有利于与协处理器的协调，其含义见表 7-2。

表 7-2

QS_1	QS_0	指令队列状态
0	0	无操作，队列中指令未被取出
0	1	从队列中取出当前指令的第一个字节
1	0	队列空
1	1	从队列中取出指令的后续字节

S_2、S_1、S_0：总线周期状态输出端。其组合表明了当前总线周期进行数据传输的类型，系统中的总线控制器 8288 便藉以产生对 8282、8286、存储器（或 I/O 端口）的控制信号，详见表 7-3。

表 7-3

$\overline{S_2}$	$\overline{S_1}$	$\overline{S_0}$	操作类型	8288 产生的信号	$\overline{S_2}$	$\overline{S_1}$	$\overline{S_0}$	操作类型	8288 产生的信号
0	0	0	中断响应	$\overline{INTA}$	1	0	0	取指令	$\overline{MRDC}$
0	0	1	读 I/O 端口	$\overline{IORC}$	1	0	1	读存储器	$\overline{MRDC}$
0	1	0	写 I/O 端口	$\overline{IOWC}$，$\overline{AIOWC}$	1	1	0	写存储器	$\overline{MWTC}$，$\overline{AMWC}$
0	1	1	暂停	无	1	1	1	保留	无

从表 7-3 可看到：由$\overline{S_2}$能区分 CPU 与 I/O 端口还是与内存进行数据传输；由$\overline{S_1}$能区分是执行输入还是输出。

$\overline{LOCK}$：总线封锁信号输出端。CPU 输出此信号表示不允许其他设备占用总线。通常，由指令前缀 LOCK 使其为低电平、并有效，且维持到下一指令执行完毕。另外，响应可屏蔽中断请求时，也自动使它从第一个$\overline{INTA}$脉冲开始、到第二个$\overline{INTA}$脉冲结束保持有效，防止中断响应过程中其他设备占用总线而使中断响应间断。

$\overline{RQ}/\overline{GT_1}$、$\overline{RQ}/\overline{GT_0}$：总线请求信号输入/总线请求允许信号输出端。双向，且都是低电平有效。用于供两协处理器向 8086 提出总线请求与接收总线请求允许信号。$\overline{RQ}/\overline{GT_0}$的优先级高于$\overline{RQ}/\overline{GT_1}$。

最大模式下的系统总线结构见图 7-4。

最大模式系统中，常用到中断控制器 8259A 进行中断优先级管理。但图 7-4 未反映。

对照图 7-4 与图 7-3，比较最大模式与最小模式，可看到系统的主要区别是前者多用了一个控制信号转换芯片、即总线控制器 8288，它的作用是协调主处理器与协处理器的工作和解决总线的共享控制问题。现在，对存储器和 I/O 端口进行读、写的命令信号和对 8282、

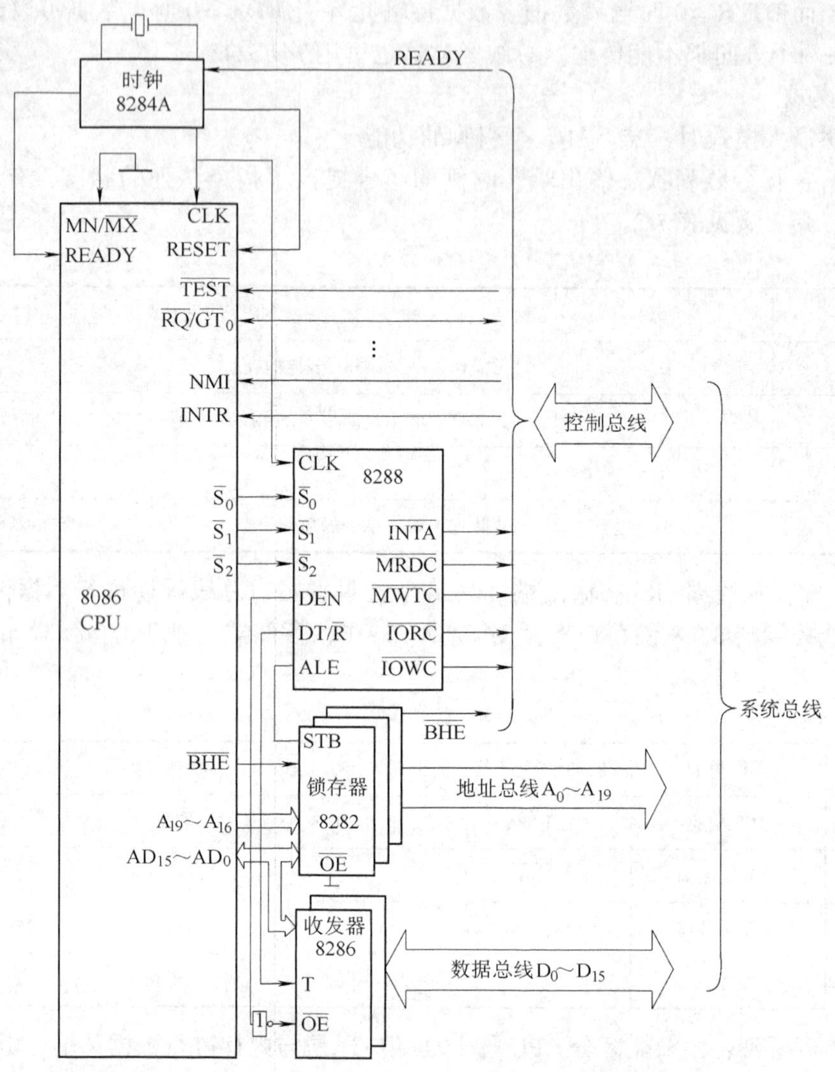

图 7-4 8086 最大模式下的系统总线结构

8286 的控制信号均由 8288 产生，现说明如下：

8288 共有 20 个引脚，除 V_{CC} 与 GND 外，输出引脚有 11 个，输入引脚有 7 个，见图7-5。

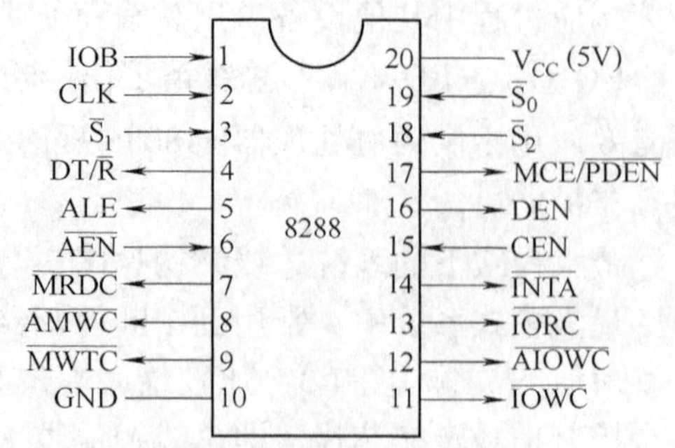

图 7-5 Intel 8288 的引脚图

在输出引脚中，7 个输出命令信号，它们是：存储器读命令$\overline{MROC}$，存储器写命令$\overline{MWTC}$，先行存储器写命令$\overline{AMWC}$，I/O 读命令$\overline{IORC}$，I/O 写命令$\overline{IOWC}$，先行 I/O 写命令$\overline{AIOWC}$和中断响应信号$\overline{INTA}$。其中先行写命令较一般写命令只是提前一个时钟周期输出，其他都一样；这样使较慢的存储器芯片（或 I/O 设备）可增加一个时钟周期执行写入操作。另 4 个输出控制信号，它们是：ALE、

DT/$\overline{R}$、DEN 和 MCE/$\overline{PDEN}$。前 3 个是输向 8282 和 8286 的，它们与最小模式下 8086 直接产生的信号一样，只是$\overline{DEN}$换成了 DEN，因此必须添一个反相器后再送给 8286。最后一个 MCE/$\overline{PDEN}$，将在下面配合 IOB 引脚一起说明。

在输入引脚中，$\overline{S_2}$、$\overline{S_1}$、$\overline{S_0}$接收来自 8086 的状态信号，它们与 8086 的$\overline{S_2}$、$\overline{S_1}$、$\overline{S_0}$、引脚一一对应连接。CLK 是时钟信号输入端，8288 与 8086 使用同一个时钟信号。CEN 是命令允许信号输入端，如为低电平，8288 的所有命令信号和控制信号中的 DEN、$\overline{PDEN}$将无效；如为高电平，上述信号才得以允许输出。$\overline{AEN}$是地址允许信号输入端，用于处理器的地址锁存。在多处理器系统，将它联总线仲裁器 8289 的$\overline{AEN}$输出端，当送来低电平时，实现对其总线信号的锁存；在单处理器系统则接地。IOB 是 I/O 总线方式选择输入端，通常将它接地，8288 工作于系统总线方式，能产生访问存储器和 I/O 端口的所有命令信号，实现对它们的控制；如为高电平，8288 工作于 I/O 总线方式，将只对 I/O 端口控制。

IOB 接高电平时，MCE/$\overline{PDEN}$端送出外设数据允许$\overline{PDEN}$（Peripheral Data Enable）信号，它与 DEN 信号时序相同，但极性相反。IOB 接地时，MCE/$\overline{PDEN}$端送出主级允许 MCE（Master Cascade Enable）信号，允许主 8259A 输出与从 8259A 联络的 CAS_0、CAS_1、CAS_2 信号；若系统只有一片 8259A，甚至未用 8259A，则该端处于浮空状态。

第二节　8086 的指令系统

一、8086 的寻址方式

在大多数情况下，指令中并不直接给出操作数的数值，只给出操作数存放的地址，例存储单元的地址。甚至地址也不直接给出，只给出计算地址的方式，计算机据以计算出操作数的地址，然后从该地址取操作数进行操作，或把操作结果送该地址。所谓指令的寻址方式，就是指指令中操作数的表示方式。

对于转换指令和调用指令，涉及的是转移地址和调用地址的提供方式，一般也称为指令地址的寻址方式，将在讲述转移指令和调用指令时说明。下面讨论的只是操作数的寻址方式，它可分为以下几类：

1. 立即数寻址

这种寻址方式操作数直接包含在指令中，例如：

MOV　AL，43H　　；将立即数 43H 送 AL

MOV　AX，1234H　；将 1234H 送 AX，AH 中为 12H，AL 中为 34H

这种方式主要用来对寄存器赋值。因操作数直接从指令中取得，所以速度快。立即数可以是 8 位，也可以是 16 位；只允许是整数；只能作源操作数，不能作目的操作数。

2. 寄存器寻址

这种寻址方式操作数就在 CPU 的内部寄存器中，例如：

MOV　AL，BL

MOV　AX，BX

注意：①　当指令中源操作数和目的操作数都是寄存器时，必须用同样字长的寄存器。

②　两个操作数不能同为段寄存器。

③　CS 不能为目的操作数。

因此，MOV　BL，AX 与 MOV　SS，DS 以及 MOV　CS，AX 都是非法指令。

寄存器寻址最普通，使用方便，汇编后机器码长度短，另外由于寄存器在 CPU 内部，不需访问内存，因此执行速度快。

3. 直接寻址

这种寻址方式操作数所在存储单元的 16 位有效地址由指令直接给出，例如：

MOV　AX，[1070H]　　；将 DS 段 1070H 和 1071H 两单元内容送 AX

直接寻址时，如指令前无前缀指明操作数的段，则默认段寄存器是数据寄存器 DS。

上例若 DS = 2000H，则该指令是将物理地址 21070H 和 21071H 两单元内容送 AX。

要对其他段寄存器指出的存储区直接寻址，指令前必需用前缀指出段寄存器名，例如：

CS：MOV　BX，[3000H]　　；将 CS 段 3000H 和 3001H 两单元内容送 BX

4. 寄存器间接寻址

这种寻址方式操作数在存储器中，存储单元的有效地址 EA 由 BX、BP、SI、DI 寄存器中的一个给出。

用 BX、SI、DI 时，指令前如无前缀，默认的段寄存器为 DS；而用 BP 时，默认的段寄存器为 SS。

寄存器间接寻址，允许在指令中指定一个位移量，可以是 8 位，也可以是 16 位。因此，有效地址由一个寄存器内容加一个位移量得到，即

$$EA = \begin{Bmatrix} [BX] \\ [BP] \\ [SI] \\ [DI] \end{Bmatrix} + \begin{Bmatrix} \text{8 位} \\ \text{或 16 位} \end{Bmatrix} \text{位移量}$$

如将位移量看成相对值，则带位移量的寄存器间接寻址也叫寄存器相对寻址。

寄存器间接寻址可以细分为以下 5 种：

（1）数据段基址寻址　用 BX 间接寻址，默认的段寄存器为 DS，BX 称为基址寄存器，这种寻址方式叫做数据段基址寻址。例如：

MOV　AX，[BX]

设 DS = 2000H，BX = 3000H，上述指令是将 23000H、23001H 内容送 AX。

（2）堆栈段基址寻址　用 BP 间接寻址，默认的段寄存器为 SS，这种寻址方式称为堆栈段基址寻址。例如：

MOV　AX，[BP]

设 SS = 6000H，BP = 2000H，上述指令是将 62000H、62001H 内容送 AX。

（3）变址寻址　SI 和 DI 分别称为源变址寄存器和目的变址寄存器，所以用它们间接寻址也叫变址寻址，通常用于数组和字符串操作中。

（4）基址加变址寻址　BX 和 BP 称为基址寄存器，SI 和 DI 称为变址寄存器，基址寄存器和变址寄存器组成的寻址方式叫做基址加变址寻址，此时有效地址为 BX 或 BP 内容加 SI 或 DI 内容。即：

$$EA = \begin{Bmatrix} [BX] \\ [BP] \end{Bmatrix} + \begin{Bmatrix} [SI] \\ [DI] \end{Bmatrix}$$

例如：MOV　AX，[BX + SI]　　设 DS = 2000H，BX = 3000H，SI = 1000H，则 EA =

24000H，该指令是将 24000H 和 24001H 内容送 AX。

（5）基址变址且相对寻址　基址加变址寻址允许带一 8 位或 16 位的位移量，构成基址变址且相对寻址，即：

$$EA=\begin{Bmatrix}[BX]\\ [BP]\end{Bmatrix}+\begin{Bmatrix}[SI]\\ [DI]\end{Bmatrix}+\begin{Bmatrix}8\text{ 位}\\ \text{或 }16\text{ 位}\end{Bmatrix}\text{位移量}$$

例如：MOV　AX，[BX + SI + 0050H]

这种寻址方式两个地址分量可分别改变，使用起来很灵活，特别是为访问堆栈中的数组提供了极大的方便。

5. 隐含寻址

有些指令隐含着操作数地址的信息，例如乘法指令 MUL 只指明一个乘数的地址，另一个乘数和积的地址是固定和隐含的。

二、8086 指令系统

8086 指令系统有 133 条基本指令，按功能可分为：数据传送类指令；算术操作类指令；位处理类指令；字符串操作类指令；控制转移类指令和处理器控制类指令。

1. 数据传送类指令

用于 CPU 内部寄存器间、寄存器与存储器间、累加器与 I/O 端口间字或字节的传送。又可细分为 4 个小类：

（1）通用数据传送指令

1）基本传送指令 MOV　它的形式最简单，用得最多。例如：

```
MOV   AL，BL                  ；BL 中 8 位二进制数送 AL
MOV   ES，DX                  ；DX 中 16 位二进制数送 ES
MOV   AX，[BX]                ；BX 和 BX + 1 所指两内存单元内容送累加器 AX
MOV   [DI]，AX                ；累加器 AX 内容送 DI 和 DI + 1 所指两内存单元
MOV   CX，[1000H]             ；1000H 和 1000H + 1 两单元内容送 CX
MOV   DX，7060H               ；立即数 7060H 送 DX
MOV   WORD PTR [SI]，4030H    ；立即数 4030H 送 SI 和 SI + 1 所指两单元
```

注意：①　MOV 指令有两个操作数，目的操作数在前，源操作数在后，如源操作数非立即数，两操作数中有一个必须是寄存器。

②　可传送 8 位或 16 位数据，取决于指令中寄存器的类型。

③　不能在两内存单元间直接传送数据。

④　源操作数和目的操作数不能同为段寄存器。

⑤　段寄存器用作目的操作数时，源操作数不能是立即数，对段寄存器赋值必须通过寄存器中介。例如对 DS 赋值 2000H，必须用如下指令：

```
MOV   AX，2000H
MOV   DS，AX
```

⑥　CS 和 IP 这两个寄存器不能随意修改，因此不能用作目的操作数。

⑦　指令执行后标志位不改变。

⑧　最后一例中 PTR 是重新定义属性的操作符，请先见下一节一、4.（2）。

2）堆栈操作指令 PUSH 和 POP　采用堆栈操作指令时，应预先设置堆栈段寄存器 SS 和

堆栈指针 SP 的值，SP 的内容就是当前堆栈段的栈顶。执行 PUSH 指令时，SP 内容自动减 2，将源操作数送至栈顶。执行 POP 指令时，栈顶的内容弹出作为目的操作数，SP 内容自动加 2，指向新栈顶。例如程序段：

```
MOV    AX，0200H
MOV    SS，AX
MOV    SP，0008H
MOV    CX，12FAH
PUSH   CX
```

其执行情况见图 7-6；如再执行 POP　CX，见图 7-7。

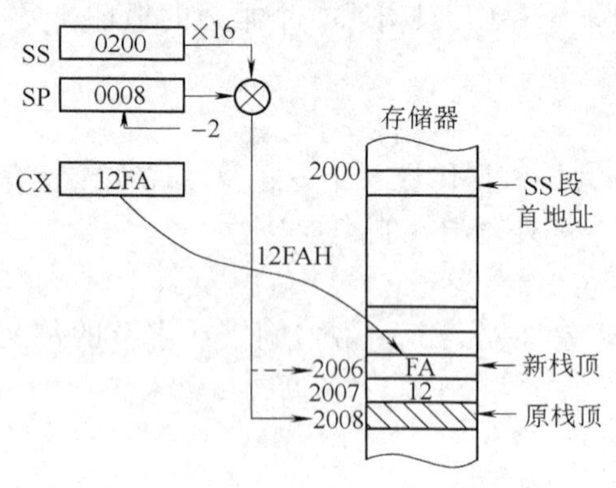

图 7-6　示例中 PUSH　CX 指令的执行过程

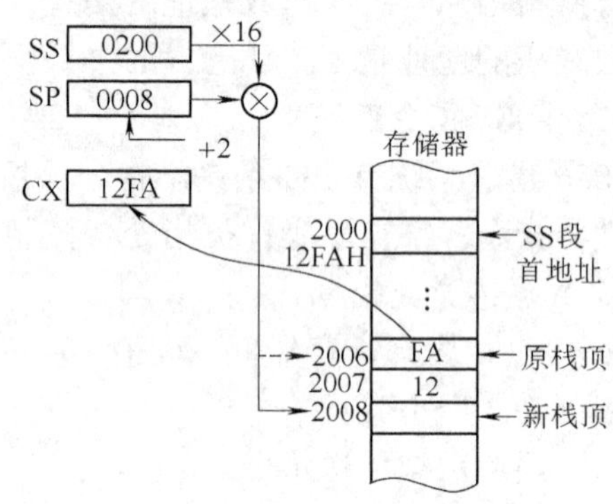

图 7-7　示例中 POP　CX 指令的执行过程

注意：①　PUSH 和 POP 指令都只对字操作，不能对字节操作。

②　段寄存器 CS 的值可压入堆栈，但不能弹回。（不包括恢复断点）。因 CS 内容一旦改变，会使程序运行错误。

③　堆栈内容先进后出，保护现场和恢复现场时应按对称的次序执行压入指令和弹出指令。

3）交换指令 XCHG　用于源操作数和目的操作数的交换，可以按字节交换，也可以按字交换。例如，

```
XCHG  AL，BL          ；AL 和 BL 作字节交换
XCHG  BX，CX          ；BX 和 CX 作字交换
XCHG  BX，[1000H]     ；BX 内容和有效地址为 1000H、1001H 单元的内容
                        作交换
```

注意：①　源操作数和目的操作数不能同为内存单元。

②　CS 和 IP 的内容不能交换。

4）换码指令 XLAT　使累加器中值变换为内存表格中另一个值，一般用作编码制的转移。使用时，要求 BX 指向表格首址，AL 为表格中某项与表格首址间的位移量，指令执行时，BX 和 AL 的值相加作为地址，将该地址对应单元中的值取到 AL。

（2）地址传送指令

1）取有效地址指令 LEA　将源操作数的有效地址送目的操作数所在寄存器，常用来使某寄存器作为地址指针。要求源操作数必须为内存单元地址，目的操作数必须为 16 位通用

寄存器。例如：

LEA　AX，[2300H]　　　；内存单元的偏移量2300H送AX

LEA　BX，[BP + SI]　　　；BP + SI的值进BX

LEA　SP，[2000H]　　　；使堆栈指针为2000H

2）将地址指针装入DS和另一寄存器的指令LDS　它将4个字节的地址指针（包括段地址和偏移量）传送到两个目的寄存器。例如2030H ~ 2033H 4个单元中存放着一个地址，低两单元为地址的偏移量，高两单元为段地址，执行指令LDS　DI，[2030H]后偏移量将送DI，段地址将送DS。

3）将地址指针装入ES和另一寄存器的指令LES　与上一指令类似，区别仅在于段寄存器DS改为ES。

LDS和LES的源操作数总来自存储器，其地址可能直接指出，也可能间接指出，或通过寄存器内容加偏移量间接指出。

（3）标志传送指令

1）读取标志指令LAHF　将标志寄存器低8位送AH，见图7-8。

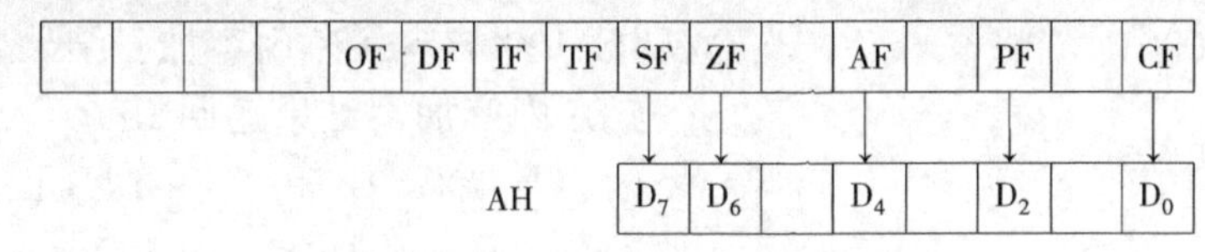

图7-8　LAHF指令的操作功能

2）设置标志指令SAHF　与LAHF的功能相反，即将图7-8中5个箭头的方向反过来，把AH相应位内容送标志寄存器低8位。

为了对8位微处理器8080/8085指令系统的兼容性，所以提供低8位标志传送的指令。

3）标志寄存器入栈指令PUSHF　将标志寄存器的值压入堆栈，栈针SP的值则减2。

4）标志寄存器出栈指令POPF　从堆栈弹出一个字到标志寄存器，SP的值则加2。

PUSHF和POPF一般用在子程序和中断处理程序的首尾，以保存和恢复主程序标志。

（4）I/O指令　用于完成I/O端口和累加器（AX或AL）间的数据传送。输入指令使CPU可从8位端口读一个字节到AL或从两个连续的8位端口读一个字到AX；输出指令则反之。

有两大类：一类是直接寻址的，另一类是寄存器间接寻址的。

直接寻址的指令提供了输入或输出的端口号，例如：

IN　　AL，50H　　　；将50H端口的字节读入AL

IN　　AX，70H　　　；将70H端口的值读入AL，71H端口的值读入AH

OUT　44H，AL　　　；将AL中字节输出到44H端口

OUT　80H，AX　　　；将AL内容输出到80H端口，AH内容输出到81H端口

寄存器间接寻址的示例：

MOV　DX，400H　　　；先将端口地址送DX

IN　　AL，DX　　　；从400H端口读一字节到AL

IN　　AX，DX　　　；从400H、401H两端口读一个字到AX

另如 OUT　DX，AL　　　　　　　　；将 AL 中字节输出到 400H 端口

OUT　DX，AX　　　　　　　　；将 AX 中内容输出到 400H、401H 两端口

注意：①　只能用累加器 AX 或 AL，不能用其他寄存器。

②　直接寻址的寻址范围为 0～255（FFH），规模较小的微机系统多采用这种方式。但功能较强的系统，既用了 0～255 范围内的端口地址，也用了 >255 的端口地址。例如 IBM PC 系列机进行计算机网络通信、图像传送和语音识别时，只能使用系统中地址编号较大的端口，不能直接寻址，必须间接寻址。间接寻址的寻址范围为 0～65535。当然，凡是能直接寻址的，都可以间接寻址，不过要先用 MOV 指令在 DX 中设置好端口号，且只能用 DX 寄存器。

2. 算术操作类指令

（1）加法指令

1）不带进位位的加法指令 ADD　执行两个字节或两个字的相加操作，结果送回原存目的操作数的地方。例如：

ADD　AL，50H　　　　　　　　；立即数 50H 与 AL 内容加，结果送回 AL

ADD　CX，1000H　　　　　　　；立即数 1000H 与 CX 内容加，结果送回 CX

ADD　DI，SI　　　　　　　　；SI 与 DI 内容加，结果送回 DI

ADD　[BX + DI]，AX　　　　　；AX 内容与 BX + DI 和 BX + DI + 1 所指两存储单元内容加，结果送回 BX + DI 和 BX + DI + 1 所指两单元

ADD　AX，[BX + 2000H]　　　；AX 内容与 BX + 2000H 和 BX + 2001H 所指两存储单元内容相加，和送回 AX

2）带进位位的加法指令 ADC　与 ADD 指令类似，但执行时将 CF 的值加在和中。

ADD 与 ADC 指令对 6 个状态标志位都有影响。

3）增量指令 INC　它只有一个操作数，指令执行时将操作数内容加 1 后送回。常用于循环程序中修改指针。

INC 指令影响标志位 AF、OF、PF、SF 和 ZF，但不影响 CF。

（2）减法指令

1）不带借位位的减法指令 SUB　完成字节和字节或字和字的相减操作，结果送回原存目的操作数的地方。例如：

SUB　[BP + 2]，CL　　　　　　；将 SS 段 BP + 2 所指堆栈单元内容减 CL 内容，差送回 BP + 2 所指单元

SUB　WORD PTR [DI]，1000H　；DI 和 DI + 1 所指两单元内容减 1000H，差送回 DI 和 DI + 1 所指单元

2）带借位位的减法指令 SBB　与 SUB 指令类似，但执行时还要减 CF 的值

SUB 与 SBB 指令对 6 个状态标志位都有影响。

3）减量指令 DEC　它只有一个操作数，指令执行时将操作数内容减 1 后送回。也常用于循环程序中修改指针。

与 INC 指令一样，影响标志位 AF、OF、PF、SF 和 ZF，但不影响 CF。

4）求补指令 NEG　它对指令给出的操作数求补后送回。因为求补相当于用零减去该操

作数，所以也是减法操作。

它对 AF、CF、OF、PF、SF、ZF 均有影响。因为是用零减去操作数，只要操作数不为零，都要产生借位，所以执行后 CF 通常为 1；只有操作数为 0 时，才为 0。

5）比较指令 CMP　也是执行两个数的相减操作，但结果不送回，只影响各标志位。例如：

CMP　AX，[BX + DI + 100]　　；将 AX 内容和 BX + DI + 100 和 BX + DI + 101 所指两存储单元中的数比较，结果影响标志位

（3）乘法指令　两个 8 位数相乘，会得到 16 位的乘积；另一个乘数隐含在 AL 中；乘积放到 AX 中。两个 16 位数相乘，则得到 32 位的乘积；另一个乘数隐含在 AX 中；乘积放到 DX（高 16 位）和 AX（低 16 位）中。

无符号数相乘和带符号数相乘的过程不同，所用指令也不同。

1）无符号数乘法指令 MUL

例如：

MUL　CX　　；AX 中 16 位数和 CX 中 16 位数相乘，积放到 DX 和 AX

MUL　BYTE　PTR［DI］　　；AL 中 8 位数和 DI 所指单元中 8 位数相乘，积放到 AX

2）带符号数乘法指令 IMUL

例如：

IMUL　BYTE　PTR［BX］　　；AL 中 8 位带符号数和 BX 所指单元中 8 位带符号数相乘，积放到 AX

IMUL　WORD　PTR［DI］　　；AX 中 16 位带符号数和 DI、DI + 1 所指单元中 16 位带符号数相乘，积放到 DX 和 AX

两乘法指令会影响 CF 和 OF。积高半部分 = 0 时，CF = 0，OF = 0，表示高半部分无有效数字。否则 CF = 1，OF = 1。AF、PF、SF、ZF 则不确定。

（4）除法指令　如除数 8 位，被除数必须 16 位，指令中只给出除数，被除数隐含在 AX 中，8 位商放到 AL，8 位余数放到 AH；如除数 16 位，被除数必须 32 位，指令中也只给出除数，被除数隐含在 DX 和 AX 中，DX 中为高 16 位，AX 中为低 16 位，16 位商放到 AX，16 位余数放到 DX。

无符号数相除和带符号数相除的指令也不同。

1）无符号数除法指令 DIV

例如：

DIV　WORD　PTR［DI］　　；DX 和 AX 中 32 位数除 DI、DI + 1 所指两单元中 16 位数

2）带符号数除法指令 IDIV

例如：

IDIV　BX　　；DX 和 AX 中 32 位数除 BX 中 16 位数。

IDIV　BYTE　PTR［DI］　　；AX 中 16 位数除 DI 所指单元中 8 位数

注意：①　除法后 AF、CF、OF、PF、SF、ZF 都不确定，或为 0，或为 1，均无意义。

② 商溢出时，CPU 将作除数为 0 中断、即 0 型中断来处理，此时商和余数均不确定。

③ 带符号数除法可有多种不同结果。例如 -30 除 +8，可得商 -4 与余数 +2；也可得商 -3 与余数 -6；…。故规定余数符号应和被除数符号相同。

④ 如除数 8 位，被除数也只 8 位，则该 8 位被除数在 AL 中，并在 AH 扩展高 8 位；如除数 16 位，被除数也只 16 位，则该 16 位被除数放在 AX 中，并在 DX 扩展高 16 位。如未扩展，会出错。对于无符号数，AH 和 DX 的扩展只须清零。对于带符号数，AH 和 DX 的扩展是低位字节或低位字的符号扩展，即把 AL 的最高位扩展到 AH 的 8 位中，或把 AX 的最高位扩展到 DX 的 16 位中。CBW 和 CWD 是专用于带符号数扩展的指令。

3）字节扩展成字指令 CBW　它将 AL 中符号位扩展到 AH 中。执行 CBW 后，如 AL < 80H，AH = 0；如 AL≥80H，AF = FFH。本指令不影响标志位。

例如：若 AL = 85H，BX = 0345H，均为带符号数，要实现这两个数相加，必须先用 CBW 指令扩展 AL 内容。具体为

```
CBW
ADD   AX, BX
```

两指令执行后，AX 的内容将是 0FF85H + 0345H = 02CAH

4）字扩展成双字指令 CWD　它将 AX 中符号位扩展到 DX 中。执行 CWD 后，如 AX < 8000H，DX = 0；如 AX≥8000H，DX = 0FFFFH。本指令也不影响标志位。

（5）BCD 码的十进制调整指令

1）AAA 指令　它对两个分离式 BCD 码（字节中只低半字节有一 BCD 码，高半字节全 0）相加后的和（在 AL）进行调整，产生分离式 BCD 码表示的和。

两个分离式 BCD 码可直接用 ADD 指令相加，如和也要是分离式 BCD 码，必须在加法指令后紧接着用 AAA 指令进行调整。

例如 6 的分离式 BCD 码为 00000110，7 的分离式 BCD 码为 00000111，两数相加之和为 13。因加法按二进制进行，现 AL 中的和为 00001101。但其分离式 BCD 码结果在 AH 中应为 00000001，在 AL 中为 00000011，须用 AAA 对 AL 中 00001101 作调整。

AAA 的操作功能为

若 AL & 0FH > 9 或 AF = 1，则 AL←AL + 6，AH←AH + 1；另 AF←1，CF←AF，AL←AL & 0FH。

AAA 指令影响 AF 和 CF，但 OF、PF、SF、ZF 不确定。

2）DAA 指令　它对两个组合式 BCD 码（字节中高、低半字节各有一 BCD 码）相加后的和（在 AL）进行调整，产生组合式 BCD 码表示的和。

两个组合式 BCD 码可直接用 ADD 指令相加（一个数需在 AL 中），如和也要是组合式 BCD 码，必须在 ADD 指令后紧接着用 DAA 指令进行调整。

例如 56 的组合式 BCD 码为 01010110，77 的组合式 BCD 码为 01110111，两数相加的和为 133。因加法按二进制进行，现 AL 中的和为 11001101。但其组合式 BCD 码和在 AL 中应为 00110011，并另有一进位。

DAA 的操作功能为：

若 AL & 0FH > 9 或 AF = 1，则 AL←AL + 6，AF←1；若 AL > 9FH 或 CF = 1，则 AL←AL + 60H，CF←1。

DAA 指令影响 AF、CF、PF、SF 和 ZF，对 OF 不确定。

3）AAS 指令　它与 AAA 类似，但对两个分离式 BCD 码相减后的差（在 AL）进行调整，产生分离式 BCD 码表示的差。

两个分离式 BCD 码可直接相减，如差也要是分离式 BCD 码，必须在减法指令后紧接着用 AAS 指令进行调整。

AAS 的操作功能为：

若 AL & 0FH > 9 或 AF = 1，则 AL←AL - 6，AH←AH - 1；另 AF←1，CF←AF，AL←AL & 0FH。

AAS 指令影响 AF 和 CF，但 OF、PF、SF 和 ZF 不确定。

4）DAS 指令　它与 DAA 类似，但对两个组合式 BCD 码相减后的差（在 AL）进行调整，产生组合式 BCD 码表示的差。

两个组合式 BCD 码可直接相减，如差也要是组合式 BCD 码，必须在减法指令后紧接着用 DAS 指令进行调整。

DAS 的操作功能为：

若 AL & 0FH > 9 或 AF = 1，则 AL←AL - 6，AF←1；若 AL > 9FH 或 CF = 1，则 AL←AL - 60H，CF←1。

DAS 指令影响 AF、CF、PF、SF 和 ZF，对 OF 不确定。

5）AAM 指令　它对两个分离式 BCD 码相乘后的积（在 AX）进行调整，在 AX 中得到分离式 BCD 码表示的积。

AAM 指令的操作功能为

AH←AL 被 0AH 除的商，AL←AL 被 0AH 除的余数。

例如：6 的分离式 BCD 码为 00000110，7 的分离式 BCD 码为 00000111，按二进制相乘，积在 AL 中，其值为 00101010，即二进制表示的 42。现要在 AH 中为 42 的十位数 00000100，AL 中为 42 的个位数 00000010，就需用 AAM 进行调整。

AAM 指令影响 PF、SF、ZF，对 AF、CF、OF 不确定。

6）AAD 指令　它在 AX 中两位分离式 BCD 码数除另一分离式 BCD 码数前进行校正，使相除后得到用分离式 BCD 码表示的商。

例如：AX 中被除数为 62，因分离式 BCD 码表示为 AH = 00000110，AL = 00000010；除数为 8，分离式 BCD 码为 00001000，相除前须先调整，使被除数以二进制表示、集中在 AL 中，即：AH = 00000000，AL = 00111110，再用二进制除法指令 DIV 相除，其分离式 BCD 码表示的商在 AL，余数在 AH。

AAD 指令的操作功能为：AL←AH * 10H + AL，AH←0。

AAD 指令影响 PF、SF、ZF，但 AF、CF、OF 不确定。

3. 位处理类指令

(1) 逻辑操作指令　包括 AND、OR、NOT、XOR 和 TEST（测试）指令。

AND、OR 和 XOR 都有两个操作数，既可对 8 位数，也可对 16 位数操作。例如：

```
AND   AX, 1000H          ; AX 中数和 1000H 相与，结果送 AX
AND   AX, BX             ; AX 和 BX 中内容相与，结果送 AX
AND   DX, [BX + SI]      ; DX 和 BX + SI 及 BX + SI + 1 所指两存储单元内容相
```

```
                                    与，结果送 DX
AND   AX，0FFF0H                  ；AX 低 4 位清 0，其余位不变
OR    AL，30H                     ；AL 内容和 30H 相或，结果送 AL
OR    BX，000FH                   ；BX 低 4 位置 1，其余位不变
XOR   AL，0FH                     ；AL 内容和 0FH 异或，结果送 AL
XOR   AX，AX                      ；AX 内容本身异或，即 AX 清 0
XOR   AL，0F0H                    ；AL 低 4 位不变，高 4 位取反
```

TEST 指令似 AND 样操作，但结果不送回，仅影响标志位。常用它检测指定位是 1 还是 0。例如：

```
TEST  AX，8000H                   ；如 AX 最高位为 1，则 ZF = 0，否则 ZF = 1
TEST  AL，01H                     ；如 AL 最低位为 1，则 ZF = 0，否则 ZF = 1
TEST  AL，0FH                     ；检查 AL 低 4 位是否全 0。
```

NOT 指令只有一个操作数，求反码后送回。

AND、OR、XOR 和 TEST 指令执行后，SF、ZF、PF 反映操作结果，CF = 0，OF = 0，AF 不确定。NOT 指令不影响标志位。

（2）移位指令

1）非循环移位指令　有 4 条，即算术左移指令 SAL、逻辑左移指令 SHL，算术右移指令 SAR 和逻辑右移指令 SHR。它们可对寄存器或内存单元的 8 位或 16 位数移位。其操作见图 7-9，SAL 和 SHL 的格式相同。

逻辑移位指令把所移数看成无符号数，所以，左移时最低位填 0，右移时最高位填 0。算术移位指令把所移数看成带符号数，所以，右移时保持最高位（符号位）的值不变。SAL 和 SHL 功能一样，因为无符号数乘 2 和带符号数乘 2 都是最低位补 0，最高位进 CF。

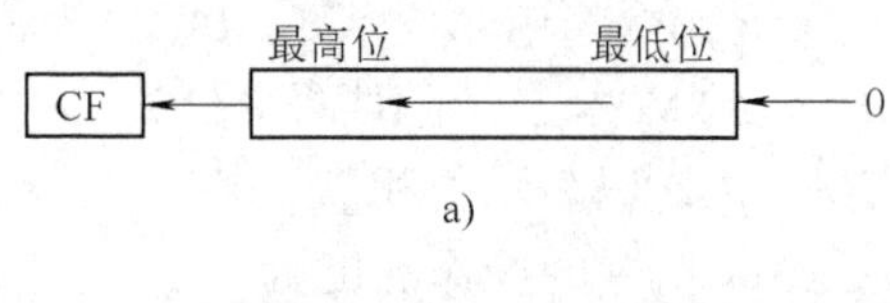

a)

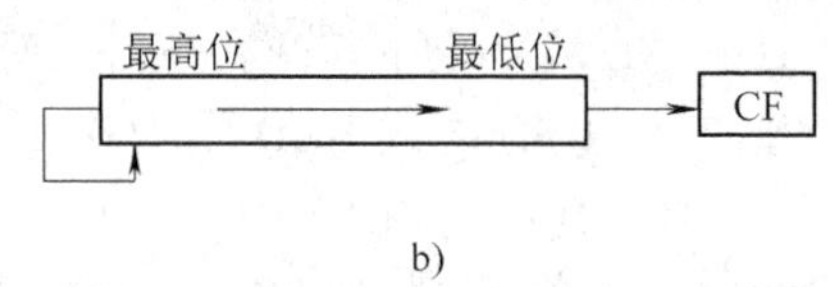

b)

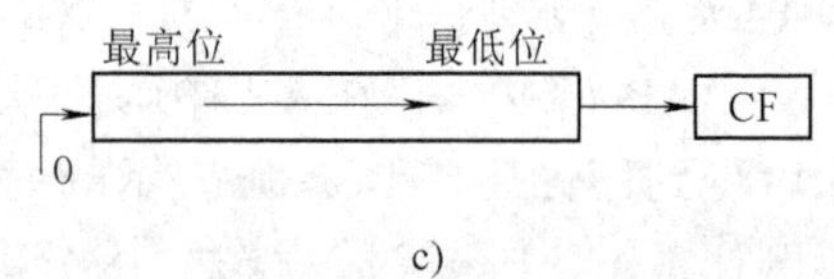

c)

图 7-9　非循环移位指令的操作功能

a）算术左移指令 SAL 和逻辑左移指令 SHL
b）算术右移指令 SAR　c）逻辑右移指令 SHR

该 4 条指令的执行都影响 CF、OF、PF、SF 和 ZF，AF 不确定。其中 OF 如左移 1 位而移位前后最高位不同，则 OF 置 1；反之，OF 为 0。若左移位数 >1，则 OF 不确定。

4 条指令的形式相似：如只移 1 位，指令中直接用 1 指出；如移位次数大于 1，须先在 CL 置移位次数。例如：

```
    SAL   AL，1                    ；将 AL 中值左移 1 位，最低位补 0
又如：MOV  CL，2
    SAL   AL，CL                   ；上两条将 AL 中值左移 2 位
```

2）循环移位指令　也有 4 条，即不带进位位的循环左移指令 ROL、不带进位位的循环右移指令 ROR、带进位位的循环左移指令 RCL 和带进位位的循环右移指令 RCR。其操作见图 7-10。

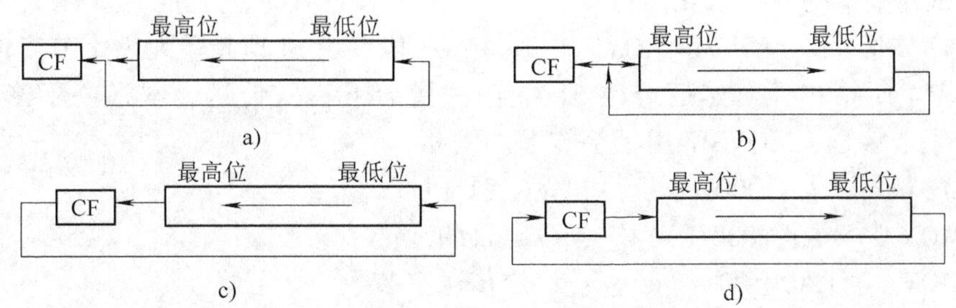

图 7-10 循环移位指令的操作功能

a）不带 CF 的循环左移指令 ROL b）不带 CF 的循环右移指令 ROR

c）带 CF 的循环左移指令 RCL d）带 CF 的循环右移指令 RCR

这 4 条指令可对寄存器或存储单元中的 8 位或 16 位数循环移位。如只移 1 位，指令中直接指出；如移动若干位，需先在 CL 置移位次数。例如：

```
ROL  BX, 1                   ; BX 内容不带 CF 循环左移 1 位
ROL  WORD  PTR [DI], CL      ; DI 和 DI +1 所指单元中数不带 CF 循环左移 n 位,
                               CL 中已先置入 n
```

ROL 和 RCL 执行一次左移后如数的最高位和 CF 不等，则 OF 置 1：因为 CF 是由最高位（符号位）移入的，所以这说明左移后新、旧符号位不同了，于是使 OF 为 1。

同样，ROR 和 RCR 执行一次右移后如数的最高位和次高位不等，也表示移位前后符号不同了，会使 OF 为 1。

移位指令左移 1 位相当于乘 2，右移 1 位相当于除 2。因乘法指令和除法指令所需时间较长，所以用移位指令编制常用的乘除法程序，常可提高计算速度 5、6 倍。例如乘 10 程序段：

```
SAL  AL, 1                   ; 将 AL 中数 X 左移 1 位，得 2X
MOV  BL, AL                  ; 2X 转存 BL
MOV  CL, 2                   ; 移位次数置 CL
SAL  AL, CL                  ; 2X 左移 2 位，得 8X
ADD  AL, BL                  ; 2X +8X，在 AL 中得 10X
```

4. 字符串操作类指令

就是用一条指令实现对一串字符或数据的操作。其特点是：

① 可对字节串操作，也可对字串操作。

② 都用 SI 对源操作数间接寻址，并假定在 DS 段；都用 DI 对目的操作数间接寻址，并假定在 ES 段。本类指令是指令系统中唯一源操作数和目的操作数都在存储器中的指令。

③ 操作时地址的修改与方向标志 DF 有关。如 DF =1，SI 和 DI 自动减量修改；如 DF =0，SI 和 DI 自动增量修改。

④ 同段字符串传送，应设置 DS = ES，SI 和 DI 则仍分别指出源字符串操作数和目的字符串操作数的偏移地址。

⑤ 字符串长度放在 CX 中。

⑥ 加用重复前缀实现字符串操作。

8086 有 5 种基本的字符串操作指令：

1）字符串传送指令 MOVSB/MOVSW　它将 DS 段、由 SI 所指单元中字节（或字）传送到 ES 段、由 DI 所指单元，然后修改 SI 和 DI，指向下一次传送。本指令不影响标志位。MOVSB 用于字节传送，MOVSW 用于字传送。例如：

```
        MOV     SI，1000H       ；设定源地址
        MOV     DI，2000H       ；设定目的地址
        MOV     CX，100         ；设定传送字节数
KKK：   MOVSB
        DEC     CX
        JNZ     KKK             ；未传送完，则继续传送
        ⋮
```

2）字符串比较指令 CMPSB/CMPSW　它将 DS 段、由 SI 所指单元中字节（或字）和 ES 段、由 DI 所指单元中字节（或字）比较，结果只影响标志位，差不送回，然后修改 SI 和 DI，指向下一次比较。

3）字符串扫描指令 SCASB/SCASW　它将 AL 中字节（或 AX 中字）与 ES 段、由 DI 所指单元中字节（或字）比较，结果只影响标志位，不改变操作数。然后修改 DI，指向下一次比较。

4）取字符串指令 LODSB/LODSW　它将 DS 段、由 SI 所指单元中的字节（或字）取到 AL（或 AX），不影响标志位，然后修改 SI，指向下一次取。

5）存字符串指令 STOSB/STOSW　它将 AL 中字节（或 AX 中字）存到 ES 段、由 DI 所指单元，不影响标志位，然后修改 DI，指向下一次存。

本类指令自动修改 SI 和 DI，对程序循环提供了方便，但每条指令仍只执行一次。如加上重复前缀，便可重复执行，直到条件满足为止。重复前缀有 3 种：REP、REPE/REPZ 和 REPNE/REPNZ。REP 可添加在 MOVS 和 STOS 前，将重复执行 CX 指定的次数（每执行一次，CX－1，直到 CX＝0）。REPE/REPZ 可添加在 CMPS 和 SCAS 前，每执行一次，CX－1，如 CX＝0 或 ZF≠1，则重复停止，指令结束。REPNE/REPNZ 也可添加在 CMPS 和 SCAS 前，只是当 CX＝0 或 ZF≠0 时，重复停止，指令结束。如果两个数据块内容基本相同，要找出其中不同处，应使用 REPE/REPZ 前缀；反之，如两个数据块内容基本不同，要找出其中相同处，应使用 REPNE/REPNZ 前缀。取字符串指令 LODS 是不加前缀的。

例如：下列程序段对某数据缓冲区清 0。

```
CLD
MOV     AX，SEG BUFDAT
MOV     ES，AX
MOV     DI，OFFSET BUFDAT
MOV     CX，LENGTH BUFDAT
MOV     AL，OO
REP     STOSB
```

其中，REP STOSB 重复将 AL 内容送 DI 所指单元，并修正 DI 和 CX 的值，直到 CX＝0 为止，从而将长度为 CX 内容、首址为 BUFDAT 的缓冲区全部清 0。

例中 SEG、OFFSET、LENGTH 都是属性操作符，故相应的表达式分别为取 BUFDAT 的段地址、偏移地址和长度，请先见下一节一、4、(1)。

又如：下列程序段可在字符串 STRING 中查找字符‘A’，若查不到则转 NOT FOUND。

```
CLD
MOV      AX, SEG STRING
MOV      ES, AX
MOV      DI, OFFSET STRING
MOV      CX, LENGTH STRING
MOV      AL, 'A'
REPNE    SCASB
JNE      NOT FOUND
```

其中 REPNE SCASB 重复将 AL 内容与 DI 所指单元内容比较，并修正 DI 和 CX 的值，直到 CX =0 或 AL 内容与 DI 所指单元内容相同（ZF =1，表示找到‘A’了）为止。

5. 控制转移类指令

8086 指令寻址由 CS 和 IP 两部分组成。程序要转移到新的地址有两种情况：兼改变 CS 和 IP（改变段和偏移量），或仅改变 IP（仅改变偏移量）。前者称为段间转移或段间调用，用 FAR 表示；后者称为段内转移或段内调用，用 NEAR 表示。对于很短距离（ –128 ~ +127）的段内转移，又进一步区分为短程转移，用 SHORT 表示。

无论段内转移还是段间转移，都有直接转移和间接转移之分。直接转移其转移的目标信息直接在指令的机器码中。间接转移则转移的目标信息在某寄存器或某内存单元中。如寄存器间接转移，因寄存器 16 位，所以只能在段内间接转移。

段内转移地址的计算有两种：一种是当前 IP 值增加或减少一个值，即自当前指令往前或往后转移，称为相对转移；另一种是新 IP 值替代当前 IP 值，称为绝对转移。在 8086，所有段内直接转移都是相对转移，所有段内间接转移和段间转移都是绝对转移。相对转移指令及其目标地址是相对于该指令本身的，因此适用在与位置无关的程序。

(1) 无条件转移指令

1) JMP 指令　它不作任何判断，使程序无条件地转移到指令指明的目标地址处执行。它不能构成程序分支，但分支程序却往往用 JMP 指令将各分支出口重新汇集到一起。JMP 指令转移的目标地址常用标号表示，若标号与 JMP 指令处同一代码段，便是段内转移；若标号与 JMP 指令不在同一代码段，便是段间转移。

或按直接转移和间接转移分：

① 直接转移　无条件转移到所指的目标地址。

其中：短程转移的格式　JMP　SHORT　目标标号

转移的位移量在 1 个字节范围内。

近程转移的格式：JMP　NEAR　PTR 目标标号（NEAR PTR 可省略）

转移的标号地址与 JMP 指令既在同一段，位移量 16 位，在 1 个字范围内。

远程转移的格式：JMP　FAR　PTR 目标标号

转移的标号地址与 JMP 指令不在同一段，是段间转移。

② 间接转移　转移的目的地址由寄存器或存储器提供。

其中：段内间接转移　例如 JMP　WORD　PTR ［BX］

段间间接转移　例如 JMP DWORD PTR ［BX］

若 BX＝4000H，DS＝2000H，则执行 JMP　WORD　PTR ［BX］是将 24000H 单元内容送 IP 低 8 位，24001H 单元内容送 IP 高 8 位，这新的 IP 就是段内转移新的偏移地址。如执行 JMP DWORD　PTR ［BX］，还需将 24002H 单元内容送 CS 低 8 位，24003H 单元内容送 CS 高 8 位，这新的 CS 是段间转移新的段地址。

2）调用指令 CALL　用于调用某个过程或子程序，该过程或子程序是能完成某一特定功能又需经常使用的独立模块。CALL 的格式同 JMP 相似，但执行时多一保存断点的操作，将下一条指令的 CS 和 IP 值进栈保存（若段内调用，只保存 IP），以供返回。

3）返回指令 RET　它是过程或子程序的最后一条指令，控制程序返回主程序的断点处（即 CALL 指令的下一条指令）继续往下执行。它执行后，主程序的断点地址送入 IP 和 CS。

（2）条件转移指令　它根据当时标志位的状态决定是否转移：条件满足，转移到规定目标；否则继续顺序执行。所有条件转移指令都属短程相对转移。共有 19 条，见表 7-4。

表　7-4

类别	指令格式		操作功能	测试条件
判断无符号数大小	JA/JNBE	目标标号	高于或不等于、低于　则转移	CF＝0，且 ZF＝0
	JAE/JNB	目标标号	高于、等于或不低于　则转移	CF＝0
	JB/JNAE	目标标号	低于或不高于、等于　则转移	CF＝1
	JB/JNA	目标标号	低于、等于或不高于　则转移	CF＝1，或 ZF＝1
判断带符号数大小	JG/JNLE	目标标号	大于或不小于、等于　则转移	ZF＝0，且 OF、SF 都为 0 或都为 1
	JGE/JNL	目标标号	大于、等于或不小于　则转移	OF、SF 都为 0 或都为 1
	JL/JNGE	目标标号	小于或不大于、等于　则转移	ZF＝0，且 OF、SF 为不同值
	JLE/JNG	目标标号	小于、等于或不大于　则转移	ZF＝1，或 OF、SF 为不同值
判断标志位	JC	目标标号	CF 为 1　则转移	CF＝1
	JNC	目标标号	CF 为 0　则转移	CF＝0
	JE/JZ	目标标号	等于/结果为 0　则转移	ZF＝1
	JNE/JNZ	目标标号	不等于/结果不为 0　则转移	ZF＝0
	JO	目标标号	溢出　则转移	OF＝1
	JNO	目标标号	不溢出　则转移	OF＝0
	JP/JPE	目标标号	PF 为 1　则转移	PF＝1
	JNP/JPO	目标标号	PF 为 0　则转移	PF＝0
	JS	目标标号	SF 为 1　则转移	SF＝1
	JNS	目标标号	SF 为 0　则转移	SF＝0
判断 CX	JCXZ	目标标号	CX 的值为 0　则转移	CX＝0

（3）循环控制指令　它可方便地控制程序段的重复执行，重复次数决定于 CX 内容。共有 3 种，均为短程转移，均不影响标志位。

1）LOOP 指令

格式：LOOP　　目标标号

先须在 CX 置重复次数，而指令执行时将 CX 内容减 1，并判断是否为 0。如不为 0，转移到指令指示的标号处继续循环；否则退出循环，执行下一条指令。

LOOP 指令相当于 DEC　CX 和 JNZ 目标标号两条指令的组合。

如用下面两条指令可构成最简单的延迟程序：

```
      MOV   CX，1000H          ；设置重复次数
KKK：LOOP   KKK               ；CX－1，如不为 0，则循环
      ⋮                        ；后续处理
```

LOOP 指令循环用 9 个时钟周期，退出循环用 5 个时钟周期。根据 CX 中设置值，可以估算出延迟时间。

2）LOOPZ/LOOPE 指令

格式：LOOPZ/LOOPE　目标标号

LOOPZ 是结果为 0 时循环，LOOPE 是相等时循环，两者的实际意义相同。它在执行前需先在 CX 置重复次数，执行时 CX 内容减 1，判断是否为 0，并判断 ZF 是否为 1。如 ZF＝1 且 CX≠0 则继续循环；若 ZF＝0 或 CX＝0，则退出循环，执行下条指令。

3）LOOPNZ/LOOPNE 指令

格式：LOOPNZ/LOOPNE　目标标号

LOOPNZ 结果不为 0 时循环，LOOPNE 不相等时循环，与上条指令恰恰相反。它在执行前也需先在 CX 置重复次数，执行时 CX 内容减 1，判断是否为 0，并判断 ZF 是否为 0。如 ZF＝0 且 CX≠0 则继续循环；若 ZF＝1 或 CX＝0，则退出循环，执行下条指令。

4）JCXZ 指令　它已归入条件转移指令，也可用于循环控制，但循环条件与 LOOP 指令相反。另外，它执行时不对 CX 减 1，只判断 CX 内容，决定程序是否转移。

（4）中断指令及中断返回指令

1）中断指令 INT　格式为 INT　n，式中 n 为中断类型号。执行该指令时，将中断当前程序，转到中断服务程序。此时，首先将标志寄存器压入堆栈，且清除 IF 和 TF，清除 IF 是使进入中断服务的过程不被其他中断打断，清除 TF 是避免进入后按单步执行；接着，CPU 将断点下一条指令的段地址 CS 和偏移地址 IP 相继压入堆栈，完成断点保护。然后转向中断向量地址：从 $n\times4$ 和 $n\times4+1$ 地址取一个字到 IP；再从 $n\times4+2$ 和 $n\times4+3$ 地址取一个字到 CS。此后就从该中断起始地址开始执行中断服务程序。

2）中断返回指令 IRET

3）溢出中断指令 INTO　它在 OF＝1 时使 CPU 进入溢出中断处理程序，其过程和 INT 指令相同。

6. 处理器控制类指令

（1）标志位操作指令　有 7 条，见表 7-5。它们都没有操作数，都为一字节指令；除影响指定标志外，不影响其他标志位。

（2）处理器暂停指令 HLT　它使 CPU 进入暂停状态，不进行任何操作。它不影响任何标志位。只在以下 3 种情况下，CPU 才脱离暂停状态：

1）RESET 引脚有复位信号。

2）NMI 引脚有中断请求。

3）INTR 引脚有中断请求，且 IF＝1。

所以，常用在程序中等待中断。中断时使CPU脱离暂停，返回时返回到HLT下面一条指令。

(3) 处理器脱离指令ESC　也称交权指令。8086工作于最大模式时，是CPU调用协处理器工作的联络手段。协处理器在系统加电工作后，会不断检测8086是否需要协助工作，如有ESC指令，便马上响应。

表　7-5

助记符	操作功能	备　注
STC	CF置1	CF常在多字节或多字运算中传送低位向高位的进位
CLC	CF清0	
CMC	CF取反	
STD	DF置1	DF决定字符串操作指令地址的修改方向
CLD	DF清0	
STI	IF置1	IF决定CPU是否响应外部可屏蔽中断请求
CLI	IF清0	

(4) 处理器等待指令WAIT　它与ESC配合使用：当8086用ESC使协处理器工作后还可执行其他操作，即8086和协处理并行工作；此后可在程序中安排一条WAIT指令，使CPU不工作而等待，并每隔5个时钟周期测试一次$\overline{\text{TEST}}$引脚，该引脚一旦为低电平便退出等待，继续执行后续指令。

(5) 总线封锁指令LOCK　它实际不是一条独立指令，常用作前缀加在其他指令前，使执行时禁止协处理器使用总线。它不影响标志位。

(6) 空操作指令NOP　它不做任何具体操作，也不影响标志位，仅占用3个时钟周期时间。常于调试程序时插在其他指令间达到延时。

第三节　8086汇编语言程序

一、基本概念

1. 汇编语言程序语句的格式

已见本书第三章第八节，这里不再重复。有补充处，涉及时将相应增述。

2. 汇编语言语句的常数与表达式

(1) 常数　可分为数值常数和字符串常数两类。前者有二进制数、八进制数、十进制数、十六进制数等不同的表示形式；后者是由单引号括起来的一串字符，引号内不论字母还是数字，均按ASCII码表示。

数值常数的第一位须是数字，否则汇编时看成是标识符。例如十六进制数FFFFH应表示成OFFFFH。

(2) 表达式　表达式由操作数和操作符组成，在汇编时一个表达式得到一个值。操作数可以是常数或标识符，也可以是子表达式。操作符可分为算术操作符、逻辑操作符、关系操作符和属性操作符，属性操作符稍后作专门介绍。

算术操作符主要有：+、-、*、/、MOD。都对两个数据进行运算，得到的结果也是数据。MOD是取模运算，即取两正整数相除的余数，例如：20 MOD 7的结果为6；0B5H

MOD 10H 的结果为 5。

逻辑操作符有 AND、OR、NOT、XOR。它只对常数进行运算，得到的结果也是常数。例如，NOT FFH = 00；77H AND 84H = 04H。

AND、OR、NOT、XOR 既是操作助记符，又用作逻辑操作符，但不会混淆。因为前者在程序执行时运算，后者则在汇编过程中运算。例如：

```
AND    AL，OCH OR 0FH     ；AND 是操作助记符，OR 是逻辑操作符
```

关系操作符有 EQ（相等）、NE（不等）、LT（<）、GT（>）、LE（<或=）、GE（>或=）。参与关系运算的两个操作数须是数据。关系成立时，结果为全 1；关系不成立时，结果为全 0。

例如指令 MOV AL，COUNT LT 20，其中 COUNT LT 20 为表达式，假定 COUNT 已定义为 10，则表达式是成立的，汇编时将该表达式汇编成 0FFH（真，TRUE，全 1），该指令按 MOV AL，0FFH 汇编成机器码供程序运行。若指令为 MOV AL，COUNT GT 20，仍假定 COUNT 为 10，表达式不成立，汇编时将该表达式汇编成 00H（假，FALSE，全 0）。

表达式不能构成单独的语句，只能是语句的一部分，例如：

```
MOV   AX，BUF + 2
ADD   AL，VAL AND OFH
JMP   AGAIN + 3
MOV   BL，VB LE VA
```

等语句中都含表达式。其中的标识符可以是标号，也可以是变量名。

3. 标号与变量

标号是由标识符表示的指令的名称，用以指示该指令的地址。本书第三章第八节已作了说明。

8086 汇编语言程序的标号有三个属性：段地址、偏移地址和类型。段地址和偏移地址是指该标号所指指令的段地址和偏移地址。类型有两种：NEAR 和 FAR。NEAR 表示该标号在段内使用；FAR 表示该标号可以在段间使用。

汇编语言程序中的变量是通过伪指令定义的，伪指令的格式如下：

```
变量名   DB   表达式     ；定义字节变量
变量名   DW   表达式     ；定义字节量
变量名   DD   表达式     ；定义双字变量
变量名   DQ   表达式     ；定义长字（8 个字节）变量
变量名   DT   表达式     ；定义 10 个字节的变量
```

变量名是一个标识符，所以与标号相似，但后面不加冒号，只留空格。标号与变量名都代表存储单元的符号地址，标号对应的存储单元存放的是指令，而变量名对应的存储单元存放的是数据。

变量有下列属性：

段地址（SEG）：变量所在段的段地址。

偏移地址（OFFSET）：变量所在段的偏移地址。

类型（TYPE）：所定义变量每个的字节数。

长度（LENGTH）：所定义变量的个数。

大小（SIZE）：所定义变量的总字节数。

4. 属性操作符

前面已介绍的三种操作符其操作对象都是数字数据。下面介绍用来获取属性或重新定义某种属性的操作符及其相应的表达式。

（1）获取属性的操作符　标号和变量一旦定义，它们都具有相应的属性，获取属性的操作符及其表达式见表7-6。

表中的表达式也只是语句的一个成分，不能构成单独的语句；表达式的求值也在汇编过程中完成。

表　7-6

属性操作符	表　达　式	表达式的意义
SEG	SEG 变量名或标号	取出变量名或标号所在段的段地址
OFFSET	OFFSET 变量名或标号	取出变量名或标号所在段的偏移地址
TYPE	TYPE 变量名或标号	取出变量名或标号的类型
LENGTH	LENGTH 变量名	取出变量的长度
SIZE	SING 变量名	取出变量的大小

（2）PTR 操作符

格式：　　类型　PTR　表达式

其中类型可以是 BYTE、WORD、DWORD、NEAR 和 FAR。前三者是变量类型，后两者是标号类型。表达式可以是变量名、标号或其他地址表达式。

PTR 操作符用来重新定义已定义的标号和变量的类型。例如变量 DAT1 是字变量，若程序中需用作字节变量时，要用 PTR 操作符来重新定义，即 BYTE PTR DAT1。当然 DAT1 仅在该语句中作为字节变量，原来定义的字变量类型并未修改。

5. 8086 源程序的完整结构及伪指令

8086 的地址空间是分段的，程序中出现的数据、代码及栈址都必须纳入某个段中。怎样说明汇编语言源程序中哪些内容属数据段、哪些内容属代码段、……是由伪指令来实现的。下面先介绍构成完整程序的伪指令。

（1）段定义伪指令 SEGMENT 和 ENDS

格式：段名 SEGMENT［定位类型］［组合类型］［类别］

　　　　⋮｝　指令语句或伪指令语句

　　　段名　ENDS

① 段名：是所定义的段的名称，其构成规则与语句中的名称（标号或变量名）一样。它除了有段地址和偏移地址外，还有定位类型、组合类型和类别三个属性，但格式中的方括号又表示它们是可以省略的。段定义以 SEGMENT 伪指令开头，以 ENDS 伪指令结束。在同一段定义中，SEGMENT 与 ENDS 前的段名必须一致，其间的省略号代表该段的具体内容。

② 定位类型：表示该段起始边界的要求，有 4 种：

PAGE = ××××　××××　××××　○○○○　○○○○

PARA = ××××　××××　××××　××××　○○○○

WORD = ×××× ×××× ×××× ×××× ×××0

BYTE = ×××× ×××× ×××× ×××× ××××

即它们的20位边界地址可以分别被256、16、2、1除尽，相应称为以页、节、字、字节为边界。如果是BYTE型，段起始地址可位于任何地方；如果是WORD型，段起始地址必须位于偶地址。

定位类型不写时，隐含为PARA。

③ 组合类型：表示段与段间的连接，有6种：

PUBLIC：将与其他同名段依次相连，连接次序由连接程序确定。

COMMON：将与其他同名段有相同的段地址，共享相同的存储区。各段会互相覆盖，但可节省内存容量。

AT表达式：段起始地址定位于表达式所示节的边界上。

STACK：仅用于堆栈段，使同名段都连接成连续段，且自动对SS和SP初始化。

MEMORY：表明连接时本段应装在所有其他段之上（地址高端），如有多个段选择MEMORY，汇编程序只认所遇第一个是MEMORY段，其他的均视为COMMON段。

NONE：与其他段无连接关系，有自己的段地址。

组合类型不写时，隐含为NONE。

④ 类别：须用单引号括起来。定位时，连接程序将把不同模块具有相同类别的段集中在一起，形成一个统一的物理段。

同一个程序中有堆栈段、数据段和代码段，有时还有附加段。这些段是通过多次段定义实现的。一个源程序中典型的段结构可以为

```
DATA   SEGMENT  }
         ⋮      }  定义数据段
DATA   ENDS     }
STACK  SEGMENT  }
         ⋮      }  定义堆栈段
STACK  ENDS     }
DATA1  SEGMENT  }
         ⋮      }  定义附加段
DATA1  ENDS     }
CODE   SEGMENT  }
         ⋮      }  定义代码段
CODE   ENDS     }
```

(2) 设定段寄存器伪指令ASSUME

格式：ASSUME 段寄存器：名称，[段寄存器：名称，……]

段寄存器可以为CS、DS、ES及SS。方括号中内容可以省略。所以该伪指令既可同时说明4个段寄存器，也可只说明一个或两个段寄存器，例如：ASSUME CE：CODE，DS：DATA

ASSUME伪指令使源程序中的段与段寄存器发生联系。它告诉汇编程序各个段寄存器当前存放着哪个段的段地址，代码段的段地址存放于CS寄存器，数据段的段地址存放于DS

寄存器，堆栈段的段地址存放于 SS 寄存器。当各段的段地址都按隐含的关系存入相应的段寄存器后，汇编程序将按段地址正常隐含的关系将该指令汇编成机器码。

ASSUME 伪指令只指明某段地址应存放于哪个段寄存器，却无将段地址送入的操作，因此真正装入段寄存器，还需另用汇编指令来实现，例如：

```
MOV     AX，DATA
MOV     DS，AX
```

将数据段 DATA 的段地址经 AX 送入段寄存器 DS。装入程序在装入执行时，会把 CS 初始化为正确的代码段段地址，把 SS 初始化为正确的堆栈段段地址，用户在源程序中不必再设置。但是装入程序中 DS 寄存器被用作其他用途，因此须用上述两条指令对 DS 初始化，装入用户的数据段地址。如使用附加段，也要用 MOV 指令给 ES 赋予段地址。

（3）定义过程的伪指令 PROC 和 ENDP　具有一定功能的程序段可看作一个过程（相当于一个子程序）。它可被别的程序用 CALL 指令调用，或用 JMP 指令转移到此；也可作为中断处理程序，在中断响应后转此执行。过程由伪指令 PROC 和 ENDP 定义，其格式为

```
过程名    PROC      [类型]
           ⋮
          RET
过程名    ENDP
```

过程名是为过程起的名称，不能省略。过程的类型有 NEAR 和 FAR 两种，NEAR 表示近过程，即段内调用；FAR 表示远过程，即段间调用；如不写，默认为近过程。RET 是返回指令，ENDP 表示过程结束。过程也可嵌套，即一个过程可调用另一个过程。过程也可递归使用，即过程可调用过程本身。

（4）汇编结束伪指令 END

格式：END　　表达式

END 伪指令标志整个源程序的结束。它告诉汇编程序，源程序汇编到此结束。格式中的表达式是该程序运行时的启动地址，它通常是一条可执行语句的标号。

（5）ORG 伪指令

格式：ORG　　表达式

表达式的值是两个字节的无符号数。伪指令 ORG 用来规定目标程序存放单元的偏移地址。例如在源程序第一条指令前用了伪指令 ORG 200H，汇编程序将把指令指针 IP 置成 200H，目标程序的第一个字节将放在 200H 处，后面的内容顺序存放，直到遇上另一个 ORG 语句。这样在对程序调试时有利于跟踪。

二、8086 汇编语言程序示例

1. 顺序程序

这是最简单的程序结构，程序按指令的排列顺序执行。

例 7-1　写出计算 $y=a*b+c-18$ 的程序。题中 a、b、c 分别为三个带符号的 8 位二进制数。

程序中的数据（a、b、c、18 以及结果 y）应存放于数据段，通常以变量定义的方式开辟内存空间。应考虑在程序中采用何种寻址方式取出数据。如运算过程中中间结果不多，可存放于寄存器内，如本例所示；中间结果较多时，可分配内存单元为工作单元，这些单元可

设在数据段中；中间结果也可用堆栈来保存。程序如下（假定 a、b、c 的数值分别为 34H、56H、E7H）：

```
DATA     SEGMENT
DAT1     DB 34H
DAT2     DB 56H
DAT3     DB 0E7H
CC       EQU 18
DATY     DW?
DATA     ENDS
STACK    SEGMENT STACK
         DW 256 DUP（?）
STACK    ENDS
CODE     SEGMENT
         ASSUME CS：CODE，DS：DATA，SS：STACK
START：  MOV AX，DATA
         MOV DS，AX
         MOV AL，DAT1              ；从数据段取数据 a
         MOV BL，DAT2              ；从数据段取数据 b
         IMUL BL                   ；完成 a * b 运算，积在 AX
         MOV BX，AX                ；积暂存于 BX
         MOV AL，DAT3              ；从数据段取数据 c
         CBW                       ；C8 位，扩展成 16 位才能与 a * b 的积相加
         ADD AX，BX                ；完成 a * b + c 运算
         SUB AX，CC                ；完成 a * b + c - 18 运算
         MOV DATY，AX              ；结果存入字变量 DATY 对应的内存单元
         MOV AH，4CH               ；}  返回 DOS 操作系统
         INT 21H                   ；}
CODE     ENDS
         END START
```

请注意 MOV AX，DATA 与 MOV AL，DAT1 的区别：DATA 是段名，DAT1 是变量名。MOV AX，DATA 是立即寻址，它将 DATA 段的段地址送入 AX；而 MOV AL，DAT1 是直接寻址，它将 DAT1 内容为偏移地址的内存单元的内容送入 AL。

INT 21H 是系统功能调用指令，当 AH 内容为 4CH 时，它完成返回 DOS 操作系统的功能。

例 7-2 内存中变量 TABLESQ（注：对 8086，名称可由 6 个以上字符组成）开始的 16 个单元连续存放着 0 到 15 的平方值，任给一 0 ~ 15 间的数 X 在 XX 单元中，要求查表求出其平方值，将结果存入 YY 单元中。

首先在数据段中建立平方表，然而找到 X^2 在平方表中的位置，即计算表地址：表起始地址 + X。这种方法可以提高运算速度，但存放表格需占用内存空间。程序如下：

```
DATA      SEGMENT
TABLESQ DB 0, 1, 4, 9, 16, 25, 36, 49, 64, 81, 100, 121, 144, 169, 196, 225
XX        DB?
YY        DB?
DATA      ENDS
CODE      SEGMENT
          ASSUME  CS: CODE, DS: DATA
START:    MOV  AX, DATA
          MOV  DS, AX
          MOV  BX, OFFSET  TABLESQ          ; 取平方表的起始偏移地址
          MOV  AH, O
          MOV  AL, XX                       ; 取已知数 X
          ADD  BX, AX                       ; 计算表地址
          MOV  AL, [BX]                     ; 从表得 X 的平方值
          MOV  YY, AL                       ; 存结果
          MOV  AH, 4CH
          INT  21H
CODE      ENDS
          END START
```

例 7-3 编写一个程序，求某数 N 的整数平方根值，N 的取值范围为 11 ~25。

本题仍采用查表法，先把 11 ~25 各数的整数平方根值算好，见表 7-7。

表 7-7

数 N	序号	平方根值	数 N	序号	平方根值	数 N	序号	平方根值
11	0	3	16	5	4	21	10	5
12	1	4	17	6	4	22	11	5
13	2	4	18	7	4	23	12	5
14	3	4	19	8	4	24	13	5
15	4	4	20	9	5	25	14	5

然后将这组平方根值依次连续存入内存，若其首地址为 SQTL，要求某数 N 的平方根时，可以通过式 ADR = SQTL + N − 11 算出存放该数平方根值的偏移地址 ADR，从 ADR 对应单元中取得 N 的平方根值。这样，计算 N 的平方根便转化为根据 N 计算地址的问题。程序如下：

```
DATA1     SEGMENT
NUM       DW OCH
SQU       DB ?
DATA1     ENDS
DATA2     SEGMENT
```

```
SQTL      DB 03，04，04，04，04，04，04，04，04，05，05，05，05，05，05
DATA2     ENDS
CODE      SEGMENT
          ASSUME CS：CODE，DS：DATA1，ES：DATA2
START：   MOV AX，DATA1
          MOV DS，AX
          MOV AX，DATA2
          MOV ES，AX
          LEA SI，NUM                        ；取数 N 的偏移地址
          MOV BX，[SI]                       ；用寄存器间接寻址的方式取
                                               数 N
          MOV AL，SQTL [BX－11]              ；从 SQTL 中取 N 的平方根
          MOV [SI＋2]，AL                    ；存结果
          MOV AH，4CH
          INT 21H
CODE      ENDS
          END START
```

程序中采用了 DATA1 和 DATA2 两个数据段。DATA1 中存放的是要求平方根的某数 N 及结果；DATA2 中存放的是 11～25 的平方根表，称为附加段。在代码段中，由伪指令 ASSUME 指出 DATA1 的段地址在 DS 中，OATA2 的段地址在 ES 中，程序执行到 MOV AL，SQTL [BX－11] 时，其段地址将取 ES 的内容，而不是 DS 的内容，因为汇编时形成的机器码已有段前缀字节加以说明，而这正是伪指令 ASSUME 告诉汇编程序：变量 SQTL 段地址在 ES 中的。

指令 MOV AL，SQTL [BX－11] 采用的是寄存器相对寻址，SQTL 的偏移地址就是相对值，所求平方根的偏移地址 EA＝BX－11＋OFFSET SQTL。

例 7-4 把分离式 BCD 数转换成组合式 BCD 数，被转换数 0109H 存放在 DAT1 中，转换后存回 DAT1 单元。其程序段如下：

```
              ⋮
DAT1      DW      0109H
              ⋮
          MOV     AX，DAT1                   ；取被转换数 0109H
          MOV     CL，4                      ；设置移位次数
          SAL     AH，CL                     ；执行后 AH＝10H
          ROL     AX，CL                     ；执行后 AX＝0091H
          ROL     AL，CL                     ；执行后 AL＝19H
          MOV     BYTE  PTR DAT1，AL         ；结果存回 DAT1 单元
              ⋮
```

2. 分支程序

例 7-5 有一函数：

$$y=\begin{cases}1, & 当 x>0\\ 0, & 当 x=0\\ -1, & 当 x<0\end{cases}$$

$$(-128 \leqslant x < 127)$$

设给定值 X 存放于 XX 单元，函数 Y 值存放于 YY 单元，按 X 不同取值给 Y 赋值的程序段如下：

```
        MOV     AL，XX
        CMP     AL，0                        ；X 与 0 比大小
        JGE     BIGR                         ；X≥0，转向 BIGR
        MOV     AL，0FFH                     ；0FFH 是 -1 的补码
        MOV     YY，AL                       ；X<0，将 -1 送 YY
        HLT
BIGR：  JE      EQUL                         ；X=0，转向 EQUL
        MOV     AL，1
        MOV     YY，AL                       ；X>0，将 1 送 YY
        HLT
EQUL：  MOV     YY，AL                       ；将 0 送 YY
        HLT
```

例 7-6 将一位十六进制数 N 转换成对应的 ASCII 码（只考虑大写字母）的程序段如下：

```
        MOV     AL，N           ；将该数送 AL
        CMP     AL，09          ；判别该数是 0~9，还是 A~F
        JBE     D1              ；0~9，转 D1
        CMP     AL，15          ；判别该数是否大于 0FH
        JA      G1              ；大于 0FH，转 G1
        ADD     AL，07          ；在 A~F，其 ASSII 码须加 37H
D1：    ADD     AL，30H         ；在 0~9，其 ASCII 码加 30H
DONE：  MOV     AH，4CH
        INT     21H
G1：    MOV     AL，0FFH        ；大于 0FH，则标记 0FFH 送 AL
        JMP     SHORT DONE
```

例 7-7 利用跳转表实现分支。

某工厂有 8 种产品的加工程序，分别存放在段地址 2000H，偏移地址 1000H、2000H、…、8000H 为首址的内存区域中；该 8 首址的偏移量存放在同段、偏移地址 0000H 为首址的内存区域中，表 7-8 示出的就是这一跳转表。请注意表中段地址、偏移地址的表示方式。

若已知目前要加工的产品编号（由变量 BN 定义），以下程序可利用跳转表自动转入该产品的加工程序。

表 7-8

地址	内容
2000H:0000H	00H
2000H:0001H	10H
2000H:0002H	00H
2000H:0003H	20H
2000H:0004H	00H
2000H:0005H	30H
⋮	⋮
2000H:000EH	00H
2000H:000FH	80H
⋮	⋮
2000H:1000H	产品 1 加工程序… ⋮
2000H:2000H	产品 2 加工程序… ⋮
2000H:3000H	产品 3 加工程序…
⋮	⋮
2000H:8000H	产品 8 加工程序… ⋮

```
DATA    SEGMENT
BASE    DW 1000H, 2000H, 3000H, 4000H, 5000H, 6000H, 7000H, 8000H
DN      DB ?
DATA    ENDS
CODE    SEGMENT
        ASSUME CS: CODE, DS: DATA
START:  MOV AX, DATA
        MOV DS, AX
        MOV AL, BN                  ; 取产品编号
        DEC AL
        MOV AH, 0
        ADD AL, AL                  ; (产品编号 -1) *2 = 偏移量
        MOV BX, OFFSET BASE         ; 取表基地址
        ADD BX, AX                  ; 表地址 = 表基地址 + 偏移量
        MOV AX, [BX]                ; 取加工程序入口地址
        JMP AX                      ; 转加工程序
        MOV AH, 4CH
        INT 21H
CODE    ENDS
        END START
```

3. 循环程序

例 7-8 编写对 10 个字节数据 $a_1 \sim a_{10}$ 求和的程序。其程序如下：

```
DATA     SEGMENT   AT 2000H
ARRAY    DB a1, a2, a3, a4, a5, a6, a7, a8, a9, a10
COUNT    EQU  $ -ARRAY
SUM      DW ?
DATA     ENDS
CODE     SEGMENT
         ASSUME CS：CODE，DS：DATA
START：  MOV AX，DATA
         MOV DS，AX
         MOV AX，0
         MOV BX，OFFSET ARRAY              ；取已知数组偏移地址
         MOV DI，OFFSET SUM                ；取存和单元偏移地址
         MOV CX，COUNT                     ；置循环次数
LOP：    ADD AL，[BX]                      ；逐个相加，共 10 次
         ADC AH，0                         ；AH 存放进位
         INC BX
         LOOP LOP
         MOV [DI]，AX                      ；通过寄存器间接寻址将和存入
                                             SUM 单元
         MOV AH，4CH
         INT 21H
CODE     ENDS
         END START
```

程序中第一句 AT 2000H 指源程序汇编连接时，系统分配给该数据段一个段地址，设为 2000H，段名 DATA 就可作为段地址 2000H 被引用。第三句 COUNT EQU $-ARRAY 是给符号常量 COUNT 赋值的语句，计算方法是：变量 ARRAY 第一个数据 a_1 所在内存单元的偏移地址为 0000H，最后一个数据 a_{10} 所在内存单元的偏移地址为 0009H，因 COUNT 赋值语句行不占内存，下一语句行（SUM）所在的偏移地址是 000AH。$ 指当前行偏移地址，即 000AH。由表达式 $-ARRAY 计算得出 000AH－0000H＝10。故赋给 COUNT 的值为 10，即数据个数。

例 7-9 编写 100 个字数据求和，即 $a_1 + a_2 + \cdots + a_{100}$ 的程序（设和值不大于两个字节）。其程序如下：

```
DATA     SEGMENT
ARRAY    DW        a1, a2, a3, …, a100
SUM      DW ?
DATA     ENDS
CODE     SEGMENT
         ASSUME  CS：CODE，DS：DATA
```

```
BEGIN:  MOV     AX, DATA
        MOV     DS, AX
        MOV     AX, 0
        MOV     BX, OFFSET ARRAY                ; 取已知数组偏移地址
        MOV     CX, 100                         ; 置循环次数
LOP:    ADD     AX, [BX]                        ; 逐个相加，共100次
        INC     BX
        INC     BX
        DEC     CX
        JNZ     LOP                             ; 以上两句相当于 LOOP LOP
        MOV     SUM, AX                         ; 和存入 SUM 单元
        MOV     AH, 4CH
        INT     21H
CODE    ENDS
        END     BEGIN
```

例 7-10 统计数据中负数的个数。其程序如下：

```
DATA    SEGMENT
DAT     DB  -1, -3, 5, 6, -9, …; 定义数组
COUNT   EQU $ -DAT
RESULT  DW ?                    ; 存放负数个数
DATA    ENDS
CODE    SEGMENT
        ASSUME  CS: CODE, DS: DATA
BEGIN:  MOV  AX, DATA
        MOV  DS, AX
        MOV  BX, OFFSET DAT     ; 建立数据指针
        MOV  CX, COUNT          ; 设置计数器初值
        MOV  DX, 0              ; 设置结果初值
LOP1:   MOV  AL, [BX]
        CMP  AL, 0              ; 逐个检查数据是否负数
        JGE  JUS                ; 不是负数，转 JUS
        INC  DX                 ; 是负数，予以统计
JUS:    INC  BX                 ; 检查下一个数
        DEC  CX
        JNZ  LOP1
        MOV  RESULT, DX         ; 存结果
        MOV  AH, 4CH
        INT  21H
CODE:   ENDS
```

```
        END   BEGIN
```

例 7-11 寄存器 AX 中有一个 16 位二进制数，编写程序段，统计其中 1 的个数，结果存放在 CX 中。相应的程序段如下：

```
        MOV   CX，0
LOP：   AND   AX，AX
        JZ    STOP          ；检查 AX 中有无 1，若全 0 则结束
        SAL   AX，1         ；左移 1 位
        JNC   LOP           ；移出位为 0，继续再移
        INC   CX            ；移出位为 1，统计后再移
        JMP   LOP           ；最多移 16 次
STOP：  HLT
```

例 7-12 两个 4 字节的 BCD 数分别存放在以 BCD1 和 BCD2 为首址的内存单元，编制相加的程序，将和存放在以 SUM 为首址的单元。各数均低位在前、高位在后。注意每次相加后须进行 BCD 修正。所编的程序如下：

```
DATA    SEGMENT
BCD1    DB  76H，54H，38H，29H；设加数 1 为 29385476
BCD2    DB  49H，37H，65H，17H；设加数 2 为 17653749
SUM     DB  4  DUP（?）        ；存放和的 4 单元
DATA    ENDS
CODE    SEGMENT
        ASSUME  CS：CODE，DS：DATA
START： MOV   AX，DATA
        MOV   DS，AX
        LEA   SI，BCD1         ；取加数 1 偏移地址到 SI
        LEA   BX，BCD2         ；取加数 2 偏移地址到 BX
        LEA   DI，SUM          ；取和的偏移地址到 DI
        MOV   CL，4            ；设置相加次数
        CLC                    ；CF 清 0
AGAIN： MOV   AL，[SI]
        ADC   AL，[BX]         ；字节相加
        DAA                    ；十进制修正
        MOV   [DI]，AL         ；和送结果单元
        INC   SI               ；指向加数 1 下一字节
        INC   BX               ；指向加数 2 下一字节
        INC   DI               ；指向结果单元下一字节
        DEC   CL
        JNZ   AGAIN            ；循环 4 次
        MOV   AH，4CH
        INT   21H
```

```
CODE    ENDS
        END   START
```

例 7-13 求多位数的负数。

参加运算的数据位数超过 16 位时，称为多位数运算。8086 指令系统没有单独的多位数运算指令，必须用程序来实现。在计算机中，负数是以补码表示的，所以本例实际上是求某数负数的补码。有两种方法：一种是将该数各位求反加 1；另一种则是用 0 减去该多位数。现采用后一种方法。程序段如下：

```
                 ⋮
NUMB    DW    4 DUP（?）          ；设多位数 64 位，存放于 4 个字节单元中
                 ⋮
        MOV   SI，OFFSET NUMB     ；取偏移地址
        MOV   CX，4               ；设置相减次数
        CLC                       ；CF 清 0
AGAIN：MOV    AX，00
        SBB   AX，[SI]            ；0 减该多位数，从低位开始，字运算，共 4 次，
                                    需用带借位的减法指令
        MOV   [SI]，AX            ；结果存回原处
        INC   SI
        INC   SI                  ；指向下一字单元
        LOOP  AGAIN
                 ⋮
```

4. 子程序

例 7-14 编写一程序，用调用过程的方法，统计一个字中 1 的个数。编写的程序如下：

```
DATA    SEGMENT
WOR     DW 1234H                  ；存要统计的字，设为 1234H
WORIS   DW ?                      ；统计得 1 个数后存此
DATA    ENDS
STACK   SEGMENT STACK
        DW 256 DUP（?）           ；段内留出 256 个字作堆栈区
TOP     LABEL WORD                ；LABEL 为伪指令，TOP 定义为字变量，其偏移
                                    地址应为 0200H
STACK   ENDS
CODE1   SEGMENT
        ASSUME  CS：CODE1，DS：DATA，SS：STACK
MAIN：  MOV   AX，DATA
        MOV   DS，AX
        MOV   AX，STACK
        MOV   SS，AX
        MOV   SP，OFFSET TOP
```

```
        MOV   AX, WOR
        CALL  FAR  PTR BCNT1     ; 调 BCNT1 子程序，统计低字节 1 个数
        PUSH  BX                 ; 低字节 1 个数入栈
        MOV   AL, AH             ; 准备统计高字节 1 个数
        CALL  FAR PTR BCNT1      ; 调 BCNT1 子程序，统计高字节 1 个数
        POP  AX                  ; 从栈中弹出第一次结果（低字节 1 个数）
        ADD  AX, BX              ; 两次结果相加
        MOV   WORIS, AX          ; 存结果
        MOV   AH, 4CH
        INT  21H
CODE1   ENDS
CODE2   SEGMENT
        ASSUME  CS: CODE2
BCNT1   PROC  FAR                ; BCNT1 子程序
        MOV  BX, 0
        MOV  SI, 0
BLOOP1: ROL  AL, 1               ; 左移 1 位
        JNC  BLOOP2              ; 移出位为 0，转
        INC  BX                  ; 移出位为 1，统计后再转
BLOOP2: INC  SI
        CMP  SI, 08
        JNE  BLOOP1              ; 控制移位 8 次
        RETF                     ; 段间返回
BCNT1   ENDP
CODE2   ENDS
        END  MAIN
```

程序中有两个代码段：CODE1 为主程序所在段，CODE2 为过程 BCNT1 所在段。由于主程序和过程不在同一段，过程的类型为 FAR。主程序内调用指令为段间调用；过程内返回指令为段间返回，用 RETF。

过程 BCNT1 的功能是统计字节中 1 个数，该字节需存于 AL，统计后结果在 BX。

主程序调用前需提交某些初始数据，调用结束需将结果返回给主程序，称为主程序和子程序间的参数传递。主程序向子程序提供的称为子程序入口参数，子程序给主程序的称为子程序出口参数。参数传递有三种形式：寄存器方式、指定内存单元方式和堆栈方式。本例采用的是寄存器方式，入口参数为要统计 1 个数的字节，通过 AL 传递给子程序；出口参数为统计结果，通过 BX 传递给主程序。本例将要传递的两个数据直接存入寄存器，也可将数据的地址存于寄存器交给子程序，特别当数据不是一个而是一批时，可通过寄存器将该组数据的首址和个数传递给子程序。

例 7-15　有两个数组 ARY1 和 ARY2，编写一程序，采用调用过程的方法和堆栈传递参数方式分别求两数组之和。其程序如下：

```
DATA    SEGMENT
ARY1    DB  100  DUP (?)          ; 定义数组1有100个字节数据
SUM1    DW ?                      ; 存放数组1各数之和
ARY2    DB  100  DUP (?)          ; 定义数组2有100个字节数据
SUM2    DW ?                      ; 存放数组2各数之和
DATA    ENDS
STACK   SEGMENT  PARA STACK
SPAE    DW  20  DUP (?)           ; 段内留20个字作堆栈区
TOP     EQU  LENGTH SPAE          ; 堆栈区长度为20
STACK   ENDS
CODE1   SEGMENT
        ASSUME CS: CODE1, DS: DATA, SS: STACK
MAIN:   PUSH  DS                  ; DS进栈
        MOV  AX, 0
        PUSH  AX                  ; AX=0进栈
        MOV  AX, DATA
        MOV  DS, AX
        MOV  AX, SIZE  ARY1       ; 数组1的大小为100
        PUSH  AX                  ; SUM过程的入口参数1(数组1大小)进栈
        MOV  AX, OFFSET ART1      ; 数组1的偏移地址为0000H
        PUSH  AX                  ; SUM过程的入口参数2(数组2偏移地址)进
                                  栈
        CALL  FAR PTR SUM         ; 调用求和子程序
        MOV  AX, SIZE  ARY2
        PUSH  AX
        MOV  AX, OFFSET ARY2      ; 数组2的偏移地址为0066H
        PUSH  AX
        CALL  FAR PTR SUM
        HLT
CODE1   ENDS
CODE2   SEGMENT                   ; 过程段
        ASSUME  CS: CODE2, DS: DATA, SS: STACK
SUM     PROC  FAR                 ; 求和子程序
        PUSH  AX
        PUSH  BX
        PUSH  CX
        PUSH  BP
        MOV  BP, SP               ; 进入子程序后,为从堆栈取得所需参数,应记
                                  下SP位置。故将BP原始内容保存后,将SP
```

```
                                    内容保存于 BP，以后取得参数和存放结果都
                                    基于 BP 当前值
        PUSHF                     ；16 位标志入栈
        MOV   CX，[BP+14]         ；数组大小送 CX
        MOV   BX，[BP+12]         ；数组偏移地址送 BX
        MOV   AX，0
ADN：   ADD   AL，[BX]            ；相加
        INC   BX                  ；指向下一数
        ADC   AH，0               ；CF 加入 AH
        LOOP  ADN                 ；循环 100 次
        MOV   [BX]，AX            ；和送结果区
        POPF                      ；16 位标志出栈
        POP   BP
        POP   CX
        POP   BX
        POP   AX
        RET   4                   ；本指令功能除从堆栈弹出 4 个字节返回地址分
                                    别送 IP 和 CS 外，并将 SP 再下移 4 字节废除
                                    参数 1 和 2（已用过）
SUM     ENDP
CODE2   ENDS
        END   MAIN
```

程序执行过程中堆栈变化情况见图 7-11。

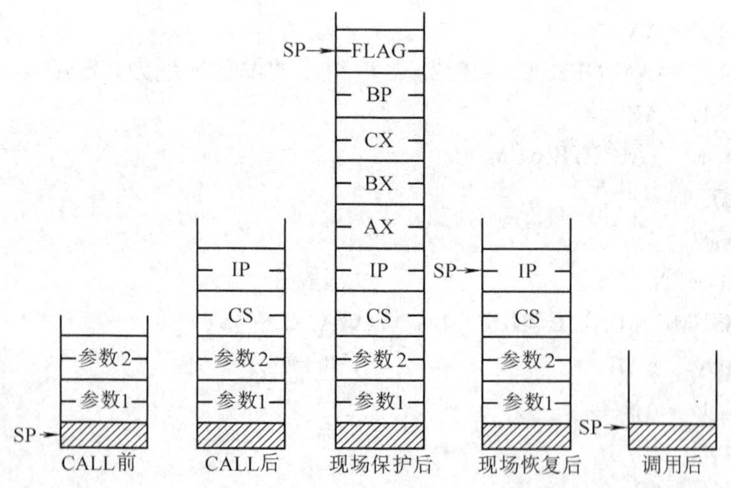

图 7-11　例 7-15 堆栈变化示意图

例 7-16　编写一递归子程序，实现 N！的运算

子程序可再调用子程序，称子程序嵌套。再调用的子程序是本身时，称子程序递归调用。可递归调用的子程序称递归子程序，或递归过程。不是所有子程序都可递归调用的。递归子程序每次调用时应不破坏前面调用用到的参数和产生的结果；还须有递归结束的条件，防止无限嵌套。因此，每次调用时不能将要用的参数和中间结果存放在相同的存储区，应重新分配存储区，最好的方法是采用堆栈。如一次调用要保存的信息称为一帧，则一帧信息包括调用时传递的入口参数、出口参数、返回地址以及子程序中所用寄存器的内容和局部变量。每次调用将一帧信息压入堆栈，返回时则从堆栈弹出该帧信息。

本例根据阶乘运算，则有：

$$N! = N * (N-1)! = N * (N-1)(N-2)! = \cdots \quad 和 \quad 0! = 1$$

求 N 阶乘的递归子程序每次递归调用时将 N 减 1，即求 N－1 的阶乘，直到 N 为 0。最后将每次调用的参数相乘就得到结果。因每次递归调用时参数都送入堆栈，当 N 减为 0 而返回时，将按嵌套方式逐层返回，并逐层取出相应的参数。编出的程序如下：

```
DATA    SEGMENT
N       DW?
RESULT  DW?
DATA    ENDS
STACK   SEGMENT  STACK
        DW 256 DUP（?）
TOP     LABEL WORD
STACK   ENDS
CODE    SEGMENT
        ASSUME CS：CODE，DS：DATA，SS：STACK
START：  MOV AX，DATA
        MOV DS，AX
        MOV AX，STACK
        MOV SS，AX
        MOV SP，OFFSET TOP        ；TOP 偏移地址 0200H 置为 SP 初值
        LEA AX，RESULT            ；取结果单元的偏移地址
        PUSH AX                   ；RESULT 的偏移地址入栈，SP-2
        MOV AX，N                 ；取 N
        PUSH AX                   ；N 入栈，SP-2
        CALL FAR PTR FACT         ；调 FACT 子程序，CS、IP 入栈，SP-4
        MOV AH，4CH
        INT 21H
CODE    ENDS
CODES   SEGMENT
        ASSUME CS：CODES
FACT    PROC FAR
        PUSH BP                   ；原 BP 内容入栈，SP-2
```

```
          MOV BP, SP              ; SP =01F6H 送 BP (第一帧)
          PUSH BX
          PUSH AX
          MOV BX, [BP +8]         ; RESULT 偏移地址送 BX
          MOV AX, [BP +6]         ; N 送 AX
          CMP AX, 0               ; N 是否已减到 0
          JE DONE                 ; N 已到 0, 转 DONE
          PUSH BX                 ; RESULT 偏移地址入栈, 以下建立堆栈下一帧
                                    信息, 过程同上。设 N =3, 则有 4 帧
          DEC AX
          PUSH AX                 ; N -1 入栈
          CALL FACT               ; 递归调用
          MOV BX, [BP +8]         ; 执行 RET 4 后返回此处, 指向 RESULT
          MOV AX, [BX]            ; 取第三帧 N3 =1, 后再第二帧 N2 =2、第一帧
                                    N1 =3
          MUL WORD PTR [BP +6]    ; 1 * 1, 再完成 1 * 1 * 2, 最后完成 1 * 1 * 2 * 3,
                                    即 N!
          JMP SHORT RETURN        ; 跳至 RETURN
DONE:     MOV AX, 01              ; N 已减到 0
RETURN:   MOV [BX], AX            ; RESULT 内容先为 1, 后存逐次乘积
          POP AX
          POP BX
          POP BP
          RET 4                   ; 堆栈弹出返回地址, 送 IP 和 CS, 并再下移 4
                                    个字节, 接着执行前面 MOV BX, [BP +8] 指
                                    令
FACT      ENDP
CODES     ENDS
          END START
```

作为一个子程序，入口参数是欲求阶乘的数 N，出口参数是存放 N 阶乘的地址，它们都通过堆栈传送。作为递归子程序，本例每帧信息包括：存放结果的地址（RESULT）、求阶乘的数 N、返回地址 CS 和 IP、每次调用时 BP 的内容和寄存器 AX、BX 的内容。设 N =3，本例递归调用过程堆栈的内容见图 7-12。

由于 N =3，所以包括主程序调用在内，共调用了 4 次 FACT 子程序。堆栈中有四帧信息，第一帧 $N_1=3$，返回地址为返回主程序的地址；第二帧 $N_2=2$，返回地址为递归子程序递归调用的返回地址；第三帧 $N_3=1$，第四帧 $N_4=0$，返回地址都与第二帧相同。为取得堆栈中参数，采用 BP 寻址，它也是递归调用时的中间参数：每次返回时，应找到对应层上 BP 所指的位置（如图 7-12 箭头所指）。而栈中所指是上一层 BP 所指的位置。栈中每一帧保存 AX 和 BX 的内容，是为主程序保存调用前的信息，递归过程中并不用到。

指针	堆栈内容	帧
SP →	AX	第四帧
BP4 →	BX	
	BP3	
	IP	
	CS	
	$N_4(=0)$	
	RESULT	
	AX	第三帧
	BX	
BP3 →	BP2	
	IP	
	CS	
	$N_3(=1)$	
	RESULT	
	AX	第二帧
BP2 →	BX	
	BP1	
	IP	
	CS	
	$N_2(=2)$	
	RESULT	
	AX	第一帧
BP1 →	BX	
	BP	
	IP	
	CS	
	$N_1(=3)$	
	RESULT	

图 7-12　例 7-16 递归调用过程堆栈的内容

5. 其他示例

例 7-17　将 ASCII 码表示的两位十进制数（设为 79）转换成一字节二进制数。

算法：37H、39H（ASCII 码）→00000111 ∗ 10 + 00001001→01001111（4FH）。程序如下：

```
DATA    SEGMENT
ASDEC   DB 37H，39H
BIN     DB ?
DATA    ENDS
CODE    SEGMENT
        ASSUME CS：CODE，DS：DATA
START： MOV AX，DATA
        MOV DS，AX
        MOV SI，OFFSET ASDEC
        MOV AL，[SI]              ；取第一数（37H）
        SUB AL，30H               ；转换为 00000111B
        SAL AL，1
        MOV BL，AL
        MOV CL，2
        SAL AL，CL
        ADD BL，AL                ；以上五条为 ∗ 10
        INC SI
        MOV AL，[SI]              ；取第二数（39H）
        SUB AL，30H               ；转换为 00001001B
        ADD AL，BL                ；十位数十个位数，得 79，即 4FH
        MOV BIN，AL               ；存结果
        MOV AH，4CH
        INT 21H
CODE    ENDS
        END START
```

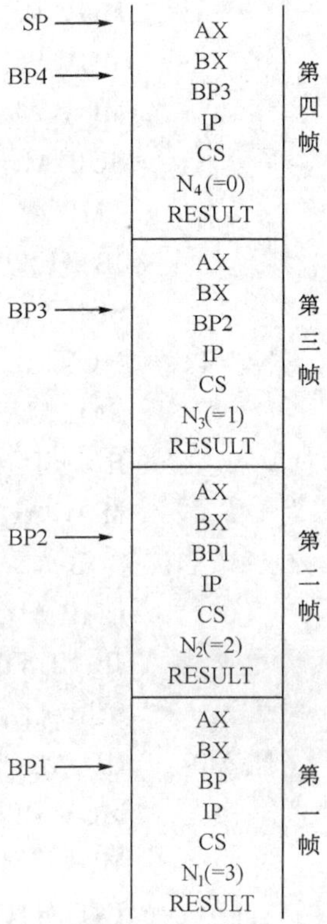

例 7-18　将 ASCII 码表示的两位十六进制数（设为 A6H）转换成一字节二进制数。

算法：41H，36H→0AH，06H→AOH，06H，→10100110。程序如下：

```
DATA    SEGMENT
ASHEX   DB 41H，36H
BIN     DB ?
DATA    ENDS
CODE    SEGMENT
        ASSUME CS：CODE，DS：DATA
START： MOV AX，DATA
```

```
        MOV DS, AX
        MOV SI, OFFSET ASHEX
        MOV AL, [SI]            ; 取第一数
        SUB AL, 30H
        CMP AL, 0AH
        JB NEXT1
        SUB AL, 7               ; 以上 4 条 41H 转换为 0AH
NEXT1:  MOV CL, 4
        SAL AL, CL              ; 左移 4 位 (0AH→A0H)
        INC SI
        MOV AL, [SI]            ; 取第二数
        SUB AL, 30H
        CMP AL, 0AH
        JB NEXT2
        SUB AL, 7               ; 以上 4 条 36H 转换为 06H
NEXT2:  OR AL, BL               ; AOH 与 06H 组合成 A6H
        MOV BIN, AL
        MOV AH, 4CH
        INT 21H
CODE    ENDS
        END START
```

例 7-19 将一字节二进制数转换成两位 ASCII 码表示的十进制数。

算法：先将二进制数转换成十进制数，方法是从二进制数中减去 10，每够减一次，将结果的十位数加 1，直到不够减为止，这时的十位数内容就是十位数。最后一次结果（差）为负，要加 10 恢复原值，成为个位数。再将十位数和个位数转换成 ASCII 码。程序如下：

```
DATA    SEGMENT
BIN     DB 01001111B            ; 待转换数
ASDEC   DB 2 DUP (?)            ; 存结果
DATA    ENDS
CODE    SEGMENT
        ASSUME CS: CODE, DS: DATA
START:  MOV AX, DATA
        MOV DS, AX
        MOV DI, OFFSET ASDEC
        XOR AX, AX              ; AX 清 0
        MOV AL, BIN             ; 取数
AGAIN:  SUB AL, 10
        JB NEXT                 ; 不够减，转
        INC AH                  ; 够减，十位数加 1
```

```
        JMP AGAIN                   ; 继续减
NEXT:   ADD AL, 10                  ; 恢复十位数
        ADD AH, 30H                 ; 十位数转换成 ASCII 码
        MOV [DI], AH                ; 存十位数的 ASCII 码
        INC DI
        ADD AL, 30H                 ; 个位数转换成 ASCII 码
        MOV [DI], AL                ; 存个位数的 ASCII 码
        MOV AH, 4CH
        INT 21H
CODE    ENDS
        END START
```

例 7-20 将 ASCII 码表示的 5 位不大于 65535 的十进制数转换成两字节二进制数。

算法：设 5 位十进制数为 $d_4d_3d_2d_1d_0$，其值为

$$d_4*10^4+d_3*10^3+d_2*10^2+d_1*10^1+d_0*10^0$$
$$=0*10^5+d_4\times 10^4+d_3*10^3+d_2*10^2+d_1*10^1+d_0*10^0$$
$$=[\{[(0*10+d_4)*10+d_3]*10+d_2\}*10+d_1]*10+d_0$$

由此可见，先设寄存器 AX 为 0，然后重复做乘 10 加 d 的运算，5 位数需重复 5 次，便得出结果。程序如下：

```
DATA    SEGMENT
ASDEC   DB  33H, 39H, 36H, 32H, 35H ; 任意定义一个数作转换
COUNT   EQU  $-ASDEC                ; 5
BIN     DW ?                        ; 应为 9AC9H
DATA    ENDS
CODE    SEGMENT
        ASSUME CS: CODE, DS: DATA
START:  MOV AX, DATA
        MOV DS, AX
        MOV SI, OFFSET ASDEC        ; 取转换数偏移地址
        MOV CX, COUNT               ; 置循环次数 5
        XOR AX, AX                  ; 清 AX
AGAIN:  ADD AX, AX
        MOV BX, AX
        ADD AX, AX
        ADD AX, AX
        ADD AX, BX                  ; 以上 5 条为 AX * 10
        MOV BH, 0
        MOV BL, [SI]
        SUB BL, 30H                 ; ASCII 码表示的一位十进制数转换成二
```

```
                                    进制数
        ADD AX, BX                  ; 计算部分和
        INC SI                      ; 修改地址指针
        LOOP AGAIN                  ; 重复 5 次
        MOV BIN, AX
        MOV AH, 4CH
        INT 21H
CODE    ENDS
        END START
```

例 7-21 将 16 位二进制数转换成 ASCII 码表示的 5 位十进制数。

算法：先从该数减 10000，够减的次数是万位数。最后一次不够减，要加 10000 恢复。再依次用 1000、100、10、1 作减数，求得各位数字。最后将它们转换成 ASCII 码。程序如下：

```
DATA    SEGMENT
ASDEC   DW 358CH                ; 任意定一数作转换
PWTAB   DW 10000、1000、100、10、1
BIN     DB 5 DUP (?)
DATA    ENDS
CODE    SEGMENT
        ASSUME CS: CODE, DS: DATA
START:  MOV AX, DATA
        MOV DS, AX
        MOV DI, OFFSET BIN      ; 取结果单元偏移地址
        MOV SI, OFFSET PWTAB    ; 取减数偏移地址
        MOV AX, ASDEC           ; 取被转换数
LOP1:   XOR CL, CL              ; CL 清 0
        MOV BX, [SI]            ; 取减数
LOP2:   SUB AX, BX              ; 先减
        JB NEXT                 ; 不够减，转
        INC CL                  ; 够减，该位数加 1
        JMP LOP2                ; 继续减
NEXT:   ADD AX, BX              ; 恢复该位值
        ADD CL, 30H             ; 转换为 ASCII 码
        MOV [DI], CL            ; 存该位结果
        INC SI
        INC SI                  ; 指向下一减数
        INC DI                  ; 指向下一结果单元
        CMP BX, 1               ; 最后减数是 1
        JNZ LOP1
```

```
        MOV AH, 4CH
        INT 21H
CODE    ENDS
        END START
```

例 7-22 有 100 个字节的数据表，存放在数据段，首址 TAB，从小到大已排列好。今给定一关键字，试编程从表内查找此关键字，若有则结束；若查不到，将此关键字按大小顺序插入表中，并修改表长。

算法：将关键字依次同表中数据比较，若关键字大，继续往下比；若小，则自该数据起的数据全部下移一个单元，并将关键字插入留出的空格，表长数则加 1。程序如下：

```
DATA    SEGMENT
LTH     DB 100                      ; 表长
TAB     DB 0FH, 12H, 14H, … ; 数据表
TEM     DB 57H                      ; 关键字
DATA    ENDS
CODE    SEGMENT
        ASSUME CS: CODE, DS: DATA, ES: DATA
START:  MOV AX, DATA
        MOV DS, AX
        MOV ES, AX
        MOV BX, OFFSET TAB          ; 取数据表偏移地址
        MOV AL, TEM                 ; 取关键字
        MOV CL, LTH                 ; 取表长
        MOV CH, 00H
LOP:    CMP AL, [BX]                ; 在表中查找此关键字
        JE STOP                     ; 找到则结束
        JL INST                     ; 未找到，关键字小，转
        INC BX
        LOOP LOP                    ; 关键字大，继续与下一数比
        JMP LAST                    ; 关键字大于所有数据，将它放表后
INST:   MOV DI, OFFSET TAB
        STD
        ADD DI, LTH
        MOV SI, DI
        DEC SI
        REP MOVSB                   ; 以上 6 条使自该数据起的数据全部下移一个单元
                                    (实际自最后数移起)
LAST:   MOV [BX], AL                ; 将关键字插入
        INC LTH                     ; 表长数加 1
STOP:   MOV AH, 4CH
```

```
        INT 21H
CODE    ENDS
        END START
```

例 7-23 一数组有 N 个数，要求用气泡排序法使升序排列。为便于分析，设定该数组为 10 个数，且其值为：36、-17、90、-8、-80、-19、125、-20、00 和 50。

算法：两两比较，先 a_N 与 a_{N-1} 比，若 $a_N \geqslant a_{N-1}$，则不变动；否则交换。然后 a_{N-1} 与 a_{N-2} 比，按同样方法决定是否交换，一直比到 a_2 与 a_1。第一次大循环结束，数组中最小数浮于顶部，其余数还未排列好。然后进行第二次大循环，结束时数组中次小数浮到第二个数，再进行第三、第四次大循环，…，直到第 N-1 次大循环，就可将数从小到大排好。每次大循环比较的次数，第一次为 N-1 次，第二次为 N-2 次，…。需要设置一个大循环变量 I，初值为 2，每次大循环后加 1。每个大循环中小循环变量 J 的初值为 N（数组长度），两数比较一次后 J 减 1。到 J<I 时，停止小循环。有时数组不需要 N-1 次大循环：如果大循环中一次交换都未发生，或只在 a_N 与 a_{N-1} 间发生，都说明已完全排好了，不再需要大循环。为此设置一个交换标志，它的初值也设为 N。若未交换，标志不变；若发生交换，则把交换时的 J 值赋予该标志。每次大循环结束时检查标志，若为 N（一次都未交换或只 a_N 与 a_{N-1} 交换），则排序结束。程序如下：

```
DATA    SEGMENT
BUFFER  DW 10 DUP (?)             ; 假定有 10 个 16 位带符号数
COUNT   EQU $-BUFFER              ; 20 个字节数
DATA    ENDS
CODE    SEGMENT
        ASSUME CS: CODE, DS: DATA
START:  MOV AX, DATA
        MOV DS, AX
        MOV DX, 2                 ; DX 为大循环变量 I，初值 2
CONT1:  MOV CX, COUNT             ; CX 初值 20
        MOV SI, CX
        DEC SI
        DEC SI                    ; SI 初值 18
        SHR CX, 1                 ; CX 为小循环变量 J，初值 10（N）
        MOV BX, CX                ; BX 为交换标志，初值 10（N）
AGAIN:  MOV AX, BUFFER [SI]       ; 第一次 a10 取到 AX
        CMP AX, BUFFER [SI-2]     ; 第一次是 a10 与 a9 比大小
        JGE NEXT                  ; 第一次比，若 a10≥a9，转
        XCHG AX, BUFFER [SI-2]
        MOV BUFFER [SI], AX       ; 第一次比，若 a9>a10，则交换
        MOV BX, CX                ; J 值赋予交换标志
NEXT:   DEC SI
        DEC SI                    ; 第一次比后 SI=16
```

```
        DEC CX                      ; J－1
        CMP CX, DX                  ; J与I比
        JGE AGAIN                   ; J≥I，则继续往下比
        CMP BX, COUNT/2             ; 每次大循环结束，检查交换标志是否仍为N
        JE DONE                     ; 若是，排序结束
        INC DX                      ; 否则I加1
        JMP CONT1                   ; 再做下一次大循环
DONE:   MOV AH, 4CH
        INT 21H
CODE    ENDS
        END START
```

三、DOS系统功能调用

以上示例的运行结果，或在寄存器，或在存储器，都不能方便、直观地看到。要在运行过程了解运行情况，可把结果送CRT显示。这可借调用操作系统的I/O子程序而方便实现。有两组功能子程序：一组在ROM的BIOS（基本输入/输出系统）中，另一组在操作系统DOS中。它们都是用来实现系统外围设备I/O操作和文件管理的。用户不必了解设备的工作特点、接口的工作原理和方式，只要用几条指令就能调用这些功能子程序。这些子程序都编了号，调用时把功能号（00H～68H）送AH，把规定的入口参数送指定的寄存器，然后以中断工作方式（INT 21H）来调用，而不是CALL调用。INT 21H是一条功能很强的系统功能调用指令。现举数例如下：

（1）读键盘并显示（功能号01H）　它使计算机等待键盘输入一个字符，有字符输入即送屏幕显示。在等待期间该功能还检查是否有Ctrl＋Break或Ctrl＋C这两种组合键输入，若有，终止等待，返DOS操作系统。它不需入口参数，出口参数为AL所存键盘输入字符的ASCII码。调用方式：

```
MOV   AH, 01H      ; 在AH置功能号
INT   21H          ; 进入DOS调用
```

（2）字符显示（功能号02H）　显示DL中字符。同样当检测到有Ctrl＋Break或Ctr1＋C时将退出。入口参数是DL中要显示字符的ASCII码，无出口参数。调用方式：

```
MOV   DL, 字符的ASCII码     ; 准备入口参数
MOV   AH, 02H
INT   21H
```

（3）接收一个串行输入字符（功能号03H）　从串行口接收一个字符，暂存于AL。不需入口参数，出口参数是AL中接收的字符。调用方式：

```
MOV   AH, 03H
INT   21H
```

（4）发送一个串行输出字符（功能号04H）　向串行口发送一个字符，该字符作为入口参数存于DL。无出口参数。调用方式：

```
MOV   DL, 字符的ASCII码; 准备入口参数
MOV   AH, 04H
```

```
INT   21H
```

(5) 打印一个字符（功能号 05H）　把 DL 中字符送标准打印机接口。调用方式：

```
MOV   DL，打印字符的 ASCII 码
MOV   AH，05H
INT   21H
```

(6) 无显示的字符输入（功能号 07H）　等待键盘输入一个字符，输入后按 ASCII 码存于 AL，但不送显示。等待时不检查 Ctrl + Break 或 Ctrl + C 键。调用方式：

```
MOV   AH，07H
INT   21H
```

(7) 无显示的字符输入（功能号 08H）　与上项基本相同，但检查 Ctrl + Break 或 Ctrl + C 键。调用方式：

```
MOV   AH，08H
INT   21H
```

(8) 字符串输出（功能号 09H）

例如：将 DS：DX 为首址的字符串送显示器显示，直到出现 $ 符号。其程序如下：

```
DATA   SEGMENT
BUF    DB‘ABCDEFGHIJ $’
         ⋮
DATA   ENDS
CODE   SEGMENT
         ⋮
MOV   AX，DATA
MOV   DS，AX
         ⋮
MOV   DX，OFFSET BUF
MOV   AH，09H
INT  21H
         ⋮
CODE   ENDS
```

执行本程序，屏幕将显示：ABCDEFGHIJ

(9) 字符串输入（功能号 0AH）　它与 09H 号调用相反，接收来自键盘的字符串输入，存入 DS：DX 指向的内存缓冲区。缓冲区第一个字节不能为 0，而指出缓冲区的大小（可包含的字节数）；第二个字节记录实际输入的字节数；第三个字节才开始存放输入的字符串。字符从标准输入设备输入，送入缓冲区，直到输入回车符。如实际输入的字符数少于定义的字节数，缓冲区内多余字节填 0；若多于定义的字节数，则多输入的字符丢掉，且响铃。

例如：从键盘上输入 100 个字符。程序如下：

```
DATA   SEGMENT
BUF    DB 100                   ；缓冲区长度
       DB ?                     ；保留填实际输入字节数
```

```
        DB 100 DUP (?)        ; 定义 100 个字节存储空间
          ⋮
DATA    ENDS
CODE    SEGMENT
          ⋮
        MOV AX, DATA
        MOV DS, AX
          ⋮
        MOV DX, OFFSET BUF
        MOV AH, 0AH
        INT 21H
          ⋮
CODE    ENDS
```

又例：从键盘上输入一字符串，存入缓冲区，并显示。程序如下：

```
DATA        SEGMENT
STRING1     DB 'DO YOU WAIT TO INPUT STRING? (Y/N)'
            DB 0DH, 0AH, '$'
STRING2     DB 'PLEASE INPUT STRING.' 0DH, 0AH, '$'
BUFIN       DB 20H
            DB ?
BUFIN1      DB 20H DUP (?)
DATA        ENDS
STACK       SEGMENT STACK
            DW 256 DUP (?)
            TOP LABEL WORD
STACK       ENDS
CODE        SEGMENT
            ASSUME CS: CODE, DS: DATA, SS: STACK
START:      MOV AX, DATA
            MOV DS, AX
            MOV AX, STACK
            MOV SS, AX
            MOV SP, OFFSET TOP
            LEA DX, STRING1
            MOV AH, 09H
            INT 21H                 ; STRING1 输出并显示，首址在 DS: DX
            MOV AH, 01
            INT 21H                 ; 读入一个回答字符
            CMP AL, 'Y'             ; 是'Y'吗?
```

```
            JNE DONE                 ; 不是，转 DONE
            LEA DX, STRING2          ; 是，STRING2 输出并显示，首址在 DS：DX
            MOV AH, 09H
            INT 21H
            LEA DX, BUFIN1           ; 输入字符串，存入 BUFIN1 缓冲区
            MOV AH, 0AH
            INT 21H
            MOV AL, BUFIN +1         ; 实际输入的字符数（程序自动填入），送 AL
            CBW                      ; 字符数扩展为字
            LEA SI, BUFIN +2
            ADD SI, AX
            MOV BYTE PTR [SI], '$'   ; 字符串最后字节填'$'
            LEA DX, BUFIN +2         ; 并显示
            MOV AH, 09H
            INT 21H
DONE:       MOV AH, 4CH
            INT 21H
CODE:       ENDS
            END START
```

本例数据段定义了两个字符串 STRING1、STRING2，一个输入缓冲区 BUFIN，它们都是字节类型变量。

0DH 是回车的 ASCII 码；0AH 是换行的 ASCII 码，$ 是输出字符串的结束符。

BUFIN 中第一个字节为 20H，表示最多容纳 20H 个字符，由于最后有回车符，实际最多可输入 1FH 个字符。第二个字节留给程序填实际输入的字符数。第三个字节才开始存放输入字符，每个字符占一个字节，共保留 20H 个字节空间。

程序中有六次功能调用，每次的功能与指令安排请读者自行分析、总结。

(10) 日期设置（功能号 2BH）

CX 和 DX 中须存有有效日期：CX 存放年号（1980 ~ 2099），DH 存放月号（1 ~ 12），DL 放日号。若日期有效，设置成功，AL = 0；否则 AL = 0FFH。例如下列程序可把日期设置为 2000 年 10 月 1 日：

```
MOV   CX, 2000
MOV   DH, 10
MOV   DL, 1
MOV   AH, 2BH
INT   21H
```

(11) 返回 DOS 操作系统（功能号 4CH）　已多见于本节各示例，这里不再重复。

四、宏指令简介

若一个程序段要多次使用，为简化程序，可用作子程序或一条宏指令，汇编程序汇编到该处，仍会产生源程序所需的代码。例如为实现不同码制间互换，常需把 AL 内容左移 4

位，可用：

```
        MOV   CL，4
        SAL   AL，CL
```

若用宏指令，要先对宏指令进行定义。例如：

```
SHIFT   MACRO
        MOV CL，4
        SAL AL，CL
        ENDM
```

定义以后，凡要使 AL 左移 4 位的操作，都可使用宏指令 SHIFT。

宏指令的一般格式为

```
宏指令名    MACRO [形式参量表]
            ：宏体
            ENDM
```

对宏指令名的规定与对标号的规定相同；形式参量表是任选的，可有，也可没有，可一个参量，也可多个（没有限制）参量；如多个，参量间用逗号分开。MACRO 是宏定义符，和结束符 ENDM 成对出现。宏体便是该宏指令要代替的程序段。

示例中 AL 内容只能左移 4 位，若要不同的移位次数或使不同的寄存器移位，就要在宏定义中引入参量。例如：

```
SHIFT   MACRO   X
        MOV     CL，X
        SAL     AL，CL
        ENDM
```

形式参量 X 用来代替移位次数，调用时把要求的移位次数作为实在参量代入，如 SHIFT 4 就可移位 4 次，SHIFT 6，则 AL 内容左移 6 次。

若再引入形式参量 Y，成为

```
SHIFT   MACRO   X，Y
        MOV     CL，X
        SAL     Y，CL
        ENDM
```

Y 代替需要移位的寄存器。调用时把要移位的寄存器作为实在参量代入，就可对它实现指定次数左移。例如：SHIFT 4，AL、SHIFT 4，BX、SHIFT 6，DI。

形式参量除出现在操作数，也可出现在操作码，例如：

```
SHIFT   MACRO   X，Y，Z
        MOV     CL，X
        S&Z     Y，CL
        ENDM
```

其中　Z 便代替了部分操作码，若有以下调用：

```
        SHIFT   6，BX，AR
        SHIFT   8，SI，HR
```

汇编时将分别产生以下目标代码：

```
        MOV     CL, 6
        SAR     BX, CL
与      MOV     CL, 8
        SHR     SI, CL
```

于是，可对任一寄存器作任意需要的移位操作。

实在参量多于1个时，也要用逗号分隔。实在参量与形式参量要在位置上一一对应，数量却并不要求一致。实在参量多于形式参量，多出的部分被忽略；实在参量少于形式参量，多出的形式参量变为NULL（空）。

伪指令PURGE用来取消宏定义。

宏指令与子程序的区别：

1）宏指令简化了源程序的书写。在汇编时，汇编程序把宏体插入宏调用处，并未简化目标程序，也未节省目标程序所占的内存单元。子程序执行时是由CPU处理的，主程序中只有调用指令的目标代码，所占内存空间少。

2）子程序要保护和恢复断点、保护和恢复现场，额外增加了时间，因而执行时间长、速度慢。宏指令没有额外操作，执行时间短、速度快。

所以，要代替的程序如不长，速度是主要矛盾，可用宏指令；要代替的程序较长时，额外操作的用时不明显，节约内存空间是主要矛盾，宜用子程序。

另外，宏指令可用形式参量，使用时灵活方便。

五、汇编语言程序上机调试和运行

书面编写好的汇编语言程序，须在计算机中转换成机器码表示的程序，并进行定位，才能运行。要经历下列步骤：

1）用编辑程序EDIT在计算机中生成扩展名为ASM的源程序×××.ASM，其中×××为所取文件名。

2）用汇编程序MASM将×××.ASM转换成扩展名为OBJ的目标文件×××.OBJ，这是用机器码表示的程序，但未定位，是浮动的。汇编过程中发现语法错误，会在屏幕上显示，需用EDIT修改源程序，再重新汇编，直到无错。

3）用链接程序LINK将×××.OBJ文件转换成扩展名为EXE的可执行文件×××.EXE,这是已组装、定位好了的、机器码表示的程序，可供上机调试和执行。

4）×××.EXE已无语法错误，仍可能有逻辑错误，使执行结果不满足原定要求，需用调试程序DEBUG对它进行调试，如有问题，再从EDIT开始修改和重新调试，直到能满足要求，成为可运行的程序。

进行上述工作需一台一般使用的PC机；软件需：DOS操作系统（V2.0以上）以及EDIT.COM编辑程序；MASM.EXE汇编程序；LINK.EXE链接程序；DEBUG.COM调试程序。

具体调试过程为

1）用EDIT命令建立.ASM文件。操作命令是：C>EDIT×××.ASM ↲

其中×××是要编辑的源程序名，第一次生成时可任取。键入的英文字母大、小写均可。若不输入程序名（只C>EDIT ↲），进入EDIT后屏幕会提示输入程序名。

2）用 MASM 命令建立 . OBJ 文件。操作命令是：C > MASM ×××. ASM ↲

在屏幕上出现三项询问，须逐项回答：

⋮

Object filename［×××. OBJ］：

Source listing［Nu1. LST］：

Cross reference［Nu1. CRF］：

第一项询问生成的目标程序文件名，若仍为×××（与源程序同名），则该项冒号后按回车键即可；若要改为 YYY，则冒号后键入新名 YYY，再按回车键。

第二项询问是否要生成源程序清单和符号表文件。前者除全部源程序外，还有各语句行行号、段内偏移量和相应指令的机器码；后者则列出了段名、符号名和它们的属性。若要生成，冒号后键入文件名，再按回车键；若不要，直接按回车键。

第三项询问是否要生成×××. CRF 文件（交叉索引文引），若要，在该项冒号后键入文件名（与源程序同名为×××，或新名 YYY），再回车；若不要，冒号后直接回车。

以上三项结束后，对源程序进行汇编。当 MASM 发现有语法错误，在屏幕上显示各出错行行号及错误性质（分警告性错误和严重错误两种），有严重错误，MASM 无法汇编，要重新从 EDIT 开始修改源程序，再用 MASM 汇编，如此反复，直到无错生成目标程序文件。

3）用 LINK 命令产生 . EXE 文件。目标文件用的是浮动地址，不能上机执行，并且往往用到机器中的库文件，所以要用 LINK 程序来链接并生成执行文件×××. EXE 和列表文件×××. MAP。操作命令是：C > LINK××× ↲ （注意：无需扩展名）。

在屏幕上需询问回答的也有三项：

⋮

Run File［×××. EXE］：

List File［Nu1. MAP］：

Libraries［. LIB］：

第一项询问生成的执行程序文件名，若仍为×××，则冒号后回车；若要改名，冒号后先键入新名，再回车。

第二项询问是否要生成列表文件 MAP（给出每个段在存储器的分配情况：首址、末址和长度）。若要，该项冒号后键入文件名（可仍为×××或新名 YYY），再回车；若不要，冒号后直接回车。

第三项询问程序中需用的库文件，该项冒号后键入需用的库文件名，再回车；若不需要，冒号后直接回车。

源程序如未设置堆栈段，从 LINK 过程的提示信息，最后会显示“无堆栈段”，这是警告性错误，不影响程序执行，无需修正。

4）程序的执行。操作命令是 C > ×××

5）用 DEBUG 程序调试。程序经过调试才能纠正程序设计中的错误，得到正确结果。所谓调试阶段，就是用 DEBUG 程序发现错误，再反复经过 EDIT→MASM→LINK→DEBUG，直到调试通过。操作命令是：C > DEBUG ×××. EXE ↲

在屏幕下一行行首出现提示符“—”，表示已进入调试程序，可用 DEBUG 的各种命令进行调试。

常用调试命令的格式和功能：

—R　显示各寄存器当前内容及各标志位当前状态。

—Rreg　显示和修改指定寄存器内容。

—RF　显示和修改标志位状态。

—U　对被调试程序反汇编。

—G　设置断点并启动运行。

若未设断点地址，则执行至结束并显示：

Program terminated normally

—D　显示内存单元内容。

—E　修改内存单元内容。

—F　填写内存单元内容。

—T　单步执行命令（逐条跟踪）。

—Q　从 DEBUG 退出，返回 DOS。

第四节　存　储　器

一、存储器芯片与 CPU 的连接

1. 存储器芯片的片选

微机系统的内存往往由许多片芯片组成，寻址访问时，先要找对芯片，再进而访问其中的具体单元。因此，涉及这些芯片的片选问题。

8086 有 20 根地址线，能寻址 $2^{20}=1M$ 个字节。如果某系统的 ROM 用的是 2732 EPROM，它的容量为4K 字节，有 12 根地址线，CPU 地址线的低 12 位与它的地址线相接，介决片内寻址；余下的高位地址线可用于片选。可见，片选也就是规定内存单元的高位地址。片选有三种接法：

（1）全译码法　CPU 余下的高位地址线都参与译码，以产生片选信号。这样，存储器的每个单元都有唯一确定的地址（包括片内地址和高位地址）。

（2）部分译码法　CPU 余下的高位地址线有部分未参与译码，这时存储器的每个单元都可有多种高位地址，所以相应也就会有多个地址。这种情况称为“地址重叠”。

（3）线选法　如果系统较小，用到的存储器芯片不多，例如只有三片，那么也可不用译码器，而各用一根高位地址线直接连接芯片的片选端，达到片选目的，称为线选法。此时存储器的每个单元将有更多个地址相对应，“地址重叠” 的情况更加严重。例如某系统 A_{16} ~ A_{12}这五根地址线未参与片选，对于要寻址访问的具体存储单元，可以不拘这五位是何种数值，所以将有 $2^5=32$ 个地址相重叠。

片选所用的译码器以 74LS138 三-八译码器居多。它有 C、B、A 三个输入端，$\overline{Y_0}$ ~ $\overline{Y_7}$八个输出端，另有 G_1、$\overline{G_{2A}}$、$\overline{G_{2B}}$三个控制端。在控制端都有效时，根据 C、B、A 端为 000、001、010、…、111，可分别对应使$\overline{Y_0}$、$\overline{Y_1}$、$\overline{Y_2}$、…、$\overline{Y_7}$为低。其逻辑功能表、引脚图等不再绘列，必要时读者可参见本书配套教材《单片微机习题集与实验指导书》图 4-2。

2. 偶存储体和奇存储体

8086是16位微处理器，可一次访问一个字（两个字节，16位），也可只访问一个字节。它1M字节的存储器空间分成两个512KB的存储体——偶存储体和奇存储体。偶存储体同8086低8位数据线 $D_7 \sim D_0$ 相连，奇存储体同8086高8位数据线 $D_{15} \sim D_8$ 相连；8086的地址线 $A_{19} \sim A_1$ 同两个存储体的地址线 $A_{18} \sim A_0$ 相连，8086最低位地址线 A_0 和 $\overline{BHE}$ 用来选择存储体，见图7-13。

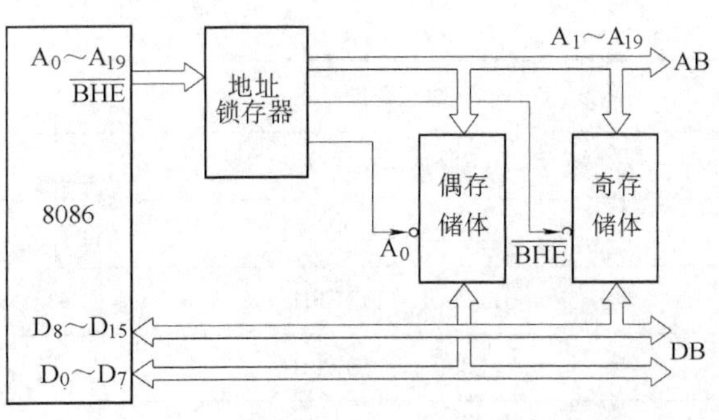

图7-13　偶存储体和奇存储体的连接

当8086访问字时，如地址为偶地址（低字节在偶地址单元，高字节在奇地址单元），称为对齐的字，可用一个总线周期访问；如地址为奇地址（低字节在奇地址单元，高字节在偶地址单元），称为未对齐的字，就要用两个连续的总线周期才能访问，前一总线周期用 $D_{15} \sim D_8$ 传送（读/写）字的低字节，后一总线周期用 $D_7 \sim D_0$ 传送字的高字节。

3. 存储器芯片的地址范围

存储器芯片的片选确定以后，该芯片的地址范围也随着确定。下面通过实例进行剖析：

某8086微机系统的内存见图7-14。芯片#1～#8为SRAM芯片6116，#9～#16为EPROM2732，奇数号的芯片构成偶存储体，接数据线 $D_7 \sim D_0$；偶数号的芯片构成奇存储体，接数据线 $D_{15} \sim D_8$。8086的16根数据线经两片74LS 245驱动送存储器芯片。74LS 245的允许端 $\overline{G}$ 受控于8086的数据允许端 $\overline{DEN}$；其传送方向DIR受控于8086的数据发送/接收信号 $DT/\overline{R}$，当为低时，数据由B到A；为高时，数据由A到B。8086的 $\overline{BHE}$ 和20根地址线的信息经由三片74LS 373锁存。74LS 373的 $\overline{OE}$ 接地，G接8086的ALE；在总线周期的 T_1 时刻，ALE为高，$\overline{BHE}$ 与 $A_{19} \sim A_0$ 的值进入74LS 373，T_1 结束时，ALE的下降沿将它们锁存，并保持到下一总线周期的 T_1 时刻。锁存的地址信息，其 $A_{11} \sim A_1$ 直接送各6116芯片，$A_{12} \sim A_1$ 直接送各2732芯片，而 $A_{19} \sim A_{12}$ 经三片74LS 138译码后对16片芯片进行片选，A_0 与 $\overline{BHE}$ 则分别选中奇、偶存储体。

#18译码器对#2、#4、#6、#8送片选信号，#17译码器对#1、#3、#5、#7送片选信号，#19译码器对2732送片选信号。#17、#18的译码输入端为 A_{14}、A_{13}、A_{12}，#19的译码输入端为 A_{15}、A_{14}、A_{13}。#17的控制端须 $M/\overline{IO}$ 高电平、A_{15} 低电平，读或写信号以及 A_0 低电平才有低电平输出。#18有低电平输出的条件除 $\overline{BHE}$ 低电平替代 A_0 低电平外，余与#17相同。#19则为 $M/\overline{IO}$ 高电平、读信号与 $A_{19} \sim A_{16}$ 全高电平。该连接图对2732，A_0 与 $\overline{BHE}$ 是直接接奇、偶存储体的。

根据图7-14的接法，不难算出各存储器芯片的地址范围于下表中。

地址范围	偶地址	奇地址
00000H～00FFFH	#1	#2
01000H～01FFFH	#3	#4

（续）

地址范围	偶地址	奇地址
02000H ~ 02FFFH	#5	#6
03000H ~ 03FFFH	#7	#8
FE000H ~ FFFFFH	#9	#10
FC000H ~ FDFFFH	#11	#12
FA000H ~ FBFFFH	#13	#14
F8000H ~ F9FFFH	#15	#16

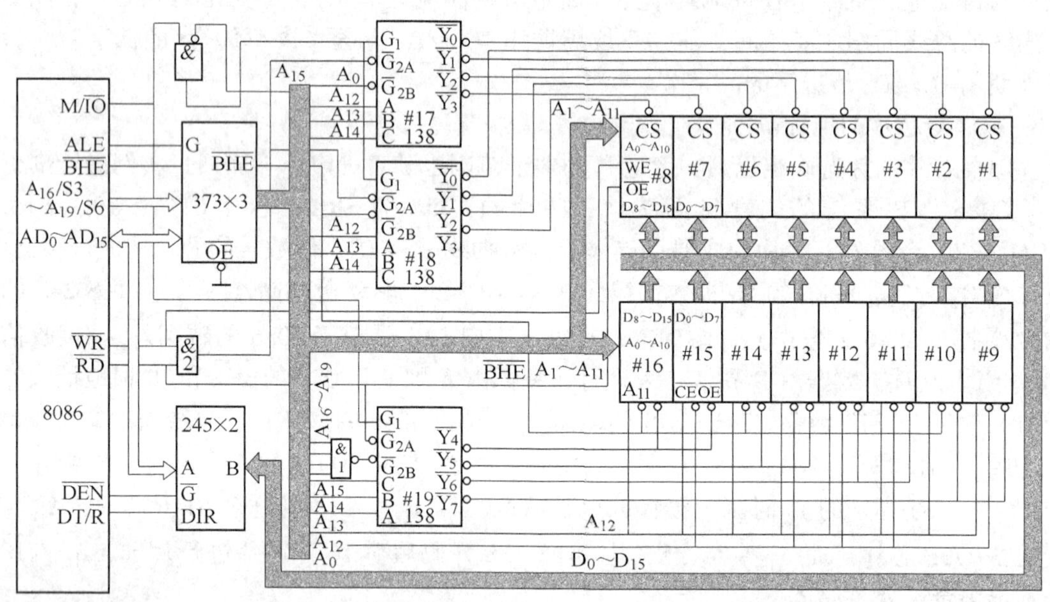

图 7-14　存储器芯片连接的实例

二、存储系统的层次结构

高性能的计算机，要求存储器速度快、容量大、价格合理，单一的存储器不可能同时满足这些要求。现采用层次结构解决三者的矛盾，见图 7-15。图中自上往下存取速度递减，存储容量递增，成本依次降低。各层存储设备通过管理软件和相应硬件组合成统一的整体，有足够大的存储空间，且在不提高总价格的前提下、最大限度地与 CPU 速度相匹配，获得优良的性能价格比。

现代计算机最常采用的两种存储层次是：主存——辅存和高速缓冲存储器（Cache）——主存。

1. 主存——辅存存储层次

如图 7-16 所示，辅存是外设的一部分，其编址与主存编址无关。操作系统的发展使得

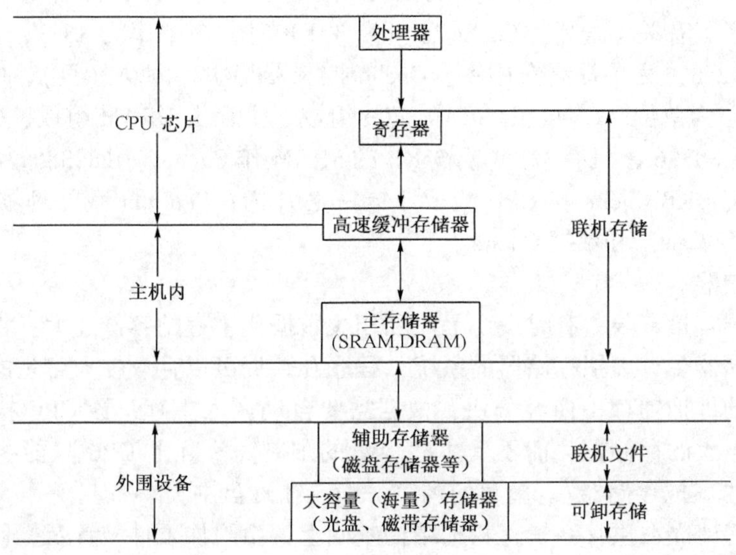

图 7-15　存储系统的层次结构

程序员尽可能摆脱主、辅存间的地址定位，并形成了支持这些功能的“辅助软硬设备”，把主存和辅存统一成一个整体，成为主存—辅存存储层次。其存取速度接近于主存的存取速度，存储容量则接近于辅存的存储容量，而存储每位信息的平均价格则接近于廉价的辅存平均价格，解决了存储器大容量和低成本之间的矛盾。这种层次的不断发展和完善，逐步形成了现在广泛使用的虚拟存储器系统。

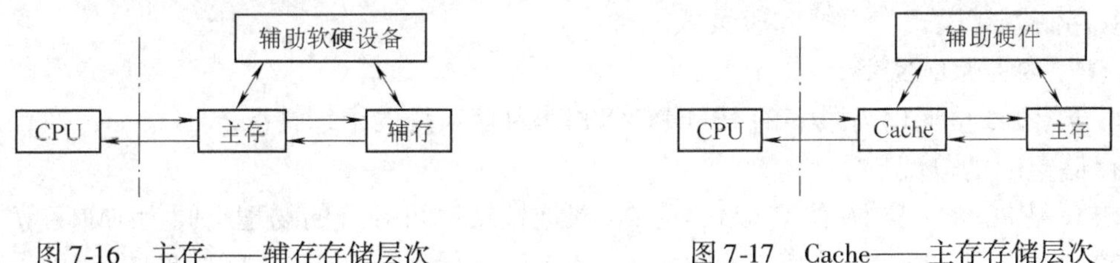

图 7-16　主存——辅存存储层次

图 7-17　Cache——主存存储层次

2. Cache——主存存储层次

计算机不断发展，CPU 与存储器速度匹配的矛盾越益突出，主存的速度成为限制 CPU 速度的主要因素。如果访问存储器时插入等待周期，也降低了 CPU 的运行速度。在 CPU 与主存间增加一级或两级高速小容量存储器，即 Cache，组成 Cache—主存存储层次，可大大加快存取速度，见图 7-17。Cache 容量较小，但存取速度与 CPU 工作速度相当。在 Cache—主存存储层次中，运行程序存放在主存，Cache 中存放最近访问和将要访问的指令和数据，它们是主存中相应内容的副本。当 CPU 访问存储器时，Cache 控制器首先查看被访问存储单元的内容已否在 Cache 中，若已在，则立即访问 Cache 存取，称此次访问命中；若不在，称为未命中，CPU 才访问内存和将所访问的内容及数据复制到 Cache 中，使以后可以只访问 Cache，不必访问内存。Cache 容量较小，当爆满时，按一定的调度算法更新内容。用了

Cache 可大大减少 CPU 访问内存的次数。

命中率是命中次数与 CPU 访问次数之比的百分值，它与 Cache 的容量、物理结构、淘汰算法、运行程序等有关。通常，Cache 容量为 32KB 时，命中率为 86%，而容量为 64KB 时，命中率接近 92%。为了提高命中率，Cache 控制器将主存划块（页），Cache 与主存交换信息以块（页）为单位。Cache 由 SRAM 芯片组成，主存由 DRAM 组成，Cache 的控制逻辑由硬件来实现。80386 微机有 32KB 或 64KB 的 SRAM 作 Cache，用 82385 为 Cache 控制器；80486 则将 82385、8KB Cache 与 CPU 集成于同一芯片内；Pentium 微处理器内含相互独立的、各 8KB 的指令 Cache 和数据 Cache。

三、虚拟存储器

计算机主存的容量有限，有时一个程序和相关数据比主存的容量还大，将无法运行，就需要采用虚拟存储器。有虚拟存储器的系统，程序和数据可以存放在大容量的辅存中，存储管理软件和辅助硬件把辅存中内容分块，根据需要自动调入主存，让 CPU 执行，使用户觉得有一个容量相当大的存储器，而不受主存容量的限制。实际上 CPU 只能执行调入主存的程序，因此称为“虚拟存储器”。虚存的内容一般装在磁盘中。

虚拟存储器是建立在主存—辅存物理结构基础上，由附加硬件装置及操作系统存储管理软件组成的一种存储体系。虚拟存储器的辅存部分能像主存一样供用户使用。CPU 在执行程序时产生的逻辑地址叫“虚地址”（即虚拟地址），它对应的存储空间称“虚存空间”。实际主存单元的地址称为“实地址”（即主存地址），它对应的是“主存空间”。虚地址对应的范围比实地址大得多。CPU 以虚地址访问主存，找出虚地址和实地址间的对应关系，判断该虚地址指示的存储单元内容已否装入主存；如不在，计算机把相应的程序块从辅存调入主存，并把程序虚地址变成实地址，覆盖原先存在的一部分程序后继续运行。

虚地址和实地址间的变换由硬件负责，软件则负责页面管理、实存管理以及主、辅存间信息的自动调度等。

虚拟存储器有段式、页式和段页式三种。

四、PC 内存系统实例

下面介绍 PC 早期用得最多的 IBM PC/XT 其内存系统的组织情况。

1. 存储空间的分配

主 CPU 是 8088（准 16 位 CPU），有 20 根地址线，可寻址的物理空间为 1M 字节，地址范围为 00000H ~ FFFFFH，分成三个区域：RAM 区、保留区和 ROM 区，见图 7-18。

存储空间低地址区的 640KB 是 RAM 区，这是用户使用的主要区域，其中 256KB 安装在系统板（底板）上，其余根据需要在扩展槽中用外扩的方式添加。

紧接着的 128KB 称为保留区，是显示字符或图形的缓冲区，所以又叫显示缓冲区。如只作单色字符显示，只需要 4KB，占用 B0000H ~ B0FFFH 地址段；作彩色显示时使用 B8000H ~ BBFFFH 范围的 16KB。随着显示分辨率的提高，显示缓冲区的范围将扩大。

最后 256KB 是 ROM 区。前 192KB 存放系统的控制 ROM。C0000H ~ C7FFFH 区域存放高分辨率显示适配器的控制 ROM；C8000H 开始的区域存放固定磁盘驱动器适配器的控制 ROM。如果用户另要扩展，可用这 192KB 中尚未使用的区域，当然扩展要在扩展槽中进行。最后 64KB 是基本系统 ROM 区，一般安装有 40KB 基本 ROM。

2. ROM 子系统

计算机系统通电后要能自动启动，必须把初始化程序和引导程序放在 ROM 中，它们一般安放在 40KB 的基本 ROM 中。后者有 32KB 的 ROM BASIC，给用户提供一种最基本的编程语言；另外 8KB 是基本输入输出系统 BIOS，占用 FE000H ~ FFFFFH 地址。40KB 分装在两块 ROM 芯片中，一块内含固化 BASIC 的前 8KB；另一块内含固化 BASIC 的后 24KB 及 BIOS。

地址	区域	
FFFFFH ~ F6000H	基本 ROM 40KB	ROM 256KB
F6000H ~ EFFFFH	24KB	
EFFFFH ~ C0000H	扩展 ROM 192KB	
BFFFFH ~ A0000H	保留的 RAM 128KB	保留 128KB
9FFFFH ~ 40000H	I/O 通道中的扩展 RAM 384KB	RAM 640KB
3FFFFH ~ 00000H	系统板上 RAM 256KB	

图 7-18 IBM PC/XT 存储空间的分配

3. RAM 子系统

IBM PC/XT RAM 的最大容量为 640KB，采用的是 64K × 1 位芯片。故整个 RAM 分成若干组，每组 64KB，用 9 片 64K × 1 芯片，其中 8 片组成字节，第 9 片用作奇偶校。系统板上安装的 256KB RAM 由 4 组 9 片 64K × 1 芯片构成。

五、外存储器

外存储器用来存放当前暂不参与工作及永久性保存的程序、数据和文件，当 CPU 需要时再成批地同内存的内容交换。它容量大、价格低，但存取速度较慢，常用的有软磁盘、硬磁盘、磁带机、光盘、存储卡等。

1. 磁盘存储器

(1) 软磁盘子系统　软磁盘存储器价格低、体积小、结构简单、数据传输快、容易维护、对使用 环境要求不高。软磁盘子系统由软磁盘、软盘驱动器和软盘适配器三部分组成。

1) 软磁盘简称软盘，是在圆形聚酯薄膜盘片上涂以可记录信息的磁性材料制成。封装在方形保护套内，保护磁层不被损伤，还防止盘片旋转产生静电引起数据丢失。使用时软盘连同盘套一起插入磁盘驱动器中。目前常用的是 3.5in（1in = 25.4mm）的，称为3in 盘，外形见图 7-19。

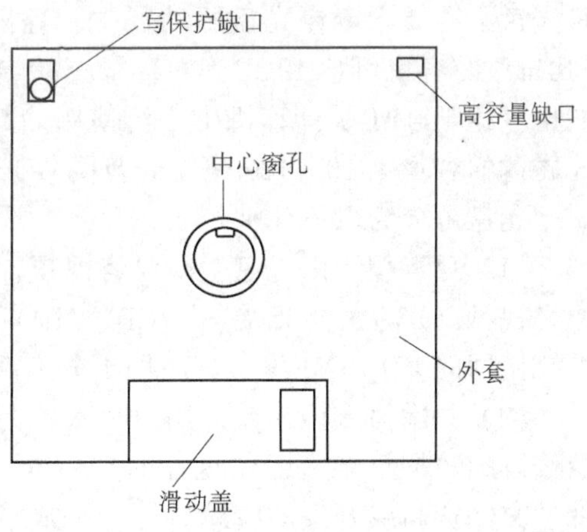

图 7-19　3in 软盘

盘片的外套是刚性的，能遮住磁性材料；滑动式金属盖也保护磁性材料，它仅在盘片插入驱动器时才缩回。因此软盘在正常操作时不易损坏。它角上的保护滑块用于防止偶而重写信息，当滑块位置使小方块打开时就有写保护功能。

软盘上信息按磁道和扇区来存放，每个同心圆为一个磁道，共有 80 个磁道。最外面的是 0 磁道，向内依次为 1、2、…磁道。每个磁道分为若干个区段，每个区段称为一个“扇区”。对于 1.44MB 软盘来说，每个磁道有 18 个扇区，每个扇区容量在 128 ~ 1024B 之间。信息被分为块，按规定顺序存放在区内，磁盘的读、写都以一个完整的扇区进行。软盘的两面都可记录信息。它用磁头对盘片进行读、写，存取速度相对较慢。它通过软盘驱动器和适配器与 CPU 交换信息。

2）软盘驱动器是读/写软盘信息的装置，通常由六部分组成：主轴驱动机构、盘片夹紧机构、磁头加载机构、索引检测装置、写保护检测装置和0道检测装置。其基本组成是一个主轴电动机使磁盘旋转，一个步进电动机驱动一根金属杆进、出以及定位读/写磁头，一个手动机构用于将轮毂降到中心部位，将磁盘定于正确位置，把磁头压在磁盘表面，两个磁头夹在一起，读写磁盘的两面。

3）软盘适配器是主机与软盘驱动器间的硬件接口，其主要功能是完成主机并行数据流与软盘驱动器串行数据流的转换，向主机发DMA请求信号和中断请求信号，向软盘驱动器提供必须的控制信号。它的核心部件是软盘控制器。

（2）硬磁盘子系统　磁磁盘存储器的功能、原理、主要电路、信息存储方式等都同软磁盘存储器相似，但盘基是刚体的铝合金制成的圆盘片，两面涂上磁性材料作为记录信息的磁层，盘片厚度约1～2mm，磁层厚度为1～3μm。硬磁盘驱动器的磁头和盘片是非接触式的，记录密度高、存储容量大、传输速度快。硬盘通过硬盘驱动器和适配器与CPU交换信息。目前硬盘驱动器和适配器常用的两种接口标准是IDE集成驱动器电子接口和SCSI小型计算机系统接口。这两种标准总线接口也在不断升级，以适应发展的需要。硬盘技术发展很快，正向大容量、小体积、低误码率、低功耗、使用方便、重量轻等方向发展。

2. 光盘存储器

这是利用激光的单色性和相干性，把数据信息通过聚焦激光束在盘式介质上非接触地记录高密度信息的新型存储器。与磁盘相比，由于光盘记录密度高、存储容量大、数据传输速度快、信息保存时间长、制造成本低、易于大量复制、工作稳定可靠、使用环境要求低等特点，已广泛应用于存储和管理各种数字化信息。例如计算机外存、磁盘机的后援设备、工作站、大型数据系统、办公自动化系统中文件和图像的存档与检索、影视信息存储等领域。而且光盘不需要固定在光盘驱动器中，容易更换，因此存储容量可视为无限。目前，大直径（14in）的容量可达10GB，中容量（8～12in）的可达700～2000MB，小容量（2～5.25in）的也可达100MB。计算机中广泛使用的5.25in只读光盘容量为650MB。所以相同尺寸光盘比磁盘的容量大10～100倍。光盘的数据传输速度可达几十MB/s量级，寿命达十年以上。

光盘可分为以下几种：

（1）只读型　由光盘生产厂将视频、音频或数字信息用激光束预先蚀刻在盘片上，例如激光视盘（LV）、激光唱盘（CD、MD）、照相CD、小影碟VCD、数字视盘DVD、计算机系统使用的CD-ROM等，其应用十分广泛。

（2）一次写入型　允许用户写入数据，但只能写一次、可反复读出但不能擦除的光盘。要修改的数据只能追记在盘片的空白处。它适用于不需要修改的大型数据库系统，存储图像、文件资料或开发的应用软件。平常用来复制软件的光盘就属此类。

（3）可读可写型　它早期是改写型，后来发展成重写型。它利用激光照射引起介质的可逆物理变化来记录信息，因此既可写又可擦。按存储介质工作机理的不同又可分为相变光盘和磁化光盘。

3. 存储卡

现已出现了半导体存储器构成的外存储卡，具有集成度高、体积小、速度快、可靠性高、使用方便等优点。

（1）EEPROM卡

1）简单IC卡　它由EEPROM构成，存储容量几百到几千字节。结构简单，引线接点少，使用方便，可靠性高，价格低廉，已广泛应用于银行、交通、邮电、电力、医疗卫生等部门。通常采用异步串行通信的半双工方式，用 I^2C 总线接口或 ISO/IEC 7816-3 总线接口。

2）智能 IC 卡　简单 IC 卡只能用来存储信息，通过读写设备写、读，安全性不够高。重要的场合就要用智能 IC 卡，它在 IC 卡内集成了微处理器以及 RAM、ROM 和 EEPROM，似一台微小的计算机。读写设备与它联系，好像两台微机间的通信。由于有了处理器，可作各种处理：加密、识别、身份确认等安全措施都可加上去。再与主机 IC 卡读写设备连接在一起，就能完成多种复杂的功能。

3）大容量存储卡　利用闪速存储器快速和大容量的特点，构成大容量的存储器，制成存储卡，可用于内存或外存。为了提高存取速度，接口总线采取并行总线。

（2）SRAM 存储卡　SRAM 读写速度快、存储容量大，广泛用于内存及 Cache。用 SRAM 制成存储卡，卡内须装有电池，这就要求功耗尽可能小，而电池的容量尽可能大，以保证不间断供电。随着技术的发展，SRAM 的集成度会越来越高，功耗和体积越来越小，容量越来越大，更大容量、保持时间更长的 SRAM 存储卡将出现。

（3）DRAM 存储卡　DRAM 制造工艺简单，集成度高，容易制成存储卡，但具易失性，且需定时刷新。如能解决功耗问题，可制成大容量存储卡。

4. 磁带存储器

它是以磁带为存储媒体，由磁带机驱动进行信息读写的磁表面存储器，工作原理与磁带录音机相似，但所用是能记录数字信息的磁带。优点是存储容量大，可脱机保存；缺点是采用顺序存取方式，速度低。

它用于记录数字信息已使用多年，但在速度、可靠性等方面都嫌不足。由于不能随机存取，在很长的磁带上寻找某个文件要花不少时间。近年来，磁带机有了很大改进，预计它作为后备数据存储器将会有广泛应用。

第五节　常用接口芯片

一、8086 中断系统

1. 中断类型

8086 有功能很强的中断系统，可以处理 256 种中断。这些中断分成两大类：外部中断和内部中断。

外部中断是外部设备硬件请求产生的中断，又称为硬件中断。内部中断是指令执行或标志寄存器中某个标志设置产生的中断，又称为软件中断。其分类见图 7-20。

（1）外部中断　它又可分为可屏蔽和不可屏蔽两种。

1）可屏蔽中断请求　通过 CPU 的 INTR 引脚进入，高电平有效。用户用指令改变中断允许标志 IF 的状态，可以禁止或允许中断。IF = 0，是禁止；IF = 1，CPU 执行完当前指令后，响应中断请求。

硬盘、键盘、显示器和打印机等外设通过中断控制器 8259A 与 CPU 相连，8259A 接收外设的中断请求，再发向 CPU。以 IBM PC 机为例，8259A 的安排见表 7-9。

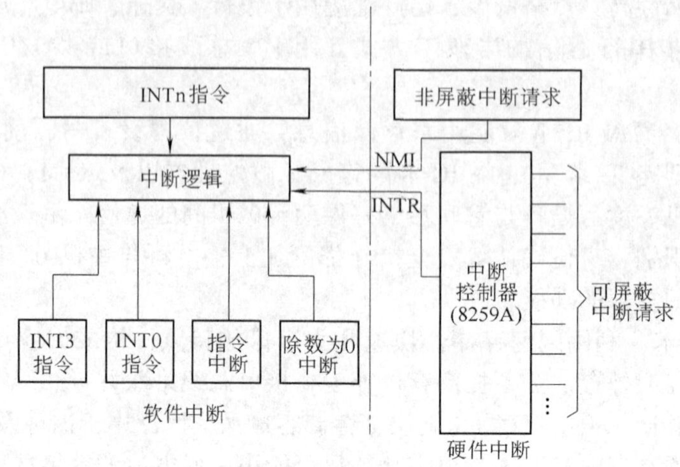

图 7-20　8086 的中断分类

表　7-9

8259A 输入引脚	中断源	中断类型号
IR_0	计数器 0	08H
IR_1	键盘	09H
IR_2	彩色图像接口	0AH
IR_3	保留	0BH
IR_4	串行（RS-232）接口	0CH
IR_5	硬盘	0DH
IR_6	软盘	0EH
IR_7	打印机	0FH

2）不可屏蔽中断请求　通过 CPU 的 NMI 引脚进入，上升沿有效。CPU 执行完当前指令后，一定立即响应。这种中断用来处理系统停电、存储器读写错、总线奇偶位错等重大事故。

（2）内部中断　内部中断不可屏蔽，通常由三种情况引起：

1）CPU 某些错误引起的中断　CPU 执行程序时，若出现运算错误，就以中断方式中止程序，待用户改正错误后，再重新运行。如：

除法出错中断（0 型中断）

执行除法指令 DIV 或 IDIV 后，若除数为 0 或所得商超出了目标寄存器范围，便产生 0 型中断。

溢出中断（4 型中断）

程序上条指令（加、减法等算术指令）执行后 OF 置 1，则执行紧跟后面的溢出中断指令 INTO 后，产生 4 型中断，系统给出出错标志。

2）调试设置的中断　程序编好后，必须上机调试。此时为了检查中间结果或寻找程序中的问题，需要在程序中设置断点或进行单步工作。

单步中断（1 型中断）

CPU 每执行完一条指令都检测陷阱（trap）标志 TF 的状态。如 TF = 1，就产生 1 型中断，用来作为单步操作手段，称为单步中断或陷阱中断。使用此中断，可借以观察每执行一条指令各寄存器及有关存储单元的变化，寻找错误的原因。

断点中断（3 型中断）

CPU 执行 INT3 指令产生的中断称为断点中断。调试程序时，常把程序按功能分成几段，每段设一个断点；当执行到断点时产生中断，用户可检查各寄存器及有关存储单元的内容。

3）INT n 指令中断　执行指令系统中 INT 指令后会立即产生中断。中断类型码 n 从 20H ~ FFH，由用户定义选定；5 ~ 1FH 保留给系统开发。

2. 中断优先级

中断的优先级见表 7-10，内部中断最高（单步中断除外），不可屏蔽中断其次，单步中断最低。

表　7-10

中　断　源	优先级
内部中断（INTO、INTn 等）	最高
NMI	高
INTR	低
单步中断	最低

3. 中断向量和中断向量表

CPU 响应中断后，要找到中断服务程序的入口地址（又称中断向量或中断指针）才能进入。256 种类型中断的入口地址依次存放在中断向量表中，此表位于内存开始的前 1024 个单元，地址 00000H ~ 003FFH。每个中断向量四个字节，两个低字节存放入口地址的 IP 值（偏移地址），两个高字节存放入口地址的 CS 值（段地址）。中断向量表见图 7-21。

专用的中断用户不能修改。系统保留的中断用户不能对它们自行定义。供用户定义的中断可由 INTn 指令引入，也可通过 INTR 引脚直接引入，或通过 8259A 引入；使用时用户要自行装入相应的中断向量；这类中断有些系统已分配了固定的用途，例如类型号 21H 中断已定义为 DOS 系统功能调用。

将中断类型码 n 乘 4，可得到向量地址，以此地址为基准，在向量表中连续取四个单元的内容，将前两个单元存放的偏移地址送 IP，后两个单元存放的段地址送 CS，便能转向中断服务程序。

4. 中断向量的装入与修改

中断向量并不常驻内存，开机上电时由系统软件将其装入中断向量表。若系统未配置系统软件（如单板机），就由用户用 MOV 指令自行安装。在 PC 中，可作中断向量修改，利用 DOS 功能调用 INT 21H 中的取中断向量和置中断向量功能。

5. 中断响应过程

8086 中断响应的过程见图 7-22。

响应可屏蔽中断后的过程如下：

1）在中断响应$\overline{\text{INTA}}$端相继发出两个负脉冲，第一个通知外设，CPU 已接受请求；第二个控制外部中断控制逻辑取中断类型号置于数据总线并进入 CPU。如是不可屏蔽中断，类型号是固定的，而软件中断的类型号则由指令的操作数决定，都不须再取类型号。

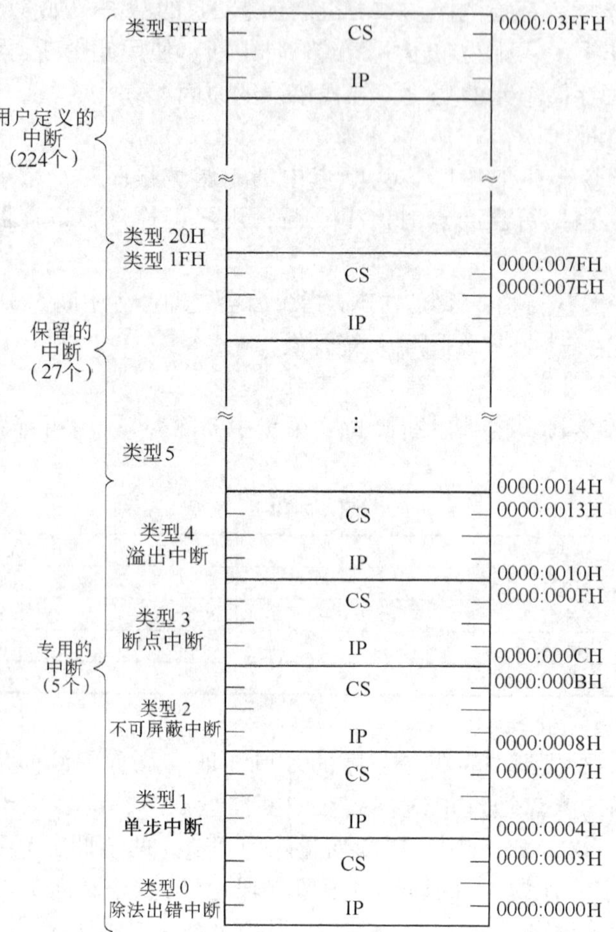

图7-21　8086的中断向量表

2）把标志寄存器FLAG内容压入堆栈保护。

3）把FLAG中TF的状态存放在暂存寄存器TEMP。

4）把IF和单步标志TF清0，禁止中断响应时其他可屏蔽中断进入，也禁止单步中断。

5）将CS和IP内容压入堆栈，保存断点地址。

6）查中断向量表，将中断服务程序入口地址置入IP和CS。

7）以CS和IP内容算出的地址为入口地址，转向中断服务程序。

8）执行完中断服务程序，返回前应恢复现场，即从堆栈中弹出CS、IP、FLAG的内容。最后开中断，返主。

二、8259A芯片

8259A是可编程中断控制器，一片可管理八级中断；如多片级联，可多至管理64级中断。IBM PC主机板中用了一片8259A，除作为中断优先控制器外，还常常作为系统总线控制逻辑的组成部分。

1. 内部结构

8259A的引脚图和内部结构图分别见图7-23和图7-24。

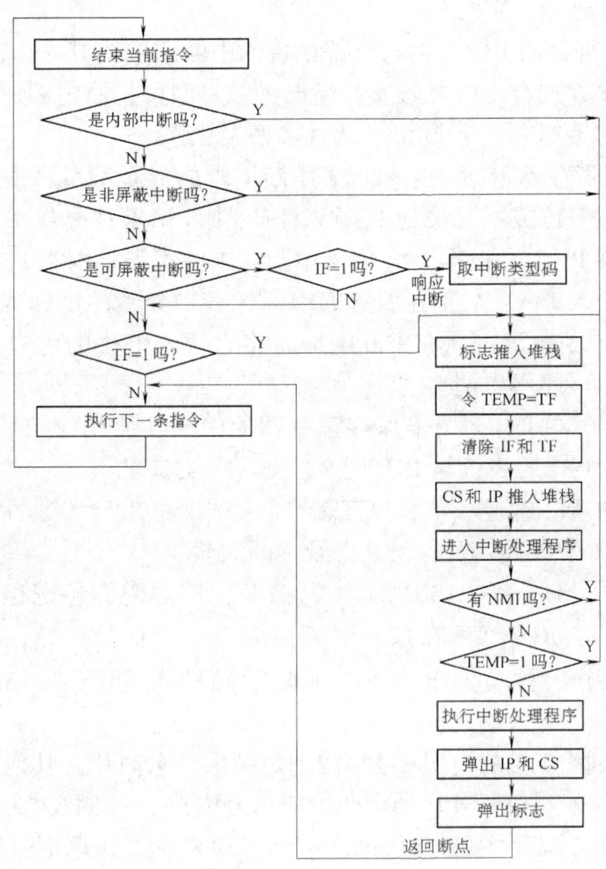

图 7-22　8086 中断响应的过程

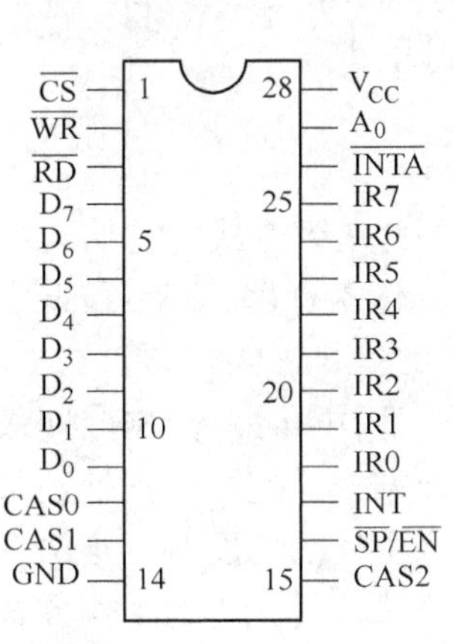

图 7-23　8259A 的引脚图

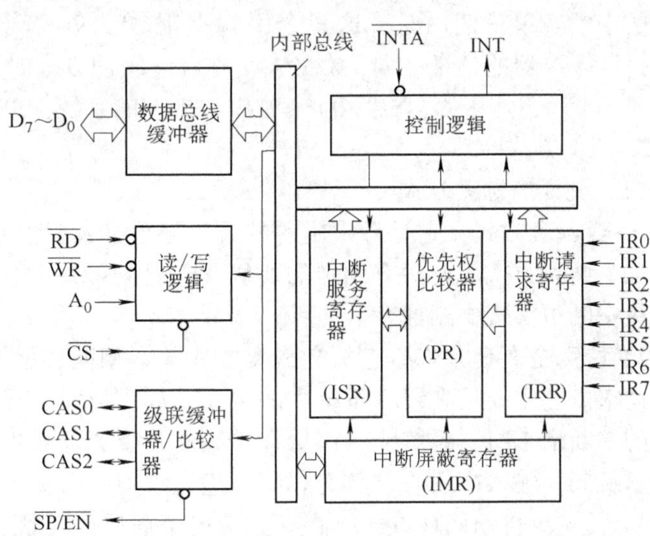

图 7-24　8259A 的内部结构图

8259A 有八个基本部分，它们是：

（1）8 位中断请求寄存器 IRR　它与外部设备的中断请求线 IR0 ~ IR7 相连，并把中断请求信号锁存在内。触发方式有正跳变触发和高电平触发两种，而中断请求信号的高电平必须保持到第一个$\overline{INTA}$信号有效后，否则请求信号将丢失。

（2）8 位中断屏蔽寄存器 IMR　用来设置中断请求的屏蔽信息，由程序写入，与八个中断源一一对应。如果某一位或某几位为 1，则对应的中断请求被屏蔽。

（3）优先权判别器 PR　它根据 IRR 中各中断请求的优先级别和 IMR 的情况，选取最高优先级别的中断请求送入 ISR，与正在服务的中断比较：如新的中断优先级别高，则使 INT 线为高，向 CPU 提出中断申请，并在中断响应时将它记入 ISR 的对应位；如果新的中断优先级别低或相等，则不再提出申请。

（4）8 位正服务寄存器 ISR　用来保存正处理的中断，使相应位置 1。如为全 0，表示 CPU 正执行正常程序。ISR 的 8 位与 IRR 的 8 位是一一对应的。

（5）数据总线缓冲器　这是一个 8 位三态双向缓冲器。8259A 通过它与外部数据总线相连，传输 CPU 的各种命令参数以及自身状态及中断向量。

（6）读/写逻辑　它接收来自 CPU 的读/写命令，控制内部各寄存器与 CPU 间的通信。$\overline{CS}$为 8259A 的片选信号；$\overline{RD}$、$\overline{WR}$在某一时刻只能有一个信号有效；根据 A_0 为 0 或为 1，选定片内不同的寄存器进行读写操作。$\overline{CS}$连到地址译码器的输出端，A_0 常和地址总线的 A_1 相连。

（7）控制逻辑　根据 IRR 的情况和 PR 的判定结果，它向片内其他部件发控制信号，向 CPU 发中断请求信号 INT，接收 CPU 的中断响应信号$\overline{INTA}$，控制 8259A 进入中断服务状态。

（8）级联缓冲器/比较器　中断数超过八级、多片 8259A 级联时，有主从关系。一片为主，其余为从。各从片的 INT 脚与主片的 IR_x 相连，它们的三个级联信号 CAS0 ~ CAS2 则分别对应互连。当某从片提出中断请求时，主片通过 CAS0 ~ CAS2 给从片送相应的编码，允许从片的中断。单片使用时，这三个引脚不用。8259A 工作在缓冲方式时，$\overline{SP}/\overline{EN}$是输出信号，控制缓冲器的传送方向；8259A 工作在非缓冲方式时，是输入信号，用于规定该片是主片（$\overline{SP}=1$）还是从片（$\overline{SP}=0$）。单片 8259A 的系统，$\overline{SP}/\overline{EN}$接高电平。

2. 工作方式

（1）设置优先级方式

1）全嵌套方式　它是最常用的方式。若 8259A 没有设置其他优先级方式，初始化后就自动进入此种方式。此时有固定的八级优先排列顺序，IR0 最高，依次递降，IR7 最低。高优先级中断可实现中断嵌套。

2）特殊全嵌套方式　它与全嵌套方式基本相同，但该方式处理中断时，会响应同级的中断请求。它主要用在级联系统中的主片，从片则处于其他优先级方式。这样，正处理某一从片的中断请求时，系统能对该从片较高优先级请求开放。因为从主片的角度看，这两个中断请求从同一输入端引入、具有相同的优先级别；而实效上能确认从片优先级的工作方式。

3）优先级自动循环方式　在某些情况下需要改变优先级固定不变的安排，例如系统中有几个中断源优先级相等，便希望优先级次序循环变化，让 IR0 ~ IR7 轮流具有最高优先级：当某一级中断处理完毕后，它的优先级被修改为最低，下一级成为最高优先级。

4）优先级特殊循环方式　与上一方式相比只有一点不同，即一开始的最低优先级是由编程确定的。例如，确定 IR3 为最低，那么 IR4 就是最高。而上一方式一开始的最高优先级一定是 IR0。

（2）屏蔽中断的方式

1）普通屏蔽方式　此时每个中断请求输入端都可通过对应屏蔽位屏蔽，使不能从 8259A 送到 CPU。当然，屏蔽是暂时的，过了一定时间要撤消屏蔽。比如，计算机网络通信中接收中断的优先级较高，当计算机工作站发送信息时，对接收中断要屏蔽，以免打断发送过程，而完成发送后，要立即开中，以免其他站点往本站的发送得不到回答。

2）特殊屏蔽方式　有时希望在执行中断处理程序的某一部分时，禁止较低优先级的中断请求，而执行另一部分时，又能将其开放。如用 IMR 来达到这一要求，因每当一个中断请求被响应时，会使 ISR 的对应位置 1，只要中断处理程序没有发出中断结束命令 EOI，ISR 的对应位不会复位，将禁止所有优先级比它低的中断请求。采用了本方式，会使 ISR 的对应位自动清 0，这样就只屏蔽了当前正处理的这级中断，却开放了其他级别较低的中断。

（3）结束中断处理的方式　中断请求响应时，ISR 中的相应位将置 1，为 PR 的工作提供比较依据；中断程序结束后，须使该位清 0，否则，8259A 的中断控制功能会不正常，这使 ISR 中对应位清 0 的动作就是中断结束处理。

1）中断自动结束方式　在这种方式，系统一进入中断程序，8259A 就自动将 ISR 中的对应位清 0，其高电平被取消，好像中断已经结束。用于防止程序员在中断程序中忘了给出中断结束命令。缺点是如出现新的中断请求，不管级别如何，只要 CPU 允中，都将打断正在执行的中断而被优先执行，这是不合理的。因此只能用在只有一片 8259A 且多个中断不会嵌套的情形。

2）一般的中断结束方式　当中断处理完毕，给 8259A 送一般的中断结束命令 EOI，8259A 将 ISR 中级别最高的置 1 位清 0。因全嵌套方式最高的置 1 位对应于最后一次被响应的中断，也即当前的中断，所以该位复位相当于结束了当前中断。

3）特殊的中断结束方式　在非全嵌套的情况下，从 ISR 无法确定哪一级中断是最后响应的，也即无法确定当前的中断是哪级中断，便要采用本方式。此时操作字会指出要清除 ISR 的哪一位，然后结束中断。

在级联时，一般不用中断自动结束方式，而用一般的中断结束方式或特殊的中断结束方式。中断程序结束时须发两次中断结束命令，一次对主片发，另一次对从片发。

（4）连接系统总线的方式

1）缓冲方式　在多片级联的大系统，8259A 通过总线驱动器和数据总线相连。

2）非缓冲方式　在单片或片数不多的级联系统，8259A 直接与数据总线相连。

（5）如何引入中断请求

①　边沿触发方式。

②　电平触发方式。

③　中断查询方式，即用软件查询方法来响应与 8259A 相连的中断请求，一般用在多于 64 级中断或多个模块的场合。此时 8259A 的 INT 引脚不连接到 CPU 的 INTR 引脚，或者 CPU 正关中，所以不能响应从 8259A 来的中断请求；CPU 必须先用操作命令字发查询命令到 8259A，然后读取 IRR 状态，识别有无中断请求与优先级最高的中断请求。

（6）工作顺序

1）IR0 ~ IR7 中一条或多条中断请求变为高电平，使 IRR 相应位置 1。

2）8259A 接受这些请求，分析它们的优先级，向 CPU 发出中断请求信号 INT。

3）若 CPU 开中，则响应中断，并以$\overline{INTA}$脉冲作答。

4）8259A 接受第一个$\overline{INTA}$脉冲，最高优先级所对应的 ISR 相应位置 1，相应的 IRR 位复位。

5）8259A 接受第二个$\overline{INTA}$脉冲，向 CPU 发中断类型码。

6）至此，8259A 已完成整个中断响应周期。如中断自动结束方式，第二个$\overline{INTA}$脉冲结束时，ISR 位被复位；在其它情况，ISR 位置位到中断服务程序结束。

3. 命令字及其编程

8259A 是使用灵活、适用面广的中断控制器，这些优点来源于芯片的可编程特性。要用好 8259A，必须正确地将它接入系统，还必须正确理解它的各种工作方式，正确地编程。编程可分成两大部分：初始化编程和操作编程。初始化编程是芯片开始工作前必须进行的步骤，使芯片处于规定的基本工作方式。操作编程可在以后任何时刻进行，使 8259A 能在指定的某一具体方式下运行。编程都通过 CPU 向 8259A 写命令字来完成，写入的内容存在 8259A 的内部寄存器中。

（1）初始化命令字 ICW　有四个，分别标记为 ICW1 ~ ICW4，字长均一个字节，写入的次序见图 7-25。有些工作方式可以不写 ICW3 或 ICW4，由设置在 ICW1 中的特定位规定（也就是规定工作方式）。初始化命令字一旦设定，工作过程中不再改变。

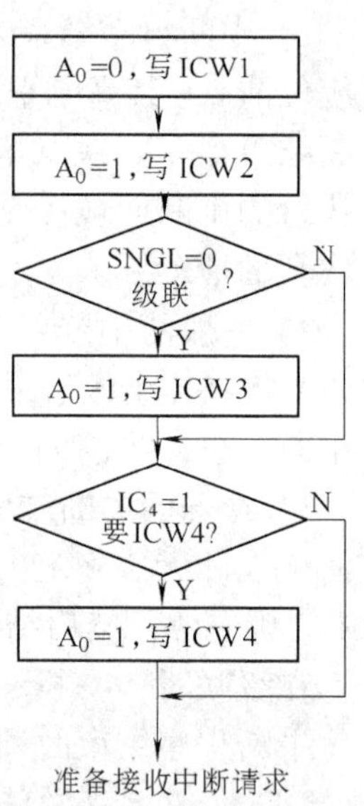

图 7-25　初始化过程

CPU 用 A_0 寻址 8259A 的端口。有两个，一个偶地址，$A_0=0$；一个奇地址，$A_0=1$。

1）ICW1　是芯片控制初始化命令字，必须写入偶地址端口。其各位的定义为

$D_7 \sim D_5$　无关项，一般设置为 0。

D_4　是 ICW1 的标志位，=1，以与 OCW2 和 OCW3 区分（它们也要求写入偶地址端口）。

D_3（LTIM）　设置触发方式：LTIM = 1，电平触发；LTIM = 0，上升沿触发。

D_2（ADI）　对 8086 无意义，可置 0。

D_1（SNGL）　SNGL = 1，单片方式，只用一片 8259A；SNGL = 0，级联方式，用多片 8259A。

D_0（IC_4）　$IC_4=1$，后面将设置 ICW4。对 8086，ICW4 必用。

例如，某 8086 微机系统，使用单片 8259A，中断请求信号为上升沿触发，端口地址为 20H、21H，则其初始化命令字为 00010011B，设置 ICW1 的指令为

```
MOV     AL，13H
OUT     20H，AL
```

2）ICW2　紧跟在 ICW1 后写入。用 $D_7 \sim D_3$ 设置可屏蔽中断类型码的基值（高五位），$D_2 \sim D_0$ 这三位须写入奇地址端口。

8259A 在 CPU 的第二个$\overline{INTA}$脉冲期间向 CPU 发中断类型码。共 8 位，高 5 位 $T_7 \sim T_3$ 由

用户编程确定，即ICW2$D_7 \sim D_3$的内容；低3位由8259A内部电路自动产生，与中断请求信号IR0～IR7相对应：IR0为000，IR1为001，…，IR7为111。

例如，某PC中8个可屏蔽中断请求信号IR0～IR7的类型码为08H～0FH，$A_0=1$，端口地址为21H，则ICW2为00001000B，设置ICW2的指令为

```
MOV    AL, 08H
OUT    21H, AL
```

3）ICW3　标志主片/从片的初始化命令字，必须写入奇地址端口。仅用于级联方式，若只用一片8259A，则不设置ICW3。ICW3可指出主片连接从片及从片连到主片的情况，所以主片的ICW3与从片的ICW3其各位的定义不同：

对于主片，其D_i与IR_i相对应。因此，$D_i=0$，便表示该IR_i位未接从片；$D_i=1$，则表示IR_i位接有从片。

对于从片，其$D_7 \sim D_3$均为0，而D_2、D_1、D_0=000、001、010、011、…、111分别表示该从片接到主片的IR0、IR1、IR2、IR3、…、IR7。

例如，某8086微机系统，主片的IR2和IR6引脚接有从片，主片的端口地址为20H、21H，IR2上从片的端口地址为30H、31H，IR6上从片的端口地址为40H、41H。则主片的ICW3为44H，应写入21H口；IR2上从片的ICW3为02H，应写入31H口；IR6上从片的ICW3为06H，应写入41H。

4）ICW4　写入奇地址端口，其各位的定义为

$D_7 \sim D_5$　均为0，是ICW4的标志位。

D_4（SFNM）　SFNM=1，是工作于特殊全嵌套方式；SFNM=0，是工作于普通全嵌套方式。

D_3（BUF）　若BUF=1，规定采用缓冲方式，此时引脚$\overline{SP}/\overline{EN}$为输出信号，当8259A与CPU传输数据时，它使数据总线驱动器启动；若BUF=0，规定采用非缓冲方式，$\overline{SP}/\overline{EN}$为输入信号，8259A不通过总线驱动器和数据总线相连，作为主片时，$\overline{SP}/\overline{EN}$接高电平，作为从片时，$\overline{SP}/\overline{EN}$接地。

D_2（M/S）　在缓冲方式下、BUF=1时，如M/S为1，本片是主片；如M/S为0，本片为从片。当BUF=0，M/S不起作用。

D_1（AEOI）　如AEOI=1，设置为中断自动结束方式。

D_0（μPM）　对8086，本位为1。

(2) 操作命令字OCW　有三个，分别为OCW1～OCW3，字长均一个字节。操作命令字可在8259A工作后任何时候写入，没有固定顺序，且可多次改变，以根据程序进展变更操作方式。

1）OCW1　用来设置屏蔽状态，其内容直接写入IMR的相应位，对IRR送来的请求信号进行屏蔽。IMR可以读出，供CPU了解屏蔽情况。

OCW1必须写入奇地址端口。

其Di=1，便对应屏蔽IR_i的中断请求；Di=0，不屏蔽。

例如，OCW1=06H，表示IR_2与IR_1两引脚上的中断屏蔽，其它引脚均允中。

2）OCW2　用来设置优先级循环方式和中断结束方式。必须写入偶地址端口，其各位的定义为

D_7（R）　R＝1，规定采用优先级循环方式；R＝0，非循环方式。

D_6（SL）　SL＝1，规定 L_2、L_1、L_0 有效；SL＝0，则无效。

D_5（EOI）　EOI＝0，采用中断自动结束方式；如 EOI＝1，ISR 中的对应位要用 EOI 命令来清除，EOI 命令就是通过本位置 1 发出的。

D_4、D_3　OCW2 的标志位，均为 0。

$D_2 \sim D_0$（L_2、L_1、L_0）　L_2、L_1、L_0 ＝000、001、010、…、111 分别表示 IR0、IR1、IR2、…、IR7。

表 7-11 列出了在不同的编码下 OCW2 的功能。

表　7-11

D_7（R）	D_6（SL）	D_5（EOI）	功　　能
0	0	1	一般的 EOI 命令
0	1	1	特殊的 EOI 命令，由 L_2、L_1、L_0 指出应清除哪一位
1	0	1	一般的 EOI 和循环命令
1	0	0	自动 EOI 和循环命令（设置）
0	0	0	自动 EOI 和循环命令（清除）
1	1	1	特殊的 EOI 和循环命令，由 L_2、L_1、L_0 指出循环开始时哪级优先级最低
1	1	0	优先级设定命令，由 L_2、L_1、L_0 指出哪级优先级最低
0	1	0	无效

例如，要设定 IR3 的优先级最高，则 IR2 的优先级最低，OCW2 应为 11000010B。

又如，要清除 8259A 的 IR6，则 OCW2 应为 01100110B。

3）OCW3　它有三个功能：设置和清除特殊屏蔽方式、设置中断查询方式和设置对内部寄存器的读命令。要求写入偶地址端口，其各位的定义为

D_7　置 0。

D_6（ESMM）　ESMM＝1，SMM 的设置有意义；ESMM＝0，SMM 的设置无意义。

D_5（SMM）　SMM＝1，设置为特殊屏蔽方式；SMM＝0，设置为一般屏蔽方式。

特殊屏蔽方式是 8259A 为了响应较低优先级的中断请求而提供的功能：CPU 先向 8259A 发特殊屏蔽字，使它处于特殊屏蔽状态，中断当前的中断程序，转去响应较低优先级的中断请求。当较低优先级的中断处理完毕返回时，要发清除特殊屏蔽字，恢复原来的嵌套顺序。设置和清除特殊屏蔽方式分别由 OCW3 的 ESMM 和 SMM 为 11 与 10 实现。

D_4、D_3 ＝01　OCW3 的标志位。

D_2（P） 当 P = 1，表示向 8259A 发查询命令。此时 8259A 所接各中断源不再通过 INT 提出中断申请，而改由 CPU 向 8259A 读取中断请求来判定是否需要服务。读取的方法是先写 OCW3，使 P = 1，然后对同一端口地址进行读操作（用 IN 指令），CPU 便得到 8259A 提供的查询字，知道当前有无中断请求，以及中断请求中优先级最高的是哪一个。

D_1（RR） RR = 1，表示 CPU 要读取 8259A 某寄存器的内容。

D_0（RIS） RIS = 1，读 ISR；RIS = 0，读 IRR。

如要读 IMR，只要把端口地址设置为奇地址，然后跟随一条 IN 指令即可。可在程序的任何位置实现，与 OCW3 无关。

查询字各位的定义为

D_7（IR） IR = 1，表示有中断请求；IR = 0，无请求。

$D_6 \sim D_3$ 未定义。

$D_2 \sim D_0$（W_2、W_1、W_0） W_2、W_1、W_0 = 000、001、010、…、111 分别表示当前中断请求的最高优先级是 IR0、IR1、IR2、…、IR7。

例如，D_2、D_1、D_0 三位均为 0，则 OCW3 = 01101000B 是设置特殊屏蔽方式字，OCW3 = 01001000B 是清除特殊屏蔽方式字。

又例，设 IR2 引脚有中断请求，但此时 8086 的 IF = 0，CPU 只能用中断查询方式，发查询命令 OCW3 = 00001100B 来了解，然后读 8259A 的查询字。程序为

```
MOV    AL, OCH
OUT    20H, AL
IN     AL, 20H          ; 读查询字
```

4. 应用实例

例 7-24 试编写一段程序，将 8086 系统中 8259A 的 IRR、ISR、IMR 的内容读到存储器 0080H 开始的单元中。设 8259A 的偶地址为 20H，奇地址为 21H。

```
MOV    AL, OAH          ; OCW3 = 00001010B, 读 IRR
OUT    20H, AL
IN     AL, 20H
MOV    [0080H], AL
MOV    AL, OBH          ; OCW3 = 00001011B, 读 ISR
OUT    20H, AL
IN     AL, 20H
MOV    [0081H], AL
IN     AL, 21H          ; 读 IMR
MOV    [0082H], AL
```

例 7-25 剖析 8259A 在 IBM PC/XT 机的初始化编程和操作编程。

IBM-PC/XT 微机只用一片 8259A，其连接见图 7-26。

表 7-12 列出了各中断源的类型码及中断服务程序的入口地址。

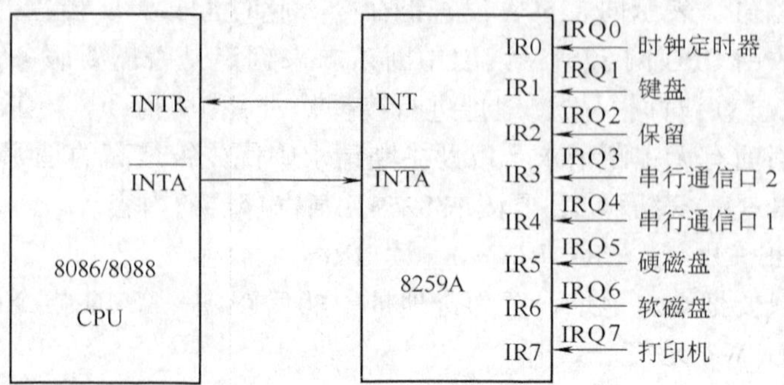

图 7-26　8259A 在 IBM PC/XT 中的连接

表　7-12

引入端	中断源名称	类型码	BIOS 中的中断服务程序名（段地址: 偏移地址）
IR_0	日时钟	08H	TIMER_INT（F000: FFA5H）
IR_1	键盘	09H	KB_INT（F000: E987H）
IR_2	保留	0AH	D_{11}（F000: FF23H）
IR_3	串行异步口 2	0BH	D_{11}（F000: FF23H）
IR_4	串行异步口 1	0CH	D_{11}（F000: FF23H）
IR_5	硬磁盘适配器	0DH	HD_INT（C800: 0760H）
IR_6	软磁盘适配器	0EH	DISK_INT（F000: EF57H）
IR_7	并行打印机	0FH	D_{11}（F000: FF23H）

8259A 的 8 个输入端在 XT 机中称为 IRQ0 ~ IRQ7。其中 IRQ0 接到 8253 的 OUT0。系统分配给 8259A 的 I/O 端口地址为 20H 和 21H，8259A 采用边沿触发方式、缓冲方式、一般的中断结束方式，中断优先级采用普通全嵌套方式。故初始化程序段为

```
MOV     AL，13H      ；ICW1 =00010011B，上升沿触发，单片，IC4 =1。
OUT     20H，AL
MOV     AL，08H，    ；ICW2 =00001000B，类型码高 5 位为 00001B
OUT     21H，AL
MOV     AL，0DH      ；ICW4 =00001101B，普通全嵌套，缓冲，一般的中断结束
OUT     21H，AL
```

完成写初始化命令字后，8259A 就准备接受外部中断请求了。操作命令是在此基础上按需要而写入的，不拘时间先后。

如果要求只允许时钟和键盘中断起作用，可用 OCW1 命令屏蔽其他中断：

```
MOV     AL，0FCH
OUT     21H，AL
```

又如 8259A 采用一般的中断结束方式，则每次中断结束前要对 8259A 进行中断结束操作，这可令 OCW2 中的 D_5（EOI）位置位来达到：

```
MOV    AL, 20H
OUT    20H, AL
```

例 7-26　简述 8259A 在 IBM PC/AT 中如何组成中断系统。

IBM PC/AT 微机系统采用的 CPU 是 80286。此系统的外部可屏蔽中断源除了图 7-26 中的 7 个中断源外，还有实时时钟、INT 0AH、80287 协处理器和第二个硬磁盘，故系统须用两片 8259A 组成中断系统。其中主片的功能与上例相同，而从片则管理增添的中断源，从片的中断请求信号 INT 与主片的 IR2 输入端相连，主片的 CAS0 ~ CAS2 作为输出信号输入从片的对应引脚。两片 8259A 的连接图见图 7-27。若采用全嵌套方式管理外部中断源时，优先级排列顺序从高到低依次为 IRQ0、IRQ1、IRQ8、IRQ9、…、IQ15、IRQ3、IRQ4、IRQ5、IRQ6、IRQ7。

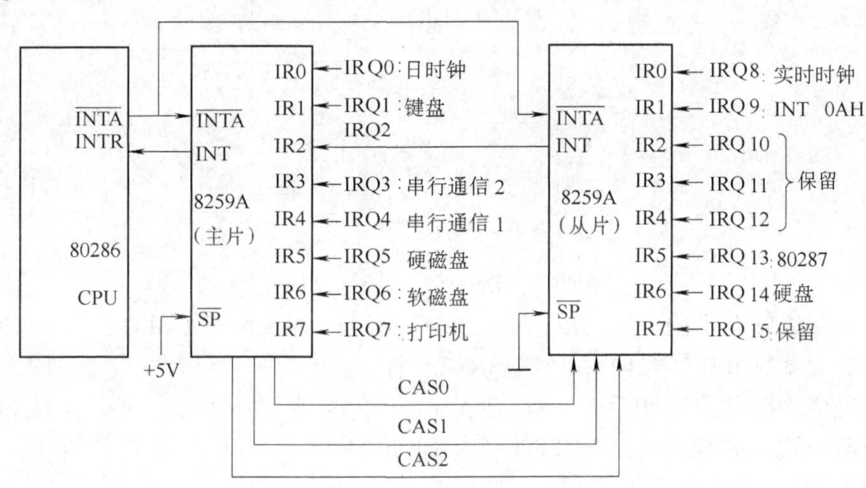

图 7-27　8259A 在 IBM PC/AT 机中的连接

三、DMA 传送

高速外设要与微机内存进行快速数据交换，就要用到 DMA 传送。此时，外设利用专用的接口电路直接和存储器进行高速数据传送，不经过 CPU。因此，不必进行保护现场、恢复现场之类的额外操作，传输速度可基本取决于外设和存储器的速度。实现这种传输的专用硬件电路称为 DMA 控制器（DMAC）。数据传输时，当然要用到系统的数据总线、地址总线和控制总线，这些总线原来由 CPU 管理，现在则要求 CPU 让出，把总线控制权交给 DMAC。

1. 与中断方式的比较

要快速传送数据，中断方式的传输速率还嫌不够高。因为每进入一次中断，都要保护断点和现场，结束中断前又要恢复现场、返回断点，花费不少时间；对于 CPU 来说，取指令和执行指令分别由 BIU 和 EU 两个部件完成，它们并行地工作，但一旦进入中断，指令队列就要清除，EU 需待 BIU 地中断处理程序中的指令取到指令队列才开始执行程序，同样，返回断点时，指令队列也要清除，EU 要待 BIU 重新装入断点处的指令后才开始执行程序，于是并行工作机制一时失效；再有，中断是按字节或字进行传送的，DMA 传送可按数据块传送，并也可实现存储器到存储器的直接传送。因此，DMA 方式较中断方式快速、优越得多。

2. 工作过程

PC 机 DMA 的工作示意图见图 7-28。其过程为

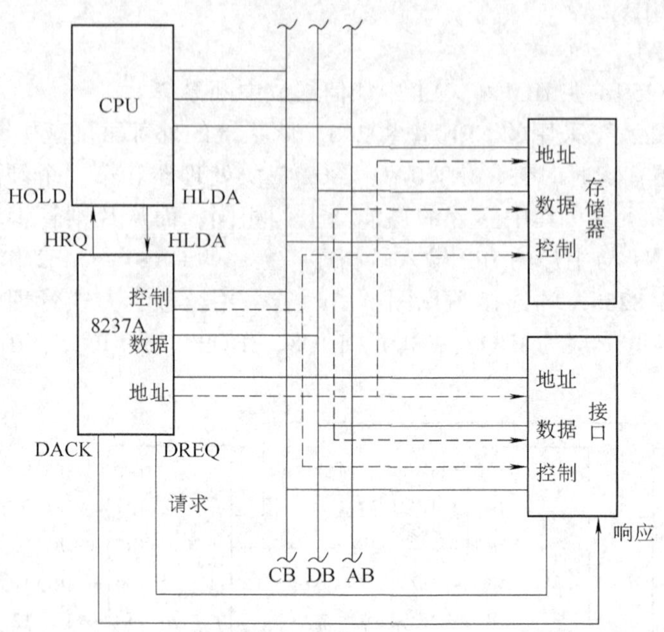

图 7-28　DMA 的工作示意图

1）当外设准备好，希望 DMA 操作时，向 DMAC 发 DMA 请求 DREQ。

2）DMAC 通过 HOLD 信号向 CPU 提出 DMA 请求。

3）CPU 完成当前总线周期后立即对 DMA 请求响应：将数据总线、地址总线和控制总线置高阻，放弃对总线的控制；并将 HLDA 信号加到 DMAC，通知它 CPU 已放弃了对总线的控制。

4）DMAC 开始对总线实施控制，并向外设送 DMA 应答信号 DACK。

5）DMAC 送出地址信号和控制信号，实现外设与内存或内存与内存的数据传送。

6）DMAC 将数据传送完后，通过 HOLD 信号，撤消向 CPU 的 DMA 请求。CPU 收到后使 HLDA 无效，并重新开始控制总线，恢复正常运行。

图 7-28 中虚线表示 DMA 操作时的信号流向，此时 DMAC 送出地址和控制信号，而数据传送是直接在接口和内存间进行的，并不经过 DMAC。对于内存和内存间的 DMA 传送，应先将数据由内存读出，放在 DMAC 的内部数据暂存器中，再利用一个 DMA 存储器写周期将该数据写到内存的另一区域。

四、8237A 芯片

8237A 是高性能的可编程 DMA 控制器，传输数据的速率高达 1.6MB/s。

1. 引脚说明

DMAC 8237A 的引脚见图 7-29。

$A_7 \sim A_0$　三态输出地址线，进行 DMA 传输时，输出 8 位地址。但 $A_3 \sim A_0$ 是双向的，因可作为输入地址线，用于选择 8237A 内部不同的寄存器。

$DB_7 \sim DB_0$　双向三态数据总线，与系统的数据总线相连。CPU 控制总线时，通过它对 8237A 编程或读内部寄存器内容。DMA 传送时，地址的高 8 位 $A_{15} \sim A_8$ 通过它输出，由 ADSTB信号锁存到外部锁存器中。存储器到存储器传送时，从存储器读出的数据通过它进入

8237A 内部，并从它再把数据送到新的存储单元。

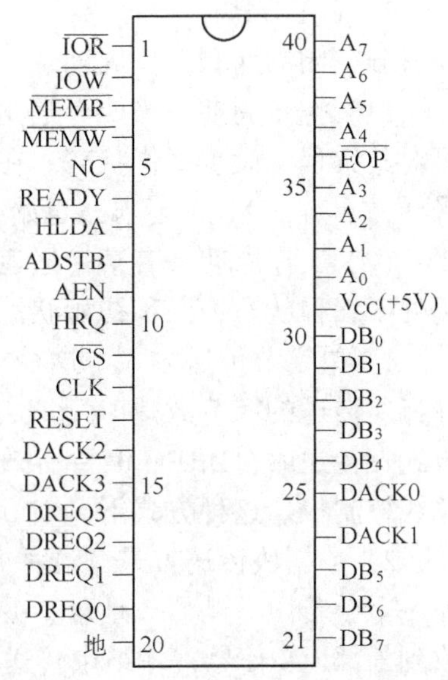

图 7-29　8237A 的引脚图

$\overline{\text{IOR}}$　双向三态 I/O 读控制信号。CPU 掌握总线时，它是输入控制信号，CPU 用它读取 8237A 内部寄存器的状态。DMA 传送时，它是输出控制信号，与$\overline{\text{MEMW}}$配合，控制数据由外设传到存储器。

$\overline{\text{IOW}}$　双向三态 I/O 写控制信号。CPU 掌握总线时，它是输入控制信号，籍以写 8237A 内部寄存器（编程）。DMA 传送时，它是输出控制信号，与$\overline{\text{MEMR}}$配合把数据从存储器送到外设。

$\overline{\text{MEMR}}$　三态输出存储器读控制信号，只用于 DMA 传送。它与$\overline{\text{IOW}}$信号配合，把数据从存储器传到外设；如存储器到存储器传送，它控制从源单元读出数据。

$\overline{\text{MEMW}}$　三态输出存储器写控制信号，只用于 DMA 传送。它与$\overline{\text{IOR}}$信号配合，把数据从外设写入存储器；如存储器到存储器传送，它控制数据写入目的单元。

ADSTB　地址选通输出信号。DMA 传送时，由它锁存 DB_7 ~ DB_0 上高 8 位地址 A_{15} ~ A_0 到外部锁存器。

AEN　地址允许输出信号。它把锁存在外部锁存器的高 8 位地址放到地址总线，且禁止系统的其它驱动器使用系统总线。

$\overline{\text{CS}}$　片选输入信号。非 DMA 传送时，CPU 用它对 8237A 寻址。通常与地址译码器连接。

RESET　复位输入信号。用它清除 8237A 的命令、状态、请求寄存器，数据暂存器以及先/后触发器，并置屏蔽寄存器为 1。复位后，8237A 处于空闲状态，可接受 CPU 对它的访问操作。

READY　准备好输入信号。遇上慢速内存或 I/O 接口时，它们提供 READY 信号，使 DMAC 在传送过程中插入时钟周期 S_W 而适应。此信号与 CPU 的 READY 信号类似。

HRQ　保持请求输出信号。它连到 CPU 的 HOLD 端，用于请求系统总线的控制权。

HLDA　保持响应输入信号。CPU 对 DMAC 的 HRQ 响应，产生此位号加到 DMAC 上，告知已放弃对系统总线控制。于是 DMAC 获得对系统总线的控制权。

DREQ0 ~ DREQ3　通道 0 ~ 3 的 DMA 请求输入信号。其有效电平也可由程序设定。它们的优先级由编程指定。如固定不变，则 DREQ0 优先级最高，DREQ3 最低。提出 DMA 请求时，在 DMAC 产生应答信号 DACK 前须保持有效。

DACK0 ~ DACK3　对应通道 0 ~ 3 的 DMA 响应输出信号。其有效电平可由程序设定。它告诉外设，其 DMA 请求已被批准并开始实施。

CLK　时钟输入。控制 8237A 的内部操作并决定 DMA 的传送速率。

$\overline{\text{EOP}}$　过程结束双向信号。可外部输入信号来终止正执行的 DMA。另外，任一通道传送结束时，8237A 也会产生$\overline{\text{EOP}}$输出信号。一旦出现$\overline{\text{EOP}}$，都会终止 DMA 传送，使请求复位，并根据编程规定做相应的操作。该引脚不用时，应通过数千欧电阻接到高电平上，防止干扰信号窜入。

2. 工作方式

分空闲周期和工作周期。

(1) 空闲周期　当四个通道均没有请求 DMA 时，8237A 就处于空闲周期。此时，CPU 可对其编程，设置工作状态。在空闲周期里，8237A 的每一时钟周期都对通道的请求输入线采样，看有无 DMA 请求，也始终对$\overline{\mathrm{CS}}$采样，看 CPU 是否对其内部寄存器寻址。

(2) 工作周期　有某一通道提出 DMA 请求，便向 CPU 输出 HRQ 信号，在 CPU 回答前，仍处于编程状态，又称初始状态。收到 HLDA 后，才进入工作周期。有四种工作类型：

1) 单字节传送方式　这种方式仅传送一个字节，传送后 8237A 将地址加 1（或减 1)，并将要传送的字节数减 1。每传送完一个字节，DMAC 放弃总线的控制权，交回 CPU。这种方式在传送时，DREQ 保持有效。传完后，DREQ 变为无效；并使 HRQ 无效，以保证交还总线控制权。这种方式下，CPU 和 DMAC 是轮流控制系统总线的。

2) 数据块传送方式　这种方式 DMAC 一旦获得总线控制权，将连续传送数据。每传送完一个字节，自动修改地址，并将要传送的字节数减 1，直到将所有要传的字节传送完，或收到外部$\overline{\mathrm{EOP}}$信号，才结束传送，交还控制权。对 8237A 编程后，每当传送结束可自动初始化。

数据块的最大长度可达 64KB。因此，CPU 可能很长时间不能获得总线控制权，应考虑其不利影响，例如，无法对 DRAM 刷新。

3) 请求传送方式　这种方式只要 DREQ 有效，DMA 传送就一直进行下去，直到字节计数为 0、或外部提供$\overline{\mathrm{EOP}}$、或 DREQ 无效时才止。

4) 级联方式　这种方式把多个 8237A 连接在一起，以扩充系统的 DMA 通道。下一层的 HRQ 接到上一层某通道的 DREQ 上，上一层的 DACK 接到下一层的 HLDA 上。见图 7-30。

当第二层 8237A 的请求得到响应时，第一层 8237A 仅输出 HRQ 信号而不能输出地址及控制信号。因为这时第二层的 8237A 应当输出地址及控制信号，两层不能发生竞争。第二层才是真正的主控制器，第一层仅起中介作用。

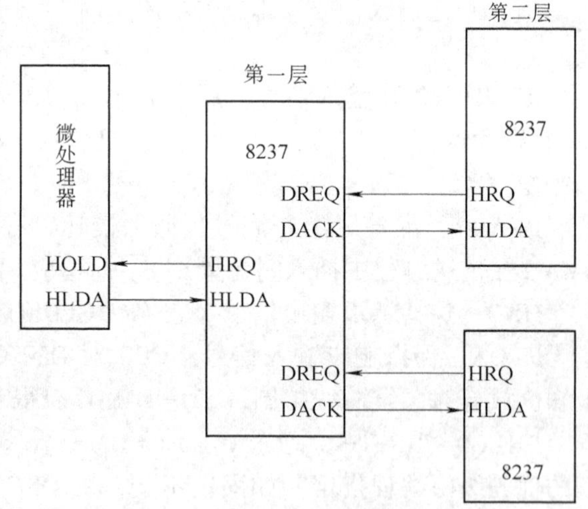

图 7-30　8237A 级联方式的连接

3. 传送类型

单字节传送、数据块传送、请求传送三种传送方式，都可采用 DMA 读、DMA 写和校验传送这三种基本传送类型，它们通过方式控制字设定；此外，还有存储器到存储器、自动预置、循环优先和压缩时序等四种特殊的传送类型，它们通过命令字设定。

(1) DMA 读　它是从存储器到 I/O 接口器件的传送，此时 8237A 发$\overline{\mathrm{MEMR}}$和$\overline{\mathrm{IOW}}$控制信号。

(2) DMA 写　它是从 I/O 接口器冲到存储器的传送，此时 8237A 发$\overline{\mathrm{MEMW}}$和$\overline{\mathrm{IOR}}$控制信号。

(3) 校验传送　它是一种伪传送操作，用于校验 8237A 的内部功能。它和 DMA 读、DMA 写一样产生地址的加、减 1 和字计数值减 1，并在计数值从 0 减为 FFFFH 时产生$\overline{EOP}$信号，但所有读/写控制信号都处于无效状态。

(4) 存储器到存储器传送　它用来实现数据块从一个存储空间快速地传送到另一个存储空间。它只适用于通道 0 和通道 1，通道 0 指向源存储器地址，通道 1 指向目的存储器地址，每传送一个字节需执行 8 个状态，前 4 个用于从源存储器读数据到 8237A 的数据暂存器，后 4 个用于将数据暂存器内容写到目的存储器。

(5) 自动预置传送　它可在完成 DMA、出现$\overline{EOP}$有效信号后，将该通道的基本地址寄存器和基本字计数寄存器内容重新装入当前地址寄存器和当前字计数寄存器，从而使该通道继续执行新一次 DMA 服务。

(6) 循环优先传送　采用循环优先级管理方式使四个通道的优先级循环改变，这样每一通道都可成为最高优先级，防止某个通道抢占 DMA 操作。

(7) 压缩时序传送　能获得更高数据传送率。8237A 可采用正常时序和压缩时序两种操作时序。前者传送一个字节需三个时钟周期，后者仅需两个时钟周期。

4. 内部寄存器

有 12 种功能不同的寄存器。表 7-13 列出了它们的名称、长度和数量。有 4 个的每个通道一个；只一个的，则各通道共用。

表 7-13

名　称	长度	数量	名　称	长度	数量
基本地址寄存器	16 位	4	状态寄存器	8 位	1
当前地址寄存器	16 位	4	命令寄存器	8 位	1
基本字计数寄存器	16 位	4	数据暂存寄存器	8 位	1
当前字计数寄存器	16 位	4	方式寄存器	8 位	4
地址暂存寄存器	16 位	1	屏蔽寄存器	4 位	1
字数暂存寄存器	16 位	1	请求寄存器	4 位	1

(1) 基本地址寄存器　保存 DMA 传送的起始地址。初始化编程时由 CPU 预置 16 位地址值，分两次写入。CPU 不能对它读。

(2) 当前地址寄存器　保存 DMA 传送时存储器的当前地址，每传送一个字节，其内容自动加 1 或减 1。基本地址寄存器的内容是它的初值，编程时由 CPU 同时写入，因为它们共用一个 I/O 地址。编程时 CPU 分两次读/写该寄存器的内容。

(3) 基本字计数寄存器　存放 DMA 操作需要传送的字节总数，其值编程时由 CPU 预置。CPU 不能对它读。

(4) 当前字计数寄存器　它表示还需传送的字节数。每传送一个字节，其内容自动减 1，直到由 0000H 减为 FFFFH、$\overline{EOP}$变低。基本字计数寄存器的内容是它的初值，编程时由 CPU 对它们同时写入，因为它们共用一个 I/O 地址。编程时 CPU 分两次读/写该寄存器的内容。

(5) 方式寄存器　保存 DMA 的传送方式和传送类型，编程时由 CPU 设置。由于四个通道的方式寄存器具有相同的I/O地址，所以写方式字时，其最低两位D_1、D_0用于通道选择，00、01、10、11分别对应通道0、1、2、3。$D_7 \sim D_2$则是装入方式寄存器的内容：

D_7、D_6　用于规定工作方式。00、01、10、11分别表示请求方式、单字节方式、数据块方式、级联方式。

D_5　地址增减选择。1是递减，0是递增。

D_4　自动预置功能选择。1是允许，0是禁止。

D_3、D_2　规定传送类型。00、01、10、11分别表示校验传送、写传送、读传送、无效。

（6）请求寄存器　又称为请求触发器，每个通道1位。用于在软件控制下产生DMA请求，以代替硬件产生的DREQ信号。编程时CPU通过请求字逐一对各通道的请求触发器实现置位/复位操作。请求字的$D_7 \sim D_3$无定义；D_2为1是置位，为0是复位；D_1、D_0是通道选择，其编码与对应的通道同方式字。

（7）屏蔽寄存器　又称为屏蔽触发器，每个通道1位。用于通过软件控制每个通道的DMA请求是否有效。屏蔽触发器置位，是禁止；如复位，才允许该通道的DMA请求。写入屏蔽寄存器的屏蔽字格式与请求字相同，即：$D_7 \sim D_3$无定义；D_2为1是置位，为0是复位；D_1、D_0的编码同方式字。

（8）地址暂存寄存器和字数暂存寄存器　它们带有加减1功能，供DMA操作时完成当前地址寄存器和当前字计数寄存器内容的修改。DMA操作每传送一个字节后，通道当前地址寄存器内容先取入地址暂存寄存器，按方式寄存器的规定加减1操作后再送回；同样，当前字计数寄存器的内容先取入字数暂存寄存器，减1后送回。由于它们仅作为运算工具，所以CPU没有访问这两个暂存器的必要。

（9）命令寄存器也名控制寄存器　用来存放8237A的操作方式，编程时由CPU预置操作命令字，其各位的定义为

D_7　如为1，DACK信号高电平有效；为0，低电平有效。

D_6　如为1，DREQ信号低电平有效；为0，高电平有效。

D_5　为1是扩展写（可提高传输速度）；为0是不扩展写。当$D_0 = 1$，可任意。

D_4　为1是循环优先级；为0是固定优先级。

D_3　为1是压缩时序；为0是正常时序。当$D_0 = 1$，可任意。

D_2　为1停止芯片工作；为0启动芯片工作。

D_1　为1允许通道0源地址保持；为0禁止通道0源地址保持。当$D_0 = 0$，可任意。

D_0　为1允许存储器到存储传送；为0禁止存储器到存储器传送。

（10）状态寄存器　用来表示8237A各通道已否终止计数（即$\overline{EOP} = 0$）和DREQ请求是否有效。状态字各位的定义为

D_7、D_6、D_5、D_4　如为1依次分别表示通道3、通道2、通道1、通道0的请求有效。

D_3、D_2、D_1、D_0　如为1依次分别表示通道3、通道2、通道1、通道0已终止计数。

（11）数据暂存寄存器　用于存储器到存储器传送方式中，暂时存放从源地址存储器读出的数据。

5. 地址分配

地址码$A_3 \sim A_0$有0000～1111 16种组合，对应于8237A的16个端口地址，见表7-14。

表 7-14

A_3	A_2	A_1	A_0	$\overline{IOR}$	$\overline{IOW}$	说明	
0	0	0	0	1	0	通道 0	写：基本地址寄存器和当前地址寄存器
				0	1		读：当前地址寄存器
0	0	0	1	1	0	通道 0	写：基本字计数寄存器和当前字计数寄存器
				0	1		读：当前字计数寄存器
0	0	1	0	1	0	通道 1	写：基本地址寄存器和当前地址寄存器
				0	1		读：当前地址寄存器
0	0	1	1	1	0	通道 1	写：基本字计数寄存器和当前字计数寄存器
				0	1		读：当前字计数寄存器
0	1	0	0	1	0	通道 2	写：基本地址寄存器和当前地址寄存器
				0	1		读：当前地址寄存器
0	1	0	1	1	0	通道 2	写：基本字计数寄存器和当前字计数寄存器
				0	1		读：当前字计数寄存器
0	1	1	0	1	0	通道 3	写：基本地址寄存器和当前地址寄存器
				0	1		读：当前地址寄存器
0	1	1	1	1	0	通道 3	写：基本字计数寄存器和当前字计数寄存器
				0	1		读：当前字计数寄存器
1	0	0	0	1	0		读：状态寄存器
				0	1		写：命令寄存器
1	0	0	1	1	0		写：请求寄存器
1	0	1	0	1	0		写：发管理一位的屏蔽字
1	0	1	1	1	0		写：方式寄存器
1	1	0	0	1	0		写：清除先/后触发器
1	1	0	1	0	1		读：数据暂存寄存器
1	1	0	1	1	0		写：8237A 总清（等效于 RESET 信号）
1	1	1	0	1	0		写：清除屏蔽寄存器
1	1	1	1	1	0		写：发管理四位的屏蔽字

注：1. 地址与读写信号的其他组合无意义。

2. 对于 16 位寄存器，写或读都需两次。内部逻辑中有一个字节指向触发器 F（也称先/后触发器），它按计数方式工作。F 触发器为 0，读、写指向低字节；F 为 1，指向高字节。每次读写后 F 改变状态。地址 1100 写可使 F 初始化为 0。

3. 其中有三个地址分配用作软件命令，它们是：对 8237A 总清；对屏蔽寄存器清 0 和对字节指向触发器 F 清 0。三种命令都可用输出指令实施（指令中 AL 的内容不起作用，可为任意值）。

五、8253 芯片

8253 是可编程计数器/定时器。每片含三个独立的、结构相同的 16 位计数器，可按二进制或 BCD 码计数，最高计数速率达 2MHz；有六种工作方式，由程序设置和改变；输入和输出均与 TTL 兼容。

1. 基本工作原理

每个计数器的逻辑原理框图见图 7-31。通过对控制字寄存器（8 位）的设置选择其工作方式。计数初值寄存器 CR（16 位）和计数输出锁存器 OL（16 位）占用同一个 I/O 端口地址，CPU 用输出指令向 CR 预置初值，用输入指令读回 OL 的数值，CR 和 OL 都没有计数功能，只起锁存作用；计数执行单元 CE（16 位）执行计数操作，其操作方式受控制字寄存器控制。通常 CE 接收来自 CR 的初值，按 CLK 信号减 1 计数，结果送到 OL 中锁存。减到 0 时，通过 OUT 引脚输出信号，表明 CE 已为 0。当 CLK 是周期性时钟信号时，计数器成了定时器；当 CLK 是非周期性事件计数信号时，呈计数器功能。OL 通常跟随 CE 的内容变化，OL 收到 CPU 来的锁存命令时，就锁定当前计数值，不再跟随 CE 变化，直到 CPU 读取锁存值后才恢复跟随 CE。

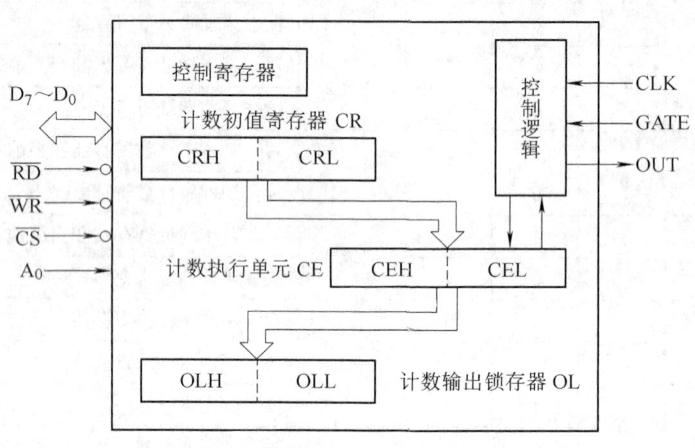

图 7-31　8253 中计数器的原理框图

2. 引脚与内部结构

8253 的引脚和内部结构见图 7-32 和图 7-33。

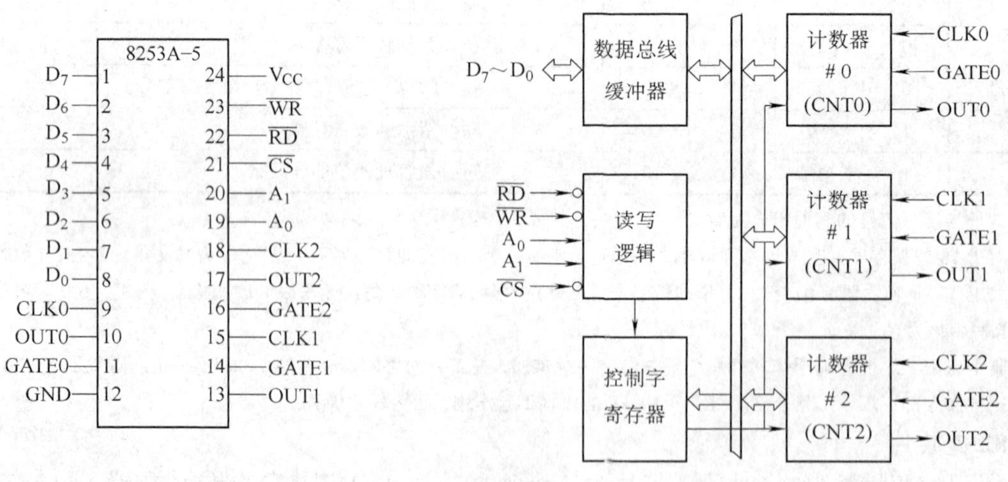

图 7-32　8253 的引脚图

图 7-33　8253 的内部结构图

（1）数据总线缓冲器　它是 8253 与 CPU 数据总线连接的八位双向三态缓冲器。CPU 用输入输出指令对 8253 读写的信息都通过它传送，包括：

1）在初始化编程时，写控制字。

2）向 CR 写计数初值。

3）从 OL 读计数值。

（2）读/写逻辑　它是 8253 内部操作的控制部分。其中含片选信号$\overline{CS}$的控制，$\overline{CS}$为高时，数据总线缓冲器处于三态，与系统的数据总线脱开，不能编程，也不能读写操作。引脚 A_0、A_1 是地址输入线，接到地址总线的 A_0、A_1，用于 8253 内部四个端口（三个计数器和控制字寄存器）的选择。其端口选择与读写功能见表 7-15。

表　7-15

$\overline{CS}$	$\overline{RD}$	$\overline{WR}$	A_1	A_0	读写功能
0	1	0	0	0	计数器初值装入计数器 0
0	1	0	0	1	计数器初值装入计数器 1
0	1	0	1	0	计数器初值装入计数器 2
0	1	0	1	1	写控制字寄存器
0	0	1	0	0	读计数器 0
0	0	1	0	1	读计数器 1
0	0	1	1	0	读计数器 2

（3）控制字寄存器　8253 初始化编程时，由 CPU 向它写入控制字，决定各计数器的工作方式。此寄存器只能写、不能读。

（4）计数器 0、1、2　这三个计数器/定时器各有三个引脚：

1）CLK 计数输入。用于输入定时脉冲或计数脉冲，脉冲由系统时钟或其他脉冲源提供。

2）OUT 输出信号。计数到 0 时，通过该引脚输出信号，六种工作方式各有不同的输出波形。

3）GATE 门控输入。是控制计数器工作的外部信号。GATE 为低时，禁止计数器工作。两个或两个以上计数器联用时，用此信号来同步；也用于与外部信号同步。

3. 控制字及其设置

控制字各位的定义如下：

D_7、D_6 指出它是哪一个计数器的控制字。三个计数器的工作是完全独立的，所以需要三个控制字寄存器来设定它们的工作方式；但寄存器的地址是同一个，即 $A_1A_0=11$ 所对应的地址。$D_7D_6=00$、01、10、11 分别指出是计数器 0、计数器 1、计数器 2 和非法。

D_5、D_4　CPU 向计数器写初值和读取当前状态时，根据 8 位数还是 16 位数，有几种不同的格式。若是 8 位数，令 $D_5D_4=01$，就只读/写低 8 位，高 8 位自动清 0。若是 16 位数，如 $D_5D_4=11$，就先读/写低 8 位，后读/写高 8 位；如 $D_5D_4=10$，就只读/写高 8 位，低 8 位自动清 0。如 $D_5D_4=00$，则对当前计数值锁存，以便读出。

D_3、D_2、D_1　每个计数器可有六种工作方式，由 $D_3D_2D_1$ 决定采用哪一方式。$D_3D_2D_1=$ 000、001、X10、X11、100、101 依次分别指明是方式 0、方式 1、方式 2、方式 3、方式 4、方式 5。

D_0　每个计数器有两种计数制：若 $D_0=0$，采用二进制计数，写入初值的范围为 0000H ~ FFFFH，其中 0000H 是最大值，表示 65536；若 $D_0=1$，采用 BCD 码，写入初值的范围为 0000 ~ 9999，其中 0000 是最大值，表示 10000。因为计数器是先减 1，再判断是否为 0，所以 0 代表最大的计数值。

4. 工作方式

图 7-34 ~ 图 7-39 分别给出了六种方式的输入输出波形。图中有些共同问题先予说明：

1）图中$\overline{WR}$负脉冲是 CPU 执行输出指令时产生的写信号，$\overline{WR}$中的 CW 是向计数器写入的控制字，例如 CW = 10H，表示设置计数器 0 为工作方式 0，只读/写低 8 位，采用两进制。

2）LSB 是低 8 位计数值，LSB = 4 表示写入 CR 的是常数 4。

3）CLK 脉冲指的是 CLK 输入端从上升沿起到下降沿的过程。

4）触发信号指的是门控信号 GATE 输入端的上升沿，每一次意味着一个触发信号，与以后高电平持续长短无关。

5）计数器装入指的是从 CR 向 CE 的一次数值传送。

6）OUT 波形下的数字表示 CE 内的值，数间的虚线表示数值变化的瞬间。

（1）方式 0（计数结束产生中断）　其工作时序示如图 7-34 所示。

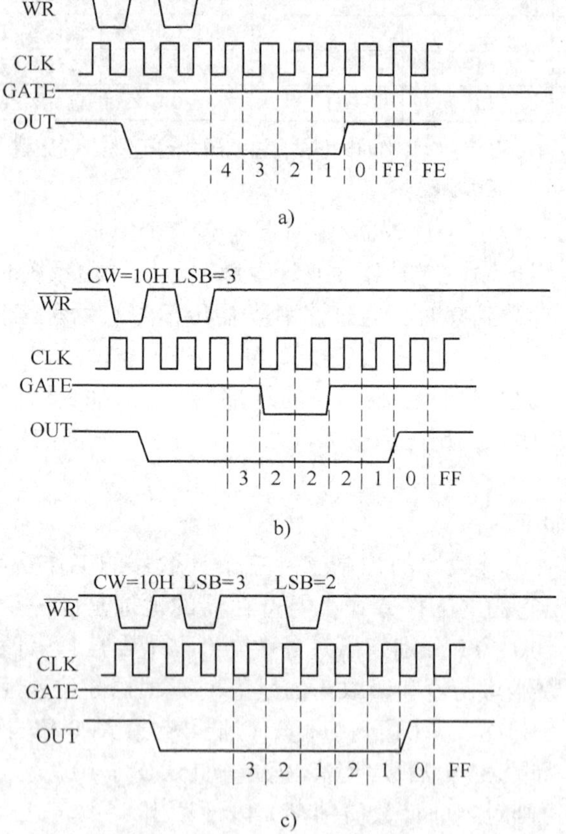

图 7-34　8253 方式 0 波形图

a）正常计数　b）GATE 信号的作用　c）计数过程中改变计数值

1）计数过程　写入 CW 后，OUT 立即变低，且在计数过程中不变。如未写入计数值，则未计数。当 GATE 为高，写入计数值后，就开始计数，直到计数为 0、OUT 输出高电平。其过程示如图 7-34a 所示。方式 0 计数只计一遍，到 0 后 OUT 保持高电平，不再重新计数。

2）GATE 信号的作用　在计数过程中，当 GATE 为低，可控制计数暂停；GATE 变高后则接着计数，如图 7-34b 所示。

3）计数过程中改变计数值　此时，若新计数值是 8 位的，将立即按新的计数值重新计数，如图 7-34c 所示；如是 16 位的，写入第一个字节后计数暂停，写入第二个字节后，立即按新的值重新计数。

4）OUT 输出由低到高的跳变　可作为中断请求信号送到 CPU。

（2）方式 1（硬件可重复触发的单稳态方式）

其工作时序见图 7-35。方式 1 由 GATE 上升沿触发，输出一个单拍负脉冲信号。

1）计数过程　写入 CW 后，OUT 为高。再写入计数值（设为 N），但并不计数；直待 GATE 端有触发信号并经一个 CLK 脉冲，OUT 变低才开始。计数到 0，OUT 又变高。因此，输出为单拍负脉冲，宽为 N 个 CLK 周期，见图 7-35a。是一种单稳态工作方式，似单稳态触发器。

2）GATE 信号的作用　计数结束后，若由 GATE 信号再次触发启动，将再输出一个同样宽度的单拍脉冲，可不用重新送计数值。

如计数过程中又来 GATE 信号，则经一个 CLK 脉冲，从初值开始重新计数，即中止原来的计数、开始新的一次计数，输出将加宽，见图 7-35b。

3）计数过程中改变计数值　不会立即影响原计数过程。只在下一 GATE 信号到来，再隔一个 CLK 周期，才终止原来计数，按新值开始计数，见图 7-35c。

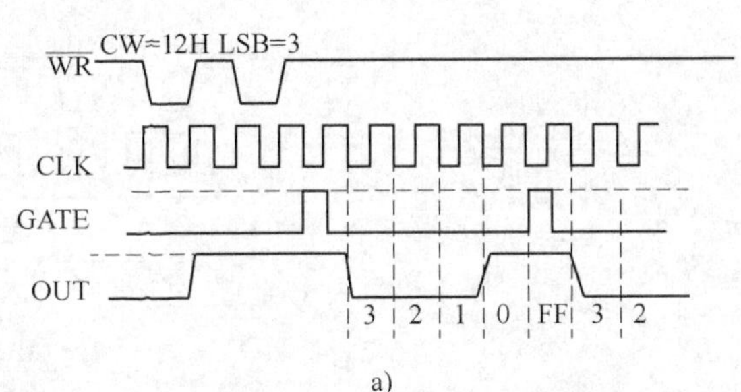

a)

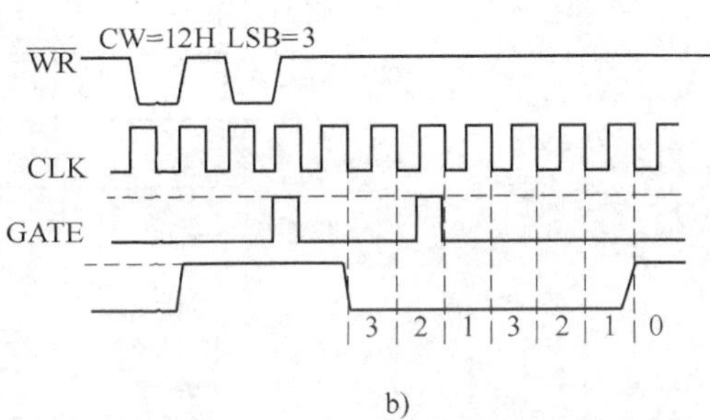

b)

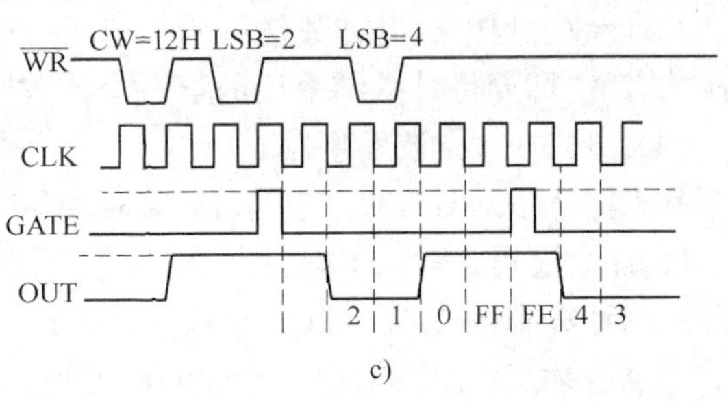

c)

图 7-35　8253 方式 1 波形图
a）正常计数　b）GATE 信号的作用
c）计数过程中改变计数值

（3）方式 2（分频器）

其工作时序见图 7-36。输出是按计数值 N 分频后产生的连续脉冲。

1）计数过程　写入 CW 后，OUT 为高。再写入计数值（设为 N），计数器立即对 CLK 计数；到计数器减到 1，OUT 变低；减到 0，OUT 又恢复为高，计数器则从初值开始重新计数。方式 2 的特点是连续工作，每输入 N 个 CLK 脉冲，就输出一个 CLK 周期宽的负脉冲，见图 7-36a，成为一种 N 分频的计数器，正脉冲宽度为 N－1 个时钟脉冲，负脉冲宽度为 1 个时钟脉冲。

在方式 2，计数器可由软件启动，也可由硬件启动。软件启动就是写入计数值；硬件启动则由外部输入上升沿脉冲到 GATE 端。

2）GATE 信号的作用　GATE 低时暂停计数，恢复高电平后重新开始计数，见图 7-36b。

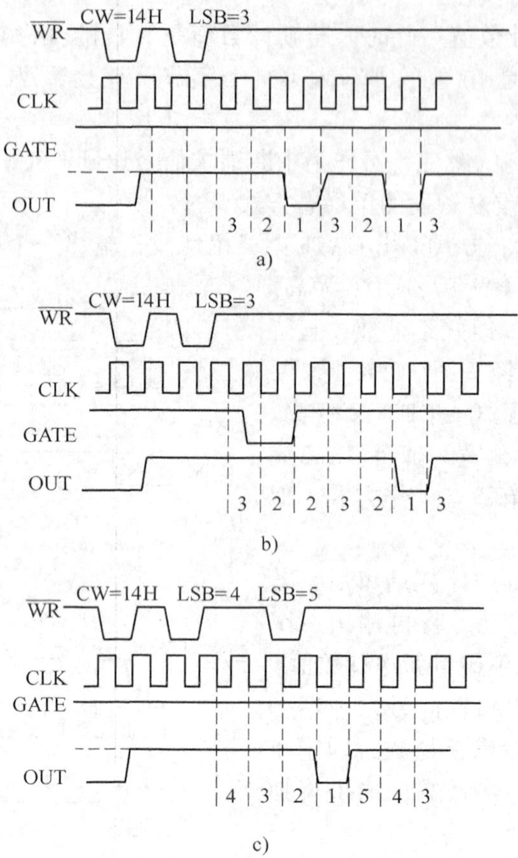

图 7-36　8253 方式 2 波形图

a）正常计数　b）GATE 信号的作用　c）计数过程中改变计数值

3）计数过程中改变计数值　若 GATE 一直为高,也不会立即影响计数过程。新的计数值下次才有效,即要待计数结束后的下一个计数周期开始,再按新的计数值计数,见图 7-36c。

（4）方式 3（方波发生器）

其工作时序见图 7-37。它与方式 2 很相似,区别在于它输出的是方波或基本对称的矩形波。

1）计数过程　写入 CW 后，OUT 为高。再写入计数值（设为 N），计数器立即对 CLK 计数；当计数到 N/2 时，OUT 变低；计数到 0 时，OUT 恢复为高，且从初值开始重新计数。方式 3 也连续工作。其输出一半时间高电平，一半时间低电平。

若 N 为偶数，OUT 的波形是连续的方波，见图 7-37a。

若 N 为奇数，OUT（N+1）/2 个 CLK 脉冲周期为高，（N-1）/2 个 CLK 脉冲周期为低，见图 7-37b。

方式 3 也既可软件启动，也可硬件启动。

2）GATE 信号的作用　GATE 为高，允许计数；GATE 为低，禁止计数。如 OUT 为低时 GATE 变低，OUT 将立即变高，停止计数。GATE 变高后，计数器重新装入初值，重新开始计数，见图 7-37c。

3）计数过程中改变计数值　若 GATE 一直为高，不会立即影响计数过程。从计数结束

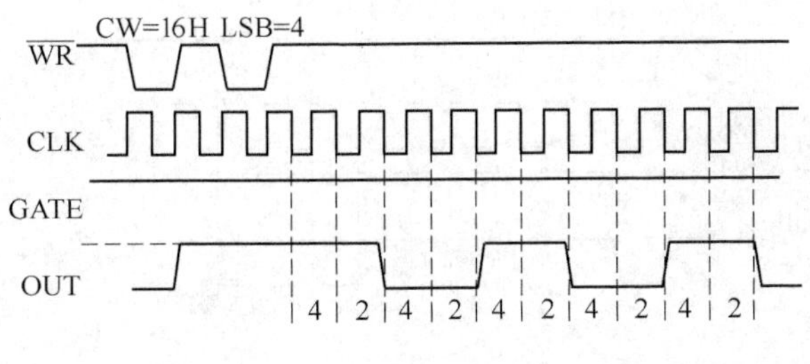

a)

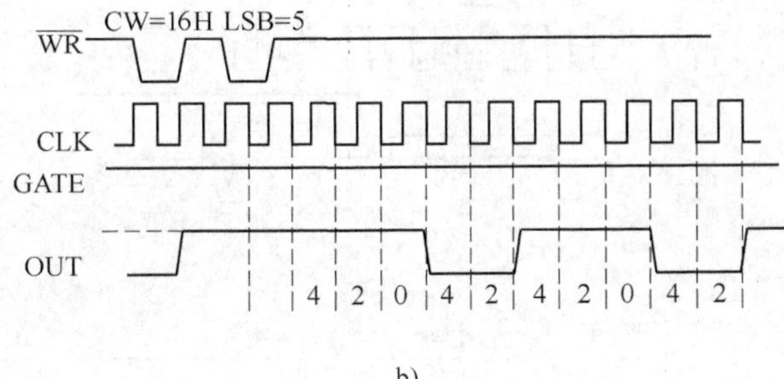

b)

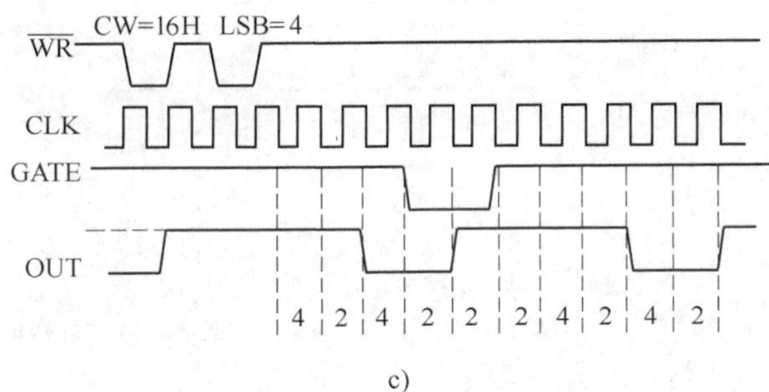

c)

图 7-37　8253 方式 3 波形图

a）正常计数（计数值为偶）　b）正常计数（计数值为奇）　c）GATE 信号的作用

后的下一个计数周期开始，按新的计数值计数。若写入新值后，遇到 GATE 的上升沿，计数器在下一个 CLK 脉冲时装入新的计数值并以该值开始计数。

（5）方式 4（软件触发选通方式）　其工作时序示见图 7-38。

1）计数过程　写入 CW 后，OUT 为高。再写入计数值后立即开始计数（软件启动）；计数到 0，OUT 变低，经过一个 CLK 周期，OUT 又变高，计数器停止计数。这种方式计数也只一次；在输入新的计数值后，才作新的计数。见图 7-38a。

2）GATE 信号的作用　GATE 为高，允许计数；GATE 为低，禁止计数。要软件启动，GATE 应为高电平。见图 7-38b。

3）计数过程中改变计数值　将立即按新的计数值重新开始计数，见图 7-38c。

（6）方式 5（硬件触发选通方式）　其工作时序见图 7-39。

1）计数过程　写入 CW 后，OUT 为高。再写入计数值，并不开始计数；要由 GATE 上升沿触发启动才计数。计数到 0，OUT 变低；经过一个 CLK 周期，恢复为高，停止计数。

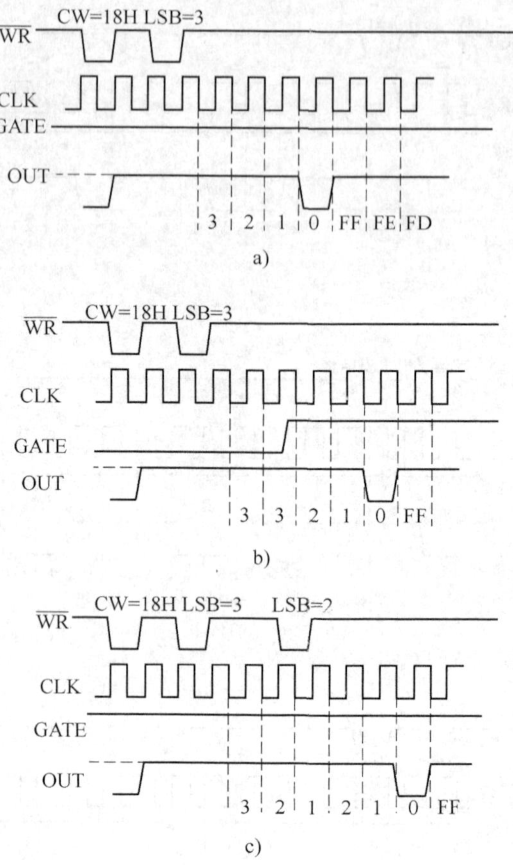

图 7-38　8253 方式 4 波形图

a）正常计数　b）GATE 信号的作用　c）计数过程中改变计数值

直待下次 GATE 触发才再计数，见图 7-39a。

2）GATE 信号的作用　计数过程中若又来了 GATE 的上升沿，将立即终止当前的计数，从初值开始重新计数，见图 7-39b。

3）计数过程中改变计数值　不会立即影响计数过程。要待下一个 GATE 上升沿到来，才按新的计数值开始计数，见图 7-39c。但若写入新值后，未计数到 0，又有新的 GATE 触发，将立即按新的计数值开始计数。

（7）六种方式比较　方式 2、方式 4、方式 5 的输出都是宽度为一个 CLK 周期的负脉冲，但方式 2 连续工作，方式 4 由软件触发启动，方式 5 由 GATE 触发启动。

方式 1 和方式 5 都由 GATE 触发启动，均输出负脉冲，但波形不同。方式 1 在计数过程中输出宽度为 N 个 CLK 周期的低电平，而方式 5 在计数过程中输出高电平，输出负脉冲的宽度为 1 个 CLK 周期。

写入 CW 后，方式 0 的 OUT 为低，其他五种均为高。写入 CW 只规定工作方式，计数器并未计数，六种方式都一样。随后写入计数值，方式 0、2、3、4 开始计数；而方式 1、5 还要 GATE 启动才计数。

方式 2、3 是连续计数；其它四种都是一次计数，要重新启动才再计数。方式 0、4 由软

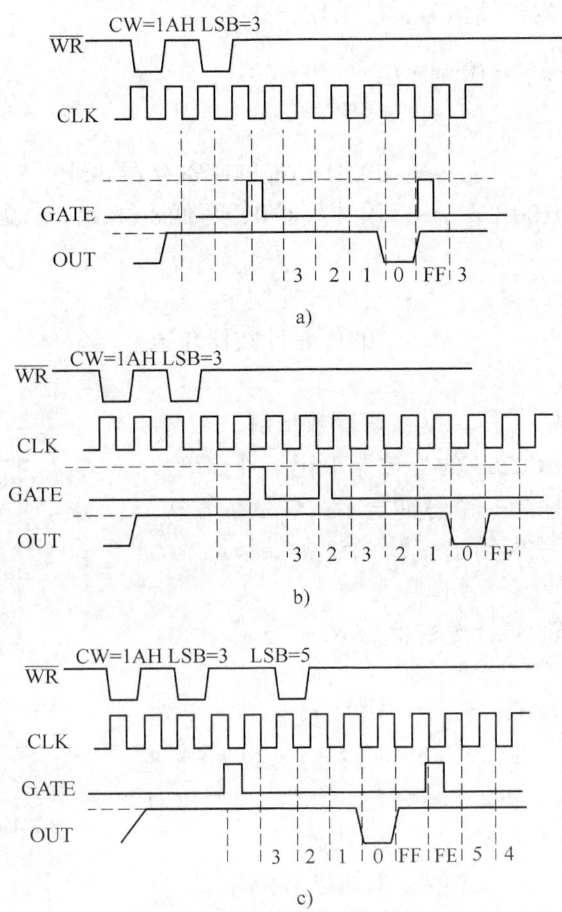

图 7-39　8253 方式 5 波形图

a）正常计数　b）GATE 信号的作用　c）计数过程中改变计数值

件启动，方式 1、5 由硬件启动，方式 2、3 软硬件都可启动。

5. 应用实例

例 7-27　图 7-40 所示 8253 时钟信号的频率为 8kHz，端口地址为 200H ~ 203H，要求每隔 10ms 定时给出一个中断请求信号，采用计数器 0。

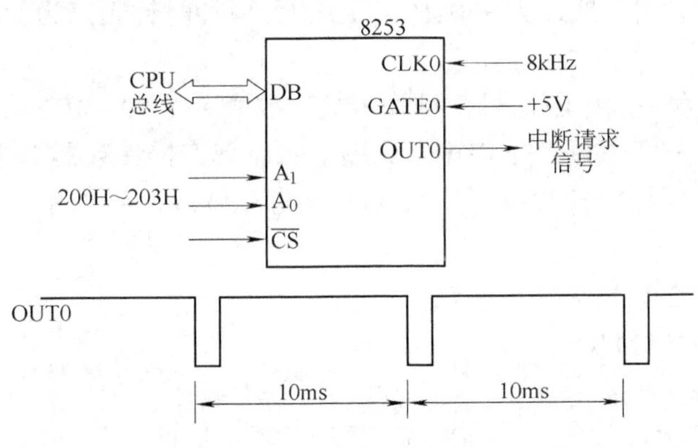

图 7-40　8253 用作定时器

由于要求每隔 10ms 发连续信号，故采用方式 2。

确定计数初值 $N = \frac{10\text{ms}}{T} = 10\text{ms} \cdot f_{\text{CLK}} = 80 = 50\text{H}$。

初始化程序为

```
MOV    DX, 203H          ; 203H 是控制字寄存器地址
MOV    AL, 00010100B     ; 用计数器 0，写低 8 位、高 8 位清零，方式 2，二进制计数
OUT    DX, AL            ; 写方式控制字
MOV    DX, 200H          ; 200H 是计数器 0 地址
MOV    AL, 50H
OUT    DX, AL            ; 写计数初值。
```

例 7-28 图 7-41 所示 8253 的计数器 1 记录外部事件的发生次数，CLK_1 端每输入一个脉冲表示事件发生一次。计数满 1250 次向 CPU 发中断请求，设 8253 的端口地址为 80H ~ 83H。

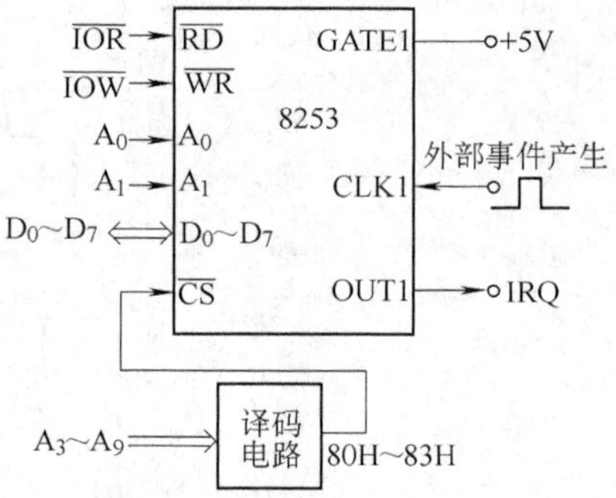

图 7-41　8253 用作计数器

根据题意，选择方式 0；计数初值为 N = 1250。

初始化程序为：

```
MOV    AL, 01110001B     ; 用计数器 1，先写低 8 位，再写高 8 位，方式 0，BCD 码计数
OUT    83H, AL           ; 写方式控制字
MOV    AL, 50H           ; 50H 是计数初值低 8 位
OUT    81H, AL           ; 81H 是计数器 1 地址；写低 8 位
MOV    AL, 12H           ; 12H 是计数值初高 8 位
OUT    81H, AL           ; 再写高 8 位
```

必须注意：采用 BCD 码计数，写入指令的计数值仍需写作 16 进制数，故本题为 50H 与 12H。

例 7-29 设 8253 的端口地址为 FF04H ~ FF07H，所加时钟频率为 1MHz，要求每隔 1min 产生一次定时中断。

每隔 1min 即 60s 发一次中断信号，可算出其计数值应为 $60 \cdot 10^6 = 6 \cdot 10^7$。因每个计数器的最大计数值为 65536，故须两个串用，见图 7-42。现安排计数器 1 用方式 3，计数值 $N_1 = 7500$；计数器 2 用方式 2，计数值 $N_2 = 8000$。7500×8000 恰好为 $6 \cdot 10^7$。

初始化程序为

```
MOV    DX, FF07H
MOV    AL, 01110111B
OUT    DX, AL
MOV    DX, FF05H         ; FF05H 是计数器 1 地址
MOV    AL, 00H
```

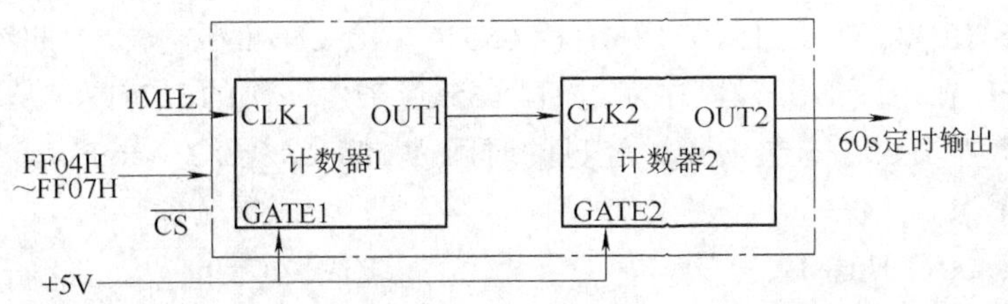

图 7-42　两个计数器串用

```
OUT    DX, AL
MOV    AL, 75H
OUT    DX, AL
MOV    DX, FF07H
MOV    AL, 10110101B
OUT    DX, AL
MOV    DX, FF06H          ; FF06H 是计数器 2 地址
MOV    AL, 00H
OUT    DX, AL
MOV    AL, 80H
OUT    DX, AL
```

例 7-30　讲述 8253 在 IBM-PC 中的应用。

IBM-PC 系统板上用了一片 8253，其三个计数器均用作系统所需的定时信号。接三个 CLK 引脚的时钟频率均为 1.19318MHz，由外设时钟 PCLK 二分频产生。8253 的端口地址为 040H ~ 043H，其连接见图 7-43。

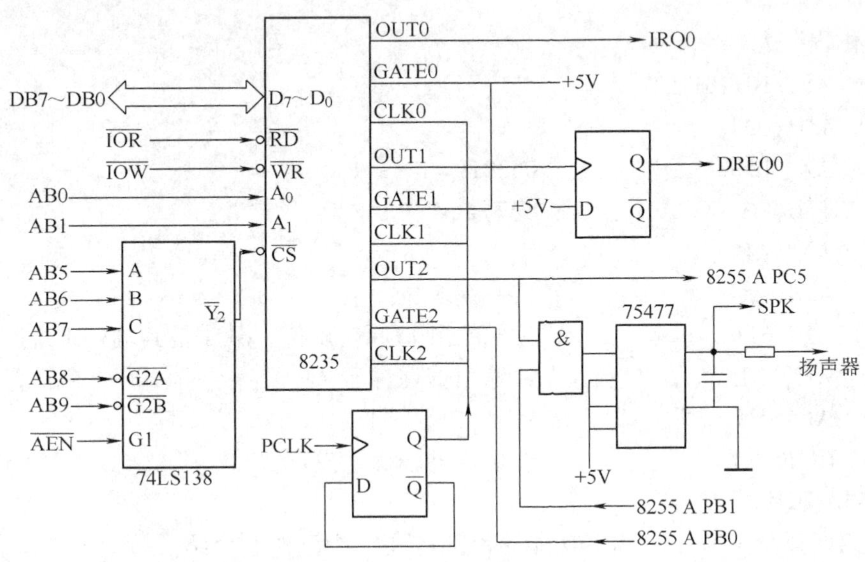

图 7-43　8253 在 IBM-PC 中的连接

三个计数器的安排如下：

1）计数器 0 产生实时日时钟信号。它工作于方式 3，计数值初为 0，二进制计数。OUT0

送出中断请求信号 IRQ0，它是 1.19318MHz ÷ 65536 = 18.2Hz 的方波，周期约 55ms，连接到 8259A 的 IR_0。CPU 在中断服务程序中对这每隔 55ms 产生一次的中断请求从初值 0 开始加 1 计数，计满时共产生了 65536 次中断，经过的时间为 65536s/18.2 ≈ 3600s = 1h。

其初始化程序为

```
MOV     AL, 00110110B
OUT     43H, AL
MOV     AL, 0                ; 计数初值为 65536
OUT     40H, AL              ; 先写计数值低 8 位
OUT     40H, AH              ; 再写计数值高 8 位
```

2）计数器 1 产生 DRAM 刷新的定时控制信号。它工作于方式 2，计数初值为 18，二进制计数。OUT1 输出周期为 18 ÷ 1.19318MHz = 15.08μs 的负脉冲序列，作为 8237A 通道 0 的 DMA 请求信号 DREQ0，以完成每隔 15.08μs 对 DRAM 的刷新操作。

其初始化程序为

```
MOV     AL, 01010100B
OUT     43H, AL
MOV     AL, 18
OUT     41H, AL              ; 只写低 8 位。
```

3）计数器 2 输出约 900Hz 的方波，控制系统的扬声器发声，作为报警信号或伴音信号。它也工作于方式 3，计数初值为 1331，二进制计数。GATE2 接到 8255 的 PB0，是扬声器发声时间的控制端。当 GATE2 为高，OUT2 将输出频率为 1.19318MHz ÷ 1331 ≈ 896Hz 的方波，经功放 75477 放大与滤波后驱动扬声器发声；GATE2 为低时，计数器 2 停止工作，OUT2 无方波输出。

其初始化程序为

```
MOV     AL, 10110110B
OUT     43H, AL
MOV     AX, 0533H            ; 0533H = 1331
OUT     42H, AL              ; 先写低 8 位
MOV     AL, AH
OUT     42H, AL              ; 再写高 8 位
IN      AL, 61H              ; 读 8255B 口原输出值，61H 是其端口地址
MOV     AH, AL               ; 原输出值保存于 AH
OR      AL, 03H              ; PB1、PB0 置 1
OUT     61H, AL              ; 使扬声器输出、发声
```

六、8255A 芯片

本书在第四章第三节一“用多功能芯片的扩展”中已作过介绍。

七、8251A 芯片

8251A 是通用同步/异步收发器，广泛应用于微机通信。通过编程，可工作在同步方式，也可工作在异步方式。同步方式时，每个字符可用 5、6、7 或 8 位来表示，也允许增加奇/偶校位，波特率为 0 ~ 64kbit/s；还可选择内同步或外同步，内同步时，能自动检测同步字

符实现同步。异步方式时，每个字符也可用 5、6、7 或 8 位来表示，其中 1 位作奇/偶校，波特率为 0～19.2kbit/s；能自动为每个数据增加起始位和停止位。芯片有三种错误检测功能：奇偶校错、溢出错和帧格式错。

1. 编程结构

图 7-44 是 8251A 的编程结构图。

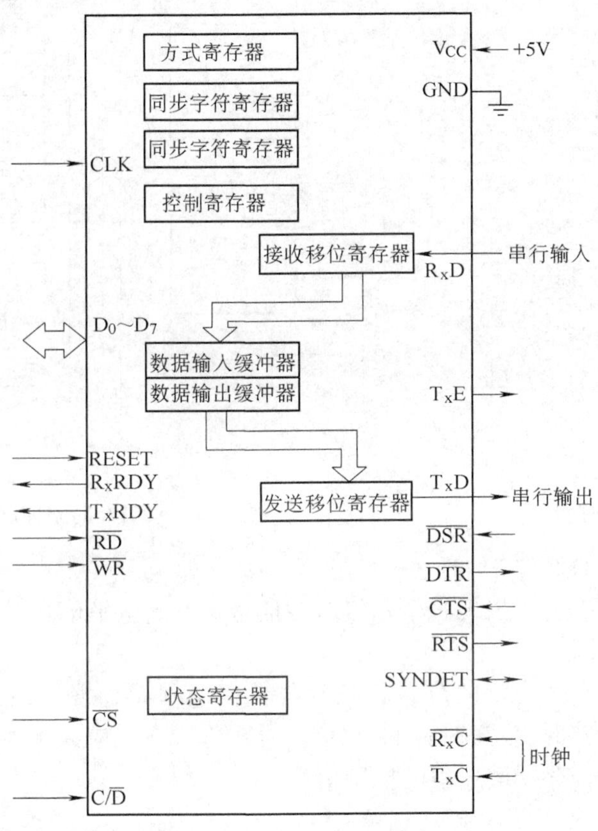

图 7-44　8251A 的编程结构图

图中数据输入缓冲寄存器和数据输出缓冲寄存器用同一个端口地址，却作两个端口用，一个输入，一个输出，不会混淆。

输入时，接收移位寄存器将 R_XD 端的串行数据接收并移位，变为 8 位并行数据，传送到数据输入缓冲寄存器，通过数据总线传送到 CPU；输出时，CPU 通过数据总线将数据传送到 8251A 的数据输出缓冲寄存器，再送到发送移位寄存器，用移位的办法将并行数据变为串行数据，从 T_XD 端送往外设。

控制寄存器控制芯片的工作，其内容由程序设置；状态寄存器则提供状态信息。

方式寄存器的内容决定工作在同步方式还是异步方式，还决定所接收和发送的字符格式。方式寄存器的内容也由程序设置。

两个同步字符寄存器存放同步方式所用的同步字符。

2. 引脚和工作原理

引脚图和原理框图见图 7-45 和图 7-46。芯片含：同 CPU 接口部分（数据总线缓冲器和读/写控制逻辑);发送器、接收器及控制电路;产生 RS-232C 有关信号的调制/解调控制电路。

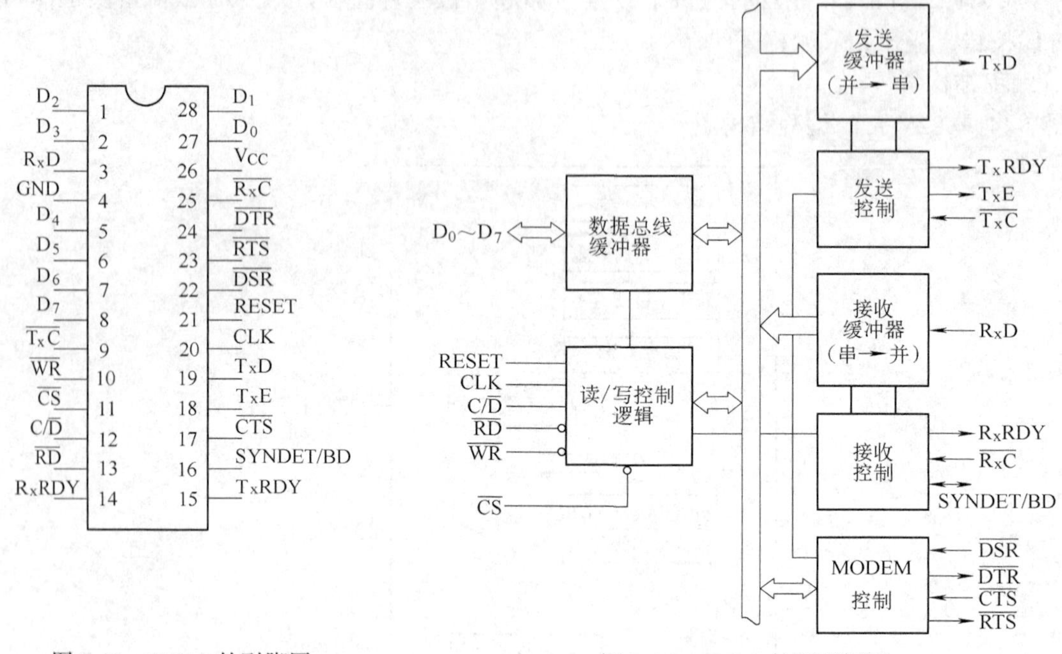

图 7-45　8251A 的引脚图　　　　图 7-46　8251A 的原理框图

(1) 与 CPU 连接的引脚

RESET　复位。当引脚上出现一个六倍时钟信号宽的高电平信号时，芯片被复位，处于空闲状态直到初始化编程。

CLK　时钟，用于产生内部时序。其频率与数据速率无直接关系，但为了电路可靠工作，同步方式下应大于接收/发送时钟的 30 倍；异步方式下，应大于 4.5 倍。

$\overline{RD}$、$\overline{WR}$　对片内寄存器读、写的控制信号。

$\overline{CS}$　片选。

$C/\overline{D}$　信息类型。高电平时,CPU 写控制字或读状态字;低电平时读写数据。通常,将它与地址线的最低位相连。所以,芯片有两个端口地址,偶地址为数据口,奇地址为控制口。

$D_7 \sim D_0$　8 位数据线，同片内数据总线缓冲器相连，CPU 通过它向 8251A 写数据和控制字，读数据和状态字。

CPU 对 8251A 的读写操作控制示见表 7-16。

表　7-16

$\overline{CS}$	$C/\overline{D}$	$\overline{RD}$	$\overline{WR}$	操　作
0	0	1	0	写数据
0	1	1	0	写控制字
0	0	0	1	读数据
0	1	0	1	读状态
0	×	1	1	无操作，$D_7 \sim D_0$ 呈高阻
1	×	×	×	无操作，$D_7 \sim D_0$ 呈高阻

(2) 发送器有关的引脚

T_XD　发送数据出。CPU 将并行输给 8251A 的数据串行发送出去。

T_XRDY　发送器准备好。该引脚高，表示数据输出缓冲器空，如$\overline{CTS}$为低、命令字中的 T_XEN 为高，CPU 可向芯片送新的数据。如 8251A 和 CPU 间采用中断方式联系，则 T_XRDY 可作为中断请求信号；如采用查询方式联系，可作为联络信号。CPU 通过读操作能检测它，以了解 8251A 的当前状态，决定可否往 8251A 送一个字符。8251A 得到字符后，它就变低。

T_XE　发送缓冲器空。当它为高，表示输出缓冲器中没有发送的内容；数据写入后，它变低。

$\overline{T_XC}$　发送器时钟，控制发送字符的速度。同步方式下它的频率等于字符传输的波特率；异步方式下，则是字符传输波特率的 1 倍、16 倍或 64 倍，取决于 8251A 编程时指定的波特率因子。

(3) 接收器有关的引脚

R_XD　串行数据入。串行数据进入后被转变成并行数据。

R_XRDY　接收器准备好。该引脚高，表示 8251A 已从外设或调制解调器接收一个字符，等待 CPU 取走。中断方式时，它可作为中断请求信号；查询方式时，可作为联络信号。CPU 从 8251A 读取一个字符后，它变低，等接收到新的字符后再变高。

$\overline{R_XC}$　接收器时钟，控制接收字符的速度。同步方式下它的频率等于字符传输的波特率；异步方式下，则是字符传输波特率的 1 倍、16 倍或 64 倍。$\overline{R_XC}$和$\overline{T_XC}$往往连在一起，由同一个外部时钟提供，CLK 则由另一个频率较高的外部时钟提供。

SYNDET/BRKDET　同步和间断检测。对于同步方式，是同步检测端。若采用内同步，R_XD 端收到一个或两个同步字符时，SYNDET 输出高，表示已达同步，后面接收的是有效数据；若采用外同步，外同步字符从此端输入。对于异步方式，BRKDET 用于检测线路处于工作状态还是间断状态，当 R_XD 端连续收到八个 0，BRKDET 变高，表示处于数据间断状态。

(4) 与调制解调器（MODEM）相连引脚（含义与 RS-232C 标准相同）

$\overline{DTR}$　数据终端准备好。CPU 通过命令可使它变低，通知外设或 MODEM，CPU 已准备好。

$\overline{DSR}$　数据设备准备好。由外设或 MODEM 送来，表示已准备好。CPU 可通过读操作，在状态寄存器的 D_7 位检测此信号。

$\overline{RTS}$　请求发送。CPU 通过编程，使命令字寄存器的 D_5 置 1，将$\overline{RTS}$变低，通知外设或 MODEM，CPU 请求发送。

$\overline{CTS}$　清除发送。是对$\overline{RTS}$的响应信号，由外设或 MODEM 送来，允许 8251A 发送数据。

这四个引脚供 CPU 和外设联络用。因 CPU 和外设不能直接相连，只能通过接口传递。$\overline{DTR}$和$\overline{RTS}$是 CPU 通过 8251A 传送给外设的控制信号，$\overline{DSR}$和$\overline{CTS}$是外设通过 8251A 传送给 CPU 的状态信号。它们都连接在 8251A 与外设之间。四个信号中$\overline{CTS}$必须为低电平，其他三个可以悬空不用。所以，即便 CPU 与外设间不要传递信号（如无条件传送），$\overline{CTS}$也要接地，因为$\overline{CTS}$为低，T_XRDY 才能为高，CPU 才能往 8251A 发送数据。当然，如 8251A 只接收，不发送，则$\overline{CTS}$也可悬空。

如 CPU 通过 8251A 和串行打印机相连，则$\overline{DTR}$为低表示 CPU 向打印机送选通信号，而

$\overline{DSR}$为低表示打印机空，通知 CPU 可发送要打印的数据。

当外设只要一对联络信号时，可用$\overline{DTR}$和$\overline{DSR}$或$\overline{RTS}$和$\overline{CTS}$。只在要求联络信号较多时，四个信号才全用上。实际使用时，也可用一个或三个信号。

3. 8251A 的发送和接收

（1）异步接收方式　当 8251A 工作在异步方式并准备接收一个字符时，就在 R_XD 线上检测低电平（没有字符信息时，R_XD 为高电平）。检测到后将低电平作为起始位，并且启动接收控制电路的内部计数器计数，计数脉冲就是 R_XC，如 R_XC 频率为字符传输波特率的 16 倍，当计到第 8 个脉冲（相当于半位传输时间）时再对 R_XD 检测，如仍为低，则确认收到有效的起始位。于是开始常规采样，每隔 1 位（相当于 R_XC 的 16 个脉冲）对 R_XD 采样一次。数据进入接收移位寄存器后被移位，进行奇偶校，去掉停止位，变成并行数据，再经内部数据总线送数据输入缓冲器，并向 CPU 发 R_XRDY 信号，表示已收到一个可用数据。对于少于 8 位的数据，8251A 将其高位填 0。

如过半位传输时间未再测到低电平，则把刚才检测到的信号看成干扰脉冲，将重新检测 R_XD 线上有无低电平。

（2）异步发送方式　此时发送器为每个字符加上一个起始位，且按编程要求加上奇偶校位和 1 个、1.5 个或 2 个停止位。数据、起始位、奇偶校位、停止位都在 T_XC 的下降沿从 8251A 发出，数据传输的波特率为 T_XC 的 1、1/16 或 1/64，取决于编程时给出的波特率因子。

（3）同步接收方式　此时首先搜索同步字符，即监测 R_XD 线，每当其上出现一个数据位，就把它接收下来并送入移位寄存器移位，再把移位寄存器内容与同步字符寄存器内容比较：如不相等，继续接收下一数据，并重复上述比较；如相等，SYNDET 引脚变高，表示已找到同步字符，已实现同步。

如采用双同步字符方式，测得输入移位寄存器内容与第一个同步字符寄存器内容相同后，再继续检测此后输入移位寄存器的内容与第二个同步字符寄存器内容是否相同。如相同，认为已实现同步；如不同，将重新作比较。

如是外同步，因是在 SYNDET 加一高电平来实现同步的，所以和上面的过程有所不同。SYNDET 一出现高电平，立刻不再搜索同步字符，只要高电平能维持一个接收时钟周期，便认为已经完成同步。

实现同步后，接收器和发送器间就开始数据的同步传输。此时，接收器利用时钟信号对 R_XD 线采样，并把收到的数据送移位寄存器。所收的数据位满规定一个字符的数位时，移位寄存器内容便送输入缓冲寄存器，且在 R_XRDY 端发信号，表示收到了一个字符。

（4）同步发送方式　此时发送器先根据编程要求发送一个或两个同步字符，再发送数据块，并根据编程要求对每个数据加奇偶校位。如 CPU 提供数据来不及，发送器会自动插入同步字符，以满足同步发送不允许数据间有间隙的要求。

4. 初始化编程

8251A 的编程包括初始化编程和收发数据编程两部分。初始化编程是写入控制字，即设置方式选择控制字和操作命令字。前者用来规定芯片的工作方式；后者使芯片处于规定的工作状态，准备接收或发送数据。写入两字用的是同一个端口地址，因此要按写入的次序加以区分。复位（包括系统复位或内部复位）后，先写方式选择控制字，继写操作命令字。

(1) 方式选择控制字　其各位的定义为

D_7、D_6　当同步工作（D_1、D_0 = 00）时，D_7 规定同步字符数：D_7 = 1，单个同步字符；D_7 = 0，两个同步字符。D_6 规定何种同步：D_6 = 1，外同步；D_6 = 0，内同步。

当异步工作（D_1、$D_0 \neq 00$）时，D_7、D_6 规定停止位数：D_7、D_6 = 11、10、01、依次分别指明是 2 个、1.5 个、1 个停止位；如为 00，无意义。

D_5　规定奇偶校：D_5 = 1，偶校验；D_5 = 0，奇校验。

D_4　规定是否要奇偶校：D_4 = 1，要；D_4 = 0，不要。

D_3、D_2　规定字符位数：D_3、D_2 = 00、01、10、11 依次分别代表是 5 位、6 位、7 位、8 位。

D_1、D_0　规定工作方式是同步还是异步：D_1、D_0 = 00，同步；$D_1D_0 \neq 00$，异步。在异步方式中，D_1D_0 = 01、10、11 依次分别代表波特率因子为 1、16、64。

例如，某异步通信，数据格式为：1 位起始位、1 位停止位、7 位数据位，奇校验，波特率因子为 16。则其方式选择控制字为 01011010B。

又如，某同步通信，数据格式为：字符长度 8 位，双同步字符，内同步，偶校验。则其方式选择控制字为 00111100B。

(2) 操作命令字　其各位的定义为

D_7（EH）　搜索状态设置。为 1 时，进入同步搜索状态；同步实现后，SYNDET 输出 1，再将此位清零，作正常接收。

D_6（IR）　内部复位。为 1 时，8251A 回到初始状态，CPU 可对它重新初始化设置。

D_5（RTS）　送往 MODEM 的控制信号。为 1 时，8251A 的$\overline{RTS}$变低、有效。

D_4（ER）　出错标志复位。为 1 时，清除各出错标志，用于出错后的复位工作。

D_3（SBRK）　异步方式时选择是否用间断字符。为 1 时，T_XD 变低，作为数据间断的表示；为 0 时，正常工作，出现间断 T_XD 也仍高。另外，它置位还使接收端在接收时自动检测间断字符。

D_2（R_XE）　允许接收。为 1 时可接收来自 R_XD 的数据；为 0 时禁止。

D_1（DTR）　送往 MODEM 的控制信号。为 1 时，8251A 的$\overline{DTR}$变低、有效。

D_0（T_XEN）　允许发送。为 1 时，允许；为 0 时，禁止。

例如，某异步通信，要求内部复位，允许接收，允许发送，全部错误标志复位。则其内部复位操作命令字为 01000000B；错误标志复位操作命令字为 00010101B。

(3) 状态字　除初始化编程时，CPU 向 8251A 发操作命令外；许多时候是根据 8251A 当前的运行状态发的。片内状态寄存器的内容、即状态字其各位的定义如下：

D_7（DSR）　它与对应引脚$\overline{DSR}$含义相同，但电平相反。

D_6（SYNDET）、D_2（T_2E）、D_1（R_XRDY）　这三位含义与对应引脚的完全相同。

D_5（FE）　帧出错标志。帧格式出错时置 1。

D_4（OE）　溢出错标志。当接收缓冲器字符未取走，又收到新字符，前字符将丢失。于是出错、置 1。

D_3（PE）　奇偶校出错标志。

D_0（T_XRDY）　它与对应引脚不完全相同。该位当发送缓冲器空了就置 1；而对应引脚还须 T_XE = 1、$\overline{CTS}$ = 0 才置 1。

例如，某系统 8251A 状态口地址为 3F9H，数据口地址为 3F2H，试编检查 8251A 发送器是否准备好的程序段。

程序如下：

```
        MOV   DX，3F9H
WAIT：IN    AL，DX          ；读状态字
        AND   AL，01H         ；查 TxRDY＝1？
        JZ    WAIT            ；发送未准备好，等待
        MOV   DX，3F2H
        MOV   AL，0AAH        ；拟发送字符送 AL
        OUT   DX，AL          ；发送字符写入 8251A
```

对于一个完整的通信过程，方式选择控制字只是规定了双方的通信方式（同步还是异步）、数据格式（数据位和停止位的位数、奇偶校位、内同步还是外同步和同步字符个数）、传输速率（波特率因子），但未定数据传送的方向（接收还是发送），这要用操作命令字来规定。至于何时才能接收/发送，取决于 8251A 的状态，要通过检测状态字才能确定下一步操作：8251A 接收/发送准备好了，才能开始数据传送。

8251A 工作的流程粗框图见图 7-47。

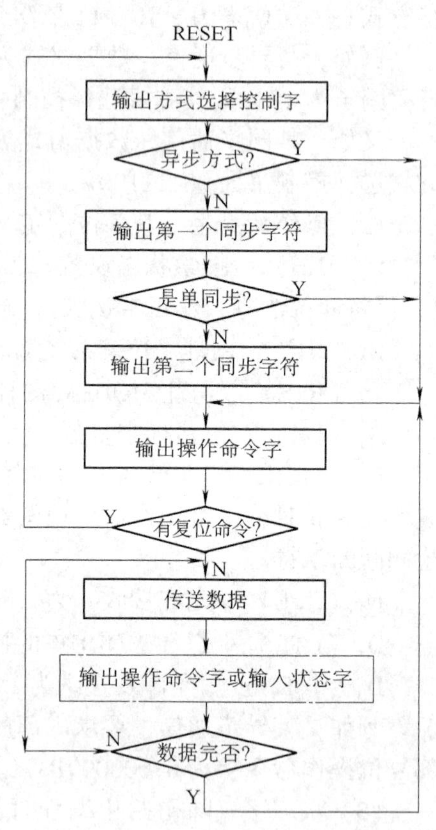

图 7-47　8251A 工作的流程粗框图

5. 设计步骤

8251A 可实现微机间、微机与外设间的串行通信，设计的步骤为

1）确定是同步通信还是异步通信、是全双工还是半双工、数据传输的波特率、合适的波特率因子。波特率确定后，可算出 T_XC 和 R_XC 的频率。

2）完成接口电路的设计、8251A 与 CPU 及外设的连接。

3）8251A 与 CPU 的数据交换方式用查询还是中断，设计相应的硬件电路。

4）进行编程，严格按规定先写入方式选择控制字，再写入操作命令字；若为同步方式，中间应插入 1～2 个同步字符。完成初始化工作后，便开始收发数据。

6. 应用实例

例 7-31　某 8251A 工作于异步方式，1 个停止位，奇校验，字符长度 8 位，波特率因子 16，允许接收，允许发送，发送准备好，要求全部错误标志复位。根据这些要求，剖析它的初始化程序段。

程序段与说明如下：

```
MOV   DX，3F9H        ；3F9H 为 8251A 的控制端口地址
```

```
MOV   AL, 5EH          ; 方式选择控制字为01011110B
OUT   DX, AL
MOV   AL, 37H          ; 操作命令字为00110111B
OUT   DX, AL
```

例7-32 某系统采用8251A和RS232接口实现两台微机间的串行通信，见图7-48。可采用异步或同步方式实现单工、双工或半双工通信。8251A的命令/状态口地址为309H，数据口地址为308H。

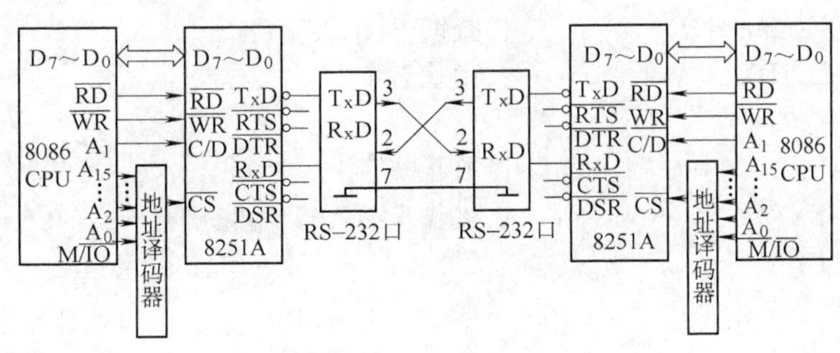

图7-48 8251A串行接口双机通信连接图

现采用异步传送、半双工、查询方式。因一方是发送器，另一方是接收器，故初始化程序分为两部分。发送端CPU每查询到 T_XRDY 为1，向8251A并行输出一个字节数据；接收端CPU每查询到 R_XRDY 为1，从8251A并行输入一个字节数据；直到全部数据传送完毕。

发送端程序为

```
START: MOV   DX, 309H             ; 309H为8251A控制端口地址
       MOV   AL, 01111110B        ; 异步方式，1个停止位，偶校验，8位数据
       OUT   DX, AL
       MOV   AL, 00010001B        ; 错误标志复位，允许发送
       OUT   DX, AL
       MOV   DI, 发送数据块首址   ; 设置发送指针
       MOV   CX, 发送数据块字节数 ; 设置计数值
NEXT1: MOV   DX, 309H             ; 查询TXRDY=1?
       IN    AL, DX               ; 读状态字
       AND   AL, 01H              ; 取状态字D0位
       JZ    NEXT1                ; 发送未准备好，再查询
       MOV   DX, 308H             ; 308H为8251A数据端口地址
       MOV   AL, [DI]             ; 输出一个字节数据
       OUT   DX, AL
       INC   DI
       LOOP  NEXT1
```

```
        HLT
    接收端程序为
BEGIN:  MOV   DX, 309H
        MOV   AL, 01111110B        ; 异步方式，1个停止位，偶校验，8位数据
        OUT   DX, AL
        MOV   AL, 00000100B        ; 错误标志不复位，允许接收
        OUT   DX, AL
        MOV   DI, 接收数据块首址     ; 设置接收指针
        MOV   CX, 接收数据块字节数   ; 设置计数值
NEXT2:  MOV   DX, 309H             ; 查询 RxRDY=1?
        IN    AL, DX               ; 读状态字
        ROR   AL, 1
        ROR   AL, 1                ; 取状态字 D1 位
        JNC   NEXT2                ; 接收未准备好，再查询
        ROR   AL, 1
        ROR   AL, 1                ; 取状态字 D3 位
        JC    ERR                  ; 奇偶校有错，转出
        MOV   DX, 308H
        IN    AL, DX               ; 输入一个字节数据
        MOV   [DI], AL
        INC   DI
        LOOP  NEXT2
        HLT
```

第六节 Pentium 微处理器简介

微处理器更新换代极快。8086以后，Intel公司相继推出了80186、80286、80386、80486等处理器；事实上，其中每一种又往往有好几款机型。1993年，Intel又推出了新一代微处理器，按序应称为80586，但却取名为Pentium（中文译为奔腾）。其实，Pentium就是希腊字Pente——5演变来的。

Pentium较80486集成度大大提高，最早期的已集成进310万只晶体管。早期的Pentium简称为P_5，也有人仍称之为80586。紧接着，又有了Pentium Pro（高能奔腾，1995年），Pentium Ⅱ（1997年），1999年2月有了Pentium Ⅲ，统称为P_6系列，也有人称之为80686。2000年11月有了Pentium Ⅳ，现在主振频率已达1.4~2.0GHz，据报导2004年新的Pentium Ⅳ将达3~4GHz；相应的主机板上，内存容量已达512MB。

一、Pentium 的技术特点

Pentium有很优越的性能，这与采用了一系列新技术有关。当然，有些技术是陆续出现、逐渐演进的，而到了Pentium处理器，则有了更好的体现或更臻完美，代表着微处理器的技术发展方向。现择要简述如下：

RISC 技术

RISC 是精简指令系统计算机（Reduced instruction set computer）的缩写。在过去，曾沿着 CISC、即复杂指令系统计算机（Complex instruction set computer）的方向发展，认为计算机性能越进步，指令系统理应越来越复杂，因此其要点是：

1）增加指令条数，增强单条指令功能。以提高 CPU 性能，增强 CPU 功能。有了功能很强的指令，可以缩减程序的长度，但执行这种指令往往明显加重了 CPU 的负担，反而降低了效率。

2）存储器的寻址方式相应增多和变得复杂。虽然寻址功能增加了，但操作数地址的计算很复杂。

3）应用微指令概念，采用微程序结构。把每一条指令分成好几步，每一步又分解为一些基本操作，把同一步中执行的基本操作的集合称为微指令。于是，原来计算机的程序，由于一条指令分解成好几条微指令，而由指令序列演变为微指令序列、即微程序。

后来通过统计研究发现，使用极多、占程序指令条数 80% 的，只是指令集中的少数指令，约占 20%。而 CISC 的发展后果是计算机的硬件结构相应十分复杂。因此，开始发展 RISC 技术，与 CISC 反其道而行之，着力于：

1）精减指令系数，多用简单指令，朝减少指令格式、减少寻址方式、固定指令长度、缩短译码和执行时间等方向演变。但这样做又将使每一程序的指令条数增多，必须设法使执行一条指令的时间大大缩减，这也就引出了下一点。

2）采用指令流水线技术。虽然仍把一条指令细分为好几步，但增添处理的部件，使各步在不同的部件中得以并行处理完成，从而缩短一条指令占用的时间，详见下条“流水线技术”的说明。

3）增加 CPU 通用寄存器数量。使除从存储器取数和向存储器存数的指令外，其余指令的操作都只在寄存器间进行，显著提高了执行速度。

流水线技术

假定一条指令从取指到完成都可细分为取指令、指令译码、地址计算与生成、取操作数、执行、写操作数（也称回写）等六步，并假定每步所需的时间相同，传统的做法是循序将六步一一完成，然后再取出下一条指令，再对该指令的这六步子操作按序串行处理；如此重复，直到程序完成。流水线的做法则是并行处理：用六个专门的部件，每个处理上述六步中的一步，其操作过程的示意图见图 7-49。这样，在同一时间内，六步子操作在作并行处理，效率当然大大提高。而每一指令的每项子操作（例如译码）都在专门处理这一操作的部件中“流过”和处理完成，好似工厂的流水线，因此被称为流水线技术。

超标量技术

采用了指令流水线，在最佳情况下，可以做到每个时钟周期内平均完成一条指令。Pentium 有 U 和 V 两条指令流水线，在每个时钟周期可以同时启动 2 条指令，这称为超标量流水线和超标量技术。

这种技术的实质是“以空间换时间”，多装流水线便是多用硬件资源，以换取更快的操作。

P_6 系列 Pentium 都用了三条指令流水线。

分支予测技术

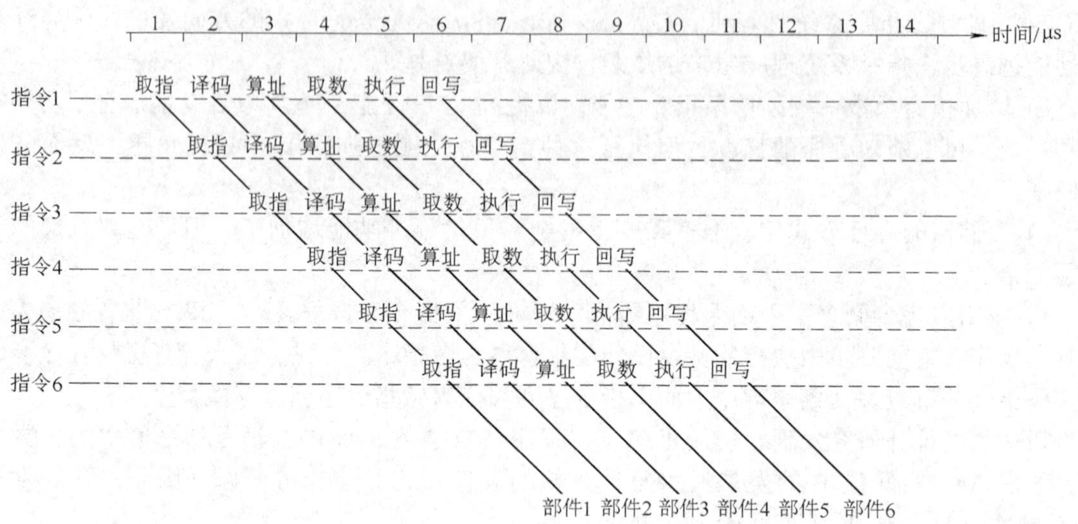

图 7-49　指令流水线工作的示意图

前面对流水线工作的说明对许多问题都作了简化。另外，流水线也会遇到阻塞等情形：例如上一指令的运算结果如恰好是下一指令要取的操作数，则上一指令尚在执行，更未及回写，而下一指令已要取数（见图 7-49），流水线便等待而不能连续工作；再说，指令不同执行的难易程度也不同，执行时间和子操作步数很难完全相同，也会造成阻塞，这些都需要增添硬件来协助解决。特别当取到条件转移指令时，既可能仍顺序往下执行，也可能跳转到新的地址，究竟怎样要待转移指令执行到最后阶段才清楚。一旦确需转移，则原预取的指令将全部无用，严重影响流水线的工作与畅通。据统计，程序中平均每 7 条指令就有一条是条件转移指令，因此，必须有对转移指令预测的硬件，实现分支预测。

分支预测有动态分支预测与静态分支预测两种。在第一次预测时可能预测正确，也可能预测失败，不管怎样，都当作历史记录保存在分支目标缓冲器 BTB（Branch Target Buffer）中，当取下一条条件转移指令时，便通过保存在 BTB 中的信息进行动态分支预测，如需跳转，可尽早（在取指阶段）就修改指令指针。要是没有历史记录，无法动态分支预测，则在译码阶段再通过静态分支预测算法进行预测。

P_6 系列 Pentium 处理器，静态预测已可提前在取指阶段进行，又推进了分支预测技术。

虚拟存储器（简称虚存）

计算机内存的容量是有限的，一个大的程序往往在内存装不下，而需装在外存中，由操作系统根据运行需要把当前要执行的一小部分程序和数据调入内存供执行，并替换掉内存中已不用的内容。程序在实际内存（也称实存）中运行，使用实存地址（内存地址）；程序员编程使用的则是虚存地址。虚拟存储器的作用便是用外存来仿真内存，起着扩大内存的效果。

Pentium 处理器可有的最大实存空间为 $2^{32}=4GB$，而最大虚存空间为 $2^{64}=64TB$。

Pentium 的其他技术特点还有

独立的指令 Cache 和数据 Cache。Cache 的概念本章第四节已介绍过，用两个彼此独立的 Cache 使指令预取和数据操作可同时进行。自 P_6 系列开始，更开始采用了 L_1、L_2 两级 Cache。

增加了高级可编程中断控制器 APIC（Advanced Programmable Interrupt Controller）。以支持多奔腾处理器系统。

采用高性能的浮点处理单元。使每个时钟周期能完成一个甚至两个浮点操作。

具有内部错误检测功能及功能冗余校验技术。前者通过多处设置偶校验，保证数据的正确传送；后者是用两个 Pentium 芯片，比对运算结果，判断系统是否发生异常。

此外，还有采用 64 位数据总线，向 64 位微处理器发展；对 ADD、MUL 等许多常用指令应用新算法，并改用硬件实现；可自动暂停、停止时钟，使系统不工作时能进入低耗、睡眠模式，而一旦需要工作，又只需毫秒级时间就能恢复全速；……。并着力提高音频和视频处理、联网、显示三维图象等方面的性能。

二、4 种工作模式

Pentium 微处理器有 4 种工作模式：实地址模式、保护模式、虚拟 8086 模式和系统管理模式。

1. 实地址模式

这种工作模式完全与 8086 CPU 兼容。系统复位后，由于 CR0 寄存器的 PE 位是 0，所以系统起动，一开始工作都进入这种基本的工作模式。

它的寻址方式、段基址、段长度、物理地址的形成等完全与 8086 的相同，此时地址线只有 $A_{19} \sim A_0$ 起作用，提供 1MB 的内存空间。

它没有分页功能，不能实现多任务，无多级保护功能。

2. 保护模式

当 CR0 寄存器的 PE 位置 1 后，CPU 将工作在保护模式。在四种工作模式中，它是最主要的工作模式，可提供保护机构和支持多任务操作。

在保护模式，一个存储单元的地址仍由段基址加段内偏移地址组成。但段基址是 32 位，因此不能简单由段寄存器内容左移 4 位来得到，而需经过转换，详见本节后面五。

3. 虚拟 8086 模式

这一工作模式简称为 V86 模式。在保护模式下，可通过设置或清除标志寄存器的 VM 位来进入或退出这一模式。

该工作模式的特点是既像实地址模式般可执行用于 8086 的程序，却又可实现多任务和保护功能。

V86 模式的段基址、段长度、物理地址的形成等也均与 8086 的相同。

4. 系统管理模式

是 Pentium 微处理器新增的工作模式，藉以实现供电和系统管理。CPU 不论工作在前述三种工作模式中的哪一种，只要使它的 $\overline{SMI}$ 引脚为低电平，便是提出了系统管理模式请求；待当前总线周期完成，CPU 在 $\overline{SMIACT}$ 引脚送出低电平响应信号，就会按序进入系统管理模式，完成系统管理功能。直到执行返回指令 RSM，才回到请求前的状态。整个过程相似于一次外部中断，可是比外部中断具有更高的优先级。

进入系统管理模式后的处理程序通常是固化在ROM中的。

5. 工作模式的转换

前述四种工作模式相互间可以转换，见图7-50。在图上并注明了转换的条件。

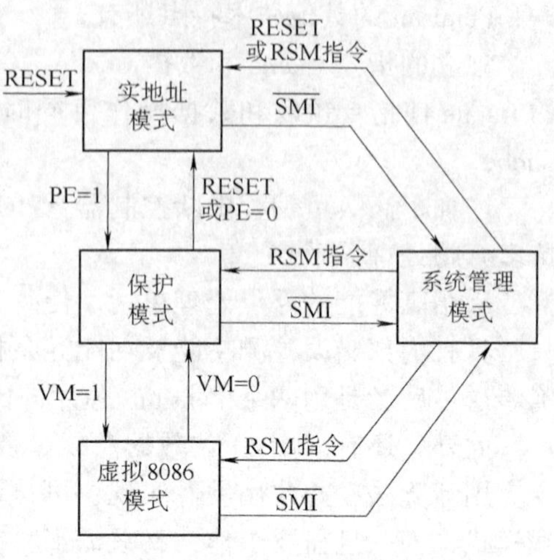

图7-50　工作模式间的转换与转换条件

三、Pentium 的内部结构

1. 引脚定义

主要引脚的功能类别、名称、定义与输入/输出方向见表7-17。该表所列是 P_5 的引脚，P_5 有296个引脚；除表所列外，另有 V_{CC} 引脚53个，电源地线引脚53个和保留的空脚16个。保留的空脚满足新型Pentium开发时需要。所以 P_5 以后机型的引脚有所不同，但主要引脚变化不大。

表　7-17

分类	引脚名	定　义	方向
系统控制	CLK	系统时钟	输入
	INIT	系统初始化	输入
	BF_1、BF_0	系统频率控制	输入
	RESET	系统复位	输入
地址与校验	$A_{31}\sim A_3$	地址总线	双向
	$\overline{BE_7}\sim\overline{BE_0}$	字节允许	输出
	$\overline{A_{20}M}$	A_{20}以上地址屏蔽	输入
	AP	地址奇偶校	双向
	$\overline{APCHK}$	地址奇偶校错	输出
数据与校验	$D_{63}\sim D_0$	数据总线	双向
	$DP_7\sim DP_0$	数据奇偶校	双向
	$\overline{PCHK}$	数据奇偶校错	输出
	$\overline{PEN}$	数据奇偶校允许	输入
总线周期与控制	$M/\overline{IO}$	存储器或I/O访问	输出
	$D/\overline{C}$	数据或代码周期	输出
	$W/\overline{R}$	写或读周期	输出
	$\overline{LOCK}$	总线封锁	输出
	$\overline{BRDY}$、$\overline{BRDYC}$	突发周期准备好	输入
	$\overline{NA}$	下一地址有效	输入
	$\overline{ADS}$、$\overline{ADSC}$	地址选通	输出
总线仲裁	HOLD	总线请求	输入
	HLDA	总线请求响应	输出
	BREQ	总线归回请求	输出
	BOFF	强制让出总线	输入
中断请求	$INTR/LINT_0$	可屏蔽中断请求	输入
	$NMI/LINT_1$	不可屏蔽中断请求	输入

（续）

分类	引脚名	定　义	方向
CACHE 控制	$\overline{\mathrm{CACHE}}$ $\overline{\mathrm{EADS}}$ $\overline{\mathrm{KEN}}$ $\overline{\mathrm{FLUSH}}$ AHOLD PCD PWT $\mathrm{WB}/\overline{\mathrm{WT}}$ $\overline{\mathrm{HIT}}$ $\overline{\mathrm{HITM}}$ INV $\overline{\mathrm{EWBE}}$	CACHE 控制 外部地址有效 CACHE 允许 CACHE 擦除 地址保持 CACHE 禁止 片外 CACHE 控制 片内 CACHE 回写或通写 CACHE 命中 命中 CACHE 已修改 CACHE 无效请求 外部写缓冲器空	输出 输入 输入 输出 输入 输出 输出 输入 输出 输出 输入 输入
系统管理	$\overline{\mathrm{SMI}}$ $\overline{\mathrm{SMIACT}}$	系统管理模式中断请求 $\overline{\mathrm{SMI}}$响应	输入 输出
断点/性能监视	PM_1/BP_1、PM_0/BP_0 BP_3、BP_2	性能/断点监视	输出
测试	TCK TDI TDO TMS $\overline{\mathrm{TRST}}$	测试时钟 串行测试数据 测试数据结果 测试方式选择 测试复位（退出测试）	输入 输入 输出 输入 输入
调试	$\mathrm{R}/\overline{\mathrm{S}}$ PRDY	运行或停止调试 接受调试	输入 输出
出错	$\overline{\mathrm{BUSCHK}}$ $\overline{\mathrm{FERR}}$ $\overline{\mathrm{IGNNE}}$ $\overline{\mathrm{FRCMC}}$ $\overline{\mathrm{IERR}}$	系统错 浮点运算错 忽略浮点运算错 令 CPU 冗余校验 冗余校验错	输入 输出 输入 输入 输出
电源管理	$\overline{\mathrm{STPCLK}}$	时钟停止	输入
双处理器控制	$\overline{\mathrm{PBGNT}}$ $\overline{\mathrm{PBREQ}}$ $\overline{\mathrm{PHIT}}$ $\overline{\mathrm{PHITM}}$	双处理器总线控制	双向
	CPUTYP $\mathrm{D}/\overline{\mathrm{P}}$	双处理器复杂控制	输入 输出
APIC	PICCLK $PICD_1$、$PICD_0$	APIC 时钟 APIC 数据	输入 双向

2. 内部结构

内部结构示意图见图 7-51。

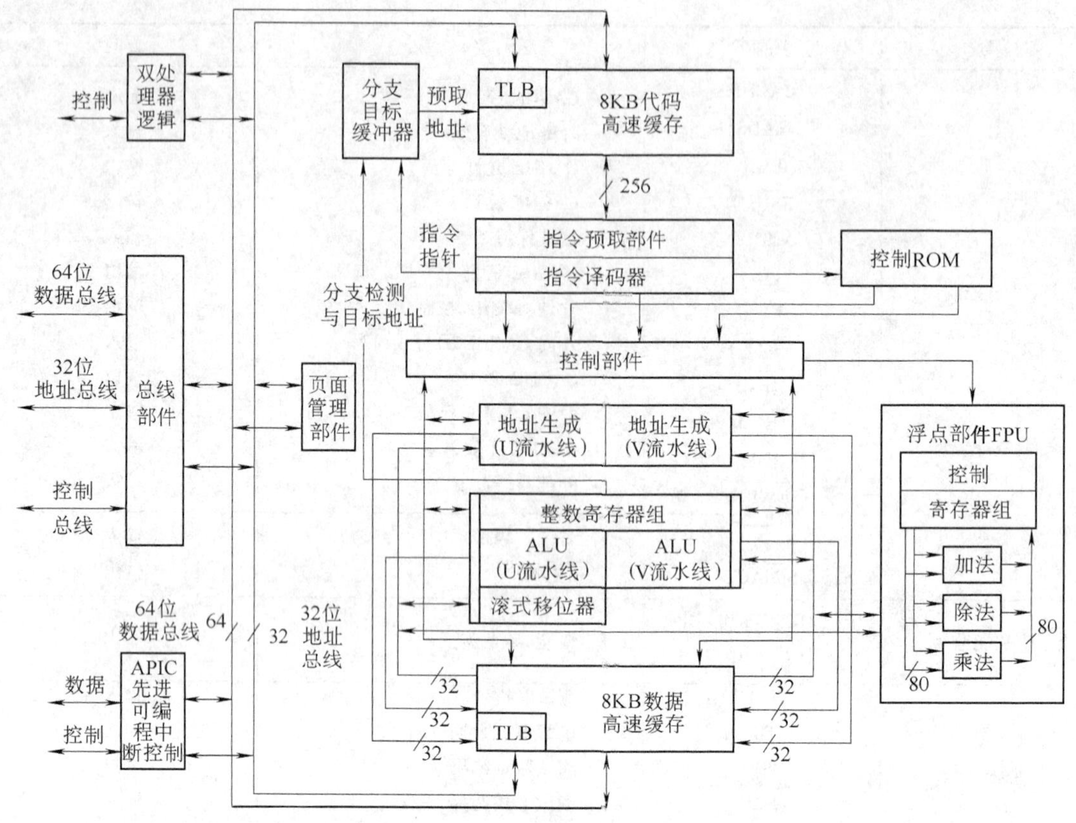

图 7-51　Pentium 内部结构示意图

由图 7-51 可见，Pentium 有 U 和 V 两条流水线，其中 U 流水线是主要流水线，可以执行全部整数和浮点数指令，V 流水线只能执行简单的整数指令和浮点数交换指令。两流水线都有自己独立的 ALU、地址生成电路和 Cache 接口。

3. 寄存器组

有 8 类寄存器。前 7 类见图 7-52，最后一类见图 7-53。

（1）通用寄存器　共 8 个，其中 32 位的 EAX、EBX、ECX、EDX 也可按 16 位使用（图中 AX、BX、CX、DX）或按 8 位使用（图中 AH、AL、BH、HL、CH、CL、DH、DL）；32 位的 ESP、EBP、EDI、ESI 也可按 16 位使用（图中 SP、BP、DI、SI）。EAX 通常用作累加器。

（2）段寄存器与段描述符寄存器　有 6 个 16 位的段寄存器。除 CS、DS、SS、ES 外，又添了 FS 和 GS，后两者都是附加的数据段寄存器。对于实地址模式，段寄存器中存放的是段基址。对于保护模式，段寄存器中存放的是段选择符（见图 7-53a、c）；当段选择符一旦装入，处理器会自动按选择符所指将相应于该段的段描述符（64 位，含段基址、段界限及相关属性）装入它的段描述符寄存器。后者是一种存放段描述符的高速缓存，用了可减省访问存储器的时间。

（3）指令指针寄存器 EIP　存放下一条要执行的指令的偏移量，32 位。如按 16 位使用，为 IP。

	31 … 16	15 … 8	7 … 0	
通用寄存器		AH AX	AL	EAX
		BH BX	BL	EBX
		CH CX	CL	ECX
		DH DX	DL	EDX
				ESP
				EBP
				EDI
				ESI
段寄存器	代码段寄存器			CS
	数据段寄存器			DS
	堆栈段寄存器			SS
	附加数据段寄存器			ES
	附加数据段寄存器			FS
	附加数据段寄存器			GS
指令指针寄存器		IP		EIP
标志寄存器	全 0 ID VIP VIF AC VM RF	0 NT IOPL OF DF IF TF	SF ZF 0 AF 0 PF 1 CF	EFLAGS
控制寄存器	PG CD NW AM WP	保 留	NE TS 0 1 PE	CR_0
	保 留			CR_1
	页故障线性地址			CR_2
				CR_3
				CR_4
调试寄存器	断点 0 的线性地址			DR_0
	断点 1 的线性地址			DR_1
	断点 2 的线性地址			DR_2
	断点 3 的线性地址			DR_3
	保 留			DR_4
	保 留			DR_5
	调试状态寄存器			DR_6
	调试控制寄存器			DR_7
测试寄存器	用于 Cache 测试			TR_3
	用于 Cache 测试			TR_4
	用于 Cache 测试			TR_5
	用于分页管理测试			TR_6
	用于分页管理测试			TR_7

图 7-52　Pentium 的寄存器组（一）

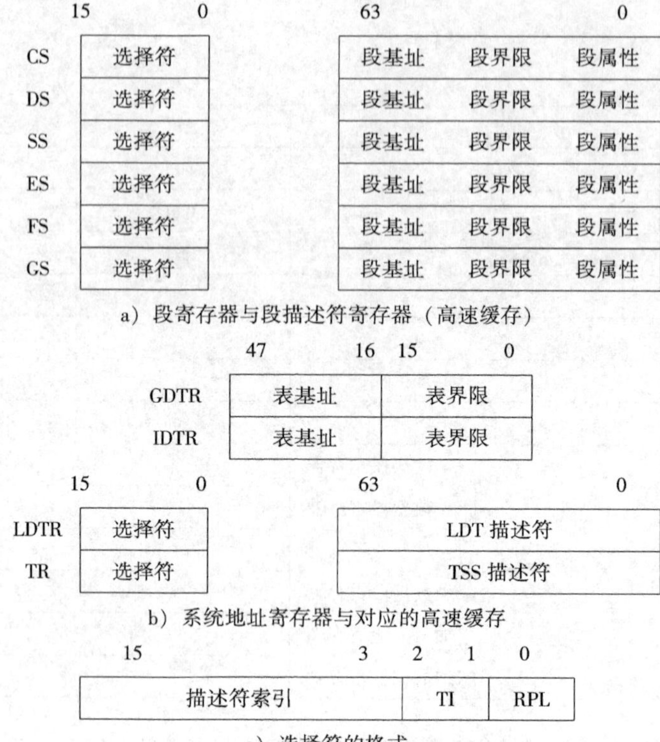

a）段寄存器与段描述符寄存器（高速缓存）

b）系统地址寄存器与对应的高速缓存

c）选择符的格式

图 7-53　Pentium 的寄存器组（二）

（4）标志寄存器 EFLAGS　32 位。新出现的各标志位的定义见表 7-18。

表　7-18

位	定　义
IOPL（13、12 位）	I/O 特权级标志。占 2 位，00 最高，11 最低 CPL≤IOPL，I/O 操作可进行；否则，产生中断，使任务挂起
NT（14 位）	任务嵌套标志。保护模式下，中断或执行 Call 指令任务切换时：前后任务嵌套，置 1；无嵌套，置 0
RF（16 位）	恢复标志，用于调试时。RF=1，恢复程序运行。禁止调试异常。RF=0，断点指令将引起调试异常，用于断点和单步操作
VM（17 位）	虚拟 8086 模式标志。VM=1，选择虚拟 8086 模式，VM=0，返回保护模式
AC（18 位）	对齐检测标志。与 CR0 的 AM 位一起决定是否要进行字、双字或四字的对齐检测，当 AM（位）=1，且 IOPL=3 的条件下：AC=1，要检测。如未对齐，产生对齐检测异常。AC=0，禁止对齐检测
VIF（19 位）	虚拟中断标志。在虚拟 8086 模式或保护模式虚拟中断时，是中断标志 IF（9 位）的拷贝（CPU 只认 VIF）
VIP（20 位）	虚拟中断挂起标志。与 VIF 同用。VIP=1，表示有挂起的中断要处理
ID（21 位）	识别标志。指明是否支持 CPU ID 指令，该指令可向用户提供 CPU 的类型、型号、制造商、高速缓存规格等信息

(5) 控制寄存器　共有5个，CR_0 ~ CR_4，均32位。其中 CR_1 由 Intel 公司保留，未用；CR_2 在分页管理时，用于存放引起页故障的线性地址；CR_3 用于提供当前任务的页目录基址，页目录按页排列，因每页4KB，故它的低12位为0。CR_0、CR_4 中各标志位的定义分别见表7-19与表7-20。

表　7-19

位	定　义
PE（0位）	保护模式允许位。PE=1，进入保护模式 PE=0，返回实地址模式
TS（3位）	任务切换位。每完成一次切换，自动置1，执行 CLTS 指令或把0写入此位则清0
NE（5位）	数值错位。NE=1，浮点运算出错，产生异常16进行处理 NE=0，浮点运算出错，由外部决定是否处理
WP（16位）	写保护位。WP=1，监控级不能对用户级的页写操作（写保护） WP=0，监控级能对只读的用户级页写操作
AM（18位）	对齐屏蔽位。AM=1，允许对齐检查 AM=0，禁止对齐检查
NW（29位）	不通写位。NW=1，禁止通写 NW=0，允许通写
CD（30位）	高速缓冲禁止位。CD=1，在高速缓存未找到所需内容，禁止再写入；如找到，仍可正常工作 CD=0，高速缓存正常工作
PG（31位）	分页管理允许位。PG=1，允许处理器分页单元工作 PG=0，禁止处理器分页单元工作

表　7-20

位	定　义
VME（0位）	虚拟8086模式扩充位。VME=1，允许 VME=0，禁止
PVI（1位）	保护模式虚拟中断位。为1时，允许
TSD（2位）	时间标志禁止位。TSD=1，0特权级时，才能用 RDTSC 指令读时间标志计数器 TSD=0，各特权级上，都可执行 RDTSC 指令
DE（3位）	调试扩充位。DE=1，允许 I/O 断点 DE=0，禁止 I/O 断点
PSE（4位）	页地址扩充位。为1时，允许扩充页长度，支持4MB分页
PAE（5位）	物理地址扩充位。为1时，允许物理地址扩充
MCE（6位）	机器检查允许位。为1时，允许机器检查异常

(6) 调试寄存器　共有8个，DR_0 ~ DR_7，均32位。DR_0 ~ DR_3 又称断点寄存器，依次分别存放断点0~断点3的线性地址；DR_4、DR_5 保留，未用；DR_6 是调试状态寄存器，用

于指示调试异常的原因，供调试异常处理程序进行分析、判断和处理；DR_7 是调试控制寄存器，用于指定 4 个断点发生的条件。

（7）测试寄存器　共有 5 个，$TR_3 \sim TR_7$，均 32 位。$TR_3 \sim TR_5$ 用于 Cache 的测试。TR_6、TR_7 用于分页管理的测试。

（8）系统地址寄存器　共有 4 个，均用于保护模式。全局描述符表寄存器 GDTR 与中断描述符表寄存器 IDTR 都是 48 位，其中高 32 位是描述符表的基址，低 16 位是描述符表的界限；局部描述符表寄存器 LDTR 和任务寄存器 TR 都是 16 位，放的是选择符，见图 7-53b。

各任务都可访问的描述符表称为全局描述符表。全局描述符表寄存器 GDTR 的内容规定了全局描述符表 GDT 在内存的位置和长度（以字节计）。由于每个段描述符要占用 8 个字节，是描述符表的一项，所以 16 位的表界限决定了 GDT 最多可容纳 $2^{16}/2^3 = 8K$ 个段描述符。由段选择符的 13 位索引（见图 7-53c）可指向唯一的段描述符。在上电或复位后，GDT 的基址默认为 0。

中断描述符表寄存器 IDTR 的内容规定了中断描述符表 IDT 在内存的位置与长度。执行指令时发生异常、外部送来中断请求、执行 INT 指令都可引起中断。Pentium 的中断类型号有 0～255、共 256 个，故 IDT 中的描述符不会超过 256 个。实地址模式时，内存中有一个中断向量表，中断响应时由中断类型号从中断向量表得到相应中断处理的入口地址；保护模式时，由 IDT 来帮助中断响应和处理。

每个任务都可以设置自己的代码段、数据段、堆栈段，因此有自己的描述符表，称为局部描述符表 LDT。对于多任务系统，既然存在多个任务，当然会同时存在多个 LDT。由于 LDT 本身就形成一个段，所以每个 LDT 都有自己的描述符，它们全存在 GDT 中。LDTR 中的 LDT 选择符指向一定的 LDT 描述符，处理器会自动在 GDT 中找到它，并将它装入 LDTR 对应的高速缓存（见图 7-53b）。LDT 描述符含 LDT 的表基址（32 位）、表界限（20 位）和一些属性。

任务寄存器 TR 中的内容是当前任务的选择符，用来指向一个 TSS（任务状态段，是一种特种数据段，详见本节后面六、2.）的描述符。TSS 的描述符也都存在 GDT 中。当一有选择符装入 TR，处理器会自动在 GDT 中找到对应的 TSS 描述符，并将它装入 TR 的高速缓存（见图 7-53b）。TSS 描述符含 TSS 的基址（32 位）、界限（20 位）和属性。

四、描述符表与段描述符

1. 描述符表

前面已经提到了 GDT、IDT、LDT 三种描述符表。和所有任务都有关的公用段的描述符放在 GDT 中，全系统只有一个 GDT。IDT 也面向全系统所有任务，因此 IDT 也只有一个。而 LDT 则因多任务而有多个。

采用描述符表最大的优点在于能实现多任务系统的任务间隔离：每个任务除了和系统有关的操作要访问 GDT 外，其他时候都只访问自己任务的 LDT。

2. 段描述符

段描述符有两大类，第一大类是代码段描述符和数据段描述符，它被自动存放在段描述符寄存器中，其格式见图 7-54a。共占 8 个字节，其中段基址 32 位，是该段的起始地址；段界限 20 位，规定了段的最大长度；其他各位描述了段的一些重要属性，其定义见表 7-21。

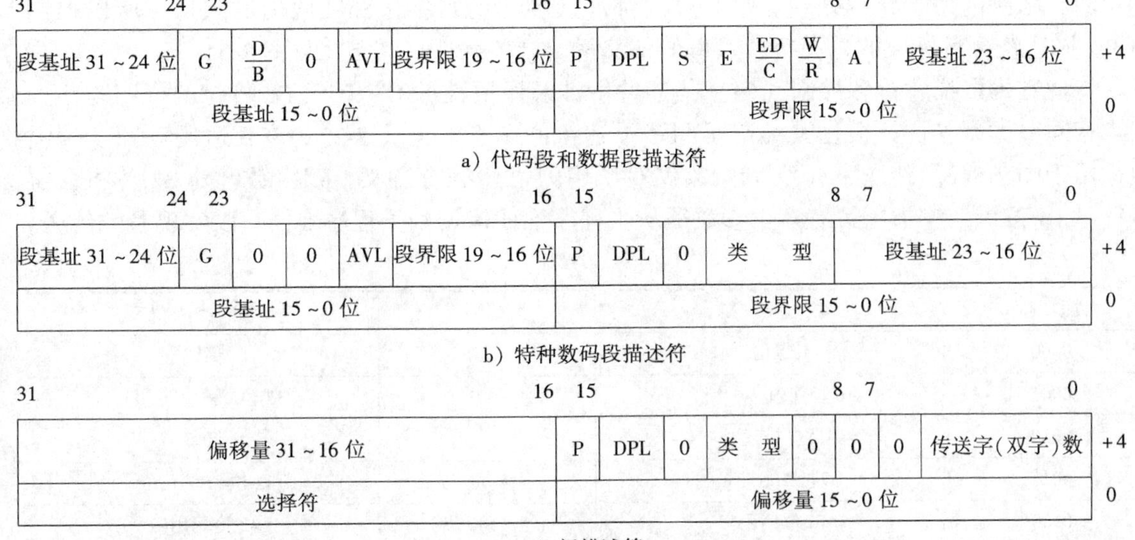

a）代码段和数据段描述符

b）特种数码段描述符

c）门描述符

图 7-54　段描述符的格式

表　7-21

位	定　义
G	G＝0，段界限长度以字节为单位，段长度可达 1MB G＝1，段界限长度以页为单位，段长度可达 4GB
D/B	对于代码段为 D。D＝1，为 32 位操作 D＝0，为 16 位操作
	对于数据段为 B。B＝1，为 32 位操作 B＝0，为 16 位操作
AVL	由系统软件使用
P	P＝1，该段已在内存中 P＝0，该段尚未在内存
DPL	占两位，表示特权级，有 0～3 四级，称描述符特权级
S	S＝1，为代码段或数据段（含堆栈段）描述符 S＝0，为特种数据段或控制（门）描述符
E	E＝1，为代码段 E＝0，为数据段
ED/C	对于数据段为 ED。ED＝1，表示偏移值＞段界限，即向下扩展（实为堆栈段） ED＝0，表示偏移值≤段界段，即向上扩展
	对于代码段为 C。C＝1，表示可调用 C＝0，表示不可调用
W/R	对于代码段为 R。R＝1，表示可读 R＝0，表示不可读，只可执行
	对于数据段为 W。W＝1，表示可写 W＝0，表示不可写
A	A＝1，该段已被访问 A＝0，该段尚未被访问

段描述符的另一大类是特种数据段描述符和控制（门）描述符。前者含局部描述符表的描述符和任务状态段的描述符，其格式见图 7-54b。后者含控制转移涉及的控制（门）描述符。有四种门，任务门用于任务切换，调用门用于调用子程序，中断门用于外部事件引起

的中断，陷阱门用于异常处理。每一种门都涉及转移的目标段和在段内的入口，所以控制（门）描述符含目标段的选择符、入口的偏移量及有关属性，其格式见图7-54c。

特种数据段描述符和控制（门）描述符中涉及段属性的G、P、DPL等位的说明与前一大类相同。类型4位，根据其编码示明了描述符的类型，见表7-22。该表适用于图7-54b，也适用于图7-54c。传送字（双字）数仅对调用门描述符有意义，双字数针对32位机，字数针对16位机，它指出了有多少参数须从主程序堆栈拷贝到子程序堆栈，以实现参数传送。

表 7-22

类型编码	段 类 型	类型编码	段 类 型
0000	保留	1000	保留
0001	16位TSS（可用）	1001	32位TSS（可用）
0010	LDT描述符	1010	保留
0011	16位TSS（忙）	1011	32位TSS（忙）
0100	16位调用门	1100	32位调用门
0101	任务门	1101	保留
0110	16位中断门	1110	32位中断门
0111	16位陷阱门	1111	32位陷阱门

在表中，“忙”意味着是当前任务；“不忙”便是“可用”。

对中断门和陷阱门，描述符的选择符与偏移量指明了中断处理子程序或异常处理子程序的入口地址。这两种门都配置在IDT中。

对调用门，选择符与偏移量指出了子程序的起始地址。

对任务门，描述符中的选择符指向TSS的描述符，偏移量不起作用。

五、保护模式下的存储器管理

Pentium处理器主要工作于保护模式。由处理器的存储器管理部件实现存储器空间的分配与保护，做到充分利用存储器资源，使各任务相互隔离，确保代码与数据的安全，让系统得以可靠运行。可以分段管理，也可以分页管理，前者是不能禁止的，后者是可以选择的。所以，如果禁止分页，便将工作于分段管理。分段管理是基础，分页管理是在分段管理基础上的。

1. 分段管理

我们已知：存储器划分成段后，分别用来存放程序代码、数据、堆栈数据等内容；也可以存放特种数据段，即局部描述符表和任务状态段。将32根地址线寻址的$2^{32}=4G$单元的存储器空间分成许多各自独立的段，每段的大小不一，其长度决定于段界限，理论上可以小自一个字节，大达4BG。每一个段有一个段描述符，描述和规定了它的基址、界限以及其他一些属性。分段后，多任务的各系统分别使用各自的段，相互隔离，因此达到保护，使系统可安全、可靠地运行。

实地址模式下，段寄存器内容左移4位作为段基址，所以段基址是20位的，只能寻址1M个字节。保护模式下，段基址是32位的，可寻址$2^{32}=4G$个字节；段寄存器的内容是段选择符，见图7-53c，不能直接形成段基址，必须用它的15～3位作为索引左移三位来查描述符表、从而找到一定的段描述符，才知道段基址。各任务都可访问的段（操作系统使用的代码段、数据段、堆栈段以及全局性的数据、表格和公用程序段）的描述符放在全局描述符表；每一任务单独占用的段的描述符在局部描述符表中。查全局描述符表、还是查局部描述符表，由选择符的第2位TI决定：如为0，查GDT；如为1，查LDT。选择符的第1、0位是RPL，称为请求特权级，有4级，00（0级）最高，11（3级）最低。

查GDT，其表基址与表界限从GDTR可得知。如查LDT，因LDT有多个，确定查哪一个LDT还得多一个步骤：由LDTR中的选择符，在GDT中找到这一LDT的描述符，自动放在LDTR的高速缓存中，并从而得知该LDT的表基址、表界限及相关属性。

访问内存的寻址过程

1）先要有段选择符。除了从段寄存器得到段选择符外，控制转移时，也可从CALL、JMP指令得到。于是查得段描述符，得知段基址。

2）再要有偏移量。偏移量在可访问的其他寄存器或门描述符中。段基址（32位）与偏移量（32位）相加，得到32位的线性地址。对于分段管理，线性地址即存储器的物理地址，便可籍以寻址访问。

许多工作都是处理器自动完成的，且存储器管理部件也用了高速缓存，访问的速度得以大大提高。

2. 分页管理

控制寄存器CR_0的PG位置1便选择了分页。分页管理时，每页的大小是相同的，都是4KB，故2^{32}地址空间可分成1M个页。把每1K个页组成一个页表。每一页其基址等内容共占有4个字节，构成页表中的一项，称为页表项，其格式见图7-55a。每一个页表占有4KB。把1K个页表组成页目录表。每一页表其基址等内容也占有4个字节，成为页目录表中的一项，称为页目录项，其格式见图7-55b。页目录表也占有4K个字节。每个页表和页目录表本身既都是4K字节，所以恰好都占据一页。

31　　12	11　9	8	7	6	5	4	3	2	1	0
页　基　址	AVL	0	0	D	A	0	0	U/S	R/W	P

a）页表项

31　　12	11　9	8	7	6	5	4	3	2	1	0
页　表　基　址	AVL	0	0	0	A	0	0	U/S	R/W	P

b）页目录项

图7-55　页表项与页目录项的格式

表7-23与表7-24是页表项和页目录项中注有符号的各位的定义与说明。

表　7-23

位	定　　义
P	P=1，该页（或页表）已在内存中 P=0，该页（或页表）尚未在内存
A	A=1，表示已被访问。由操作系统复位为0，并统计使用率 A=0，表示尚未被访问
D	D=1，表示已对页中某地址写过。由操作系统复位为0，了解写入情况
AVL	系统软件使用

表 7-24

U/S	R/W	用户级（3级）允许	管理级（0、1、2级）允许
0	0	无	读/写
0	1	无	读/写
1	0	只读	读/写
1	1	读/写	读/写

上表中 U/S 为用户监控位：当为0，用户不允许访问该页，以提供页保护，使操作系统的页不受用户程序破坏。$\frac{R}{W}$为读写位：如为0，不可写，也起保护作用。

访问内存的寻址过程

分页时，得到线性地址的过程与分段管理时一样，但线性地址还需转换成对应的物理地址，然后藉以访问。转换的步骤为

1）将线性地址的31～22这最高十位作为页目录表索引，乘以4，再在其前拼接 CR_3 的31～12位（页目录表基址）得到页目录项的地址。

2）将线性地址的21～12这中间十位作为页表索引，乘以4，再在其前拼接刚才得到的页目录项的31～12位（页表基址）得到页表项的地址。

3）由线性地址的11～0这最低12位作为偏移量，再在其前拼接刚刚查得的页表项的31～12位（页基址）才最后转换得到与线性地址对应的物理地址。

当然，上述转换与图7-55中注有符号各位的相应处理是由分页管理部件和操作系统自动完成的。处理器还会将最近用到的32个页表项（即128KB）存入转换查找高速缓存 TLB（Translation Lookaside Buffers），从而提高线性地址转换成物理地址的速度。

分页管理部件以不大的内存与容量很大的外存模拟一个容量极大的、虚拟的内存空间。只有每个任务当前所需的少量页存放在内存，如果要访问的页不在内存，处理器将因缺页异常转入缺页异常处理程序，从而将该页从外存读入内存，随后继续原来的程序。应用程序并不会觉察这一切。

3. 存储保护

Pentium 处理器利用自身硬件，再配合以一些特定指令，对存储器访问作预定的限制和检查，防止不正确的操作导致系统混乱甚至瘫痪，为代码和数据提供保护，使多任务系统的各任务间相互隔离，因此大大提高了系统的安全性与可靠性。例如下列保护措施：

段界限检查和表界限检查　用以防止程序在段外寻址、在描述符表外选择段描述符以及防止超出界限的访问。

类型检查　能发现使用不正确的段和门导致的编程错误，防止向不可写的数据写数据、装在 CS 的选择符却指向数据段描述符等错误。

特权级检查　是很主要的保护手段。它在软件间起隔离作用，为代码和数据提供保护。

存储器中软件的特权级定为0、1、2、3四种，0级最高，依次递降，3级最低。定为0级的是操作系统中最重要的、不大会改变的一小部分核心程序，如：存储管理、保护和访问控制等程序，它们受到最好的保护；定为1级的是操作系统中有可能改变的大部分程序，如：外设驱动程序、系统服务程序；定为2级的是一些子系统，如：数据库管理系统、办公

自动化系统等；定为3级的才是用户程序，且任务与任务间也相互隔离。

规定了特权级后，较低特权级的程序一般不能访问较高特权级的内容。但是，用户程序也要从操作系统得到服务，这需要通过调用门来解决。每个调用门都有一个描述符，其中也定了特权级，凡是特权级高于该调用门特权级的程序便可通过此调用门规定的入口地址来访问更高级别的程序。

所以，要更好地理解特权级检查的概念，我们还需要用到前面在不同场合已曾提到过的各种特权级名称：

CPL，称为当前特权级，是当前任务访问的代码段的特权级；

DPL，称为描述符特权级，是段或门描述符的特权级；

RPL，称为选择符特权级，是新装入段寄存器的选择符的特权级；

IOPL，称为I/O特权级，由标志寄存器第13、12位的值决定，它规定了可以执行I/O指令的最低特权级。（当然，能否执行I/O指令，还取决于任务状态段中I/O位图的设置——详见后面图7-56。）

除I/O外，特权级检查时，处理器须比较CPL、DPL、RPL的级别。例如对于数据段、调用门和任务状态段，只有高于或等于DPL级别的程序或任务才可访问，即必须CPL≤DPL、且RPL≤DPL。对于各种代码段，要访问也有不同的特权级要求。此外，控制转移以至任务切换也都要作特权级检查。这里不一一细述。凡检查发现不符合要求的，将产生异常13（保护异常）。

六、任务切换与程序转移

1. 多任务系统

能够同时执行两个以上任务的系统称为多任务系统。在多任务系统中，处理器好像同时处理着几个任务；其实，真正在同一时间，处理器无法分身，它只是分时地兼顾与处理多个任务。Pentium处理器支持多任务，在任务间需经常作切换。每次切换前要有存储空间来暂存处理器的当前状态，这一暂存空间称为任务状态段TSS。多任务系统中每一个任务都需定义一个TSS，在其中存放着该任务的全部运行信息。

2. 任务状态段

它是一种特殊的段，有固定的格式，见如图7-56。它在任务切换时供保存原任务的信息。由图7-56见，它含段寄存器GS、FS、DS、SS、CS、ES；通用寄存器EDI、ESI、EBP、ESP、EBX、EDX、ECX、EAX；标志寄存器EFLAGS；指令指针EIP以及前一任务的LDT选择符。这些内容在任务切换时要修改。其最后一项也标作LINK，意为与前一任务的链接，供返回。

TSS也含本任务的LDT段选择符；0、1、2特权级堆栈的SS、ESP；CR_3寄存器；调试陷阱位T；I/O允许位图和保留部分。这些内容在创建本任务时设置，任务切换时不修改，却可读取。在CR_3中，存放本任务页目录基址。T位如为1而进入新任务，将产生调试异常1。I/O允许位用以限制对I/O端口的访问：某位为0，表示本任务可访问该口；反之，则不可访问。按理说，可有64K个I/O端口，这一区域将长达8K字节，实际因I/O端口不会那么多,系统会认全1字节作为末尾而使该区域合理缩短。保留区留供系统设计人员用。

	1		
I/O 允许位图（续）			
保 留 区			
I/O 允许位图	0	T	100
0	LDT 段选择符		96
0	GS		92
0	FS		88
0	DS		84
0	SS		80
0	CS		76
0	ES		72
EDI			68
ESI			64
EBP			60
ESP			56
EBX			52
EDX			48
ECX			44
EAX			40
EFLAGS			36
EIP			32
CR_3			28
0	SS2		24
ESP2			20
0	SS1		16
ESP1			12
0	SS0		8
ESP0			4
0	前一任务的 LDT 选择符		0
31　　16	15　　0		

图 7-56　任务状态段 TSS

3. 任务切换

处理器在执行一个任务前，须先在内存中定义 GDT、LDT、TSS 等段，而在 GDT 中要定义 LDT 描述符和 TSS 描述符；在 GDTR 中装入 GDT 的基址和界限，使 GDT 处于可用状态。

（1）任务切换的方法　有 4 种方法：

1）执行远程 JMP 或远程 CALL 指令，选中 GDT 中的 TSS 描述符。

2）执行远程 JMP 或远程 CALL 指令，选中任务门。

3）由中断或异常，选中 IDT 中的任务门。此时不再进行通常的中断处理。

4）当 NT 为 1，执行 IRET 指令。

由特权级较低的任务切换到特权级较高的任务需通过任务门。任务门与调用门不同，不规定入口地址。

（2）任务切换的过程

1）保护现场：把当前任务的各寄存器内容保存到当前任务的 TSS。

2）把下一任务 TSS 描述符的选择符装入 TR，TSS 描述符的基址和界限装入 TR 描述符寄存器。

3）更新现场：把新 TSS 中各寄存器内容送各寄存器。

4）把新 TSS 中 LDT 描述符的选择符装入 LDTR 寄存器，LDT 描述符中的基址和界限装入 LDTR 的描述符寄存器。

于是，LDTR 的描述符寄存器其内容规定了新任务的 LDT，由当前各段寄存器内的选择符择定 LDT 内各段描述符，确定当前任务所用各段的基址与界限。

4. 程序转移

对于单一任务的系统，不存在任务切换，但程序转移还常遇到。Pentium 处理器可以多任务处理，程序甚至可以在任务间转移。不同类型的转移需用不同的办法：使用不同的指令、访问不同的描述符表、运用不同的门，现扼要以表 7-25 进行汇总归纳。

表 7-25

<table>
<tr><th>转移的类型</th><th>转移的起因</th><th>访问的描述符</th><th>访问的描述符表</th></tr>
<tr><td>段内转移</td><td>JMP、CALL、RET 指令</td><td>无</td><td>无</td></tr>
<tr><td rowspan="3">段间转移</td><td>JMP、CALL，RET 指令
IRET 指令（当 NT=0）</td><td>代码段</td><td>GDT LDT</td></tr>
<tr><td>JMP、CALL 指令</td><td>调用门</td><td>GDT LDT</td></tr>
<tr><td>INTn 指令、外部中断、异常中断</td><td>中断门
陷阱门</td><td>IDT</td></tr>
<tr><td rowspan="3">特权级间转移</td><td>CALL 指令</td><td>调用门</td><td>GDT LDT</td></tr>
<tr><td>INTn 指令、外部中断、异常中断</td><td>中断门
陷阱门</td><td>IDT</td></tr>
<tr><td>RET、IRET（当 NT=0）指令</td><td>代码段</td><td>GDT LDT</td></tr>
<tr><td rowspan="3">任务间转移</td><td>JMP、CALL 指令
IRET 指令（当 NT=1）</td><td>任务状态段</td><td>GDT</td></tr>
<tr><td>JMP、CALL 指令</td><td>任务门</td><td>GDT LDT</td></tr>
<tr><td>INTn 指令</td><td>任务门</td><td>IDT</td></tr>
</table>

附　　录

附录 A　ASCII(美国标准信息交换码)表

行	列	0③	1③	2③	3	4	5	6	7③
	位654→ ↓3210	000	001	010	011	100	101	110	111
0	0000	NUL	DLE	SP	0	@	P	、	P
1	0001	SOH	DC1	!	1	A	Q	a	q
2	0010	STX	DC2	”	2	B	R	b	r
3	0011	ETX	DC3	#	3	C	S	c	s
4	0100	EOT	DC4	$	4	D	T	d	t
5	0101	ENQ	NAK	%	5	E	U	e	u
6	0110	ACK	SYN	&	6	F	V	f	v
7	0111	BEL	ETB	’	7	G	W	g	w
8	1000	BS	CAN	(	8	H	X	h	x
9	1001	HT	EM	)	9	I	Y	i	y
A	1010	LF	SUB	*	:	J	Z	j	z
B	1011	VT	ESC	+	;	K	[	k	{
C	1100	FF	FS	,	<	L	\	l	|
D	1101	CR	GS	—	=	M	]	m	}
E	1110	SO	RS	.	>	N	Ω①	n	~
F	1111	SI	US	/	?	O	_②	o	DEL

① 取决于使用这种代码的机器,它的符号可以是弯曲符号,向上箭头,或(—)标记。

② 取决于使用这种代码的机器,它的符号可以是在下面画线,向下箭头,或心形。

③ 是第 0、1、2 和 7 列特殊控制功能的解释。

表中:

NUL　空

SOH　　标题开始

STX　　正文结束

ETX	本文结束
EOT	传输结果
ENQ	询问
ACK	承认
BEL	报警符(可听见的信号)
BS	退一格
HT	横向列表(穿孔卡片指令)
LF	换行
VT	垂直制表
FF	走纸控制
CR	回车
SO	移位输出
SI	移位输入
SP	空间(空格)
DLE	数据链换码
DC1	设备控制 1
DC2	设备控制 2
DC3	设备控制 3
DC4	设备控制 4
NAK	否定
SYN	空转同步
ETB	信息组传送结束
CAN	作废
EM	纸尽
SUB	减
ESC	换码
FS	文字分隔符
GS	组分隔符
RS	记录分隔符
US	单元分隔符
DEL	作废

附录 B　MCS-51 指令速查表

低半字节 / 高半字节	0	1	2	3	4	5	6、7	8 ~ F
0	NOP	AJMP0 *	LJMP[0] addr16	RRA	INC A	INC▽ direct	INC @Rj	INC Ri

（续）

低半字节 高半字节	0	1	2	3	4	5	6、7	8～F
1	JBC^{0} bit,rel	ACALL0*	LCALL^{0} addr16	RRC A	DEC A	DEC$^{\triangledown}$ direct	DEC @Rj	DEC Ri
2	JB^{0} bit,rel	AJMP 1*	RET$^{\triangle}$	RL A	ADD$^{\triangledown}$ A,#data	ADD$^{\triangledown}$ A,direct	ADD A,@Rj	ADD A,Ri
3	JNB^{0} bit,rel	ACALL 1*	RETI$^{\triangle}$	RLC A	ADDC$^{\triangledown}$ A,#data	ADDC$^{\triangledown}$ A,direct	ADDC A,@Rj	ADDC A,Ri
4	JC* rel	AJMP 2*	ORL$^{\triangledown}$ direct,A	ORL^{0} direct, #data	ORL$^{\triangledown}$ A,#data	ORL$^{\triangledown}$ A,direct	ORL A,@Rj	ORL A,Ri
5	JNC* rel	ACALL 2*	ANL$^{\triangledown}$ direct,A	ANL^{0} direct, #data	ANL$^{\triangledown}$ A,#data	ANL$^{\triangledown}$ A,direct	ANL A,@Rj	ANL A,Ri
6	JZ* rel	AJM P 3*	XRL$^{\triangledown}$ direct,A	XRL^{0} direct, #data	XRL$^{\triangledown}$ A,#data	XRL$^{\triangledown}$ A,direct	XRL A,@Rj	XRL A,Ri
7	JNZ* rel	ACALL 3*	ORL* c,bit	JMP$^{\triangle}$ @A+ DPTR	MOV$^{\triangledown}$ A,#data	MOV^{0} direct #data	MOV$^{\triangledown}$ @Rj #data	MOV$^{\triangledown}$ Ri,#data
8	SJMP* rel	AJMP4*	ANL* C,bit	MOVC$^{\triangle}$ A,@A+PC	DIV^{+} AB	MOV^{0} direct,direct	MOV* direct @Rj	MOV* direct,Ri
9	MOV^{0} DPTR, #data	ACALL4*	MOV$^{\triangledown}$ bit,C	MOVC$^{\triangle}$ A,@A+ DPTR	SUBB$^{\triangledown}$ A,#data	SUBB$^{\triangledown}$ A,direct	SUBB A,@Rj	SUBB A,Ri
A	ORL* C,/bit	AJMP5*	MOV$^{\triangledown}$ C,bit	INC$^{\triangle}$ DPTR	MUL^{+} AB		MOV* @Rj, direct	MOV* Ri,direct
B	ANL* C,/bit	ACALL5*	CPL$^{\triangledown}$ bit	CPL C	DIV^{+} AB	CJNE^{0} A,direct, rel	CJNE^{0} @Rj, #data,rel	CJNE^{0} Ri,#data,rel
C	PUSH* direct	AJMP 6*	CLR$^{\triangledown}$ bit	CLR C	SWAPA	XCH$^{\triangledown}$ A,direct	XCH A,@Rj	XCH A,Ri
D	POP* direct	ACALL 6*	SETB$^{\triangledown}$ bit	SETB C	DA A	DJNZ^{0} direct,rel	XCHD A,@Rj	DJNZ* Ri,rel

（续）

低半字节 / 高半字节	0	1	2	3	4	5	6、7	8～F
E	MOVX△ a,@DPTR	AJMP 7*	MOVX△ A,@R0	MOVX△ A,@R1	CLRA	MOV▽ A,direct	MOV A,@Rj	MOV A,Ri
F	MOVX△ @DPTR,A	ACALL7*	MOVX△ @R0,A	MOVX△ @R1,A	CPLA	MOV▽ direct,A	MOV @Rj,A	MOV Ri,A

注："△"为单字节双周期指令。"*"为双字节双周期指令。"0"为三字节双周期指令。

"+"为单字节4周期指令。"▽"为双字节单周期指令。其他均为单字节单周期指令。

附录C　MCS-96指令系统（含196增添指令）

该部分内容包括：MCS-96指令系统简表；分类排列并示出了每条指令的操作码、字节数和执行时间（状态周期数）；各指令（含196增添指令）的说明与汇编语言格式、目标码格式。

（一）MCS-96指令系统简表

助记符	操作数	操作（注1）	标志 Z	N	C	V	VT	ST	注
ADD/ADDB	2	D←D+A	✓	✓	✓	✓	↑	—	
ADD/ADDB	3	D←B+A	✓	✓	✓	✓	↑	—	
ADDC/ADDCB	2	D←D+A+C	↓	✓	✓	✓	↑	—	
SUB/SUBB	2	D←D—A	✓	✓	✓	✓	↑	—	
SUB/SUBB	3	D←B—A	✓	✓	✓	✓	↑	—	
SUBC/SUBCB	2	D←D—A+C—1	↓	✓	✓	✓	↑	—	
CMP/CMPB	2	D—A	✓	✓	✓	✓	↑	—	
MUL/MULU	2	D,D+2←D*A	—	—	—	—	—	?	2
MUL/MULU	3	D,D+2←B*A	—	—	—	—	—	?	2
MULB/MULUB	2	D,D+1←D*A	—	—	—	—	—	?	3
MULB/MULUB	3	D,D+1←B*A	—	—	—	—	—	?	3
DIVU	2	D←(D,D+2)/A,D+2←余数	—	—	—	✓	↑	—	2
DIVUB	2	D←(D,D+1)/A,D+1←余数	—	—	—	✓	↑	—	3
DIV	2	D←(D,D+2)/A,D+2←余数	—	—	—	?	↑	—	
DIVB	2	D←(D,D+1)/A,D+1←余数	—	—	—	?	↑	—	
AND/ANDB	2	D←D与A	✓	✓	0	0	—	—	
AND/ANDB	3	D←B与A	✓	✓	0	0	—	—	
OR/ORB	2	D←D或A	✓	✓	0	0	—	—	
XOR/XORB	2	D←D异或A	✓	✓	0	0	—	—	
LD/LDB	2	D←A	—	—	—	—	—	—	
ST/STB	2	A←D	—	—	—	—	—	—	
LDBSE	2	D←A,D+1←SIGN(A)	—	—	—	—	—	—	3.4
LDBZE	2	D←A,D+1←0	—	—	—	—	—	—	3.4
PUSH	1	SP←SP—2;(SP)←A	—	—	—	—	—	—	

（续）

助记符	操作数	操作(注1)	标志						注
			Z	N	C	V	VT	ST	
POP	1	A←(SP);SP←SP+2	—	—	—	—	—	—	
PUSHF	0	SP←SP—2;(SP)←PSW; PSW←0000H I←0	0	0	0	0	0	0	
POPF	0	PSW←(SP);SP←SP+2;I←✓	✓	✓	✓	✓	✓	✓	
SJMP	1	PC←PC+11 位偏移	—	—	—	—	—	—	5
LJMP	1	PC←PC+16 位偏移	—	—	—	—	—	—	5
BR[indirect]	1	PC←(A)	—	—	—	—	—	—	5
SCALL	1	SP←SP—2;(SP)←PC; PC←PC+11 位偏移	—	—	—	—	—	—	5
LCALL	1	SP←SP—2;(SP)←PC; PC←PC+16 位偏移	—	—	—	—	—	—	5
RET	0	PC←(SP);SP←SP+2	—	—	—	—	—	—	
J(条件)	1	PC←PC+8 位偏移(若跳转)	—	—	—	—	—	—	5
JC	1	若 C=1 跳转	—	—	—	—	—	—	5
JNC	1	若 C=0 跳转	—	—	—	—	—	—	5
JE	1	若 Z=1 跳转	—	—	—	—	—	—	5
JNE	1	若 Z=0 跳转	—	—	—	—	—	—	5
JGE	1	若 N=0 跳转	—	—	—	—	—	—	5
JLT	1	若 N=1 跳转	—	—	—	—	—	—	5
JGT	1	若 N=0 和 Z=0 跳转	—	—	—	—	—	—	5
JLE	1	若 N=1 或 Z=1 跳转	—	—	—	—	—	—	5
JH	1	若 C=1 和 Z=0 跳转	—	—	—	—	—	—	5
JNH	1	若 C=0 或 Z=1 跳转	—	—	—	—	—	—	5
JV	1	若 V=1 跳转	—	—	—	—	—	—	5
JNV	1	若 V=0 跳转	—	—	—	—	—	—	5
JVT	1	若 VT=1 跳转并清除 VT	—	—	—	—	0	—	5
JNVT	1	若 VT=0 跳转并清除 VT	—	—	—	—	0	—	5
JST	1	若 ST=1 跳转	—	—	—	—	—	—	5
JNST	1	若 ST=0 跳转	—	—	—	—	—	—	5
JBS	3	若指定位=1 跳转	—	—	—	—	—	—	5,6
JBC	3	若指定位=0 跳转	—	—	—	—	—	—	5,6
DJNZ	1	D←D-1;若 D≠0 则 PC←PC+8 位偏移	—	—	—	—	—	—	5
DEC/DECB	1	D←D-1	✓	✓	✓	✓	↑	—	
NEG/NEGB	1	D←0-D	✓	✓	✓	✓	↑	—	
INC/INCB	1	D←D+1	✓	✓	✓	✓	↑	—	
EXT	1	D←D;D+2←Sign(D)	✓	✓	0	0	—	—	2
EXTB	1	D←D;D+1←Sign(D)	✓	✓	0	0	—	—	3
NOT/NOTB	1	D←逻辑非(D)	✓	✓	0	0	—	—	
CLR/CLRB	1	D←0	1	0	0	0	—	—	
SHL/SHLB/SHLL	2	C←msb - - - - - lsb←0	✓	?	✓	✓	↑	✓	7
SHR/SHRB/SHRL	2	0→msb - - - - - lsb←C	✓	0	✓	0	—	✓	7

(续)

助记符	操作数	操作(注1)	标志						注
			Z	N	C	V	VT	ST	
SHRA/SHRAB/SHRAL	2	msb→msb－－－－－lsb→C	✓	✓	✓	0	—	✓	7
SETC	0	C←1	—	—	1	—	—	—	
CLRC	0	C←0	—	—	0	—	—	—	
CLRVT	0	VT←0	—	—	—	—	0	—	
RST	0	RC←2080H	0	0	0	0	0	0	8
DI	0	禁止全部中断(I←0)	—	—	—	—	—	—	
EI	0	允许全部中断(I←1)	—	—	—	—	—	—	
NOP	0	PC←PC＋1	—	—	—	—	—	—	
SKIP	0	PC←PC＋2	—	—	—	—	—	—	
NORML	0	左移直至 msb＝1；D←移位次数	✓	?	0	—	—	—	7
TRAP	2	SP←SP—2；(SP)←PC							
	0	PC←(2010H)	—	—	—	—	—	—	9

注：1. 若助记符以“B”结尾，完成的是字节操作，否则是字操作。操作数 D、B 和 A 必须遵循所要求类型的定位规则。D 和 B 是寄存器阵列中的寄存器，A 可以位于存储器的任何位置。

2. D，D＋2 是存储器中 2 个相继的字，其中 D 按双字定位。
3. D，D＋1 是存储器中 2 个相继的字节，其中 D 按字定位。
4. 把一个字节变为一个字。
5. 偏移值是补码数。
6. 指定位是寄存器阵列的 2048 位中的一位。
7. 后缀“L”表示双字操作。
8. 靠把$\overline{\text{RESET}}$拉低引起一次复位。
9. 汇编程序将不接受此指令。
10. “✓”表示该位受指令执行的影响，或置 1 或清 0。
11. “—”表示该位不受指令执行的影响。
12. “1”表示该位在指令执行后置 1。
13. “0”表示该位在指令执行后清 0。
14. “?”表示该位在指令执行后状态不确定。
15. “↑”表示该位在指令执行后有可能置 1，但不会清 0。
16. “↓”表示该位在指令执行后有可能清 0，但不会置 1。

(二) 各条指令的操作码、字节数和执行时间(状态周期数)

助记符	操作数	直接寻址			立即寻址			间接寻址＊					变址寻址＊				
								普通			自动增量		短变址			长变址	
		操作码	字节	状态	操作码	字节	状态	操作码	字节	状态①	字节	状态①	操作码	字节	状态①	字节	状态①
算术指令																	
ADD	2	64	3	4	65	4	5	66	3	6/11	3	7/12	67	4	6/11	5	7/12
ADD	3	44	4	5	45	5	6	46	4	7/12	4	8/13	47	5	7/12	6	8/13
ADDB	2	74	3	4	75	3	4	76	3	6/11	3	7/12	77	4	6/11	5	7/12
ADDB	3	54	4	5	55	4	5	56	4	7/12	4	8/13	57	5	7/12	6	8/13
ADD	2	A4	3	4	A5	4	5	A6	3	6/11	3	7/12	A7	4	6/11	5	7/12
ADDCB	2	B4	3	4	B5	3	4	B6	3	6/11	3	7/12	B7	4	6/11	5	7/12
SUB	2	68	3	4	69	4	5	6A	3	6/11	3	7/12	6B	4	6/11	5	7/12

（续）

助记符	操作数	直接寻址			立即寻址			间接寻址*					变址寻址*				
								普通			自动增量		短变址			长变址	
		操作码	字节	状态	操作码	字节	状态	操作码	字节	状态①	字节	状态①	操作码	字节	状态①	字节	状态①
算术指令																	
SUB	3	48	4	5	49	5	6	4A	4	7/12	4	8/13	4B	5	7/12	6	8/13
SUBB	2	78	3	4	79	3	4	7A	3	6/11	3	7/12	7B	4	6/11	5	7/12
SUBB	3	58	4	5	59	4	5	5A	4	7/12	4	8/13	5B	5	7/12	6	8/13
SUBC	2	A8	3	4	A9	4	5	AA	3	6/11	3	7/12	AB	4	6/11	5	7/12
SUBCB	2	B8	3	4	B9	3	4	BA	3	6/11	3	7/12	BB	4	6/11	5	7/12
CMP	2	88	3	4	89	4	5	8A	3	6/11	3	7/12	8B	4	6/11	5	7/12
CMPB	2	98	3	4	99	3	4	9A	3	6/11	3	7/12	9B	4	6/11	5	7/12
MULU	2	6C	3	25	6D	4	26	6E	3	27/32	3	28/38	6F	4	27/32	5	28/33
MULU	3	4C	4	26	4D	5	27	4E	4	28/33	4	29/34	4F	5	28/33	6	29/34
MULUB	2	7C	3	17	7D	3	17	7E	3	19/24	3	20/25	7F	4	19/24	5	20/25
MULUB	3	5C	4	18	5D	4	18	5E	4	20/25	4	21/26	5F	5	20/25	6	21/26
MUL	2	②	4	29	②	5	30	②	4	31/36	4	32/37	②	5	31/36	6	32/37
MUL	3	②	5	30	②	6	31	②	5	32/37	5	33/38	②	6	32/37	7	33/38
MULB	2	②	4	21	②	4	21	②	4	23/28	4	24/29	②	5	23/28	6	24/29
MULB	3	②	5	22	②	5	22	②	5	24/29	5	25/30	②	6	24/29	7	25/30
DIVU	2	8C	3	25	8D	4	26	8E	3	28/32	3	29/33	8F	4	28/32	5	29/33
DIVUB	2	9C	3	17	9D	3	17	9E	3	20/4	3	21/25	9F	4	20/24	5	21/25
DIV	2	②	4	29	②	5	30	②	4	32/36	4	33/37	②	5	32/36	6	33/37
DIVB	2	②	4	21	②	4	21	②	4	24/28	4	25/29	②	5	24/28	6	25/29
逻辑指令																	
AND	2	60	3	4	61	4	5	62	3	6/11	3	7/12	63	4	6/11	5	7/12
AND	3	40	4	5	41	5	6	42	4	7/12	4	8/13	43	5	7/12	6	8/13
ANDB	2	70	3	4	71	3	4	72	3	6/11	3	7/12	73	4	6/11	5	7/12
ANDB	3	50	4	5	51	4	5	52	4	7/12	4	8/13	53	5	7/12	6	8/13
OR	2	80	3	4	81	4	5	82	3	6/11	3	7/12	83	4	6/11	5	7/12
ORB	2	90	3	4	91	3	4	92	3	6/11	3	7/12	93	4	6/11	5	7/12
XOR	2	84	3	4	85	4	5	86	3	6/11	3	7/12	87	4	6/11	5	7/12
XORB	2	94	3	4	95	3	4	96	3	6/11	3	7/12	97	4	6/11	5	7/12
数据传送指令																	
LD	2	A0	3	4	A1	4	5	A2	3	6/11	3	7/12	A3	4	6/11	5	7/12
LDB	2	B0	3	4	B1	3	4	B2	3	6/11	3	7/12	B3	4	6/11	5	7/12
ST	2	C0	3	4	—	—	—	C2	3	7/11	3	8/12	C3	4	7/11	5	8/12
STB	2	C4	3	4	—	—	—	C6	3	7/11	3	8/12	C7	4	7/11	5	8/12
LDBSE	2	BC	3	4	BD	3	4	BE	3	6/11	3	7/12	BF	4	6/11	5	7/12
LDBZE	2	AC	3	4	AD	3	4	AE	3	6/11	3	7/12	AF	4	6/11	5	7/12
堆栈操作(内部堆栈)																	
PUSH	1	C8	2	8	C9	3	8	CA	2	11/15	2	12/16	CB	3	11/15	4	12/16
POP	1	CC	2	12	—	—	—	CE	2	14/18	2	14/18	CF	3	14/18	4	14/18
PUSHF	0	F2	1	8													
POPF	0	F3	1	9													

（续）

助记符	操作数	直接寻址			立即寻址			间接寻址＊					变址寻址＊				
								普通			自动增量		短变址			长变址	
		操作码	字节	状态	操作码	字节	状态	操作码	字节	状态①	字节	状态①	操作码	字节	状态①	字节	状态①
堆栈操作(外部堆栈)																	
PUSH	1	C8	2	12	C9	3	12	CA	2	15/19	2	16/20	CB	3	15/19	4	16/20
POP	1	CC	2	14	—	—	—	CE	2	16/20	2	16/20	CF	3	16/20	4	16/20
PUSHF	0	F2	1	12													
POPF	1	F3	1	13													

跳转和调用

助记符	操作码	字节	状态	助记符	操作码	字节	状态
LJMP	E7	3	8	LCALL	EF	3	13/16⑤
SJMP	20-27④	2	8	SCALL	28-2F④	2	13/16⑤
BR	E3	2	8	RET	F0	1	12/16⑤
				TRAP③	F7	1	

条 件 跳 转

所有条件跳转都是双字节指令。若跳转需 8 个状态。若不跳转，需 4 个状态

助记符	操作码	助记符	操作码	助记符	操作码	助记符	操作码
JC	BD	JE	DF	JGE	D6	JGT	D2
JNC	D3	JNE	D7	JLT	DE	JLE	DA
JH	D9	JV	DD	JVT	DC	JST	D8
JNH	D1	JNV	D5	JNVT	D4	JNST	D0

根据清位或置位跳转

下列指令是 3 字节指令。若跳转，要求 9 个状态，若不跳转，需 5 个状态

位 号								
助记符	0	1	2	3	4	5	6	7
JBC	30	31	32	33	34	35	36	37
JBS	38	39	3A	3B	3C	3D	3E	3F

循环控制

助记符 DJNZ　操作码 EO　3 字节　5/9 状态(不跳转/跳转)

单寄存器指令

助记符	操作码	字节	状态	助记符	操作码	字节	状态
DEC	05	2	4	EXT	06	2	4
DECB	15	2	4	EXTB	16	2	4
NEG	03	2	4	NOT	02	2	4
NEGB	13	2	4	NOTB	12	2	4
INC	07	2	4	CLR	01	2	4
INCB	17	2	4	CLRB	11	2	4

移位指令

助记符	字		助记符	字		助记符	双字		状 态
	代码	字节		代码	字节		代码	字节	
SHL	09	3	DHLB	19	3	SHLL	0D	3	7＋1/1 次移位⑦
SHR	08	3	SHRB	18	3	SHRL	0C	3	7＋1/1 次移位⑦
SHRA	0A	3	SHRAB	1A	3	SHRAL	0E	3	7＋1/1 次移位⑦

（续）

助记符	操作码	字节	状态	助记符	操作码	字节	状态
特殊控制指令							
SETC	F9	1	4	DI	FA	1	4
CLRC	F8	1	4	EI	FB	1	4
CLRVT	FC	1	4	NOP	FD	1	4
RST⑥	FF	1	16	SKIP	00	2	4
规格化指令							
NORML	OF	3	8 +1/1 次移位				

注：* 长变址与短变址的操作码相同，自动增量间址与普通间址的操作码也相同。这些指令的第二字节规定了确切的寻址方式。如果第二字节是偶数，用的是普通间址或短变址。如果第二字节是奇数，用自动增量间址或长变址。在所有情况下，指定的第二字节总是指定一个偶(字)单元。

① 所示的状态周期数适用于内部/外部操作数。

② 带符号乘法和除法指令的操作码是无符号乘除指令的操作码加上一个前缀“FE”。

③ 汇编程序不接受此助记符。

④ 操作码的低 3 位与后随的 8 位构成一个 11 位的相对调用或跳转的偏移值，该值以补码表示。

⑤ 所示的状态周期数适用于内部/外部堆栈。

⑥ 这条指令花 2 个状态把 RST 端拉低，随后再保持低电平 2 个状态以开始一次复位。复位化 12 个状态，这时，程序由 2080H 单元重新起动。

⑦ 至少花 8 个状态执行指令，即使移 0 次。

(三) 各指令(含 196 增添指令)的说明与汇编语言格式、目标码格式

1. ADD(两操作数)——字相加

操作：两个字相加，和存入目的操作数(左边)：

汇编语言格式：　　目的　　源

ADD　wreg,　waop

目标码格式：[01　10　01　aa]　[waop]　[wreg]

2. ADD(三操作数)——字相加

操作：第二个和第三个字相加，和存入目的操作数(最左)：

汇编语言格式：　　目的　　源 1　　源 2

ADD　Dwreg,　Swreg,　waop

目标码格式：[01　00　01　aa]　[waop]　[Swreg]　[Dwreg]

3. ADDB(两操作数)——字节相加

操作：两个字节相加，和存入目的(左)操作数。

汇编语言格式：　　目的　　源

ADDD　breg,　baop

目标码格式：[01　11　01　aa]　[baop]　[breg]

4. ADDB(三操作数)——字节相加

操作:第二和第三字节相加,和存入目的操作数:

汇编语言格式:　　目的　　源 1　　源 2

ADDB　Dbreg,　Sbreg,　baop

目标码格式:[01　01　01　aa]　[baop]　[Sbreg]　[Dbreg]

5. ADDC——带进位的字加

操作:两个字及进位标志相加,和存入目的操作数

汇编语言格式:　　目的　　源

ADDC　wreg,　waop

目标码格式:[10　10　01　aa]　[waop]　[wreg]

6. ADDCB——带进位的字节加

操作:两个字节及进位标志相加,和存入目的操作数:

汇编语言格式:　　目的　　源

ADDCB　breg,　baop

目标码格式:[10　11　01　aa]　[baop]　[breg]

7. AND(两操作数)——字逻辑与

操作:两个字对应位相与,结果存入目的操作数:

汇编语言格式:　　目的　　源

AND　wreg,　waop

目标码格式:[01　10　00　aa]　[waop]　[wreg]

8. AND(三操作数)——字逻辑与

操作:第二和第三字相与,结果存入目的操作数

汇编语言格式:　　目的　　源 1　　源 2

AND　Dwreg,　Swreg,　waop

目标码格式:[01　00　00　aa]　[waop]　[Swreg]　[Dwreg]

9. ANDB(两操作数)——字节逻辑与

操作:两个字节相与,结果存入目的操作数

汇编语言格式:　　目的　　源

ANDB　breg,　baop

目标码格式:[01　11　00　aa]　[baop]　[breg]

10. ANDB(三操作数)——字节逻辑与

操作:第二字节和第三字节相与,结果存入目的操作数

汇编语言格式:　　目的　　源 1　　源 2

ANDB　Dbreg,　Sbreg,　baop

目标码格式:[01　01　00　aa]　[baop]　[Sbreg]　[Dbreg]

11. BMOV——块传递

操作:把存贮器中某一块字数据传送到另一块去。源和目的地址都用自增间接寻址方式计算。通过一个长寄存器寻址存在相邻两个字寄存器中的源和目的地址指针。需转移块的大小存放在一个字寄存器内。数据块可以移至存储器的任何地方,但不能重叠。

COUNT←(CNTREG)

```
LOOP:   SRCPTR←(PTRS)                    ;取源地址指针。
        DSTPTR←(PTRS+2)                  ;取目的地址指针。
        (DSTPTR)←(SRCPTR)                ;源数据字转存到目的。
        (PTRS)←SRCPTR+2                  ;源地址指针加2。
        (PTRS+2)←DSTPTR+2                ;目的地址指针加2。
        COUNT←COUNT-1                    ;计数器减1。
        if COUNT≠0 then go to Loop       ;不等零则继续。
```

汇编语言格式:

```
              PTRS      CNTREG
        BMOV  lreg,     wreg
```

目标码格式:[11 00 00 01] [wreg] [lreg]

不影响标志位

注意:1. 在执行指令的过程中,CNTREG 不会递减。

2. 在执行指令过程中,可能会长时间禁止中断,在使用 BMOV 指令传送大块数据时,为了保证中断正常,BMOV 可以和 DJNZ 指令一起使用。在执行过程中,指针是变化的,而 CNTREG 不变,见如下例子:

```
        LD   PTRS,    SRC                ;指针指向源表的基址。
        LD   PTRS+2,  DST                ;指针指向目的表的基址。
        LD   CNTREG,  #COUNT             ;每一次移动的字节数。
        LD   CNTSET,  #SETS              ;传递的次数。
MOVE:   BMOV  PTRS,CNTREG                ;执行一次传递。
        DJNZ CNTSET,MOVE                 ;传递次数减1后继续。
```

12. BMOVI——允许中断的块传送

操作:把一个字数据块传送到另一块去,并且允许中断。源和目的地址都用自增间接寻址计算,通过一个长寄存器寻址存在相邻两个字寄存器中的源和目的地址。需转移的长度存放在一个字寄存器内。数据块除了不能重叠外,可以移至内存的任何地方。

```
        COUNT←(CNTREG)
LOOP:   SRCPTR←PTRS
        DSTPTR←(PTRS+2)
        (DSTPTR)←(SRCPTR)
        (PTRS)←SRCPTR+2
        (PTRS+2)←DSTPTR+2
        COUNT←COUNT-1
        if COUNT≠0 then go to LOOP
```

汇编语言格式:

```
              PTRS      CNTREG
        BMOVI lreg,     wreg
```

目标码格式:[11 00 11 01] [wreg] [lreg]

不影响标志位

注意:在执行指令的过程中,CNTREG 不会递减。但如 BMOVI 被中断,CNTREG 会被修改,因此,在 BMOVI 前 CNTREG 必须重新装入。

13. BR——间接转移

操作:由操作数字寄存器指定的地址继续执行:

汇编语言格式:BR[wreg]

目标码格式:[11 10 00 11] [wreg]

14. CLR——清除字

汇编语言格式:CLR wreg

目标码格式:[00 00 00 01] [wreg]

15. CLRB——清除字节

汇编语言格式:CLRB breg

目标码格式:[00 01 00 01] [breg]

16. CLRC——清除进位标志

汇编语言格式:CLRC

目标码格式:[11 11 10 00]

17. CLRVT——清除溢出陷阱标志

汇编语言格式:CLRVT

目标码格式:[11 11 11 00]

18. CMP——字比较

操作:目的字操作数(左边)减源字操作数(右边)。只影响标志位,操作数不受影响。当不够减时,进位标志清零

汇编语言格式: DST SRC

CMP wreg, waop

目标码格式:[10 00 10 aa] [waop] [wreg]

19. CMPB——字节比较

操作:目的字节操作数减源字节操作数。仅影响标志位,操作数不改变。不够减时,进位标志清零

汇编语言格式: DST SRC

CMPB breg, baop

目标码格式:[10 01 10 aa] [baop] [breg]

20. CMPL——双字比较(80C196KB 和 80C196KC 才有)

操作:比较两双字操作数的大小。两操作数均用直接寻址方式,PSW 中除 I、ST 外其他 5 个标志受影响,但操作数不受影响。

汇编语言格式: DST SRC

CMPL lreg, laop

目标码格式:[11 00 01 01] [Slreg] [Dlreg]

21. DEC——字减 1

操作:字操作数的值减 1:(DEST)←(DEST) -1

汇编语言格式:DEC wreg

目标码格式:[00 00 01 01] [wreg]

22. DECB——字节减 1

操作:字节操作数值减 1:

汇编语言格式:DECB breg

目标码格式:[00 01 01 01] [breg]

23. DI——禁止中断

汇编语言格式:DI

目标码格式:[11 11 10 10]

24. DIV——整数相除

操作:目的长整型操作数除以源整型操作数,用带符号的算法。商存入目的操作数的低位字(低地址),余数存入高位字。

汇编语言格式:　　DST　　SRC

　　DIV　lreg,　　waop

目标码格式:[11 11 11 10] [10 00 11 aa] [waop] [lreg]

标志位的影响:

Z	N	C	V	VT	ST	
—	—	—	?	↑	—	8096BH
—	—	—	✓	↑	—	80C196KB,80C196KC

25. DIVB——短整型数相除

操作:目的整型操作数除以源短整型操作数,用带符号的算法。商存入目的操作数的低位字节(低地址),余数存入高位字节。

汇编语言格式:　　DST　　SRC

　　DIVB　wreg,　　baop

目标码格式:[11 11 11 10] [10 01 11 aa] [baop] [wreg]

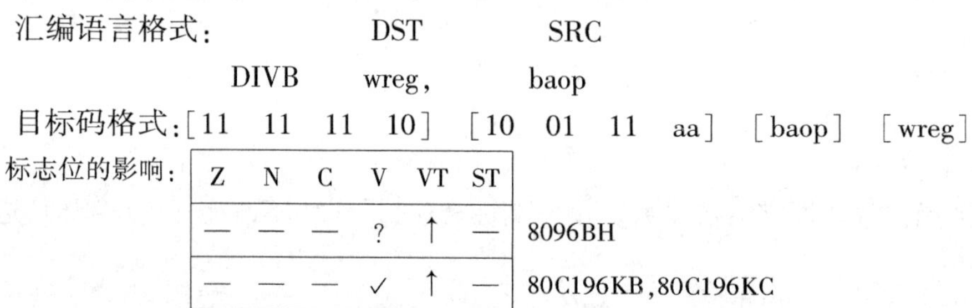

标志位的影响:

Z	N	C	V	VT	ST	
—	—	—	?	↑	—	8096BH
—	—	—	✓	↑	—	80C196KB,80C196KC

26. DIVU——字相除

操作:目的双字操作数除以源字型操作数,用无符号算法。商存入目的操作数的低位字,余数存入高位字。

汇编语言格式:　　DST　　SRC

　　DIVU　lreg,　　waop

目标码格式:[10 00 11 aa] [waop] [lreg]

27. DIVUB——字节相除

操作:目的字型操作数除以源字节型操作数,用无符号算法。商存入目的操作数的低位字节,余数存入高位字节。

汇编语言格式:　　DST　　SRC

　　DIVUB　wreg,　　baop

目标码格式:[10 01 11 aa] [baop] [wreg]

28. DJNZ——减 1,如不为零跳转操作:字节操作数的值减 1,如结果不为零,则跳转。其偏移量必须在 -128 ~ +127 范围内。

汇编语言格式:DJNZ breg,cadd

目标码格式:[11 10 00 00] [breg] [disp]

29. DJNZW——字减 1,如不为零跳转,(仅仅用于 80C196KB 和 80C196KC)

操作:字计数器减 1,如结果不为零,则跳转。跳转范围 -128 ~ +127。

汇编语言格式:DJNZW wreg,cadd

目标码格式:[11 10 00 01] [wreg] [disp]

不影响标志位。

30. DPIS——禁止外部事件处理服务

汇编语言格式:DPIS

目标码格式:[11 10 11 00]

不影响标志位。

31. EI——允许中断

操作:下一条语句执行后允许中断。

汇编语言格式:EI

目标码格式:[11 11 10 11]

32. EPTS——允许外部事件处理

汇编语言格式:EPTS

目标码格式:[11 10 11 01]

不影响标志位。

33. EXT——把一个整型数符号扩展成长整数。

操作:操作数低位字的符号扩展到所有高位字。

if (low word DEST) <8000H then

(high word DEST)←0

else(high word DEST)←0FFFFH

汇编语言格式:EXT lreg

目标码格式:[00 00 01 10] [lreg]

34. EXTB——把短整数符号扩展至整型数

操作:操作数低位字节的符号扩展到高位字节。

if (low byte DEST) <80H then

(high byte DEST)←0

else(high byte DEST)←0FFH

汇编语言格式:EXTB wreg

目标码格式:[00 01 01 10] [wreg]

35. INC——字加 1

汇编语言格式:INC wreg

目标码格式:[00 00 01 11] [wreg]

36. INCB——字节加 1

汇编语言格式:INCB breg

目标码格式:[00 01 01 11] [breg]

37. IDLPD——闲置/掉电方式

操作:使芯片进入闲置或掉电方式,如操作数非法,则芯片复位。CPU 停止或复位前,总线控制器先完成程序中所有预取周期。

KEY = 1,闲置方式;KEY = 2,掉电方式;KEY ≠ 1 或 2,非法。

汇编语言格式:IDLPD #key(key 是 8 位操作数)

目标码格式:[11 11 01 10] [key]

标志位的影响:合法,不影响,非法,全零。

38. JBC——如指定位为零,则跳转

操作:如指定位为零,PC←PC + disp(符号扩展至 16 位)(范围 -128 ~ +127)

汇编语言格式:JBC breg,bitno,cadd

目标码格式:[00 11 0 b b b] [breg] [disp]

39. JBS——如指定位为 1,则跳转

操作:如指定位为 1,PC←PC + disp(符号扩展到 16 位)(范围 -128 ~ +127)

汇编语言格式:JBS breg,bitno,cadd

目标码格式:[00 111 bbb] [breg] [disp]

40. JC——如进位位为 1,则跳转

操作:如 C = 1,PC←PC + disp(符号扩展至 16 位)(范围 -128 ~ +127)

汇编语言格式:JC cadd

目标码格式:[11 01 10 11] [disp]

41. JE——相等时跳转

操作:如 Z = 1,PC←PC + disp(符号扩展至 16 位)(范围 -128 ~ +127)

汇编语言格式:JE cadd

目标码格式:[11 01 11 11] [disp]

42. JGE——大于或等于(带符号数)时跳转

操作:如 N = 0,PC←PC + disp(符号扩展至 16 位)(范围 -128 ~ +127)

汇编语言格式:JGE cadd

目标码格式:[11 01 01 10] [disp]

43. JGT——大于(带符号数)时跳转

操作:如 N = 0 和 Z = 0,PC←PC + disp(符号扩展至 16 位)(范围 -128 ~ +127)

汇编语言格式:JGT cadd

目标码格式:[11 01 00 10] [disp]

44. JH——高于(无符号数)时跳转

操作:如 C = 1,Z = 0,PC←PC + disp(符号扩展至 16 位)(范围 -128 ~ +127)

汇编语言格式:JH cadd

目标码格式:[11 01 10 01] [disp]

45. JLE——小于或等于(带符号数)时跳转

操作:如 N = 1,或 Z = 1,PC←PC + disp(符号扩展至 16 位)(范围 -128 ~ +127)

汇编语言格式:JLE cadd

目标码格式:[11 01 10 10] [disp]

46. JLT——小于(带符号数)时则跳转

操作:如 N =1,PC←PC + disp(符号扩展至 16 位)(范围 -128 ~ +127)

汇编语言格式:JLT cadd

目标码格式:[11 01 11 10] [disp]

47. JNC——进位位为 0,跳转

操作:如 C =0,PC←PC + disp(符号扩展至 16 位)(范围 -128 ~ +127)

汇编语言格式:JNC cadd

目标码格式:[11 01 00 11] [disp]

48. JNE——不相等跳转

操作:如 Z =0,PC←PC + disp(符号扩展至 16 位)(范围 -128 ~ +127)

汇编语言格式:JNE cadd

目标码格式:[11 01 01 11] [disp]

49. JNH——不高于(无符号数)时跳转

操作:如 C =0 或 Z =1,PC←PC + disp(符号扩展至 16 位)(范围 -128 ~ +127)

汇编语言格式:JNH cadd

目标码格式:[11 01 00 01] [disp]

50. JNST——粘附位为 0 跳转

操作:如 ST =0,PC←PC + disp(符号扩展至 16 位)(范围 -128 ~ +127)

汇编语言格式:JNST cadd

目标码格式:[11 01 00 00] [disp]

51. JNV——溢出标志为零跳转

操作:如 V =0,PC←PC + disp(符号扩展至 16 位)(范围 -128 ~ +127)

汇编语言格式:JNV cadd

目标码格式:[11 01 01 01] [disp]

52. JNVT——溢出陷阱标志为零跳转

操作:如 VT =0,PC←PC + disp(符号扩展至 16 位)(范围 -128 ~ +127)

汇编语言格式:JNVT cadd

目标码格式:[11 01 01 00] [disp]

53. JST——粘附位标志为 1 跳转

操作:如 ST =1,PC←PC + disp(符号扩展至 16 位)(范围 -128 ~ +127)

汇编语言格式:JST cadd

目标码格式:[11 01 10 00] [disp]

54. JV——溢出标志为 1 时跳转

操作:如 V =1,PC←PC + disp(符号扩展至 16 位)(范围 -128 ~ +127)

汇编语言格式:JV cadd

目标码格式:[11 01 11 01] [disp]

55. JVT——溢出陷阱标志为 1 跳转

操作:如 VT = 1,PC←PC + disp(符号扩展至 16 位)(范围 -128 ~ +127)

汇编语言格式:JVT cadd

目标码格式:[11 01 11 00] [disp]

56. LCALL——长调用

操作:程序计数器 PC 的内容,即返回地址压入堆栈。随后把此指令结束处至目标标号的距离加到 PC 值,造成调用。长调用的目标地址可以用整个地址空间中的任何地址。

SP←SP - 2;修改堆栈指针

(SP)←PC;PC 入栈

PC←PC + disp;修改 PC

汇编语言格式:LCALL cadd

目标码格式:[11 10 11 11] [disp-low] [disp-hi]

57. LD——装载字

操作:源(右)字操作数的值存入目的(左)操作数

汇编语言格式: 目的 源

LD wreg, waop

目标码格式:[10 10 00 aa] [waop] [wreg]

58. LDB——装载字节

操作:源(右)字节操作数的值存入目的(左)操作数;

汇编语言格式: 目的 源

LDB breg, baop

目标码格式:[10 11 00 aa] [baop] [breg]

59. LDBSE——短整型数装入整型数

操作:源(右)字节操作数的值符号扩展后装入目的(左)字操作数。

(low byte DEST)←(SRC)

if (SRC) <80H then

(DEST 高字节)←0

else(DEST 高字节)←0FFH

汇编语言格式:LDBSE Wreg,baop

目标码格式:[10 11 11 aa] [baop] [wreg]

60. LDBZE——字节装入字

操作:源(右)字节操作数的值以零扩展后存入目的(左)字操作数:

(low byte DEST)←(SRC);(high byte DEST)←0

汇编语言格式: DST SRC

LDBZE wreg, baop

目标码格式:[10 10 11 aa] [baop] [wreg]

61. LJMP——长跳转

操作:此指令结束处至目标号的距离加到 PC 值,造成跳转。目标地址可以是整个地址空间中的任一地址。

PC←PC + disp

汇编语言格式:LJMP cadd

目标码格式:[11 10 01 11] [disp-low] [breg-hi]

62. MUL(双操作数)——整型数乘

操作:2 个整型操作数用带符号算法相乘,32 位乘积存入目的(左)长整型操作数。

汇编语言格式:MUL lreg,waop

目标码格式:[11 11 11 10] [01 10 11 aa][waop] [lreg]

63. MUL(三操作数)——整型数乘

操作:第 2 和第 3 整型操作数用带符号算法相乘,32 位乘积存入目的(左)长整型操作数。

汇编语言格式: 目的 源 1 源 2

MUL lreg, wreg, waop

目标码格式:[11 11 11 10] [01 00 11 aa] [waop] [wreg] [lreg]

64. MULB(双操作数)——短整型数乘

操作:2 个短整型操作数用带符号算法相乘,16 位乘积存入目的(左)整型操作数。

汇编语言格式: 目的 源

MULB wreg, baop

目标码格式:[11 11 11 10] [01 11 11 aa] [baop] [wreg]

65. MULB(三操作数)——短整型数乘

操作:第 2 和第 3 短整型操作数用带符号算法相乘,16 位乘积存入目的(左)整型操作数。

汇编语言格式: 目的 源 1 源 2

MULB wreg, breg, baop

目标码格式:[11 11 11 10] [01 01 11 aa] [baop] [breg] [wreg]

66. MULU(双操作数)——字型数乘

操作:2 个字型操作数用无符号算法相乘,32 位乘积存入目的(左)双字型操作数:

汇编语言格式: 目的 源

MULU lreg, waop

目标码格式:[01 10 11 aa] [waop] [lreg]

67. MULU(三操作数)——字型数乘

操作:第 2 和第 3 字型操作数用无符号算法相乘,32 位乘积存入目的(左)双字型操作数:

汇编语言格式: 目的 源 1 源 2

MULU lreg, wreg, waop

目标码格式:[01 00 11 aa] [waop] [wreg] [lreg]

68. MULUB(双操作数)——字节型数乘

操作:2 个字节型操作数用无符号算法相乘,16 位乘积存入目的(左)字型操作数。

汇编语言格式:MULUB wreg,baop

目标码格式:[01 11 11 aa] [baop] [wreg]

69. MULUB(三操作数)——字节型数乘

操作:第 2 和第 3 字节型操作数用无符号算法相乘,16 位乘积存入目的(左)字型操作数:

汇编语言格式:　　目的　　源 1　　源 2

MULUB　wreg,　breg,　baop

目标码格式:[01　01　11　aa]　[baop]　[breg]　[wreg]

70. NEG——整型数求补

汇编语言格式:NEG wreg

目标码格式:[00　00　00　11]　[wreg]

说明不管操作数是正是负,求补运算都是将所有位取反加 1,操作结果是改变操作数的符号,绝对值不变。

71. NEGB——短整数求补

汇编语言格式:NEGB breg

目标码格式:[00　01　00　11]　[breg]

72. NOP——空操作

汇编语言格式:NOP

目标码格式:[11　11　11　01]

73. NORML——长整型数规格化

操作:长整型操作数规格化,也就是使操作数左移,直至最高位为 1 为止,若依次移位后最高位仍为 0,则停止操作,并把 Z 标志置 1,实际移位次数存入第 2 操作数。

(COUNT)←0

do while(MSB (DEST) =0)AND((COUNT) <31)

(DEST)←(DEST) ∗2

(COUNT)←(COUNT) +1

汇编语言格式:NORML lreg,breg

目标码格式:[00　00　11　11]　[brep]　[lreg]

74. NOT——字型数求反

汇编语言格式:NOT wreg

目标码格式:[00　00　00　10]　[wreg]

75. NOTB——字节型数求反

汇编语言格式:NOTB breg

目标码格式:[00　01　00　10]　[breg]

76. OR——字型数逻辑或

操作:源(右)字型操作数与目的(左)型操作数按位相或,结果存入原目的操作数。

汇编语言格式:OR wreg,waop

目标码格式:[10　00　00　aa]　[waop]　[wreg]

77. ORB——字节型数逻辑或

操作:源(右)字节型操作数与目的(左)字节型操作数相或。结果存入目的操作数。

汇编语言格式:ORB breg,baop

目标码格式:[10　01　00　aa]　[baop]　[breg]

78. POP——字退栈

操作:栈顶的字从栈中弹出,置于目的操作数中。

汇编语言格式:POP waop

目标码格式:[11 00 11 aa] [waop]

79. POPA——全退栈(仅 80C196KB 和 80C196KC 有)

操作:代替 POPF 以支持 8 个附加的中断。和 POPF 相似,但弹出两个字而不是一个。第一个弹出 INT-MASK1/WSR 寄存器对,第二个字弹出 PSW/INT-MASK 寄存器对。因此 SP 增加 4。在该指令和下一条指令之间中断不能发生。

INT-MASK1/WSR←(SP)

SP→SP+2

PSW/INT-MASK←(SP)

SP←SP+2

汇编语言格式:POPA

目标码格式:[11 11 01 01]

标志位全有影响

80. POPF——标志退栈

操作:栈顶的字出栈,置于 PSW 中。此指令之后不能立即中断。

汇编语言格式:POPF

目标码格式:[11 11 00 11]

81. PUSH——字进栈

操作:指定的操作数压入堆栈。

汇编语言格式:PUSH waop

目标码格式:[11 00 10 aa] [waop]

82. PUSHA——全进栈(仅 80C196KB 和 80C196KC 有)

操作:代替 PUSHF 以支持 8 个附加中断,和 PUSHF 相似,但压入两个字而不是一个。第一个字和 PUSHF 指令压入的一样,即 PSW/INT-MASK,第二个字是 INT-MASK1/WSR 寄存器对。该指令执行的结果是 PSW、INT-MASK 和 INT-MASK1 寄存器清零,SP 减 4。执行该指令后有两个原因中断禁止,即不论 PSW9 还是中断屏蔽都清零了。在该指令和下一条指令之间中断不能发生。

SP←SP-2

(SP)←PSW/INT-MASK;

PSW/INT-MASK←0

SP←SP-2

(SP)←INT-MASK1/WSR

INT-MASK1←0

汇编语言格式:PUSHA

目标码格式:[11 11 01 00]

标志位全部清零

83. PUSHF——标志进栈

操作:PSW 压入栈顶,随后清除 PSW。这意味着禁止所有中断。此指令后不能立即中断。

汇编语言格式:PUSHF

目标码格式:[11　11　00　10]

标志位清零

84. RET——子程序返回

操作:PC 由栈顶弹出:

汇编语言格式:RET

目标码格式:[11　11　00　00]

85. RST——系统复位

操作:PSW 初始化为零,PC 初始化为 2080H,I/O 寄存器为初始值。执行此指令使复位脚上出现一个脉冲。

汇编语言格式:RST

目标码格式:[11　11　11　11]

86. SCALL——短调用

操作:PC 的内容(返回地址)压入堆栈。然后把此指令结束处至目标标号的距离(偏移)加到 PC 值实现调用。

SP←SP－2

SP←PC

PC←PC＋disp(符号扩展至 16 位)(范围－1024～＋1023)

汇编语言格式:SCALL cadd

目标码格式:[00　10　1×　××]　[disp-low]其中目标码第一字节中的×××为偏移量的高 3 位。

87. SETC——进位标志置 1

汇编语言格式:SETC

目标码格式:[11　11　10　01]

88. SHL——字左移

操作:目的(左)字操作数左移,移位次数由计数操作数(右)规定。移位次数可由立即数指定,称为直接移位,取值范围 0～15(0FH);也可由一个地址在 15H 以上的字节寄存器指定,称为间接移位。每次移位后,右端以 0 填充,最后移出位保存在 C 中。

汇编语言格式:SHL wreg,#count 或 SHL wreg,breg

目标码格式:[00　00　10　01]　[cnt/breg]　[wreg]

89. SHLB——字节左移

操作:目的(左)字节操作数左移,移法同 SHL。

汇编语言格式:SHLB breg,#count 或 SHLB breg,breg

目标码格式:[00　01　10　01]　[cnt/breg]　[breg]

90. SHLL——双字左移

操作:目的(左)双字操作数左移,移法同 SHL。

汇编语言格式:SHLL lreg,#count 或 SHLL lreg,breg

目标码格式:[00　00　11　01]　[cnt/breg]　[lreg]

91. SHR——字逻辑右移

操作:目的(左)字操作数右移,移位次数由计数操作数(右)规定。移位次数可由立即数指定,称为直接移位,取值范围为 0 ~ 15(0FH);也可由一个地址在 15H 以上的字节寄存器指定,称为间接移位。每次移位后,左端以 0 填充,最后移出位保存在 C 中。指令开始时 ST 被清除。当一个“1”移入 C,以后又被移出时,ST 置 1。

汇编语言格式:SHR wreg,#count 或 SHR wreg,breg

目标码格式:[00001000] [cnt/breg] [wreg]

92. SHRA——字算术右移

操作:目的(左)字操作数右移,移位次数由计数操作数(右)规定。移位次数可由立即数指定(直接移位),取值范围 0 ~ 15;也可由 15H 以上地址的一个字节寄存器指定(间接移位)。若原始最高位的值为 0,则每次右移后,左面以 0 填入;否则以 1 填入。最后移出位保存在 C 中。指令开始时,ST 被消除。当一个“1”移入 C,以后又被移出时,ST 置 1。

汇编语言格式:SHRA wreg,#count 或 SHRA wreg,breg

目标码格式:[00 00 10 10] [cnt/breg] [wreg]

93. SHRAB——字节算术右移

操作:目的(左)字节操作数右移,移法同 SHRA。

汇编语言格式:SHRAB breg,#count 或 SHRAB breg,breg

目标码格式:[00 01 10 10] [cnt/breg] [breg]

94. SHRAL——双字算术右移

操作:目的(左)双字操作数右移,移法同 SHRA。

汇编语言格式:SHRAL lreg,#count 或 SHRAL lreg,breg

目标码格式:[00 00 11 10] [cnt/breg] [breg]

95. SHRB——字节逻辑右移

操作:目的(左)字节操作数右移,移法同 SHR。

汇编语言格式:SHRB breg,#count 或 SHRB breg,breg

目标码格式:[00 01 10 00] [cnt/breg] [breg]

96. SHRL——双字逻辑右移

操作:目的(左)双字操作数右移,移法同 SHR。

汇编语言格式:SHRL lreg,#count 或 SHRL lreg,breg

目标码格式:[00 00 11 00] [cnt/breg] [lreg]

97. SJMP——短跳转

操作:此指令结尾至目标标号的距离(偏移)加到 PC 值,并实现跳转。

PC←PC + disp(符号扩展至 16 位)(范围 -1024 ~ +1023)

汇编语言格式:SJMP cadd

目标码格式:[00 10 0× ××] [disp-low]

(其中×××是偏移量值的高 3 位)

98. SKIP——双字节空操作

操作:空操作。实际上相当于执行 2 条 NOP 指令。指令中的第 2 字节可以是任何值,不起什么作用。顺序执行下一条指令。

汇编语言格式:SKIP breg

目标码格式:[00 00 00 00] [breg]

99. ST——存字

操作:把左面源字操作数存入右面目的操作数。

汇编语言格式:ST wreg,waop

目标码格式:[11 00 00 aa] [waop] [wreg]

100. STB——存字节

操作:左面源字节操作数存入右面目的操作数。

汇编语言格式:STB breg,baop

目标码格式:[11 00 01 aa] [baop] [breg]

101. SUB——(双操作数)字相减

操作:目的(左)字操作数减去源(右)字操作数,差数存入目的操作数。若有借位,C 置 0。

汇编语言格式:SUB wreg,waop

目标码格式:[01 10 10 aa] [waop] [wreg]

102. SUB——(三操作数)字相减

操作:第 1 源操作数减去第 2 源操作数,差数存入目的(左)操作数。若有借位,C 置 0。

汇编语言格式:SUB wreg,wreg,waop

目标码格式:[01 00 10 aa] [waop] [wreg] [wreg]

103. SUBB——(双操作数)字节相减

操作:目的(左)字节操作数减去源(右)字节操作数,差存入目的操作数,若有借位,C 置 0。

汇编语言格式:SUBB breg,baop

目标码格式:[01 11 10 aa] [baop] [breg]

104. SUBB——(三操作数)字节相减

操作:第 1 源字节操作数减去第 2 源字节操作数,差数存入目的(左)操作数,若有借位,C 置 0。

汇编语言格式:SUBB Dbreg,Sbreg,baop

目标码格式:[01 01 10 aa] [baop] [Sbreg] [Dbreg]

105. SUBC——字节带借位减

操作:目的(左)字操作数减去源(右)字操作数,若原来 C = 0(有借位),从上述结果中减去 1,最终结果存入原目的操作数。若此指令执行时发生借位,C 置 0。

汇编语言格式:SUBC wreg,waop

目标码格式:[10 10 10 aa] [waop] [wreg]

106. SUBCB——字节带借位减

操作:目的(左)字节操作数,减去源(右)字节操作数。若原来 C = 0(有借位),从上述结果中减去 1,最终结果存入原目的操作数。进位位作为借位的补码被置位。

汇编语言格式:SUBCB breg,baop

目标码格式:[10 11 10 aa] [baop] [breg]

107. TIJMP——表间接跳转:(仅 80C196KC 和 80C196KR 有)

操作:该操作将按从表中选出的地址继续执行。TBASE 是存放表的起始地址的字型寄存器。INDEX 也是一个字型寄存器,它存放表的索引寄存器的十六位地址,而索引寄存器是字节型的。INDEX_MASK 与 index 相与。index 必须在 0～128 之间。

地址计算:[INDEX]AND INDEX_MASK = OFFSET

(2 * OFFSET) + [TBASE] = DESTX

汇编语言格式: TBASE [INDEX] #INDEX_MASK

TIJMP wreg, wreg, #byte

目标码格式: [INDEX] [TBASE]

[11 10 00 10] [wreg] [#byte] [wreg]

不影响标志位。

108. TRAP——软件陷阱

操作:将实现一次中断不受 PSW 中 I 状态之影响。此指令后不能立即中断调用。

汇编语言格式:不支持用户使用此指令。

目标码格式:[11 11 01 11]

109. XOR——字逻辑异或

操作:源(右)字操作数与目的(左)字操作数按位逻辑异或。结果置于原目的操作数。

汇编语言格式:XOR wreg,waop

目的码格式:[10 00 01 aa] [waop] [wreg]

110. XCH——字交换

操作:源(右)字操作数与目的(左)操作数交换。

汇编语言格式:XCH wreg,waop

目标码格式:[00 00 01 00] [waop] [wreg]

[00 00 10 11] [waop] [wreg]

不影响标志位。

111. XCHB——字节交换

操作:源(右)字节操作数与目的(左)字节操作数交换

汇编语言格式:XCHB breg,baop

目标码格式:[00 01 01 00] [baop] [breg]

[00 01 10 11] [baop] [breg]

不影响标志位。

112. XORB——字节逻辑异或

操作:源(右)字节操作数与目的(右)字节操作数按位逻辑异或。结果置于原目的操作数。

汇编语言格式:XORB breg,baop

目标码格式:[10 01 01 aa] [baop] [breg]

参考文献

[1] 孙涵芳,徐爱卿. MCS—51、96 系列单片机原理及应用. 北京:北京航空航天大学出版社,1988.

[2] 孙涵芳,徐爱卿. MCS—96 系列 16 位单片微型计算机. 北京:北京航空航天大学出版社,1989.

[3] 何立民. MCS—51 系列单片机应用系统设计系统配置与接口技术. 北京:北京航空航天大学出版社,1990.

[4] 赵秀菊,刘江桁. 8×C196 单片微机原理及应用. 南京:东南大学出版社,1994.

[5] 何立民主编. 单片机外围器件实用手册. 北京:北京航空航天大学出版社,1998~2003.

[6] 张友德,赵志英,涂时亮. 单片微型机原理、应用与实验(第 4 版). 上海:复旦大学出版社,2003.

[7] 李伯成,侯伯亨,张毅坤. 微型计算机原理及应用. 西安:西安电子科技大学出版社,1998.

[8] 王永山,杨宏五,杨婵娟. 微型计算机原理与应用(第 2 版). 西安:西安电子科技大学出版社,1999.

[9] 郑学坚,周斌. 微型计算机原理及应用. 第 3 版. 北京:清华大学出版社,2001.

[10] 姚放吾. Pentium 微机原理与接口技术. 北京:清华大学出版社,2001.

[11] 沈德文. 微型计算机技术. 北京:高等教育出版社,2001.

[12] 周明德. 微机原理与接口技术. 北京:人民邮电出版社,2002.

[13] 陈红卫. 微型计算机基本原理与接口技术. 北京:科学出版社,2003.

[14] 戴梅萼. 史嘉权. 微型计算机技术及应用. 第 3 版. 北京:清华大学出版社,2003.